AF523579

SAP® SuccessFactors® Employee Central

SAP PRESS ist eine gemeinschaftliche Initiative von SAP SE und der Rheinwerk Verlag GmbH. Unser Ziel ist es, Ihnen als Anwendern qualifiziertes SAP-Wissen zur Verfügung zu stellen. SAP PRESS vereint das Know-how der SAP und die verlegerische Kompetenz von Rheinwerk. Die Bücher bieten Ihnen Expertenwissen zu technischen wie auch zu betriebswirtschaftlichen SAP-Themen.

Damit Sie nach weiteren Titeln Ihres Interessengebiets nicht lange suchen müssen, haben wir eine kleine Auswahl zusammengestellt.

Nikolaus Krasser, Melanie Rehkopf
SAP SuccessFactors. Grundlagen, Prozesse, Implementierung
671 Seiten, 2., aktualisierte und erweiterte Auflage 2019, gebunden
ISBN 978-3-8362-7241-4
www.sap-press.de/4962

Christian Gärtner, Christian Lübke, Cathleen Müller, Markus Renner, Thomas Stöbe
SAP-Personalwirtschaft. Das Praxishandbuch
714 Seiten, 6., aktualisierte und erweiterte Auflage 2022, gebunden
ISBN 978-3-8362-8735-7
www.sap-press.de/5430

Andreas Niebling, Ulrich Bertel, Jérôme Unger
Zeitwirtschaft mit SAP
750 Seiten, 2. Auflage 2023, gebunden
ISBN 978-3-8362-9114-9
www.sap-press.de/5569

Jutta Villet, Richard Wanless, Shane McGough
SAP Fieldglass. Prozesse, Funktionen, Customizing
636 Seiten, 2021, gebunden
ISBN 978-3-8362-7696-2
www.sap-press.de/5126

Nikolaus Krasser, Melanie Rehkopf

SAP® SuccessFactors® Employee Central

Prozesse, Best Practices, Implementierung

Liebe Leserin, lieber Leser,

das Human Experience Management (HXM) stellt die Menschen, die in Unternehmen arbeiten, in den Mittelpunkt. Personalverantwortliche und Führungskräfte stellen Unternehmenskultur und Mitarbeitermotivation stärker in den Fokus, um Mitarbeitenden das bestmögliche Umfeld zu geben, um das Unternehmen voranzubringen.

Dabei nimmt auch die IT mit HR-Systemen wie SAP SuccessFactors eine Schlüsselrolle ein. In diesem Buch zeigen Ihnen Dr. Nikolaus Krasser und Dr. Melanie Rehkopf, wie Sie SAP SuccessFactors Employee Central implementieren und nutzen, um Ihre Personalprozesse zu optimieren. Beide haben jahrelange Erfahrung damit, Unternehmen dabei zu helfen, die Digitalisierung ihrer HR-Prozesse und damit verbundene Anforderungen erfolgreich umzusetzen.

Hat Ihnen das Buch gefallen? Wir freuen uns stets über Lob, aber auch über kritische Anmerkungen und Anregungen, die uns helfen, unsere Bücher zu verbessern. Falls Sie nach der Lektüre dieses Buches Fragen, Wünsche oder konstruktive Kritik haben, freue ich mich, wenn Sie mir schreiben.

Ihre Eva Tripp
Lektorat SAP PRESS

eva.tripp@rheinwerk-verlag.de
www.rheinwerk-verlag.de
Rheinwerk Verlag · Rheinwerkallee 4 · 53227 Bonn

Auf einen Blick

Wir hoffen, dass Sie Freude an diesem Buch haben und sich Ihre Erwartungen erfüllen. Ihre Anregungen und Kommentare sind uns jederzeit willkommen. Bitte bewerten Sie doch das Buch auf unserer Website unter **www.rheinwerk-verlag.de/feedback**.

An diesem Buch haben viele mitgewirkt, insbesondere:

Lektorat Eva Tripp
Korrektorat Monika Klarl, Köln
Herstellung Denis Schaal
Typografie und Layout Vera Brauner
Einbandgestaltung Silke Braun
Coverbild shutterstock: 794460844 © Dmitrydesign
Satz SatzPro, Krefeld
Druck Beltz Grafische Betriebe, Bad Langensalza

Dieses Buch wurde gesetzt aus der TheAntiquaB (9,35 pt/13,7 pt) in FrameMaker.
Gedruckt wurde es mit mineralölfreien Farben auf chlorfrei gebleichtem, FSC®-zertifiziertem Offsetpapier (90 g/m²).
Hergestellt in Deutschland.

Bibliografische Information der Deutschen Nationalbibliothek:
Die Deutsche Nationalbibliothek verzeichnet diese Publikation in der Deutschen Nationalbibliografie; detaillierte bibliografische Daten sind im Internet über *http://dnb.dnb.de* abrufbar.

ISBN 978-3-8362-9159-0

1. Auflage 2023

Informationen zu unserem Verlag und Kontaktmöglichkeiten finden Sie auf unserer Verlagswebsite **www.rheinwerk-verlag.de**. Dort können Sie sich auch umfassend über unser aktuelles Programm informieren und unsere Bücher und E-Books bestellen.

Inhalt

8 Weitere Beschäftigungsarten abbilden 271

Vorwort des Autorenteams

Nun ist es so weit: Das erste deutschsprachige Buch zu SAP SuccessFactors Employee Central liegt vor uns. Employee Central ist das Kernmodul und die Steuerungseinheit der SAP SuccessFactors HXM Suite. Diese Lösung deckt Kernprozesse im Personalbereich ab: Unabhängig davon, ob es um die globale Stammdatenverwaltung, das Organisationsmanagement, die Erfassung von Abwesenheiten, Informationen für die Entgeltabrechnung oder um Zulagen geht. Für diese und weitere Anforderungen ist Employee Central Ihr Einstiegspunkt und Ihr sicheres Fundament.

Mit einer verlässlichen und umfassenden Datengrundlage in Employee Central können Sie berechtigten und interessierten Rollen wie Mitarbeitenden und Führungskräften sowie Fachverantwortlichen in HR, aber auch Personen in anderen Bereichen, wie z. B. im Controlling, Einblicke in Ihre Unternehmensorganisation geben. Employee Central unterstützt Ihr Unternehmen darin, wichtige Unternehmensziele zu erreichen, indem Mitarbeitende und Vorgesetzte eingebunden und Prozessabläufe optimiert werden. Vielerlei Self-Services ermöglichen es z. B., Daten dort zu erfassen und zu pflegen, wo sie entstehen. Sie erhalten eine zentrale Datenbasis für Reporting und KPI-Steuerung, die optional auch externe Mitarbeitende umfasst. Employee Central wird als global führendes Stammdatensystem in der Regel auch dafür eingesetzt, viele andere Systeme im Unternehmen mit validen aktuellen Personalstamm- und Organisationsdaten zu versorgen.

Mit einer Kundenbasis von mehr als 5.000 Unternehmen weltweit bildet Employee Central einen wichtigen Baustein für die Unterstützung eines Human Experience Managements (HXM).

Bei HXM geht es darum, die Mitarbeitenden und ihre Benutzererfahrung im Hinblick auf die Software ins Zentrum der Betrachtung zu rücken. So können umfassende *Self-Services-Szenarien* für Mitarbeitende (ESS) und das Management (MSS) nahtlos und ohne zusätzliche Schulungen in die täglichen Arbeitsabläufe integriert werden. Das Ergebnis sind neue und optimierte Unternehmensabläufe. Die Auswirkungen auf die Aufbau- und Ablauforganisation im Zusammenspiel der HR- und IT-Abteilungen sind erheblich. Zusammen mit Ihrem Implementierungspartner werden diese Veränderungen im Projektverlauf adressiert.

Employee-Central-Steuerungsdaten werden in der Regel unternehmensweit genutzt, um andere Systeme und Prozesse mit global validen Personen- und Organisationsdaten zu versorgen und zu steuern.

Für Employee Central werden – ebenso wie andere Module – Standardprozesse in der SAP Process Library dokumentiert. Sie sind oftmals im Standard-Implementierungspaket Ihres Implementierungspartners enthalten. Auf der Grundlage dieser Standardprozesse können Sie mit Ihrer Arbeit in Employee Central schnell beginnen und, falls erforderlich und gewünscht, in einer zweiten Phase Individualisierungen und Anpassungen vornehmen.

Ein wichtiger Effekt der Arbeit mit modernen Cloud-Architekturen und -Standards wie SAP SuccessFactors besteht in der einfachen Bereitstellung von Erweiterungen. Sie als Kunde können Employee Central selbst erweitern, Erweiterungen über den SAP Store erwerben oder, wo es sinnvoll ist, gemeinsam mit einem Implementierungspartner Erweiterungen erarbeiten. Auf diese Weise kann der Mehrwert der Plattform für das eigene Unternehmen noch einmal deutlich steigen.

Seit der ersten Version von Employee Central gab es viele Veränderungen. Sie können nun Abläufe in der Personaladministration, global führende Stammdaten, ESS und MSS und die Versorgung der Talent-Prozesse mit Steuerungsinformationen abdecken. Dazu kommt seit einigen Jahren die technische und prozessuale Integration mit anderen globalen HR- und IT-Systemen. Seit dem Jahr 2020 steht eine integrierte Zeitwirtschaft zur Verfügung. Schon etwas länger bestehen sehr gute Integrationsmöglichkeiten in Employee Central Payroll. Noch relativ unbekannt sind die beeindruckenden Möglichkeiten, Employee Central über den Standard hinaus zu erweitern.

Für alle diese Möglichkeiten gibt es erfahrene Implementierungspartner, die Sie ganzheitlich betreuen können. Es ist Strategie von SAP, SAP SuccessFactors mit Employee Central als Leitplattform für HR strategisch weiter auszubauen. Wir sind daher sicher: Mit SAP SuccessFactors, HXM und Employee Central als Grundlage sind Sie gut für die HR-Arbeit der Zukunft aufgestellt!

Dr. Melanie Rehkopf
Dr. Nikolaus Krasser

Einleitung

Employee Central ist zentraler Bestandteil der SAP SuccessFactors HXM Suite, der strategisch wichtigsten SAP-Lösung für HR, und deckt dort die HR-Kernfunktionen ab. SAP entwickelt neue HR-Funktionen fast ausschließlich für SAP SuccessFactors. Die bekannten HR-Bestandssysteme von SAP werden weiter gewartet, um Kunden Zeit für den Umstieg zu geben.

Employee Central ist eine innovative, entwicklungsfähige und flexible Software-as-a-Service-Lösung (SaaS-Lösung), die die HR-Geschäftsanforderungen von Unternehmen jeder Art und Größe unterstützen kann. SaaS-Lösungen bieten Ihnen als Kunde den Vorteil, dass Sie immer mit der aktuellen Version arbeiten können. Neue Versionen von SAP SuccessFactors, die automatisiert von SAP eingespielt werden, gibt es derzeit zweimal jährlich. Die neuen Versionen werden rechtzeitig angekündigt, sodass Sie Gelegenheit haben, sich hierauf einzustellen und von Anpassungen, Neuerungen und Ergänzungen zu profitieren. So wie die gesamte SAP SuccessFactors HXM Suite, ist auch Employee Central lokalisiert und lokalisierbar. Zum Zeitpunkt der Drucklegung dieses Buches (November 2022) gibt es Unterstützung für über 90 Länder, für über 40 Sprachen und für über 150 Währungen.

Wenn Sie SAP SuccessFactors Employee Central nutzen, können Sie damit Kern-HR-Prozesse abbilden und unterstützen so den Mitarbeiterlebenszyklus im Unternehmen. Dieser reicht von der Einstellung (oder dem Wiedereintritt) über Stellen- und Gehaltsänderungen bis hin zu Entsendungen und Mehrfachbeschäftigungen und zum Austritt aus dem Unternehmen. Kontinuierliche Ergänzungen des SAP-SuccessFactors-Portfolios, wie beispielsweise Employee Central Payroll (Lohn- und Gehaltsabrechnung) und Employee Central Time Tracking (Zeitwirtschaft) vervollständigen die Prozesslandschaft. Insbesondere diese beiden Module unterstützen Sie bei der Erfüllung von Anforderungen, die in der Vergangenheit meist in den sogenannten On-Premise-Systemen blieben.

SAP SuccessFactors können Sie nicht nur auf einem Desktop-Rechner, sondern oft auch über die dazugehörige mobile App nutzen.

Die folgenden Gründe sprechen für die Nutzung einer HR-Cloud-Lösung wie SAP SuccessFactors:

- Erleichterung in der technischen Administration
  - keine eigenverantwortlich durchzuführenden Upgrades
  - kein Hardwarebetrieb
  - Aktualität durch regelmäßige automatisierte Releases

- Unterstützung positiver Veränderungen in der Aufbau- und Ablauforganisation
  - Veränderungen der Aufgabenteilung durch ESS/MSS
  - neue Abgrenzungen und Aufgabenteilungen in Richtung Lohn/Gehaltsabrechnung
- Etablierung von global validen HR-Daten für viele andere globale Systeme, wie Active Directory und Identity-and-Access-Management-Systeme
- Kosteneinsparungen wie reduzierte *TCO* (Total Cost of Ownership)
- eine immer aktuelle *User Experience*
  - regelmäßige Releases
  - kontinuierliche Optimierung der Oberflächen
- Erweiterbarkeit
  - über zertifizierte Partner
  - wo es sinnvoll ist, auch durch den Kunden selbst

Im Folgenden sehen wir uns an, wie die Arbeit mit Employee Central gestaltet ist.

Mit SAP SuccessFactors Employee Central arbeiten

In dieses Buch fließen unsere Erfahrungen ein, die wir seit dem Jahr 2007 im SAP-SuccessFactors-Umfeld und seit 2010 im Hinblick auf Employee Central gewonnen haben. Wir stellen Ihnen die Ansätze vor, die sich bei der Implementierung und Nutzung der Lösungen bewährt haben. Zur Veranschaulichung erläutern wir exemplarisch Standardbeispiele, um Ihnen ein realistisches Bild von den Einsatzmöglichkeiten in der Praxis zu geben.

So einfach und zugänglich der Weg über Standardprozesse ist, bietet er auch Herausforderungen: Es gilt, die Standards so auszuwählen und auszuprägen, dass sie für Sie passend sind. Dies ist eine nicht zu unterschätzende Aufgabe, deren Gelingen von einer Vielzahl von Parametern abhängt. Zur Illustration greifen wir an dieser Stelle auf das Beispiel zurück, das Sie vielleicht schon aus unserem ersten deutschsprachigen Buch zu SAP SuccessFactors kennen – ein Beispiel aus dem Fußball:

Im Fußball gibt es unzählige Spielvarianten, die sich in Abhängigkeit externer Faktoren wie gegnerisches Team, Fitness der Spielerinnen oder Spieler, Trainingsmethoden, statistische Auswertungen/Erkenntnisse oder taktische und strategische Interessen ständig anpassen. Jeder Trainer und jede Trainerin hat einen eigenen Stil, eine eigene »Handschrift«. Die Fans wären jedoch nicht begeistert, wenn das Team in allen Spielen mit den gleichen Best Practices ins Rennen ginge. Ein solches Vorgehen wäre allenfalls dann erfolgreich, wenn das Team einen signifikanten Wettbewerbsvorteil hätte – und das gibt es in der Regel nicht auf Dauer. So zeigen sich heute auch die besten Teams der Welt flexibel in ihrer Spielart und passen sich agil an die jeweiligen Situationen an. Weltklasse-Teams spielen nicht einfach ihren einen »Best-Practice-Stiefel« herunter, sondern verfügen über ein großes Repertoire erprobter Taktiken und wissen genau, auf Basis der Rückmeldungen, in welchem Moment sie welche Taktiken einsetzen müssen. Dies zeichnet Weltklasse-Teams aus!

[«]

Unser Buch »SAP SuccessFactors. Grundlagen, Prozesse, Implementierung«

In unserem, ebenfalls im Rheinwerk Verlag erschienen Buch »SAP SuccessFactors. Grundlagen, Prozesse, Implementierung« (*https://www.rheinwerk-verlag.de/4962*) stellen wir Ihnen die SAP SuccessFactors HXM Suite und ihre integrierten Prozesse vor. Wir geben in diesem Buch zudem Hinweise zur Projektarbeit und zum Projektvorgehen oder auch zum Aufbau der Betriebsorganisation.

Ähnlich ist die Situation im HR-Umfeld. Will man auf Dauer erfolgreich die Bedarfe des Unternehmens abdecken, müssen sich auch die Funktionsbereiche HR und IT agil und flexibel zeigen – basierend auf einem Weltklasse-Repertoire von Best Practices, Erweiterungsmöglichkeiten und einem ständigen Bestreben, Mehrwerte und positive Erfahrungen sicherzustellen. Einfach ist das nicht, aber die Mühe lohnt sich, und die Bereiche HR und IT starten gemeinsam durch!

Zielgruppen und Gliederung

Unabhängig davon, ob Sie sich zum ersten Mal mit dem Thema Employee Central beschäftigen oder ob Sie das Modul bereits nutzen, zeigen wir Ihnen in diesem Buch mögliche Herangehensweisen für dessen Implementierung und Nutzung. Im Fokus stehen dabei die wichtigsten Kunden der Prozesse: die *Mitarbeitenden* und *Führungskräfte*, aus deren Sicht wir viele Beispiele zeigen. *HR-Teams, Prozessverantwortliche* und *-beteiligte* sowie die in der Konfiguration unterstützende *IT-Abteilung* werden angesprochen. Des Weiteren wenden wir uns an Mitglieder eines *Projektteams* zur Einführung von Employee Central.

Für *Entscheidungsträgerinnen und Entscheidungsträger* interessant sind die vielen Einblicke in die SAP-SuccessFactors-Standards im Umfeld von Employee Central. Für die Praxis ergänzen wir diese um Hinweise aus technischer und administrativer Sicht. Überdies finden Sie erste Klick-für-Klick-Anleitungen. Sie erhalten Unterstützung und Informationen, die Ihnen helfen, Ihr Employee-Central-System einzurichten, und die es Ihnen erlauben, viele Konfigurationsoptionen auch ohne die Hilfe Ihres Implementierungspartners umzusetzen.

Nach einem ersten Einstieg in die Implementierung von Employee Central in **Kapitel 1** gehen wir in **Kapitel 2** auf die Grundlagen der Arbeit in Employee Central ein. Mit **Kapitel 3** steigen wir direkt in die Nutzung von Grundlagenobjekten, sogenannten *Foundation Objects*, ein. Das Planstellenmanagement als wesentliche Grundlage für viele Prozesse nicht nur in Employee Central, sondern in SAP SuccessFactors insgesamt, steht im Fokus von **Kapitel 4**. In **Kapitel 5** beschäftigen wir uns mit den Mitarbeiterdaten und stellen deren Visualisierung im Mitarbeiterprofil genauer vor. Der Umgang mit Zusatzleistungen (*Global Benefits*) in Kapitel 6 schließt sich daran an. **Kapitel 7** beinhaltet die Abwesenheiten. Dabei lernen Sie auch die Lösung Employee Central Time Tracking (Zeitwirtschaft) kennen. Wie Sie Beschäftigungsarten in Employee Central abbilden, erfahren Sie in **Kapitel 8**.

Die Dokumentengenerierung, basierend auf Infos aus Employee Central, folgt in **Kapitel 9**. Ein wesentlicher Bestandteil der Arbeit mit Employee Central liegt im Reporting. Wie SAP SuccessFactors diese Stärke ausspielen kann, stellen wir Ihnen in **Kapitel 10** ausführlicher vor. Wir gehen dabei darauf ein, welche Arten von Reports Sie für Ihre Arbeit nutzen können. Wie insgesamt in SAP SuccessFactors sorgen auch in Employee Central die rollenbasierten Berechtigungen (**Kapitel 11**) dafür, dass die im System Arbeitenden die Daten und Funktionen sehen und/oder bearbeiten können, die notwendig sind, aber gleichzeitig keinen Einblick in für Sie nicht relevante oder berechtigte Bereiche erhalten.

Ein wesentlicher und wichtiger Aspekt in der Nutzung von Employee Central ist die Möglichkeit zur Erweiterung (**Kapitel 12**). Gleiches gilt für die Integration des Datenflusses mit vor- und nachgelagerten Prozessen (**Kapitel 13**).

Employee Central ist, wie eingangs erwähnt, Bestandteil der SAP SuccessFactors HXM Suite: Wie dieses Modul mit anderen Modulen interagiert, stellen wir Ihnen in **Kapitel 14** vor.

Kapitel 15 stellt Employee Central Payroll in den Mittelpunkt. Diese Lösung erweitert die SAP SuccessFactors HXM Suite um Funktionen für die Lohn- und Gehaltsabrechnung und enthält landespezifische Abrechnungsprozesse. Wir illustrieren dies am Beispiel von Deutschland. Abschließend geben wir Ihnen einige Tipps für den Betrieb der Lösung und schließen mit einem Blick auf die Roadmap und einem Ausblick auf zukünftige Entwicklungen (**Kapitel 16**).

Einsatz dieses Buches

In den einzelnen Kapiteln geben wir Ihnen immer wieder Hinweise und Tipps aus der Praxis. Diese werden in Informationskästen hervorgehoben und durch Symbole am Rand in vier Kategorien unterteilt:

- **Achtung**
  Mit diesem Symbol warnen wir Sie vor häufig gemachten Fehlern oder Problemen, die auftreten können. [!]
- **Tipps**
  Mit diesem Symbol werden Tipps markiert, die Ihnen die Arbeit erleichtern. 
- **Hinweis**
  Hinweise, z. B. auf weiterführende Informationen werden mit diesem Symbol kenntlich gemacht. 
- **Beispiele**
  Mit diesem Symbol machen wir Sie auf praktische Beispiele aufmerksam, die die Nutzung von SAP SuccessFactors in der Praxis veranschaulichen sollen. [zB]

Mit dem klassischen Medium Buch und für uns als Autoren besteht in den regelmäßigen Updates und Releases eine Herausforderung. In dem Moment, in dem wir über die Implementierung von Employee Central schreiben und dies für Sie mit Abbildungen illustrieren, arbeitet die Entwicklung von SAP an den Releases der nächsten Monate. Dabei verändert sie gegebenenfalls Oberflächen oder optimiert die Prozessunterstützung.

Aus diesem Grund legen wir Wert auf die Beschreibung der Einsatzmöglichkeiten von SAP SuccessFactors, auf die Arbeit mit Anwendungsfällen und mit Standards. Diese sind stabil, denn sie werden von SAP SuccessFactors auch dann unterstützt, wenn sich das Aussehen von Details bereits mehrfach geändert hat. Konzentrieren Sie sich also auf die Art und Weise, wie Sie an die Arbeit mit Employee Central herangehen und wie Sie Ihre Prozesse und Ihre Prozessunterstützung und Anwendungsfälle gestalten. Legen Sie den Fokus weniger darauf, wie die Darstellung eines Prozessschrittes in einer Abbildung aussieht. Die Formen und Farben von Schaltflächen oder deren Anordnung ändern sich, der unterstützte Prozess jedoch bleibt bestehen. Behalten Sie diese Anmerkung im Hinterkopf, wenn Sie sich zum ersten Mal selbst an einer SAP-SuccessFactors-Instanz anmelden und eine Startseite anders aussieht, als im Buch dargestellt, oder wenn Sie bereits SAP SuccessFactors nutzen und im Buch vielleicht schon eine aktualisierte Darstellung der Ihnen bekannten Umgebung gezeigt wird!

Anerkennung und Dank

Während unserer Arbeit an diesem Buch haben wir mit vielen Kolleginnen und Kollegen gesprochen. So, wie sich die Lösung SAP SuccessFactors aufgrund des Feedbacks der Kunden und des Marktes kontinuierlich weiterentwickelt und heute ihren Platz als wesentlicher Bestandteil einer »End-to-End«-Prozessintegration im intelligenten Unternehmen findet, haben wir als Autorenteam die Möglichkeit erhalten, auch unsere Erfahrungen, Ideen und Konzepte immer wieder zu prüfen, anzupassen, auszuweiten und zu verbessern. Wir danken unseren Kolleginnen und Kollegen bei Pentos und SHAPEiN, die durch ihre Diskussionen und mit ihrer Projekterfahrung zu diesem Buch beigetragen haben! Wir bedanken uns insbesondere für ihre Unterstützung bei:

Anamarija Crncic-Samsa als Employee-Central-Architektin, die uns mit Rat und Tat zur Seite stand, bei Thomas Baumgartner für seinen Beitrag zum Thema Reporting und bei Jürgen Prinz für seinen Beitrag im Kontext von Employee Central Payroll und Employee Central Time Tracking. Wolfgang Kuchelmeister danken wir für seine Unterstützung beim Thema Integration. Djellëza Hoti danken wir für die Hilfe bei der Einhaltung aller Regel- und Layout-Vorgaben.

Unserer Lektorin Eva Tripp vom Rheinwerk Verlag danken wir für die souveräne Begleitung durch dieses Buchprojekt!

Wir danken unseren Kunden, die teilweise schon viele Jahre mit uns reisen und ohne die dieses Buch nie entstanden wäre!

Ihnen, liebe Leserinnen und Leser, danken wir für das Interesse und wünschen Ihnen auch mithilfe der Anregungen in diesem Buch mindestens so viele interessante Diskussionen, Einsichten und Spaß bei der Arbeit mit Employee Central, wie wir es stets bei unserer Arbeit haben und es beim Schreiben des Buches hatten.

Dr. Melanie Rehkopf
Dr. Nikolaus Krasser

Kapitel 1
Employee Central – Überblick und Implementierung

SAP SuccessFactors Employee Central bietet eine hervorragende Grundlage für zukunftsorientierte Personalprozesse. Dieses Kapitel gibt Ihnen einen kurzen Überblick über die wichtigsten Merkmale und Bestandteile der Lösung. Anschließend erfahren Sie, was bei der Vorbereitung eines Projektes und beim Start in die Arbeit mit Employee Central zu berücksichtigen ist.

Employee Central unterstützt die Kernprozesse im Personalbereich und das globale Stammdatenmanagement zur Person und zur Organisation. Self-Services für Mitarbeitende und Vorgesetzte gehören ebenso zum Leistungsumfang wie umfassende Aktionsmöglichkeiten für die HR-Mitarbeitenden und das Administrationsteam. Die folgenden wesentlichen Aspekte werden von Employee Central abgedeckt:

- Erfassung von Daten zu Mitarbeitenden
- Erfassung zu Planstellendaten, Rollen und Stellenprofilen
- Gehaltsdaten und Zusatzleistungen
- Abwesenheiten
- Definition von Beschäftigungsarten
- Durchführung von Massenänderungen
- Dokumentenerzeugung
- Reporting
- Management von Leiharbeitern
- Abbildung von globalen Entsendungen

Diese und viele weitere Themen stellen wir Ihnen in den nächsten Kapiteln vor. Bevor wir damit starten, widmen wir uns in diesem Kapitel zunächst den folgenden Bestandteilen von Employee Central (siehe Abschnitt 1.1):

- Startseite
- Mitarbeiterprofil
- Benutzeroberfläche

- Positionsmanagement
- Workflow-Möglichkeiten
- Admin-Center und die Aktionssuche

In Abschnitt 1.2 zeigen wir Ihnen, welche Möglichkeiten sich zur Bereitstellung und Nutzung von Employee Central anbieten. In Abschnitt 1.3 geben wir Ihnen Tipps, wie Sie sich auf die Implementierung von Employee Central vorbereiten.

1.1 Employee Central auf einen Blick

Wesentliche Merkmale von Employee Central sind die globale Verfügbarkeit und die damit einhergehende Lokalisierungsmöglichkeit für konkrete Länder. Employee Central ist in über 40 Sprachen verfügbar und unterstützt weit über 90 Länderlokalisierungen. In den ausgelieferten Lokalisierungen wurden einige regulatorische Aspekte berücksichtigt. Hierzu gehört, dass landesspezifisch relevante Datenfelder ausgeliefert werden (z. B. zur Abfrage des Veteranenstatus in den USA) oder Datenfelder zur juristischen Person verfügbar sind (als Beispiel sei hier die *Nomenclature d'activités française* (NAF) genannt). Auch gegebenenfalls notwendige Felder für die Einstufung einer Stelle oder für nationale ID-Formate, inklusive der Validierung der Dateneingabe, werden ausgeliefert.

Zunächst sehen wir uns die Startseite von SAP SuccessFactors an, die auch den Einstieg in die mit Employee Central verbundenen Daten bereitstellt.

1.1.1 Startseite von SuccessFactors

Die Startseite ist in SuccessFactors der zentrale Einstiegspunkt für die Benutzer des Systems. Sie enthält die für den angemeldeten Benutzer relevanten Informationen, ändert sich also abhängig von den Rechten und Aufgaben der Personen, die mit dem System arbeiten. Über die oben stehende Navigationsleiste können Sie durch einen Klick auf **Startseite** und dann auf die gewünschte Funktion einzelne Prozesse aufrufen (siehe Abbildung 1.1).

Rechts neben **Startseite** finden Sie die Schaltfläche **Nach Aktionen oder Personen suchen**, mit der Sie direkt zur gewünschten Person oder Aktion abspringen können. Nutzen wir diese Funktion in unseren Beispielfällen in den folgenden Kapiteln, um Aktionen aufzurufen, sprechen wir von der *Aktionssuche*.

Neben dem Suchfeld können Sie über die Schaltfläche auf Ihre To-do-Liste zugreifen. Mit einem Klick auf die Schaltfläche haben Sie die Möglichkeit, Feedback zum Produkt zu geben, falls diese Funktion freigeschaltet ist. Ein Klick auf die Schaltfläche ruft die Funktion **Ask HR** auf, sofern Sie bei Ihnen verfügbar ist. Über einen Klick auf die Schaltfläche erreichen Sie die für Sie eingestellten Benachrichtigungen.

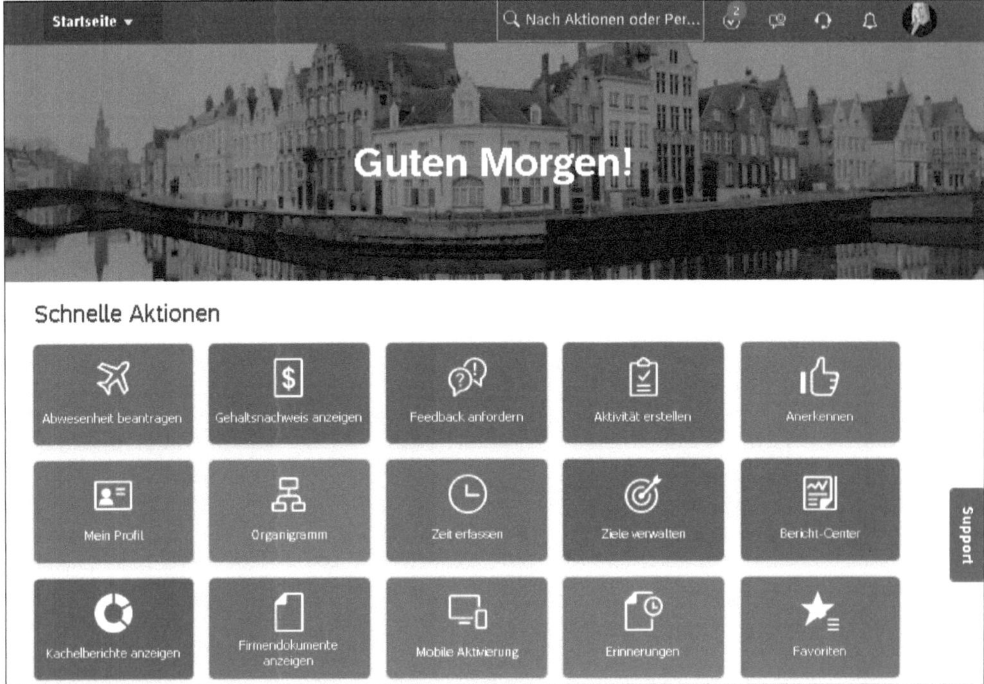

Abbildung 1.1 SAP SuccessFactors: typische Startseite

Mit einem Klick auf das Profilfoto erhalten Sie weitere Optionen. Über **Einstellungen** können Sie z. B. die Sprache an Ihre Bedarfe anpassen oder die mobile App einrichten. Haben Sie Zugriff auf das Admin-Center, können Sie von hier aus direkt dorthin abspringen (siehe Abbildung 1.2).

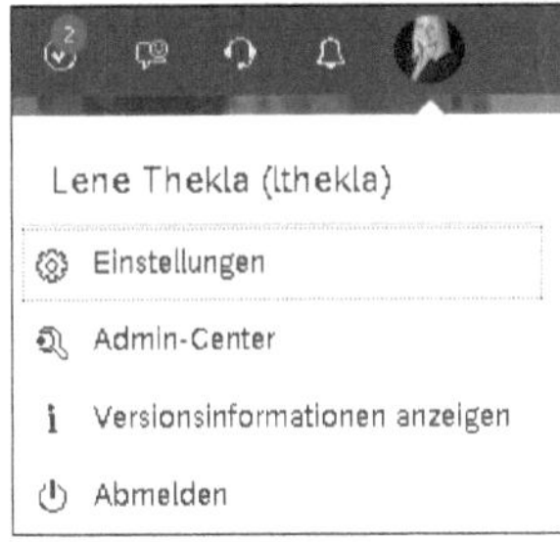

Abbildung 1.2 Anpassungsoptionen

Von der Startseite aus können Sie zudem über den Bereich **Schnelle Aktionen** direkt zu einer Tätigkeit abspringen.

Natürlich gibt es auch die Möglichkeit, nicht nur über den Desktop-PC oder Laptop auf die Daten in SuccessFactors zuzugreifen. Denn auch die mobile App ermöglicht einen Zugriff auf die Daten. In Abbildung 1.3 sehen Sie exemplarisch, wie das Organigramm in der App dargestellt wird.

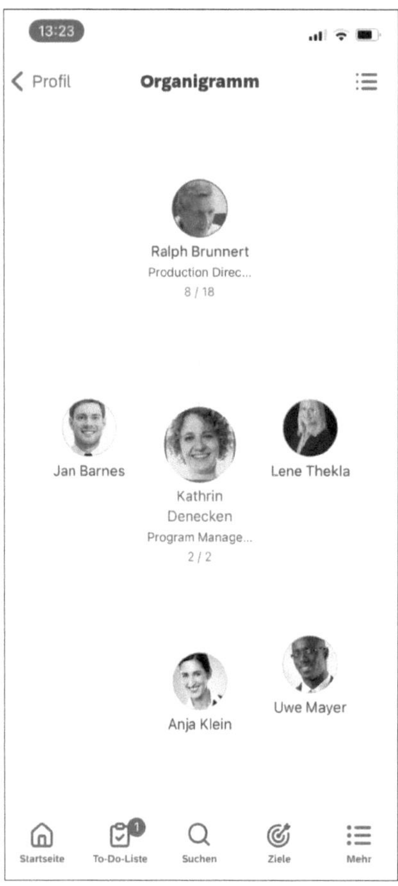

Abbildung 1.3 Organigramm in der mobilen App anzeigen

Startseite konfigurieren

Die Berechtigungen steuern, welche Informationen einem Nutzer oder einer Nutzerin auf der Startseite angezeigt werden. Natürlich können Sie die Startseite entsprechend Ihrer Unternehmens-Corporate-Identity (CI) einrichten. Hierzu stehen zwei wesentlichen Funktionen bereit:

- **Startseite verwalten** (hier ändern Sie z. B. das Hintergrundbild)
- **Designmanager** (hier passen Sie z. B. die Farbwelten an)

Beide Funktionen können Sie über die Aktionssuche aufrufen.

1.1.2 Mitarbeiterprofil

Das Mitarbeiterprofil ist die zentrale Stelle für die Einsicht und Bearbeitung von Mitarbeiterinformationen. Hier gehaltene Daten werden in vielen anderen Prozessen in SAP SuccessFactors herangezogen und genutzt. Neben den Stammdaten zu den Mitarbeitenden werden hier zudem auch die Talent-Daten zu diesen Personen angezeigt und gegebenenfalls auch bearbeitet.

Das oberste Banner wird als öffentliches Profil bezeichnet und enthält (wie es der Name schon sagt) Informationen, die alle Systembenutzer sehen können (siehe Abbildung 1.4).

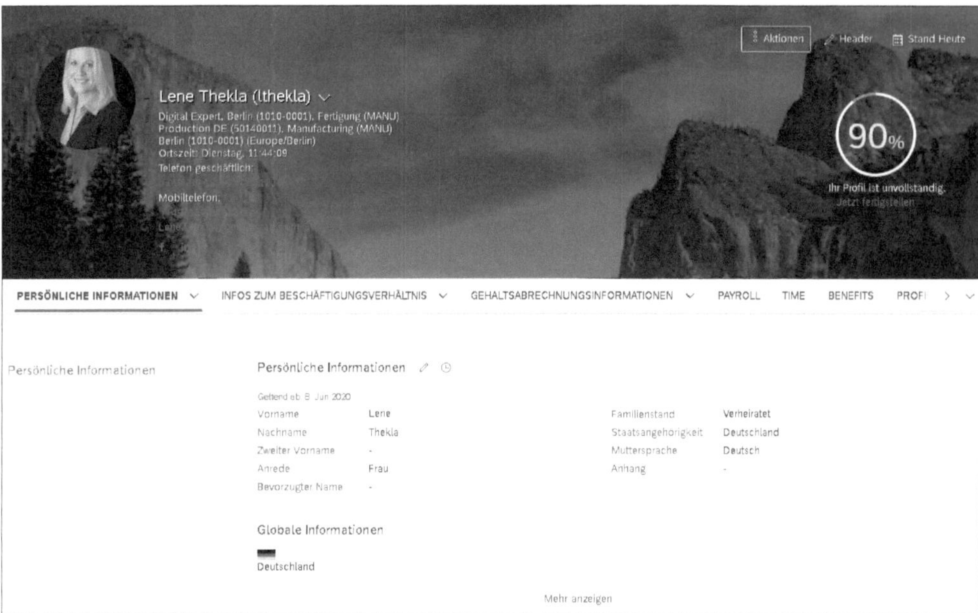

Abbildung 1.4 Mitarbeiterprofil mit Banner-Informationen

Es gibt unterschiedliche Möglichkeiten, um im Mitarbeiterprofil zu navigieren. So können Sie nach unten scrollen oder durch Klicken auf die entsprechenden Abschnitte in der Kopfzeile die entsprechenden Daten aufrufen. In Kapitel 5, »Mitarbeiterdaten«, sehen wir uns das Mitarbeiterprofil genauer an und stellen Ihnen die einzelnen Teilbereiche im Detail vor.

1.1.3 Benutzeroberfläche

Alle im System aktiven Nutzertypen sehen im Prinzip die gleichen Oberflächen. Eingeschränkt ist je nach Situation die Anzeige der Daten, die abhängig von den Berechtigungen (siehe Kapitel 11, »Rollenbasierte Berechtigungen«) erfolgt.

Wir sehen uns nun die Benutzeroberfläche exemplarisch anhand der Daten zur Mitarbeiterin oder zum Mitarbeiter an. Die Ansicht dieser Daten erfolgt für alle Rollen über das Mitarbeiterprofil. In Abbildung 1.5 wird die Ansicht auf das Mitarbeiterprofil aus der Rolle **HR-Administrator** gezeigt. Diese Rolle sieht die Informationen und kann sie durch einen Klick auf das Stiftsymbol auch bearbeiten. (Die Mitarbeitenden selbst dürfen z. B. den Bereich **Biografische Informationen** einsehen, dort aber nicht editieren.) Das Stiftsymbol wird für diesen Bereich nicht angezeigt, da diese Informationen statisch sind und zentral im System gepflegt werden.

Die Führungskraft könnte z. B. die Informationen zu **Erster Ansprechpartner im Notfall** gar nicht einsehen, da sie als besonders schützenswert angesehen werden. Die Anzeige der Daten passt sich also den Berechtigungen der einzelnen Rollen an.

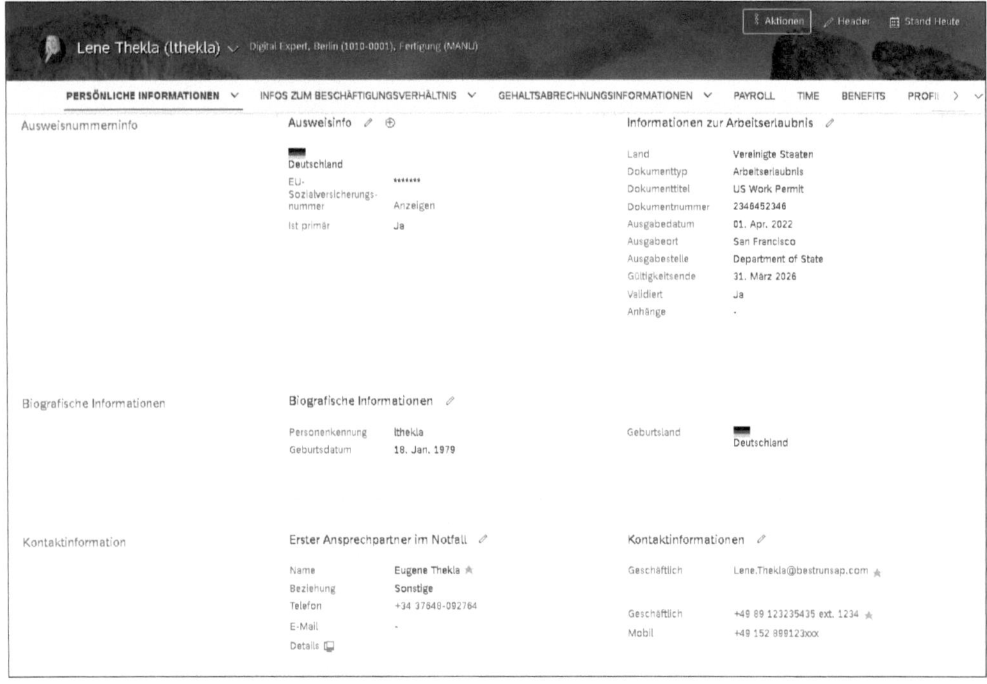

Abbildung 1.5 Details des Mitarbeiterprofils

1.1.4 Planstellen

Aus organisatorischer Sicht sind Planstellen (engl. positions) funktionale, mitarbeiterunabhängige Elemente in einer Organisation. Technisch betrachtet, sind Positionen Objekte des *Metadata Framworks* (MDF) und erhalten über dieses die vorhandenen Funktionen.

Eine Planstelle ist die Spezifizierung einer Stelle, die gegebenenfalls auch mit einer Rolle verbunden ist; Planstellen sind durch einen oder mehrere Mitarbeitende besetzt, oder sie sind vakant.

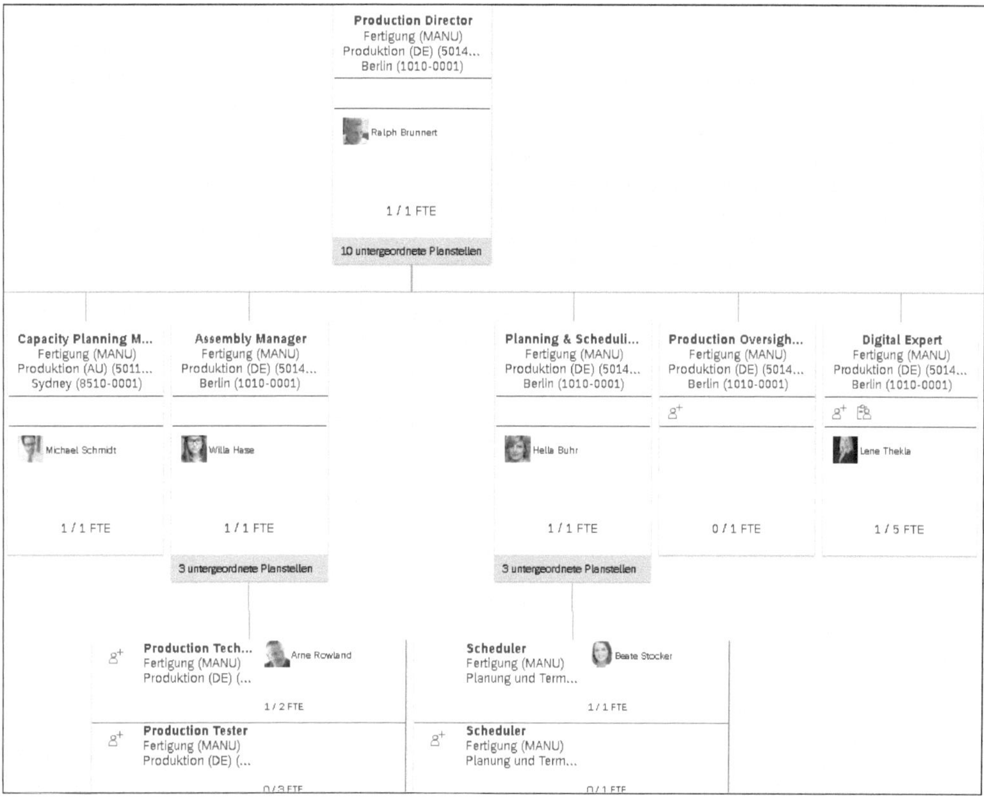

Abbildung 1.6 Planstellenorganigramm

Das Planstellenorganigramm rufen Sie über die Startseitennavigation und einen Klick auf **Organisationsstruktur** auf (siehe Abbildung 1.6). Es dient der Visualisierung der Planstellen untereinander und zeigt weitere Informationen, z. B. zum Inhaber oder zum Full Time Equivalent (FTE) an.

Vakante Planstellen sind der Startpunkt für den Ausschreibungsprozess im Recruiting. Sie werden bei der Nachfolgeplanung genutzt, helfen in der Planung und unterstützen viele weitere Prozesse. In Kapitel 4, »Planstellenmanagement«, beschäftigen wir uns näher mit Planstellen und deren Funktionen.

1.1.5 Workflows

Workflows werden vor allem in den Self-Services eingesetzt. Wenn Mitarbeitende oder Vorgesetzte eine Änderung vornehmen, kann ein Workflow ausgelöst werden.

Die Personen, die den Vorgang genehmigen, werden über die betreffende Änderung in Kenntnis gesetzt und um Zustimmung gebeten. Rollen, die eine Information über eine Änderung erhalten sollen, können ebenfalls benachrichtigt werden, ohne dass sie selbst im System aktiv werden müssten. Abbildung 1.7 zeigt einen typischen Genehmigungs-Workflow, mit Genehmigerinnen und Genehmigern und den zu informierenden teilnehmenden Personen.

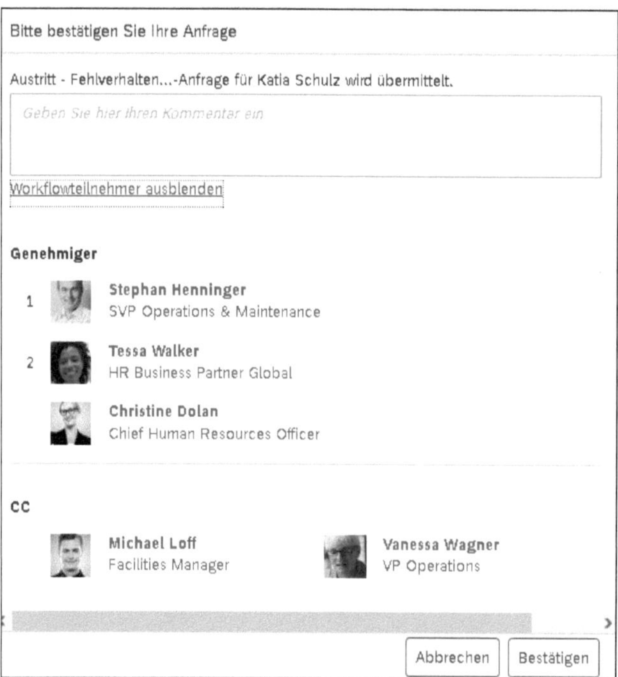

Abbildung 1.7 Typischer Genehmigungs-Workflow mit der Anzeige der unterschiedlichen involvierten Personen

In Abschnitt 2.3, »Workflows nutzen«, stellen wir Ihnen diese Funktion im Detail vor. Im Folgenden schauen wir uns nun an, wie Sie mit dem Admin-Center in die Verwaltung der Lösung einsteigen können.

1.1.6 Admin-Center und Aktionssuche

Ihnen steht im Admin-Center eine Vielzahl an Werkzeugen zur Verfügung, mit denen Sie SAP SuccessFactors und Employee Central verwalten können. Das Admin-Center erreichen Sie über das Dropdown-Menü auf der Startseite (siehe Abbildung 1.1), über einen Klick auf das Profilfoto am rechten oberen Bildrand (siehe Abbildung 1.2) oder indem Sie nach dem betreffenden Begriff in der Aktionssuche suchen.

Über die Seite des Admin-Centers erreichen Sie u. a. Informationen zu den folgenden Themen (siehe Abbildung 1.8):

- Tools
- Versionscenter
- Geplante Aufträge
- Aktuelle Ergebnisse der Prüftools
- Admin-Meldungen
- Informationen zur betroffenen Person
- Berichte

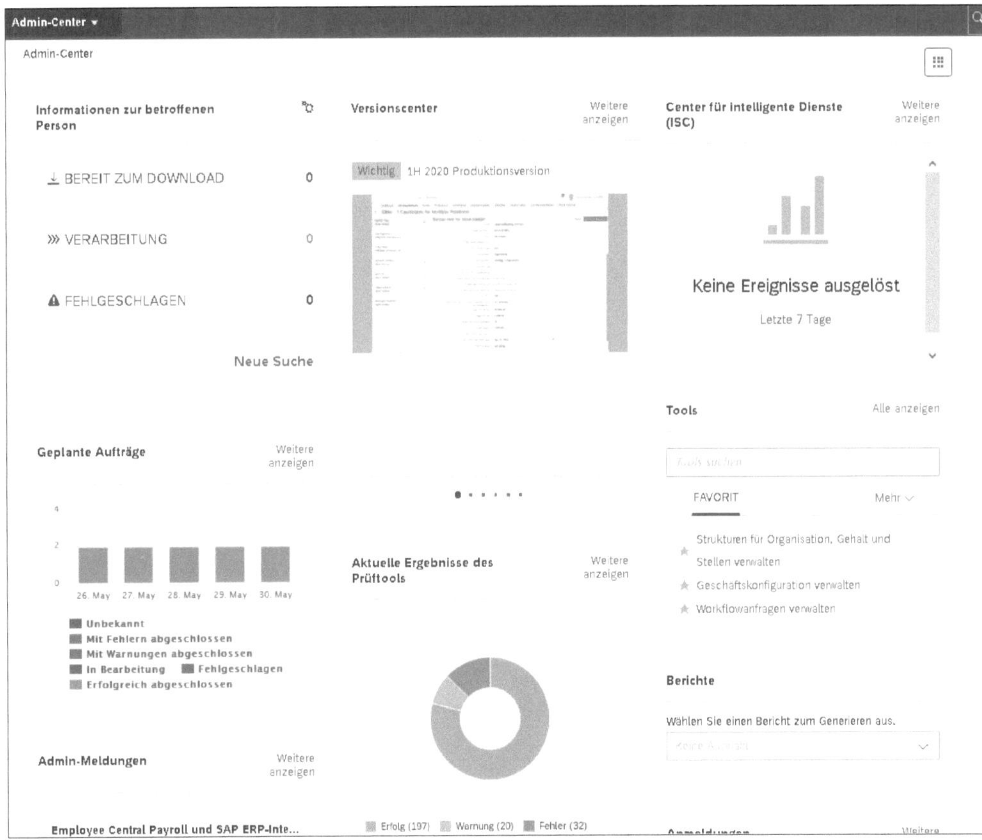

Abbildung 1.8 Admin-Center

Da wir uns in diesem Buch mit Employee Central beschäftigen, weisen wir an dieser Stelle vor allem auf die Ansicht **Tools** hin. Über diesen Menüpunkt erreichen Sie alle, für die Employee-Central-Konfiguration relevanten Funktionen. Sie können die gewünschten Begriffe direkt in der Suchleiste eingeben oder durch einen Klick auf **Alle**

anzeigen in die erweiterte Funktionenansicht abspringen. Dort können Sie über Scrollen navigieren oder ebenfalls die Suchzeile nutzen (siehe Abbildung 1.9).

Abbildung 1.9 Suchen in der Ansicht »Tools«

Eine Alternative für den schnellen Zugriff auf Funktionen ist über die *Aktionssuche* rechts oben im SuccessFactors-Fenster möglich; viele Tools können ebenfalls hierüber aufgerufen werden (siehe Abbildung 1.1).

1.2 Employee Central in die Systemlandschaft einbinden

Für die Nutzung von SAP SuccessFactors stehen grundsätzlich vier Modelle der Einbindung in die Systemlandschaft zur Verfügung, die unterschiedliche Nutzungsszenarien unterstützen:

- Talent Hybrid
- Side-by-Side
- Core Hybrid
- Full Cloud HXM

Im Folgenden stellen wir diese vier Modelle kurz vor (siehe Abbildung 1.10).

Im Modell *Talent Hybrid* ❶ werden die HR-Kernprozesse wie die Personaladministration, das Organisationsmanagement sowie die Abrechnung und Zeitwirtschaft weiterhin in einer On-Premise-Umgebung genutzt. Die Prozesse rund um das Talent Management werden in die Cloud verlagert. Für unser Thema Employee Central ist dieses Szenario nicht relevant. Employee Central verwendet nur die Bereitstellungsmodelle *Side-by-Side*, *Core Hybrid* und *Full Cloud HXM*.

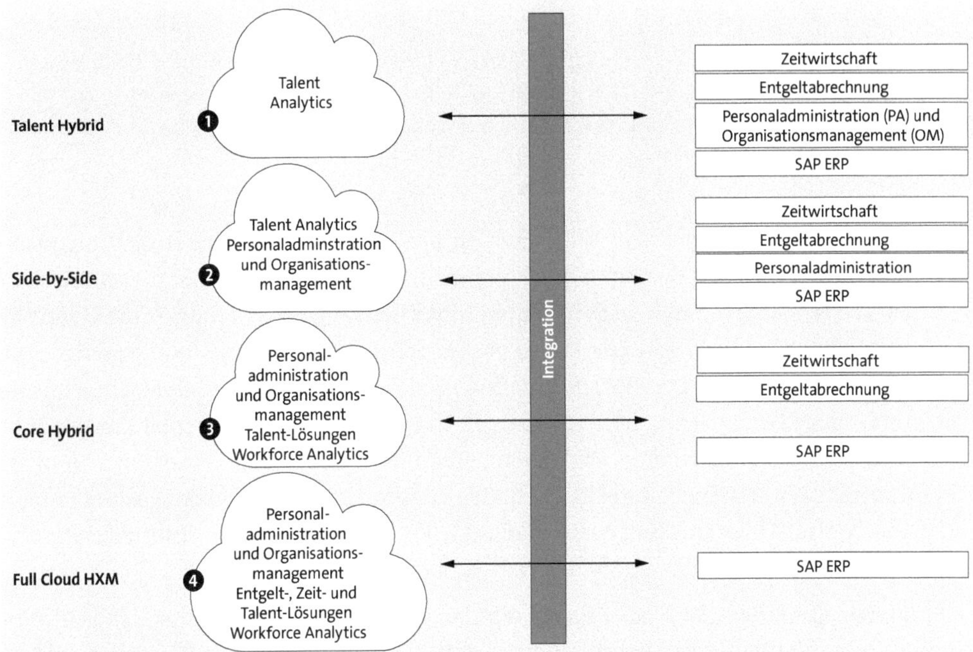

Abbildung 1.10 Bereitstellungsoptionen

Das Szenario *Side-by-Side* ❷ treffen wir oft bei global agierenden Unternehmen an. Ein bestehendes SAP-ERP-HCM-System wird beibehalten. Gleichzeitig wird Employee Central für z. B. neue Organisationen oder für nicht in SAP ERP HCM abgebildete Organisationen genutzt.

Vorstellbar ist dieses Szenario auch dann, wenn kein Big-Bang-Ansatz für die Implementierung von Employee Central gewählt wird, sondern ein Rollout zeitlich versetzt für die Unternehmensorganisationen erfolgt.

[«]

Side-by-Side-Szenario und Mashups

Es gibt zwei typische Optionen, um SAP SuccessFactors im Side-by-Side-Ansatz zu nutzen:

- Employee Central wird als führendes System für Personal- und Organisationsdaten verwendet; relevante Daten werden nach SAP ERP HCM repliziert.

- Die Perosnaldaten sind auf Employee Central und SAP ERP HCM aufgeteilt. Der Zugriff für alle Mitarbeitende erfolgt über Employee Central. Alle Änderungen werden jedoch in dem jeweiligen System vorgenommen, zu dem die oder der Mitarbeitende gehört. Für Mitarbeitende, die in SAP ERP HCM geführt werden, gibt es sogenannte Mashups, um über Employee Central auf die On-Premise-Funktionen und Transaktionen zuzugreifen.

Mithilfe von Mashups ist es möglich, in SAP SuccessFactors Transaktionen aus SAP ERP HCM anzuzeigen und auch nutzbar zu machen. Mashups können dabei unterstützen, SuccessFactors als zentralen Einstiegspunkt auch für die HR-Admins zu nutzen. Insbesondere beim Einsatz von Employee Central Payroll ist dies eine hilfreiche Option.

Wollen Kunden Ihre Kern-HR-Prozesse in die Cloud verlagern, aber die Gehaltsabrechnung und/oder das Zeitmanagement in der On-Premise-Verson von SAP ERP HCM oder in Systemen von Drittanbietern vorhalten, ist das Szenario *Core Hybrid* ❸ sinnvoll. Mit diesem Szenario ist ein großer Schritt in Richtung Cloud gemacht: Die Kern-HR-Prozesse und HR-Daten befinden sich in der Cloud; Gehaltsabrechnung und/oder Zeitmanagement verbleiben oft aufgrund der beschriebenen Komplexität noch in anderen Lösungen. Wir sehen derzeit (November 2022), dass mit Employee Central Payroll (siehe Kapitel 15, »Employee Central Payroll«) und der Lösung Employee Central Time Tracking (siehe Kapitel 7, »Zeitmanagement«) Unternehmen vermehrt den Schritt in Richtung des vierten Szenarios eingehen.

In dem Szenario *Full Cloud HXM* ❹ befinden sich alle HR-Anwendungen und HR-Prozesse in der Cloud. Gegebenenfalls werden hier auch Drittanbieter-Lösungen mit SAP SuccessFactors integriert.

Ausgangspunkt für die Entscheidung, welches Szenario für den betreffenden Kunden passend ist, ist oftmals die Frage, ob das bestehende HR-Kern-System weiter Bestand haben soll (siehe Abbildung 1.11). Dieses gibt meist in Kombination mit den weiteren Kriterien vor, welches Szenario das passende ist. Geprüft wird zudem oft Folgendes:

- ob die lokal verteilten Systeme zu berücksichtigen sind
- ob Entgeltabrechnung und Zeitmanagement on-premise bleiben oder in die Cloud übergehen sollen

Nachdem wir uns die Optionen für den Aufbau einer SuccessFactors-Systemlandschaft angesehen haben, wenden wir den Blick auf das Thema der Vorbereitung einer Implementierung von Employee Central.

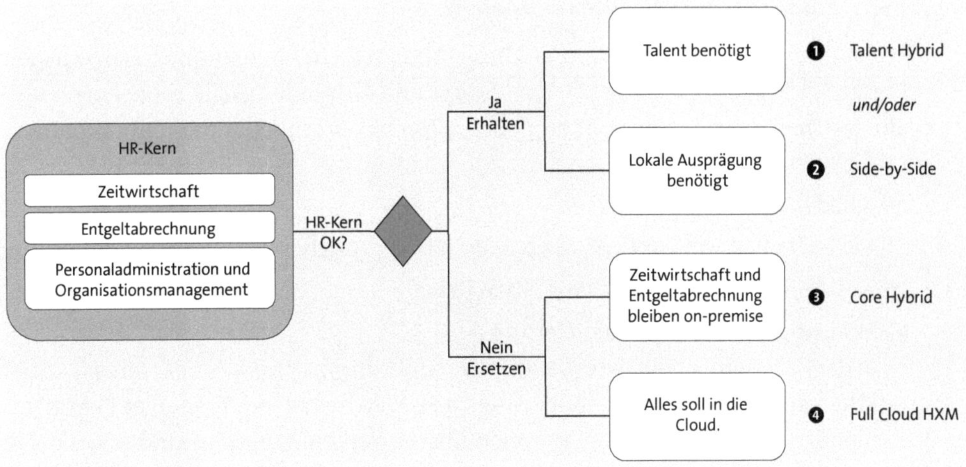

Abbildung 1.11 Typischer Entscheidungsbaum für eine Bereitstellungsoption

1.3 Implementierung vorbereiten

Unabhängig davon, ob Sie sich zum ersten Mal mit der Implementierung von SAP SuccessFactors beschäftigen oder ob Sie schon erste Implementierungserfahrung sammeln konnten, gehören einige Aufgaben fest zur Initialisierungsphase. Im Folgenden geben wir Ihnen eine kurze Zusammenfassung zu den Themen Projektteam, Projektmethode und zum Zusammenspiel zwischen ADOPT und ADAPT.

[+]

SAP SuccessFactors: Grundlagen, Prozesse, Implementierung

Da wir uns in diesem Buch auf Employee Central konzentrieren, gehen wir auf die organisatorischen Aspekte eines Einführungsprojekts nicht in allen Details ein. In unserem Buch »SAP SuccessFactors: Grundlagen, Prozesse, Implementierung« (Rheinwerk Verlag, 2. Auflage, 2019) erhalten Sie zu diesen Themen jedoch viele weiterführende Einblicke. In diesem Grundlagenbuch stellen wir Ihnen u. a. die folgenden Themen im Detail vor:

- Hinweise zum Implementierungsprojekt
- Rollen und Aufgaben im Projekt
- Best Practice: Ablauf eines SAP-SuccessFactors-Projekts in der Praxis
- mit User-Storys und Anwendungsfällen arbeiten
- mit weiteren Best Practices arbeiten
- Schulungsunterstützung

1.3.1 Projektteam und Projektvorgehen

Wir starten mit den Mitgliedern des Projektteams, dem Projektvorgehen sowie dem Einsatz wichtiger Hilfe-Tools wie User-Storys und Anwendungsfällen. Ein kurzer Blick auf das Thema der Nutzung eines globalen Templates schließt diesen Abschnitt ab.

Mitglieder des Projektteams

Zunächst stellen wir kurz vor, welche Rollen es typischerweise im Projekt gibt und welche Aufgaben diese Rollen übernehmen.

- **Beratung für die Implementierung**
  In der Regel wird es ein externer Implementierungspartner sein, der Sie mit seinen Erfahrungen in der Implementierung von HR-Prozessen mit Employee Central unterstützt. Typische, vom Beraterteam übernommene Aufgaben sind u. a. die Vorstellung der Best-Practice-Prozesse, die Erläuterung der Systemfunktionalität, die Konfiguration des Systems und die Durchführung von Schulungen.
- **Projektleitung**
  Die Projektleiterin oder der Projektleiter auf Kundenseite kommt in der Regel aus der HR-Abteilung oder aus der IT-Abteilung. Zu ihren bzw. seinen Aufgaben gehören u. a. Projekt- und Ressourcenplanung, Risikomanagement, Budgetkontrolle und Eskalationsmanagement.
- **Process Owner**
  Diese Rolle verantwortet den Prozess mit seinen Teilprozessen. Sie wird in der Regel durch fachliche Expertinnen und Experten unterstützt. Bei der finalen Bestätigung der umzusetzenden Anwendungsfälle und Prozesse handelt es sich um eine Schlüsselrolle.
- **HR-Expertin/HR-Experte**
  Diese Rolle ist dafür zuständig, den gemeinsam mit dem Process Owner definierten oder angenommenen Prozess und dessen Konfiguration im System zu betreuen. In größeren Projekten mit der Beteiligung zentraler und/oder lokaler Unternehmenseinheiten ist es wichtig, auch die Anforderungen der einzelnen HR-Expertinnen und HR-Experten für ihren jeweiligen Zuständigkeitsbereich kennenzulernen und sie in die Projektarbeit einzubinden. Damit schaffen Sie ein gemeinsames Verständnis des neuen Prozesses. In solchen Projekten gibt es oftmals ein Kernprojektteam, in dem wenige HR-Expertinnen und HR-Experten die wesentliche Prozess- und Projektarbeit durchführen. Weitere Personen aus dem HR-Team können z. B. in die Meilensteine des Projekts (Test der aktuellen Iteration) eingebunden werden und dort beratend tätig sein. Insbesondere in einem Employee-Central-Projekt ist die Einbindung der lokalen Ressourcen mit entsprechendem Wissen hinsichtlich der lokalen Anforderungen eine der Voraussetzungen für das Gelingen des Projekts.

- **IT-Team inklusive Schnittstellenexpertise**
  In der Diskussion technischer Themen, etwa wenn es um Schnittstellen zu vor- oder nachgelagerten Systemen geht, übernimmt die IT-Expertin bzw. der IT-Experte oftmals die Gesprächsführung mit dem Implementierungspartner. Ergänzen Sie eine bestehende On-Premise-HR-Landschaft, oder lösen Sie Teile daraus durch SAP SuccessFactors ab, betreuen diese Personen die Integration der Systeme. Auch im Stammdatenmanagement und bei der initialen Befüllung Ihrer SAP-SuccessFactors-Instanzen unterstützt Sie in der Regel das IT-Team.
- **Systemadministration**
  Die Rolle der Systemadministration ist in der Regel global festgelegt. Systemadministratorinnen und Systemadministratoren sind oft für grundlegende und plattformbetreffende Themen zuständig. Sie verantworten typischerweise das Berechtigungskonzept, die globalen Einstellungen oder die Schnittstellen zu anderen Systemen.
- **Testkoordination, Schulungsverantwortliche, Change Management**
  Diese Rollen werden in der Regel durch Expertinnen und Experten besetzt, die unterschiedliche Themen repräsentieren und für einen reibungslosen Ablauf der Tests und auch der Kommunikation, Produktivsetzung und dergleichen sorgen.
- **Projektsponsorin/Projektsponsor**
  Diese Rolle unterstützt das Projekt und repräsentiert die Unternehmensleitung. Sie unterstützt in der Projektkommunikation und bezüglich der Projektziele und fördert oftmals auch die Abstimmung mit übergreifenden Unternehmenszielen.

Projektvorgehen

Employee Central kann, ebenso wie die anderen Module von SAP SuccessFactors, nach der SAP-Activate-Methodik implementiert werden. SAP Activate ist die Projektimplementierungsmethodik, die für Cloud-Implementierungen von SAP verwendet wird. Sie unterteilt die Implementierung in die folgenden Phasen:

1. Discover (Entdecken)
2. Prepare (Vorbereiten)
3. Explore (Erkunden)
4. Realize (Realisieren)
5. Deploy (Bereitstellen)
6. Run (Betrieb und Optimierung)

Außerdem bestimmt SAP Activate eine Reihe von Aktivitäten und den Leistungsumfang für jede Phase.

Informationen hierzu sowie weitere Details zu den einzelnen Phasen und deren Bestandteilen erhalten Sie unter: *https://community.sap.com/topics/activate* und spezifisch für SuccessFactors unter: *https://go.support.sap.com/roadmapviewer/*. Klicken Sie auf dieser Übersichtsseite auf **Explore all Roadmaps** und dann auf den Eintrag **SAP Activate Methodology for SuccessFactors**.

Wir sehen in der Praxis, dass eine Adaption dieses Vorgehens Kunden gut unterstützen kann, wenn es darum geht, etwas agiler und schneller in die Umsetzung und produktive Nutzung starten zu können. Hilfreich für einen raschen Start der produktiven Nutzung ist die Unterteilung des Projekts in eine ADOPT- und eine ADAPT-Phase.

Im SAP-Umfeld ist die Unterscheidung zwischen ADOPT- und ADAPT-Phase üblich. In der *ADOPT-Phase* geht es darum, Standardprozesse anzunehmen. Die Kunden prüfen, ob diese für Sie passen können und ob eine direkte produktive Nutzung des Systems, basierend auf diesen Standardprozessen, möglich ist. Bei positivem Ergebnis kann direkt in der ADOPT-Phase in die produktive Nutzung eingestiegen werden. Passen die Standard-Prozesse nicht zu einem signifikanten Teil und müssen Anpassungen erfolgen, dann geschieht das in der *ADAPT-Phase*.

Geht ein Kunde zum Abschluss der ADOPT-Phase live, folgt oftmals nach einer Konsolidierungsphase ebenfalls eine ADAPT-Phase, in der Anpassungen an kundenindividuelle Bedarfe durchgeführt oder auch lokale Besonderheiten zusätzlich abgebildet werden.

Abbildung 1.12 zeigt Ihnen einen typischen Verlauf einer ADAPT-Phase in einer Implementierung von SuccessFactors mit einem Go-live am Ende der Phase. Die typischen Phasen von SAP Activate finden sich hier ebenfalls wieder.

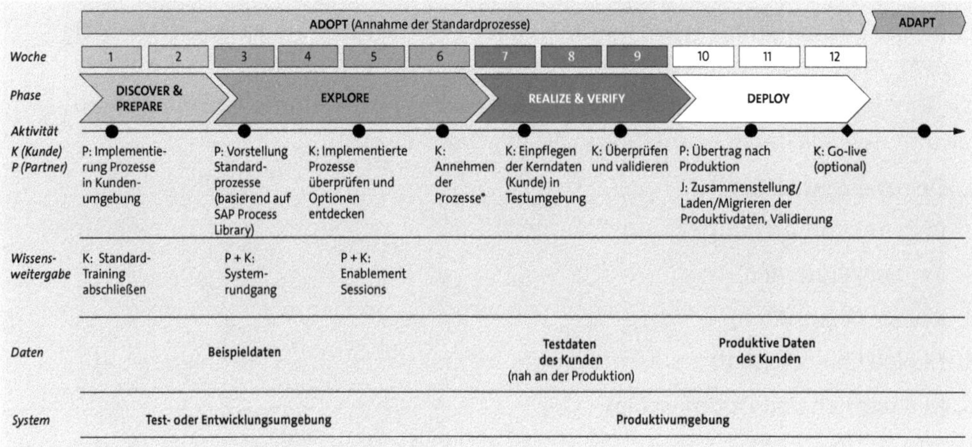

Abbildung 1.12 Ablauf der ADOPT-Phase

Unserer Erfahrung nach eignet sich Employee Central gut für einen solchen Implementierungsansatz und für den (ersten) Go-live direkt nach der ADOPT-Phase. Die Stammdaten sind klar definiert, und die Prozesse meist standardnah. Compensation oder Ziel- und Leistungsbeurteilung sind hingegen Beispiele für Module und Prozesse, in denen oftmals eine individuelle Anpassung an die Kundenbedarfe erfolgt (z. B. aufgrund von Betriebsvereinbarungen).

Standards und Best Practices

Standards und Best Practices, wie sie in der SAP Process Library (siehe Abschnitt 1.3.3, »Informationen suchen und finden«) beschrieben sind, helfen Ihnen, im Projekt zu entscheiden, welche Prozessgestaltung empfohlen wird (siehe Abbildung 1.13). Lassen Sie sich durch diese Beschreibungen leiten, um Ihre eigenen HR-Prozesse zu prüfen, zu gestalten und zu optimieren. Sie profitieren nicht nur im Projekt, sondern auch nach dem Go-live im Betrieb vom Einsatz der Standards und Best Practices.

Im Projekt unterstützen Sie die Standards und Best Practices, indem sie

- ... Ihnen helfen, Wissensaufbau zu zeitgemäßen HR-Prozessen zu betreiben.
- ... Ihnen helfen, funktionierende Prozesse einzusetzen.
- ... integrierten Prozessen den Weg bereiten und Standard-Integrationspunkte zu weiteren Prozessen setzen.
- ... Ihnen helfen, schlanke und effiziente Prozesse aufzubauen und zu nutzen.
- ... Ihnen helfen, die Komplexität zu reduzieren.

[+]

Aufbau der unternehmenseigenen Prozesse mit Stakeholdern

Binden Sie Process Owner und Stakeholder in die Diskussion der Best Practices ein! So erhalten Sie frühzeitig im Projekt einen Austausch mit den wichtigen Beteiligten und können den weiteren Projektverlauf besser steuern.

Zudem profitieren Sie auch bei der Umsetzung in der Plattform von Best Practices. Hier lassen sich die folgenden Mehrwerte finden:

- Standardnähe und damit verbundene Upgrade-Fähigkeit für Releases
- Vermeidung erhöhter Erstellungs- und Support-Aufwände durch Individualentwicklung
- reduzierte und überschaubare Implementierungsaufwände

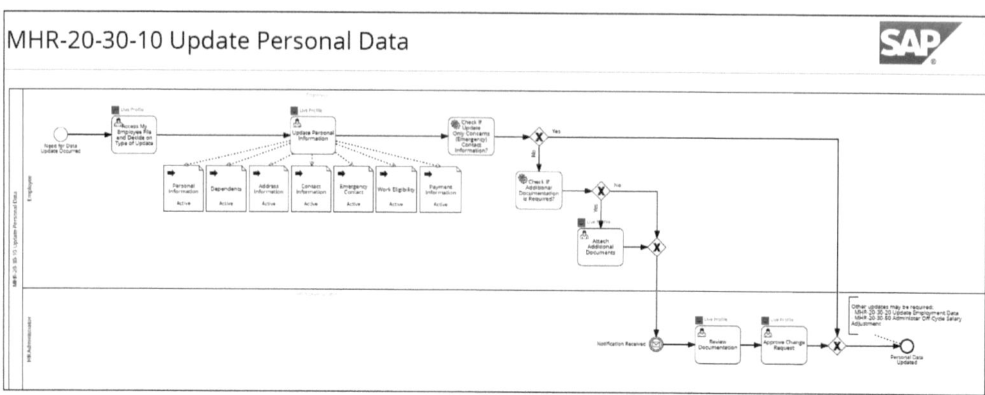

Abbildung 1.13 Beispiel für den Standardprozess »Internal Hire«

User-Storys und Anwendungsfälle

Eine *User-Story* ist eine kurze, in Unternehmens- bzw. Umgangssprache formulierte Anforderung an eine Softwarelösung. User-Storys sind sehr gut geeignet, um die Anforderungen an einen Prozess festzulegen. Sie fassen in der Ich-Perspektive aus Sicht einer Rolle, z. B. in der Rolle **Manager**, zusammen, was diese Rolle im (neuen) Prozess machen möchte. User-Storys ermöglichen es Ihnen, auf eine unkomplizierte Weise aufzunehmen, welche Anforderungen Mitarbeitende, die eine Rolle ausfüllen, an einen Prozess haben. Im Zusammenspiel mit den Anwendungsfällen erhalten Sie so eine sehr gute Basis für Ihre Projektarbeit und die Ausgestaltung der Prozesse. Im Anwendungsfall konkretisieren Sie die Anforderungen in strukturierter Form. Sie erfassen Folgendes:

- *Ziel* – Was soll erreicht werden?
- *Akteure* – Wer ist beteiligt?
- *Auslöser*: Wodurch wird ein Anwendungsfall ausgelöst, und welches ist der Ausgangspunkt?
- *Teilschritte*: Welche Teilschritte definieren einen Anwendungsfall?
- *Abhängigkeiten*: Welche Schnittstellen oder Abhängigkeiten zu/von anderen Anwendungsfällen gibt es?
- *Alternativen*: Welche alternativen Lösungswege gibt es?

Wenn Sie in der Prozessaufnahme und in der Anforderungsaufnahme mit Anwendungsfällen arbeiten, können Sie rasch ein gemeinsames Verständnis aller Beteiligten entwickeln. Die Anwendungsfälle werden zur Basis für die grundlegende Konfiguration Ihrer Instanz. Im weiteren Verlauf des Projekts werden Sie die Anwendungsfälle weiter ausarbeiten und präzisieren. Mit dem Reifegrad der Anwendungsfälle steigt auch der Reifegrad der Implementierung. Auch im Betrieb unterstützen Sie die Anwendungsfälle, z. B. wenn es um Tests nach dem Erscheinen von Releases geht.

Globales Template

Für die Einführung von SAP SuccessFactors gibt es zwei wesentliche strategischen Alternativen:

- Nutzung eines dynamischen globalen Templates
- Nutzung eines dynamischen lokalen Templates

Das *dynamische globale Template* steht für ein global abgestimmtes Vorgehen, das sehr flexibel und gegebenenfalls in einer schnellen Taktung auf Änderungen reagiert. Hierbei geht es darum, dass Innovationen prozess- und plattformseitig genutzt werden können, um global abgestimmt Prozesse und Templates zu unterstützen. Globale Betriebskosten bleiben vergleichsweise niedrig, da nur ein globales Template unterstützt wird.

Das *dynamische lokale Template* beinhaltet ebenfalls die Möglichkeit, sehr flexibel und gegebenenfalls in einer schnellen Taktung auf Änderungen zu reagieren. Es werden jedoch, im Unterschied zum ersten Ansatz, lokale Anforderungen berücksichtigt und in SAP SuccessFactors z. B. durch lokale Templates abgebildet, die die jeweilige lokale Situation und Anforderung reflektieren. Diese lokalen Templates müssen wiederum mit dem globalen Template abgestimmt werden.

Bei der Einführung von Employee Central empfehlen wir, mit einem globalen Template die Basis für die Nutzung der Prozesse zu legen. Hierfür sprechen:

- die schnelle Umsetzung von Anforderungen
- eine bedarfsgerechte Aufnahme und Einführung neuer Prozesse
- die schnelle Reaktion auf Verbesserungen der Plattform
- geringe Betriebskosten

Diese Vorteile wiegen gegebenenfalls entstehende Nachteile auf, z. B. folgende:

- hohe Kosten und hoher Abstimmungsaufwand
- hoher Aufwand in der Koordination sowie in der Bereitstellung von Services

Zumindest in der ADOPT-Phase, wenn z. B. ein schneller Start in die Nutzung eines unternehmensweiten Stammdatensystems mit Reporting und ersten Self-Services gelegt werden soll, ist die Nutzung eines globalen Templates eine gute Unterstützung. Zudem profitieren Sie davon, dass bereits im globalen Template landesspezifische Besonderheiten abgedeckt werden: Adressformate, Ausweisidentifikationsnummern und Zeichen, Bankdaten und ähnliche Elemente sind in den Landeskonfigurationen entsprechend den landesspezifischen Normen verfügbar.

Abhängig von den Anforderungen der Organisation(en), kann dann die Ausprägung auf individuelle Anforderungen und (nur dort, wo es zwingend ist) zu lokalen Besonderheiten in der ADAPT-Phase erfolgen.

1.3.2 Provisioning-Zugang einrichten

Provisioning ist der Backend-Bereich von SAP SuccessFactors, auf den typischerweise den Implementierungspartnern Zugriff gewährt wird. Hier gibt es einige grundlegende Einstellungsoptionen, z. B. die Aktivierung von weiteren bzw. neuen Modulen oder von Sprachpaketen. Tendenziell wird die Bedeutung des Provisionings immer kleiner: Die Einstellungsmöglichkeiten werden bzw. wurden an die Web-Admin-Oberfläche von SAP SuccesFactors übergeben, zu der auch der Kunde Zugang hat.

Den Zugang zum Provisioning für den Partner richten Sie als Kunden (mit einem entsprechend berechtigten Nutzer oder einer berechtigten Nutzerin) über die Funktion **Provisioning-Zugriff verwalten** ein, die Sie einfach über die Aktionssuche aufrufen können (siehe Abbildung 1.14). Um einen neuen Zugriff zu gewähren, klicken Sie auf die Schaltfläche [+] und geben im sich neu öffnenden Fenster die E-Mail-Adresse der Beraterin oder des Beraters ein, der oder dem Sie Zugriff gewähren möchten.

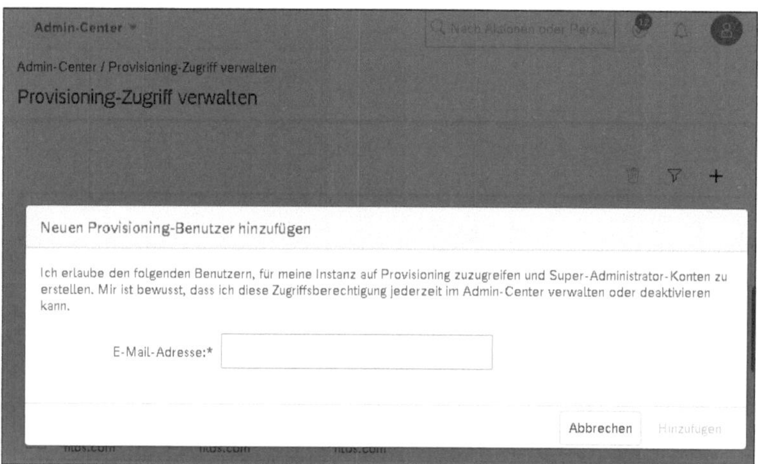

Abbildung 1.14 Provisioning-Zugang einrichten

Sind bereits Beraterinnen und Berater mit Provisioning-Zugriff in Ihrer Instanz angelegt, können Sie diesen Zugriff ebenfalls über die Funktion **Provisioning-Zugriff verwalten** pflegen.

Haben Sie den Provisioning-Zugriff eingerichtet, nehmen die Berater und Beraterinnen Ihres Implementierungspartners die für die Konfiguration von Employee Central notwendigen Einstellungen im Provisioning für Sie vor.

1.3.3 Informationen suchen und finden

Es gibt ein umfangreiches Informationsangebot zu SAP SuccessFactors und Employee Central. Im Folgenden stellen wir Ihnen die grundlegenden Informationsquellen vor.

[«] 1

Links

Wir haben die Verlinkungen vor Veröffentlichung nochmals genau geprüft, es verändern sich aber immer wieder einzelne Links. Sollten Sie auf einen ungültigen Link stoßen, hilft in der Regel die Suche in der Community oder im SAP Help Portal *https://help.sap.com* weiter.

SAP SuccessFactors Community

Die SAP SuccessFactors Customer Community ist ein wichtiger Einstieg für Kunden vor und während eines Projekts, genauso aber auch im Betrieb und für die Weiterentwicklung von SuccessFactors-Lösungen. Sie erreichen hierüber u. a. die aktuelle Kommunikation, Dokumentation und Prozessdokumente sowie Austauschmöglichkeiten mit anderen Kunden und Release- und Roadmap-Informationen. Sie erreichen die Community unter dem folgenden Link: *https://community.successfactors.com/* (siehe Abbildung 1.15). Zum Zugriff auf die Informationen benötigen Sie einen sogenannten S-User, den typischerweise Ihre IT kostenfrei bereitstellen kann.

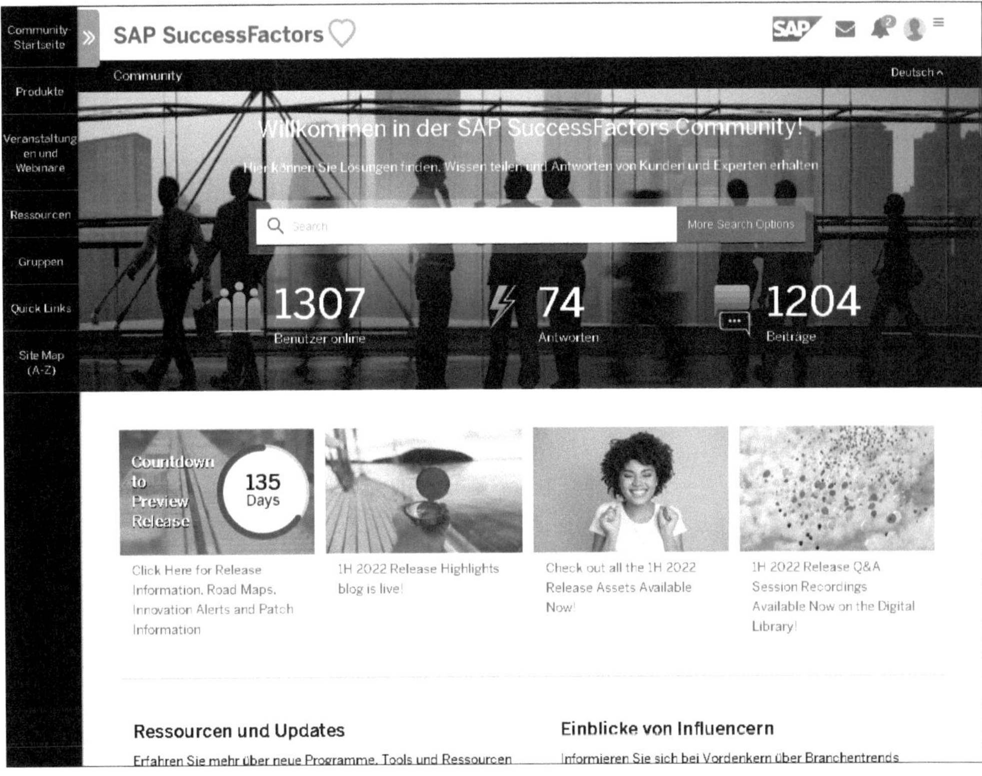

Abbildung 1.15 SAP SuccessFactors Community einsehen

Sprache

In der Community stehen immer mehr Informationen auch in deutscher Sprache zur Verfügung. Vieles ist aktuell jedoch nur in englischer Sprache vorhanden.

Im Bereich **Ressourcen** der SAP SuccessFactors Community erhalten Sie Zugriff auf die wesentlichen Informationsquellen, die wir im Folgenden kurz vorstellen (siehe Abbildung 1.16).

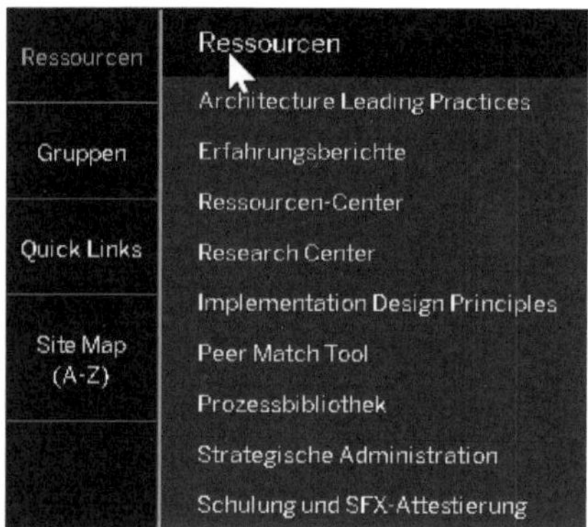

Abbildung 1.16 Ressourcen der SAP SuccessFactors Community

- **Architecture Leading Practices**
  Architecture Leading Practices (ALP) ergänzen die Implementation Design Principles (IDP) im Implementierungsprozess. Während sich IDPs auf das Design der SAP-SuccessFactors-Lösung konzentrieren, enthalten ALPs Anleitungen für die empfohlene Konfiguration und Systemgestaltung.
- **Erfahrungsberichte**
  In diesem Bereich erhalten Sie Einblick in die Erfahrungsberichte von Kunden und haben Zugriff auf aktuelle Storys in SAP SuccessFactors.
- **Ressourcen-Center**
  Im Ressourcen-Center finden Sie unterschiedlichste Materialien – angefangen bei Onboarding-Informationen für das erste SuccessFactors-Projekt bis hin zu Implementierungshandreichungen, White Papers und vielem mehr.
- **Research Center**
  Hier erhalten Sie Informationen rund um die Themen aus Personalforschung und Marktforschung mit Blick auf die Zukunft der Arbeit.
- **Implementation Design Principles**
  Implementation Design Principles (IDPs) sind Leitfäden, die Informationen über Standards und Best Practices, Implementierungsstrategien und häufig auftretende Szenarien enthalten. Jedes IDP-Dokument befasst sich mit den Best Practices

für die Verwendung des Systems, bezogen auf das jeweilige Thema, beantwortet häufig gestellte Fragen und bietet Anleitungen für verschiedene Szenarien und Herausforderungen, mit denen Kunden häufig im konfrontiert werden. Für Employee Central stehen mehrere IDPs zur Verfügung, die u. a. Themen wie Beschäftigungsverhältnisse, Optimierung von Geschäftsregeln, Verwaltung von Warnungen und Benachrichtigungen sowie Datenmigration und Integration abdecken.

- **Peer Match Tool**
  Über das Peer Match Tool bekommen Sie Kontakt zu Kunden, die sich bereit erklärt haben, ihr Wissen mit anderen Personen zu teilen. Über eine Auswahlliste können Sie Ihren gewünschten Themenbereich spezifizieren und dann prüfen, ob es hierzu Kontakte gibt. Auch können Sie selbst als Advisor agieren.
- **Prozessbibliothek**
  Hier erhalten Sie stets aktuelle Informationen zu den mit SAP SuccessFactors unterstützten Standardprozessen. Diese sind hilfreich, um einen Überblick zu erhalten, aber auch um im Projekt zu prüfen, ob Sie tatsächlich von den Standardprozessen abweichen möchten, oder um mögliche Abweichungen zu »challengen«.

  Für die einzelnen Prozessbereiche gibt es jeweils Informationen zu **Process Diagramms**, **Process Summaries** und **Leading Practices**.
- **Strategische Administration**
  In diesem Bereich erhalten Sie Auskunft über die Rolle und Tätigkeiten der Administration.
- **Schulung und SFX-Attestierung**
  Dieser Bereich fasst zentral die Schulungs- und Akkreditierungsangebote im Kontext von SAP SuccessFactors zusammen. Hier erhalten Sie Zugriff auf die aktuellen Admin Guides und Schulungen. Der über diesen Bereich mögliche Absprung in das Learning-Hub-basierte SuccessFactors Admin Learning Center gewährt Zugriff auf weitere Ressourcen, wie z. B. Lernpfade und damit verbundene Zertifizierungen.

[«]

Aktuelle Job Aids und Admin Guides

Über die Seite für Schulungen und SFX-Attestierung erhalten Sie Zugriff auf die aktuell durch SAP bereitgestellten Trainingsmaterialien und Administrationsleitfäden. Diese begleiten Sie nicht nur im Projekt, sondern auch in der produktiven Nutzung des Systems. Aktuell ist die Zusammenfassung über den folgenden Link aufzurufen: *https://d.dam.sap.com/a/MqoPXdx*.

SAP Help Portal

Das SAP Help Portal (*https://help.sap.com*) ist für sowohl für SAP SuccessFactors als auch für andere SAP-Lösungen eine der wichtigsten Online-Ressourcen. Über das SAP Help Portal erhalten Sie Zugriff auf die offizielle Dokumentation, auf SAP-Hinweise und vieles mehr. Für SAP SuccessFactors und auch Employee Central gibt es ebenfalls dedizierte Bereiche.

Über die Seite *https://help.sap.com/hr_ec* erhalten Sie einen zentralen Einstieg in die Leitfäden und Dokumentation zu Employee Central.

What's new Viewer

Über das Help Portal erreichen Sie auch den What's New Viewer (siehe Abbildung 1.17), der Ihnen Einblick in die Neuerungen der Releases bereitstellt und in dem Sie nach unterschiedlichen Modulen usw. filtern können.

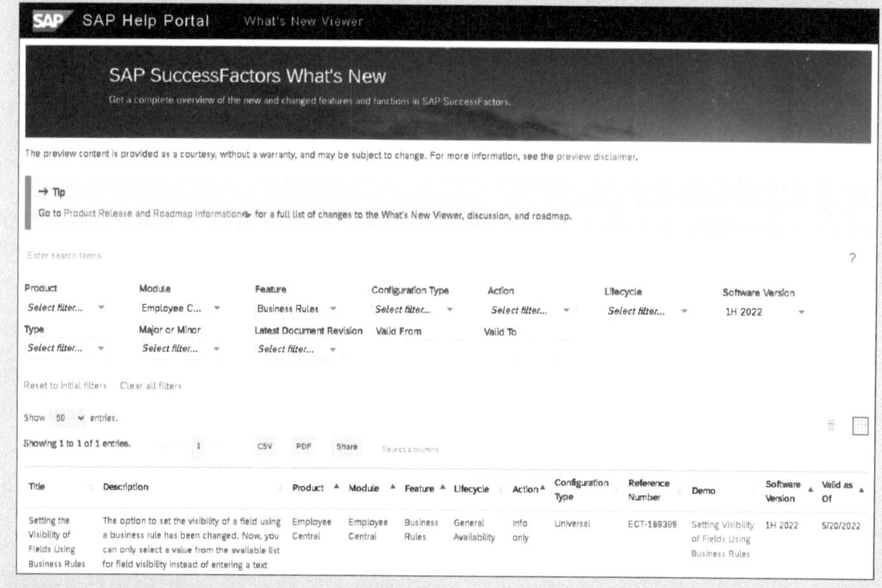

Abbildung 1.17 What's New Viewer nutzen

Aktuell erreichen Sie den Viewer hier:

https://help.sap.com/doc/62fddbd651204629b46bbccbabf886ba/cloud/en-US/159bda31b711402c884ae5686446840d.html

Road Map Explorer

Der Road Map Explorer von SAP bietet Ihnen einen Überblick über die in der Produkt-Roadmap von SAP geplanten Entwicklungen und deren Bereitstellungsplanung. Der

Explorer ist über *https://roadmaps.sap.com/* erreichbar. Filtermöglichkeiten erlauben es Ihnen, die gewünschten Informationen zu selektieren (siehe Abbildung 1.18).

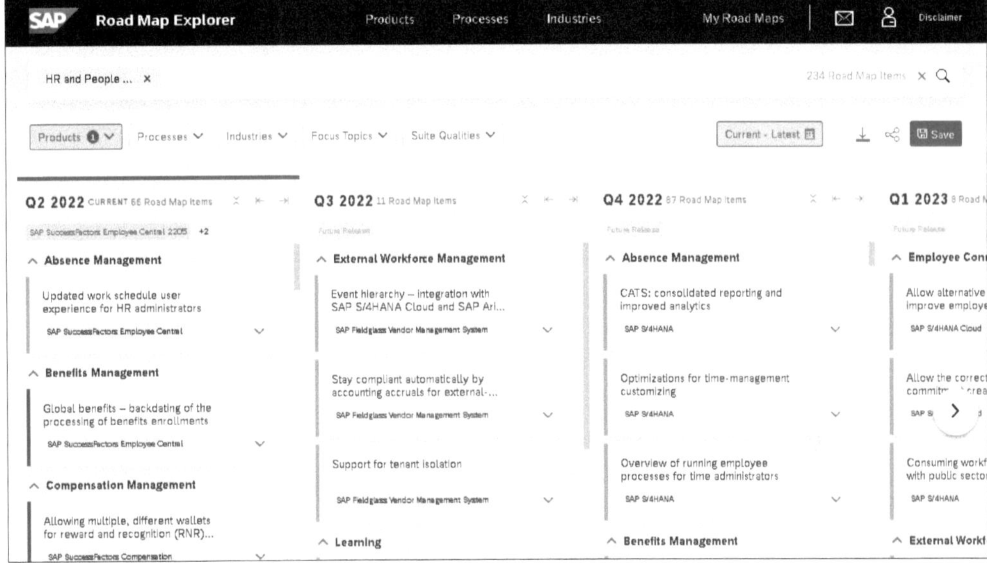

Abbildung 1.18 SAP SuccessFactors: Road Map Explorer

SAP Support Portal

Wie für andere SAP-Produkte ist das SAP Support Portal (*https://support.sap.com/en/index.html*) Einstiegspunkt für das Suchen und Finden von weiterführenden Informationen. Auch Tickets für den Support können Sie hier eröffnen.

Social-Media-Kanäle

Auch über die Social-Media-Kanäle erhalten Sie viele aktuelle Informationen rund um SAP SuccessFactors, so z. B. auch über *https://www.youtube.com/user/SuccessFactorsinc*.

Kapitel 2
Grundlagen der Arbeit in Employee Central

In diesem Kapitel zeigen wir Ihnen die Arbeit mit wesentlichen Elementen von SAP SuccessFactors Employee Central. Ereignisse und Ereignisgründe, Workflows und Geschäftsregeln helfen Ihnen, Prozesse in Employee Central zu gestalten und stellen somit wichtige Grundlagen in der Arbeit mit dem System dar.

Mithilfe von Ereignissen und Ereignisgründen können Sie die im Laufe des Arbeitslebens von Mitarbeitenden (Mitarbeiterlebenszyklus) auftretenden Ereignisse verwalten. Eine automatisierte Verwaltung und Genehmigung der Ereignisse ist in Verbindung mit Workflows möglich, und mithilfe von Geschäftsregeln können Sie das Systemverhalten beeinflussen. Denn Geschäftsregeln bieten viel Funktionalität und Flexibilität: vom Ausblenden von Feldern über das Auslösen von Workflows bis hin zum Starten von sogenannten intelligenten Diensten.

In Abschnitt 2.1 beschäftigen wir uns mit dem Status, den die Mitarbeitenden im System einnehmen können. In Abschnitt 2.2 stellen wir Ihnen die Arbeit mit Ereignissen und Ereignisgründen vor. Im Laufe eines Arbeitsverhältnisses durchläuft ein Arbeitnehmer oder eine Arbeitnehmerin in der Regel verschiedenste Ereignisse. Diese werden als Transaktionen in Employee Central gehalten und in Ereignissen und Ereignisgründen abgebildet. Die Transaktionen selbst werden in Employee Central als *Ereignis* (engl. Event) erfasst, und Ereignisgründe helfen der weiteren Spezifizierung.

Workflows und damit verbundene Konfigurationseinstellungen erläutern wir in Abschnitt 2.3. Auf die Arbeit mit Geschäftsregeln gehen wir abschließend in Abschnitt 2.4 ein.

2.1 Mitarbeiterstatus

Um die Funktionsweise von Ereignissen und Ereignisgründen verstehen zu können, ist es hilfreich, sich zunächst vor Augen zu führen, welche Status Mitarbeitende in SAP SuccessFactors annehmen können. Daher erklären wir Ihnen als Grundlage für die im Folgenden vorgestellten Themen die einzelnen Status. Mit Release H2/2022 sind die folgenden Mitarbeiterstatus in Employee Central vorhanden:

- Aktiv
- Ruhend
- Kurzarbeit
- Entlassen
- Bezahlter Urlaub
- Im Ruhestand
- Suspendiert
- Ausgeschieden
- Unbezahlter Urlaub
- Reported No Show

Der Status Reported No Show kann verwendet werden, wenn eine mitarbeitende Person am ersten Arbeitstag nicht erschienen ist. Es ist also ein Status, der für Mitarbeitende, die in einer anderen Beziehung zum Unternehmen stehen, nicht relevant ist.

Die Mitarbeiterstatus können im System über **Admin-Center • Auswallisten-Center** aufgerufen und bearbeitet werden (siehe Abbildung 2.1).

[»]

Mitarbeiterstatus RNS (Reported No Show/Nicht erschienen)

In Ländern der EU wird sehr selten das No Show (also das Nichterscheinen von Mitarbeitenden am ersten Arbeitstag) nachgehalten, weil es nur in Ausnahmefällen vorkommt. In den USA und in anderen Ländern hat das Nichterscheinen von Mitarbeitenden jedoch oftmals eine wichtige Steuerungsinformation und wird daher dokumentiert.

Die im Standard bereitgestellten Mitarbeiterstatus können nicht geändert werden, jedoch ist ihre Bezeichnung ist änderbar. **Reported No Show** kann z. B. in **Nicht erschienen** umbenannt werden.

Der Mitarbeiterstatus wird immer durch einen Ereignisgrund geändert. Wenn ein Ereignis für eine Mitarbeiterin oder für einen Mitarbeiter gepflegt und ein Ereignisgrund ausgewählt wird (entweder manuell oder automatisch durch das System unter der Verwendung einer Ereignisgrundableitung), ändert sich der Status des Mitarbeiters oder der Mitarbeiterin in den dem Ereignisgrund zugeordneten Status. Wenn dem Ereignisgrund jedoch kein Mitarbeiterstatus zugeordnet ist, bleibt der Status der mitarbeitenden Person unverändert.

Admin-Center / Auswahllisten-Center / Versionen /

Bearbeiten | Deaktivieren

employee-status
Stichtag 01.01.1900

Reihenfolge anzeigen:
–

Werte der Auswahlliste (10)

Suchen

Externer Code	Bezeichnung	Status	Übergeordneter Auswahllistenwert
A	Aktiv	Aktiv	
D	Ruhend	Aktiv	
F	Kurzarbeit	Aktiv	
O	Entlassen	Aktiv	
P	Bezahlter Urlaub	Aktiv	
R	Im Ruhestand	Aktiv	
S	Suspendiert	Aktiv	
T	Ausgeschieden	Aktiv	
U	Unbezahlter Urlaub	Aktiv	
RNS	Reported No Show	Aktiv	

Abbildung 2.1 Mitarbeiterstatus in Employee Central anzeigen

Zusammenspiel von Ereignisgrund und Mitarbeiterstatus

Ein Mitarbeiter oder eine Mitarbeiterin erhält eine Beförderung, die über den Ereignisgrund **Beförderung** dokumentiert wird. Der Mitarbeiterstatus lautet unverändert **Aktiv**, da diesem Ereignisgrund keine Änderung des Mitarbeiterstatus zugeordnet ist. Beschließt der Mitarbeiter oder die Mitarbeiterin nun, im folgenden Jahr in Elternzeit zu gehen (Ereignisgrund **Elternzeit**) ändert sich der Status der mitarbeitenden Person z. B. in **Bezahlter Urlaub**. (Die deutsche Übersetzung von **Paid Leave** mag hier etwas in die Irre führen, denn formal handelt es sich bei dem entsprechenden Status nicht um Urlaub.)

Nachdem Sie die Mitarbeiterstatus kennengelernt haben, widmen wir uns nun der Arbeit mit Ereignissen und Ereignisgründen.

2.2 Ereignisse und Ereignisgründe

In diesem Abschnitt zeigen wir Ihnen die im System verfügbaren Ereignisse und erläutern, wie Ereignisgründe erstellt und verwendet werden.

Im Laufe eines Arbeitsverhältnisses durchläuft ein Arbeitnehmer oder eine Arbeitnehmerin in der Regel verschiedenste Ereignisse. Diese werden als Transaktionen in Employee Central gespeichert und in Ereignissen und Ereignisgründen abgebildet.

Grundsätzlich liegen Transaktionen vor, wenn Mitarbeitende, Führungskräfte oder HR-Administrationsteam Änderungen an den Beschäftigungsdaten oder an den personenbezogenen Daten von Mitarbeiterdatensätzen vornehmen. Beispiele für Transaktionen sind Versetzungen, Stellenwechsel, die Aktualisierung von Privatadressen oder die Änderung von Vergütungsinformationen. In Employee Central werden diese Vorgänge in der Regel zu folgenden Zwecken aufgezeichnet:

- um historische Daten für die Berichterstattung oder für rechtliche Zwecke zu halten
- um Änderungen an den Daten eines Mitarbeiters im Laufe der Zeit nachverfolgen und anzeigen zu können
- um Workflows für Genehmigungen auszulösen

Diese Transaktionen selbst werden in Employee Central als *Ereignisse* (engl. Events) erfasst, und die Gesamtheit der Ereignisse bildet über den Mitarbeiterlebenszyklus hinweg die Historie von Mitarbeitenden ab. In Employee Central sind die Ereignisse vordefiniert, die für die Abbildung der Transaktionen ausgewählt werden können. Die Bezeichnungen (Labels) können geändert werden. Darüber hinaus können, gegebenenfalls durch Ihren Implementierungspartner, neue Status hinzugefügt werden.

Aufgrund dieser starren Vorgaben wurde eine zusätzliche Ebene hinzugefügt, sogenannt *Ereignisgründe*. Ereignisgründe können Sie als Kunde nicht nur verändern, sondern auch selbst erstellen. Zu beachten ist, dass jeder Ereignisgrund im System mit einem Ereignis verknüpft sein muss.

Einstellungsprozess durch Ereignis und Ereignisgründe unterstützen

In Ihrem Einstellungsprozess wird unterschieden, ob Sie einen festen Mitarbeiter oder eine Leiharbeiterin eintreten lassen. Für beide Situationen wird das Ereignis **Eintritt** genutzt: Jedoch kann für jedes der beiden Szenarien ein eigener Ereignisgrund gewählt werden. So wird beispielsweise für den Eintritt von neuen Mitarbeitenden das Ereignis **Neueintritt** und für den Eintritt von Leiharbeitenden der Ereignisgrund **Onboarding Leiharbeiter** verwendet. Beide Ereignisgründe lösen das Ereignis **Eintritt** aus. Sie können also durch die beiden Ereignisgründe den Eintritt konkretisieren.

Ereignisse und Ereignisgründe können zudem Freigabeprozesse, sogenannte *Workflows*, auslösen. Obwohl sie nicht immer direkt miteinander verbunden sind, können Ereignisse und Workflows zusammenarbeiten, um die Genehmigung von Datenänderungen zu ermöglichen, die durch ein Ereignis verursacht wurden, bevor das betreffende Ereignis in den Datensatz des Mitarbeiters oder der Mitarbeiterin übernommen wird. Diese Workflows treten typischerweise in Szenarien des Employee Self-Service (ESS) und Manager Self-Service (MSS) auf.

Die Ereignisse und Ereignisgründe werden in der Mitarbeiterhistorie gespeichert und können (mit entsprechenden Berechtigungen) im Mitarbeiterprofil eingesehen werden. Ereignis und Ereignisgrund können zur Anzeige des Änderungsverlaufs über die Bereiche **Stelleninformationen** und **Vergütungsinformationen** eingesehen werden. Ein Beispiel für den Änderungsverlauf der Stelleninformationen ist in Abbildung 2.2 dargestellt.

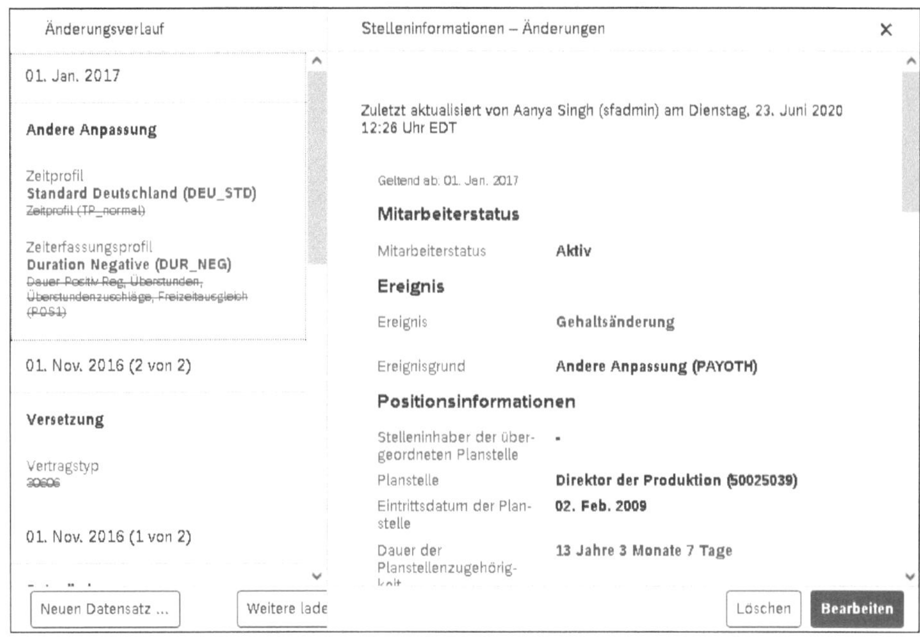

Abbildung 2.2 Änderungen der Stelleninformationen einsehen

Um eine Änderung der Stelleninformationen oder auch vergleichbare Änderungen durchzuführen, nutzen Sie im Mitarbeiterprofil den Pfad **Maßnahme ergreifen • Stellen- und Vergütungsinformationen ändern** und wählen dann aus, welche Änderungen Sie durchführen möchten (siehe Abbildung 2.3).

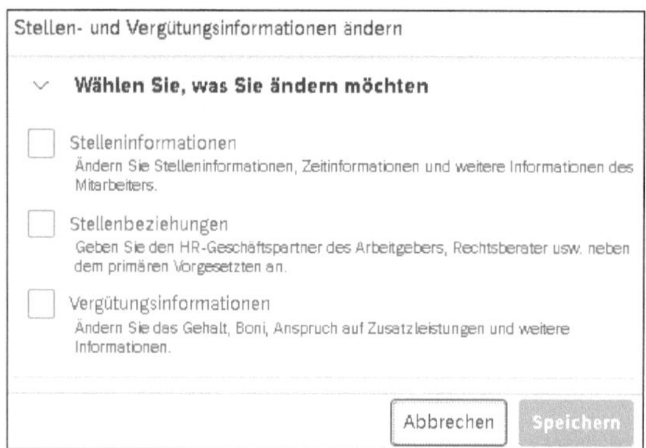

Abbildung 2.3 Stellen- und Vergütungsinformationen ändern

Bei Neueinstellung und Wiedereinstellung müssen Sie ebenfalls Ereignisgründe auswählen. Sie können in diesem Fall aus allen für das Ereignis **Eintritt** konfigurierten Ereignisgründen auswählen (siehe Abbildung 2.4). Gleiches gilt für den Austritt.

Abbildung 2.4 Ereignisgrund für den Eintritt auswählen

Tritt ein Mitarbeiter oder eine Mitarbeiterin aus, werden sowohl die Informationen zum Ereignis **Kündigung** als auch der Ereignisgrund (unter **Austrittgrund** angezeigt) im Mitarbeiterprofil im Bereich **Beschäftigungsinformationen** festgehalten (siehe Abbildung 2.5).

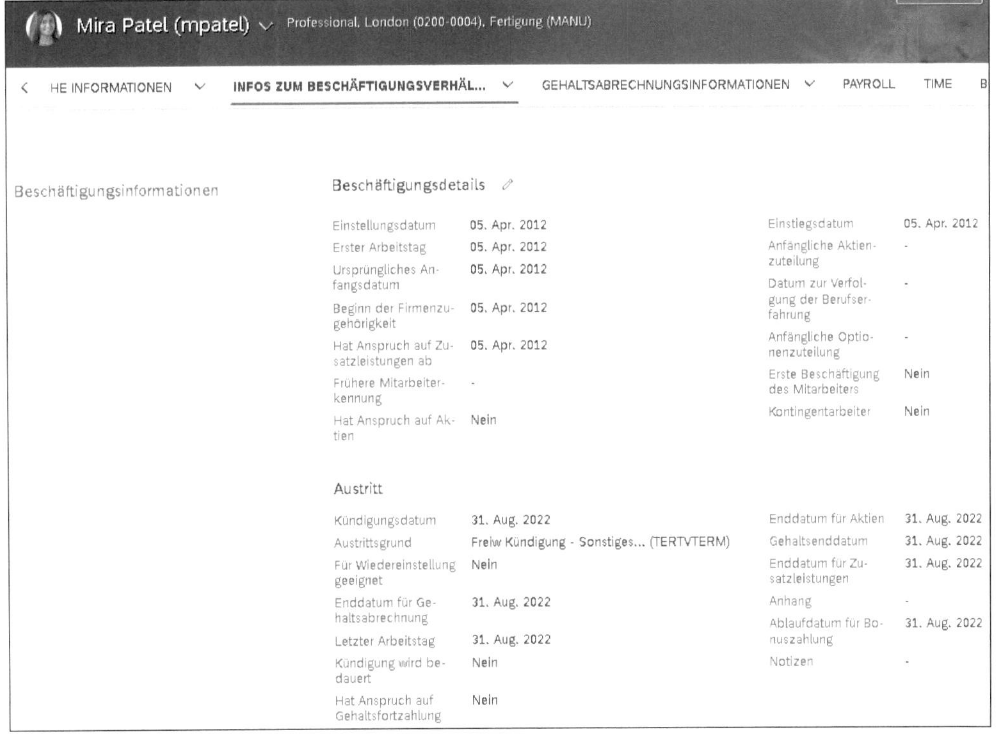

Abbildung 2.5 Austritt einsehen

2.2.1 Ereignisse

Tabelle 2.1 zeigt die mit Release H2/2022 als Auswahlliste im System verfügbaren Ereignisse, die Ihnen als Kunde zur Verfügung stehen. Sie erreichen die Auswahlliste **event** über den Pfad **Admin-Center • Auswallisten-Center**.

Code	Ereignis	Anmerkungen/Nutzung
1	Nebenberuf	veraltet
2	Auftrag (Assignment)	veraltet
3	Auftragsabschluss	veraltet
4	Zurückstufung	Jobwechsel
5	Datenänderung	diverse Datenänderungen
6	Versetzung	Änderung der Planstelle
7	Suspendierung	für manuelle Aktivität

Tabelle 2.1 Übersicht über verfügbare Ereignisse

Code	Ereignis	Anmerkungen/Nutzung
8	Beförderung	Jobwechsel
9	Stellenneuklassifizierung	Neuklassifizierung der Stelle
10	Abwesenheit	Abwesenheit
11	Kurzarbeit	Abwesenheit
12	Gehaltsänderung	Änderung des Gehalts
13	Positionsänderung	Änderung der Planstelle
14	Probezeit	für manuelle Aktivität
15	Ende der Probezeit	für manuelle Aktivität
16	Berufsänderung	Jobwechsel
22	Zurück aus Berufsunfähigkeit	Abwesenheit
23	Zurück am Arbeitsplatz	Abwesenheit
26	Kündigung	Kündigung
AGA	Auf Auslandseinsatz	Auslandseinsatz
BGA	Zurück von Auslandseinsatz	Auslandseinsatz
ECWK	ECWK	Leiharbeiterverwaltung
EGA	Auslandseinsatz beenden	Auslandseinsatz
EPP	Ende der Rentenzahlung	Abbruch der Rentenzahlung
GA	Auslandseinsatz hinzufügen	Auslandseinsatz
H	Einstellung	Einstellung/ Wiedereinstellung
NS	No Show	Nichterscheinen
OGA	veraltet	Auslandseinsatz
OPP	Abbruch der Rentenzahlung	Ende der Rentenzahlung
R	Wiedereinstellung	Wiedereinstellung
SCWK	SCKW	Leiharbeiterverwaltung
SPP	Beginn der Rentenzahlung	Start der Rentenzahlung

Tabelle 2.1 Übersicht über verfügbare Ereignisse (Forts.)

Mit Ereignissen arbeiten

Einstellung (H) und **Kündigung** (26) sind zwingend zu nutzende Gründe, denn sonst funktioniert die Nutzung von Employee Central nicht (siehe Tabelle 2.1). Je nach weiterer Ausprägung werden weitere Ereignisse genutzt – **Abwesenheit** (10) für Langzeitabwesenheit und **Zurück am Arbeitsplatz** (23) sind ein typisches Tandem für die Abbildung von Prozessen.

Eine Datenänderung ist eines der Ereignisse, das von vielen Kunden genutzt wird, um unterschiedliche Ereignisgründe im System zu bündeln. Dies kann z. B. dann geschehen, wenn keine spezielle Aktion erfolgen soll oder detaillierte Auswertungen nicht benötigt werden. Integrationsanforderungen, auch z. B. die Nutzung von Employee Central Payroll (siehe Kapitel 15, »Employee Central Payroll«) bringen oftmals weitere Anforderungen an die Arbeit mit Ereignissen, die dann individuell zu prüfen sind.

2.2.2 Ereignisgründe

Ein *Ereignisgrund* beschreibt, warum ein Ereignis eingetreten ist. So kann z. B. der Wiedereintritt der Grund für das Eintreten des Ereignisgrundes zur Einstellung sein. Für jedes Ereignis, das im System auftritt, muss ein Ereignisgrund ausgewählt werden. Ein Ereignisgrund kann den Status von Mitarbeitenden ändern. Ereignisgründe sind Grundlagenobjekte (Foundation Objects). Diese werden verwendet, um Daten einzurichten, die im gesamten Unternehmen gemeinsam genutzt werden können, wie z. B. die rechtliche Einheit oder die Geschäftseinheit.

Grundlagenobjekt vs. MDF-Objekt

Es ist davon auszugehen, dass die Objekte für Ereignisgründe in der Zukunft in das Metadata Framework (MDF), siehe Kapitel 3, »Grundlagenobjekte«, überführt werden und erst von dort konfiguriert und bearbeitet werden können. Ab diesem Zeitpunkt nutzen Sie vermutlich auch für die Ereignisgründe die Funktion **Daten verwalten** im Admin-Center.

Sie verwalten Ereignisgründe im Admin-Center über **Strukturen für Organisation, Gehalt und Stellen verwalten**. Hierüber konfigurieren Sie die **Ereignisgrundkennung**, den **Ereignisgrundnamen**, die **Beschreibung**, den **Status** und den **Mitarbeiterstatus** für einen Ereignisgrund (siehe Abbildung 2.6).

Dazu können Sie festlegen, zu welchem fest kodierten Ereignis der Ereignisgrund gehören soll. Wird eine Datenänderung ausgelöst, kann das System je nach Ihren Einstellungen das Ereignis oder den ausgelösten Ereignisgrund ermitteln (Ereignisgrundableitung). Alternativ können Sie das Ereignis und den zugehörigen Ereignisgrund manuell auswählen.

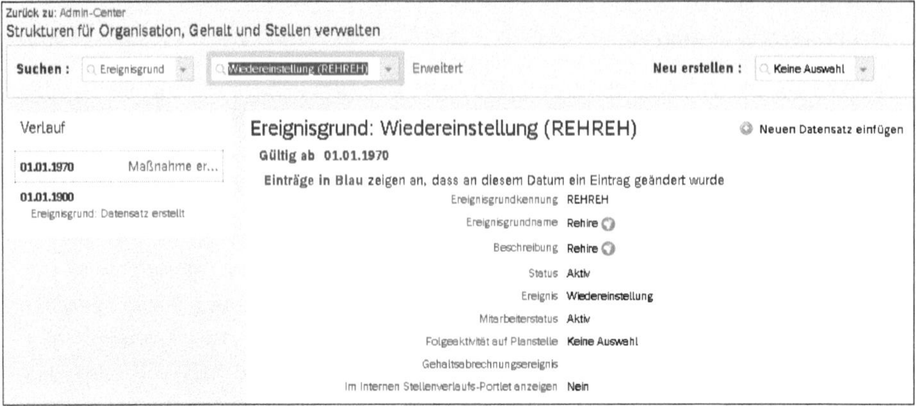

Abbildung 2.6 Ereignisgrund für die Wiedereinstellung

Zusammenspiel von Ereignis und Ereignisgrund

Den ausgelieferten Ereignissen (siehe Tabelle 2.1) werden Ereignisgründe zugewiesen. In Tabelle 2.2 zeigen wir Ihnen einige Beispiele dafür, welche Ereignisgründe oftmals häufig genutzten Ereignissen zugeordnet werden. Nicht allen Ereignisgründen ist ein Mitarbeiterstatus bzw. eine Veränderung desselben zugeordnet.

Ereignis	Ereignisgründe	Mitarbeiterstatus
Einstellung	■ Neueinstellung ■ Internationaler Transfer	■ Aktiv ■ Aktiv
Kündigung	■ Renteneintritt ■ Kündigung durch Mitarbeiter ■ Kündigung wegen Minderleistung	■ Im Ruhestand ■ Ausgeschieden ■ Entlassen
Gehaltsänderung	■ Gehaltserhöhung ■ Zulage ■ Änderung durch Stellenwechsel	k. A.

Tabelle 2.2 Ereignisse mit häufig zugeordneten Ereignisgründen und Mitarbeiterstatus

Die Ereignisgründe unterstützen z. B. im Reporting und auch um die Mitarbeiteränderungen detailliert im System nachvollziehen zu können.

In einer Minimalausprägung werden typischerweise Ereignisgründe für die folgenden Ereignisse erstellt:

- Einstellung
- Wiedereinstellung
- Kündigung

- Abwesenheit (wenn genutzt) und Zurück am Arbeitsplatz
- Datenänderung

Um einen eigenen Ereignisgrund anzulegen, gehen Sie wieder über **Admin-Center • Strukturen für Organisation, Gehalt und Stellen verwalten** (siehe Abbildung 2.7). Wählen Sie im Dropdown-Menü zu **Neu erstellen** den Eintrag **Ereignisgrund** aus.

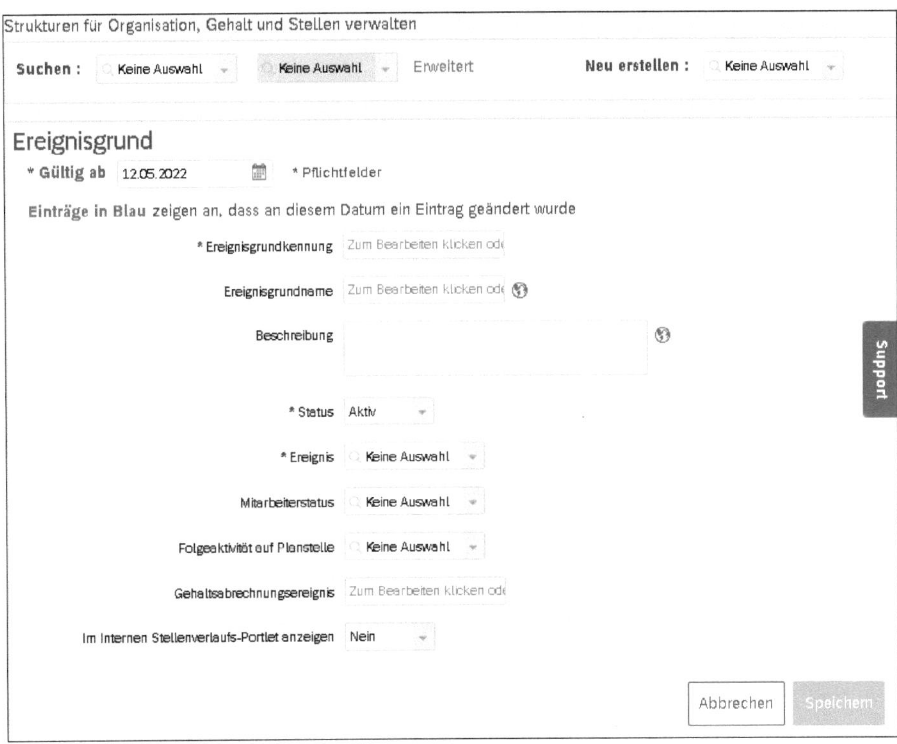

Abbildung 2.7 Ereignisgrund erstellen

Zunächst pflegen Sie die Gültigkeit im Feld **Gültig ab**. Im weiteren Verlauf müssen Sie zumindest die Pflichtfelder (*) pflegen und können zudem weitere Ausprägungen mitgeben:

- ***Ereignisgrundkennung**: Code für den Ereignisgrund
- **Ereignisgrundname**: Bezeichnung des Ereignisgrundes
- **Beschreibung**: Beschreibung des Ereignisgrundes
- ***Status**: Status des Ereignisgrundes (**Aktiv** oder **Inaktiv**)
- ***Ereignis**: eindeutige Zuordnung zum Ereignis
- **Mitarbeiterstatus**: Status des Mitarbeiters oder der Mitarbeiterin nach dem Auslösen des Ereignisses

Mitarbeiterstatus

Das Feld **Mitarbeiterstatus** ist nur zu befüllen, wenn es sich um eine statusverändernde Maßnahme handelt, wie z. B. Eintritt oder Langzeitabwesenheit.

- **Folgeaktivität auf Planstelle**: Legt einen planstellenbezogenen Ereignisgrund fest (Anpassung der Planstelle oder Transfer zu einer anderen Planstelle).
- **Gehaltsabrechnungsereignis**: Wird für eine Integration in SAP ERP HCM Payroll oder in Employee Central Payroll genutzt und ermöglicht die Replikation eines Entgeltabrechnungsereignisses aus einem dieser Systeme anstelle des Ereignisses des Ereignisgrundes.
- **Im Internen Stellenverlaufs-Portlet anzeigen**: Wird genutzt, um anzugeben, ob Datensätze mit diesem Ereignisgrund im Bereich **Berufserfahrung innerhalb der Organisation** im Mitarbeiterprofil angezeigt werden sollen.

Sobald Sie einen Ereignisgrund erstellt haben, können Sie diesen im System verwenden.

Rollen und Berechtigungen

Beachten Sie, dass ein Ereignisgrund der Rolle des Benutzers oder der Benutzerin zugewiesen werden muss, um auswählbar zu sein. Überlegen Sie daher bei der Erstellung eines neuen Ereignisgrundes, welche Rollen für den neuen Ereignisgrund zugelassen werden müssen. Diese Berechtigung wird in **Berechtigungsrollen verwalten** vergeben; dies ist wichtig, wenn der Korrekturmodus genutzt werden soll.

Länderspezifische Ereignisgründe

Ereignisgründe können auf Länder zugeschnitten werden, indem eine Assoziation zwischen dem Grundlagenobjekt **Ereignisgrund** und dem generischen Objekt **Land** erstellt wird. Wenn die Assoziation besteht, kann jeder Ereignisgrund einem oder mehreren Ländern zugeordnet werden. Der Ereignisgrund ist dann nur für den Mitarbeiter oder die Mitarbeiterin eines Unternehmens verfügbar, dem oder der das entsprechende Land zugewiesen ist.

2.2.3 Ereignisgrundableitung

So wie der Autopilot im Flugzeug den Flugbetrieb unterstützt, kann auch SAP SuccessFactors die Nutzung von Ereignis und Ereignisgrund über die Ereignisgrundableitung automatisch steuern. Die Ereignisgrundableitung wählt das passende Ereignis aus, damit die Anwenderinnen und Anwender, z. B. Mitarbeitende oder Vorgesetzte, dieses nicht tun müssen. In manchen Fällen können sie diese auch nicht korrekt auswählen, da sie nicht alle Hintergründe der Prozessadministration kennen und ihnen nicht alle Informationen vorliegen, um korrekt zu entscheiden, welches das zur Situation passende Ereignis ist. Ihnen wird so die Arbeit erleichtert und die Benutzerfreundlichkeit steigt, da die Anzahl der zu pflegenden Felder reduziert wird.

Die Ereignisgrundableitung geschieht auf Basis der an einem Datensatz vorgenommenen Änderungen und fördert die Konsistenz in der Arbeit mit Ereignisgründen. Die Ereignisgrundableitung verwendet jedes Mal dieselben Kriterien, um festzulegen, ob es sich z. B. um eine Beförderung oder um eine Versetzung handelt.

Auch wenn die Ereignisgründe automatisch in der Ereignisgrundableitung ausgewählt werden, können berechtigte Personen, z. B. im HR-Bereich, die automatisch generierte Information manuell anpassen.

[«]

Verpflichtende manuelle Pflege von Ereignisgründen

Es ist zu beachten, dass die Ereignisableitung nicht für Einstellungen, Kündigungen oder Abwesenheiten konzipiert ist. Für diese Ereignisse ist der Ereignisgrund immer manuell auszuwählen.

Die Ereignisgrundableitung wird ausgelöst, wenn sich Daten ändern. Dies geschieht, indem Sie zunächst im Mitarbeiterprofil die Aktion **Maßnahme ergreifen** und anschließend die Option **Stellen- und Vergütungsinformationen ändern** auswählen. Alle Daten, die in den Bereichen **Stelleninformationen** und **Vergütungsinformationen** geändert werden, lösen die Ereignisableitung aus; die Ereignisableitung selbst erfolgt über Geschäftsregeln.

Beispiel einer Ereignisgrundableitung

Ändert sich die Zugehörigkeit eines Mitarbeiters oder einer Mitarbeiterin zu einer Abteilung, kann dieses über **Maßnahme ergreifen** im Mitarbeiterprofil und über **Stellen- und Vergütungsinformationen ändern** im System gepflegt werden. In unserem Beispiel wird der Standort gewechselt (siehe Abbildung 2.8).

Die Änderung wird am unteren Ende des Fensters durch einen Klick auf **Speichern** festgehalten und kann im sich daraufhin öffnenden Pop-up-Fenster bestätigt werden (siehe Abbildung 2.9).

Oft geschehen Änderungen an diesen Daten auch über das Planstellenmanagement und werden direkt von einer Planstelle abgeleitet. Der Standort kann gegebenenfalls individuell gepflegt werden, wenn z. B. unerheblich ist, an welchem Standort ein Mitarbeiter oder eine Mitarbeiterin die Arbeit erbringt und es keine Zuordnung der Position zum Standort gibt.

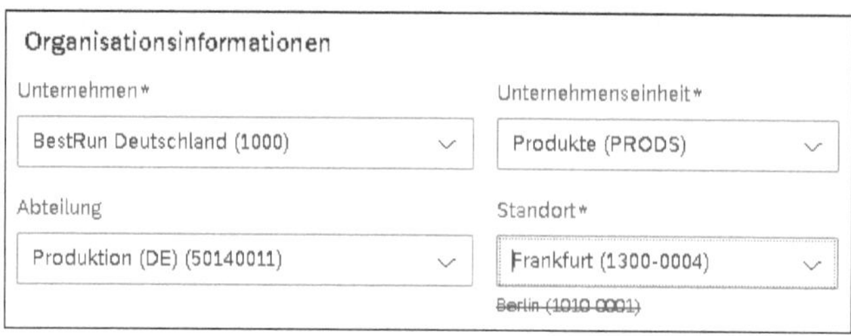

Abbildung 2.8 Abteilung ändern

Aus dieser Bestätigungsabfrage ist ersichtlich, dass das System über die Ereignisgrundableitung den Ereignisgrund **Versetzung ohne Gehaltsänderung** ausgewählt hat (siehe Abbildung 2.9).

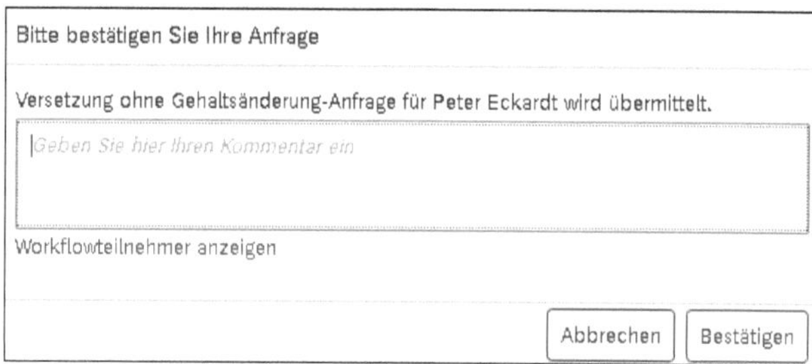

Abbildung 2.9 Ereignisgrund ansehen

Mit einem Klick auf **Bestätigen** wird der Workflow ausgelöst. Auch in den Workflow-Details können die am Workflow beteiligten Personen den Ereignisgrund einsehen.

Im Folgenden zeigen wir Ihnen, wie Sie eine Geschäftsregel für die Ereignisableitung konfigurieren.

Geschäftsregel für die Ereignisgrundableitung konfigurieren

Zur Konfiguration einer Geschäftsregel für die Ereignisgrundableitung sind zwei Schritte erforderlich:

1. Erstellen einer Geschäftsregel, die den Auslöser der Ereignisgrundableitung und den ausgegebenen Ereignisgrund enthält.
2. Zuweisen der erstellten Geschäftsregel zum Portlet (Stellen- oder Vergütungsinformationen), bei dem die Regel greifen soll.

Um eine Geschäftsregel zu erstellen, rufen Sie im Admin-Center **Geschäftsregeln konfigurieren** auf.

Nun erstellen Sie eine neue Geschäftsregel für den spezifischen Fall. In Abbildung 2.10 wird für unseren Fall die Kategorie **Employee Central Kern** und hierin **Ereignisgrundableitung** ausgewählt.

Im rechten Bereich des Bildes wählen Sie weitere Informationen aus. Im Feld **Basisobjekttyp** legen Sie fest, ob die Regel für Stelleninformationen oder für Vergütungsinformationen greifen soll.

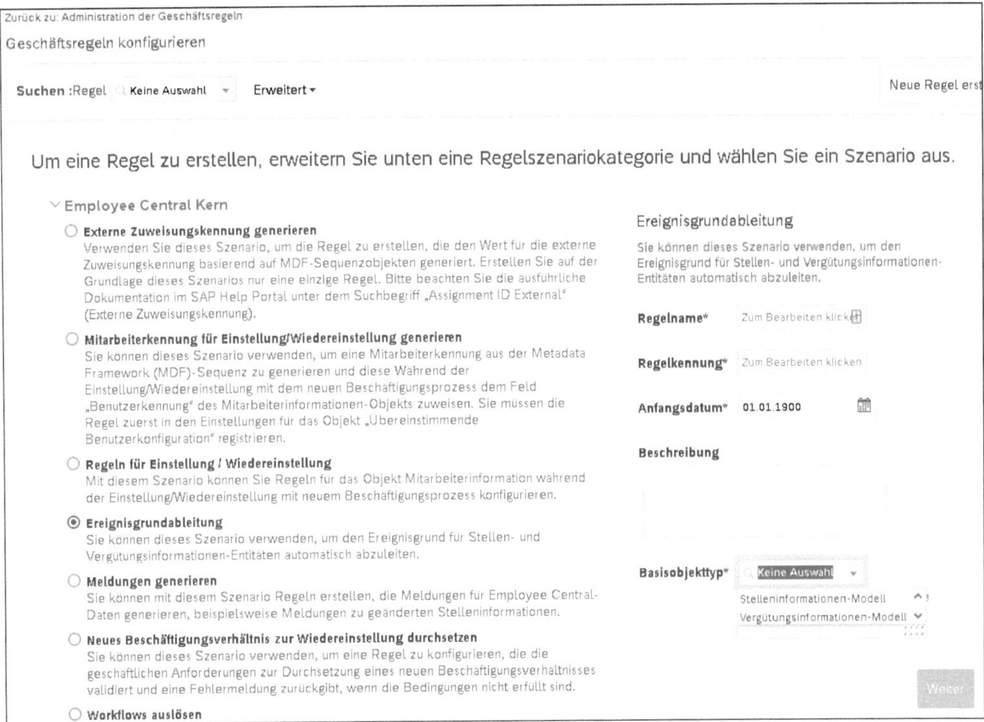

Abbildung 2.10 Geschäftsregel für die Ereignisgrundableitung einrichten

Abbildung 2.11 zeigt die Beispielregel, eine Ereignisgrundableitung für eine Gehaltsveränderung. Die Wenn-Bedingungen legen die Auslöseregeln fest, während die Dann-Bedingung das Feld **Ereignisgrund** auf den spezifischen zu nutzenden Ereignisgrund setzt, in diesem Beispiel **Manager Change** (MGRCHG).

Nach der Erstellung muss eine Geschäftsregel entweder dem Bereich **Stelleninformationen** oder dem Bereich **Vergütungsinformationen** als `onSave`-Ereignis (d. h. »wird beim Speichern ausgelöst«) im Admin-Center über **Geschäftskonfiguration verwalten** zugewiesen werden. In unserem Fall wird in der Navigation `HRIS-Elemente` `jobInfo` ausgewählt; diese Regel wird hier eingerichtet (siehe Abbildung 2.12). Über einen Klick auf **Details** stehen weitere Optionen zur Verfügung.

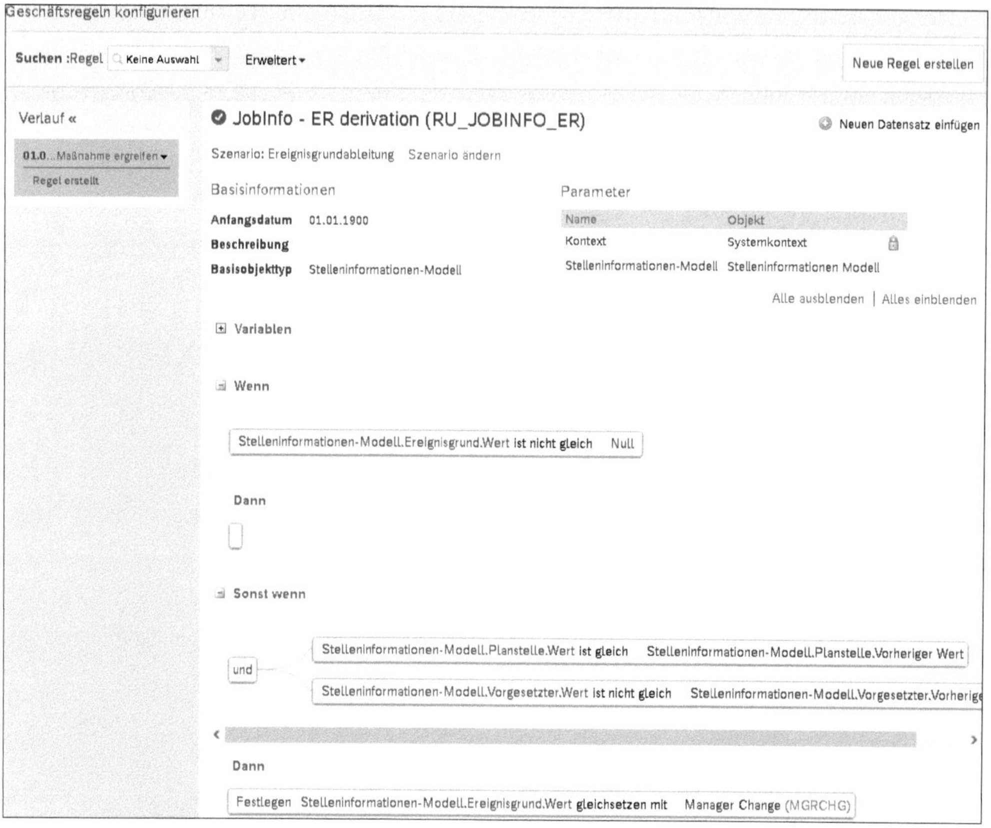

Geschäftsregeln konfigurieren
Suchen :Regel
Keine Auswahl
Erweitert
Neue Regel erstellen
Verlauf «
01.0...Maßnahme ergreifen
Regel erstellt
JobInfo - ER derivation (RU_JOBINFO_ER)
Neuen Datensatz einfügen
Szenario: Ereignisgrundableitung
Szenario ändern
Basisinformationen
Anfangsdatum 01.01.1900
Beschreibung
Basisobjekttyp Stelleninformationen-Modell
Parameter
Name
Objekt
Kontext
Systemkontext
Stelleninformationen-Modell
Stelleninformationen Modell
Alle ausblenden | Alles einblenden
Variablen
Wenn
Stelleninformationen-Modell.Ereignisgrund.Wert ist nicht gleich Null
Dann
Sonst wenn
und
Stelleninformationen-Modell.Planstelle.Wert ist gleich Stelleninformationen-Modell.Planstelle.Vorheriger Wert
Stelleninformationen-Modell.Vorgesetzter.Wert ist nicht gleich Stelleninformationen-Modell.Vorgesetzter.Vorherig
Dann
Festlegen Stelleninformationen-Modell.Ereignisgrund.Wert gleichsetzen mit Manager Change (MGRCHG)

Abbildung 2.11 Geschäftsregel für die Ereignisgrundableitung: Beispiel »Manager Change«

Auslöserregeln
Basisobjekt
* Ereignistyp
* Regeln
Aktiviert
(1) Weitere
Job Information Modell
onPostSave
Pay Increase Only Rule for Eve...
Ja
Details

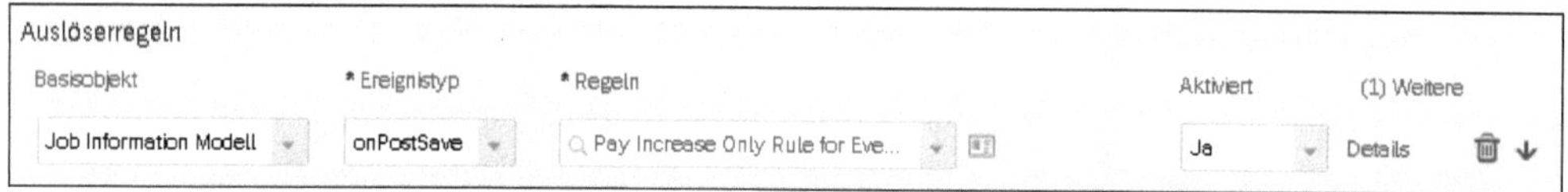

Abbildung 2.12 Auslösungsregeln bearbeiten

Nachdem wir uns mit Ereignissen und Ereignisgründen beschäftigt haben, geben wir im Folgenden einen Einblick in die Arbeit mit Workflows.

2.3 Workflows nutzen

Workflows werden vor allem in den Self-Services eingesetzt. Wenn Mitarbeitende oder Vorgesetzte eine Änderung vornehmen, kann diese Aktion einen *Workflow* auslösen. Genehmigende werden über die Änderung in Kenntnis gesetzt und um Zustimmung gebeten. Rollen, die eine Information über eine Änderung erhalten sollen, können ebenfalls benachrichtigt werden, ohne dass sie selbst im System aktiv werden müssen.

Während Ereignisgründe den Grund für eine bestimmte Aktion oder für ein bestimmtes Ereignis definieren, bieten Workflows also die Möglichkeit, sicherzustellen, dass Aktionen, Ereignisse oder Datenänderungen angemessen genehmigt und nachprüfbar sind.

Adressänderung

Ein einfaches Beispiel ist eine Adressänderung: In unserem Beispiel kann die Mitarbeiterin, Lene Thekla, ihre Adresse im Self-Service selbst ändern. Da durch diese Änderung aber eventuell Leistungen wie Kilometer für Dienstwagen ebenfalls Veränderungen erfahren, wird die Änderung nicht sofort im System gültig, sondern es wird ein Workflow ausgelöst, der den zuständigen HR-Betreuer oder die HR-Betreuerin oder den Geschäftspartner (Business Partner) über die Änderung informiert. Dieser kann dann die Änderung prüfen, feststellen ob zusätzliche Aktivitäten notwendig sind und die Änderung schließlich freigeben, sodass sie im System gültig wird. Wenn es notwendig erscheint, kann die Änderung auch abgelehnt oder zur Prüfung an den Antragsteller zurückgegeben werden.

In Abbildung 2.13 wird gezeigt, dass die Mitarbeiterin einen Änderungsantrag für ihre Adresse gestellt hat und dieser zur Genehmigung aussteht.

Abbildung 2.13 Beantragte Adressänderung

Workflow-Teilnehmende, die in den Workflow-Prozess involviert sind, erhalten eine Benachrichtigung per E-Mail. Wenn das System eine Genehmigung erfordert, wird zudem bei der Anmeldung am System eine Benachrichtigung auf der Startseite und in ihrer Aufgabenliste angezeigt. Außerdem kann jede Person Benutzer-Workflows, an denen sie beteiligt ist oder die sie initiiert hat, auf der Seite **Meine Ausstehenden Anfragen anzeigen** einsehen, die über die Aktionssuche zu erreichen ist.

In diesem Beispiel kann die zuständige HR-Betreuerin auf die Anfrage über ihre Startseite und die Aufgabenliste zugreifen. Werden die Workflow-Details aufgerufen, ist es ersichtlich, wann die Änderung beantragt wurde. Die Person, die den Antrag genehmigt, kann aus den folgenden Optionen auswählen (siehe Abbildung 2.14):

- **Delegieren**: um die Anfrage weiterzugeben
- **Aktualisieren**: um selbst die Daten zu bearbeiten
- **Zurücksenden**: um Rückmeldung zu geben und gegebenenfalls Informationen anzufragen
- **Mir zuweisen**: um sich die Anfrage selbst zuzuweisen
- **Genehmigen**: um der Änderung zuzustimmen

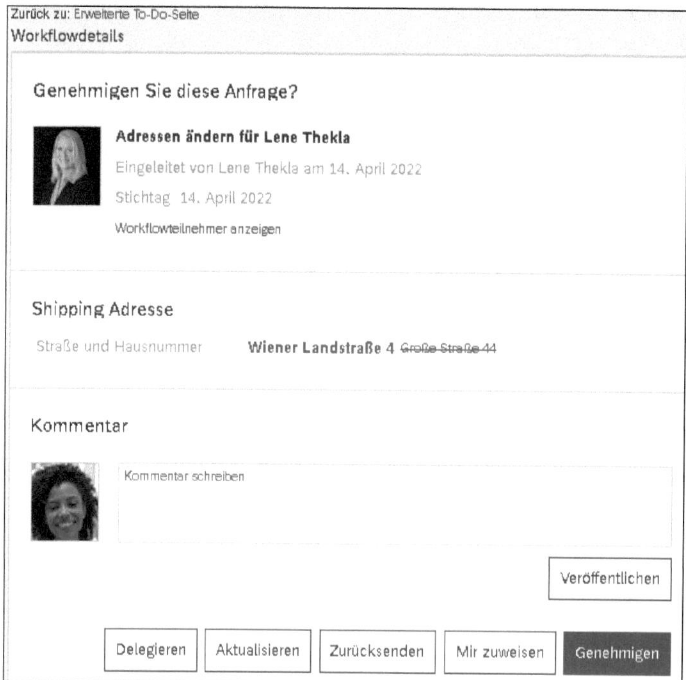

Abbildung 2.14 Workflow-Details für zum Ändern von Adressen ansehen

Es besteht die Möglichkeit, mehrere Genehmigende (auch in einer definierten Reihenfolge) in einen Workflow einzutragen und/oder einen Genehmigungsschritt alternativen Genehmigenden zuzuweisen; in solchen Fällen reicht die Zustimmung eines Genehmigenden. In Abbildung 2.15 kann den zweiten Genehmigungsschritt alternativ

Tessa Walker oder Christine Dolan durchführen. Michael Loff und Vanessa Wagner sind im Bereich **cc** aufgeführt; sie erhalten eine Information über die Änderung, müssen aber nicht aktiv werden.

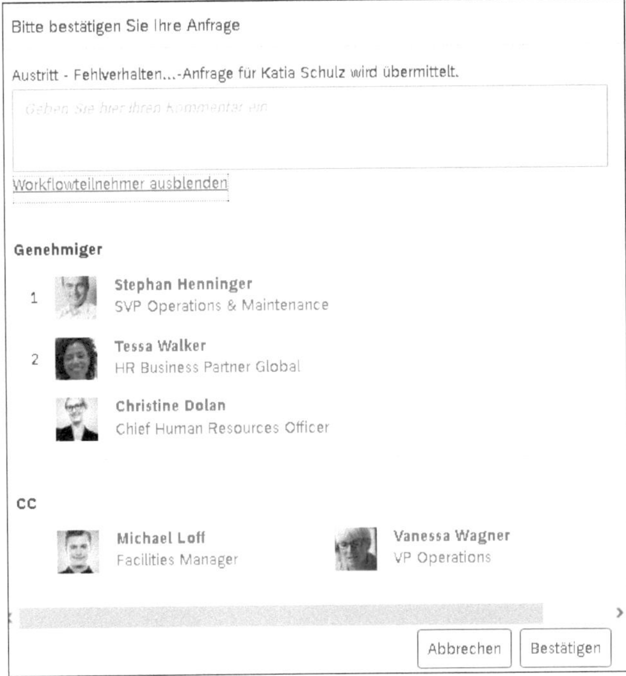

Abbildung 2.15 Unterschiedliche Genehmigende einsehen

Die Rolle der Administration besteht darin, den Abschluss von Workflows sicherzustellen und Aktualisierungen von Workflow-Teilnehmenden zu verwalten. Falsche Teilnehmende oder hängende Workflows können die Effizienz Ihrer Personalarbeit beeinträchtigen. Zu den üblichen Aufgaben des Administrationsteams für Workflows gehören:

- Workflow-Teilnehmende (einschließlich Genehmigende) verwalten
- dynamische Rollen einrichten und zu Workflows hinzufügen
- Workflow-Gruppen konfigurieren und hinzufügen
- Workflow-Anfragen verwalten

Workflows können bei Objekten, bei Objekten mit Gültigkeitsdatum, bei den Ereignissen **Neueinstellung**, **Wiedereinstellung** und **Interne Einstellung** ausgelöst werden sowie bei Änderungen an den Blöcken in **Informationen zum Beschäftigungsverhältnis**, wenn **Aktion • Maßnahme ergreifen** ausgewählt wird. Auch bei Nutzung der Bearbeitungsmöglichkeit in einem einzelnen der im Folgenden aufgeführten Bereiche des Mitarbeiterprofils können sie ausgelöst werden:

- **Persönliche Informationen (einschließlich globaler Felder)**
- **Ausweisnummerinfo und Informationen zur Arbeitserlaubnis**
- **Adresse**
- **Angehörige**
- **Zahlungsinformationen**

Die Bereiche **Biografische Informationen** und **Kontaktinformation** unterstützen die Nutzung von Workflows nicht.

Korrektur im Änderungsverlauf

Workflows werden nicht ausgelöst, wenn Sie einen Datensatz in der Anzeige zum Änderungsverlauf bearbeiten oder korrigieren, indem Sie die Änderung auswählen und dann auf die Schaltfläche **Bearbeiten** klicken (siehe Abbildung 2.16). Workflows werden nur ausgelöst, wenn eine Änderung durch einen Klick auf den Stift auf dem Portlet oder über **Aktion ausführen** im Menü vorgenommen wird.

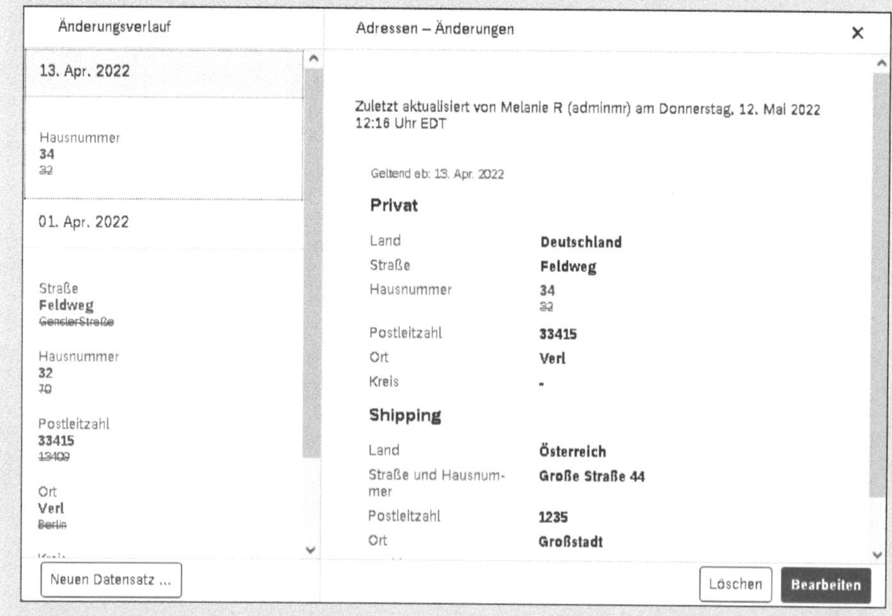

Abbildung 2.16 Änderung im Änderungsverlauf bearbeiten

Workflows sind, ebenso wie Ereignisgründe, Grundlagenobjekte und werden im Admin-Center über **Strukturen für Organisation, Gehalt und Stellen verwalten** bearbeitet. Im Folgenden stellen wir Ihnen die verschiedenen, bei der Erstellung eines

Workflows relevanten Elemente vor. Wir starten mit einem Überblick über die Genehmigungsgruppen.

2.3.1 Rollen und Gruppen für genehmigende Personen

Nachdem wir uns die Grundlagen der Nutzung von Workflows angeschaut haben, stellen wir Ihnen in diesem Abschnitt die beiden in Workflows verwendeten Genehmigungsgruppen vor: die dynamischen Rollen und die Workflow-Gruppen.

Dynamische Rollen

Dynamische Rollen sind Grundlagenobjekte und werden daher im Admin-Center über **Strukturen für Organisation, Gehalt und Stellen verwalten** verändert und angelegt. Sie bestimmen im System die dynamische Empfängerrolle, die Beteiligtenrolle oder die CC-Rolle einer Person, basierend auf definierten organisatorischen Attributen. Zu den Standardattributen, die für dynamische Rollen verfügbar sind, gehören die folgenden Rollen (siehe Abbildung 2.17):

- Stellenklassifizierung
- Abteilung
- Geschäftsbereich
- Standort
- Juristische Einheit
- Unternehmenseinheit
- Kostenstelle
- Gehaltsgruppe
- Abrechnungskreis

Zudem können Sie einer dynamischen Gruppe weitere Attribute, z. B. Ereignisgründe, hinzufügen.

Im Beispiel Abbildung 2.17 wurde eine oft anzutreffende dynamische Rolle aufgerufen. Sie enthält die Informationen für den Compensation Manager und ist ausgeprägt für die einzelnen Attribute wie **Juristische Einheit**.

Für jedes ausgewählte Attribut oder jede Kombination von Attributen wird eine genehmigende Person nach dem Genehmigertyp ausgewählt. Es gibt drei Arten: **Person**, **Position** und **Dynamische Gruppe**. In dem hier gewählten Beispiel ist neben dem Genehmigertyp **Person** (also eine namentliche Zuordnung) auch eine dynamische Gruppe zugeordnet.

Dynamische Rollen können Sie nur in Workflows verwenden, die für Employee-Central-Objekte und das Objekt **Planstelle** verwendet werden.

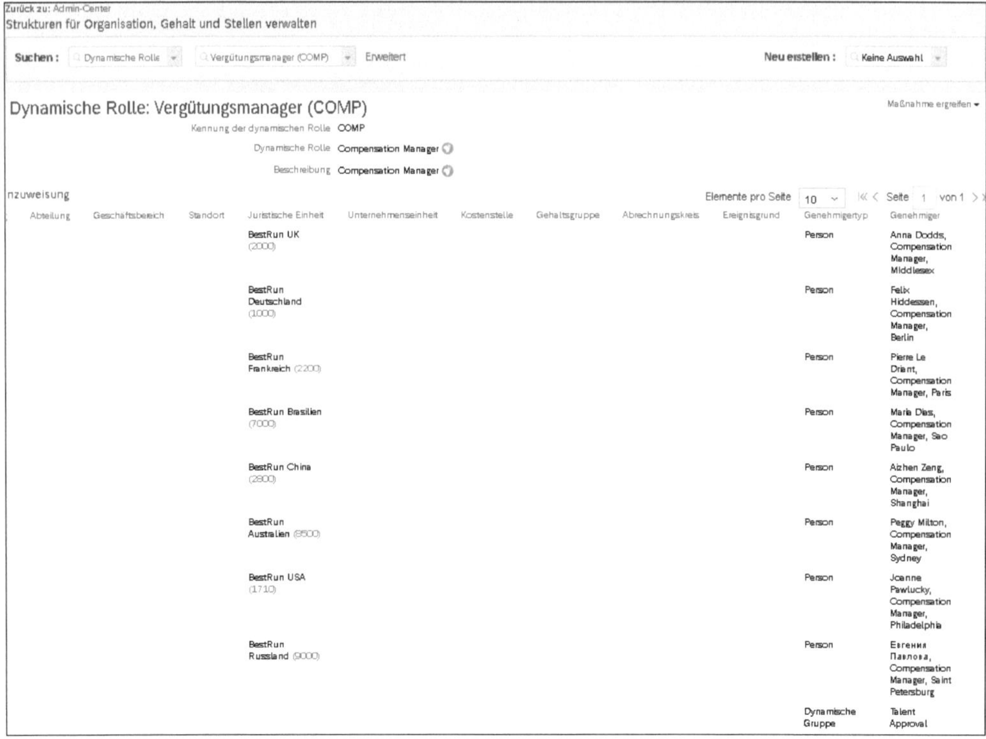

Abbildung 2.17 Dynamische Rolle »Vergütungsmanager«

Dynamische Rolle erstellen

Rufen Sie dynamische Rollen im Admin-Center über **Strukturen für Organisation, Gehalt und Stellen verwalten** auf. Im Feld **Neu erstellen** wählen Sie die Option **Dynamische Rolle** aus, um eine neue dynamische Rolle zu erstellen, wie es in Abbildung 2.18 zu sehen ist, und pflegen dann die einzelnen Attribute. Auch muss der Startpunkt für die Rolle definiert werden. Im Standard handelt es sich dabei um die Stelleninformation des Mitarbeiters, für den eine Änderung vorgenommen worden ist. Gesteuert wird dies über das Basisobjekt; hier ist im Standard **Stelleninformationen** ausgewählt.

Wenn nicht Daten zur mitarbeitenden Person (also Stelleninformationen) geändert werden, sondern ein Workflow für die Einrichtung oder Änderung einer Planstelle gestartet werden soll, wird der Workflow auf der Grundlage der Attribute der Planstelle eingerichtet. Im Feld **Basisobjekt** wird in solchen Fällen die Option **Planstelle** eingestellt.

Definieren Sie für jede Zusammenstellung von Attributen sowohl **Genehmigertyp** als auch **Genehmiger**. Hier definieren wir eine Person für jedes Attribut (siehe Abbildung 2.19).

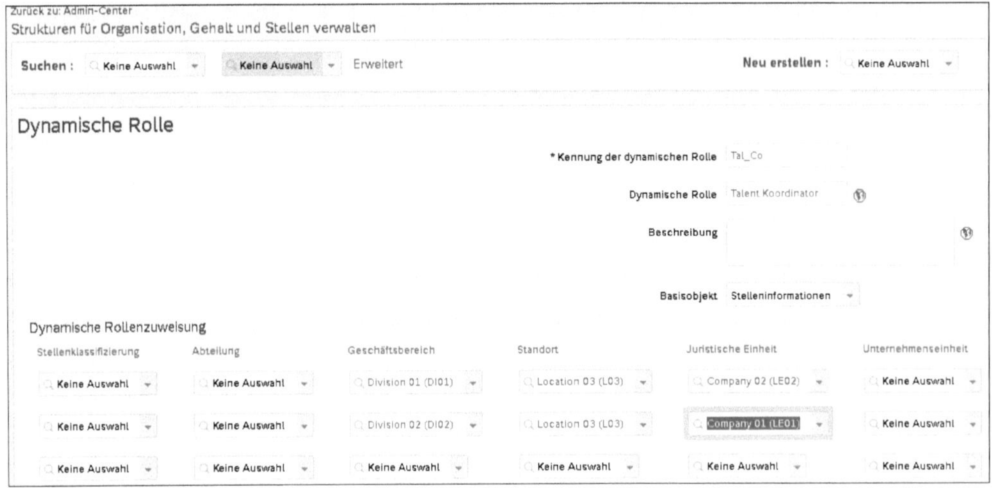

Abbildung 2.18 Dynamische Rolle erstellen

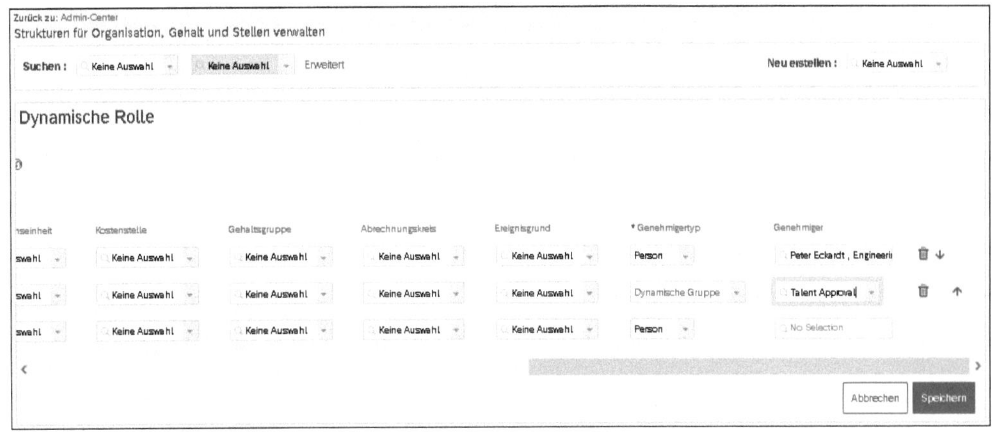

Abbildung 2.19 Dynamische Rolle anreichern

Mit einem Klick auf **Speichern** wird die dynamische Rolle erstellt.

Nachdem wir uns die dynamischen Rollen angesehen haben, wollen wir uns nun die Workflow-Gruppen ansehen.

Workflow Gruppen/dynamische Gruppen

Workflow-Gruppen, auch dynamische Gruppen genannt, bündeln eine Gruppe von Personen, die gleichzeitig einen Workflow erhalten. Alle Mitglieder einer solchen dynamischen Gruppe haben die Möglichkeit, den Workflow zu genehmigen. Dieser Workflow ist für alle Gruppenmitglieder zur Genehmigung verfügbar, bis das erste Gruppenmitglied ihn genehmigt hat. Nach der Genehmigung ist der Workflow nicht mehr für die Genehmigung durch andere Gruppenmitglieder verfügbar. Workflow-Gruppen werden auch für Mitwirkende und CC-Rollen in Workflows verwendet. Bei Mitwirkenden können alle Mitglieder der Gruppe einen Workflow kommentieren, bis er genehmigt ist. Bei CC-Rollen erhalten alle Mitglieder der Gruppe eine Benachrichtigung über die Genehmigung des Workflows.

Um eine solche dynamische Workflow-Gruppe zu erstellen, rufen Sie über die Aktionssuche **Workflowgruppen verwalten** auf. Klicken Sie auf **Neue Gruppe anlegen**, und spezifizieren Sie die weitere Ausprägung (siehe Abbildung 2.20). Die Verwaltung von Berechtigungsgruppen an sich ist einheitlich. Auch die dynamischen Gruppen folgen diesem Muster. Zum Umgang mit Gruppen im rollenbasierten Berechtigungswesen erhalten Sie weitere Informationen in Abschnitt 11.2, »Berechtigungsgruppen verwalten«.

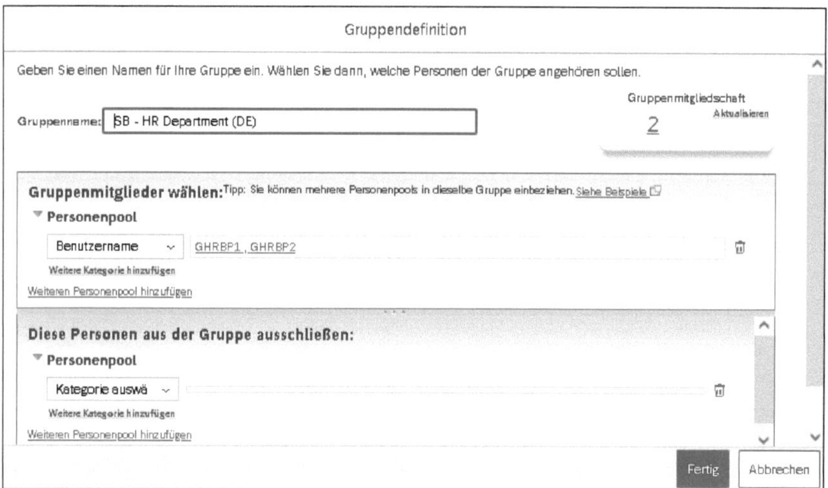

Abbildung 2.20 Gruppe definieren

Im Folgenden stellen wir Ihnen Ihre Möglichkeiten im Kontext der Workflow- Konfiguration vor.

2.3.2 Workflow-Bestandteile

Die Workflow Konfiguration erfolgt im Admin-Center über **Strukturen für Organisation, Gehalt und Stellen verwalten** (siehe Abbildung 2.21). Hieran erkennen Sie direkt, dass die genutzten Objekte Grundlagenobjekte, aber keine MDF-Objekte sind. Eine Workflow-Konfiguration ist in immer gleiche Bereiche unterteilt.

1. Attribute des Workflows und Genehmigertyp definieren
2. Typ des Beitragenden (Conributor Type (`wfCongigContributor`))
3. CC-Rolle (CC Role Type (`wfConfigCC`)

In Klammern ist jeweils das entsprechende Grundlagenobjekt genannt.

Abbildung 2.21 Workflow-Konfiguration aufrufen

Im Folgenden sehen wir uns die genannten Abschnitte genauer an.

Workflow-Attribute

Zunächst werfen wir einen Blick auf die Workflow-Attribute.Diese werden zur Definition einer Workflow-Konfiguration selbst, nicht aber für den Genehmigungsablauf verwendet. Für die Konfiguration verfügbar sind folgende Attribute:

- **Workflowkennung**
  Dieses ist die eindeutige ID für die Workflow-Konfiguration.
- **Name**
  In dieses Feld tragen Sie den Namen des Workflows ein.
- **Beschreibung**
  In dieses Feld tragen Sie gegebenenfalls eine kurze Beschreibung für den Workflow ein.

- **Erinnerung nach (Tage)**
  In diesem Feld definieren Sie die Anzahl an Tagen, nach der eine Erinnerungsbenachrichtigung an die aktuell genehmigende Person eines Workflows gesendet wird, wenn keine Aktion für den Workflow erfolgt ist (eine Erinnerung wird anhand des Feldwertes auf wiederkehrender Basis gesendet).
- **Wird Delegieren unterstützt**
  In diesem Feld wird festgelegt, ob ein Benutzer bzw. eine Benutzerin einen Workflow so einrichten kann, dass er manuell oder automatisch delegiert werden kann. **Wird Delegieren unterstützt** ist ein boolesches Feld, das die Option **Automatisch delegieren** und die Option **Delegieren für Genehmigende** eines Workflows aktiviert.
- **Alternativer Workflow**
  Über dieses Feld definieren Sie den Workflow, der verwendet werden soll, wenn bereits eine Transaktion mit einem zukünftigen Datum existiert.

Beispiel für einen alternativen Workflow

Sie nehmen eine Änderung der Stelleninformationen für einen Mitarbeiter oder für eine Mitarbeiterin zum 1. März 2022 vor. Für den 1. Mai 2022 ist bereits ein Datensatz zur Änderung von Stelleninformationen vorhanden. Über die Benennung eines alternativen Workflows ist es möglich, einen anderen Workflow auszulösen, sodass andere Genehmigende den Workflow genehmigen können. So kann z. B. die Personaladministration eingebunden werden, um zu prüfen und sicherzustellen, dass keine doppelten oder widersprüchlichen Änderungen vorgenommen werden.

- **Escalation**
  Hier können Sie optional festlegen, welche Konfiguration im Falle einer Eskalation verwendet werden soll. Der Workflow wird dann nach einer festgelegten Anzahl an Tagen an eine bestimmte genehmigende Person weitergeleitet (siehe Abschnitt 2.3.10).
- **CC-Benutzer zur Workflow-Genehmigungsseite umleiten**
  Legt fest, ob CC-Benutzer oder CC-Benutzerinnen (Nutzer bzw. Nutzerinnen, die eine Information erhalten) auf die ausstehenden Anfragen zugreifen können oder ob sie nur eine Benachrichtigung erhalten sollen.
- **Workflow-E-Mail-Konfiguration**
  Gibt an, ob der Schritt benutzerdefinierte E-Mail-Benachrichtigungen versendet. Weitere Details zu den benutzerdefinierten E-Mail-Vorlagen erhalten Sie in Abschnitt 2.3.6, »Benutzerdefinierte E-Mail-Vorlagen«.

Genehmigertyp

In diesem Teil der Workflow-Konfiguration werden die Genehmigungsschritte definiert (siehe Abbildung 2.21). Sind mehrere Schritte angelegt, muss jeder definierte

Schritt genehmigt werden, bevor der Workflow insgesamt genehmigt wird. Übrigens: Wenn ein Schritt gepflegt wird, wird schon automatisch der nächste Schritt angelegt. Allerdings muss er nicht zwingend ausgefüllt werden, wenn keine weiteren Schritte benötigt werden. Wenn der Workflow keine genehmigende Person ableiten kann, wird der Schritt übersprungen. Können insgesamt keine genehmigenden Personen abgeleitet werden, wird der Workflow automatisch genehmigt. Für jeden Genehmigungsschritt gibt es mehrere zu konfigurierende Attribute:

- **Genehmigertyp**
  Hier wird der Typ der genehmigenden Person definiert. Folgende Typen stehen Ihnen zur Verfügung:
  - **Rolle**: Zieht eine bestimmte Rolle, z. B. **Vorgesetzter** oder **HR des Mitarbeiters**.
  - **Dynamische Rolle**: Zieht die genehmigende Person auf der Grundlage der Kriterien der dynamischen Rolle.
  - **Dynamische Gruppe**: Zieht eine Workflow-Gruppe.
  - **Planstelle**: Zieht den Inhaber oder die Inhaberin einer Planstelle.
  - **Planstellenbeziehung**: Zieht eine bestimmte Rolle der genehmigenden Person, z. B. **Übergeordnete Planstelle**.
- **Genehmigerrolle**
  Der in dieser Pickliste angebotene Inhalt ist abhängig vom gewählten Genehmigertyp. Über das Feld selbst wählen Sie den Wert der Rolle, der dynamischen Rolle, der dynamischen Gruppe oder der Planstelle(nbeziehung). Wenn **Dynamische Rolle**, **Dynamische Gruppe** oder **Planstelle** im Feld **Genehmigertyp** ausgewählt ist, sind die Werte im Feld **Genehmigerrolle** eine Liste der entsprechenden Objekte. Wenn im Feld **Genehmigertyp** der Eintrag **Planstellenbeziehung** ausgewählt ist, werden andere Werte angezeigt (**Planstelle**, **Übergeordnete Planstelle** usw.). Wenn **Rolle** als Wert für das Feld **Genehmigertyp** ausgewählt wird, enthält die Auswahlliste die Liste von Genehmigerrollen wie **Vorgesetzter** oder **Matrix-Vorgesetzter** oder auch **HR des Mitarbeiters**.
- **Kontext**
  Das Feld **Kontext** wird genutzt, wenn es sich bei dem in der Transaktion geänderten Wert um eine Genehmigerrolle (außer **Eigene Person**) handelt. Es gibt zwei Optionen zur Auswahl:
  - Quelle
  - Ziel

  Standardmäßig zeigen Quelle und Ziel auf denselben Genehmiger, sofern nicht ein Workflow-Schritt den Attributwert ändert. Der Workflow wird nur ausgelöst, wenn sich die genehmigende Person im Rahmen der Datenänderungen ändert, die den Workflow auslösen.

Mit einem Klick auf das Fragezeichen [?] erhalten Sie übrigens direkt im SAP-System weiterführende Informationen. In diesem Fall werden Sie mit folgendem Text informiert:

Wählen Sie »Quelle«, wenn die Evaluierung auf den Originalattributwerten des Workflows, also vor dem Auslösen des Workflows, basieren soll. Wenn Sie »Ziel« wählen, basiert die Evaluierung des nächsten Schritts auf dem neuen Wert des Attributs nach der Ausführung des Workflows. Wenn zum Beispiel der Vorgesetzte geändert wird, können Sie den Workflow im aktuellen Schritt an den früheren Vorgesetzten (Quelle) adressieren und in einem späteren Schritt an den neuen Vorgesetzten.

Bei einem Auslandseinsatz gilt Folgendes:

Beim Hinzufügen oder Bearbeiten eines Auslandseinsatzes ist die »Quelle« die Heimat und das »Ziel« das Gastland.

Beim Beenden eines Auslandseinsatzes ist die »Quelle« das Gastland und das »Ziel« die Heimat.

- **Transaktion bearbeiten**
  Diese Option legt fest, ob die genehmigende Person die Daten bearbeiten können und der Workflow die gesamte Genehmigungskette voll durchlaufen soll (**Bearbeiten mit Routenänderung**), ob die genehmigende Person die Daten bearbeiten können soll, die Teil des Workflows sind (**Bearbeiten ohne Routenänderung**), ob sie die Daten bearbeiten können oder ob sie keine Daten bearbeiten können soll (**Keine Bearbeitung**). Zudem gibt es die Möglichkeit **Nur Anhang bearbeiten** auszuwählen.
- **Verhalten ohne Genehmigenden**
  Wenn der Workflow eine genehmigende Person erreicht, die nicht abgeleitet werden kann (z. B. wenn eine Planstelle unbesetzt ist oder ein Mitarbeiter oder eine Mitarbeiterin keine Vorgesetzte oder keine Vorgesetzten hat), wird der Schritt entweder übersprungen (**Diesen Schritt überspringen**), oder der Workflow wird abgebrochen (**Workflow beenden**). Durch die Auswahl von **Workflow beenden** wird der Workflow abgebrochen, und das Administrationsteam kann gegebenenfalls mit Korrekturmaßnahmen eingreifen.

Workflow beenden

Typischerweise wird **Workflow beenden** beim letzten Schritt des Workflows als Fail-Safe verwendet, um zu verhindern, dass ein Workflow ohne die erforderlichen Genehmigungen aktiviert wird.

- **Beziehung zu Genehmiger**
  Der Eintrag in diesem Feld bestimmt, ob der Genehmigertyp mit dem Initiator oder mit der Initiatorin des Workflows verbunden ist (**Initiator**) oder mit dem Subjekt des Workflows (**Mitarbeiter**).

- **Berechtigung respektieren**
  Über dieses Feld wird festgelegt, ob rollenbasierte Berechtigungen für die Benutzerin bzw. den Benutzer beachtet werden sollen (**Ja**) oder nicht (**Nein**), wenn er Daten zum Workflow anzeigt. Normalerweise sollte die Option **Ja** ausgewählt werden. **Nein** wird z. B. dann selektiert, wenn eine Mitarbeiterin oder ein Mitarbeiter in eine neue Unternehmenseinheit wechselt und der oder die neue Vorgesetzte bereits neue Daten sehen soll, auch wenn er oder sie erst nach der Genehmigung des Workflows Zugriff auf die Mitarbeiterinformationen hat.

Beitragende

Beitragende können während des Genehmigungsprozesses Kommentare zu einem Workflow beisteuern. Nachdem der Workflow genehmigt worden ist, ist dies nicht mehr möglich. Für die Einrichtung ist eine ähnliche Liste von Feldern wie die bei der Definition der Genehmigenden verfügbar. Es gibt für die Konfiguration für Beitragende die folgenden Felder:

- Typ des Beitragenden
- Beitragender
- Beziehung zum Genehmiger
- Kontext
- Berechtigung respektieren

Die Nutzung erfolgt entsprechend der für den Genehmigertyp beschriebenen Vorgehensweise. Das Feld **Typ des Beitragenden** beinhaltet dieselben Werte wie das Feld **Genehmigertyp**, aber für Beitragende gibt es den zusätzlichen Wert **Person**. Mit diesem Wert können Sie eine einzelne mitarbeitende Person im Feld **Beitragende** auswählen.

CC-Rolle

CC-Rollen adressieren Personen, die über den Abschluss eines Workflows benachrichtigt werden. CC-Rollen haben fast die gleichen Attribute wie Beitragende, mit einem zusätzlichen Attribut **E-Mail-Vorlagengruppe**:

- CC-Rollentyp
- CC-Rolle
- Beziehung zum Genehmiger
- Kontext
- Berechtigung respektieren
- E-Mail-Vorlagengruppe

Das Feld **CC Rollentyp** beinhaltet die gleichen Werte wie das Feld **Typ des Beitragenden**, enthält aber zusätzlich den Wert **Externe E-Mail**. Wird dieses Feld ausgewählt, ist es möglich, eine Benachrichtigung an eine bestimmte E-Mail-Adresse zu senden, nachdem der Workflow genehmigt worden ist.

Workflows für Grundlagenobjekte

Workflows für Grundlagenobjekte können nur für Grundlagenobjekte mit Gültigkeitsdatum ausgelöst werden. Sie werden immer dann ausgelöst, wenn ein Grundlagenobjekt erstellt, geändert oder gelöscht wird. Workflows für Grundlagenobjekte unterstützen **Dynamische Gruppe** und **Planstelle** als Werte für die Felder **Genehmiger Typ** und **Typ des Beitragenden**. Für CC-Benutzer bzw. CC-Benutzerinnen sind die verfügbaren Werte für **CC-Rollentyp Dynamische Gruppe**, **Planstelle**, **Person** und **Externe E-Mail**.

Aktive Workflows können nicht bearbeitet oder aktualisiert werden. Wenn die vom Initiator vorgenommenen Änderungen nicht korrekt sind, muss der Workflow abgebrochen und die notwendigen Änderungen vom Initiator vorgenommen werden.

Für die Grundlagenobjekte gibt es an sich nicht so zahlreiche Optionen. Dieses ist bedingt dadurch, dass diese Objekte nicht in die ESS/MSS eingehen und daher auch keine aufwendigen Gestaltungserfordernisse in Bezug auf Workflows vorhanden sind. Oft werden sie sogar von externen Systemen eingespielt und nicht führend in Employee Central gepflegt.

Workflows für generische Objekte

Workflows für generische Objekte unterstützen keine dynamischen Rollen als Genehmiger-, Beitragenden- oder CC-Rollentyp. Einzige Ausnahme ist das Planstellenobjekt.

Nachdem nun die wesentlichen Attribute vorgestellt und erläutert worden sind, zeigen wir im folgenden Abschnitt, wie ein Workflow erstellt wird.

2.3.3 Workflow-Erstellung

Zum Erstellen eines Workflows rufen Sie im Admin-Center das Fenster **Strukturen für Organisation, Gehalt und Stellen verwalten** auf. Klicken Sie in der Auswahlliste zum Feld **Neu erstellen** auf **Workflow**.

Im folgenden Beispiel erstellen wir exemplarisch einen Workflow für die Elternzeit. Es soll zwei Genehmigungsschritte geben; Beitragender und CC-Rolle werden hinzugefügt. Zunächst werden die Attribute im Kopfbereich des Fensters gepflegt, entsprechend der Darstellung in Abbildung 2.22.

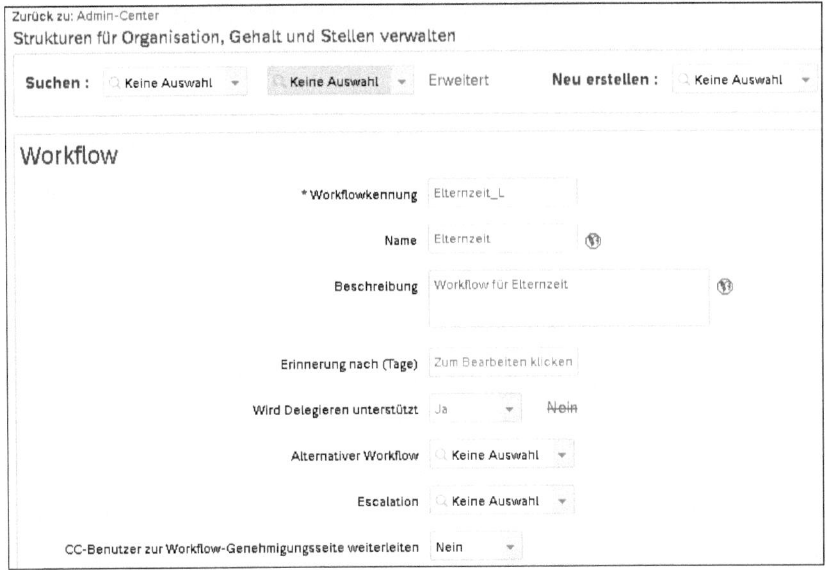

Abbildung 2.22 Workflow-Attribute pflegen

Im Folgenden erstellen wir die Schritte zur Genehmigung für den Workflow. Im Bereich **Schritt 1** wird als Erstes die oder der Vorgesetzte in der Genehmigerrolle im Bereich **Genehmigerrolle** eingetragen. Im Bereich **Schritt 2** wird hier **HR des Mitarbeiters** gewählt. Der oder dem Vorgesetzten soll keine Bearbeitung möglich sein, was entsprechend im Bereich **Transaktion bearbeiten** eingetragen wird. Die Genehmigerrolle **HR des Mitarbeiters** soll für diesen Workflow **Bearbeiten ohne Routenänderung** durchführen können, z. B. um Daten zu korrigieren (siehe Abbildung 2.23).

CC-Benutzer zur Workflow-Genehmigungsseite weiterleiten Nein

Schritt 1

Genehmigertyp	Genehmigerrolle	Kontext	Transaktion bearbeiten	Verhalten ohne Genehmigenden	Beziehung zum Genehmiger	Berechtigung respektieren	Workflow-E-Mail-
Rolle	Vorgesetzter	Quelle	Keine Bearbeitung	Diesen Schritt überspringen	Mitarbeiter	Nein	Maternity Leave

Schritt 2

Genehmigertyp	Genehmigerrolle	Kontext	Transaktion bearbeiten	Verhalten ohne Genehmigenden	Beziehung zum Genehmiger	Berechtigung respektieren	Workflow-E-Mail-
Rolle	HR des Mitarbeiters	Quelle	Bearbeiten ohne Routenänderung	Diesen Schritt überspringen	Mitarbeiter	Nein	Maternity Leave

Abbildung 2.23 Schritte zur Genehmigung pflegen

Auf vergleichbare Weise werden die Bereiche **Beitragende** und **CC-Rolle** gepflegt (siehe Abbildung 2.24). Hier ist jeweils die Option **Eigene Person**, also die mitarbeitende Person, ausgewählt. Beispielsweise können Sie auch **Externe E-Mail** wählen, soll in CC-Rolle eine Benachrichtigung z. B. an die private E-Mail-Adresse der mitarbeitenden Person geschickt werden.

Nachdem Sie die Konfiguration durchgeführt haben, klicken Sie auf die Schaltfläche **Speichern**, um Ihre Arbeit abzuschließen.

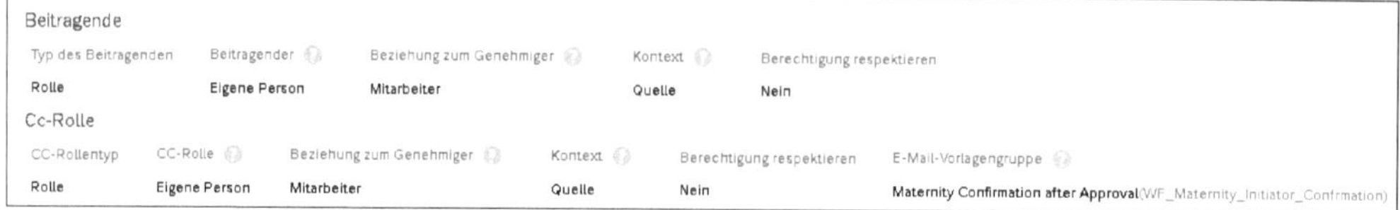

Abbildung 2.24 Beitragende und CC-Rolle pflegen

Nachdem wir nun einen Arbeitsablauf eingerichtet haben, ist es an der Zeit, sich mit den Auslösern für einen Workflow zu beschäftigen.

2.3.4 Workflows zu Auslösern zuweisen

Unabhängig davon, für welche Art von Feld oder Objekt ein Workflow ausgelöst wird, definiert eine Geschäftsregel die Auslöseregel(n). Der Prozess für die Erstellung einer Geschäftsregel ist vergleichbar mit dem Prozess für die Erstellung einer Geschäftsregel für die Ereignisgrundableitung (siehe Abschnitt 2.2.3, »Ereignisgrundableitung«). Der Hauptunterschied bei der Erstellung einer Geschäftsregel für das Auslösen eines Workflows besteht darin, dass die Dann-Bedingung immer das Feld `wfConfig` des Basisobjekts auf die auszulösende Workflow-Konfiguration setzen sollte. In Abbildung 2.25 ist diese Vorgehensweise anhand eines Workflows zum Durchführen von Änderungen an persönlichen Informationen dargestellt.

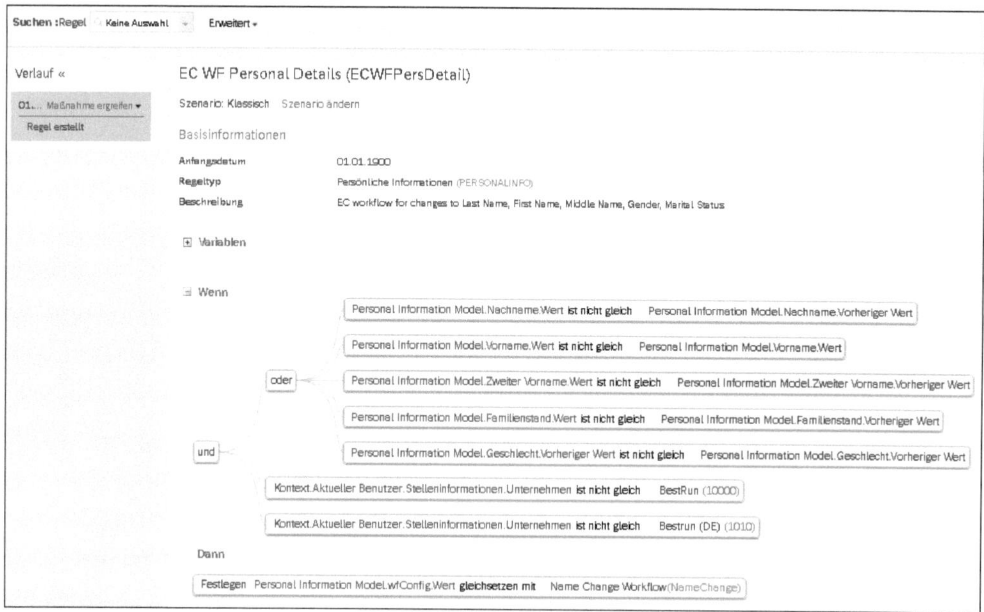

Abbildung 2.25 Geschäftsregel zum Ändern von persönlichen Informationen

Als Nächstes sind die Auslöser des Workflows festzulegen.

Persönliche Informationen und Beschäftigungsinformationen als Auslöser

Workflows, die durch Änderungen in den Bereichen der persönlichen Informationen eines Mitarbeiters über die Schaltfläche **Bearbeiten** oder **Infos zum Beschäftigungsverhältnis**, zu erreichen über den Menüpfad **Aktionen • Maßnahme ergreifen**, ausgelöst werden, verwenden mit der Workflow-Ableitung im Prinzip den Prozess, der auch für die Ereignisableitung verwendet wird.

Geschäftsregeln, die für die Workflow-Abteilung erstellt wurden, werden auf die gleiche Weise zugewiesen wie Geschäftsregeln, die für die Ereignisableitung erstellt wurden. Rufen Sie über die Aktionssuche **Geschäftsregeln konfigurieren** auf, um entweder bestehende Regeln anzupassen oder um über **Neu erstellen** eine neue Regel zu erstellen und dann zuzuweisen.

Workflows können auf der Grundlage bestimmter Ereignisgründe ausgelöst werden, sodass die Wenn-Bedingungen einer Geschäftsregel zum Auslösen eines Workflows auf einen Ereignisgrund verweisen können (siehe Abbildung 2.26). Diese Geschäftsregeln werden unmittelbar nach der Geschäftsregel für die Ereignisgrundableitung im Bild **Geschäftskonfiguration verwalten** zugewiesen.

Abbildung 2.26 Workflow zur Datenänderung

Auslöser für Grundlagenobjekte

Workflows für Grundlagenobjekte werden immer dann ausgelöst, wenn ein Objekt erstellt, geändert oder gelöscht wird. Es ist nicht möglich, einen Workflow nur bei einer dieser Aktionen auszulösen, sondern ein Workflow wird bei jeder dieser Aktionen gemäß den in der Geschäftsregel definierten Wenn-Bedingungen ausgelöst.

Rufen Sie über die Aktionensuche **Geschäftsregeln konfigurieren** auf, klicken Sie auf **+**, und erstellen Sie damit eine neue Regel.

Bei Workflows für Grundlagenobjekte muss die Geschäftsregel dem Objekt im Corporate Data Model als onSave-Ereignis zugewiesen werden. Typischerweise übernimmt Ihr Implementierungspartner in diesem Bereich die Basiskonfiguration für Sie.

Auslöser für generische Objekte

Für generische Objekte erstellen Sie eine Geschäftsregel pro Workflow. Für die persönlichen Informationen oder für die Informationen zum Beschäftigungsverhältnis ordnen Sie die Geschäftsregel der Objektdefinition zu. Weitere Informationen zum Thema Geschäftsregeln erhalten Sie in Abschnitt 2.4, »Geschäftsregeln«.

2.3.5 Standard-E-Mail-Benachrichtigungen

Nachdem ein Workflow ausgelöst worden ist, werden Genehmigende per E-Mail über den Workflow benachrichtigt (neben den Informationen auf der Startseite und/oder der To-do-Liste). E-Mail-Benachrichtigungen werden automatisch für eine Vielzahl von workflowbezogenen Aktionen versendet, wie z. B. Genehmigungen, Ablehnungen oder Delegationen.

In diesem Abschnitt zeigen wir Ihnen, wie Sie diese generischen E-Mail-Vorlagen pflegen können. Im darauffolgenden Abschnitt erhalten Sie Einblick in die Arbeit mit benutzerdefinierten E-Mail-Vorlagen.

Um E-Mail-Benachrichtigungen zu verwalten, rufen Sie über die Aktionssuche die Einstellungen für E-Mail-Benachrichtigungsvorlagen auf (siehe Abbildung 2.27).

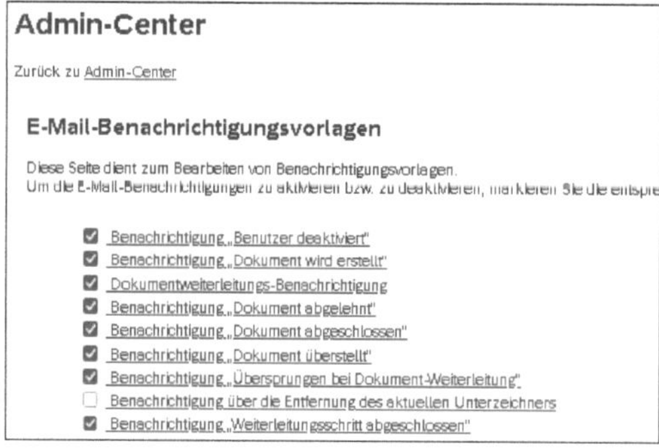

Abbildung 2.27 E-Mail-Benachrichtigungsvorlagen verwalten

Es gibt mehr als 15 E-Mail-Benachrichtigungsvorlagen, die vom System im Bezug auf Workflows verwendet werden. Sie erhalten auf alle diese Vorlagen über den oben beschriebenen Weg Zugriff. Es gibt Benachrichtigungen für den erfolgreichen Abschluss eines Workflows und für den Initiator (**Benachrichtigung über genehmigte Workflowaktion**) oder für eine Eskalation (**Benachrichtigung „Workflow-Aktion eskalieren"**). E-Mail-Benachrichtigungen für Workflows können nicht ausgeschaltet werden, was Sie daran erkennen können, dass die Checkbox am Anfang der jeweiligen Zeile ausgegraut ist (siehe Abbildung 2.28).

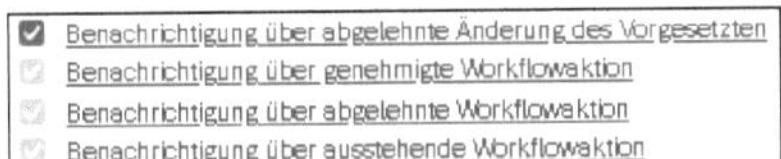

Abbildung 2.28 Verpflichtende E-Mail-Benachrichtigungen

E-Mail-Benachrichtigungen auffinden

Die Liste an E-Mail-Benachrichtigungen ist sehr lang. Mitunter hilft es, sich die Tastenkombination Strg + F des Browsers zunutze zu machen und nach dem Begriff »Workflow« zu suchen.

Sie können jede E-Mail-Benachrichtigungsvorlage bearbeiten und die folgenden Punkte ändern (siehe Abbildung 2.29):

- E-Mail-Priorität festlegen
- E-Mail-Betreff (für jede aktivierte Sprache konfigurierbar)
- E-Mail-Textkörper (für jede aktivierte Sprache konfigurierbar)

Abbildung 2.29 E-Mail-Vorlage bearbeiten

Wie es in Abbildung 2.29 zu erkennen ist, können die Texte durch Platzhalter dabei unterstützt werden, die dynamisch ermittelten Werte in die E-Mail einzufügen, die durch die Vorlage erzeugt werden. Es gibt zahlreiche Platzhalter, die bei der Nutzung von Standard-E-Mails unterstützen, was systemweit gilt. Über die Platzhalter ist teilweise eine sehr granulare Steuerung möglich. So gibt es ein Tag `[[RECIPIENT_NAME]]`, das die empfangende Person einer E-Mail zieht, aber auch ein Tag `[[RECIPIENT_USERNAME]]`, das den Nutzernamen der Empfängerin oder des Empfängers einer E-Mail zieht.

[»]

Aktuelle Liste der Platzhalter

Die aktuelle Liste der Platzhalter finden Sie jeweils in der aktuellen Version im Handbuch »Implementing and Configuring Workflows in Employee Central« unter *http://help.sap.com/hr_ec*.

[+]

Nutzung von Standarderweiterungen

Über einfache Standarderweiterungen können Sie die Daten aus Employee Central auch z .B. an Microsoft Office 365 oder Google weitergeben und mit den Bordmitteln dieser Plattformen noch weitere E-Mail-Benachrichtigungen erstellen und mit einem individuellen Layout versehen (siehe Abbildung 2.30).

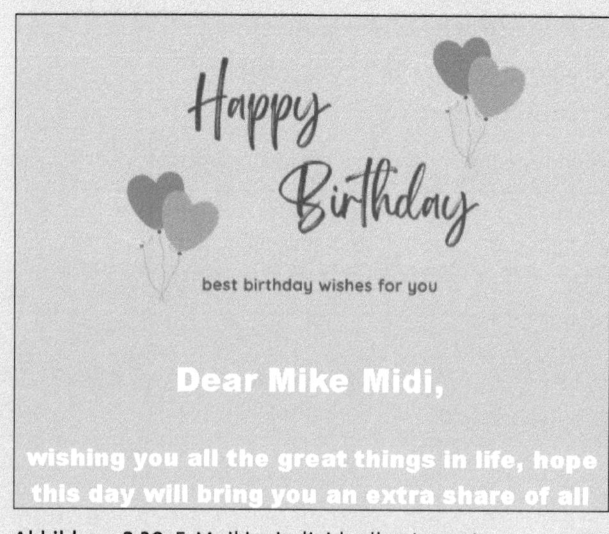

Abbildung 2.30 E-Mail im individuellen Layout

2.3.6 Benutzerdefinierte E-Mail-Vorlagen

Hin und wieder müssen ausgewählte Beteiligte während des Workflows passgenaue Informationen erhalten. Ein Beispiel könnte sein, dass eine mitarbeitende Person einen Sonderurlaub beantragen kann und Sie dieser Person nach der Genehmigung des Antrags weitere Informationen über das weitere Vorgehen zukommen lassen möchten, z. B. wenn Bescheinigungen für einen Umzugstag eingereicht werden müssen). Für solche Szenarien besteht die Möglichkeit, benutzerdefinierte E-Mail-Vorlagen zu erstellen und einzusetzen. Der Prozess baut auf der Funktion der Dokumentengenerierung auf, die in Kapitel 9, »Dokumentgenerierung«, vorgestellt wird.

Im Folgenden zeigen wir Ihnen kurz, wie Sie eine benutzerdefinierte E-Mail-Vorlage einrichten:

1. Rufen Sie über die Aktionssuche das Fenster **Daten verwalten** auf (siehe Abbildung 2.31).

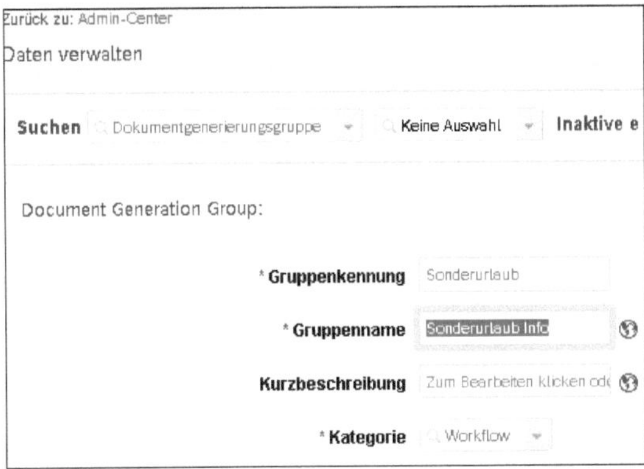

Abbildung 2.31 Dokumentengenerierungsgruppe erstellen

2. Wählen Sie im Menü **Neu erstellen** auf der rechten Seite die Option **Dokumentgenerierungsgruppe**, und pflegen Sie die notwendigen Informationen. Im Feld **Kategorie** wählen Sie den Eintrag **Workflow** aus und klicken abschließend auf **Speichern**.
3. Rufen Sie über die Aktionssuche **Dokumentgenerierung • Dokumentvorlage verwalten** auf.
4. Geben Sie in dem nun geöffneten Bild im Suchfeld **Neu erstellen** auf der rechten Seite »Dokumentgenerierungsvorlage« ein. In der neuen Ansicht nehmen Sie Eingaben in den Feldern **Vorlagenkennung** und **Template Name** (Vorlagennamen) vor und wählen im Feld **Category** (Kategorie) die Option **Workflow** aus (siehe Abbildung 2.32). Geben Sie die entsprechenden Werte in den Feldern **Country** (Land) und **Language** (Sprache) ein, und wählen Sie im Feld **Group** die Gruppe, die Sie in einem früheren Schritt erstellt haben.
5. Geben Sie einen E-Mail-Betreff in das Feld **Email Subject** und den Inhalt der Vorlage in das Feld **Template Content** ein. (Eine ausführliche Beschreibung der Inhaltserstellung finden Sie in Kapitel 9, »Dokumentgenerierung«.) In Abbildung 2.32 sehen Sie die für unser Beispiel erstellte Vorlage.

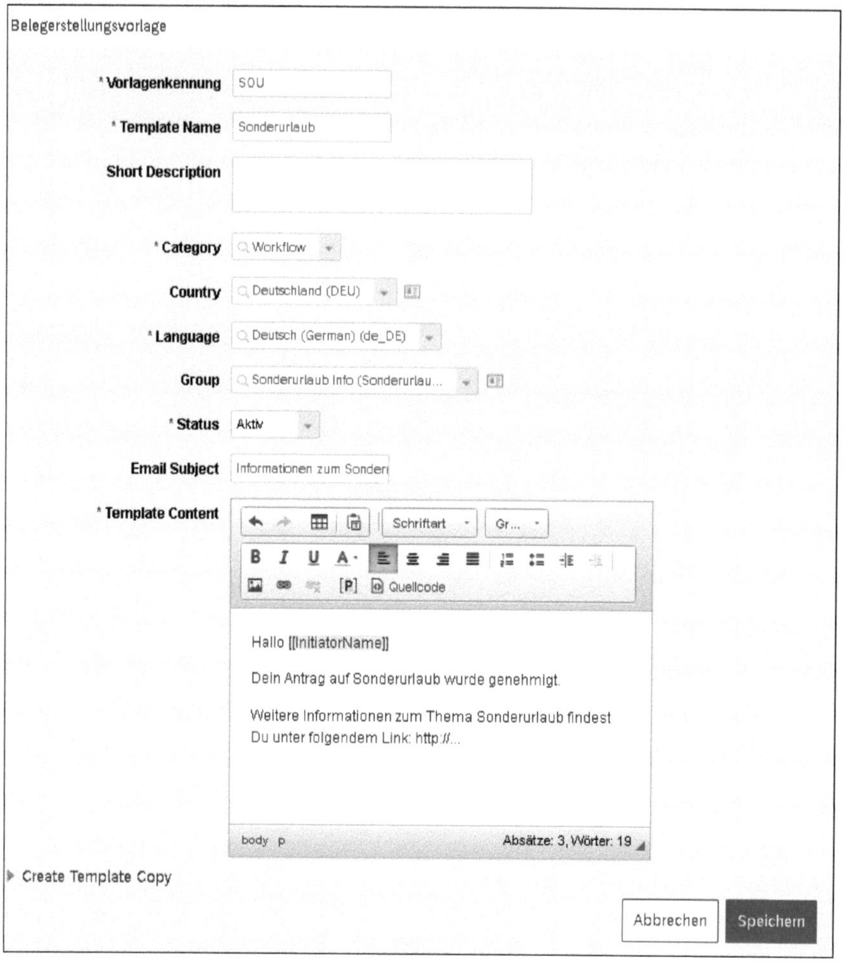

Belegerstellungsvorlage

* Vorlagenkennung: SOU
* Template Name: Sonderurlaub
Short Description:
* Category: Workflow
Country: Deutschland (DEU)
* Language: Deutsch (German) (de_DE)
Group: Sonderurlaub Info (Sonderurlau...
* Status: Aktiv
Email Subject: Informationen zum Sonderı
* Template Content: Schriftart | Gr... | [P] | Quellcode

Hallo [[InitiatorName]]

Dein Antrag auf Sonderurlaub wurde genehmigt.

Weitere Informationen zum Thema Sonderurlaub findest Du unter folgendem Link: http://...

body p | Absätze: 3, Wörter: 19

Create Template Copy

Abbrechen | Speichern

Abbildung 2.32 Dokumentengenerierungsvorlage

6. Als Nächstes müssen die verwendeten Platzhalter den entsprechenden Daten zugeordnet werden. Dies geschieht über die Aktionssuche und den Pfad **Dokumentgenerierung • Dokumentvorlagenzuordnung verwalten**. Weisen Sie Ihre Platzhalter zu (siehe Abbildung 2.33).

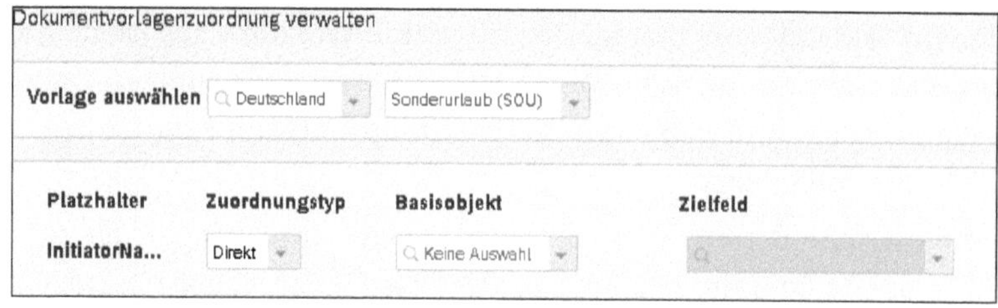

Abbildung 2.33 Token zuordnen

7. Um festzulegen, welcher Benutzertyp die Benachrichtigung erhalten soll, rufen Sie über die Aktionssuche **Workflow-E-Mail-Konfiguration verwalten** auf. In unserem Fall soll der Initiator oder die Initiatorin nach der endgültigen Genehmigung eine Benachrichtigung erhalten. Geben Sie einen Code und einen Namen an. Um den Empfang einer benutzerdefinierten E-Mail-Benachrichtigung zu aktivieren, wählen Sie Ihre benutzerdefinierte Vorlage aus der Dropdown-Liste aus, in unserem Beispiel die oben erstellte Vorlage **Sonderurlaub Info** (siehe Abbildung 2.34).

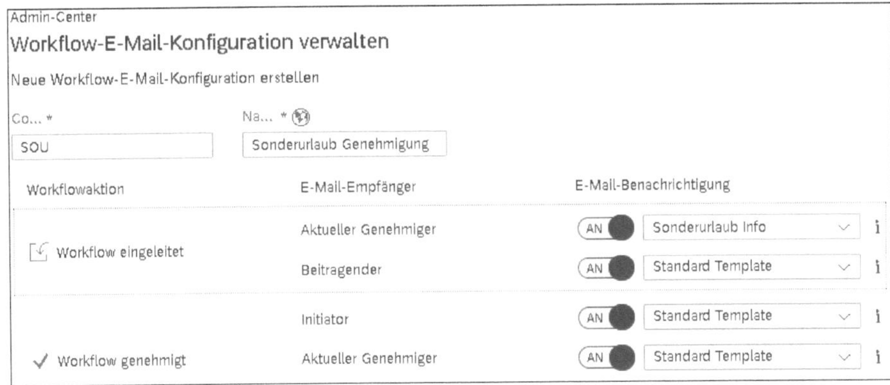

Abbildung 2.34 Workflow-E-Mail-Konfiguration verwalten

8. Abschließend fügen Sie die Workflow-E-Mail-Konfiguration im entsprechenden letzten Schritt dem Workflow hinzu (siehe Abbildung 2.34).

Benutzerdefinierte Benachrichtigungen für die CC-Rolle

Für benutzerdefinierte Benachrichtigungen der CC-Rolle befolgen Sie alle vorangehenden Schritte, mit der Ausnahme, dass Sie die Workflow-E-Mail-Konfiguration nicht erstellen müssen; es ist lediglich die E-Mail-Gruppe zu erstellen.

Im nächsten Abschnitt zeigen wir Ihnen, wie Sie Genehmiger-Workflow-Anfragen aufrufen können.

2.3.7 Auf Workflow-Anforderungen zugreifen

Die Genehmigenden greifen typischerweise über die To-do-Liste in der Kopfnavigation von Employee Central auf anstehende Anfragen zu (siehe Abbildung 2.35).

Über einen Klick auf **Anfragen genehmigen** (siehe Abbildung 2.35) rufen Sie die dazugehörige Detailansicht auf (siehe Abbildung 2.36). Hier können Sie direkt auf **Genehmigen** klicken oder den in Abbildung 2.36 hervorgehobenen Hyperlink für einen einzelnen Antrag verwenden. Auch können Sie die Komplettansicht über einen Klick auf **Zu Workflowanfragen wechseln** aufrufen.

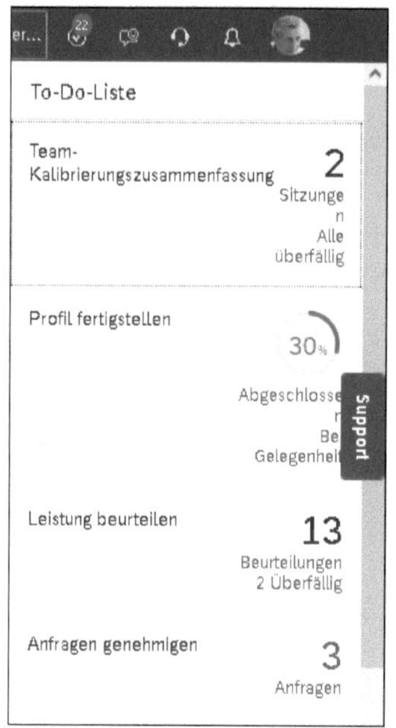

Abbildung 2.35 To-do-Liste

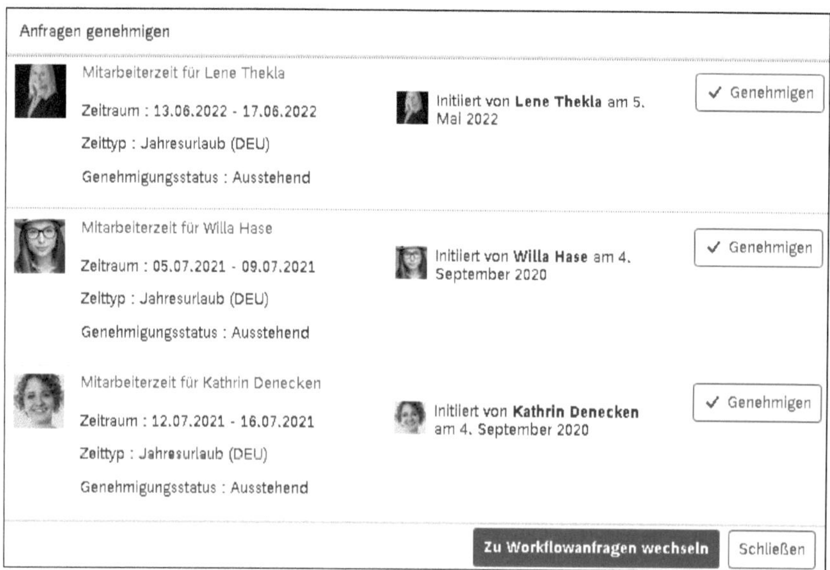

Abbildung 2.36 Ansicht »Anfragen genehmigen«

Wenn Sie auf die Schaltfläche **Zu Workflowanfragen** klicken, erhalten Sie weitere Sortierungsoptionen. Durch einen Klick auf die Schaltfläche ▽ (**Filtern**) am oberen Bildrand öffnet sich das in Abbildung 2.37 zu sehende Filtermenü, das helfen kann, bei vielen Anfragen zu strukturieren und den Überblick zu behalten.

Abbildung 2.37 »Meine Workflowanfragen« einsehen und bearbeiten

Auch erreichen Sie über **Meine ausstehenden Anfragen** in der Aktionssuche die Workflow-Anfragen (siehe Abbildung 2.38).

Abbildung 2.38 Ansicht »Ausstehende Anfragen«

Weitere Details zu dieser Ansicht erhalten Sie in den folgenden Abschnitten.

2.3.8 Übersicht der Workflow-Schritte

Nachdem ein Workflow übermittelt und eine genehmigende Person benachrichtigt worden ist, muss die genehmigende Person den Workflow absegnen. Zugriff ist entweder über den entsprechenden Link in einer verschickten E-Mail oder über die in Abschnitt 2.3.7, »Auf Workflow-Anforderungen zugreifen«, beschriebene Vorgehensweise möglich.

Wird eine einzelne Workflow-Anfrage aufgerufen (z. B. über einen Klick auf den Hyperlink in der Ansicht **Anfragen genehmigen** (siehe Abbildung 2.36 weiter vorne), werden die Details zum Workflow angezeigt (siehe Abbildung 2.39). Über **Aktivität** können Sie einsehen, welche Aktionen bisher erfolgt sind. Im Bereich **Kommentar** können Sie selbst einen Kommentar zur Anfrage eintragen. Hat jemand bereits einen Kommentar eingetragen, erhalten Sie hierzu Einsicht im Bereich **Aktivität**.

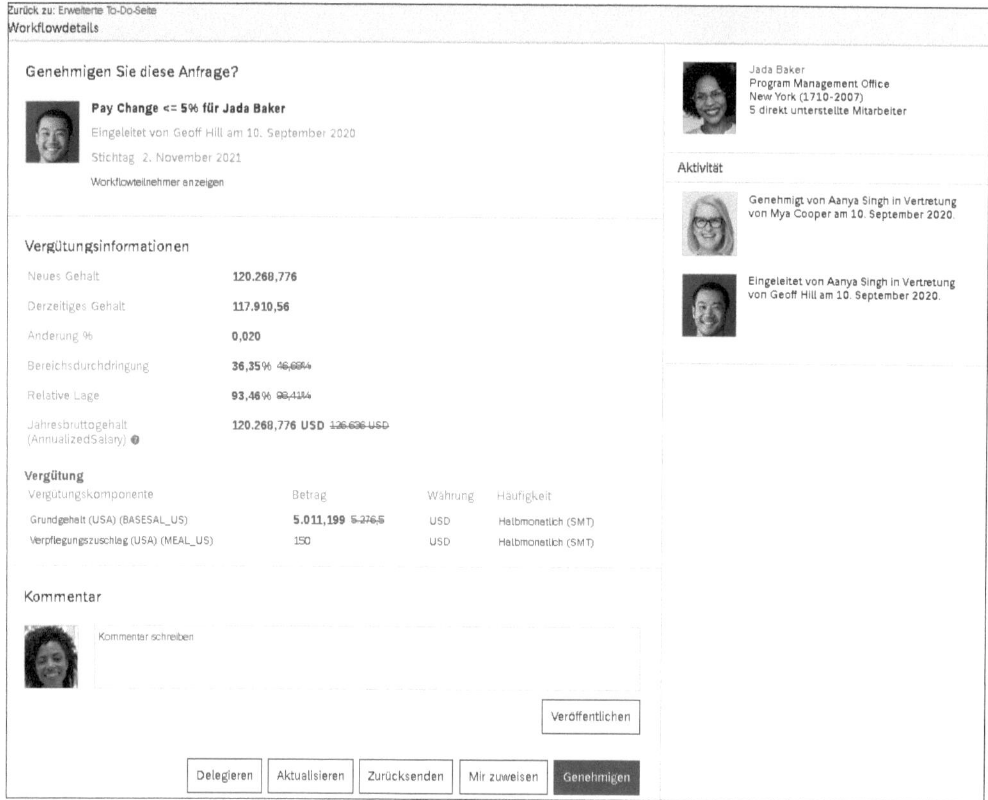

Abbildung 2.39 Details einer Workflow-Anfrage ansehen

Im Hauptbereich des Fensters erhalten Sie alle Informationen zu den beantragten Änderungen. Per Klick auf den Hyperlink **Workflowteilnehmer anzeigen** werden Ihnen die am Workflow beteiligten Personen angezeigt, unabhängig davon, ob es sich um genehmigende Personen oder um CC-Teilnehmerinnen oder CC-Teilnehmer handelt.

Genehmigenden Personen stehen maximal die folgenden Optionen zur Verfügung:

- **Delegieren**: Delegieren des Workflows an einen anderen Nutzer oder an eine andere Nutzerin
- **Aktualisieren**: Ändern von zu genehmigenden Daten
- **Zurücksenden**: Anfrage an den Initiator zurücksenden
- **Genehmigen**: Anfrage genehmigen

Für die Person, die den Workflow initiiert hat, gibt es zusätzlich die Option, den Workflow zurückziehen. **Mir zuweisen** bedeutet, dass sich eine Rolle die Anfrage selbst zuweisen kann.

Nachdem die genehmigende Person den Arbeitsablauf genehmigt hat, wird sie zum nächsten Genehmigender oder zur nächsten Genehmigerin in der Genehmigungskette weitergeleitet. Wenn die genehmigende Person der letzte Genehmiger oder die letzte Genehmigerin in der Genehmigungskette ist, wird der gesamte Workflow genehmigt, und die Änderungen werden im System aktiv.

[«]

Erinnerungen für Workflows

Sie können bei der Erstellung des Workflows angeben, nach wie vielen Tagen eine Erinnerung ausgelöst werden soll (weitere Informationen hierzu erhalten Sie in Abschnitt »Workflow-Attribute« in Abschnitt 2.3.2).

2.3.9 Delegation

Die Delegation von Workflows ermöglicht es, dass ein anderer Benutzer bzw. eine andere Benutzerin einen Arbeitsablauf anstelle der ursprünglich genehmigenden Person erhalten und genehmigen kann. Wird ein Workflow an eine andere Person delegiert, kann diese ablehnen und den Workflow an die delegierende Person zurückgeben. Nachdem ein Workflow an eine Person delegiert worden ist, kann er allerdings von dieser Person nicht weiterdelegiert werden. Wenn eine Person, an die delegiert wurde, inaktiv wird (z. B. aufgrund von Kündigung oder Eintritt in den Ruhestand), wird der Delegationsprozess abgebrochen. Die delegierende Person wird in diesem Fall zum Genehmiger oder zur Genehmigerin aller aktiven Workflows. Delegierte Workflows können über die im vorangehenden Abschnitt genannten Optionen aufgerufen werden.

Es gibt zwei Arten der Delegation:

- manuelle Delegation
- automatische Delegation

Beide Delegationsarten können bei der Einrichtung des Workflows in den Workflow-Attributen gepflegt werden (siehe Abschnitt 2.3.2, »Workflow-Bestandteile«).

Manuelle Delegation

Bei der manuellen Delegation können die Delegierenden einen Workflow im Bild **Workflowdetails** selbst über einen Klick auf die Schaltfläche **Delegieren** weitergeben (siehe Abbildung 2.39) und eine Person auswählen, an die delegiert werden soll (siehe Abbildung 2.40). Nachdem die delegierende Person den Workflow weitergegeben hat, wird die Person, an die delegiert worden ist, zum Genehmigenden des entsprechenden Schritts gemacht, und es wird eine Benachrichtigung hierzu gesendet. Für die E-Mail-Benachrichtigung gibt es eine entsprechende Vorlage (siehe hierzu auch Abschnitt 2.3.5, »Standard-E-Mail-Benachrichtigungen«).

Abbildung 2.40 Anfrage delegieren

Autodelegation

Die automatische Delegation leitet die Workflows einer genehmigenden Person automatisch an eine bestimmte Nutzerin oder an einen bestimmten Nutzer weiter. Dies kann z. B. für eine Führungskraft nützlich sein, die ihre Arbeitsabläufe an eine Assistenz oder während ihres Urlaubs an eine Vertretung delegiert. Die automatische Delegation gilt für alle Workflow-Genehmigungen, die nach der Aktivierung durch den Delegierenden erforderlich sind, und nicht für bestehende Workflows, die eine Genehmigung durch den Delegierenden erfordern. Alle bereits aktiven Arbeitsabläufe müssen vom Genehmigenden manuell delegiert werden.

Die automatische Delegation richten Sie ein, indem Sie im Bereich **Schnelle Aktionen** auf der Startseite auf die Schaltfläche **Workflows delegieren** klicken (siehe Abbildung 2.41).

Im sich öffnenden Pop-up-Fenster pflegen Sie dann die weiteren Details (siehe Abbildung 2.42). Sie wählen dort einen Deligierten aus und legen die Anfangs- und die Endzeit fest.

Abbildung 2.41 Workflows über die Startseite deligieren

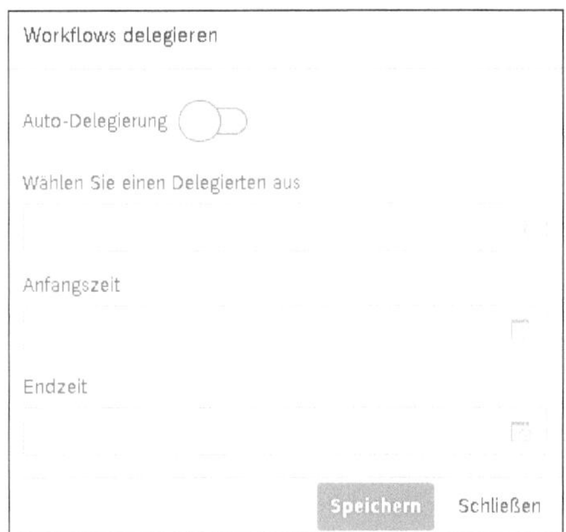

Abbildung 2.42 Details für das Delegieren von Workflows pflegen

Vor dem Speichervorgang über die Schaltfläche **Speichern** müssen Sie zwingend den Schieberegler **Auto-Delegierung** aktivieren. Wollen Sie eine automatische Delegation abbrechen, rufen Sie wieder die Ansicht **Workflow delegieren** auf und setzen den Schieberegler inaktiv. Anschließend klicken Sie auf die Schaltfläche **Speichern**.

2.3.10 Eskalation

Wie bereits in Abschnitt 2.3.2, »Workflow-Bestandteile«, erwähnt, können Sie beim Erstellen von Workflows einem Workflow einen Eskalationsschritt zuweisen. Wenn dem Workflow eine Eskalation zugewiesen wird, wird der Workflow nach einer bestimmten Anzahl von Tagen ohne Aktivität automatisch an den in der Eskalationsregel angegebenen Benutzer bzw. an die angegebene Benutzerin weitergeleitet.

Dabei kann es sich z. B. um eine Person aus der Personalabteilung, um die vorgesetzte Person der aktuellen genehmigenden Person oder um die vorgesetzte Person der Vorgesetzten oder des Vorgesetzten handeln. Unter **Daten verwalten • Neu erstellen • Escalation** können Sie eine neue Regel zur Eskalation anlegen.

2.3.11 Genehmigungsverlauf einsehen

Sie können den Genehmigungsverlauf einer Workflow-Genehmigung für Datenänderungen in der Datenhistorie einsehen. Rufen Sie hierzu den betreffenden Datensatz im Profil der mitarbeitenden Person auf. Anschließend klicken Sie auf **Genehmigungsverlauf anzeigen** (siehe Abbildung 2.43). Der Genehmigungsverlauf ist nur einsehbar, wenn eine Änderung durch einen Workflow genehmigt wurde.

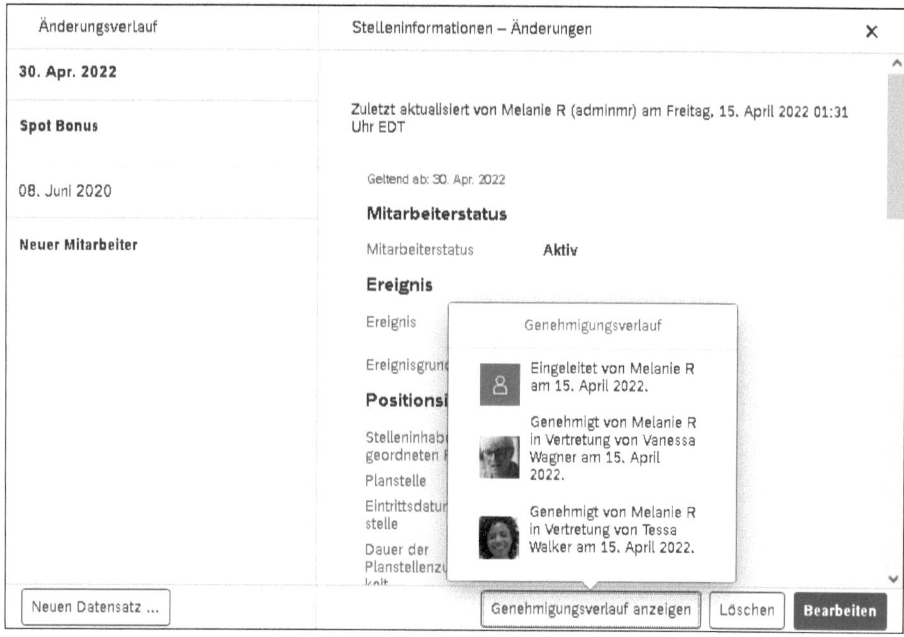

Abbildung 2.43 Genehmigungsverlauf anzeigen

2.3.12 Arbeitsabläufe verwalten

Sie können Workflows und Workflow-Konfigurationen, wie bereits gezeigt, im Admin-Center verwalten. Im Folgenden stellen wir Ihnen diese Optionen vor.

Workflow-Anfragen verwalten

Rufen Sie im Admin-Center über die Suchfunktion **Workflowanfragen verwalten** auf. Im sich öffnenden Fenster haben Sie die Möglichkeit, mithilfe unterschiedlicher Kriterien nach Workflows zu suchen (siehe Abbildung 2.44). Es muss mindestens ein Kriterium ausgewählt werden; weitere Kriterien können Sie frei nutzen.

Folgende Optionen stehen zur Verfügung:

- **Angefragt von**: Wählt eine anfragende Nutzerin oder einen anfragenden Nutzer aus.
- **Angefragt für**: Wählt den Nutzer oder die Nutzerin aus, für den oder die eine Veränderung angefragt worden ist.
- **Anfragetyp**: Ermöglicht die Suche nach dem Ereignisgrund.
- **Anfragestatus**: Sucht nach einem Workflow-Status, z. B. **Ausstehend**.
- **Stichtag von** und **Stichtag bis**: Datum, an dem die Änderungen nach deren Genehmigung wirksam werden.
- **Angefragtes Anfangsdatum** und **Angefragtes Enddatum**: Datum, an dem der Workflow gestartet wurde.

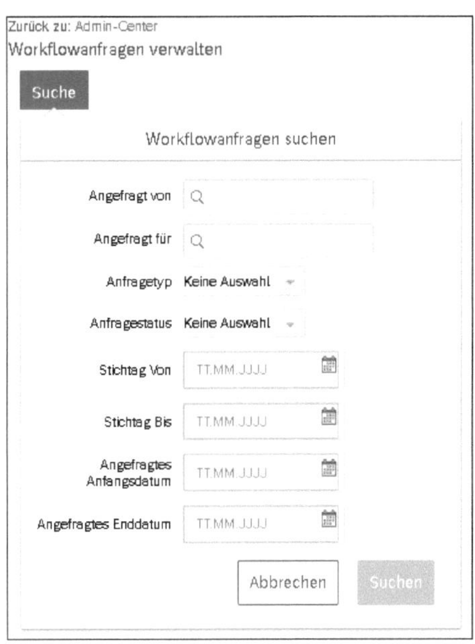

Abbildung 2.44 Workflow-Anfragen suchen

Anfragestatus »Zurückgesendet« oder »Ausstehend«

Wird nach Anfragestatus **Zurückgesendet** oder **Ausstehend** gesucht, erscheint ein zusätzliches Feld **Stagniert seit Tagen**. Hier kann angegeben werden, seit wie vielen Tagen der Status konstant ist. Der eingegebene Wert ist die Mindestanzahl von Tagen, seitdem der Workflow blockiert ist.

Haben Sie die Kriterien für die Suche definiert und auf die Schaltfläche **Suchen** geklickt, erscheint eine Übersicht der Workflows, die den gewählten Kriterien entsprechen (siehe Abbildung 2.45).

Zurück zu: Admin-Center
Workflowanfragen verwalten

Suche

Elemente pro Seite 150 | Seite 1 von 2

Anfragetyp	Aktionen	Angefragt von	Angefragt für	Anfragestatus	Stichtag	Stagniert seit Tagen
Pay Change <= 5% (P......	Maßnahme ergreifen	Jordan Robinson	April Kennedy	AUSSTEHEND	02.11.2021	584
Pay Change > 5% (Pa......	Maßnahme ergreifen	Trent Woolley	William Dart	AUSSTEHEND	02.11.2021	616
Pay Change <= 5% (P......	Maßnahme ergreifen	Christine Dolan	Jordan Robinson	AUSSTEHEND	02.11.2021	616

Abbildung 2.45 Suchergebnis zu Workflow einsehen

Über einen Klick auf den Namen des Workflows in der Spalte **Anfragetyp** wird die Detailansicht für den Workflow aufgerufen. In der Spalte **Aktionen** können Sie per Mouseover auf den Hyperlink **Maßnahme ergreifen** ein Aktionsmenü öffnen, das, bezogen auf den einzelnen Workflow, Maßnahmen anbietet (siehe Abbildung 2.46).

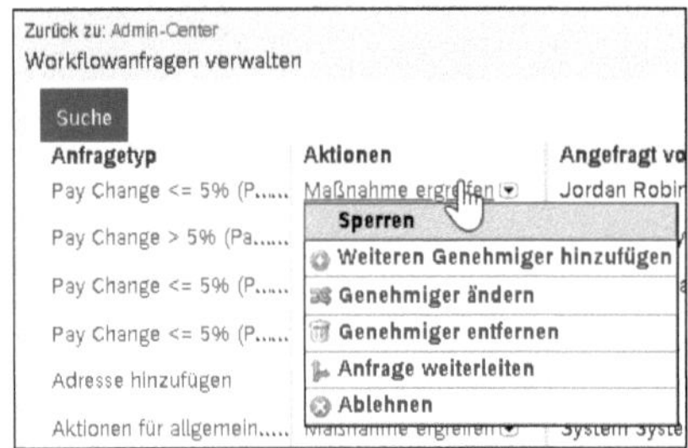

Abbildung 2.46 Aktionen für den ausgewählten Workflow anzeigen

Die folgenden Aktionen stehen zur Verfügung:

- **Sperren**: Sperrt den Workflow, damit er nicht mehr aktiv ist.
- **Weiteren Genehmiger hinzufügen**: Fügt dem Workflow eine zusätzliche genehmigende Person hinzu.
- **Genehmiger ändern**: Ändert die aktuelle Genehmigerin oder den aktuellen Genehmiger und weitere genehmigende Personen.
- **Genehmiger entfernen**: Entfernt alle genehmigenden Personen, die nach der aktuellen, die nicht mehr entfernt werden kann, weil er/sie schon involviert war oder ist, folgen würden.
- **Anfrage weiterleiten**: Leitet die Anfrage an eine zukünftige genehmigende Person weiter.
- **Ablehnen**: Lehnt den Workflow ab.

In den weiteren angezeigten Spalten erhalten Sie weiterführende Informationen zum Workflow.

Workflowanfragen mit ungültigen Genehmigern verwalten

Über die Aktionensuche kann die Option **Workflowanfragen mit ungültigen Genehmigern verwalten** aufgerufen werden. Sie erhalten nach deren Auswahl eine Liste, in der alle Workflows angezeigt werden, denen eine genehmigende Person zugeordnet ist, die nicht mehr den Mitarbeiterstatus **Aktiv** im System hat. Die Ansicht ist vergleichbar zu der in Abbildung 2.45 gezeigten Ansicht. Über das Aktionsmenü können die bekannten Möglichkeiten genutzt werden.

Workflow-Gruppen verwalten

Die Arbeit mit Workflow-Gruppen wird in Abschnitt 2.3.1, »Rollen und Gruppen für genehmigende Personen«, behandelt.

Ungültigen Benutzer bzw. ungültiger Benutzerin in dynamischer Rolle finden

Rufen Sie das Admin-Center auf, und rufen Sie über die Suchfunktion **Ungültiger Benutzer in dynamischer Rolle** auf. So erhalten Sie eine Liste aller dynamischen Rollen, denen ein inaktiver Benutzer als genehmigende Person zugeordnet ist. Über einen Klick auf die entsprechende Rolle wird diese geöffnet, und Sie können die ungültige genehmigende Person einsehen und korrigieren.

Automatisch delegieren – Konfiguration

Rufen Sie über die Aktionssuche **Daten verwalten** auf, geben Sie in das Suchfeld »Automatisch delegieren – Konfiguration« ein, und rufen Sie anschließend diese Funktion auf. Im nachfolgenden Feld sehen Sie dann eine Liste an Nutzern oder Nutzerinnen, für die **Automatisch delegieren** aktiv ist oder aktiv war. Durch einen Klick auf den betreffenden Nutzernamen kommen Sie zur Detailansicht der Delegation. Im Beispiel ist für Tessa Walker eine Delegation eingerichtet und Mya Cooper zugeteilt (siehe Abbildung 2.47). Über einen Klick auf **Maßnahme ergreifen** können Sie dann **Korrektur vornehmen** oder **Eintrag dauerhaft löschen** auswählen.

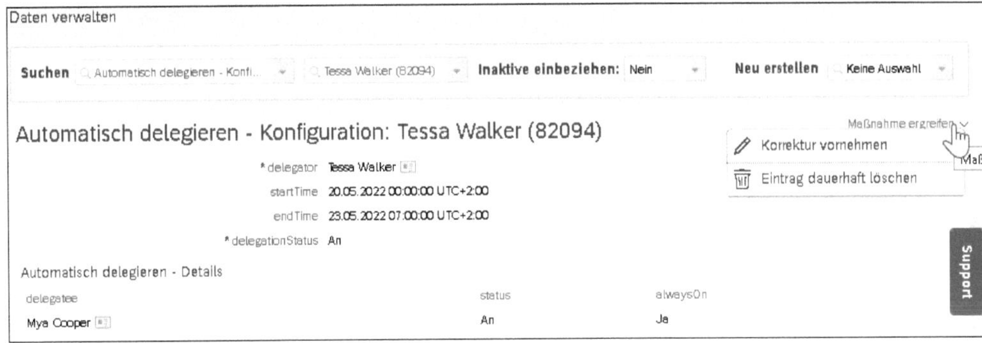

Abbildung 2.47 Workflow-Delegation einsehen

Nutzen Sie **Neu erstellen • Automatisch delegieren – Konfiguration**, um z. B. als Mitglied des Administrationsteams eine automatische Delegation stellvertretend einzurichten.

Workflowbezogene Admin-Meldungen einsehen

Die Kachel **Admin-Meldungen** im Admin-Center zeigt die Anzahl der stagnierten Workflows für den in den Einstellungen der Startseite festgelegten Schwellenwert an Tagen (siehe Abbildung 2.48).

Abbildung 2.48 Admin-Meldungen zu stagnierenden Workflows (mitarbeiterbezogen im Admin-Center)

Mit einem Klick auf die Anzahl wird die Übersicht zu **Stagnierenden Workflows – mitarbeiterbezogen** geöffnet (siehe Abbildung 2.49). Per Klick auf einen Workflow erhalten Sie weitere Details zu diesem. Wählen Sie einen Workflow über die Checkbox am Anfang der Zeile aus, können Sie eine der Optionen **Aktion Erneut überprüfen**, **Genehmiger ändern**, **Ablehnen**, **Sperren** oder **An nächsten Schritt weiterleiten** auswählen.

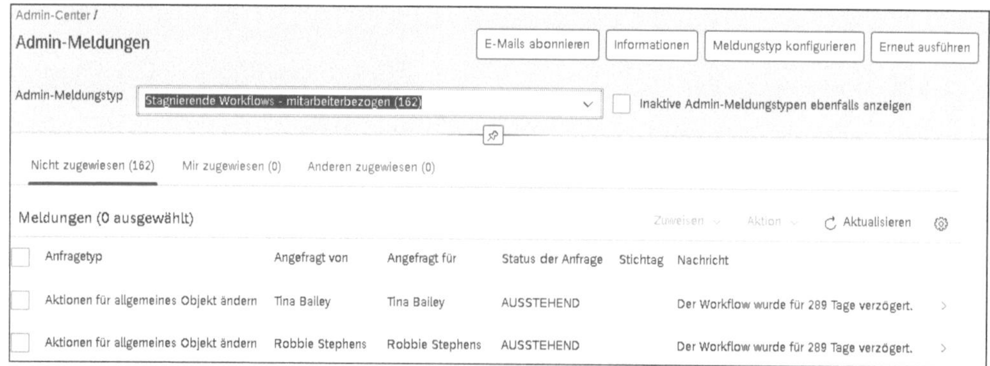

Abbildung 2.49 Admin-Meldungen zu den stagnierenden Workflows einsehen

Mit einem Klick auf **Zuweisen** können Sie den Workflow sich selbst oder anderen Personen zuweisen.

Nachdem Sie nun über die Workflows für Employee Central informiert sind, wenden wir uns dem Thema der Geschäftsregeln zu.

2.4 Geschäftsregeln

Das Metadata Framework (MDF) dient dem Erstellen, Anpassen und Verwalten von (auch kundenspezifischen) Prozessen (siehe Abschnitt 12.1). Geschäftsregeln (kurz Regeln) sind ein wichtiger Bestandteil des MDF. Sie erhalten die Möglichkeit, zwischen Standardobjekten oder selbst erstellen Objekten Regeln zu gestalten. So können Sie Ihre eigenen Regeln und auch Geschäftslogik in SAP SuccessFactors abbilden.

Geschäftsregeln nutzen

Ein Beispiel für die Nutzung von Geschäftsregeln könnte eine Sonderzahlung bei der Geburt eines Kindes von Mitarbeitenden sein. Auch können Sie Informationen an Beteiligte versenden, wenn jemand von einer Langzeitabwesenheit zurückkehrt, sodass sich alle beteiligten Personen (HR, Führungskraft) darauf vorbereiten können.

Sie rufen die Konfiguration der Geschäftsregeln über die Aktionssuche auf, indem Sie nach »Geschäftsregeln konfigurieren« suchen. Es erscheint das Fenster aus Abbildung 2.50.

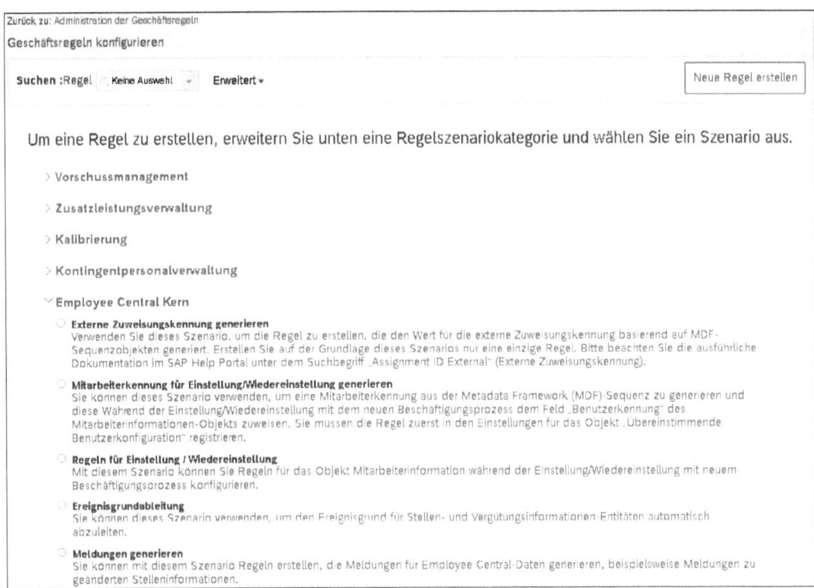

Abbildung 2.50 Geschäftsregeln konfigurieren (Auszug)

Hier sind bereits viele vordefinierte Szenarien zur Verwendung und Anpassung verfügbar, die Sie sich zunutze machen können. Geschäftsregeln arbeiten also mit Wenn-Dann-Bedingungen. Abbildung 2.51 zeigt ein Beispiel für solch eine Regel. Diese ist vordefiniert, kann aber über **Neuen Datensatz einfügen** bearbeitet werden. Unter **Verlauf** auf der linken Seite des Fensters können etwaige Änderungen eingesehen werden.

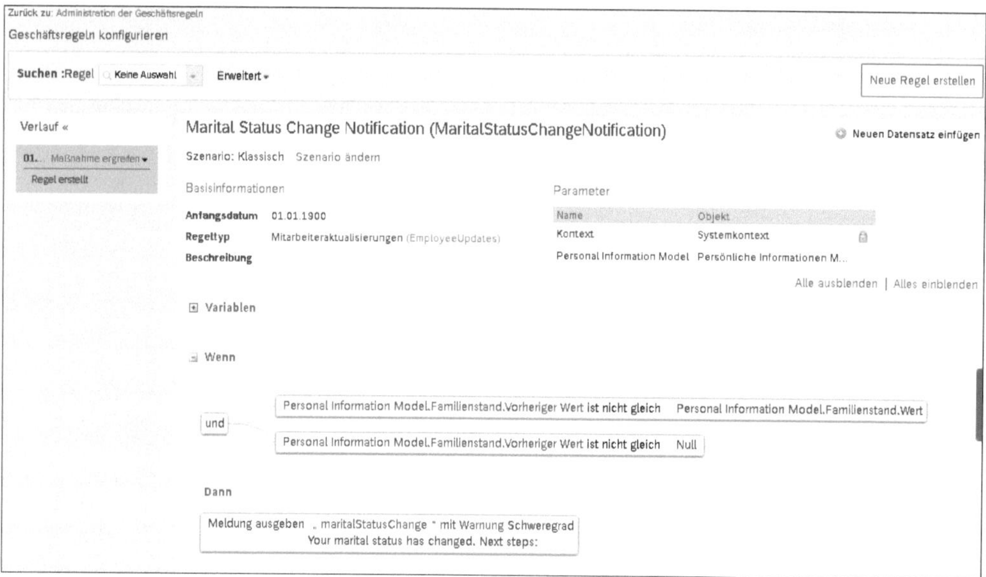

Abbildung 2.51 Geschäftsregel: Statusänderung

Beim Einrichten von Geschäftsregeln greifen Sie auf eine umfangreiche und gut nutzbare Oberfläche zu. Neben den oben genannten prozessnahen Beispielen für den Einsatz von Geschäftsregeln können Sie weit umfänglicher die Logik Ihrer Prozesse unterstützen. So können Sie z. B. folgende Aktionen durchführen:

- Sie können den Wert eines oder mehrerer Felder auf der Grundlage der in einem anderen Feld getroffenen Auswahl ändern.
- Sie können den Standardwert für das Feld bzw. die Felder innerhalb eines Objekts setzen.
- Sie können den Wert von Feldern vor dem Speichern eines Objekts validieren (und eine Validierungsmeldung auslösen).
- Sie können auch ganz allgemein Felder ausblenden oder anzeigen.

2.4.1 Bestandteile einer Geschäftsregel

Eine Geschäftsregel wird für einen bestimmten Objekttyp (das Basisobjekt) erstellt und verwendet. Es handelt sich dabei um Wenn-Bedingungen zum Bestimmen der

Regelauslösebedingungen und um Dann-Bedingungen, um zu bestimmen, was passiert, wenn die Auslösebedingungen erfüllt sind. Dieses Vorgehen kann auch mehrstufig abgebildet werden. Regeln haben einen einheitlichen Aufbau, der sich typischerweise in die folgenden Bereiche gliedert (siehe Abbildung 2.51):

- **Basisinformationen**
  Zu den Basisinformationen gehören **Anfangsdatum**, **Regeltyp** oder **Beschreibung**.
- **Parameter**
  Parameter fügen einer Regel für bestimmte Szenarien zusätzlichen Kontext hinzu und sind von SAP definiert. So müssen z. B. für Regeln zum Auslösen von Benachrichtigungen Parameter zu einer Geschäftsregel hinzugefügt werden, damit die Wenn- und Dann-Bedingungen ausgeführt werden können. Wenn Parameter benötigt werden, finden Sie im entsprechenden Implementierungsleitfaden von SAP Angaben dazu, welche Parameter zu konfigurieren sind.
- **Variablen**
  Variablen können verwendet werden, um das Schreiben und die Verarbeitung von Regeln zu vereinfachen. Mit Variablen können Felder oder Funktionen als regelspezifische Variablen definiert werden, die in der gesamten Regel wiederverwendet werden können. Wenn eine Regel für die Ausführung initialisiert wird, werden zunächst die Variablen initialisiert; für eine Variable, die eine Funktion verwendet, bedeutet dies, dass die Variable ausgeführt wird, sodass das Ergebnis der Funktion in der Variablen gespeichert wird, um in der gesamten Regel verwendet zu werden. Variablen sind schreibgeschützt.
- **Wenn**
  `IF` (wenn) erfordert die Erfüllung einer oder mehrerer Bedingungen, um die Regel auszulösen. Es kann nur eine Wenn-Anweisung (`IF`-Anweisung) eingegeben werden, aber es können mehrere Bedingungen zu einer solchen hinzugefügt werden. Auch können Sie Sonst-Wenn-Bedingungen nutzen.
- **Dann**
  `THEN` (dann) definiert die Systemaktion auf die definierten Bedingungen. Es können mehrere Dann-Anweisungen (`THEN`-Anweisungen) zu einer Regel hinzugefügt werden.
- **Sonst wenn**
  Die Sonst-wenn-Anweisung enthält die Logik, die genutzt wird, sollte die Wenn-Bedingung nicht erfüllt sein. Zu einer Regel können mehrere Sonst-Wenn-Anweisungen (`ELSE`) hinzugefügt werden. Die Sonst-Wenn-Anweisung folgt auf die Dann-Anweisung.
- **Dann (Else if)**
  Die Dann-Anweisung (`ELSE IF`) regelt, was ausgeführt wird, wenn die Dann-Bedingung nicht ausgeführt wird.

Sowohl Und- als auch Oder-Operatoren werden innerhalb von Regeln unterstützt. Ebenso sind viele Funktionen (z. B. mathematische Funktionen, Zeit/Datum oder Verkettungen (concatenate)) für die Verwendung in Wenn-Dann-Settings verfügbar.

Regel immer auslösen

Sie können die Wenn-Bedingungen so einstellen, dass sie immer wahr sind. Die Dann-Bedingungen können z. B. immer ausgelöst werden, wenn eine Regel ausgelöst wird.

Regeln sind mit einem Gültigkeitsdatum versehen, was bedeutet, dass eine Regeländerung in die Zukunft datiert werden kann.

2.4.2 Überblick über die Kernregeln von Employee Central

In einer *Regelszenariokategorie* werden zu unterschiedlichen Bereichen teilkonfigurierte Szenarien zur Nutzung bereitgestellt (siehe Abbildung 2.50). Für die Regelszenariokategorie **Employee Central Kern** gibt es eine Reihe von Szenarien. In Abbildung 2.52 sehen Sie die mit dem H1/2022-Release verfügbaren Szenarien und deren Erklärung, die Ihnen direkt im System mitgeben wird.

Employee Central Kern

Externe Zuweisungskennung generieren
Verwenden Sie dieses Szenario, um die Regel zu erstellen, die den Wert für die externe Zuweisungskennung basierend auf MDF-Sequenzobjekten generiert. Erstellen Sie auf der Grundlage dieses Szenarios nur eine einzige Regel. Bitte beachten Sie die ausführliche Dokumentation im SAP Help Portal unter dem Suchbegriff „Assignment ID External“ (Externe Zuweisungskennung).

Mitarbeiterkennung für Einstellung/Wiedereinstellung generieren
Sie können dieses Szenario verwenden, um eine Mitarbeiterkennung aus der Metadata Framework (MDF)-Sequenz zu generieren und diese Während der Einstellung/Wiedereinstellung mit dem neuen Beschäftigungsprozess dem Feld „Benutzerkennung“ des Mitarbeiterinformationen-Objekts zuweisen. Sie müssen die Regel zuerst in den Einstellungen für das Objekt „Übereinstimmende Benutzerkonfiguration“ registrieren.

Regeln für Einstellung / Wiedereinstellung
Mit diesem Szenario können Sie Regeln für das Objekt Mitarbeiterinformation während der Einstellung/Wiedereinstellung mit neuem Beschäftigungsprozess konfigurieren.

Ereignisgrundableitung
Sie können dieses Szenario verwenden, um den Ereignisgrund für Stellen- und Vergütungsinformationen-Entitäten automatisch abzuleiten.

Meldungen generieren
Sie können mit diesem Szenario Regeln erstellen, die Meldungen für Employee Central-Daten generieren, beispielsweise Meldungen zu geänderten Stelleninformationen.

Neues Beschäftigungsverhältnis zur Wiedereinstellung durchsetzen
Sie können dieses Szenario verwenden, um eine Regel zu konfigurieren, die die geschäftlichen Anforderungen zur Durchsetzung eines neuen Beschäftigungsverhältnisses validiert und eine Fehlermeldung zurückgibt, wenn die Bedingungen nicht erfüllt sind.

Workflows auslösen
Mit diesem Szenario können Sie eine Regel erstellen, die Employee Central-Workflows zur Genehmigung von Datenänderungen auslöst.

Interner Stellenverlauf
Sie können dieses Szenario verwenden, um die Regel für den Block „Interner Stellenverlauf“ auf der Seite „Personenprofil“ zu konfigurieren.

Validierung für HRIS-Elemente
Sie können dieses Szenario verwenden, um HRIS-Elemente zu validieren und Warnmeldungen auszulösen.

Vollzeitäquivalent berechnen
Sie können dieses Szenario verwenden, um das Vollzeitäquivalent für einen Benutzer mithilfe des Basisobjekts „Stelleninformationsmodell“ zu berechnen.

Entitätsübergreifende Regeln
Sie können dieses Szenario verwenden, um entitätsübergreifende Regeln zu konfigurieren, die von der Quell-Entität ausgelöst und Änderungen an der Ziel-Entität ausgeführen.

Abbildung 2.52 Kernregelübersicht in Employee Central

Basierend auf der Vorkonfiguration können Sie eine entsprechende Regel erstellen. In diesem Kontext ist auf das Basisobjekt hinzuweisen (siehe Abbildung 2.53).

Regeln für Einstellung / Wiedereinstellung
Mit diesem Szenario können Sie Regeln für das Objekt Mitarbeiterinformation während der Einstellung/Wiedereinstellung mit neuem Beschäftigungsprozess konfigurieren.
Regelname* Zum Bearbeiten klicken
Regelkennung* Zum Bearbeiten klicken od
Anfangsdatum* 01.01.1900
Beschreibung
Basisobjekttyp* Keine Auswahl
Bitte Objekttyp Mitarbeiterinformation
Weiter

Abbildung 2.53 Regel für die Einstellung/Wiedereinstellung erstellen

Basisobjekte sind der Ausgangspunkt für eine Regel. Sie sind im System verfügbare Datenobjekte, bei denen es sich entweder um EC-Objekte oder um MDF-Objekte (generische Objekte) handelt.

Das Basisobjekt definiert, welche Art von Eingabe für die Regel verwendet werden kann. Die Felder, Attribute und verwandten Datenobjekte des Basisobjekts können als Eingabereferenzen verwendet werden.

Einige Objekte, wie z. B. Stelleninformation, haben ein Modellbasisobjekt. Der Unterschied zwischen dem Standardobjekt **Stelleninformation** und dem Modellbasisobjekt **Stelleninformation** besteht in den hinzufügbaren Feldattributen in den Modellobjekten.

Wenn Sie z. B. eine Regel erstellen, die den aktuellen Wert, den vorherigen Wert, die Sichtbarkeit und die erforderlichen Attribute in der Regellogik identifizieren muss, verwenden Sie das Modellobjekt. Das Standardobjekt erlaubt nur die Verwendung der Felder, nicht aber der Feldattribute.

2.4.3 Eine Geschäftsregel zuweisen

Im Folgenden zeigen wir Ihnen nun, wie Sie eine Regel zuweisen können. In **Geschäftsregeln konfigurieren** (siehe Abbildung 2.54) sehen Sie im Hintergrund die

Spalte **Zugewiesen**, die informiert, ob eine Regel zugewiesen wurde. Ist sie zugewiesen, erhalten Sie mit einem Klick auf die Schaltfläche [✓] weitere Details zur Zuweisung. Ist in der Spalte kein Symbol angezeigt, bedeutet das, dass keine Information bereitgestellt werden kann (beispielsweise bei den klassischen Regeln). Wird das Symbol [●] angezeigt, ist die Regel nicht zugeordnet worden.

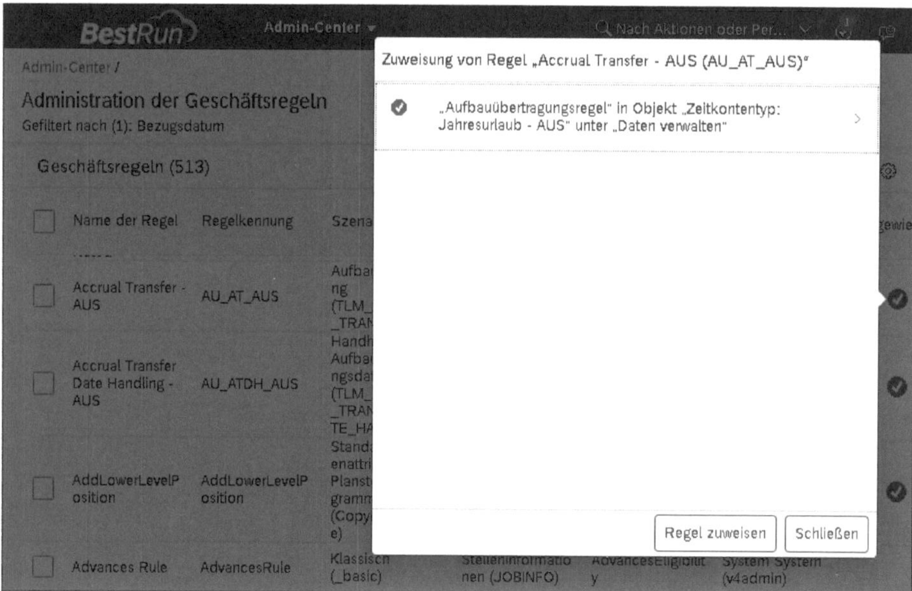

Abbildung 2.54 Regel zuweisen

[»]

Objekte zuordnen

Eine Regel wird dann ausgelöst, wenn ihr zuvor ein entsprechendes Objekt zugeordnet wurde: Das der Regel zugeordnete Objekt kann ein Standardobjekt oder ein kundenindividuelles Objekt (MDF-Objekt) sein.

Wenn eine Regel im System einem Objekt zugeordnet ist und eine Benutzerin bzw. ein Benutzer versucht, sie zu löschen, wird eine Fehlermeldung ausgegeben. Um eine Regel zu löschen, muss die Zuordnung zum Objekt zuvor entfernt worden sein.

OnChange

Regeln können MDF-Objekten entweder auf der Feldebene im Detailbereich eines Feldes oder auf der Objektebene am Ende der Objektdefinition zugewiesen werden. Beachten Sie, dass auf der Feldebene nur das Regelereignis onChange verwendet werden kann.

2.4.4 Geschäftsregel für HRIS-Objekte auslösen

Wird eine Regel einem HRIS-Objekt zugeordnet, besteht dabei die Möglichkeit zu entscheiden, ob die Regel bevor, während oder nachdem eine Änderung vorgenommen wurde, ausgelöst wird. Folgende Ereignisse stehen dazu zur Verfügung (siehe Abbildung 2.55; es gibt im System (Stand H1/2022) keine deutschen Übersetzungen):

- **onSave**
  `onSave` ist auf der Ebene des HRIS-Elements nutzbar; es wird genutzt, wenn eine Seite gespeichert wird. Beispielsweise wird hierüber ausgewiesen, dass ein Pflichtfeld nicht gefüllt worden ist.
- **oninit**
  `oninit` ist auf der Ebene des HRIS-Elements nutzbar; es wird bei der Nutzung der Funktion **Neuen Mitarbeiter hinzufügen** oder wenn ein neuer Eintrag (Foundation Object) in **Strukturen für Organisation, Gehalt und Stellen verwalten** (Ereignis, Lokation usw.) vorgenommen wird, ausgelöst.
- **onView**
  `onView` ist auf der Ebene des HRIS-Elements nutzbar; die Regel wird ausgelöst, wenn ein vorübergehendes Feld angezeigt wird. Es handelt sich dabei um berechnete Felder, deren Werte nicht in der Datenbank gehalten werden, sondern bei Aufruf berechnet werden, z. B. wenn eine Regel eingestellt ist, die die Betriebszugehörigkeit eines Mitarbeiters berechnet und dann anzeigt.
- **saveAlert**
  `saveAlert` ist auf der Ebene des HRIS-Elements nutzbar, wenn eine Änderung in den Stelleninformationen, Gehaltsinformationen, Beschäftigungsinformationen oder in der Arbeitserlaubnis gespeichert wird. Gibt eine Nachricht aus, die den Nutzer auf die dann erfolgende Änderung aufmerksam macht.
- **onPostSave**
  `onPostSave` ist auf der Ebene des HRIS-Elements nutzbar und wird für intelligente Dienste verwendet.
- **onEdit**
  `onEdit` ist auf der Ebene des HRIS-Elements nutzbar; dieser Ereignistyp wird genutzt, wenn Zahlungsinformationen bearbeitet werden.

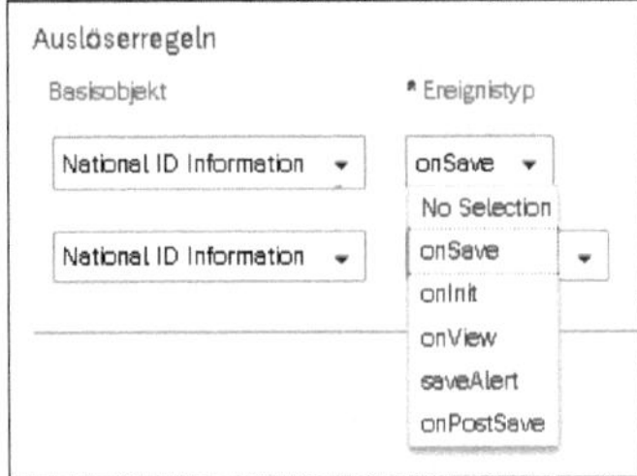

Abbildung 2.55 Ereignistyp auswählen

Regeln auf der Feldebene können nur als onChange-Regeln zugewiesen werden, was bedeutet, dass sie immer dann ausgelöst werden, wenn sich der Feldwert ändert. Je nach Bereich können nur bestimmte Auslöser verfügbar sein.

2.4.5 Regeln für MDF-Objekte erstellen

Werden Regeln für MDF-Objekte erstellt, wird in diesem Fall ein Anlass benötigt (siehe Abbildung 2.56).

- **Initialisieren**
  Dieser Zweck wird genutzt, um die Schlüssel in den Feldern mit Default-Werten zu initialisieren. Diese Regeln werden nur für neue Objektinstanzen ausgeführt, nicht bei z. B. Aktualisierungen oder Löschung.
- **Validieren**
  Dieser Zweck wird zur Validierung von Werten genutzt und kann auch eine Warnmeldung im Kontext der Validierung anzeigen.
- **Evaluieren**
  Sie können Feldern Werte zuweisen, die auf anderen Feldwerten während des Speichervorgangs basieren. So können Sie z. B. zulässige Abwesenheiten auf der Basis des ausgewählten Standorts festlegen. Sie können jedoch keine Werte für Systemfelder und Geschäftsschlüssel wie **Externer Code** oder **Gültiges Anfangsdatum** festlegen.
- **Warnung**
  Der Zweck **Warnung** wird genutzt, um eine MDF-Warnung zu erzeugen.
- **Workflow**
  Der Zweck **Workflow** wird genutzt, um einen Workflow zu verarbeiten.
- **Beim Laden**
  Der Zweck **Beim Laden** wird genutzt, um jede Art von Aktion oder Validierung beim Laden der Seiten durchzuführen.

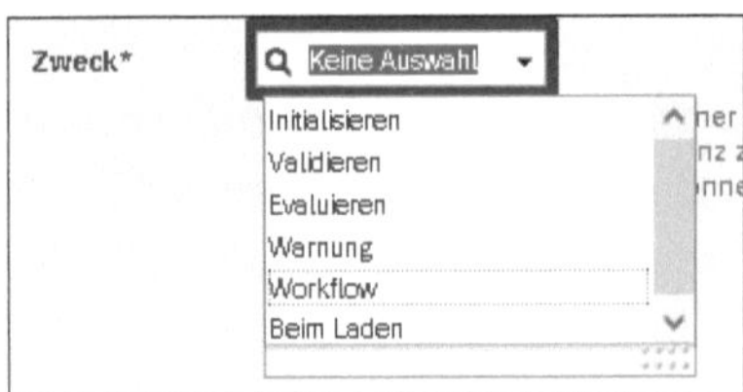

Abbildung 2.56 Zweck auswählen

2.4.6 Geschäftsregel für ein MDF-basiertes Objekt erstellen

Im folgenden Beispiel erstellen wir eine Warnung für ein MDF-basiertes Objekt. In diesem Beispiel soll eine Mitarbeiterin oder ein Mitarbeiter auswählen können, welche Art von Geschäftsfahrrad sie oder er verwenden möchte. Wählt sie oder er **Andere** aus, soll eine Nachricht erscheinen, die darauf hinweist, dass weitere Angaben vorgenommen werden müssen. Die notwendigen Objekte sowie die Pickliste für die Auswahl wurden bereits angelegt. Wir erstellen zunächst die Warnungsnachricht: Über die Aktionssuche rufen Sie **Daten verwalten** auf, wählen anschließend im Feld **Neu erstellen** den Eintrag **Nachrichtendefinition** aus und geben die gewünschten Informationen **Text** (für die anzuzeigende Warnung), **Externer Code** und **Name** aus. Die Parameterinformationen müssen Sie nicht ausfüllen. Abschließend klicken Sie auf die Schaltfläche **Speichern** (siehe Abbildung 2.57).

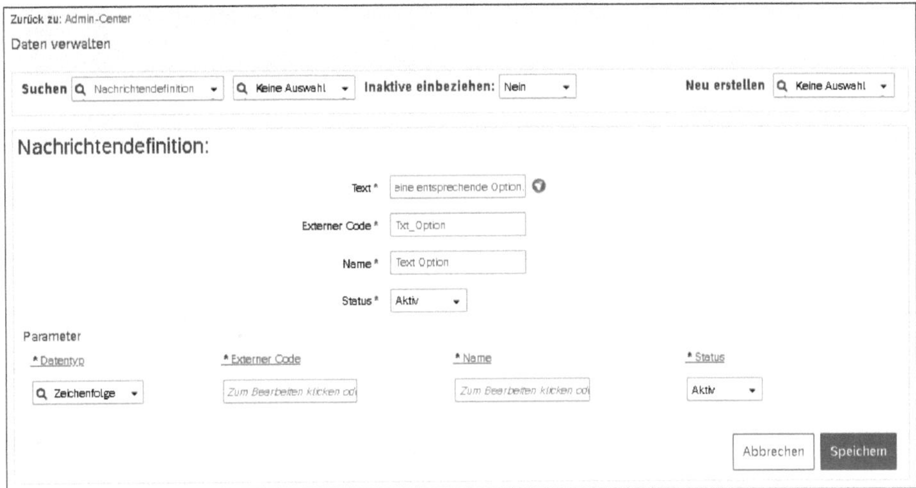

Abbildung 2.57 Nachrichtendefinition anlegen

Nun gehen Sie über die Aktionssuche zu **Geschäftsregeln konfigurieren** und klicken auf [+], um eine neue Regel zu erstellen. Wählen Sie im Feld **Regelszenariokategorie** den Eintrag **Metadata Framework** und anschließend **Regeln für MDF-basierte Objekte**. Nun nehmen Sie noch Einträge in den folgenden Feldern vor (siehe Abbildung 2.58):

- **Regelname**
- **Regelkennung**
- **Basisobjekt**
- **Zweck**

Klicken Sie abschließend auf die Schaltfläche **Weiter**.

Auf dem darauffolgenden Bild pflegen Sie dann gegebenenfalls die übernommenen Werte und erstellen anschließend das Wenn-Statement (siehe Abbildung 2.59).

Abbildung 2.58 Regel erstellen

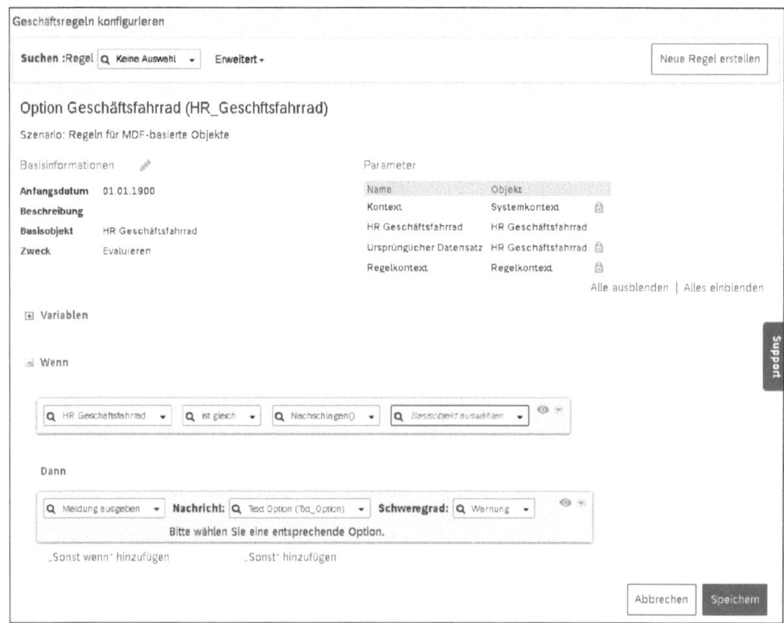

Abbildung 2.59 Wenn-Dann-Statement erstellen

In unserem Fall werden der Status und ein entsprechender Wert abgefragt. Anschließend pflegen Sie das Dann-Statement. In diesem Beispiel soll eine Warnung angezeigt werden, wenn die Wenn-Bedingung nicht erfüllt ist (neben Warnung kann alternativ auch eine Fehlermeldung oder eine Info angezeigt werden), siehe Abbildung 2.59. Speichern Sie die Einstellungen über einen Klick auf die Schaltfläche **Speichern**.

Im nächsten Schritt wird die Regel mit dem Objekt verbunden. Hierzu rufen Sie über die Aktionssuche **Objektdefinition konfigurieren** auf. Wählen Sie zunächst **Objektdefinition** und das Objekt aus, das sie bearbeiten wollen, in diesem Fall **HR Geschäftsfahrrad**, und klicken Sie dann erst auf **Maßnahme ergreifen** und **Korrektur vornehmen** (siehe Abbildung 2.60).

Abbildung 2.60 Objektdefinition auswählen und korrigieren

Scrollen Sie im sich öffnenden Bild nach unten bis zum Bereich **Regeln**. Hier wählen Sie dann den gewünschten Regeltyp und die für Ihr Objekt passende Zuordnung (siehe Abbildung 2.61).

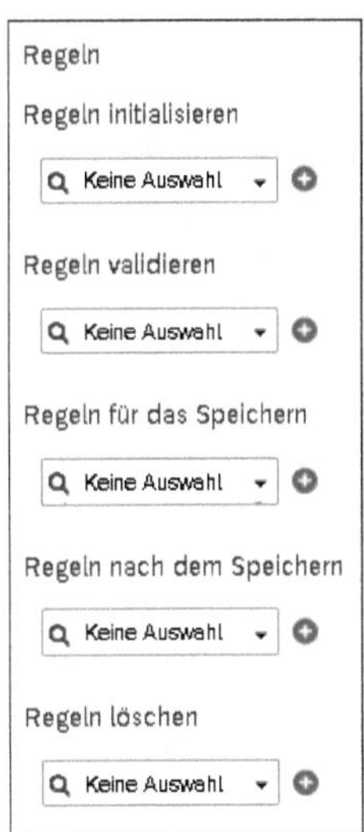

Abbildung 2.61 Regeltyp auswählen

Testen Sie Ihre Konfiguration, indem Sie auf **Daten verwalten** und **Neu erstellen** gehen und dann das gewünschte Objekt auswählen.

2.4.7 Außerzyklische Ereignisstapelgruppen verwalten

Typischerweise werden die meisten Regeln auf der Grundlage einer Aktion/eines Ereignisses, oft durch eine Benutzeraktion, ausgelöst. Es gibt jedoch Fälle, in denen es erforderlich ist, eine Regel für eine Reihe von Datensätzen regelmäßig oder auf der Grundlage eines in der Zukunft liegenden Ereignisses auszulösen. So kann es beispielsweise erforderlich sein, Datensätze zu einem Stichtag, z. B. zu einem Tarifgruppensprung, zu aktualisieren.

Bei der initialen Einrichtung unterstützt Sie typischerweise der Implementierungspartner oder der SAP-Support, da für die Abwicklung u. a. in Provisioning ein entsprechender Job eingeplant werden muss.

2.4.8 Protokoll der Geschäftsregelausführung

Das *Protokoll der Geschäftsregelausführung* (erreichbar über die Aktionssuche) wird genutzt, um die Ausführung von Regeln und deren erwartungsgemäßen Ablauf zu prüfen. Mit jedem Lauf einer Regel wird ein Protokoll erstellt, das Sie als **.csv**-Dokument herunterladen können.

Die Ansicht für das Einrichten ist die gleiche, wie für **Daten verwalten**. Sie können nach vorhandenen Regel-Traces suchen, diese bearbeiten oder löschen. Zudem können Sie auch einen neuen Regel-Trace erstellen (siehe Abbildung 2.62).

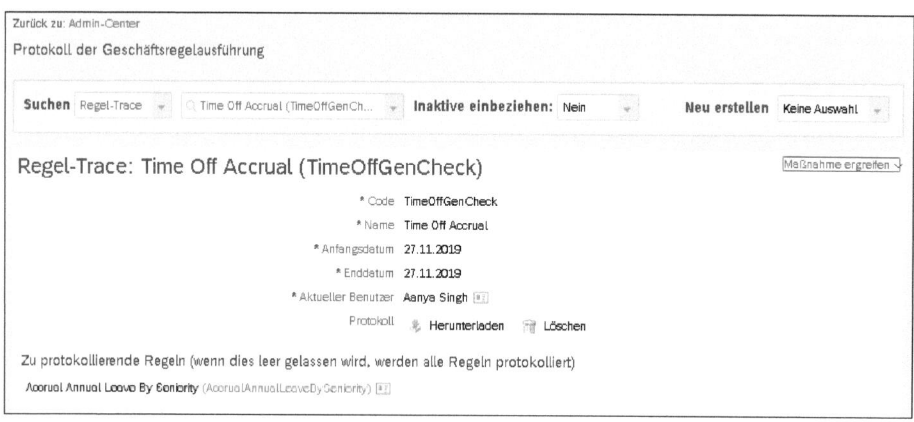

Abbildung 2.62 Beispiel: Regel-Trace

Nach der Erstellung wird der Regel-Trace an dem/den in der Regelverfolgung festgelegten Datum/Daten ausgeführt. Während oder nach diesem Zeitraum können Sie jederzeit den gewünschten Regel-Trace aufrufen und das gewünschte Protokoll über einen Klick auf die Schaltfläche **Herunterladen** erreichen (siehe Abbildung 2.62). Das Protokoll sehen Sie in Abbildung 2.63.

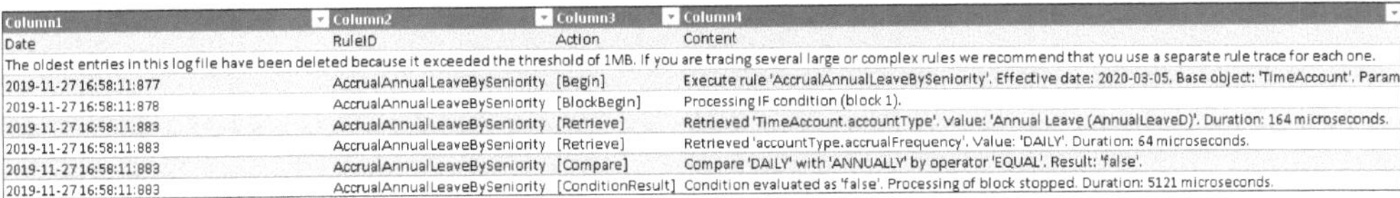

Column1	Column2	Column3	Column4
Date	RuleID	Action	Content
The oldest entries in this log file have been deleted because it exceeded the threshold of 1MB. If you are tracing several large or complex rules we recommend that you use a separate rule trace for each one.			
2019-11-27 16:58:11:877	AccrualAnnualLeaveBySeniority	[Begin]	Execute rule 'AccrualAnnualLeaveBySeniority'. Effective date: 2020-03-05. Base object: 'TimeAccount'. Param
2019-11-27 16:58:11:878	AccrualAnnualLeaveBySeniority	[BlockBegin]	Processing IF condition (block 1).
2019-11-27 16:58:11:883	AccrualAnnualLeaveBySeniority	[Retrieve]	Retrieved 'TimeAccount.accountType'. Value: 'Annual Leave (AnnualLeaveD)'. Duration: 164 microseconds.
2019-11-27 16:58:11:883	AccrualAnnualLeaveBySeniority	[Retrieve]	Retrieved 'accountType.accrualFrequency'. Value: 'DAILY'. Duration: 64 microseconds.
2019-11-27 16:58:11:883	AccrualAnnualLeaveBySeniority	[Compare]	Compare 'DAILY' with 'ANNUALLY' by operator 'EQUAL'. Result: 'false'.
2019-11-27 16:58:11:883	AccrualAnnualLeaveBySeniority	[ConditionResult]	Condition evaluated as 'false'. Processing of block stopped. Duration: 5121 microseconds.

Abbildung 2.63 Regel-Trace einsehen

In diesem Kapitel haben wir den Mitarbeiterstatus, Ereignisse, Ereignisgründe und Workflows sowie die Arbeit mit Geschäftsregeln vorgestellt. Im folgenden Kapitel geben wir einen kurzen Einblick in die Nutzung der Grundlagenobjekte.

Kapitel 3
Grundlagenobjekte

Grundlagenobjekte sind Elemente, die an die Mitarbeiterdatensätze in SAP SuccessFactors Employee Central Daten und Zusammenhänge liefern. Sie helfen Unternehmen, valide, konsistente und strukturierte Daten und Prozesse zu erhalten.

Gültige, konsistente und organisierte Daten sind für jedes Unternehmen eine wichtige Voraussetzung, um effiziente, integrierte Prozesse zu schaffen, die Dateneingabe zu vereinfachen und aussagekräftige Berichte zu erstellen. Feste Strukturen und Werte, aus denen Sie beim Ausfüllen eines Feldes auswählen oder die genutzt werden können, um Feldinhalte regelbasiert automatisch zu befüllen, sorgen für Konsistenz. In Employee Central erfüllen wir diese Aufgabe mithilfe von Grundlagenobjekten.

In diesem Kapitel führen wir Sie in die Grundlagenobjekte von Employee Central ein. Zunächst geben wir Ihnen in Abschnitt 3.1 einen Überblick über die wichtigsten Begriffe. In Abschnitt 3.2 beleuchten wir die verschiedenen Kategorien von Grundlagenobjekten näher. In Abschnitt 3.3 sehen wir dann, wie Grundlagenobjekte durch den Einsatz von Verknüpfungen und Vererbung mit Mitarbeiterstammsätzen und anderen Objekten, Strukturen und Prozessen zusammenwirken. In Abschnitt 3.4 wird schließlich die Konfiguration von Grundlagenobjekten erläutert. In Abschnitt 3.5 erfahren Sie, wie Daten für Grundlagenobjekte erstellt werden können.

3.1 Was sind Grundlagenobjekte?

Grundlagenobjekte sind Objekte mit Wertelisten, die in einer Struktur eingebettet und verknüpft sind. Sie spiegeln die Strukturen von Unternehmen wider. Jedem Objekt ist eine Reihe von Datenfeldern zugeordnet, die die Eigenschaften des Objekts erweitern. Für jedes Objekt stehen zulässige Werte zur Verfügung. Wenn Sie für ein Grundlagenobjekt einen Wert auswählen, z. B. »Deutschland«, sehen Sie zusätzliche Merkmale des Wertes, die es in Bezug auf Deutschland gibt. Diese Merkmale helfen dabei, Mitarbeitenden, denen jeweils ein Grundlagenobjekt zugeordnet ist, weitere relevante Daten und Informationen zuzuordnen. Grundlagenobjekte bieten eine vordefinierte Liste von Werten, aus denen zum Befüllen eines Datenfeldes ausgewählt werden kann.

Grundlagenobjekte bieten die folgenden Vorteile:

- Die Endbenutzerinnen und Endbenutzer erhalten einen konkreten Vorschlag und müssen keinen freien Texteintrag mehr für ein Feld festlegen.
- Durch die vorgegebenen Werte erhöhen sich die Qualität der Daten und die Geschwindigkeit der Dateneingabe.
- Das Berichtswesen profitiert von einer höheren Datenqualität .
- Es gibt die Möglichkeit, bekannte Verknüpfungen zwischen Grundlagenobjekten herzustellen. Dann bestimmt ein ausgewählter Wert die verfügbaren Werte in einem zweiten Feld und erleichtert und beschleunigt so die Datenauswahl.
- Daten können auch auf der Grundlage des ausgewählten Objekts von einem Feld in ein anderes Feld übertragen oder automatisch eingetragen werden. Dies erhöht die Effizienz und die Datenqualität.

Lassen Sie uns das mit praktischen Beispielen illustrieren.

Wir erläutern die Zusammenhänge anhand des Grundlagenobjekts **Standort**. Es kann z. B. den Wert »Konzernzentrale München« annehmen. Bei der Einrichtung dieses Wertes haben wir jedoch auch die Adresse »Landsbergerstrasse 111, München, Bayern«, als eines seiner Merkmale aufgenommen. Wenn Sie die Konzernzentrale München als Arbeitsort einer Mitarbeiterin oder eines Mitarbeiters auswählen, kennen Sie daher nicht nur den Standort, an dem die betreffende Person arbeitet, sondern auch die spezifische Adresse des Standorts, ohne dass Sie eine Adresse in den Datensatz der Person eingeben müssen (siehe Abbildung 3.1).

Eine weitere wichtige Eigenschaft von Grundlagenobjekten ist, dass sie mit einem Gültigkeitsdatum versehen sind. Dies bedeutet, dass Sie historische Datensätze speichern und Änderungen an Elementen dokumentieren können, z. B. die Veränderung einer Organisation. Wenn sich der Name einer Abteilung ändert oder eine Umstrukturierung stattfindet, gehen keine früheren Datensätze verloren. Stattdessen können Sie einen Datensatz mit einem Enddatum versehen und den neuen Datensatz an die aktuell gültige (Datums)stelle setzen. Auch können Sie nicht mehr verwendete Datensätze zeitlich abgrenzen, damit sie in Zukunft nicht mehr ausgewählt und Mitarbeitenden künftig nicht mehr zugewiesen werden können.

Um auf das vorangehende Beispiel zurückzukommen, ist die Konzernzentrale in München ein Beispiel für einen Wert des Grundlagenobjekts **Standort**.

Die Werte von Grundlagenobjekten werden in Employee Central in Grundlagenobjekttabellen gespeichert. Jedes Grundlagenobjekt kann über mehrere charakteristische Datenfelder oder Eigenschaften verfügen, die zur Ausprägung des Objekts beitragen. Auch verfügt jedes Grundlagenobjekt z. B. über ein Feld **Code**, eine Feld **Name** und ein Feld **Startdatum**.

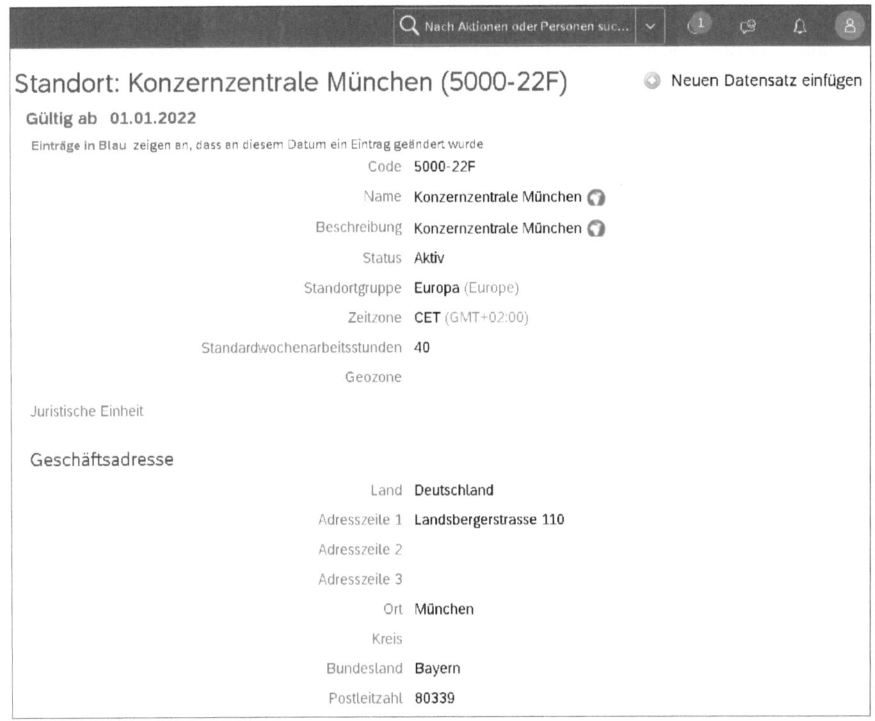

Abbildung 3.1 Grundlagenobjekt »Standort« am Beispiel der Konzernzentrale in München

Nachdem wir Ihnen einen grundlegenden Überblick über die Struktur von Grundlagenobjekten und einige wichtige Schlüsselbegriffe an die Hand gegeben haben, wenden wir uns im nächsten Abschnitt den verschiedenen Kategorien von Grundlagenobjekten zu.

3.2 Kategorien von Grundlagenobjekten

Alle Grundlagenobjekte lassen sich in die vier folgenden Kategorien einteilen: **Organisation**, **Stelle**, **Gehalt** und **Sonstiges**. Tabelle 3.1 enthält eine vollständige Auflistung dieser Objekte. Die Hauptkategorien sind wie folgt definiert:

- **Organisation**
  Mithilfe dieser Objekte lässt sich eine Unternehmensstruktur erstellen und feststellen, wo in der Struktur eine Mitarbeiterin oder ein Mitarbeiter zu finden ist.
- **Stelle**
  Diese Objekte tragen zu einem konsistenten Stellenkatalog bei und dienen der Klassifizierung der Stelle und der stellenbezogenen Merkmale der Planstelle, und über Vererbung profitieren davon auch die Daten der betreffenden Person.

- **Gehalt**
  Mit diesen Objekten können Sie Tabellen mit lohnbezogenen Daten speichern, einschließlich Zahlungsarten, Gruppierungen und Informationen zu Abrechnungskalendern.
- **Sonstiges**
  Die Grundlagenobjekte der Kategorie **Sonstiges** passen nicht in eine der drei vorangehenden Hauptkategorien.

Organisation	Stelle	Gehalt	Sonstiges
▪ Juristische Einheit ▪ Geschäftsbereich ▪ Unternehmenseinheit ▪ Abteilung ▪ Standort ▪ Standortgruppe ▪ Kostenstelle ▪ Geozone	▪ Stellenklassifizierung ▪ Stellenfunktion	▪ Gehaltskomponente ▪ Gehaltsbestandteil Gruppe ▪ Häufigkeit ▪ Entgeltgruppe ▪ Lohnkalender ▪ Besoldungsgruppe ▪ Lohnspanne	▪ Gründe für die Veranstaltung ▪ Workflow-Konfiguration ▪ Workflow-Mitarbeiter ▪ CC-Rolle ▪ Dynamische Rolle

Tabelle 3.1 Kategorien von Grundlagenobjekten

Wir sehen uns nun die in Tabelle 3.1 gezeigten Grundlagenobjekte an und diskutieren kurz ihre Verwendung.

3.2.1 Organisation

Organisatorische Objekte bilden die Organisationsstruktur eines Unternehmens ab und ordnen jedes Mitglied der Belegschaft innerhalb dieser Struktur ein. Die verwendeten Komponenten sind:

1. **Juristische Einheit**
   Die Begriffe *Unternehmen* und *juristische Einheit* können gleichbedeutend verwendet werden. Das Unternehmen wird als Pflichtfeld im Datensatz eines Mitarbeiters oder einer Mitarbeiterin mitgeführt. Juristische Einheiten (Unternehmen) werden in einem eindeutigen Land gegründet und registriert. Jede juristische Einheit muss daher mit einem eindeutigen Land verbunden sein. Die Länderzuordnung ist ausschlaggebend dafür, welche länderspezifischen Felder in den Datensätzen der einzelnen Mitarbeitenden angelegt und angezeigt werden. Daraus ergibt sich u. a. die Festlegung der Landeswährung, der Sprache und der Standardarbeitszeit (optional für dieses Objekt). In Abschnitt 3.4.2 finden Sie Informationen zu den Zuordnungen von Land und Währung für das Objekt **Juristische Einheit**.

2. **Geschäftsbereich**
   Ein Geschäftsbereich stellt eine Untergliederung von Betriebsfunktionen innerhalb eines Unternehmens bzw. innerhalb einer Organisation dar. Der Geschäftsbereich ist nach der juristischen Einheit nach dem Unternehmen der zweitwichtigste Baustein einer Organisationsstruktur und kann sich über mehrere Unternehmen und Länder erstrecken.
3. **Unternehmenseinheit**
   Eine Unternehmenseinheit ist die dritte Ebene einer Organisationsstruktur und grenzt die Position einer Mitarbeiterin oder eines Mitarbeiters innerhalb eines Unternehmens weiter ein. Abhängig von der Struktur einer Organisation wird die Unternehmenseinheit oft mit einem Unternehmen oder einem Geschäftsbereich als weiterer Abgrenzungspunkt verbunden.
4. **Abteilung**
   Eine Abteilung ist die vierte Ebene einer Organisationsstruktur. Sie grenzt die Gruppe oder das Team ein, zu der eine Person gehört. Eine Abteilung wird in der Regel von der Führungskraft der Mitarbeitenden geleitet, die der Abteilung zugeordnet sind. Häufig ist eine Abteilung auch direkt einer anderen Abteilung untergeordnet.

Wie viele Ebenen gibt es in Ihrer Organisationsstruktur?

Die vier Elemente oben spiegeln die übliche Organisationsstruktur wider. In Ihrer Organisation kann es auch mehr oder weniger als vier Ebenen geben. In Employee Central können Sie dies flexibel handhaben: Wenn nötig, können Ebenen entfernt oder kundenindividuelle Ebenen hinzugefügt werden.

Wenn eine Ebene entfernt werden muss, empfehlen wir, die Unternehmenseinheit zu entfernen. Die juristische Einheit ist zwingend vorgegeben, und Geschäftsbereich sowie Abteilung haben wichtige Funktionen in anderen Bereichen der Plattform, z. B. als Filter (Berichte) und Berechtigungselemente für andere SAP-SuccessFactors-Module.

5. **Standort**
   Ein Standort ist ein bestimmter physischer Arbeitsplatz für Mitarbeitende. Jeder Standort kann eine länderspezifische Adresse haben.
6. **Standortgruppe**
   Eine Standortgruppe ist eine Kombination aus mehreren Standorten. Sie können Standortgruppen nutzen, um Berichte zu erstellen oder Daten zu filtern. Ein Beispiel für eine Standortgruppe ist ein Eintrag mit dem Namen »Europa«, der alle Standorte in Europa zusammenfasst. Wenn ein Mitglied der Personalleitung einen Bericht für diese Region ausführt, muss es nicht jeden einzelnen Standort auswäh-

len, sondern kann stattdessen die Standortgruppe auswählen. Die Standortgruppe ist ein »abgeleiteter« Wert, den man nicht pflegen muss; dieser Wert wird vielmehr regelbasiert und automatisch erstellt.

7. **Kostenstelle**
   Eine Kostenstelle ist ein Sammelpunkt im Unternehmen, an dem Kosten entstehen und Leistungen erbracht werden. Kostenstellen können Abteilungen oder Verantwortungsbereiche sein und nach funktionalen, räumlichen oder anderen Aspekten gebildet werden. Sie werden durch das dafür führende Finanzsystem Ihrer Organisation definiert. Häufig werden Kostenstellen per Schnittstelle importiert. Viele Unternehmen ordnen Kostenstellen Abteilungen zu. Wenn eine solche Beziehung besteht, können Sie diese Informationen nutzen, um die Dateneingabe mithilfe von Vererbung zu automatisieren (siehe Abschnitt 3.3.2).
8. **Geozone**
   Eine Geozone ist eine Gruppierung von Standorten, die typischerweise in dieselbe Lebenshaltungskostenspanne fallen. Verwendet wird die Geozone z. B. im Vergütungskontext und in Standardberichten in SAP SuccessFactors. Sie können die Geozone verwenden, um über- und unterdurchschnittliche Lebenshaltungskosten und deren Auswirkungen auf die Gehaltsspanne zu justieren: Einem Gebiet mit hohen Lebenshaltungskosten kann eine spezielle Prämie oder ein Anpassungsprozentsatz zugewiesen werden. Für ein Gebiet mit niedrigen Lebenshaltungskosten kann hingegen eine reduzierte Spanne gelten. Eine Geozone enthält ein Feld für den Anpassungsfaktor, um bei der Überprüfung der Gehaltsspannen den Ausgleichsbetrag anzugeben. Die Geozone spielt auch bei den Standardberichten, den Report-Storys in *SAP Analytics Cloud, Embedded Edition*, eine Rolle: Daher sollte der Wert – wenn auch nur sehr generisch – gesetzt werden.

3.2.2 Stelle

Stellen ermöglichen den Aufbau eines konsistenten und konsolidierten Stellenkatalogs. Sie können Eigenschaften der Stelle, wie z. B. den Stellentitel oder die Einstufung der Stelle durch Vererbung automatisch an Planstellen und von dort an die Mitarbeitenden weitergeben. Merkmale wie Mitarbeitertyp, Art der Stelle, z. B. Vollzeit oder temporär, oder die Mitarbeiterklasse sind nur einige Beispiele für Vererbungen, die in der Praxis oft genutzt werden. Folgende Stellenelemente kommen zur Anwendung:

- **Stellenklassifizierung**
  Die Stellenklassifizierung (kurz Stelle) steht für eine bestimmte Stelle oder Rolle innerhalb einer Organisation. Die Stellenklassifizierung ist ein Schlüsselelement des Systems.

- **Stellenfunktion**
  Die Stellenfunktion hilft Ihnen, Stellen anhand der ausgeführten funktionalen Arbeit einzuordnen. Dieses Element ermöglicht es Ihnen, Gruppen von Mitarbeitenden zusammenzufassen, die ähnliche Arbeiten oder Funktionen ausführen. Stellenfunktionen können sehr allgemein (z. B. Informationstechnologie) oder sehr spezifisch (z. B. Buchhaltung) sein. Dies ergibt sich aus den jeweiligen Stellenanforderungen, z. B. aus den Anforderungen des Berichtswesens.

3.2.3 Gehalt

Gehaltsobjekte werden für die Verwaltung von Auszahlungs- und Vergütungsdaten verwendet. Sie enthalten nicht nur Informationen über Zahlungen und Abzüge, sondern auch über die Häufigkeit und den Zeitraum der Zahlungen. Dazu gehören:

- **Vergütungskomponente**
  Eine Vergütungskomponente ist eine spezifische Zahlung oder ein Abzug, der einer Mitarbeiterin oder einem Mitarbeiter zugewiesen wird. Vergütungskomponenten können einmalig (z. B. eine Halteprämie) oder wiederkehrend (z. B. ein Jahresgehalt) sein. Vergütungskomponenten sind idealerweise global definiert. Gelegentlich können länderspezifische Vergütungskomponenten erforderlich sein, um rechtliche Anforderungen abzudecken. Wenn Sie bei der Erstellung einer Vergütungskomponente keine Währung angeben, verwendet das System standardmäßig die Landeswährung der betreffenden Person.
- **Vergütungskomponentengruppe**
  Eine Vergütungskomponentengruppe ist eine Gruppierung verschiedener Vergütungskomponenten. Dies ist z. B. bei der Auswertung von Summen, Gesamtbeträgen und Jahresbeträgen hilfreich. Ein gutes Beispiel für eine einfache Vergütungskomponentengruppe ist die Jahresgesamtvergütung, die eine Summe aus Jahresgehalt und Jahresbonus sein kann. Vergütungskomponentengruppen können verschiedene Frequenzen und Währungen konvertieren. Da die Jahresgesamtvergütung schließlich von der Lohn- und Gehaltsabrechnung ermittelt wird, kann es sinnvoll seine, diese Zahl aus der Lohn- und Gehaltsabrechnung über eine Schnittstelle in ein passendes Objekt oder Feld in SAP SuccessFactors einzuspielen.

[«]

Wechselkurse

Vergütungskomponentengruppen müssen über eine Währungsreferenz verfügen, um die Vergütungskomponenten mit unterschiedlichen Währungen addieren zu können. Diese Funktion ist in einem MDF-Objekt mit der Bezeichnung **Wechselkurs** gespeichert. Die Objektdefinition lautet **Wechselkurs** unter **Objektdefinitionen konfigurieren**. Um Wechselkurse anzuzeigen und zu pflegen, gehen Sie zu **Daten verwal-**

ten und erstellen dort einen Wechselkurs oder suchen nach einem solchen. Ein Beispiel für einen solchen Eintrag sehen Sie in Abbildung 3.2.

Abbildung 3.2 Wechselkurse einrichten

- **Häufigkeit**
  Jede Vergütungskomponente muss eine bestimmte Häufigkeit haben, um anzugeben, in welchem Intervall eine Zahlung erfolgen soll. Beispiele hierzu sind einmalige (Zahlungen), jährliche Zahlungen (Gehalt) und stündliche Zahlungen (Lohn).
- **Abrechnungskreis**
  Ein Abrechnungskreis ist eine organisatorische Einheit zur Durchführung der Abrechnung. Diese fasst Mitarbeitende zusammen, die zum gleichen Zeitpunkt abgerechnet werden sollen und dient der Ermittlung des datumgenauen Abrechnungszeitraums.
- **Gehaltskalender**
  Für jede Gehaltsgruppe gibt es die Möglichkeit, einen Gehaltskalender zu verwenden. Ein Gehaltskalender enthält Informationen über die Lohn- und Gehaltsperioden einer Lohn- und Gehaltsgruppe, einschließlich der Arbeitsperiode, der Lohn- und Gehaltsdaten und der Prüfdaten.
- **Gehaltsgruppe**
  Eine Gehaltsgruppe gibt an, wo eine Mitarbeiterin oder ein Mitarbeiter in einer festen Struktur von Gehaltsbereichen einzuordnen ist. Dieses Feld ist normalerweise direkt mit einer Stellenklassifizierung verknüpft.
- **Vergütungsbereich**
  Ein Vergütungsbereich gibt die Spanne an, die typischerweise für eine bestimmte Gehaltsgruppe vorgesehen ist. Ein Angestellter, der eine bestimmte Stelle innehat, sollte in der Regel ein Gehalt beziehen, das innerhalb des Vergütungsbereichs liegt. Der Vergütungsbereich wird zur Berechnung der *Compa Ratio* (Vergleich des Gehalts eines Mitarbeiters oder einer Mitarbeiterin mit dem Marktdurchschnitt der zugehörigen Stelle) und der *Range Penetration* (zeigt an, wie sehr sich der Mitarbeiter oder die Mitarbeiterin mit seinem oder ihrem Gehalt am unteren oder oberen Rand des Marktdurchschnitts befindet) verwendet. Diese Werte geben an, wie gut

das Gehalt einer Mitarbeiterin oder eines Mitarbeiters zu den Leitlinien der Gehaltsspanne passt.

3.2.4 Sonstige Grundlagenobjekte

Die Klassifizierung **Sonstige Grundlagenobjekte** umfasst alle anderen standardmäßig definierten sowie die benutzerdefinierten (kundenspezifischen) Grundlagenobjekte. Diese enthalten Informationen über Workflows und Ereignisgründe für Transaktionen. Zu diesen Objekten gehören die folgenden standardmäßig ausgelieferten Objekte:

- **Ereignisgrund**
  Ein Ereignisgrund ist ein Wert, der einem Ereignis oder einer Transaktion zugewiesen wird. Er gibt an, warum eine bestimmte Änderung stattgefunden hat. Dies hilft z. B. im Berichtswesen, da Sie nicht nur feststellen können, wie viele Neueinstellungen oder Terminierungen Sie in einem bestimmten Zeitraum vorgenommen haben, sondern auch, warum sie stattgefunden haben. Wir empfehlen, Ereignisgründe für das gesamte Unternehmen einheitlich festzulegen, um standardisierte Berichte und eine Vergleichbarkeit zu ermöglichen. Falls notwendig, können Änderungen an der Standardkonfiguration vorgenommen werden, um länderspezifische Ereignisgründe zu ermöglichen.
- **Workflow**
  Das Objekt **Workflow** ermöglicht es Ihnen, Weiterleitungslisten und Teilnehmende an den Workflows zu definieren. Sie können das Delegieren erlauben und haben eine Vielzahl an Gestaltungsmöglichkeiten: Rollen, dynamische Rollen, Planstellen und die Planstellenbeziehungen stehen als sogenannter Genehmigertyp zur Verfügung. Weitere Informationen über Workflows finden Sie in Abschnitt 2.3, »Workflows nutzen«.
- **Dynamische Rolle**
  Eine dynamische Rolle bezeichnet Workflow-Teilnehmende, die sich aufgrund der abgebildeten Organisation ergeben. Ein Beispiel ist die Abteilungsleitung. Wenn der Workflow an die Abteilungsleitung einer Mitarbeiterin oder eines Mitarbeiters geschickt werden soll, kann das System die passende Person ermitteln. Wer das ist, variiert dann in Abhängigkeit von den am Workflow beteiligten Mitarbeitenden.

3.3 Verknüpfungen und Vererbung bei Grundlagenobjekten

Nachdem Sie nun einiges über die einzelnen Grundlagenobjekte erfahren haben, untersuchen wir nun, wie Grundlagenobjekte verknüpft werden können und Sie in Ihrer Arbeit unterstützen. Zwei wichtige Mittel dazu sind Verknüpfungen und Vererbungen.

3.3.1 Verknüpfungen

Grundlagenobjekte können durch Verknüpfungen miteinander verbunden werden. Verknüpfungen werden eingerichtet, um Dateneingabe und Datenvalidierung zu erleichtern. Wenn in Ihrem Unternehmen Abteilungen zu Unternehmenseinheiten zusammengefasst werden, besteht eine Beziehung zwischen den Objekten **Abteilung** und **Unternehmenseinheit**. Wenn Sie jemanden in einer bestimmten Abteilung einstellen, möchten Sie nicht alle Abteilungen durchsuchen, um die richtige Zuordnung zu finden. Sie wollen nur die Abteilungen sehen, die zu der Unternehmenseinheit gehören. Eine Verknüpfungszuordnung hilft Ihnen dabei.

Eine Verknüpfung gibt an, welche beiden Grundlagenobjekte miteinander verbunden sind, in welche Richtung die Beziehung verläuft und wie stark die Beziehung ist. Im vorangehenden Beispiel sind die beiden Objekte **Abteilung** und **Unternehmenseinheit** miteinander verknüpft. Mehrere Abteilungen gehören zu einer einzigen Unternehmenseinheit. Auch gibt es Eins-zu-Eins-Beziehungen. Dies ist z. B. der Fall bei Gehaltsgruppen und Gehaltsbereichen.

Verknüpfungen unterstützen Sie dabei, die Datenqualität sicherzustellen. Es werden nur relevante und mögliche Werte angezeigt, was dabei hilft, Fehler zu vermeiden. Verknüpfungen werden für Grundlagenobjekte direkt in der MDF-Objektdefinition zugewiesen.

3.3.2 Vererbung

Die Vererbung bzw. automatisierte Befüllung von Daten ist bei der Arbeit mit Mitarbeiterdatensätzen von großem Nutzen. Sie können einem Mitarbeiterdatensatz in einem Objekt einen Wert zuweisen und diese Zuweisung verwenden, um Werte von Bezugsfeldern im Datensatz der Mitarbeiterin oder des Mitarbeiters automatisch auszufüllen.

Im folgenden Beispiel nehmen wir an, dass Sie ein Grundlagenobjekt namens **Standort** verwenden, das das Feld **Zeitzone** beinhaltet (siehe Abbildung 3.3). Dies ist sinnvoll, da jeder Standort mit einer bestimmten Zeitzone verknüpft werden kann. In unserem Beispiel ist Ihr Standort Bellevue (bei Seattle, Washington), und die entsprechende Zeitzone ist US/Pacific. Wenn Sie beispielsweise wie in Abbildung 3.3 dem Mitarbeiter den Standort Bellevue zuweisen, wollen Sie nicht erst eine Liste von Zeitzonen durchsuchen, um die richtige Zeitzone zu finden. Sie haben die passende Zeitzone bereits als Wert gespeichert und möchten, dass das System diesen Wert für Sie automatisch abruft. Eine Geschäftsregel stellt sicher, dass das Feld **Zeitzone** im Mitarbeiterdatensatz mit der Zeitzone **US/Pacific (GMT-07:00)** automatisch befüllt wird. Eine Eingabe der Zeitzone ist nicht erforderlich, weil sie vom Standort automatisch abgeleitet wird.

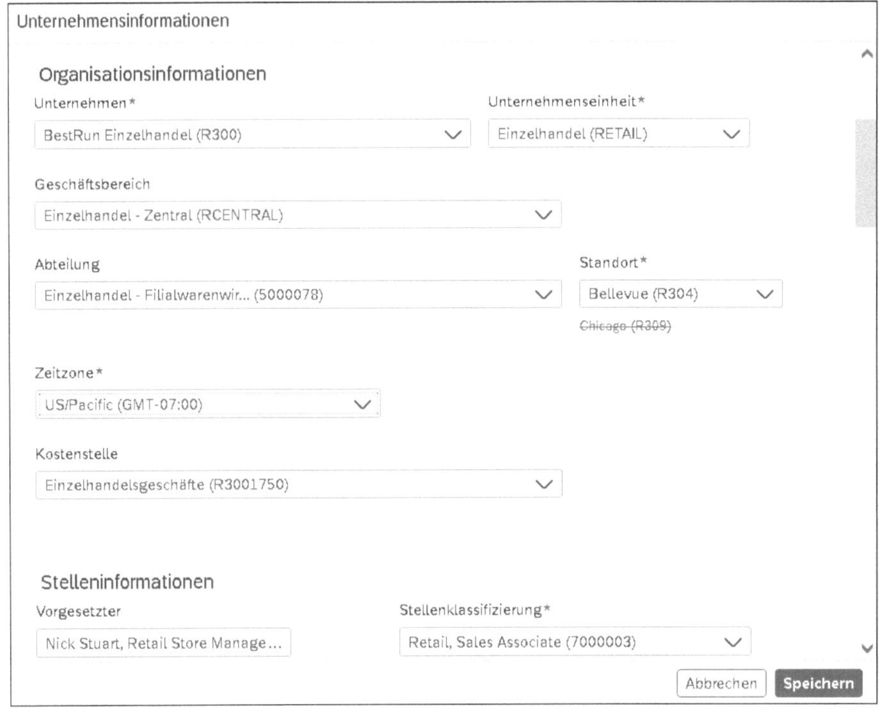

Abbildung 3.3 Organisationsinformationen mit Standort

Die Auswahl des Standorts beeinflusst den Wert der Zeitzone. Dies wird über eine Geschäftsregel sichergestellt.

Eine Regel dieser Art kann die Datenqualität und Effizienz der Arbeit deutlich erhöhen. Sollte es zu einer Abweichung von einer Standardzuweisung kommen, kann der Wert optional zum Zeitpunkt der Eingabe direkt im Datensatz des Mitarbeiters oder der Mitarbeiterin überschrieben werden.

Alle Vererbungen werden über Geschäftsregeln konfiguriert.

Nachdem wir uns angesehen haben, wie Verknüpfungen und Vererbungen bei Grundlagenobjekten funktionieren, befassen wir uns nun mit der Konfiguration von Grundlagenobjekten.

3.4 Grundlagenobjekte konfigurieren

Die Konfiguration der Grundlagenobjekte erfolgt nach der Erfassung und Klärung der Anforderungen des Kunden im Implementierungsprojekt. Die Konfiguration wird im Projektverlauf und später bei Bedarf bei der Wartung verfeinert bzw. geändert. Bei der Erstkonfiguration werden die Kundenanforderungen mit dem Standard abgeglichen; Änderungen vom Standard werden, wenn nötig, aufgenommen und im System so abgebildet, dass die Anforderungen des Kunden möglichst standardnah abgebildet werden.

Achtung bei der Aufnahme der Anforderungen

Wenn Sie Ihre Anforderungen festlegen, denken Sie an die Möglichkeiten, die Sie mit dem Vererben von Daten und dem Verknüpfen von Objekten erhalten. Dokumentieren Sie Ihre Anforderungen; der zu Anfang höhere Aufwand ist gut investiert. Würden Sie stattdessen z. B. aufgrund von Zeitersparnis mit einfachen Auswahllisten arbeiten, hätten Sie mittelfristig einen deutlich höheren Aufwand und eine schlechtere Datenqualität. Nutzen Sie auch kundenindividuelle Felder in den relevanten Objekten, um die automatisierte Vererbung und die Weitergabe von Daten so weit wie möglich zu unterstützen.

3.4.1 Unternehmensdatenmodelle

Es gibt ein Unternehmensdatenmodell und ein länderspezifisches Datenmodell zur Definition länderspezifischer oder lokaler Anforderungen. Diese beiden Datenmodelle arbeiten fast wie ein Eltern-Kind-Modell zusammen.

XML-Datenmodell

Ein XML-Datenmodell ist eine technische Architektur, mit der Sie Ihre Daten für die Speicherung und Übermittlung in Employee Central strukturieren können. Dieses Datenmodell ist auch für den Kunden zugänglich. Mithilfe von Datenmodellen können Sie festlegen, welche Datenelemente und Felder Sie in Ihrem System verwenden und welche Beziehungen die referenzierten Objekte und Felder untereinander haben.

SAP SuccessFactors verwendet in seinen Datenmodellen eine Reihe von Best Practices oder häufig benutzte Setups, auf die sich die Implementierungspartner beziehen können, wenn sie keine eigenen (Teil)lösungen mit in das Projekt bringen. Oft nutzen Implementierungspartner viele der SAP-Standards und reichern sie mit eigenen Elementen an. Die Aufgabe des Implementierungspartners ist es, die Datenmodelle entsprechend den geschäftlichen Anforderungen des jeweiligen Kunden zu justieren und gegebenenfalls zu erweitern. Außerdem wird der Kunde in den meisten Fällen während der Projektphase in die Konfiguration einbezogen, um später (Teile) der Wartung und Weiterentwicklung selbständig durchführen zu können.

Rufen Sie über die Aktionssuche **Geschäftskonfiguration verwalten** auf, um das Datenmodell selbständig pflegen und erweitern zu können (siehe Abbildung 3.4).

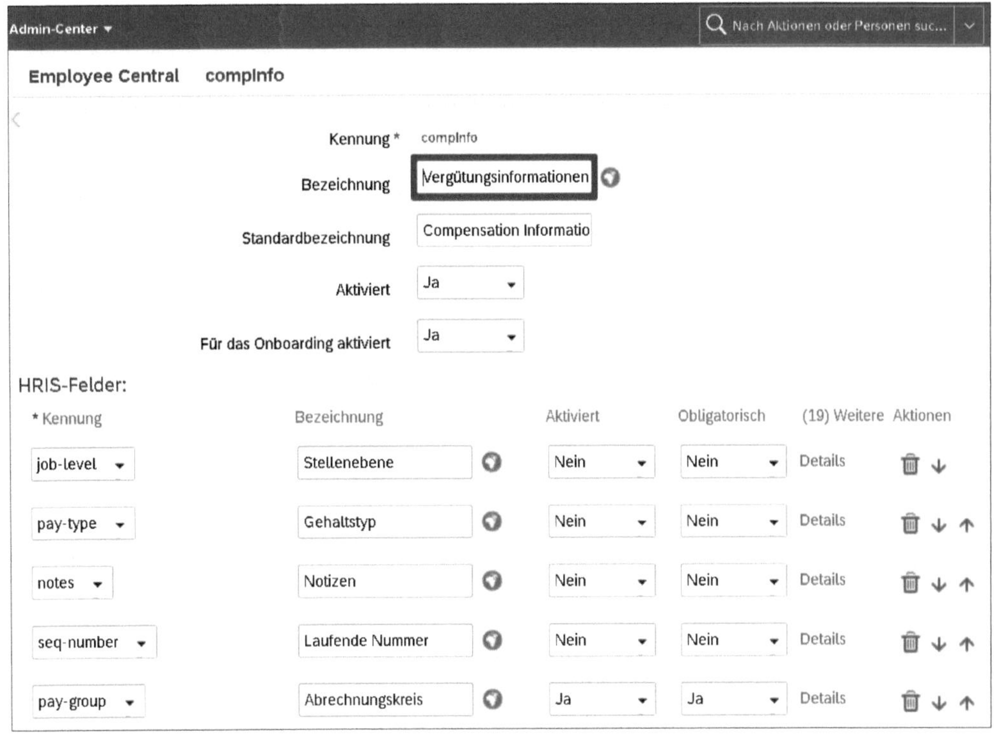

Abbildung 3.4 Geschäftskonfiguration verwalten

Struktur der Grundlagenobjekte

Grundlagenobjekte können über die Aktionssuche unter dem Stichwort »Objektdefinitionen konfigurieren« in Struktur und Verhalten eingesehen und verändert werden. Wie das geht, sehen wir uns anhand eines Beispiels an.

Jedes Grundlagenobjekt hat einen technischen Namen (HRIS-Element) und wird im Datenmodell mit diesem technischen Namen referenziert. Ein Beispiel ist die in Abbildung 3.5 gezeigte Standortgruppe, deren HRIS-Elementname `FOWLocationGroup` lautet. Jedes dieser HRIS-Elemente verfügt über eine Reihe von Attributen, die zu dessen Eigenschaften beitragen.

Grundlagenobjekte verfügen über eine Reihe von Feldern, in denen Daten gespeichert werden. Sie rufen die Details zu den einzelnen Feldern auf, indem Sie auf **Details** in der Zeile des betreffenden Feldes klicken (siehe Abbildung 3.5). Die Felder können verschiedenste Datentypen verwenden, von **Benutzer** über **Anhang**, **Datenquelle** und **Nummer** bis hin zu anderen Objekten. Abbildung 3.6 zeigt ein Beispiel dafür, wie diese Felder im Datenmodell für das Feld **Name** vom **Datentyp Zu übersetzen** (sic!) definiert sind.

Abbildung 3.5 Grundlagenobjekt »Standortgruppe«

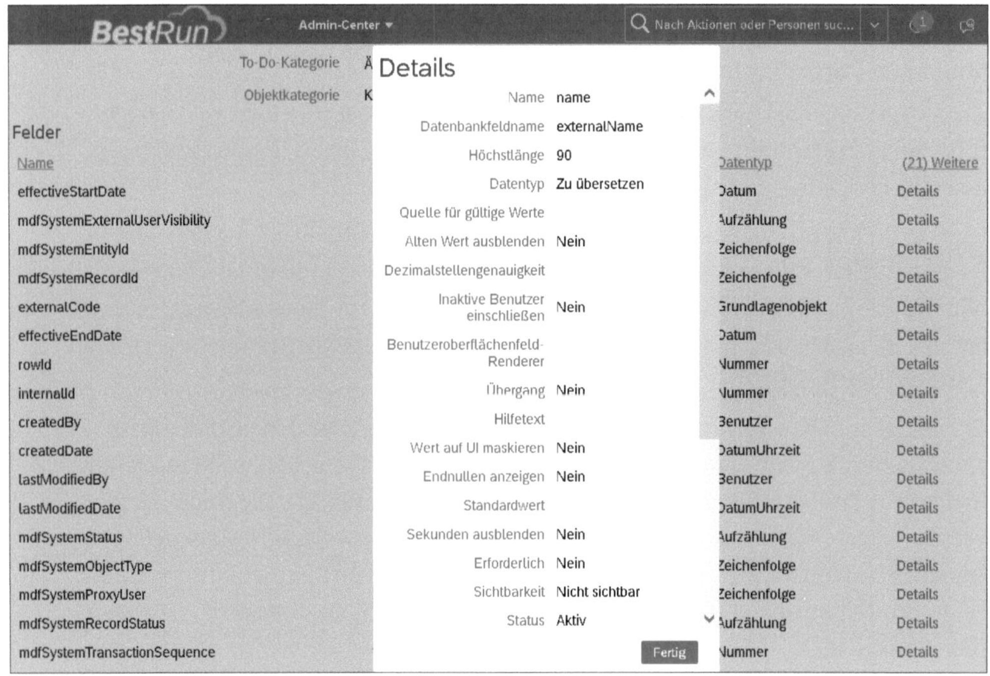

Abbildung 3.6 Details des Feldes »Name«

Abbildung 3.7 HRIS-Felddefinition mit Zuweisung der Auswahlliste

Jedes Feld hat eine Reihe von Eigenschaften wie z. B. die folgenden:

- **Name**
  Der Name kann in alle unterstützten Sprachen (d. h. alle Sprachen, die in der Kundeninstanz aktiv sind) übersetzt werden und erscheint dann in der Maske der jeweiligen Sprache mit der korrekten Übersetzung.
- **Datenbankfeldname**
  Das Feld **Datenbankfeldname** beinhaltet einen Wert, der den technischen Feldnamen des Feldes darstellt. Wenn ein Standardfeld verwendet wird, wird der ID-Wert von SAP SuccessFactors geliefert. Wenn ein benutzerdefiniertes Feld erstellt wird, können Sie Ihren eigenen Datenbankfeldnamen wählen.
- **Dezimalstellengenauigkeit**
  Die Einstellung im Feld **Dezimalstellengenauigkeit** gibt an, wie viele Dezimalstellen für numerische Felder unterstützt werden.
- **Erforderlich**
  Im Feld **Erforderlich** wird eingestellt, ob ein Feld obligatorisch sein soll oder nicht. Die möglichen Werte im Datenmodell, die dies steuern, sind **ja** und **nein**.
- **Endnullen anzeigen**
  Im Feld **Endnullen** wird festgelegt, ob nach der Dezimalstelle Nullen angezeigt werden sollen. Die möglichen Werte sind **ja** und **nein**.
- **Sichtbarkeit**
  Die Sichtbarkeitseinstellung gibt an, ob ein Feld ausgeschaltet, schreibgeschützt (für systemberechnete Felder) oder bearbeitbar sein soll. Die möglichen Werte des Feldes **Sichtbarkeit** sind **Nur Lesezugriff**, **Nicht sichtbar** und **Bearbeitbar**.
- **Höchstlänge**
  Das Feld **Höchstlänge** beinhaltet eine Zahl, die angibt, wie viele Zeichen das Feld unterstützen soll.

Handelt es sich bei dem Feld um eine Auswahlmenge, die auf eine Wertehilfe verweisen soll, wird die Wertehilfe am Ende der HRIS-Felddefinition mithilfe einer Zuweisungsanweisung für die Wertehilfe zugewiesen, wie in Abbildung 3.7 dargestellt.

Kundenindividuelle Felder

Kundenindividuelle Felder können in zahlreichen Varianten verwendet werden: von Anhängen bis hin zu Datums-, Zeit- und numerischen Feldern (siehe Abbildung 3.8).

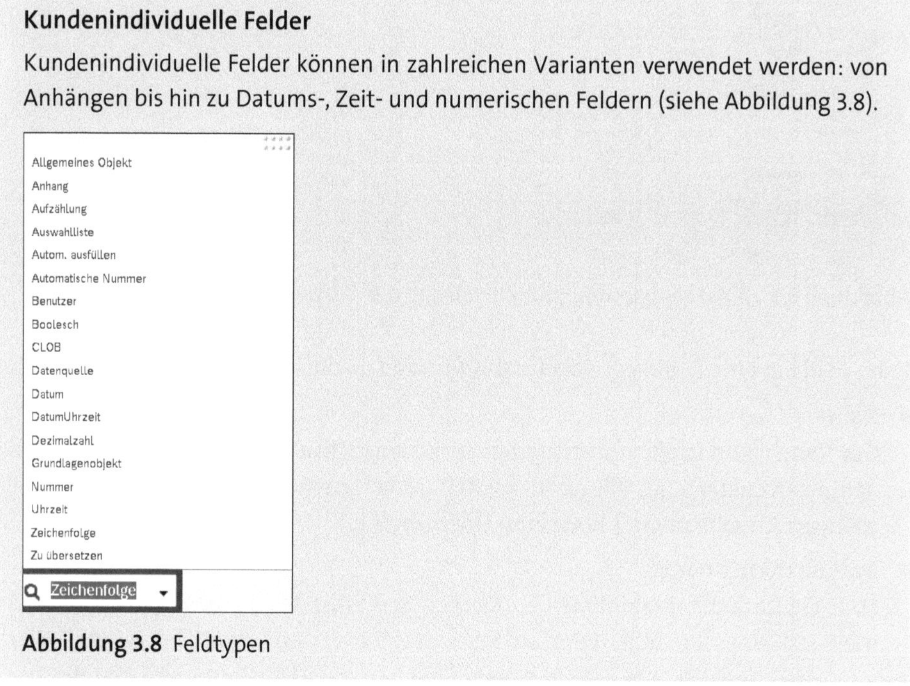

Abbildung 3.8 Feldtypen

Verknüpfungen

Verknüpfungen zwischen Grundlagenobjekten werden am Ende der Objektdefinition konfiguriert (siehe Abbildung 3.5). Scrollen Sie zum unteren Ende des Bildes, um den Bereich **Verknüpfungen** aufzurufen. Die Verknüpfungsanweisung verknüpft ein Grundlagenobjekt mit dem dazugehörigen Zielobjekt. Abbildung 3.9 zeigt ein Beispiel für Verknüpfungen zwischen Objekten.

Verknüpfungen

Name	Mehrwertigkeit	Zielobjekt	Typ	(13) Weitere
toDepartmentApprenticeDetail	Eins zu eins	Details zur Abteilung des Auszubildenden	Gemischt	Details
cust_toDivision	Eins zu viele	Geschäftsbereich	Gültig wenn	Details
cust_toLegalEntity	Eins zu viele	Juristische Einheit	Gültig wenn	Details

Abbildung 3.9 Verknüpfungen zwischen Objekten

Länderspezifisches Unternehmensdatenmodell

Das länderspezifische Datenmodell funktioniert auf die gleiche Weise wie das Unternehmensdatenmodell, ist aber zunächst nach Ländern und dann nach HRIS-Elementen gegliedert. Jedes unterstützte und konfigurierte Land hat ein eigenes Segment innerhalb des Modells. Auch im länderspezifischen Datenmodell werden benutzerdefinierte (kundenindividuelle) Felder unterstützt.

3.4.2 MDF-Grundlagenobjekte und Objektdefinitionen konfigurieren

In die Konfiguration von MDF-Grundlagenobjekten gelangen Sie, indem Sie in der Aktionssuche »Objektdefinitionen konfigurieren« eingeben und die entsprechende Konfiguration aufrufen (siehe Abbildung 3.10).

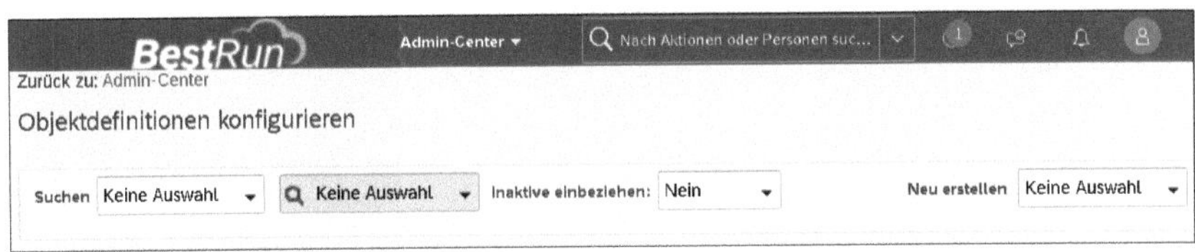

Abbildung 3.10 Objektdefinition konfigurieren

Das von SAP mit der Aktivierung ausgelieferte Employee-Central-System wird mit Best-Practice-Definitionen für alle Grundlagenobjekte geliefert. Sie können diese nach Bedarf an die Anforderungen Ihres Unternehmens anpassen.

In Abbildung 3.10 sehen Sie auf der rechten Seite die Option zum Erstellen neuer Objekte. Auf der linken Seite sehen Sie die Option zur Suche nach vorhandenen Objekten und Auswahllisten. Wählen Sie in der ersten Dropdown-Liste neben dem Feld **Suchen** die Option **Objektdefinition** und in der zweiten Dropdown-Liste das zu ändernde Grundlagenobjekt aus, z. B. MDF-Foundation-Objekt.

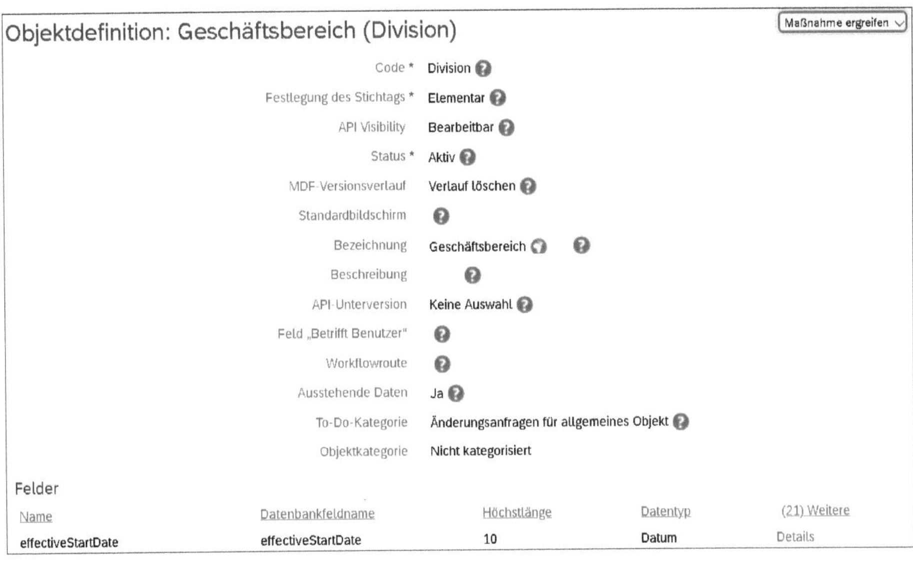

Abbildung 3.11 Grundlagenobjekt »Geschäftsbereich«

Abbildung 3.11 zeigt die Objektdefinition für das Grundlagenobjekt **Geschäftsbereich**. Die grundlegenden Objekteigenschaften werden im oberen Bildbereich festgelegt (siehe Abbildung 3.11), und die Felder werden im unteren Bildbereich angezeigt (siehe Abbildung 3.12).

Verknüpfungen, die die Grundlagenobjekte miteinander verbinden, werden ebenfalls direkt in der Objektdefinition erstellt.

Objektkategorie Nicht kategorisiert

Felder

Name	Datenbankfeldname	Höchstlänge	Datentyp	(21) Weitere
effectiveStartDate	effectiveStartDate	10	Datum	Details
mdfSystemExternalUserVisibility	externalUserVisibility	1	Aufzählung	Details
entityUUID	entityId	255	Zeichenfolge	Details
mdfSystemRecordId	recordId	255	Zeichenfolge	Details
mdfSystemObjectType	objectType	255	Zeichenfolge	Details
mdfSystemProxyUser	proxyUser	255	Zeichenfolge	Details
mdfSystemRecordStatus	recordStatusStr	255	Aufzählung	Details
mdfSystemTransactionSequence	transactionSequence	255	Nummer	Details
mdfSystemVersionId	versionId	255	Nummer	Details
externalCode	externalCode	32	Zeichenfolge	Details
name	externalName	32	Zu übersetzen	Details
description	sfFields.sfField1	128	Zu übersetzen	Details
effectiveStatus	effectiveStatusStr	255	Aufzählung	Details
effectiveEndDate	effectiveEndDate	10	Datum	Details
headOfUnit	sfFields.sfField2	100	Benutzer	Details
parentDivision	sfFields.sfField3	38	Allgemeines Objekt	Details
createdDate	createdDate	35	DatumUhrzeit	Details
createdBy	createdBy	100	Benutzer	Details
lastModifiedDate	lastModifiedDate	35	DatumUhrzeit	Details

Abbildung 3.12 Felder des Grundlagenobjekts »Geschäftsbereich«

Weitere Informationen zur Arbeit mit Grundlagenobjekten und zu den MDF-Objekten finden Sie in Kapitel 12, »Erweiterbarkeit«.

Vererbung von Daten

Mithilfe von Geschäftsregeln (siehe Abschnitt 2.4, »Geschäftsregeln«) können Sie die Datenwerte auf der Mitarbeiterdatenseite z. B. anhand der Eigenschaften eines ausgewählten Grundlagenobjekts voreinstellen.

Auf Land und Währung verweisende MDF-Objekte

Grundlagenobjekte verweisen nicht auf Auswahllisten für die Zuweisung von Land und Währung, sondern auf die generischen Objekte **Land** und **Währung**. Sie rufen diese auf, indem Sie in der Aktionssuche »Daten verwalten« eingeben.

Diese generischen Objekte enthalten Eigenschaften und Merkmale, die sich auf das referenzierende Grundlagenobjekt, in der Regel **Unternehmen/juristische Einheit**, erstrecken. Ein Vorteil der Verwendung von Objekten für diese Art von Zuordnung besteht darin, dass Kunden nicht benötigte Werte deaktivieren können, um die Auswahlliste zu reduzieren.

Zum Objekt **Land/Region** gehören z. B. die folgenden Merkmale (siehe Abbildung 3.13):

- Länder-/Regionscode (3 Zeichen)
- Länder-/Regionscode (2 Zeichen)
- Währung
- Gehaltskomponente
- Länderspezifische Ereignisgründe

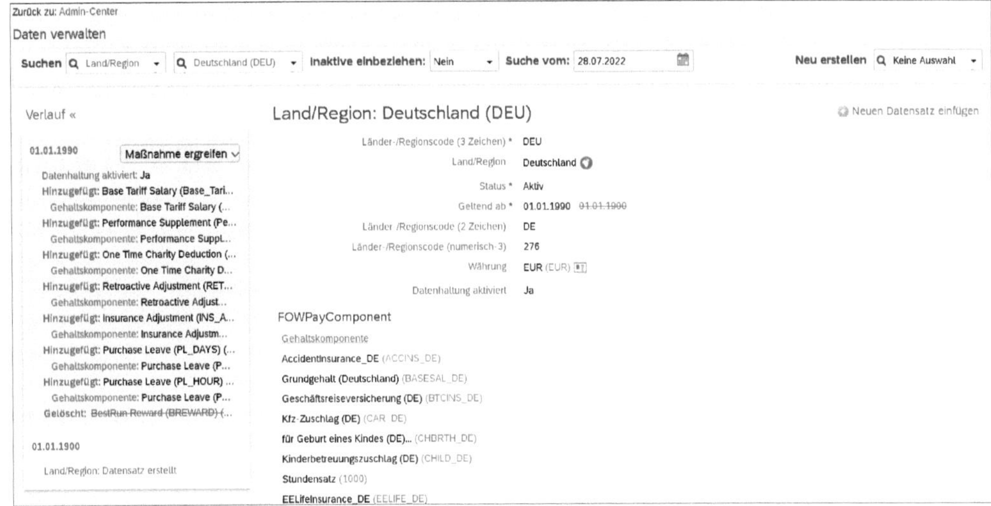

Abbildung 3.13 Exemplarischer Eintrag von »Land/Region« mit dessen Merkmalen

Folgende Merkmale gehören zum Objekt **Währung** (Sie rufen dieses Objekt analog zu **Land/Region** auf), siehe Abbildung 3.14:

- Währungscode
- Standarddezimalzahlen
- Symbol

Abbildung 3.14 Exemplarischer Eintrag zur Währung (EUR)

Die bei der initialen Implementierung geladenen Standardlisten (zu finden unter *https://help.sap.com/hr_ec*) können Sie um zusätzliche Werte ergänzen. Nicht benötigte Werte können Sie deaktivieren, und zusätzliche Felder können zu den Objektdefinitionen hinzugefügt werden (siehe Kapitel 12, »Erweiterbarkeit«).

3.5 Daten für Grundlagenobjekte erstellen

Es gibt zwei Methoden, um Grundlagenobjekte zu erfassen: den Import über Vorlagen und die manuelle Erstellung im System. Wir empfehlen die Verwendung der Importvorlagen für die Erstbefüllung, um Zeit und Aufwand zu sparen. Die laufende Wartung kann mit beiden Methoden durchgeführt werden, aber es ist oft einfacher, kleine Änderungen oder Ergänzungen händisch direkt im System vorzunehmen. Achten Sie dann darauf, dass Sie alle relevanten Systeme (z. B. Test, Entwicklung und Produktion) gleichermaßen abändern. In diesem Abschnitt stellen wir Ihnen beide Methoden vor.

3.5.1 Mit Vorlage importieren

Wenn Sie mit Vorlagen und Importen arbeiten, können Sie einfach mehrere Einträge auf einmal hinzuzufügen und die relevanten Systeme aktualisieren. Jedes Grundlagenobjekt hat seine eigene Vorlage für den Import. Die Vorlagen werden vom System automatisch auf Basis der Konfiguration generiert. Die Importvorlagen können auch verwendet werden, um vorhandene Einträge im System zu löschen oder zu überschreiben oder um Massenaktualisierungen vorzunehmen, wie sie z. B. für Reorganisationsmaßnahmen in Unternehmen erforderlich sein können.

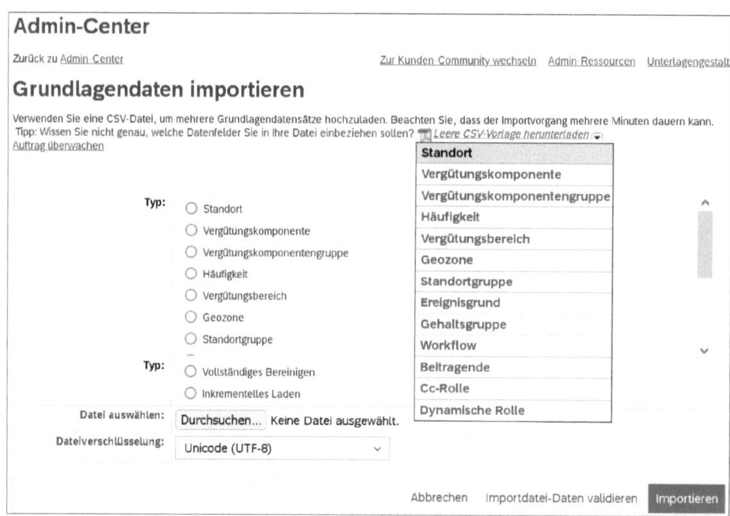

Abbildung 3.15 Grundlagendaten importieren

Importvorlagen werden am einfachsten über die Aktionssuche und über **Grundlagendaten importieren** aufgerufen. Am oberen Rand des Importbildes können Sie durch einen Klick auf **Leere CSV-Vorlage herunterladen** eine leere, aber korrekt formatierte grundlagenobjektspezifische Vorlage herunterladen (siehe Abbildung 3.15). Es wird eine Dropdown-Liste mit allen relevanten Grundlagenobjekten angezeigt, aus der Sie das gewünschte Objekt auswählen können.

Importvorlage nutzen

Jede Importvorlage ist eine CSV-Datei (CSV steht für Comma-Separated Values) mit zwei Kopfzeilen. Die erste Kopfzeile enthält den technischen Namen des entsprechenden Feldes, und die zweite Zeile enthält die Feldbezeichnung. Damit der Import funktioniert, ist es wichtig, dass die Datei im CSV-Format erhalten bleibt und beide Kopfzeilen nicht verändert werden.

Fast alle Importvorlagen enthalten Spalten für External Code, Startdatum, Name und Status. Ein Grundlagenobjekt, das mit einem anderen Grundlagenobjekt durch Verknüpfung verbunden ist, hat auch eine Spalte, in die der externe Code des assoziierten Objekts eingegeben werden kann.

Wenn Sie eine Importvorlage mit Daten füllen, sollten Sie die folgenden Tipps beherzigen:

- Der externe Code jedes referenzierten Objekts muss eindeutig sein.
- Der Wert für das Startdatum bestimmt das Datum, an dem jedes Objekt einer Person zugeordnet werden kann. Achten Sie darauf, dass das Datum weit genug zurückliegt, damit es in den Datensätzen der Mitarbeitenden verwendet werden kann.
- Für den Status stehen die Optionen **Aktiv** oder **Inaktiv** zur Verfügung.
- Wenn Sie sich auf einen Wert in einer Auswahlliste beziehen, verwenden Sie die Bezeichnung oder den direkten Wert der Auswahlliste, nicht aber den externen Code.
- Wenn Sie sich auf andere Grundlagenobjekte beziehen, verwenden Sie den externen Code des Objekts, nicht aber seinen Namen oder seine Bezeichnung.

[+]

Bereiten Sie den Import der Daten rechtzeitig vor

Starten Sie frühzeitig, um die Daten für die Grundlagenobjekte zusammenzustellen. Nehmen Sie sich Zeit, um alle Objekte zu identifizieren, abzuklären, welche Werte sie haben, und wie sie mit anderen Objekten und Prozessen zusammenhängen. Das hilft Ihnen bei Wartung und Betrieb enorm, effizient und effektiv zu arbeiten. Denken Sie auch daran, dass die Grundlagendaten importiert werden müssen, bevor die Mitarbeiterdaten importiert werden können. Denn die Mitarbeiterdaten beziehen sich ja auf Grundlagendaten bzw. werden von Grundlagendaten automatisiert befüllt.

Importieren von Daten für Grundlagenobjekte

Nachdem Sie eine Importvorlage mit Ihren Einträgen befüllt haben, importieren Sie die Daten in das System. Rufen Sie über die Aktionssuche **Grundlagendaten importieren** auf. Statt eine leere Vorlage herunterzuladen, blättern Sie diesmal zum unteren Teil des Fensters (siehe Abbildung 3.15).

Zum Import der Daten gehen Sie folgendermaßen vor:

1. Wählen Sie aus der Liste der Optionsfelder den **Typ** des zu importierenden Grundlagenobjekts aus.
2. Wählen Sie aus, ob Sie **Vollständiges Bereinigen** (Überschreiben von im System vorhandenen Objekten mit den in der Datei enthaltenen neuen Daten) oder **Inkrementelles Laden** (Hinzufügen dieser Werte als neue, zusätzliche Daten) durchführen möchten.
3. Wählen Sie die zu importierende Datei durch einen Klick auf die Schaltfläche **Durchsuchen** aus.
4. Wählen Sie das entsprechende Dateiformat (**Dateiverschlüsselung**). Wenn Sie sich nicht sicher sind, welches Format Sie verwenden sollen, wählen Sie Unicode (UTF-8), damit die Formatierung des Mehrzeichensatzes nicht verloren geht.
5. Klicken Sie auf die Schaltfläche **Importdatei-Daten validieren**. Das System überprüft dann – ohne die Daten tatsächlich zu laden – dass die richtigen Kopfzeilen verwendet und die richtigen Feldwerte ausgewählt wurden.
6. Nachdem die betreffende Datei validiert worden ist, gehen Sie zurück und klicken auf die Schaltfläche **Importieren**, um die Daten zu laden und den Ladevorgang abzuschließen.
7. Je nach Größe Ihrer Datei wird diese direkt geladen und eine Ergebnismeldung direkt im Bild angezeigt. Bei größeren Dateien kann der Importauftrag im Hintergrund ablaufen. Dann wird dem ausführenden Nutzer oder der ausführenden Nutzerin eine E-Mail-Nachricht zur Bestätigung des Imports gesendet. Sie können den Fortschritt des Importauftrags auch aktiv überwachen, indem Sie auf den Link **Auftrag überwachen** oben links im Bild klicken oder **Auftrag überwachen** im Admin-Center wählen oder in der Aktionssuche eingeben.

Darüber hinaus können MDF-Grundlagenobjekte auch über **Daten importieren und exportieren** in das System geladen werden. Diese Funktion rufen Sie über die Aktionssuche oder das Admin-Center auf (siehe Abbildung 3.16).

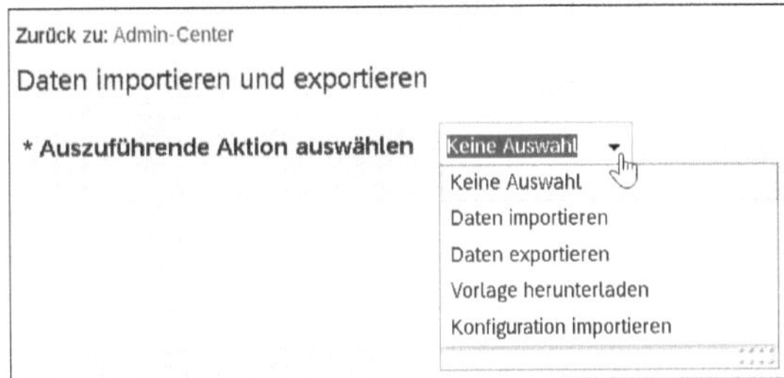

Abbildung 3.16 Daten importieren und exportieren

3.5.2 Daten manuell pflegen

Ergänzungen zu den Grundlagendaten und regelmäßige Aktualisierungen können ebenfalls manuell im System vorgenommen werden. Dies ist eine Aufgabe, die normalerweise von der globalen Administration ausgeführt wird, da Grundlagenobjekte meist global sind. Manuelle Aktualisierungen durch die Administration werden von vielen Personen bevorzugt, um Standorte zu aktualisieren, eine neue Abteilung oder Kostenstelle hinzuzufügen oder die Liste der Stelleneinstufungen zu aktualisieren. Die Stelle im Admin-Center, an der Änderungen vorgenommen werden, unterscheidet sich leicht, je nachdem, ob Sie ein normales Grundlagenobjekt oder ein MDF-Grundlagenobjekt ändern. Im Folgenden sehen wir uns die einzelnen Szenarien an.

Daten von Grundlagenobjekten verwalten

Manuelles Hinzufügen und Bearbeiten von Grundlagenobjekten ist über **Admin Center • Strukturen für Organisation, Gehalt und Stellen verwalten** möglich. Sie können hier nach vorhandenen Grundlagendaten suchen, Einträge anzeigen, bearbeiten, aktualisieren und löschen sowie neue Werte anlegen (siehe Abbildung 3.17).

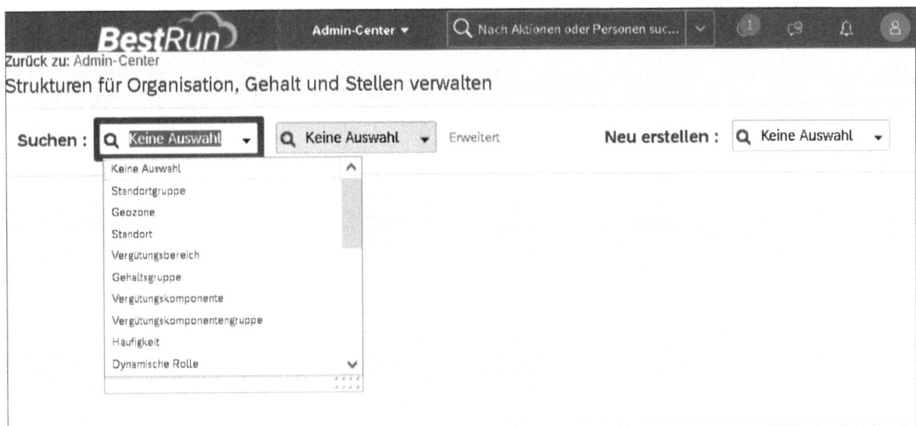

Abbildung 3.17 Strukturen für Organisation, Gehalt und Stellen verwalten

Bestehenden Eintrag ändern

Um einen vorhandenen Eintrag zu bearbeiten, wählen Sie den gewünschten Typ des Grundlagenobjekts aus der Auswahlliste zu **Suchen** aus (siehe Abbildung 3.18). Wählen Sie in der zweiten Auswahlliste den Eintrag aus, den Sie anzeigen oder bearbeiten möchten. Auch können Sie den Namen oder den Code dieses Eintrags in das Suchfeld eingeben. Der gewählte Eintrag wird nun angezeigt und kann über einen Klick auf die Schaltfläche **Neuen Datensatz einfügen** bearbeitet werden. Da es sich um ein Element mit Gültigkeitsdatum handelt, befindet sich auf der linken Seite des Bildes eine zeitliche Objekthistorie im Bereich **Verlauf**. So können Sie Änderungen, die im Laufe der Zeit über **Neuen Datensatz einfügen** erfolgt sind, nachvollziehen.

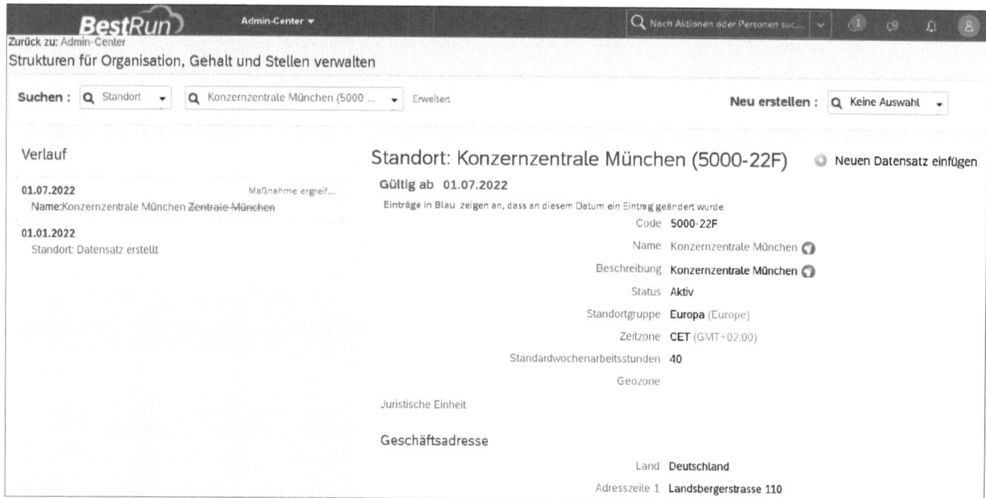

Abbildung 3.18 Objektstandort einsehen und bearbeiten

Wenn Sie die angezeigten Daten korrigieren müssen, klicken Sie im Bereich **Verlauf** auf **Maßnahme ergreifen**. Wählen Sie dann **Korrektur vornehmen** oder **Datensatz dauerhaft löschen** (siehe Abbildung 3.19).

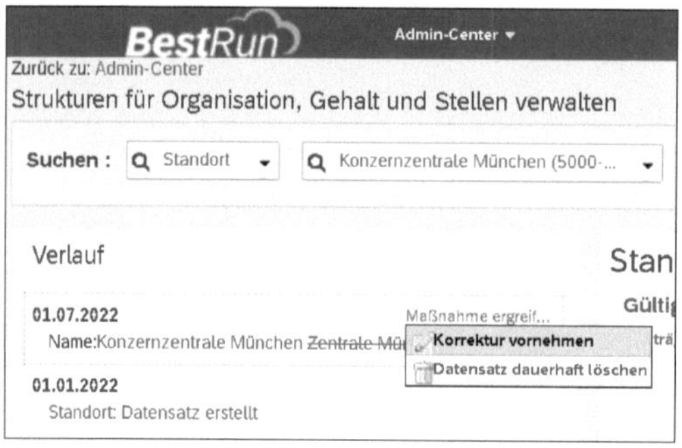

Abbildung 3.19 Maßnahme ergreifen

Eine Korrektur sollte nur vorgenommen werden, wenn die Daten fehlerhaft sind und zum angezeigten Gültigkeitsdatum korrigiert werden müssen (oder wenn ein Gültigkeitsdatum korrigiert werden muss).

Was wird wann genutzt: Korrektur oder neuen Datensatz einfügen?

Eine Aktualisierung bestehender Daten ist erforderlich, wenn sich der bestehende Datensatz geändert hat. Dies ist z. B. dann der Fall, wenn ein Standort eine neue Bezeichnung bekommt, sich ein Abteilungsname ändert usw. In diesen Fällen sollten Sie die vorhandenen Daten nicht überschreiben, sondern sie vom Datum her korrekt abgrenzen. Dazu klicken Sie auf die Schaltfläche **Neuen Datensatz einfügen** in der oberen rechten Ecke des Bildes (siehe Abbildung 3.20). Auf diese Weise können Sie einen neuen Datensatz mit neuem Gültigkeitszeitraum hinzufügen, ohne vorherige Informationen zu löschen.

Einen neuen Eintrag erstellen

Um einen neuen Eintrag zu erstellen, selektieren Sie das gewünschte Grundlagenobjekt aus der Auswahlliste zu **Neu erstellen** (siehe Abbildung 3.17). Es erscheint ein leeres Eingabefenster für dieses Grundlagenobjekt, in dem jedes zur Verfügung stehende Feld angezeigt wird (siehe Abbildung 3.20). Vervollständigen Sie die Eingaben, und klicken Sie auf **Speichern** am unteren Bildrand.

Abbildung 3.20 Neues Grundlagenobjekt vom Typ »Standort«

Datum »Gültig ab«

Achten Sie besonders auf das Datum **Gültig ab** am Anfang des Eintrags (siehe Abbildung 3.20). Dieses Datum gibt mit dem Anfangsdatum das erste Datum an, ab dem der Wert zur Verfügung steht. Das Datum muss so weit zurückliegen, dass der Wert für einen Mitarbeiterdatensatz, mit dem es verbunden werden soll, bereits vorhanden ist. Wenn z. B. einer Mitarbeiterin oder einem Mitarbeiter eine Gehaltskomponente ab dem 1. Juli 2020 zugewiesen werden soll, muss das Beginndatum der Gehaltskomponente an oder vor diesem Datum liegen. Dies ist auch beim Import von Daten zu berücksichtigen und erfahrungsgemäß einer der wichtigsten Gründe, warum Importe oder manuelle Datenerfassungen nicht sofort funktionieren.

Daten von Grundlagenobjekten verwalten

Der allgemeine Prozess zum Erstellen und Ändern von Daten eines MDF-Grundlagenobjekts ist ähnlich wie der Prozess für das Erstellen und Ändern von Daten von Nicht-MDF-Grundlagenobjekten. Die Pflege findet allerdings in einem anderen Bereich des Systems statt. Wenn Sie im Bereich **Strukturen für Organisation, Gehalt und Stellen verwalten** Daten eines MDF-Grundlagenobjekts ändern möchten, werden Sie sofort vom System darauf hingewiesen, dies an der korrekten Stelle zu tun (siehe Abbildung 3.21).

Rufen Sie den Bereich zum Hinzufügen und Bearbeiten von MDF-Grundlagenobjekten, den Bereich **Daten verwalten**, direkt aus der Aktionssuche heraus auf. Wie Sie in Abbildung 3.22 sehen können, sind die Ansicht und die Menüoptionen identisch mit der Ansicht und den Optionen im Bereich **Strukturen für Organisation, Gehalt und Stellen verwalten**.

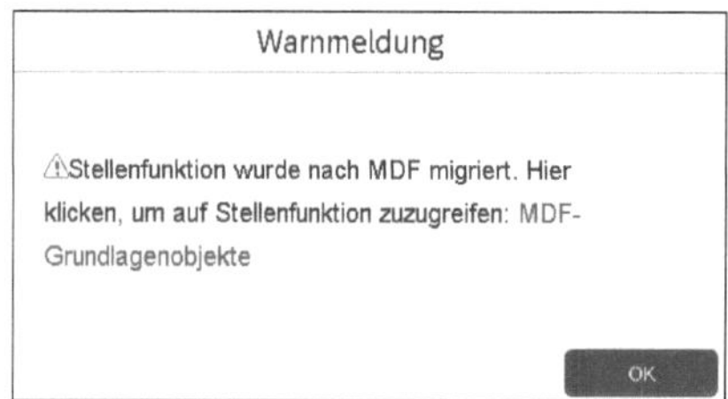

Abbildung 3.21 Warnmeldung zu den Grundlagenobjekten

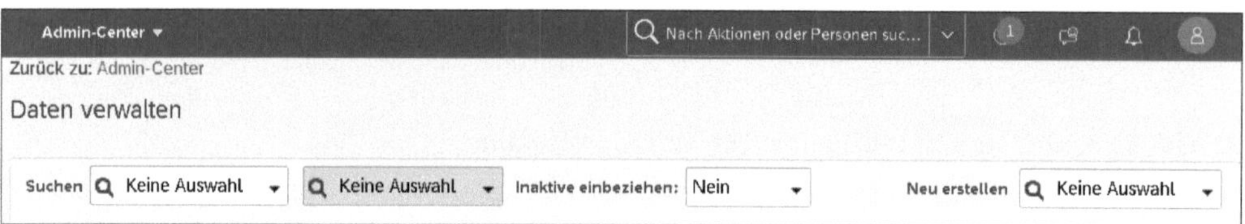

Abbildung 3.22 Daten verwalten

In diesem Kapitel haben Sie Grundlagenobjekte und ihre Verwendungszwecke im Modul Employee Central kennengelernt. Im nächsten Kapitel beschäftigen wir uns eingehend mit dem Thema Planstelle.

4

Kapitel 4
Planstellenmanagement

Mithilfe des Planstellenmanagements visualisieren Sie eine von den individuellen Mitarbeitenden unabhängige Organisationsstruktur. In diesem Kapitel lernen Sie diese und weitere Möglichkeiten des Planstellenmanagements kennen.

Planstellen sind mitarbeiterunabhängige, funktionale Elemente in einer Aufbauorganisation. Aus technischer Sicht sind Planstellen Objekte des Metadata Frameworks (MDF) und bieten dessen typischen Funktionen (siehe Abschnitt 12.1).

Eine Planstelle ist eine Spezifizierung einer Stelle und gegebenenfalls auch mit einer Rolle verbunden. Eine Planstelle kann durch einen oder mehrere Mitarbeitende besetzt sein, oder sie ist vakant (unbesetzt). Die Planstelle existiert unabhängig von der einzelnen Person.

[«]

Stellenprofile und Rollen

In unserem Buch »SAP SuccessFactors. Grundlagen, Prozesse, Implementierung« (2019 im Rheinwerk Verlag erschienen) erhalten Sie detaillierte Informationen zu den Themen Stellenprofile (Abschnitt 7.1) und Rollen (Abschnitt 7.3). Die Arbeit mit diesen beiden Elementen ist insbesondere für die Prozesse des Talent Managements grundlegend.

Die Nutzung von Planstellen ermöglicht es, Prozesse nahtlos ablaufen zu lassen, auch wenn eine Stelle unbesetzt ist. Ohne Planstellen führt die Abwesenheit oder die Kündigung einer Führungskraft oft zu unterbrochenen Prozessen, die des Eingreifens bedürfen. Mit der Nutzung von Planstellen ist es möglich, beim Ausscheiden einer oder eines Vorgesetzten die Prozesse automatisch auf den nächsten verfügbaren Stelleninhaber bzw. auf die nächste verfügbare Stelleninhaberin der Organisation, z. B. auf Vor-Vorgesetzte, zu übertragen.

In diesem Kapitel stellen wir Ihnen die Einrichtung und Nutzung des Planstellenmanagements vor. In Abschnitt 4.1 geben wir Ihnen einen Überblick zur Arbeit mit der Planstelle selbst. In Abschnitt 4.2 erhalten Sie Informationen zur Einrichtung und zu den Eigenschaften des Planstellenobjekts. Neben den allgemeinen Einstellungen stellen wir Ihnen die Möglichkeiten zur Anpassung der Hierarchie sowie die Optionen zur Synchronisierung von Planstellen und Planstelleninhabern bzw. Planstelleninhaberinnen vor. In Abschnitt 4.3 geben wir einen kurzen Überblick über die weitere Nutzung von Planstellen in anderen SAP-SuccessFactors-Modulen. Die Visualisierung der Firmenstruktur behandeln wir in Abschnitt 4.4.

Weiterführende Informationen und Leitfaden

Weitere Informationen zum Einrichten und Konfigurieren von Planstellen finden Sie im Handbuch »Implementing Position Management« unter *http://help.sap.com/hr_ec* in der Ansicht **Implement**.

4.1 Mit Planstellen arbeiten

Wie Planstellen in SAP SuccessFactors unterstützen, erschließt sich am besten über die Anwendungsfälle, die mit ihnen abgebildet werden können. Hierzu gehören u. a.:

- Genehmigung von Planstellen, gegebenenfalls mit unterschiedlichen Workflows
- Personalkostenplanung
- Assoziierung von Planstellen mit Stellenbeschreibungen und somit Unterstützung im Recruiting
- Talentsuche, basierend auf Planstellen
- Nachfolgeplanung
- Unterstützung organisatorischer Änderungen, z. B. bei Vorgesetztenwechsel oder auch nur bei temporärer Abwesenheit eines Prozessbeteiligten

Die Arbeit mit Planstellen ist für die Gesamtintegration der HR-Prozesse eine Kernthematik. Ohne Planstellen können viele Standardanwendungsfälle nicht integriert und effizient abgedeckt werden.

Organigramm und Planstellenorganigramm in SAP SuccessFactors

Planstellen und die mit ihnen verbundenen Hierarchien werden im Planstellenorganigramm visualisiert (siehe Abschnitt 4.1.2). Eine weitere Visualisierungsmöglichkeit für eine Organisation ist das Organigramm, das die Führungskräfte- und Mitarbeiterbeziehung visualisiert. Durch die Synchronisierung dieser Hierarchien erhalten Sie die nötige Flexibilität, um die Organisation entweder nach Planstellen oder nach Stelleninhabern bzw. Stelleninhaberinnen zu verwalten. Wenn es keine vakanten Planstellen gibt, ist die Planstellenhierarchie identisch mit der Hierarchie zwischen Mitarbeitenden und Vorgesetzten.

4.1.1 Planstellenobjekt ausprägen

Die Objektdefinition für die Planstelle wird im Admin-Center über **Tools** und dann **Objektdefinitionen konfigurieren** gepflegt (siehe Abbildung 4.1).

Abbildung 4.1 Planstellenobjekt bearbeiten

Das Planstellenobjekt (Position) setzt sich aus unterschiedlichen Attributen zusammen (siehe Abbildung 4.1). Beispielsweise werden Attribute wie Code oder Namen benötigt. Dazu besteht die Möglichkeit, Felder zu konfigurieren und verfügbar zu machen. Im Kern handelt es sich dabei um reguläre Felder eines MDF-Objekts, die wie alle Felder in MDF-Objekten z. B. befüllt, verknüpft oder vererbt werden können.

4.1.2 Planstellen über die Benutzeroberfläche verwalten

Geben Sie entweder in der Aktionssuche »Planstellen verwalten« ein, oder Sie rufen im Planstellenorganigramm die Planstelle auf, die Sie bearbeiten möchten (siehe Abbildung 4.9); dies sind die beiden gängigsten Einstiegspunkte für die Pflege von Planstellen. Zunächst zeigen wir Ihnen im Folgenden wie eine Planstelle grundsätzlich gepflegt werden kann. Im Anschluss gehen wir auf weitere Details zur Planstelle wie Planstellenstruktur, Planstellenorganigramm und FTE (Full Time Equivalent) ein.

Planstelle pflegen

Eine Planstelle pflegen Sie per Klick darauf und dann durch einen weiteren Klick auf die Schaltfläche, um sich die Details der Planstelle anzeigen zu lassen. Sie sehen hier direkt einige der wichtigen Informationen, wie **Planstellenbezeichnung**, **Geschäftsbereich**, **Abteilung** und **Standort**. Die Planstelle in unserem Beispiel erlaubt z. B. Mehrfachbesetzungen. Aktuell ist sie allerdings unterbesetzt, da nur eine von 5 FTEs auf der Planstelle sitzen (siehe Abbildung 4.2).

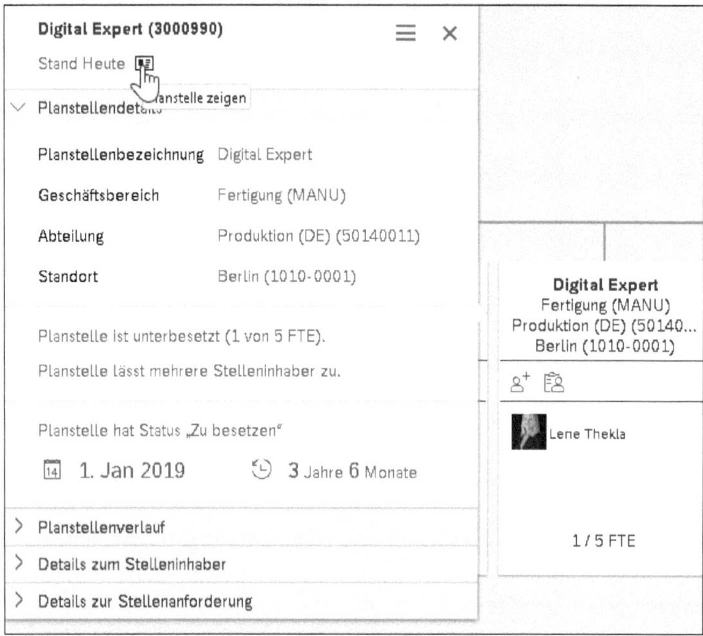

Abbildung 4.2 Planstellendetails anzeigen

Im sich nun öffnenden neuen Fenster können Sie die Daten mit einem Klick auf **Bearbeiten** oder **Verwalten** pflegen und verändern (siehe Abbildung 4.3).

Zu beachten ist, dass Änderungen an Planstellen stichtagsbezogen sind und ein Gültigkeitsdatum haben. Außerdem können sie rückwirkend oder für die Zukunft erstellt werden.

Wählen Sie **Bearbeiten** aus, und nehmen Sie die Änderungen direkt auf der Oberfläche vor, die Sie aufgerufen haben. Wenn Sie **Verwalten** auswählen, gelangen Sie in die Admin-Tools und nutzen die Funktion **Planstellen verwalten**, die Ihnen weitere Informationen bietet (siehe Abbildung 4.4). So sehen Sie im Verlauf auf der linken Seite der Ansicht die bereits erfolgten Veränderungen. Über einen Klick auf **Neuen Datensatz hinzufügen** können Sie die betreffende Planstelle bearbeiten.

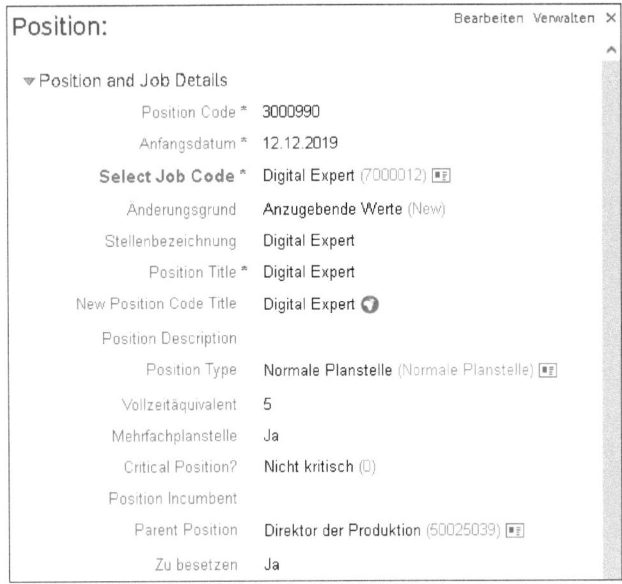

Abbildung 4.3 Planstelle bearbeiten oder verwalten

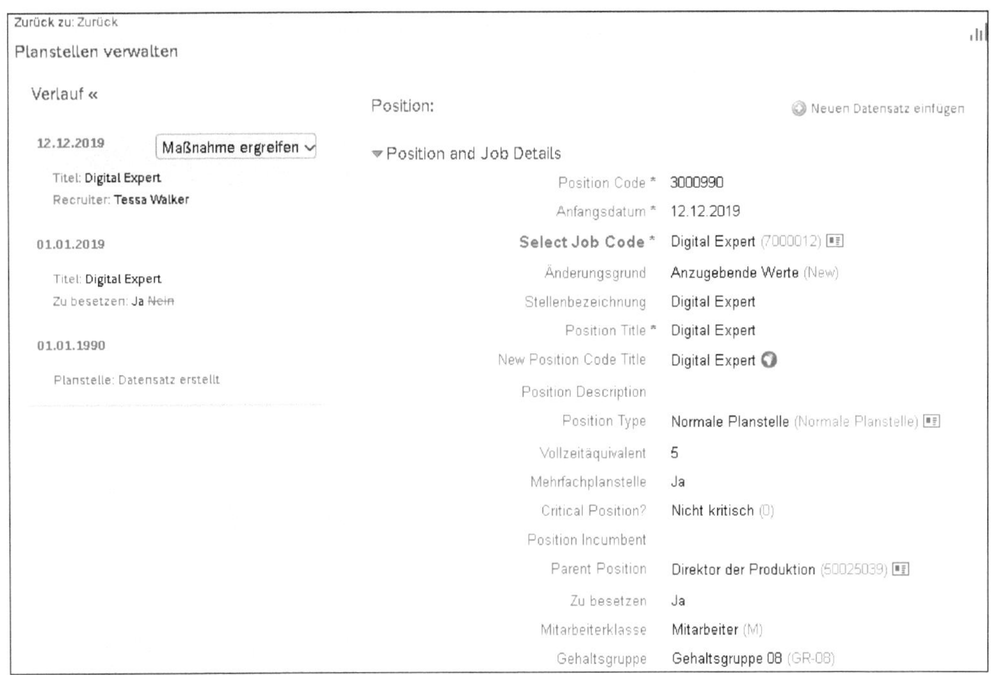

Abbildung 4.4 Neuen Datensatz für eine Planstelle erzeugen

Planstelle neu anlegen

Um eine neue Planstelle anzulegen, gibt es unterschiedliche Wege. Der wohl einfachste Weg läuft über das Planstellenorganigramm. Wählen Sie eine Planstelle aus (siehe Abbildung 4.2), und klicken Sie dann auf die Schaltfläche ☰ (**Menü**) am rechten oberen Rand des Fensters. Nun können Sie zwischen verschiedenen Optionen für die Anlage einer neuen Planstelle wählen (siehe Abbildung 4.5).

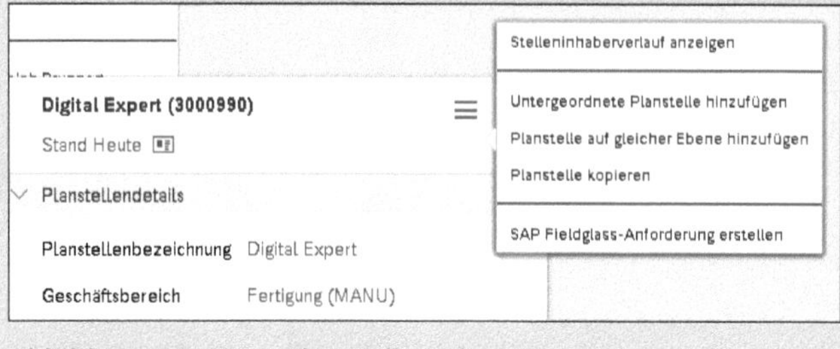

Abbildung 4.5 Neue Planstelle anlegen

Im Folgenden zeigen wir Ihnen die Möglichkeiten, die Ihnen, auf die Planstelle und deren Pflege bezogen, zur Verfügung stehen. Zunächst schauen wir uns die Planstellenstruktur an.

Planstellenstruktur

Die Planstellenstruktur wird mithilfe des Attributs **Parent Position** erstellt (siehe Abbildung 4.6). Jede Stelle kann einer übergeordneten Stelle angehören; die übergeordnete Planstellenhierarchie bildet die Organisationsstruktur.

Abbildung 4.6 Übergeordnete Planstelle »Parent Position«

Verwenden Sie Assoziationen zu den Grundlagenobjekten, um eine Organisationshierarchie zu erstellen. Bei der Erstellung der Planstellen werden die zwischen den Objekten definierten Assoziationen beachtet. Wenn es eine Assoziation zwischen Standorten und juristischen Einheiten gibt (eine logische Assoziation, da eine juristische Einheit immer zu einem Land gehört), wird die Liste der Standorte, zu denen die Planstelle gehören kann, auf die Liste der für die juristische Person gültigen Orte eingeschränkt.

Planstellenbeziehungen

Beziehungen, auch Matrixbeziehungen, können auch zwischen Planstellen definiert werden. Der Name des Bereichs **Matrix Positions** auf der Planstellenbenutzeroberfläche (UI) weist darauf hin; es können aber auch weitere Beziehungen gepflegt werden (siehe Abbildung 4.7).

Abbildung 4.7 Planstellenbeziehungen pflegen

Über das Feld **Relationship** (Beziehung) können Sie zur Planstelle nicht nur Matrixvorgesetzte definieren, sondern auch z. B. HR-Vorgesetzte oder eine zweite vorgesetzte Person.

Planstellentyp

Der Planstellentyp kann über **Planstellen verwalten** geändert werden (siehe Abbildung 4.6; hier (noch) nicht in der Standardauslieferung übersetzt, sondern Englisch in **Position Type** benannt). Planstellentypen werden verwendet, um das Systemverhalten für Planstellen zu definieren. Standardmäßig bietet das System **Normale Planstelle** und **Geteilte Planstelle** als Planstellentyp an. Geteilte Planstellen sind Planstellen mit mehr als einem Stelleninhaber oder einer Stelleninhaberin. Weitere Planstellentypen können nach Bedarf definiert und verwendet werden, um gegebenenfalls benötigte, zuvor definierte differenzierte Verhaltensweisen zu erstellen.

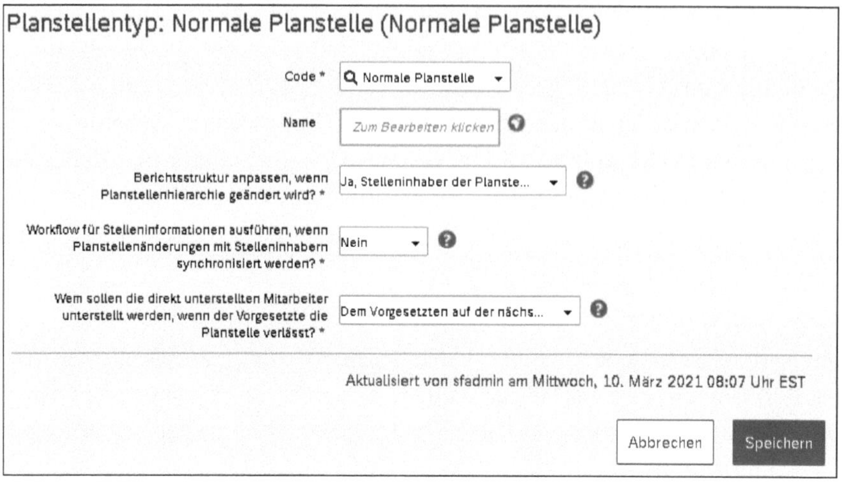

Abbildung 4.8 Planstellentyp pflegen

Auch wird über den Planstellentyp definiert, wie sich die Planstelle in der Nutzung verhalten soll. Die Standardverhaltensweisen, die durch die Positionsart definiert werden können, enthalten die folgenden Optionen (siehe Abbildung 4.8):

- **Berichtsstruktur anpassen, wenn Planstellenhierarchie geändert wird?**
  Mit dieser Option bestimmen Sie, ob die Berichtshierarchie angepasst werden soll, wenn die Planstellenhierarchie geändert wird. Dies ist dann relevant, wenn es sich bei der Planstellenhierarchie um die führende Hierarchie handelt.
- **Workflow für Stelleninformationen ausführen, wenn Planstellenänderungen mit Stelleninhabern synchronisiert werden?**
  Diese Option ermöglicht es Ihnen, Workflows für Stelleninformationen auszuführen, wenn die Daten, die mit den Stelleninhaberinnen bzw. Stelleninhabern synchronisiert werden müssen, aufgrund von Änderungen an der Planstelle geändert werden. Zu beachten ist, dass wenn die Aktualisierung der Planstelle mit mehreren Stelleninhabern bzw. Stelleninhaberinnen synchronisiert wird, für jeden Stelleninhaber bzw. für jede Stelleninhaberin eine Workflow-Anfrage erstellt wird. Sollte eine Workflow-Anfrage abgelehnt werden, sind die Stelleninformationen des Benutzers bzw. der Benutzerin nicht mehr mit der Planstelle synchron. Die Planstellenänderungen selbst werden jedoch nicht zurückgenommen. Workflows werden auch dann ausgeführt, wenn Sie Planstellenänderungen mit Synchronisierung mit den Stelleninhaberinnen bzw. mit den Stelleninhabern importieren (siehe Abschnitt 4.2.6).
- **Wem sollen die direkt unterstellten Mitarbeiter unterstellt werden, wenn der Vorgesetzt die Planstelle verlässt?**
  An dieser Stelle regeln Sie, ob und wie die Stelleninhaber oder Stelleninhaberinnen auf einer untergeordneten Ebene zu einer oder einem neuen Vorgesetzten umge-

hängt werden, wenn die aktuelle Führungskraft ihre Planstelle verlässt. Die Optionen sind:

- **Der oder dem Vorgesetzten auf der nächsthöheren Planstelle**
- **Der oder dem Vorgesetzten auf der Planstelle, die frei wird, sofern verfügbar**: Dies bedeutet, dass die Personen, die jeweils die Stelle innehaben, die dem oder der weggehenden Person unterstellt ist, an einen anderen Stelleninhaber oder an eine andere Stelleninhaberin der Planstelle übertragen werden. Gibt es diesen oder diese nicht, werden sie auf die übergeordnete Planstelle übertragen.
- **Keinem Vorgesetzten**: Dies bedeutet, dass für Mitarbeitende laut Planstellenhierarchie keine Vorgesetzte oder kein ein Vorgesetzter festgelegt wird.

Planstellenorganigramm

Über das Planstellenorganigramm können Sie Planstellen einsehen. Sie rufen das Planstellenorganigramm über die Navigation in der Kopfleiste und über den Eintrag **Organisationsstruktur** auf.

In Abbildung 4.9 sehen Sie ein exemplarisches Planstellenorganigramm, das die hierarchische Darstellung von Planstellen untereinander zeigt.

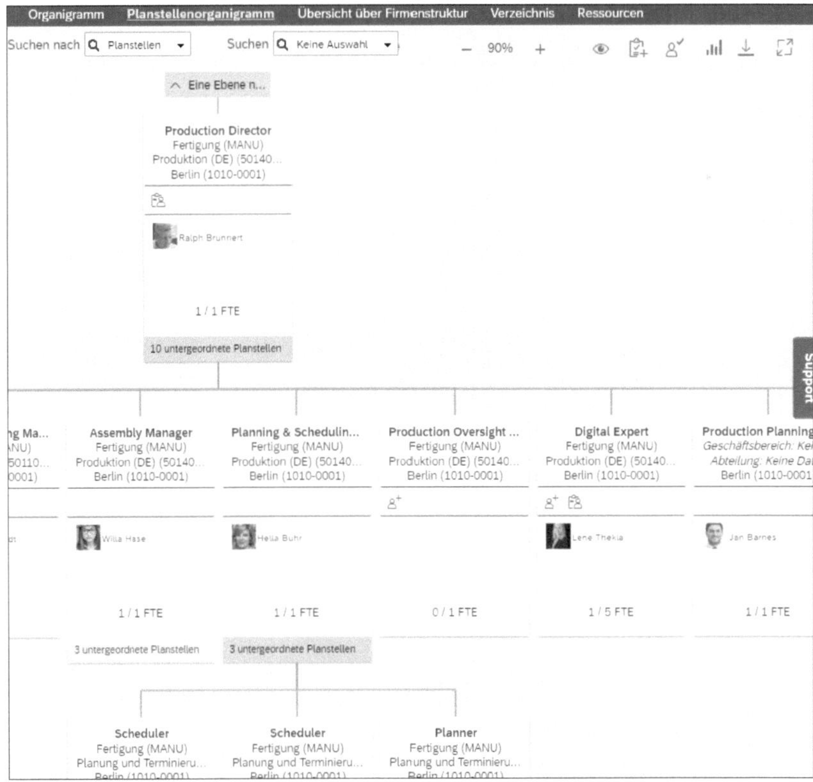

Abbildung 4.9 Planstellenorganigramm einsehen

Um eine bestimmte Planstelle aufzurufen, können Sie im rechten oberen Bereich **Suche nach** nach der Planstelle oder nach deren Inhaber oder Inhaberin (**Personen** kann alternativ zu Planstelle im Suchfeld ausgewählt werden) suchen. Das Planstellenorganisationsdiagramm ist datumsabhängig. Das heißt, dass Sie die Hierarchie zu einem bestimmten Datum einsehen können, das Sie über die Schaltfläche (**Kalender**) auswählen können. Standardmäßig wird beim Aufrufen der Stand zum aktuellen Tag **Heute** angezeigt. Dazu stehen weitere Möglichkeiten wie Zoomen – 90% +, das Erstellen einer neuen Planstelle oder das Hinzufügen neuer Mitarbeitender bereit. Auch der Export als PDF oder als Bild (**.jpg**)ist möglich.

Im Unterschied zum Organigramm, dass die Mitarbeitendenden-Vorgesetzten-Beziehung darstellt, visualisiert das Planstellenorganigramm die Planstellenhierarchie. In vielen Fällen sind Hierarchien sehr ähnlich oder identisch. Wenn es aber z. B. eine vakante Planstelle gibt, weichen die beiden Darstellungen in der Regel voneinander ab. Im Planstellenorganigramm wird auch eine vakante Planstelle angezeigt; im Mitarbeiterorganigramm ist dies jedoch nicht der Fall. Das Planstellenorganigramm arbeitet stichtagsbezogen, das Organigramm jedoch nicht, sondern es zeigt den aktuellen Ist-Stand an.

Die Option »Stelleninhaberverlauf anzeigen« nutzen

Da das Objektmodell von SAP SuccessFactors Positionen mit Inhaberinnen und Inhabern assoziiert, bietet die Option **Stelleninhaberverlauf anzeigen** (siehe Abbildung 4.5) auch die umgekehrte Ansicht: Sie können eine Position auswählen und die Historie der Inhaber bzw. Inhaberinnen dieser Position sehen (siehe Abbildung 4.10).

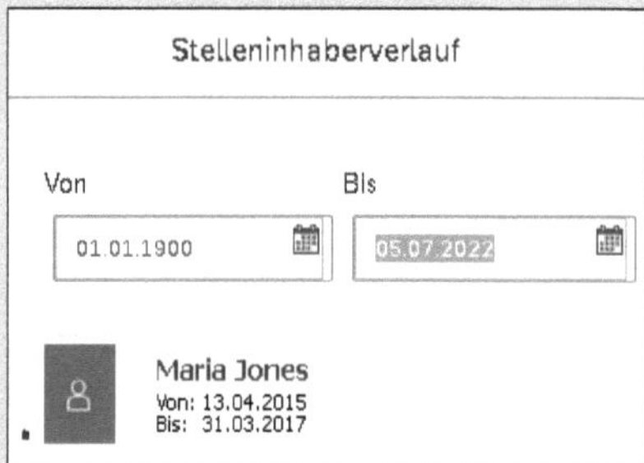

Abbildung 4.10 Stelleninhaberverlauf einsehen

Planstelleninformationen im Bereich des Mitarbeiterprofils nutzen

Auch im Mitarbeiterprofil werden die Daten aus der Planstelle genutzt. Über **Infos zum Beschäftigungsverhältnis** werden z. B. das **Eintrittsdatum der Planstelle** sowie die berechnete **Dauer der Planstellenzugehörigkeit** angezeigt (siehe Abbildung 4.11).

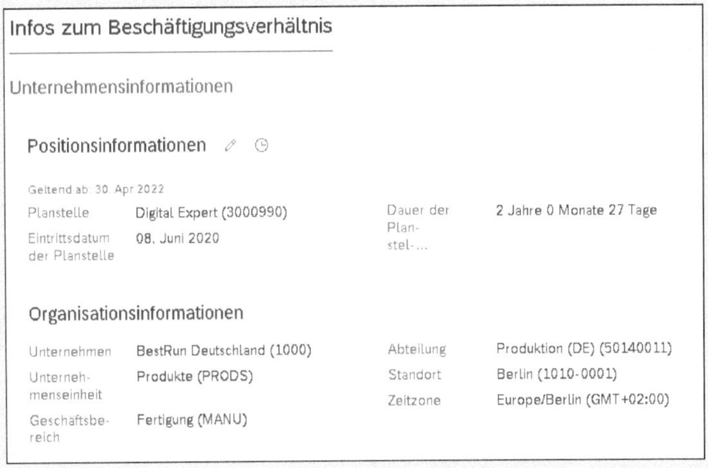

Infos zum Beschäftigungsverhältnis

Unternehmensinformationen

Positionsinformationen

Geltend ab: 30. Apr 2022

Planstelle	Digital Expert (3000990)	Dauer der Plan-stel-...	2 Jahre 0 Monate 27 Tage
Eintrittsdatum der Planstelle	08. Juni 2020		

Organisationsinformationen

Unternehmen	BestRun Deutschland (1000)	Abteilung	Produktion (DE) (50140011)
Unterneh-menseinheit	Produkte (PRODS)	Standort	Berlin (1010-0001)
		Zeitzone	Europe/Berlin (GMT+02:00)
Geschäftsbe-reich	Fertigung (MANU)		

Abbildung 4.11 Positionsinformationen im Mitarbeiterprofil einsehen

Rollenbasierte Berechtigungen für Planstellen

Planstellen werden über die rollenbasierten Berechtigungen (RBP) permissioniert. Der Ausgangspunkt für die Permissionierung ist die Gewährung des Zugriffs auf die Position selbst. Diese ist in der Berechtigungsverwaltung (siehe Kapitel 11, »Rollenbasierte Berechtigungen«) unter **Verschiedene Berechtigungen** zu finden (siehe Abbildung 4.12).

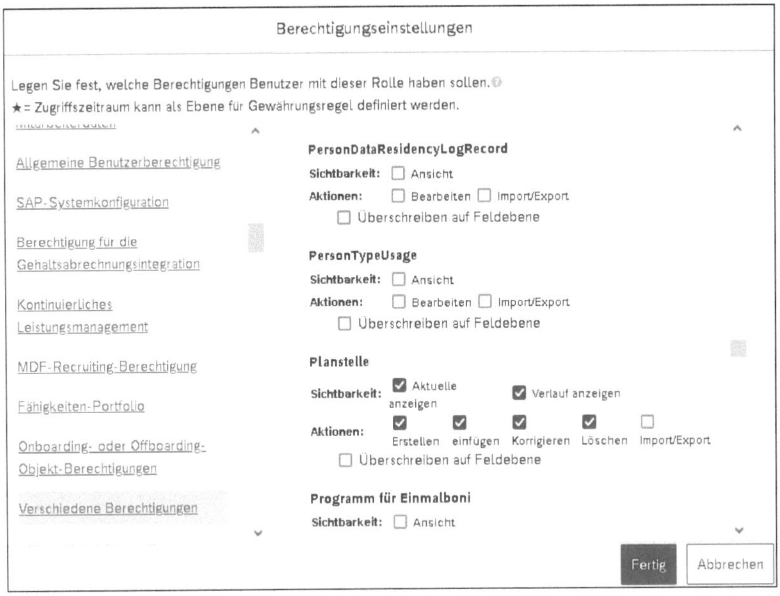

Berechtigungseinstellungen

Legen Sie fest, welche Berechtigungen Benutzer mit dieser Rolle haben sollen.
★ = Zugriffszeitraum kann als Ebene für Gewährungsregel definiert werden.

Allgemeine Benutzerberechtigung
SAP-Systemkonfiguration
Berechtigung für die Gehaltsabrechnungsintegration
Kontinuierliches Leistungsmanagement
MDF-Recruiting-Berechtigung
Fähigkeiten-Portfolio
Onboarding- oder Offboarding-Objekt-Berechtigungen
Verschiedene Berechtigungen

PersonDataResidencyLogRecord
Sichtbarkeit: ☐ Ansicht
Aktionen: ☐ Bearbeiten ☐ Import/Export
☐ Überschreiben auf Feldebene

PersonTypeUsage
Sichtbarkeit: ☐ Ansicht
Aktionen: ☐ Bearbeiten ☐ Import/Export
☐ Überschreiben auf Feldebene

Planstelle
Sichtbarkeit: ☑ Aktuelle anzeigen ☑ Verlauf anzeigen
Aktionen: ☑ Erstellen ☑ einfügen ☑ Korrigieren ☑ Löschen ☐ Import/Export
☐ Überschreiben auf Feldebene

Programm für Einmalboni
Sichtbarkeit: ☐ Ansicht

Fertig | Abbrechen

Abbildung 4.12 Grundlegende Berechtigung für die Planstelle einrichten

Je nach Anforderung wird den Nutzerinnen und Nutzern ein Zugriff zur Ansicht oder zur Bearbeitung gewährt. Wenn die Berechtigung auf der Grundlage von Feldern gestaltet werden muss, können Sie auch den Zugriff auf der Feldebene für das Objekt verwenden.

Im Planstellenorganigramm können unterschiedliche Aktionen gesteuert werden. Darüber hinaus kann bei der Anzeige oder Pflege einer Planstelle jedes Attribut einzeln gesteuert werden, ebenso ob die Nutzer und Nutzerinnen die Möglichkeit haben, die angezeigte Planstelle zu bearbeiten.

Das Planstellenorganigramm hat ein Gültigkeitsdatum. Die Berechtigung zum Anzeigen des Verlaufs steuert, ob eine Benutzerin oder ein Benutzer historische oder zukünftige Transaktionen anzeigen kann. Wird dies nicht gewährt, können nur die aktuellen Informationen zu den jeweiligen Positionen eingesehen werden. Diese Berechtigung hat aber keinen Einfluss auf die Möglichkeit, die Historie der Planstelle einzusehen.

Im Bereich **Planstelle verwalten** in den Berechtigungseinstellungen steuern Sie weitere Details der Berechtigungen für die Planstellen (siehe Abbildung 4.13). Diese Berechtigungen sind nicht von einer definierten Zielpopulation abhängig.

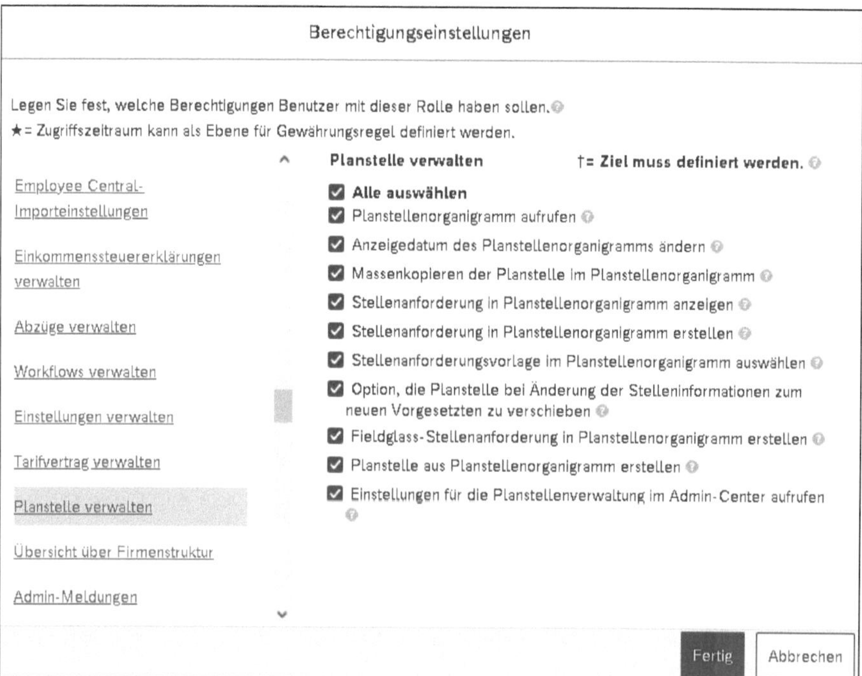

Abbildung 4.13 Berechtigungseinstellungen für die Planstelle verwalten

Positionen können in dynamischen Gruppen verwendet werden, sodass sie die genehmigende Person, eine zu benachrichtigende Person oder einen CC-Nutzer oder eine CC-Nutzerin eines Workflows liefern können. Dynamische Gruppen repräsentieren sowohl den berechtigten Benutzer oder die berechtigte Benutzerin als auch die Zielgruppe.

Sollte die verteilte Verwaltung von Planstellen erforderlich sein, kann eine Liste von Planstellen, auf die eine Benutzerin oder ein Benutzer Zugriff hat, konfiguriert werden. In diesem Fall kann der Zugriff nach Gesellschaft, Geschäftseinheit, Standort oder nach einer anderen grundlegenden Beziehung eingeschränkt werden.

Die Berechtigung auf Planstellen kann z. B. auch für Führungskräfte und HR-Geschäftspartner definiert werden. Vorgesetzte können so z. B. Zugriff auf die Verwaltung von Planstellen in ihrer Hierarchie haben. In ähnlicher Weise kann der Zugriff auf der Grundlage von Matrixbeziehungen oder HR-Beziehungen gewährt werden (siehe Abbildung 4.14).

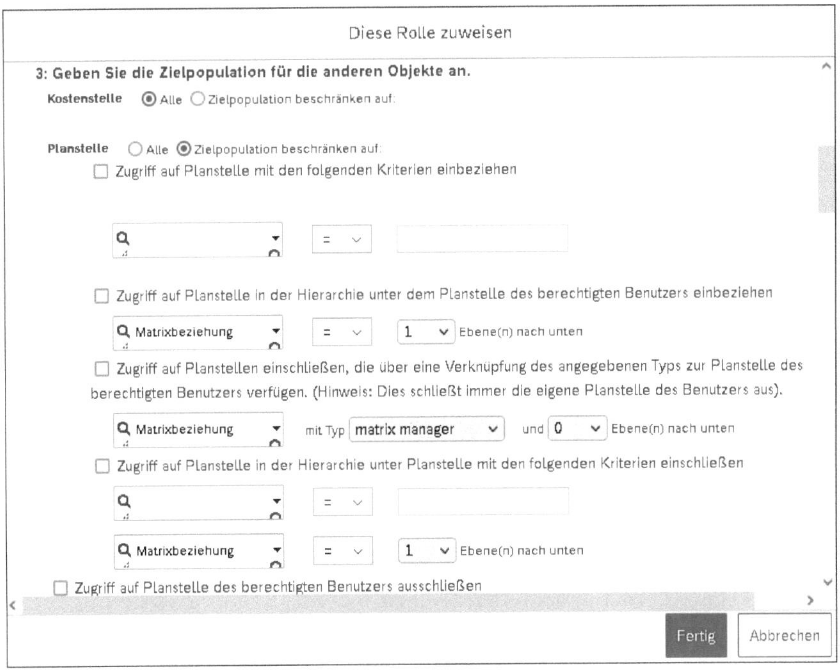

Abbildung 4.14 Zugriff auf Positionen definieren

Full-Time Equivalent

Das Full-Time Equivalent (FTE, Vollzeitäquivalent; wir verwenden im Weiteren die englische Abkürzung) eines Stelleninhabers bzw. einer Stelleninhaberin wird auf der Grundlage der Standardstunden berechnet, die eine Person zu arbeiten hat. Im Folgenden wird die Ableitung der Standardstunden dargestellt:

- Juristische Einheit
- Standort

- Stellenklassifizierung
- Planstelle

Für die juristische Einheit ist die Pflege der Standardwochenarbeitsstunden erforderlich (siehe Abbildung 4.15). Aufgerufen werden kann die juristische Einheit einfach über **Organisationsstruktur** und **Übersicht über Firmenstruktur** oder über den Pfad **Admin-Tools • Daten verwalten**.

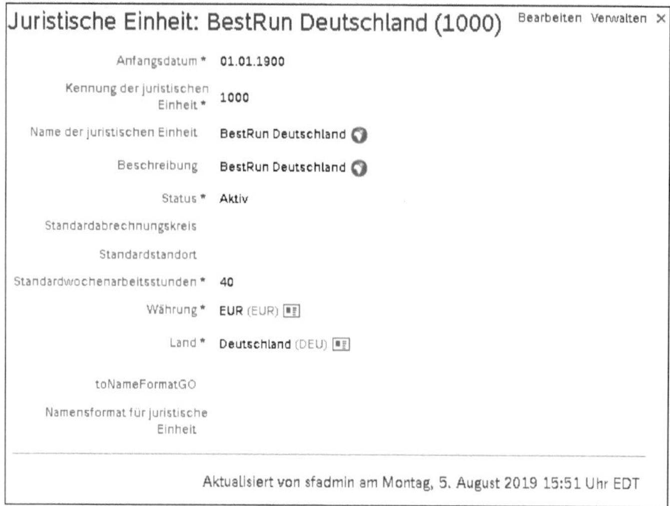

Abbildung 4.15 Juristische Einheit mit Standardwochenarbeitsstunden

Für die weiteren Bestandteile ist die Vergabe der Standardwochenarbeitsstunden nicht verpflichtend. Wenn auf der Planstelle die Angabe gepflegt ist, übersteuert das die Definition in den anderen Elementen.

Die Standardwochenarbeitsstunden bestimmen das FTE.

Wenn eine Planstelle der Planstellensteuerung (Position Control) unterliegt, sollte das FTE aller der Planstelle zugewiesenen Stelleninhaberinnen und Stelleninhabern das Soll-FTE nicht überschreiten. Dieses wird überprüft, wenn eine neue Person eingestellt wird oder die Standardstunden einer Person oder einer Planstelle geändert werden.

Massenplanstellen

Massenplanstellen werden mehr als FTE und Headcount zugewiesen. Denn Massenplanstellen werden in der Regel verwendet, wenn es eine große Anzahl von Planstellen gibt, die sich an demselben Standort befinden, zur selben Abteilung gehören und denselben Titel und dieselbe Besoldungsgruppe haben. Dieses bietet sich z. B. in produzierenden Unternehmen an, wenn z. B. Mitarbeitende einer Linie administriert werden sollen.

Bei der Verwendung von Massenplanstellen gibt es einige logische Einschränkungen: SAP SuccessFactors Succession & Development kann nicht für Massenplanstellen auf der Personenebene durchgeführt werden. Es bietet sich an, in diesem Fall mit sogenannten *Talent Pools* zu arbeiten, die über das Stellenkennzeichen allen relevanten Planstellen zugeordnet werden können.

Nachdem wir uns das Thema Planstellen angeschaut haben, wenden wir im folgenden Abschnitt unseren Blick auf das Planstellenmanagement.

4.2 Planstellenmanagement einrichten

Die Einstellungen des Planstellenmanagements helfen dabei, das Verhalten von Planstellen im System zu steuern. In diesem Abschnitt gehen wir auf einige wichtige Funktionen und Einstellungen ein, die in der Positionsverwaltung vorgenommen werden können.

4.2.1 Allgemeine Einstellungen

Zur Einrichtung und Anpassung des Planstellenmanagements rufen Sie über die Aktionssuche **Einstellungen für Planstellenmanagement** auf (siehe Abbildung 4.16).

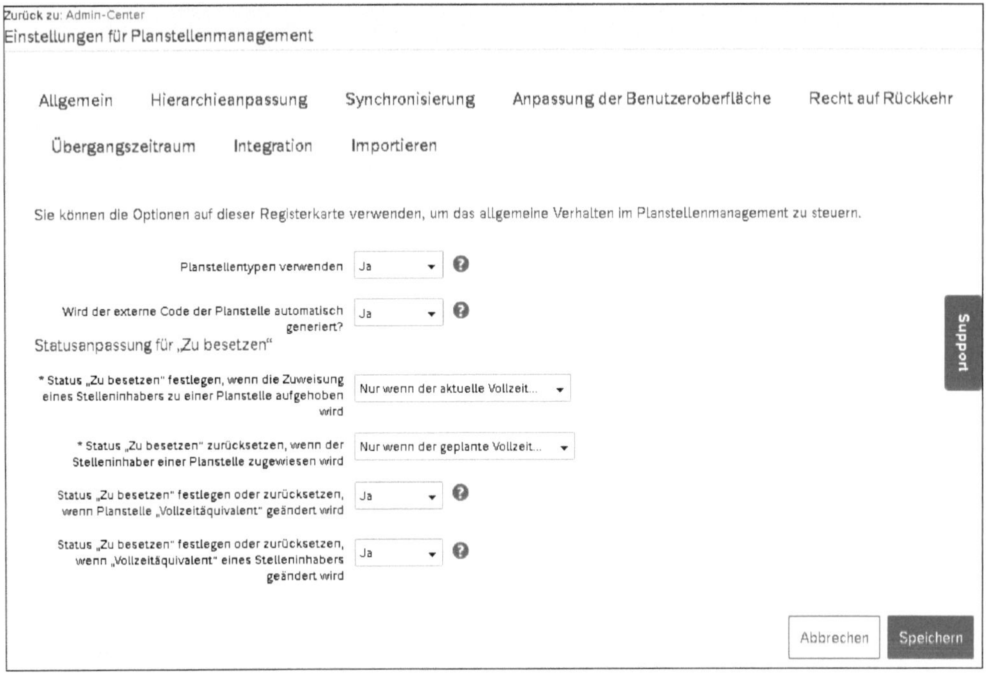

Abbildung 4.16 Planstellenmanagement einrichten

In der Ansicht **Allgemein** steuern Sie zunächst, ob Sie Planstellentypen (siehe Abschnitt 4.1.2, »Planstellen über die Benutzeroberfläche verwalten«) verwenden möchten und ob der externe Code der Planstelle automatisch generiert werden soll.

Im Bereich **Statusanpassung für „Zu besetzen"** legen Sie fest, wie mit einer vakanten Planstelle umgegangen werden soll.

4.2.2 Hierarchieanpassung

In SAP SuccessFactors gibt es zwei Hierarchien: die Planstellenhierarchie und die Berichtshierarchie. Über Tools und Regeln ist es Ihnen möglich, diese beiden Hierarchien synchron zu halten. Die Planstellenhierarchie stellt die Beziehung von Planstelle zu Planstelle dar, während die Berichtshierarchie die Beziehung von Person zu Person verkörpert. Sie können diese Hierarchien über den Menüpunkt **Organisationsstruktur** in der Homepagenavigation und dann über **Planstellenorganigramm** bzw. **Organigramm** einsehen.

Durch die Definition der führenden Hierarchie wird der Aufwand für die Synchronisation von Planstellenhierarchie und Berichtslinienhierarchie erheblich reduziert.

Die Hierarchien synchron zu halten, ist eine optionale Entscheidung. Typischerweise wird diese jedoch umgesetzt. In selten Fällen, wenn Berichts- und Planstellenhierarchie für vollkommen unterschiedliche Zwecke vorgesehen sind, wird das System so konfiguriert, dass es keine führende Hierarchie gibt.

Wird die Planstellenhierarchie als führende Hierarchie ausgewählt (siehe Abbildung 4.17), findet das System die nächste verfügbare vorgesetzte Person in der Planstellenhierarchie und ordnet diese als Vorgesetzten oder Vorgesetzte zu. Die Berichtslinienhierarchie verhält sich so, als ob keine Planstellen verwendet würden.

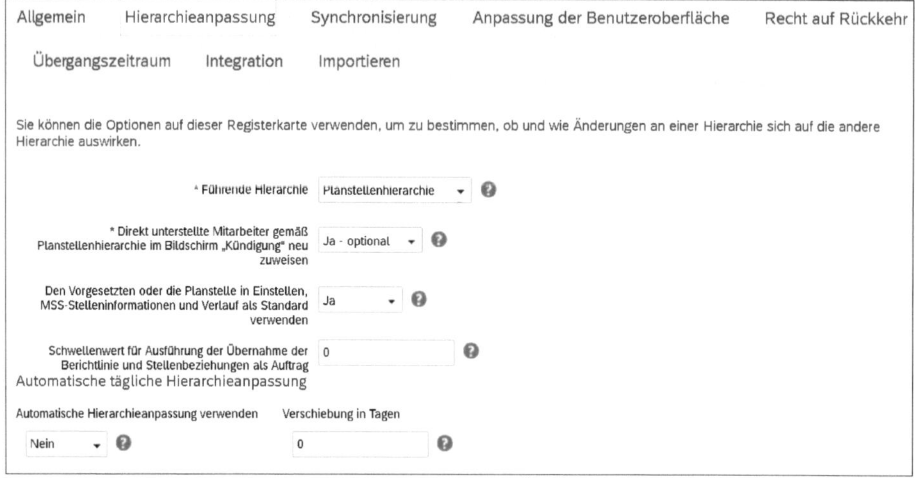

Abbildung 4.17 Hierarchieanpassungen einrichten

Planstellenhierarchie als führende Hierarchie

Die Planstellenhierarchie als führende Hierarchie einzurichten, ist Best Practice. Wir empfehlen Ihnen, dies so auch zu übernehmen.

Wird die führende Hierarchie geändert, werden die Änderungen automatisch auch von der anderen Hierarchie übernommen.

Zudem können Sie hier definieren, wie direkt unterstelle Mitarbeitende im Falle einer Kündigung verwaltet werden. Auch können Sie Folgendes festlegen: **Den Vorgesetzten oder die Planstelle in Einstellen, MSS-Stelleninformationen und Verlauf als Standard verwenden**. Über einen Klick auf die Schaltfläche ? erhalten Sie (auch an anderen Stellen) direkt im System weitere Informationen, was über die ausgewählte Einstellung gesteuert werden kann. In diesem Fall lautet die Erklärung:

Falls die Planstellenhierarchie die führende Hierarchie ist oder wenn es keine führende Hierarchie gibt, setzt das System den Vorgesetzten auf den Standardwert, wenn eine Planstelle ausgewählt wird. Falls die Berichthierarchie die führende Hierarchie ist, setzt das System die Planstelle auf den Standardwert, wenn der Vorgesetzte ausgewählt wird. Wählen Sie Ja, um die Verwendung des Standards einzuschalten.

Zudem können Sie im Bereich **Automatische tägliche Hierarchieanpassung** festlegen, ob die automatische Hierarchieanpassung verwendet werden und ob sie gegebenenfalls um eine bestimmte Anzahl an Tagen verschoben werden soll. Wählen Sie **Ja** als Option, wenn das System die Hierarchien täglich automatisch anpassen soll, wenn sie nicht synchronisiert sind. Diese Option ist nur relevant, wenn die Planstellenhierarchie die führende Hierarchie ist.

Workflow zur Genehmigung von Planstellen und Planstellenänderungen

Uns erreicht oft die Anfrage, ob es auch möglich ist, einen Workflow zur Genehmigung einer neu angelegten Planstelle oder für Änderungen an einer bestehenden Planstelle einzurichten. Dies ist möglich, und oftmals bleibt es auch nicht bei einem einzigen Workflow, sondern es werden unterschiedliche Anwendungsfälle unterschieden, beispielsweise folgende:

- HR-Team erstellen eine neue Planstelle
- Vorgesetzte erstellen eine neue Planstelle
- Änderungen durch HR-Team an bestehenden Planstellen
- Änderungen durch Vorgesetzte an bestehenden Planstellen

Oft unterscheiden Kunden zwischen einzelnen Änderungen. So wird z. B. eine einfache Änderung der Kostenstelle meist nicht über einen Workflow gesteuert, um unnötigen Koordinationsaufwand zu vermeiden.

Einen solchen Genehmigungsprozess können Sie oder Ihr Implementierungspartner mit den Standardmitteln selbst erstellen. Nutzen Sie hierzu Regeln, die Sie entsprechend ausprägen. Die Abfrage der Genehmigung erfolgt dann direkt im Prozess. In Abbildung 4.18 sehen Sie das Pop-up-Fenster, das erscheint, wenn Ändernde eine Genehmigung auf den Weg schicken. Entsprechend des Standards können Sie hier auch die weiteren Workflow-Teilnehmenden einsehen.

Abbildung 4.18 Genehmigung der Planstellenänderung anfragen

4.2.3 Planstellen und Planstelleninhaber synchronisieren

Da Planstellen und Stelleninhaber bzw. Stelleninhaberinnen getrennte Strukturen haben, gibt es eine konfigurierbare Beziehung zwischen diesen beiden. Änderungen, die an der einen Stelle vorgenommen werden, wirken sich auf die andere Stelle aus, und diese Auswirkungen werden über die Einstellungen in der Ansicht **Synchronisierung** sowie durch Regeln gesteuert (siehe Abbildung 4.19).

Versetzung und Neueinstufung

Eine Versetzung liegt vor, wenn eine Inhaberin oder ein Inhaber einer Planstelle zu einer anderen Planstelle wechselt. Eine Neueinstufung liegt vor, wenn ein Inhaber oder eine Inhaberin einer Planstelle auf derselben Planstelle verbleibt, sich aber die Einstufung der Planstelle ändert. Wenn diese geändert wird, handelt es sich um eine Neueinstufung. Es muss entschieden werden, ob die Änderung an die bisherigen Stelleninhaberinnen bzw. Stelleninhaber weitergegeben werden muss. Die oben vorgestellten Konfigurationsmöglichkeiten helfen dabei, die korrekte Abwicklung von Versetzung und Neueinstufung zu regeln.

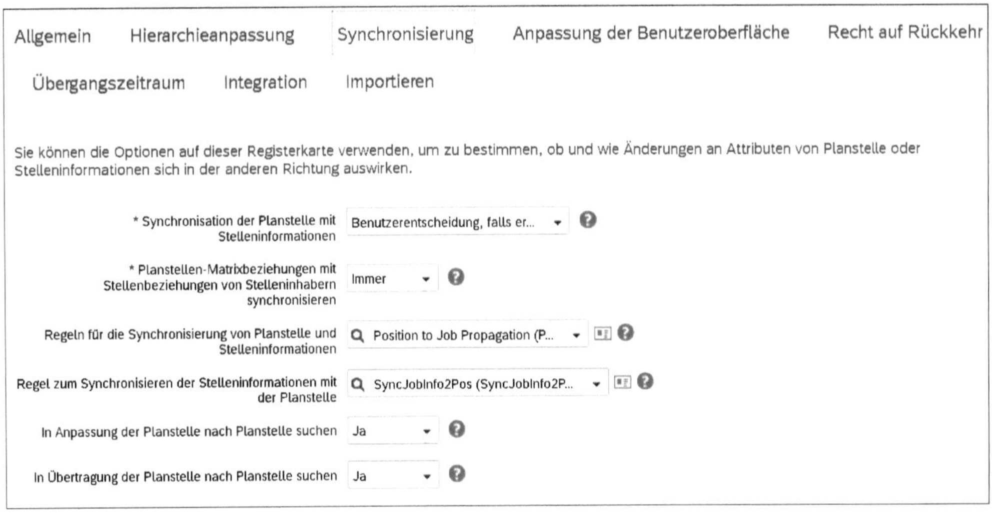

Allgemein | Hierarchieanpassung | Synchronisierung | Anpassung der Benutzeroberfläche | Recht auf Rückkehr
Übergangszeitraum | Integration | Importieren

Sie können die Optionen auf dieser Registerkarte verwenden, um zu bestimmen, ob und wie Änderungen an Attributen von Planstelle oder Stelleninformationen sich in der anderen Richtung auswirken.

* Synchronisation der Planstelle mit Stelleninformationen: Benutzerentscheidung, falls er...
* Planstellen-Matrixbeziehungen mit Stellenbeziehungen von Stelleninhabern synchronisieren: Immer
Regeln für die Synchronisierung von Planstelle und Stelleninformationen: Position to Job Propagation (P...
Regel zum Synchronisieren der Stelleninformationen mit der Planstelle: SyncJobInfo2Pos (SyncJobInfo2P...
In Anpassung der Planstelle nach Planstelle suchen: Ja
In Übertragung der Planstelle nach Planstelle suchen: Ja

Abbildung 4.19 Synchronisierung verwalten

Im Folgenden erhalten Sie einige Hinweise zur Nutzung der angebotenen Konfigurationsmöglichkeiten:

Sie definieren hier, wie die **Synchronisation der Planstelle mit Stelleninformationen** eingerichtet wird. Hier bestimmen Sie, wie die Synchronisierung von Stelleninhabern bzw. von Stelleninhaberinnen mithilfe von **Planstelle bearbeiten** oder **Planstelle verwalten** abläuft. Es gibt verschiedene Optionen:

- **Benutzerentscheidung**
  Wird diese Option ausgewählt, wird nach einer Planstellenänderung ein Pop-up-Fenster geöffnet, in dem abgefragt wird, ob die Stelleninhaberinnen oder Stelleninhaber synchronisiert werden sollen.
- **Benutzerentscheidung, falls erforderlich**
  Diese Option steuert, dass sich nur dann ein Pop-up-Fenster öffnet, wenn die Planstelle und die Stelleninhaber bzw. Stelleninhaberinnen nicht synchron sind.
- **Automatisch**
  Bei dieser Option, wird die Synchronisierung im Hintergrund ausgeführt.
- **Nie**
  Bei dieser Option wird keine Synchronisierung ausgeführt.

Darüber hinaus definieren Sie in dieser Sicht, wie der Umgang mit Matrixbeziehungen und Änderungen sein soll.

Zudem haben Sie die Möglichkeit, **Regeln für die Synchronisierung von Planstelle und Stelleninformation** sowie eine **Regel zum Synchronisieren der Stelleninformationen mit der Planstelle** zu definieren.

Die Regel, die für Ersteres ausgewählt ist, wird genutzt, wenn die Planstelle im Planstellenorganigramm oder über einen Import geändert wird und die Änderungen in den Stelleninformationen des Stelleninhabers bzw. der Stelleninhaberin übernommen werden sollen.

Die Regel für das zweite Thema bestimmt, welche gemeinsamen Felder zwischen Stelleninformation und Planstelle synchronisiert werden, wenn Stelleninformationen geändert werden und dies eine Anpassung oder Übertragung der Planstelle auslöst. Abbildung 4.20 zeigt ein Beispiel für eine solche Regel. Hier gilt es zu beachten, dass die Regel das Basisobjekt **Planstelle** und einen Regelparameter mit dem Code `JobInfo` und dem Objekt **Stelleninformationen** besitzen muss.

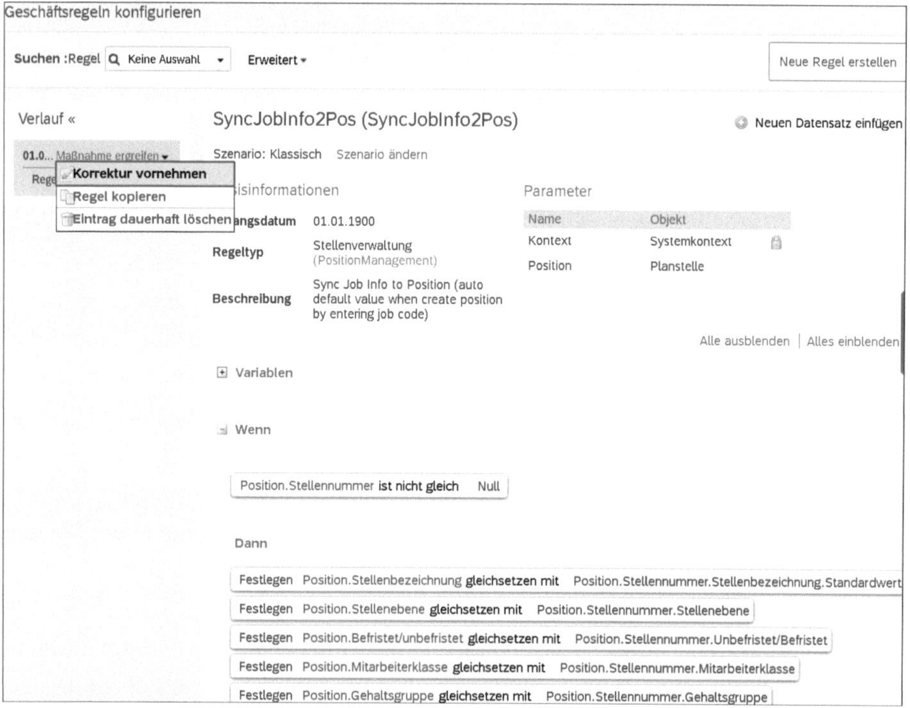

Abbildung 4.20 Beispiel: Regel

Darüber hinaus können Sie definieren, ob das System zuerst nach einer zu besetzenden Planstelle (Status **zu besetzen**) suchen soll, bevor eine neue Planstelle erstellt wird.

4.2.4 Benutzeroberfläche anpassen

Über die Ansicht **Anpassung der Benutzeroberfläche** steuern Sie, wie sich Planstellen und Informationen beim Zugriff über die Benutzeroberfläche verhalten sollen (siehe Abbildung 4.21). Sie können eine Regel zum Definieren kopierrelevanter Planstellenfelder auswählen und so bestimmen, welche Felder aus der Quellplanstelle kopiert werden, wenn Sie **Planstelle auf gleicher Ebene hinzufügen** oder **Untergeordnete Planstelle hinzufügen** im Planstellenorganigramm auswählen. Sie können festlegen, ob Workflows beim Kopieren einer Planstelle greifen sollen oder nicht, und Sie können die Filteroption setzen (um in den Stelleninformationen nach Unternehmen zu filtern muss **Ja** ausgewählt werden).

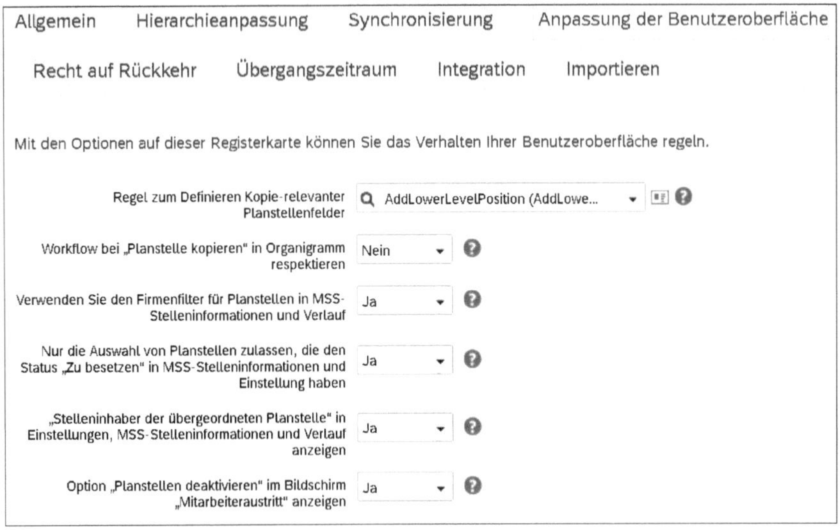

Allgemein | Hierarchieanpassung | Synchronisierung | Anpassung der Benutzeroberfläche
Recht auf Rückkehr | Übergangszeitraum | Integration | Importieren

Mit den Optionen auf dieser Registerkarte können Sie das Verhalten Ihrer Benutzeroberfläche regeln.

Regel zum Definieren Kopie-relevanter Planstellenfelder	AddLowerLevelPosition (AddLowe...
Workflow bei „Planstelle kopieren" in Organigramm respektieren	Nein
Verwenden Sie den Firmenfilter für Planstellen in MSS-Stelleninformationen und Verlauf	Ja
Nur die Auswahl von Planstellen zulassen, die den Status „Zu besetzen" in MSS-Stelleninformationen und Einstellung haben	Ja
„Stelleninhaber der übergeordneten Planstelle" in Einstellungen, MSS-Stelleninformationen und Verlauf anzeigen	Ja
Option „Planstellen deaktivieren" im Bildschirm „Mitarbeiteraustritt" anzeigen	Ja

Abbildung 4.21 Benutzeroberfläche anpassen

4.2.5 Recht auf Rückkehr

Das Recht auf Rückkehr kann in der entsprechenden Ansicht (siehe Abbildung 4.22) eingerichtet werden. Sie können so den Anspruch auf Rückkehr auf eine Planstelle nach einer Freistellung oder einem Auslandseinsatz regeln. Diese Option ist vor allem dann relevant, wenn Sie das Planstellenmanagement in Verbindung mit z. B. Freistellung und Auslandseinsätzen verwenden.

Für beide Varianten kann über **Zuweisung zur Planstelle aufheben** und die dort ausgewählte Regel definiert werden, ob die Zuweisung des Mitarbeitenden zur Planstelle während der Abwesenheit aufgehoben ist oder nicht.

Über die Informationen im Feld **Anspruch auf Rückkehr** wählen Sie entsprechend eine Regel aus, die definiert, ob während des Freistellungszeitraums ein Anspruch auf Rückkehr auf die Planstelle für die Mitarbeiterin oder den Mitarbeiter erstellt werden soll.

Für beide genannten Regeln gilt, dass sie Stelleninformationen als Basisobjekt und die Planstellenmanagement-Entscheidung als Parameter mit dem Code **Entscheidung** benötigen. Abbildung 4.23 zeigt exemplarisch eine Regel zur Abbildung des

Rechts auf Rückkehr. Weitere Informationen zur Arbeit mit Geschäftsregeln erhalten Sie in Abschnitt 2.4, »Geschäftsregeln«.

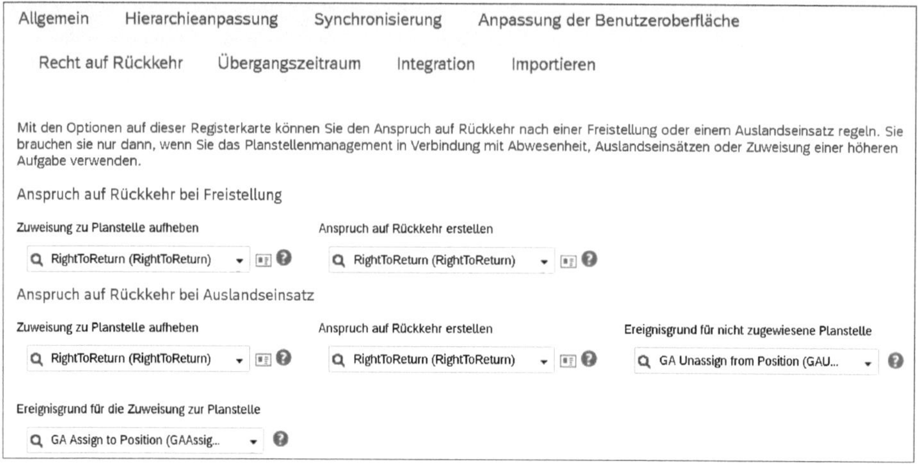

Abbildung 4.22 Recht auf Rückkehr einrichten

Abbildung 4.23 Regel für das Recht auf Rückkehr

Für den Anspruch auf Rückkehr bei einem Auslandseinsatz können Sie zudem noch eine Regel ausprägen, die den Ereignisgrund für eine nicht zugewiesene Planstelle definiert. Der hier definierte Ereignisgrund wird für die Aufhebung der Zuweisung des Mitarbeitenden zu seiner ursprünglichen Planstelle während des Auslandseinsatzzeitraums verwendet. Die im Feld **Ereignisgrund für die Zuweisung zur Planstelle** hinterlegte Regel steuert den Ereignisgrund für die erneute Zuweisung des Mitarbeitenden zur ursprünglichen Planstelle nach seiner Rückkehr.

4.2.6 Weitere Einstellungen

In den Einstellungen für das Planstellenmanagement können Sie noch einige weitere Definitionen vornehmen.

In der Ansicht **Übergangszeitraum** bestimmen Sie, ob ein Übergangszeitraum für Planstellen zulässig sein soll. Mit einem Übergangszeitraum definieren Sie einen Zeitraum, in dem eine Planstelle durch Inhaber bzw. Inhaberinnen oder durch FTEs überbesetzt sein kann. Dies ist hilfreich, wenn Sie einer Planstelle einen Nachfolger zuweisen möchten, während die mitarbeitende Person, die die Planstelle verlassen wird, immer noch Inhaber oder Inhaberin ist, obwohl dies zu einer Überbesetzung der Planstelle führt. Sie können diese Funktion global für alle Planstellen setzen oder im *Planstellentyp* festlegen, für welche Gruppe von Planstellen diese Einstellung greifen soll.

In der Ansicht **Integration** haben Sie die Möglichkeit, die Integration des Planstellenmanagements mit dem *Recruiting* zu konfigurieren.

In der Ansicht **Importieren** stellen Sie ein, wie das Systemverhalten im Falle unterschiedlicher Importszenarien für Planstellen sein soll (siehe Abbildung 4.24).

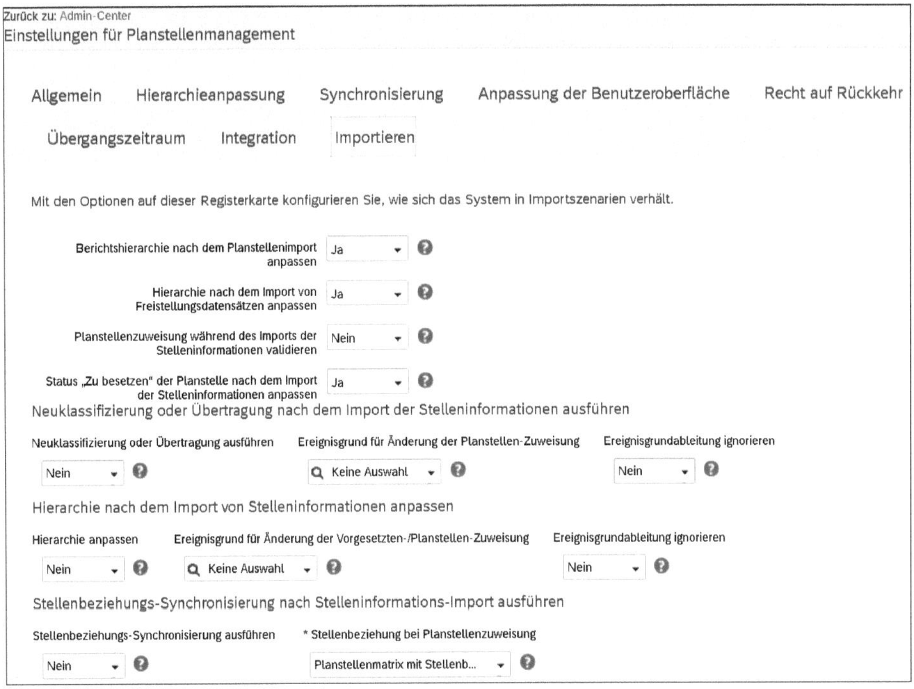

Zurück zu: Admin-Center
Einstellungen für Planstellenmanagement

Allgemein | Hierarchieanpassung | Synchronisierung | Anpassung der Benutzeroberfläche | Recht auf Rückkehr
Übergangszeitraum | Integration | Importieren

Mit den Optionen auf dieser Registerkarte konfigurieren Sie, wie sich das System in Importszenarien verhält.

Berichtshierarchie nach dem Planstellenimport anpassen: Ja
Hierarchie nach dem Import von Freistellungsdatensätzen anpassen: Ja
Planstellenzuweisung während des Imports der Stelleninformationen validieren: Nein
Status „Zu besetzen" der Planstelle nach dem Import der Stelleninformationen anpassen: Ja

Neuklassifizierung oder Übertragung nach dem Import der Stelleninformationen ausführen

Neuklassifizierung oder Übertragung ausführen: Nein
Ereignisgrund für Änderung der Planstellen-Zuweisung: Keine Auswahl
Ereignisgrundableitung ignorieren: Nein

Hierarchie nach dem Import von Stelleninformationen anpassen

Hierarchie anpassen: Nein
Ereignisgrund für Änderung der Vorgesetzten-/Planstellen-Zuweisung: Keine Auswahl
Ereignisgrundableitung ignorieren: Nein

Stellenbeziehungs-Synchronisierung nach Stelleninformations-Import ausführen

Stellenbeziehungs-Synchronisierung ausführen: Nein
* Stellenbeziehung bei Planstellenzuweisung: Planstellenmatrix mit Stellenb...

Abbildung 4.24 Importeinstellungen pflegen

Massenänderungen für Planstellen

Massenänderungen ermöglichen es, die Attribute einer Gruppe von Planstellen in einem einzigen Änderungslauf zu ändern. Da Planstellen auf dem MDF aufbauen, handelt es sich bei der Massenänderungsfunktion für Planstellen um eine allgemeine Massenänderung, wie sie (zukünftig) für generische Objekte verwendet wird.

Eine Massenänderung für Planstellendaten starten Sie, indem Sie in der Aktionssuche »Massenänderungen für Metadaten-Objekte verwalten« eingeben und diese Funktion danach auswählen. Abbildung 4.25 zeigt exemplarisch einen solchen Ablauf.

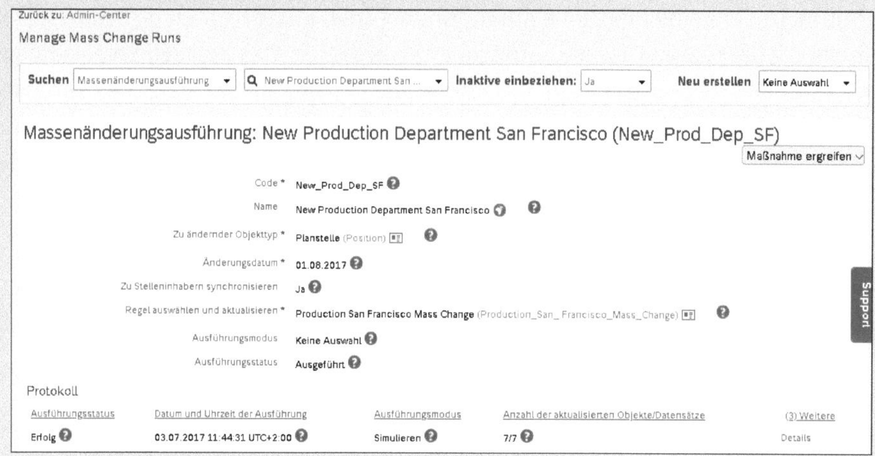

Abbildung 4.25 Beispiel: Massenänderungsausführung

Über **Maßnahme ergreifen** können Sie eine neue Massenänderung erstellen.

Das Änderungsdatum ist das Datum, zu dem der Änderungslauf wirksam wird. Änderungen an Planstellen können mit dem Planstelleninhaber bzw. mit der Planstelleninhaberin synchronisiert werden. Wichtig ist, dass die hier genutzten Regeln entsprechend aufgesetzt und alle zu synchronisierenden Felder hierin berücksichtigt sind.

Wichtig zu wissen ist, dass ein solcher Lauf zunächst auch simuliert werden kann, um das Ergebnis zu prüfen.

4.3 Planstellenmanagement im Zusammenspiel mit weiteren SAP-SuccessFactors-Modulen

Planstellen werden auch in anderen SAP-SuccessFactors-Modulen genutzt. Die Nachfolgeplanung, das Recruiting Management und die Stellenprofile haben Schnittmengen mit Planstellen oder nutzen diese direkt, wenn das Planstellenmanagement eingesetzt wird. Wir zeigen überblickartig einige wesentliche Themen in diesem Umfeld auf.

SAP SuccessFactors Succession & Development kann mit oder ohne Planstellen genutzt werden. Wenn Sie Planstellen verwenden, erhalten Sie mit dieser Lösung die wohl umfassendsten Möglichkeiten, um die Nachfolgeplanung durchzuführen und zu verwalten. Vakanzen sowie Nachfolgerinnen und Nachfolger können so bestmöglich geplant werden. Wird das Planstellenmanagement genutzt, arbeiten Sie in diesen Themenbereichen nicht mit der aktuellen Organisation, sondern typischerweise mit der Zielorganisation und deren Struktur, können also Lücken und dergleichen bestmöglich identifizieren.

Auch für die Neu- oder Wiederbesetzung von Stellen und im weiteren Recruiting sind Planstellen von Bedeutung. Denn der Einstellungsprozess wird typischerweise aus dem Planstellenorganigramm heraus initiiert. Ist eine Planstelle zu besetzen, kann mit den entsprechenden Berechtigungen im Planstellenorganigramm über einen Klick auf die Schaltfläche [icon] eine Stellenanforderung erstellt werden (siehe Abbildung 4.26).

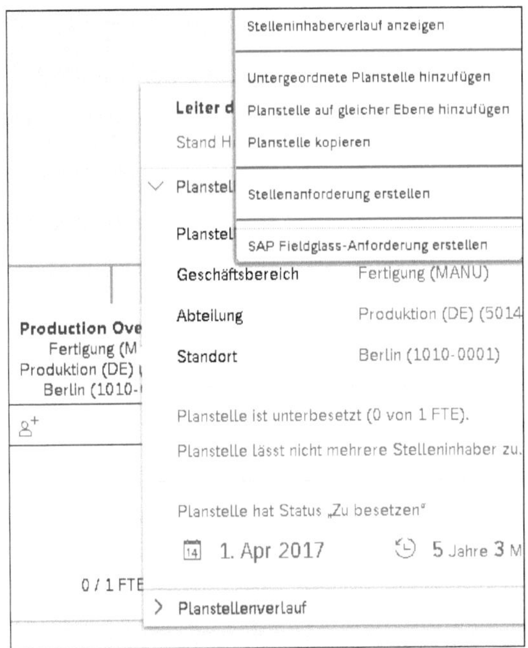

Abbildung 4.26 Stellenanforderung aus vakanter Planstelle erstellen

Die zu verwendende Suchauftragsvorlage und die Felder, die im Suchauftrag abgebildet werden sollen, werden mit einer Regel konfiguriert. In die Ausschreibung selbst können dann Informationen aus der mit der Planstelle verknüpften Stelle gezogen werden, was hilft, die administrativen Tätigkeiten zu reduzieren.

Stellenprofile sind ein umfassendes Thema, zu dem Sie im Folgenden weitere Informationen erhalten:

https://help.sap.com/docs/SAP_SUCCESSFACTORS_PLATFORM/6653514fe7d84eca8e9bc2d38e46666d/f6b4df4621f747198cec007be104805e.html?locale=en-US&q=job%20profile%20builder

Positionen werden auch in diesem Kontext herangezogen, z. B. wenn einem Stellenprofil Familien und Rollen sowie abhängige Planstellen zugeordnet werden.

Zusätzliche Informationen

Weiterführende Informationen zu den hier genannten Modulen und Themen erhalten Sie wie immer in der SAP SuccessFactors Community *https://community.successfactors.com/*, unter *help.sap.com* und im bei SAP PRESS erschienenen Buch »SAP SuccessFactors. Grundlagen, Prozesse, Implementierung« (2019).

4.4 Übersicht über die Firmenstruktur

Die Übersicht über die Firmenstruktur bietet eine visuelle Darstellung der Strukturen, die das Unternehmen abbilden. Dabei sind unterschiedliche Sichtweisen wie die Kostenstellenansicht oder die Ansicht nach rechtlichen Einheiten einzurichten (siehe Abbildung 4.27).

Abbildung 4.27 Darstellungsmöglichkeiten der Unternehmensstruktur

Unternehmensstrukturen können basierend auf jedem MDF-Objekt definiert werden (siehe Abbildung 4.28). Zum Zeitpunkt der Erstellung des Buches war das *Location Foundation Object* kein MDF-Objekt und konnte daher nicht einbezogen werden. Es gibt keine Begrenzung für die Anzahl der Ansichten, die erstellt werden können. Es existieren zwei Arten von Beziehungen, die in der Unternehmensstruktur dargestellt werden können: Quellobjekte und Zielobjekte. Das Quellobjekt ist das übergeordnete Objekt in der Beziehung. Das System verwendet das erste Quellobjekt als oberste Ebene des Diagramms, und das Zielobjekt ist das untergeordnete Objekt in der Beziehung.

Wenn die Verknüpfung auf der Feldebene stattfindet, befinden sich Quelle und Ziel auf dem gleichen Objekt. Wenn also zwischen übergeordnetem Geschäftsbereich und untergeordnetem Geschäftsbereich eine Beziehung hergestellt werden soll, wird eine feldbasierte Verknüpfung genutzt.

Wird eine Verknüpfung zwischen zwei unterschiedlichen Strukturen und Objekten benötigt, z. B. zwischen Unternehmenseinheit und Geschäftsbereich, wird zwischen den Objekten eine Verknüpfung erstellt.

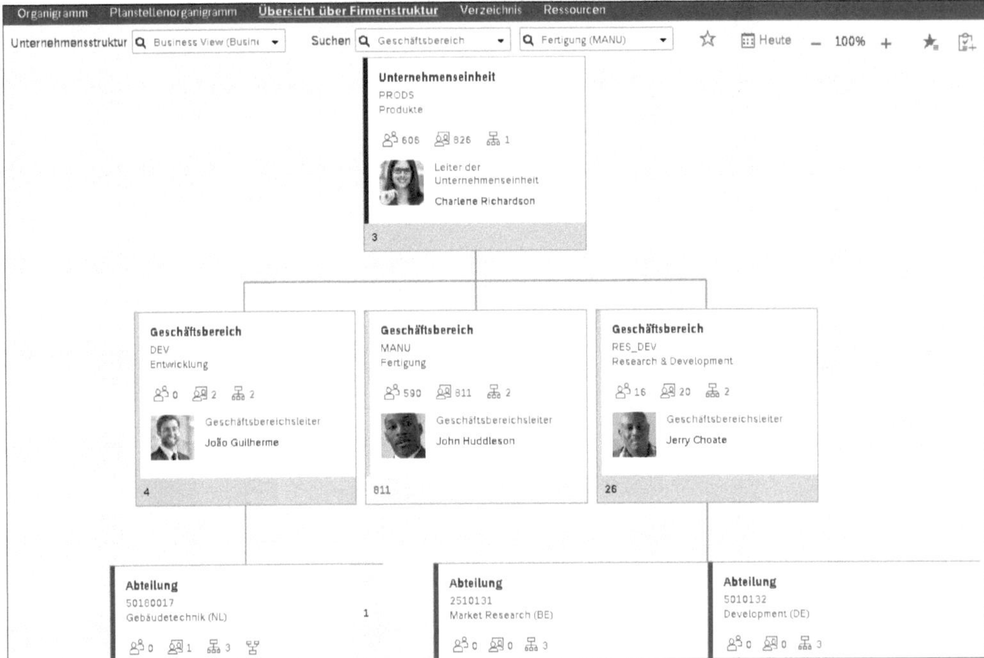

Abbildung 4.28 Unternehmensstruktur von der Unternehmenseinheit abwärts

Wählen Sie über die Aktionssuche **Daten verwalten** aus. Suchen Sie im Eingabefeld **Suchen** nach **Unternehmensstrukturdefinition**, und wählen Sie im zweiten Suchfeld die Struktur, die Sie einsehen und oder bearbeiten möchten.

Zum Ändern der ausgewählten Struktur klicken Sie auf die Schaltfläche **Maßnahme ergreifen** (siehe Abbildung 4.29). Sie können nun die Einstellungen vornehmen, z. B. die Verbindung zwischen Quellobjekt und Zielobjekt pflegen. Eine neue Ansicht können Sie über **Neu erstellen** erzeugen.

Auch die Visualisierung der Unternehmensstruktur kann über **Daten verwalten** konfiguriert werden. Im Feld **Suchen** wählen Sie **Konfiguration der Unternehmensstruktur-Benutzeroberfläche** aus. Im zweiten Suchfeld selektieren Sie die Struktur, die Sie einsehen und/oder bearbeiten möchten. Zum Bearbeiten wählen Sie den Pfad **Maßnahme ergreifen • Korrektur vornehmen.** Im sich dann öffnenden Bearbeitungsmodus können Sie die gewünschten Anpassungen durchführen (siehe Abbildung 4.30).

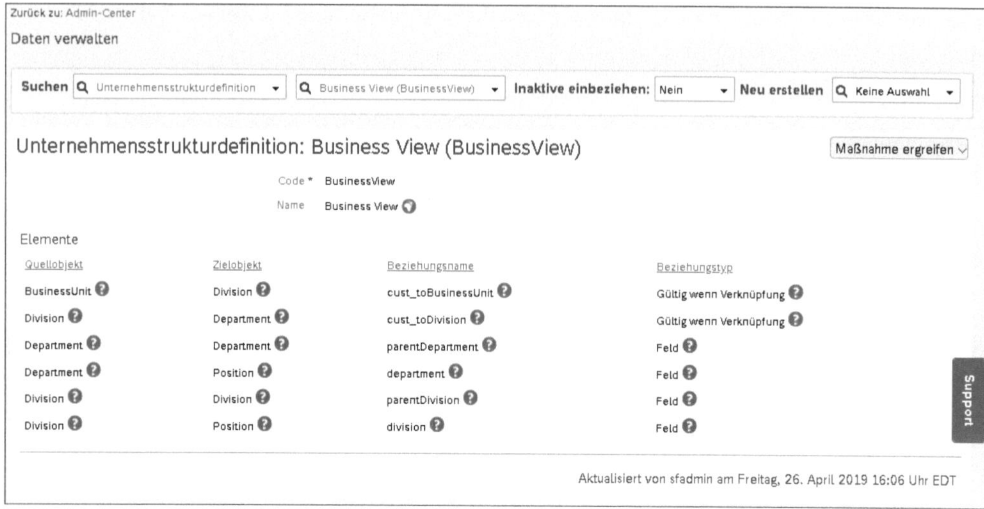

Abbildung 4.29 Unternehmensstrukturdefinition einsehen und bearbeiten

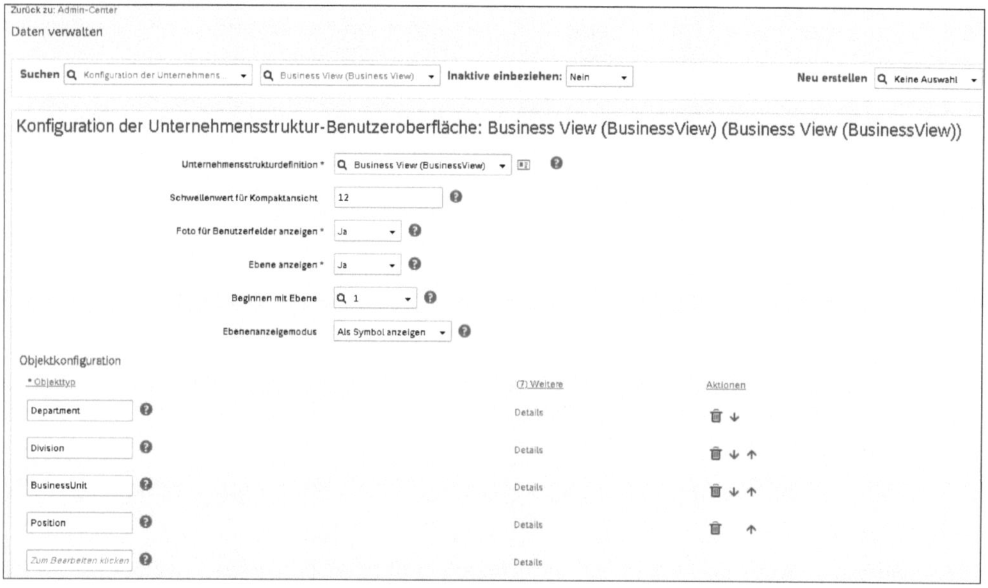

Zurück zu: Admin-Center
Daten verwalten
Suchen Konfiguration der Unternehmens… Business View (Business View) Inaktive einbeziehen: Nein Neu erstellen Keine Auswahl
Konfiguration der Unternehmensstruktur-Benutzeroberfläche: Business View (BusinessView) (Business View (BusinessView))
Unternehmensstrukturdefinition * Business View (BusinessView)
Schwellenwert für Kompaktansicht 12
Foto für Benutzerfelder anzeigen * Ja
Ebene anzeigen * Ja
Beginnen mit Ebene 1
Ebenenanzeigemodus Als Symbol anzeigen
Objektkonfiguration
* Objekttyp (7) Weitere Aktionen
Department Details
Division Details
BusinessUnit Details
Position Details
Zum Bearbeiten klicken Details

Abbildung 4.30 Nutzeroberfläche anpassen

Mit einem Klick auf **Details** sehen Sie weitere Konfigurationsmöglichkeiten und können z. B. festlegen, ob die Schrift fett dargestellt werden oder wie die Farbgebung gestaltet werden soll (siehe Abbildung 4.31).

Auch die Firmenstruktur kann über das rollenbasierte Berechtigungswesen in den Berechtigungseinstellungen permissioniert werden (siehe Abbildung 4.32).

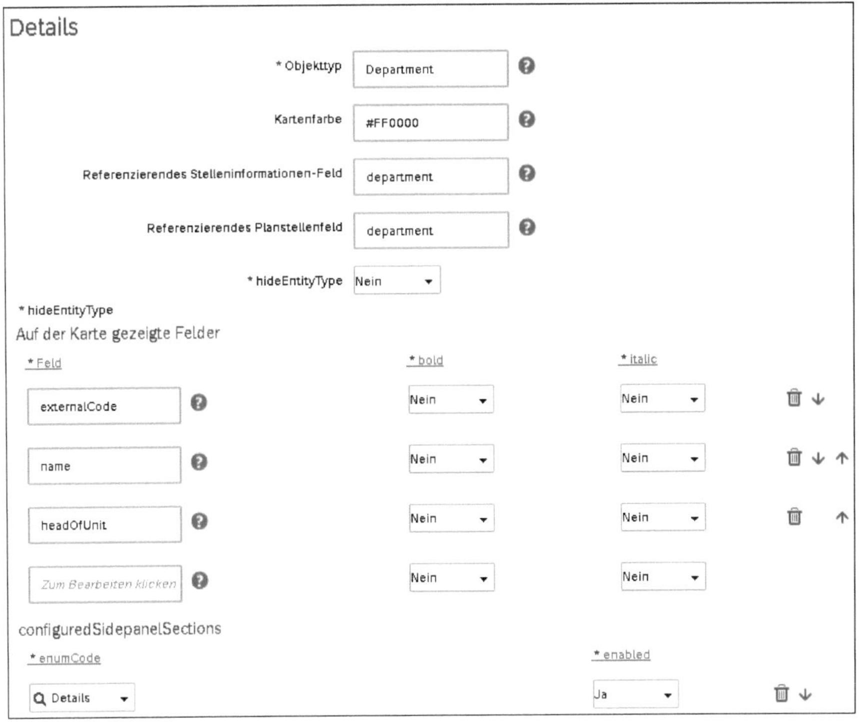

Abbildung 4.31 Details anpassen

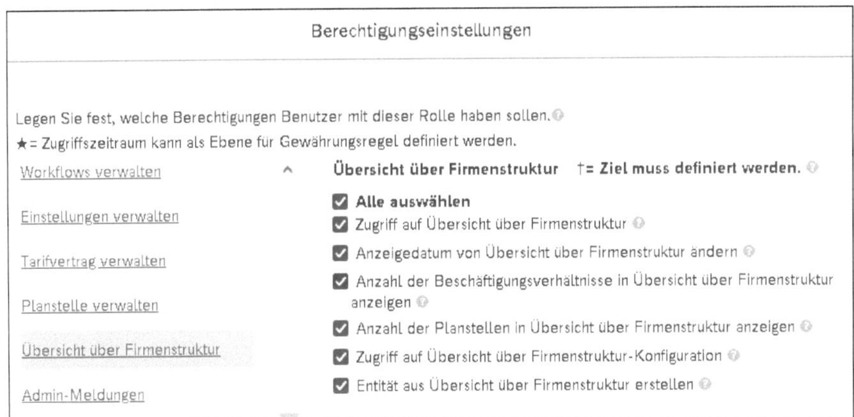

Abbildung 4.32 Berechtigungen für die Firmenstruktur setzen

In diesem Kapitel haben wir das Thema Planstellen aus unterschiedlichen Richtungen beleuchtet. Im nächsten Kapitel besprechen wir die Arbeit mit und die Verwaltung von Mitarbeiterdaten.

Kapitel 5
Mitarbeiterdaten

SAP SuccessFactors Employee Central speichert und verwaltet die Mitarbeiterhistorie inklusive ihrer organisatorischen Einbindung in das Unternehmen. Mitarbeitende haben im Self-Service die Möglichkeit, Informationen einzusehen und selbst zu pflegen. In diesem Kapitel stellen wir Ihnen die Gestaltungsoptionen anhand des Mitarbeiterlebenszyklus vor.

Die Verwaltung von Mitarbeiterdaten erfordert umfassende Werkzeuge. Employee Central ist ein Personalinformationssystem (HRIS), das die Möglichkeit bietet, die Daten zu einem Mitarbeiter oder zu einer Mitarbeiterin umfänglich zu speichern und Veränderungen an diesen Daten in Zeitscheiben festzuhalten. Daten und Änderungen sind jederzeit im System einsehbar, und Informationen können über Self-Services für Mitarbeitende, Vorgesetzte und auch für die Personalabteilung in strukturierter und konsolidierter Form bereitgestellt werden.

Mit Employee Central besteht die Möglichkeit, globale Standards und Prozesse zu definieren und dabei auch die lokalen Anforderungen, beispielsweise an Compliance und Reporting, zu berücksichtigen.

In diesem Kapitel zeigen wir Ihnen, wie Sie mit Employee Central die Mitarbeiterdaten während des gesamten Lebenszyklus der Mitarbeitenden verwalten können. Wir stellen die Grundlagen für die Arbeit mit Mitarbeiterstammdaten und die zu den Mitarbeitenden gehörigen Daten vor und zeigen Ihnen wesentliche, in diesem Kontext hilfreiche Funktionen.

In Abschnitt 5.1, »Zeitscheiben und Historie nutzen«, stellen wir Ihnen die Arbeit mit Zeitscheiben und historischen Daten vor. In Abschnitt 5.2, »Ansichten auf Mitarbeiterdaten«, erhalten Sie Einblick in die in Employee Central gehaltenen Daten der Mitarbeitenden sowie in die Ansichten, in denen die Daten zur Anzeige gebracht werden. Abschnitt 5.3, »Self-Services für Mitarbeitende und Vorgesetzte«, legt den Fokus auf die Self-Services für Mitarbeitende und Führungskräfte im Kontext der Mitarbeiterdaten. In Abschnitt 5.4, »Transaktionen zur Pflege des Mitarbeiterlebenszyklus«, stellen wir Ihnen die wesentlichen Transaktionen zur Pflege des Mitarbeiterlebenszyklus vor. Zum Abschluss dieses Kapitels zeigen wir Ihnen in Abschnitt 5.5, »Konfiguration«, Konfigurationsoptionen und Best Practices.

5.1 Zeitscheiben und Historie nutzen

Daten in Employee Central können bzw. müssen mit einem Gültigkeitsdatum versehen werden, sodass nicht nur aktuelle Informationen über Mitarbeitende gespeichert werden, sondern auch frühere Informationen weiterhin gehalten und historisiert angezeigt werden können. Wir zeigen Ihnen in diesem Abschnitt, wie dies in Employee Central funktioniert und welche zusätzlichen Optionen verfügbar sind. Im Anschluss werfen wir einen Blick auf die Möglichkeiten, um Änderungen nachzuverfolgen und die Audit-Funktion in diesem Zusammenhang zu nutzen.

5.1.1 Historie von Mitarbeiterdaten abbilden

Blöcke des Mitarbeiterprofils (siehe Abschnitt 5.2, »Ansichten auf Mitarbeiterdaten«), die mit einem Gültigkeitsdatum versehen sind, speichern und zeigen historische Datensätze an. Dies bedeutet, dass alle Transaktionen und Änderungen (aktuelle, vergangene oder in die Zukunft datierte) dokumentiert werden. Abbildung 5.1 zeigt ein Beispiel für den Änderungsverlauf der Vergütungsinformationen einer einzelnen Person. Verschiedene Benutzerinnen und Benutzer können entsprechend ihren rollenbasierten Berechtigungen Einsicht auf diese Informationen erhalten.

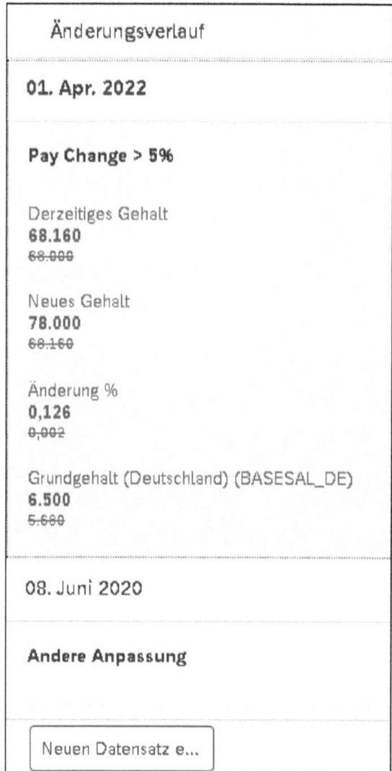

Abbildung 5.1 Änderungsverlauf der Vergütungsinformationen anzeigen

Einer der hilfreichen visuellen Aspekte in Employee Central ist die Farbkodierung der geänderten Daten. In der Ansicht aus Abbildung 5.1 werden neue Werte in Grün und alte Änderungen in Grau durchgestrichen dargestellt. So ist leicht zu erkennen, welche Daten geändert wurden und welchen Wert ein Feld vorher hatte. Einzelne Datensätze können durch einen Klick auf den entsprechenden Eintrag angezeigt werden.

Für jeden Block mit Gültigkeitsdatum gibt es ein Uhrensymbol neben dem Blocknamen (siehe Abbildung 5.2). Wenn Sie auf diese Schaltfläche klicken, wird der vollständige Datensatz einer Person geöffnet, einschließlich der Historie. Stehen Änderungen noch aus, werden Sie durch den Text hinter dem Symbol darüber informiert.

Abbildung 5.2 Adressänderungen zur Genehmigung anzeigen

5.1.2 Nachvollziehbarkeit von Datenänderungen

In Employee Central ist der *Audit Trail* ein elektronisches Änderungsprotokoll, das Datenänderungen und Korrekturen in den Datensätzen der Mitarbeitenden mit Gültigkeitsdatum sowie der ändernden Person aufzeichnet.

Es gibt es zwei wichtige Möglichkeiten, um zu überprüfen, wer Änderungen vorgenommen hat und wann diese Änderungen vorgenommen worden sind: Die erste Möglichkeit besteht darin, die Historie im Datenblock zu einer Person einzusehen. Am oberen Rand jedes Datensatzes (im rechten größeren Bereich), befindet sich ein datierter Zeitstempel, der festhält, wann und von wem die letzte Datenänderung für diesen speziellen Eintrag vorgenommen worden ist (siehe Abbildung 5.3). Diese Methode eignet sich gut, um im Einzelfall zu überprüfen, wer die letzten Änderungen vorgenommen hat und welche Änderungen vorgenommen worden sind.

Die zweite Möglichkeit besteht darin, einen Prüfbericht zu erstellen. Ein Prüfbericht ist detaillierter und genauer und enthält gegebenenfalls weitere Daten. Ein Prüfbericht bietet der Administration die besten Möglichkeiten zur Überwachung und Überprüfung von Änderungen.

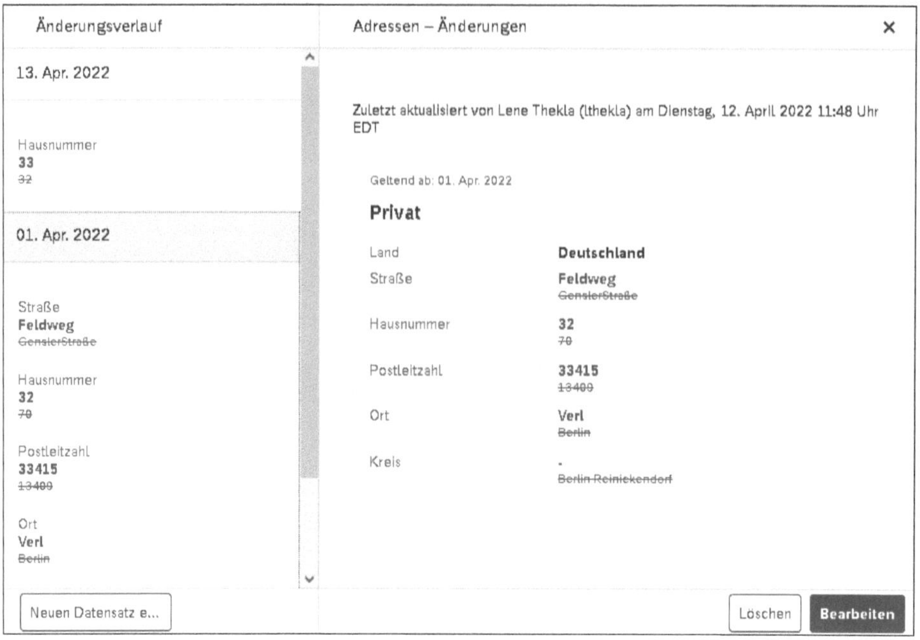

Abbildung 5.3 Änderungen, Änderungsdatum und ändernde Person anzeigen

Berichte können im Berichtszentrum eingerichtet werden. Weitere Informationen zum Erstellen von Berichten finden Sie in Kapitel 10, »Reporting«. Für Prüfzwecke gibt es einen separaten Bereich namens Personen- und Beschäftigungsprüfung.

5.2 Ansichten auf Mitarbeiterdaten

Employee Central ermöglicht es Unternehmen, unterschiedlichste Daten zu ihren Mitarbeitenden organisiert und leicht zugänglich zu speichern und zu verwalten. Die Mitarbeiterdaten sind in verschiedene Ansichten unterteilt.

Persönliche Informationen und **Infos zum Beschäftigungsverhältnis** sind für die HR-Administration wesentliche Bereiche im Mitarbeiterprofil (siehe Abbildung 5.4). Hier werden die Stammdaten zu den Mitarbeitenden und zum Beschäftigungsverhältnis gehalten. Weitere wichtige Ansichten sind **Gehaltsabrechnungsinformationen**, **Payroll** und **Time**. In der Ansicht **Profil** werden beispielsweise alle Talentinformationen wie Qualifikationen oder Nachfolgen zu den Mitarbeitenden gehalten.

Diese verfügbaren Ansichten sind mit entsprechenden Berechtigungen direkt über die Navigation unterhalb des Profilbilds aufrufbar. Jede Ansicht besteht aus mehreren Kacheln, die als *Blöcke* bezeichnet werden. Jeder dieser Blöcke hat einen Titel und enthält ein Datenfeld oder gegebenenfalls auch mehrere zusammenhängende Datenfelder.

Abbildung 5.4 Ansichten auf die Mitarbeiterdaten unterhalb des Profilkopfes

Abbildung 5.5 zeigt exemplarisch einen Teil der Ansicht **Persönliche Informationen** mit den Blöcken **Kontaktinformationen** und **Adressen** (der Mitarbeitenden).

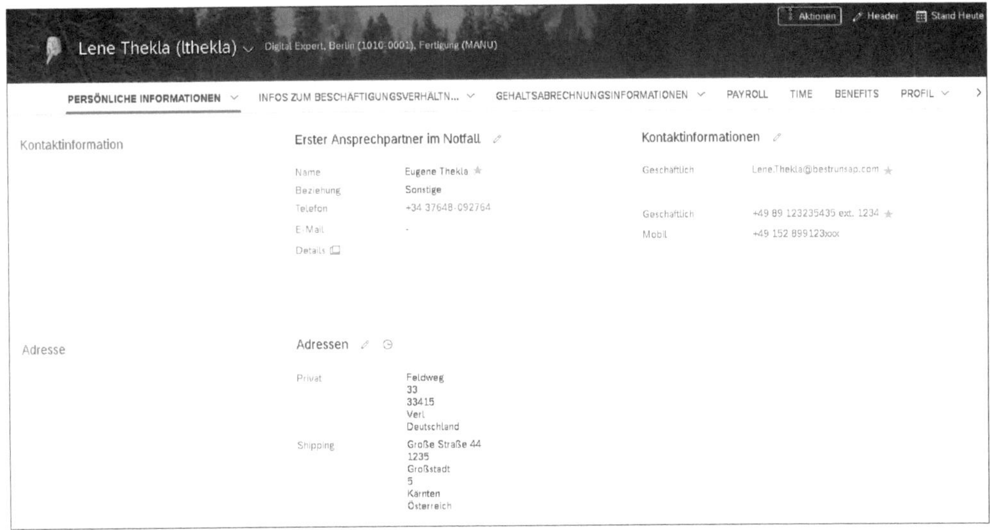

Abbildung 5.5 Kontaktinformationen und Adressen einer Mitarbeiterin pflegen

Portlet und Block

Einige der verwendeten Blöcke entsprechen direkt den Portlets, die bei der Konfiguration des klassischen Mitarbeiterprofils (ohne Employee Central) verwendet werden. Aufgrund dieses Zusammenhangs werden die beiden Begriffe *Block* und *Portlet* manchmal synonym verwendet. In einigen Konfigurationsaktivitäten wird auch der Begriff *Element* verwendet.

Innerhalb eines jeden Blocks gibt es blockspezifische Felder, und jeder Block wird standardmäßig mit einer Auswahl an konfigurierten Feldern ausgeliefert. Felder, die

Sie nicht benötigen, können Sie entfernen (sie bleiben im Datenmodell aber erhalten); genauso können Sie bei Bedarf zusätzliche benutzerdefinierte Felder hinzufügen. In Tabelle 5.1 zeigen wir Ihnen oft verwendete Standardblöcke in Employee Central.

Block	Gültigkeitsdatum	Unterstützt länderspezifische Felder
Nationale ID-Karte	nein	ja
Adressen	ja	ja
Persönliche Informationen	ja	ja
Biografische Informationen	nein	nein
Ausweisnummerninfo	nein	nein
Kontaktinformationen	nein	nein
Persönliche Kontakte	nein	nein
Angehörige	ja	ja
Zahlungsinformationen	ja	ja
Job-Informationen	ja	ja
Informationen zur Position	ja	ja
Organisatorische Informationen	ja	ja
Details zur Beschäftigung	ja	ja
Job-Beziehungen	ja	nein
Informationen zur Entschädigung	ja	ja
Einmalige Gehaltsbestandteile (Spot-Bonus)	nein	nein

Tabelle 5.1 Häufig verwendete zentrale Blöcke für Mitarbeitende

Die Blöcke innerhalb der Ansichten **Persönliche Informationen** und **Infos zum Beschäftigungsverhältnis** bieten weitere Optionen zur Datenpflege: So sind einige der Blöcke bzw. die dort enthaltenen Daten mit einem Gültigkeitsdatum versehen. Die Liste in Tabelle 5.1 zeigt an, welche Blöcke mit einem Gültigkeitsdatum versehen sind. In Abbildung 5.6 sehen Sie ein Beispiel für die Ansicht der Zeitscheiben bzw. für die Datensätze in der Historie, die in der Leiste am linken Bildrand dargestellt sind.

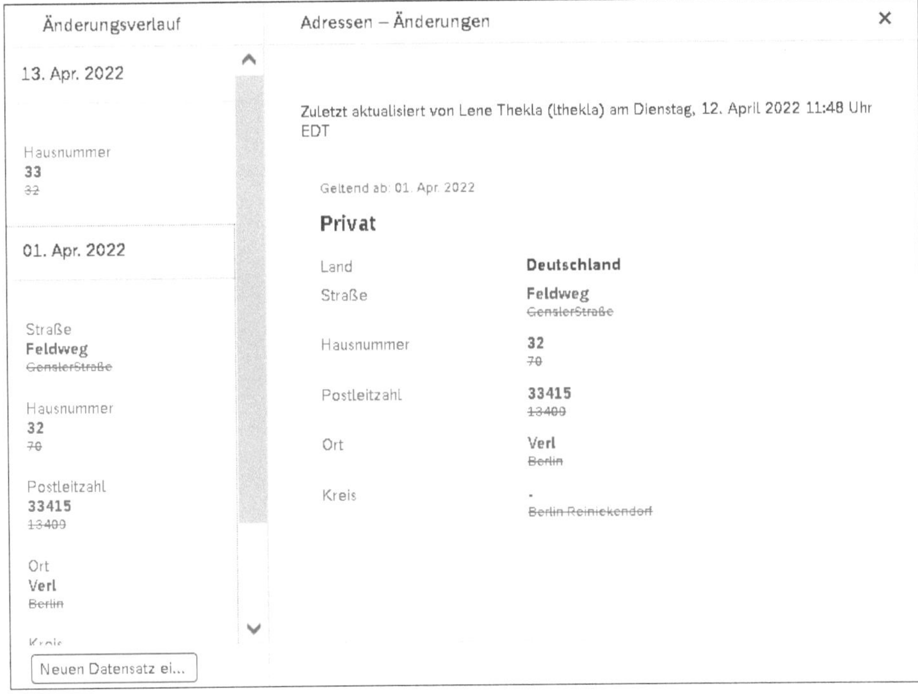

Abbildung 5.6 Darstellung der Änderungshistorie

Blöcke können gegebenenfalls auch länderspezifische Felder oder Felder enthalten, die nur angezeigt werden, wenn eine Person in einem bestimmten Land lebt oder arbeitet. Länderspezifische Felder ermöglichen es Ihnen, ein globales Daten-Template als Grundlage für Ihre Mitarbeiterdatensätze zu verwenden und dieses bei Bedarf durch lokale Datenfelder zu ergänzen. So kann lokalen Anforderungen Rechnung getragen werden (siehe Tabelle 5.1).

Diese Kombination aus einem globalen Standard und der Anpassung an lokale Bedürfnisse macht Employee Central zu einer Lösung, mit der sowohl globalen als auch lokalen Anforderungen an die Haltung von HR-Daten Rechnung getragen werden kann.

In den folgenden Abschnitten sehen wir uns die verschiedenen Ansichten an, die für die Mitarbeiterdaten in Employee Central bereitgestellt werden. Wir sehen häufig, dass viele dieser Daten von den Mitarbeitenden selbst in Employee Self-Services (ESS) bearbeitet werden können. Eine Änderung durch die Mitarbeitenden kann mitunter auch einen Freigabe-Workflow auslösen. Auf die ESS gehen wir in Abschnitt 5.3, »Self-Services für Mitarbeitende und Vorgesetzte«, näher ein.

Zuerst sehen wir uns den Profilkopf eines Mitarbeiterprofils an.

5.2.1 Profilkopf im Mitarbeiterprofil

Das öffentliche Profil der Mitarbeitenden, der Profilkopf, ist die erste Mitarbeiteransicht in SAP SuccessFactors. Es ist die Standardansicht, die angezeigt wird, wenn Sie **Mein Mitarbeiterprofil** aus dem Hauptnavigationsmenü auswählen. Der Profilkopf ist in SAP SuccessFactors immer verfügbar, unabhängig davon, ob Sie Employee Central verwenden oder nicht (siehe Abbildung 5.7).

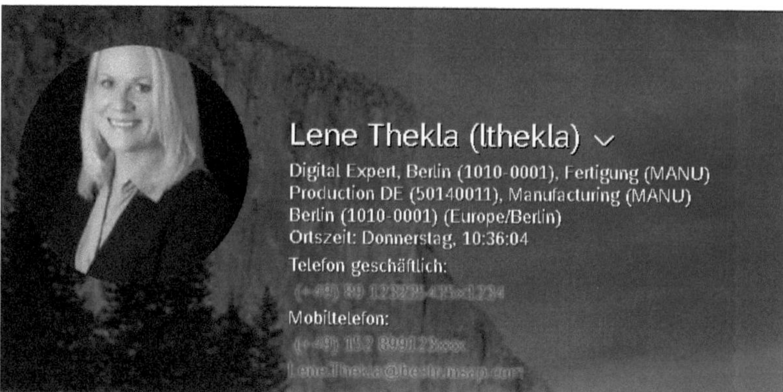

Abbildung 5.7 Profilkopf

Der wesentliche Zweck des Profilkopfes besteht darin, grundlegende Informationen zu einem Mitarbeiter oder zu einer Mitarbeiterin anderen Mitarbeitenden im System anzuzeigen. Die Informationen können beispielsweise auch ein Unternehmenstelefonbuch formen.

Mit entsprechenden Berechtigungen können Mitarbeitende nicht nur eigene Informationen, sondern auch Informationen von Kolleginnen und Kollegen einsehen. Mit einem Klick auf den Pfeil neben dem Namen öffnet sich ein Feld, in dem Sie nach anderen Personen suchen können (siehe Abbildung 5.7).

Informationen in diesem Bereich sind in der Regel für alle Mitarbeitenden des Unternehmens frei einsehbar, während die weiteren, im Mitarbeiterprofil gebündelten Informationen dem Berechtigungsmanagement unterliegen. Hier wird gesteuert, welche Informationen öffentlich, für Mitarbeitende selbst, für Führungskräfte oder für das HR-Team einsehbar sind.

Im Folgenden zeigen wir Ihnen, wo Sie den Profilkopf des Mitarbeiterprofils einrichten können. Das Einrichten des Mitarbeiterprofils erfolgt im Admin-Center. Gehen Sie im Admin-Center (oder über die Akionssuche) über **Personenprofil konfigurieren** zum Bereich **Allgemeine Einstellungen**. Hier können Sie die Details für den Profilkopf festlegen. Im weiteren Verlauf können Sie hier auch einrichten, welche Blöcke im Mitarbeiterprofil angezeigt werden und wie diese angeordnet sein sollen. Zudem können Sie weitere Spezifikationen festlegen (siehe Abbildung 5.8).

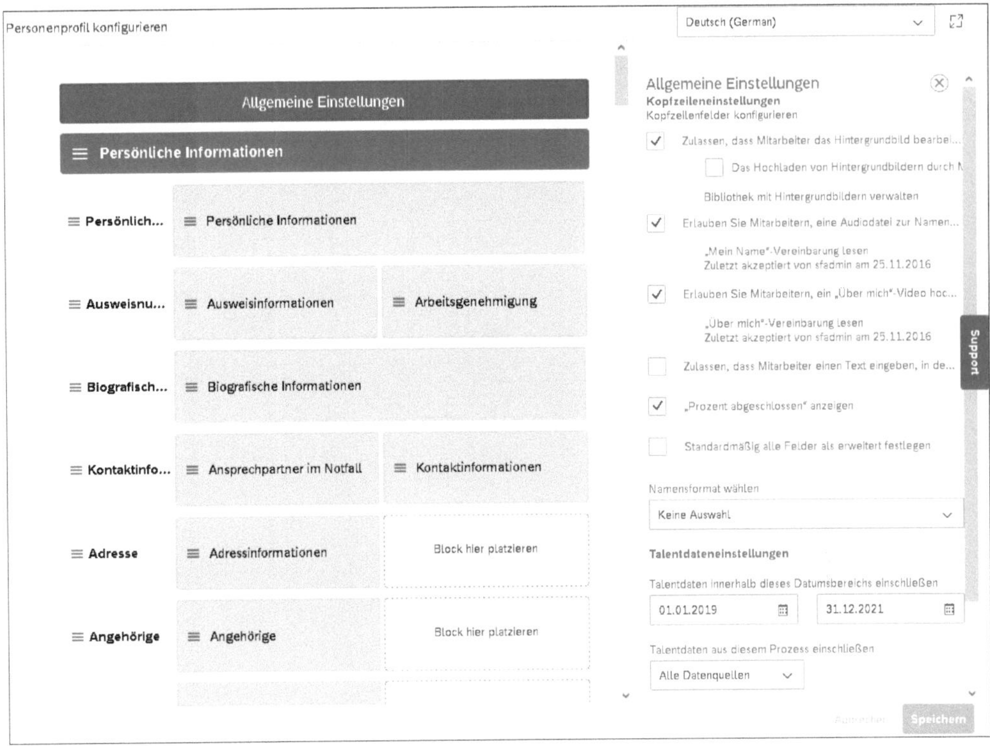

Abbildung 5.8 Profil anpassen: allgemeine Darstellung

In den beiden folgenden Abschnitten stellen wir Ihnen die Ansichten **Persönliche Informationen** und die **Infos zum Beschäftigungsverhältnis** im Detail vor.

5.2.2 Persönliche Informationen

Die Ansicht **Persönliche Informationen** enthält Informationen, die zu einem Mitarbeiter oder einer Mitarbeiterin gehören und ihm bzw. ihr persönlich zugewiesen sind, unabhängig von seiner oder ihrer Rolle in der Unternehmensorganisation. In der Regel werden viele dieser Daten von Mitarbeitenden selbst über ESS verwaltet (siehe hierzu Abschnitt 5.3.1). Im Folgenden stellen wir Ihnen die einzelnen, in dieser Ansicht verfügbaren Blöcke vor.

Persönliche Informationen

Die Informationen im Block **Persönliche Informationen** sind mit einem Gültigkeitsdatum versehen und in zwei Hauptbereiche unterteilt: die übergreifenden persönlichen Informationen zu den Mitarbeitenden, direkt zu Beginn des Kastens, und globale persönliche Informationen.

Der erste Abschnitt des Bereichs **Persönliche Informationen** enthält grundlegende Informationen zu den Mitarbeitenden, darunter **Vorname**, **Nachname**, **Geschlecht** (maskiert) und **Familienstand** (siehe Abbildung 5.9). Darüber hinaus sind alternative Namensfelder verfügbar, um die Namen in verschiedenen Zeichensätzen zu speichern (nicht in der Abbildung). Dieser Block eignet sich gut für die Pflege durch die Mitarbeitenden selbst.

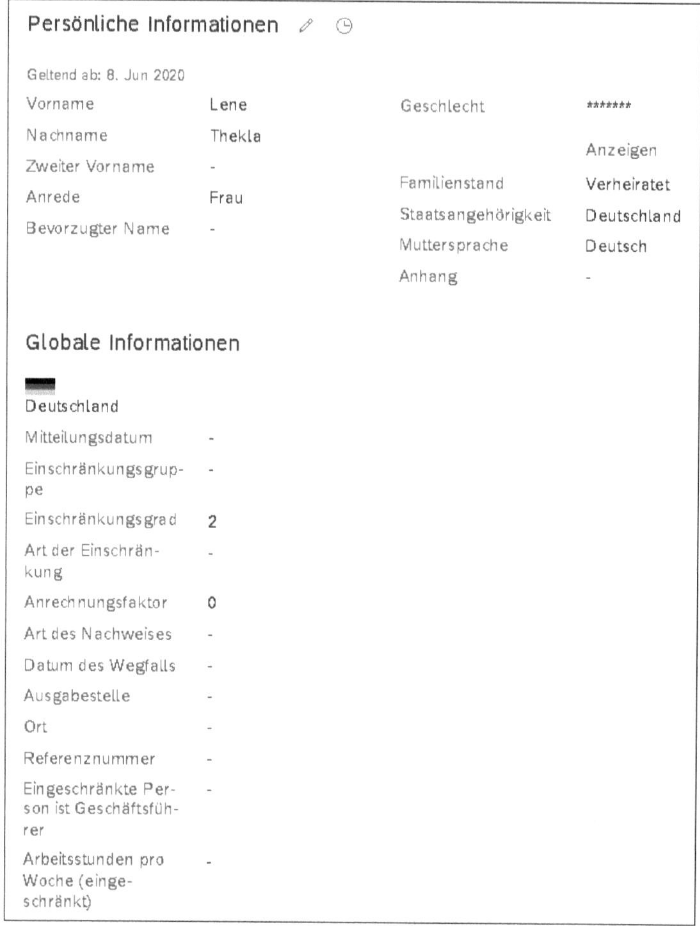

Abbildung 5.9 Persönliche Informationen pflegen

Im Bereich **Globale Informationen** werden landesspezifische Informationen gehalten (das jeweilige Land wird direkt an erster Stelle angezeigt). Für Deutschland sind hier beispielsweise Felder in Bezug auf Einschränkungen, Einschränkungsgrad und weitere abhängige Informationen pflegbar. Darüber hinaus eignet sich dieser Bereich, um weitere Informationen, wie in den USA beispielsweise den Veteranenstatus, gemäß den länderspezifischen Anforderungen abzubilden.

Ausweisnummerninfo

Der Block **Ausweisnummerninfo** wird verwendet, um Ausweis- oder ID-Informationen der Mitarbeitenden zu speichern (siehe Abbildung 5.10). Dieser Block enthält zwei Kacheln: **Ausweisinfo** und **Informationen zur Arbeitserlaubnis** (siehe Abbildung 5.10). Grundsätzlich können mehrere Ausweisinformationen und Werte gespeichert werden, und bei Bedarf können Informationen für unterschiedliche Länder hinterlegt werden.

Abbildung 5.10 Ausweisinfo und Informationen zur Arbeitserlaubnis

Arbeiten mit Blöcken

Wie es in Abbildung 5.10 zu sehen ist, steht der Name des Blocks im Bereich des Mitarbeiterprofils auf der linken Seite; die Informationen zum jeweiligen Block werden dann mittig angezeigt. Der besseren Lesbarkeit wegen stellen wir den Blocknamen in den folgenden Screenshots nicht dar.

Für den Block **Ausweisinfo** gilt, dass viele gepflegte Ausweisinformationen einer Konvention folgen und bei der Eingabe auf Übereinstimmung zu dieser überprüft werden. Für Deutschland und die EU-Sozialversicherungsnummer lautet die Konvention NN-NNNNNN-A-NNN (siehe Abbildung 5.11). Andere Ausweisnummerninfos (oder IDs) folgenden anderen Konventionen, die ebenso im System hinterlegt sind. Dieser Block ist somit ein gutes Beispiel für lokalisierte länderspezifische Eingaben.

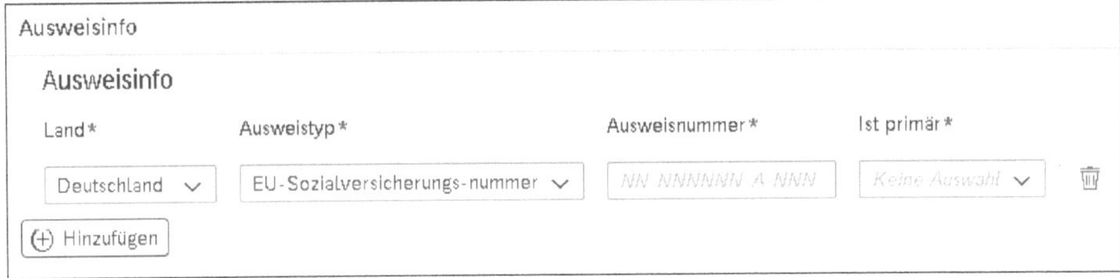

Abbildung 5.11 Ausweisinformationen mit Konventionsinformation pflegen

Da Ausweisinformationen und IDs häufig zu den besonders schützenwerten personenbezogenen Daten gehören, haben Sie die Möglichkeit, die ID-Nummer zunächst zu verbergen. Die maskierte Einstellung der ID-Nummer wird durch eine Reihe von Sternchen (***) dargestellt. Die ID kann vollständig angezeigt werden, indem Sie auf **Anzeigen** klicken (siehe Abbildung 5.12).

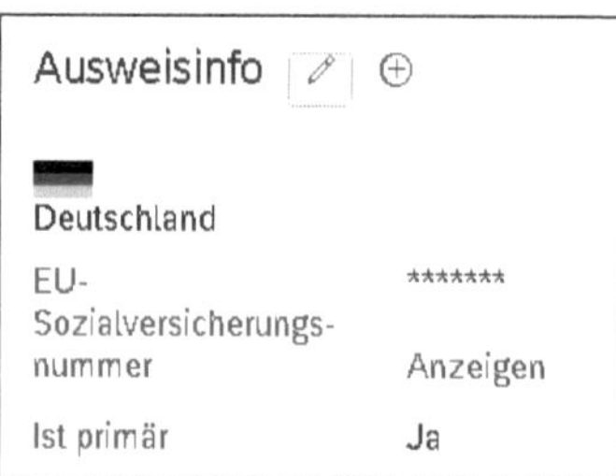

Abbildung 5.12 Maskierte EU-Sozialversicherungsnummer

Ausweisinformationen

Wenn Sie versuchen, eine Ausweisinformation zu exportieren oder in eine Schnittstellendatei zu ziehen und diese Informationen nicht ausgefüllt werden, liegt das oftmals an der Maskierung (dem Verstecken) der Informationen. Gegebenenfalls ist dann zu prüfen, ob die Maskierung entfallen kann.

Für die Informationen zur Arbeitserlaubnis gilt, dass hier die Speicherung von arbeitsgenehmigungsbezogenen Informationen ermöglicht wird. Zwei interessante Felder sind das Gültigkeitsdatum (des Dokuments), beispielsweise der Arbeitserlaubnis, und die Anhänge, die beigefügt werden können. Das Gültigkeitsdatum ist äußerst nützlich, um zu verfolgen, wann Dokumente ablaufen oder erneuert werden müssen. Auswertungen können dieses Datum berücksichtigen und in einem Report ausgeben. Anhänge ermöglichen die Überprüfung und Speicherung relevanter Dokumente zur Arbeitserlaubnis (siehe Abbildung 5.10).

Biografische Informationen

Biografische Informationen ist ein Block ohne Gültigkeitsdatum. Dieser Block enthält relevante biografische Informationen über eine Mitarbeiterin oder einen Mitarbeiter. Die beiden wichtigsten Felder in diesem Block sind **Personenkennung** und **Geburtsdatum**. Die Personenkennung ist die eindeutige Mitarbeiter-ID der Person. Sie kann bei der Einstellung manuell eingegeben oder vom System generiert und automatisch zugewiesen werden. Im Rahmen einer Active Directory Integration bieten sich darüber hinaus auch Möglichkeiten, eine ID aus dem Active Directory (oder aus einem Identity und Access Management System) zurückzuerhalten. Das Geburtsdatum hilft bei der weiteren Identifizierung einer Person (siehe Abbildung 5.13).

Abbildung 5.13 Biografische Informationen pflegen

> **Personenkennung, globale ID und Active Directory Integration**
>
> In SAP SuccessFactors gibt es ausreichend Felder, um Mitarbeitende über Namensänderungen sowie über Ein- und Austritte in lokalen und globalen Einheiten hinweg eindeutig zu identifizieren. Auch mehrere Beschäftigungsverhältnisse in verschiedenen Tochterunternehmen mit jeweiliger Abrechnung können verlässlich abgewickelt werden. Zusätzlich spielen Identity- und Access-Management-Systeme und/oder ein Directory von Microsoft oder Google meist eine wichtige Rolle. Nicht zuletzt sind lokale Abrechnungs- oder Zeiterfassungssysteme und deren Kennungen zu berücksichtigen – all das funktioniert mit SAP SuccessFactors und Employee Central sehr gut und zuverlässig. Nehmen Sie sich für die Konzeption die erforderliche Zeit.

Kontaktinformation

Die Informationen in diesem Block enthalten nur die jeweils aktuellen Informationen; es werden bei der Durchführung von Veränderungen keine Zeitscheiben angelegt. Der Block **Kontaktinformation** enthält zwei Kacheln. Die erste Kachel hat den Titel **Erster Ansprechpartner im Notfall**. In diesem Block werden grundlegende Kontaktinformationen zu Personen gespeichert, die mit Mitarbeitenden verwandt oder eng verbunden sind und die in Notfällen kontaktiert werden können. Die zweite Kachel **Kontaktinformationen** enthält Bereiche für die Pflege von E-Mails und Rufnummern (siehe Abbildung 5.14).

Erster Ansprechpartner im Notfall	
Name	Eugene Thekla
Beziehung	Sonstige
Telefon	+34 37648-092764
E-Mail	-
Details	

Kontaktinformationen	
Geschäftlich	Lene.Thekla@bestrunsap.com
Geschäftlich	+49 89 123235435 ext. 1234
Mobil	+49 152 899123xxx

Abbildung 5.14 Angaben im Block »Kontaktinformationen« vornehmen

In jedem Bereich können mehrere Werte gespeichert werden. Dies hilft, wenn gegebenenfalls auch private Kontaktinformationen erfasst werden oder eine geschäftliche Festnetz- und eine Mobilnummer gepflegt werden soll. Für diesen Block kann ESS-Zugriff gewährt werden. Es ist aber auch üblich, dass Informationen aus dem geschäftlichen Umfeld (E-Mail-Adresse, Telefonnummer) über eine Integration mit beispielsweise dem Active Directory hier nur zur Anzeige gebracht werden.

Adresse

Im Block **Adresse** können für jede Person mehrere Adressen mit entsprechender Gültigkeit gespeichert werden (siehe Abbildung 5.15). Die Heimatadresse ist hier der grundlegendste Eintrag, aber auch andere Adresstypen, wie z. B. Urlaub, Postanschrift, Notfall usw., können hier gepflegt werden.

Abbildung 5.15 Angaben im Block »Adressen« vornehmen

Dieser Block **Adressen** ist ein gutes Beispiel für eine länderspezifische Formatierung, da die Adressformate länderspezifisch konfiguriert sind. Wenn Sie in diesem Block ein Land auswählen, werden das länderspezifische Format und gegebenenfalls die Felder für Bundesland und Region angezeigt (siehe Abbildung 5.16).

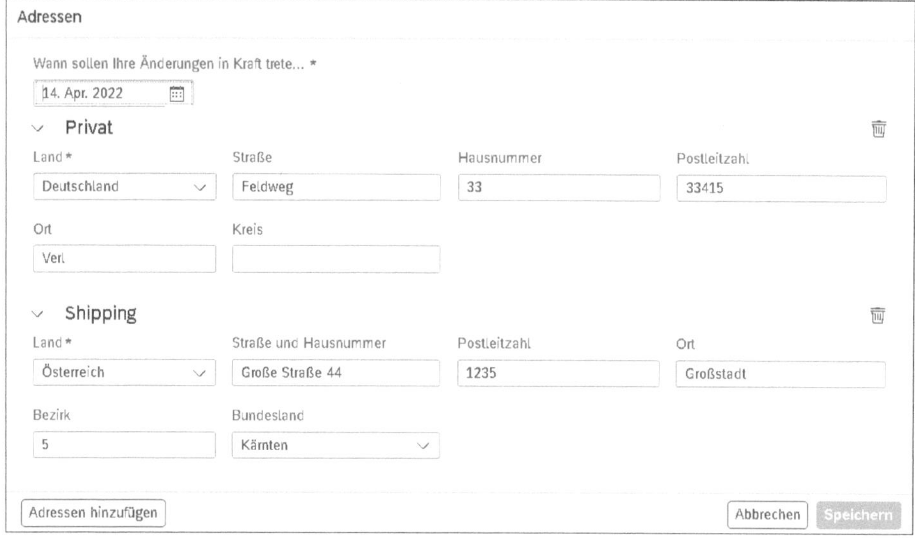

Abbildung 5.16 Adresse pflegen

Angehörige

Dieser Block **Details zu Angehörige** hält Informationen mit einem Startdatum. Zeitscheiben werden angelegt und ermöglichen die Speicherung von Informationen zu angehörigen Personen. Informationen zu den folgenden Kategorien können für Angehörige eines Mitarbeiters oder einer Mitarbeiterin gespeichert werden:

- Beziehung zur Person
- Persönliche Informationen
- Biographische Informationen
- Nationale ID-Informationen
- Adresse

Kurz gesagt, wird für alle eingetragenen Angehörigen Ihrer Mitarbeitenden im System ein Mini-Datensatz erstellt (siehe Abbildung 5.17). Dieser Datensatz kann dann mit Drittsystemen gemeinsam genutzt werden, z. B. mit einer Lösung für Sozialleistungen oder mit der Gehaltsabrechnung.

Abbildung 5.17 Details zu den Angehörigen anzeigen

Zahlungsinformationen

Im Block **Zahlungsinformationen** können Sie Zahlungsmethoden hinterlegen und die dazugehörigen Bankdaten für diese eingeben, wenn es sich hierbei um eine Banküberweisung handelt (siehe Abbildung 5.18). Es wird immer eine Hauptzahlungsmethode gepflegt. Darüber hinaus können weitere Zahlungsmethoden eingegeben werden, und die Zahlungen können mithilfe von Prozentsätzen und Pauschalbeträgen aufgeteilt werden. Verschiedene Arten von Zahlungen (Boni, Spesen usw.) können auch auf verschiedene Konten aufgeteilt werden.

Andere, vielleicht genutzte Zahlungsmittel sind Schecks und Bargeld. Diese Optionen können angepasst werden, um Ihre spezifischen Zahlungsarten zu erfüllen. Auch dieser Block ist ein wichtiger Bestandteil im Self-Service für den Mitarbeiter oder die Mitarbeiterin.

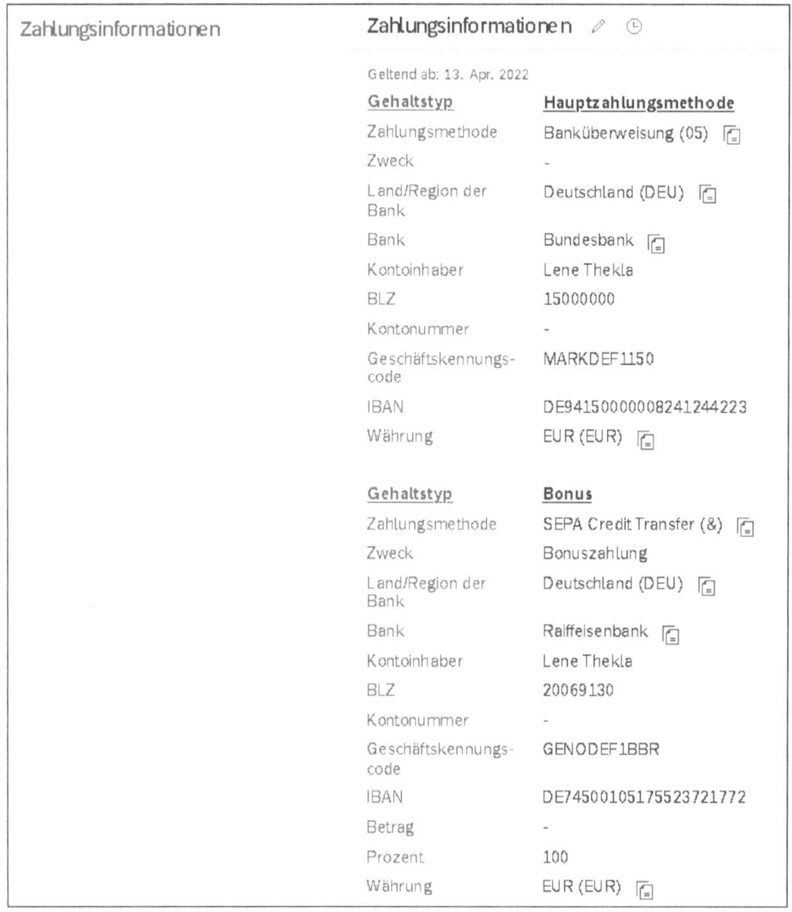

Abbildung 5.18 Zahlungsinformationen pflegen

Im nächsten Abschnitt sehen wir uns die zweite Hauptansicht für Mitarbeiterdaten an, die Ansicht **Infos zum Beschäftigungsverhältnis**.

5.2.3 Informationen zur Beschäftigung

Die zweite wesentliche Ansicht in Employee Central heißt **Infos zum Beschäftigungsverhältnis**. Diese Ansicht enthält Informationen, die sich auf einzelne Personen und ihre Position und Rolle innerhalb einer Organisation beziehen (siehe Abbildung 5.19). Diese Informationen ändern sich, wenn sich die Person durch das Unternehmen bewegt, beispielsweise wenn sie die Stelle und die Führungskraft wechselt oder eine Gehaltsänderung erfährt. Wir sehen häufig, dass viele dieser Daten von Vorgesetzten in den Manager Self-Services (MSS) bearbeitet werden können. Weitere Details zum Thema MSS erfahren Sie in Abschnitt 5.3, »Self-Services für Mitarbeitende und Vorgesetzte«.

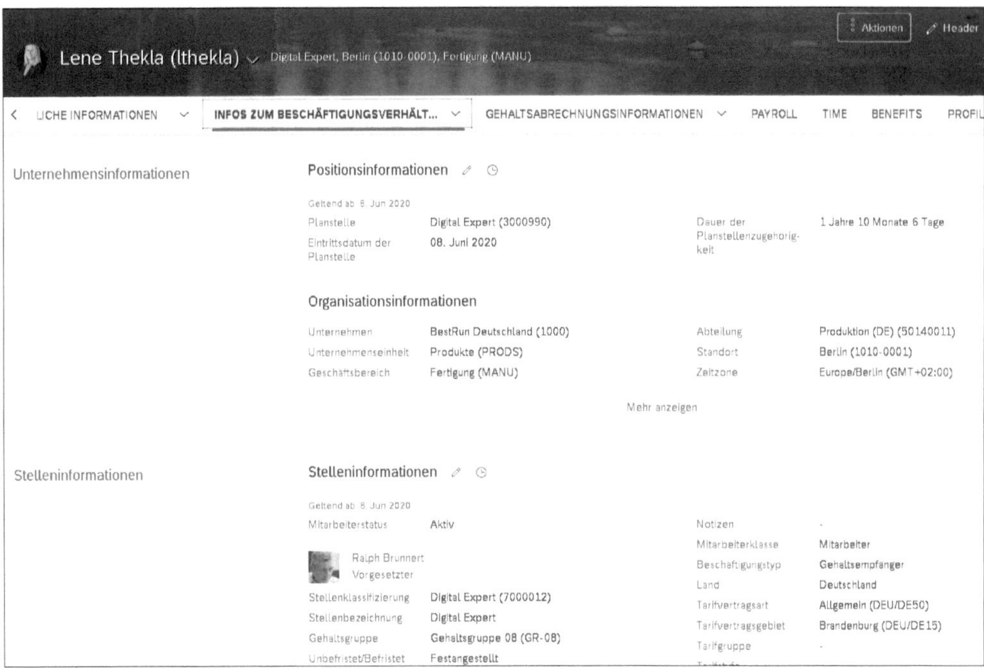

Abbildung 5.19 Infos zum Beschäftigungsverhältnis pflegen

Im Folgenden sehen wir uns die verschiedenen Datenblöcke an, die in dieser Ansicht verfügbar sind.

Unternehmensinformationen

Der Bereich **Positionsinformationen** enthält Informationen über die aktuelle Position des Mitarbeiters bzw. der Mitarbeiterin (siehe Abbildung 5.19). Der Bereich **Organisa-**

tionsinformationen enthält die organisatorischen Zuordnungen der Person, einschließlich Informationen wie **Unternehmen**, **Unternehmenseinheit**, **Geschäftsbereich**, **Abteilung** oder Kostenstelle. Das Feld **Unternehmen** ist wichtig, da es die Anzeige länderspezifischer Felder steuert. In Kapitel 3, »Grundlagenobjekte«, finden Sie weitere Informationen über Grundlagenobjekte und die Rolle, die das Unternehmen in den länderspezifischen Einstellungen spielt.

Stelleninformationen

Der in Abbildung 5.20 gezeigte Block **Stelleninformationen** ist vermutlich der umfassendste Datenblock, dem Sie bei der Arbeit mit Employee Central begegnen werden. Hier werden zahlreiche arbeitsplatzbezogene Daten gespeichert. Auch in diesem Block werden die Daten mit einem Gültigkeitsdatum versehen. Zudem werden länderspezifische Felder unterstützt.

Abbildung 5.20 Stelleninformationen pflegen

Der Block **Stelleninformationen** enthält einige Schlüsselbereiche:

- **Stelleninformationen**
  Die Stelleninformationen erlauben Ihnen die Klassifizierung einer Person mit Informationen wie **Stellenbezeichnung** und **Gehaltsgruppe**; auch der bzw. die jeweilige Vorgesetzte wird hier gepflegt. In diesem Bereich finden Sie zudem weitere Felder zur Klassifizierung von Mitarbeitenden und ihren Stellen. Eine umfassende Liste der Felder finden Sie in den SAP SuccessFactors Admin Guides oder auch direkt im System. Im unteren Teil dieses Bereichs werden oft länderspezifische

Klassifizierungsfelder, einschließlich Informationen über Probezeiten, Vertragsarten und tarifliche Informationen gepflegt.

In Bereich **Stelleninformationen** gibt es zwei Schlüsselfelder:

- **Mitarbeiterstatus**: Im Feld **Mitarbeiterstatus** wird der Status einer Person angezeigt. Der Status wird durch das letzte Ereignis und den entsprechenden Ereignisgrund definiert. Weitere Informationen über Ereignisse und Ereignisgründe finden Sie in Abschnitt 2.1, »Mitarbeiterstatus«.
- **Vollzeit**: Das Vollzeitäquivalent (FTE) wird automatisch auf der Grundlage der gepflegten Anzahl der Standardarbeitsstunden und der erwarteten Anzahl der Stunden berechnet, die in den Foundation-Tabellen definiert ist.

- **Zeitinformationen**
  Der Bereich **Zeitinformationen** enthält Informationen rund um alle zeitbezogenen Themen wie beispielsweise **Urlaubskalender**, **Arbeitszeitpläne** oder **Zeitprofil**.

Arbeitsbeschreibung

In diesem Block besteht die Möglichkeit, die Arbeitsbeschreibung bzw. die Stellenbeschreibung zu verlinken, sodass diese direkt über einen Link per Klick vom Mitarbeiterprofil aus aufrufbar ist. In Abbildung 5.21 ist der Link blau hinterlegt, und die Beschreibung kann per Klick auf **Digital Expert** aufgerufen werden.

Abbildung 5.21 Absprung-Link zur Stellenbeschreibung

Beschäftigungsinformationen

Der Block **Beschäftigungsinformationen** arbeitet nicht mit Gültigkeitsdatum. In diesem Block werden persistente Daten gespeichert. Im Bereich **Beschäftigungsdetails** speichern Sie Informationen im Feld **Einstellungsdatum** (einer Person), **Ursprüngliches Anfangsdatum**, **Beginn der Firmenzugehörigkeit** und andere wichtige Daten, die typischerweise zum Zeitpunkt der Einstellung oder auch der Wiedereinstellung erhoben werden (siehe Abbildung 5.22).

Wenn eine mitarbeitende Person wieder in ein Unternehmen eintritt, wird das Feld **Einstellungsdatum** mit dem Wiedereintrittsdatum belegt, während das ursprüngliche Anfangsdatum unverändert bleibt. Zudem befinden sich in diesem Bereich zahlreiche standardmäßig ausgelieferte Datenfelder zur Unterstützung der Lohn- und Gehaltsabrechnung, der Zeitwirtschaft oder zur Gewährung von Aktien. Es ist zu erwarten, dass nicht alle Felder für Sie relevant sind; in der Konfiguration können Sie daher die irrelevanten Felder ausschalten.

Beschäftigungsinformationen	Beschäftigungsdetails			
	Einstellungsdatum	08. Juni 2020	Einstiegsdatum	08. Juni 2020
	Erster Arbeitstag	08. Juni 2020	Anfängliche Aktienzuteilung	-
	Ursprüngliches Anfangsdatum	08. Juni 2020	Datum zur Verfolgung der Berufserfahrung	-
	Beginn der Firmenzugehörigkeit	08. Juni 2020	Anfängliche Optionenzuteilung	-
	Hat Anspruch auf Zusatzleistungen ab	08. Juni 2020	Erste Beschäftigung des Mitarbeiters	Nein
	Frühere Mitarbeiterkennung	-	Kontingentarbeiter	Nein
	Hat Anspruch auf Aktien	Nein		

Abbildung 5.22 Beschäftigungsinformationen pflegen

Der Block **Beschäftigungsinformationen** ist auch ein gutes Beispiel für die Einsicht in die Informationen über unterschiedliche Rollen. Während in Abbildung 5.22 die Ansicht der HR-Mitarbeitenden gezeigt wird, sieht die Mitarbeiterin bzw. der Mitarbeiter selbst deutlich weniger Informationen im Bereich der Beschäftigungsdetails. Denn es sind nur die für die jeweilige Person relevanten und nachvollziehbaren Informationen zu sehen (siehe Abbildung 5.23).

Beschäftigungsinformationen	Beschäftigungsdetails			
	Einstellungsdatum	08. Juni 2020	Kontingentarbeiter	Nein
	Beginn der Firmenzugehörigkeit	08. Juni 2020		

Abbildung 5.23 Beschäftigungsinformationen aus Mitarbeitersicht anzeigen

Kündigung oder Austritt

Über das Aktionsmenü kann eine Kündigung initiiert werden (siehe Abbildung 5.24).

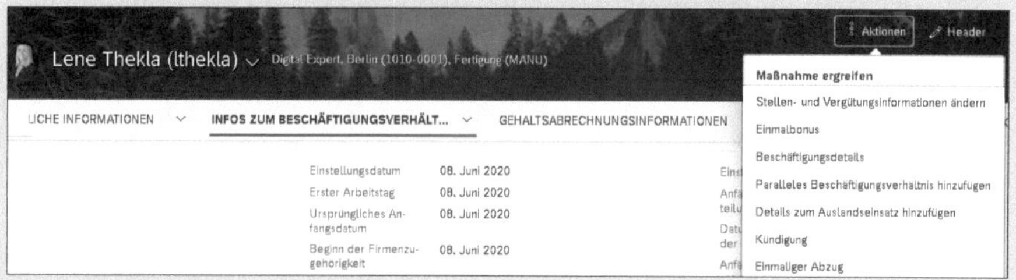

Abbildung 5.24 Kündigung initiieren

Sind alle Details für die Kündigung eingetragen und etwaige Genehmigungs-Workflows abgeschlossen, werden auch die entsprechenden Informationen im Bereich **Beschäftigungsdetails** angezeigt (siehe Abbildung 5.25).

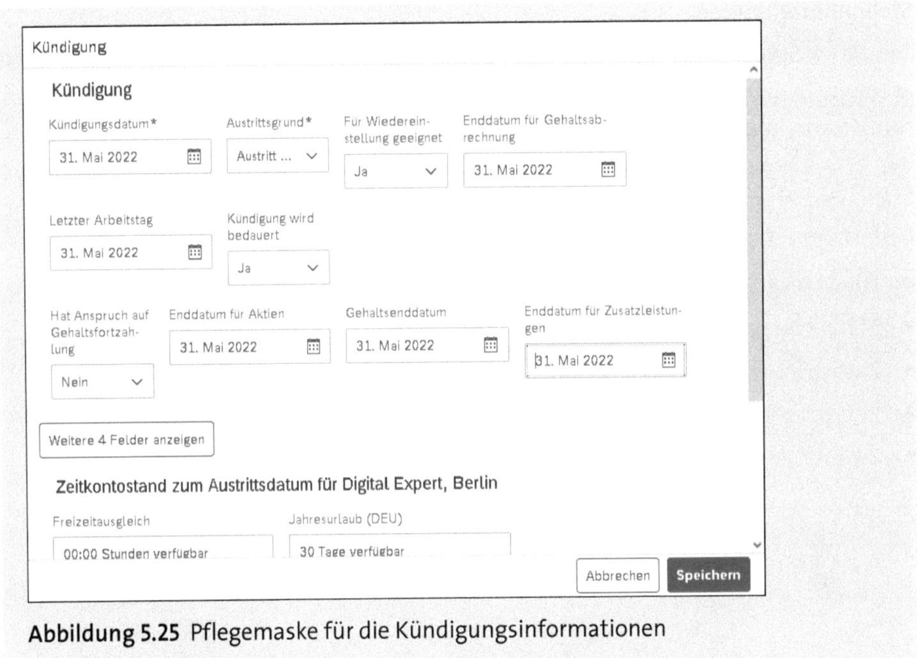

Abbildung 5.25 Pflegemaske für die Kündigungsinformationen

Ist bereits eine Kündigung des Mitarbeiterbeschäftigungsverhältnisses (oder ein Austritt aus dem Unternehmen) im System gepflegt worden, werden im Bereich **Beschäftigungsdetails** auch diese Informationen angezeigt (siehe Abbildung 5.26).

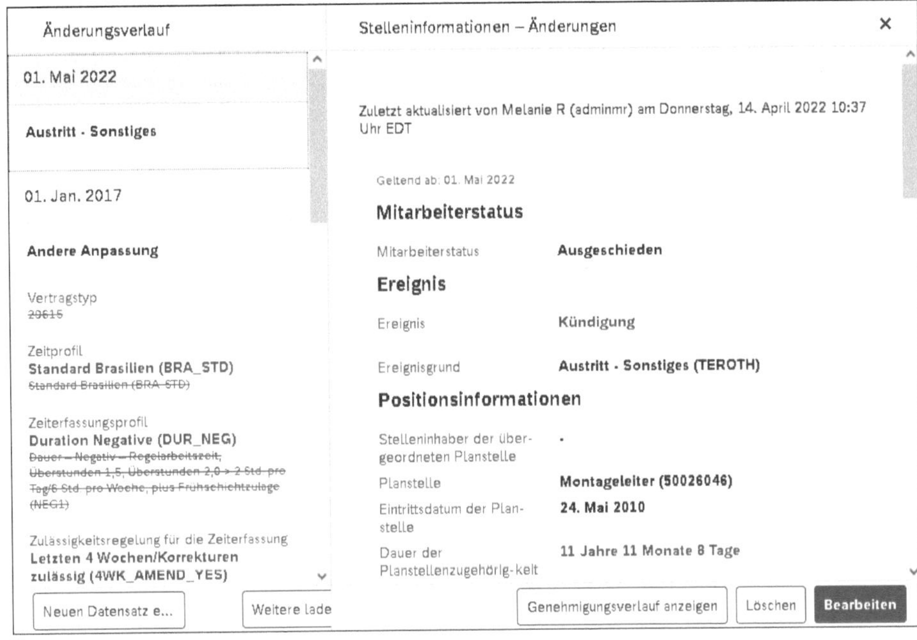

Abbildung 5.26 Stelleninformation mit Kündigungsdetails

Stellenbeziehungen

Der Block **Stellenbeziehungen** bietet ebenfalls die Möglichkeit, mit Zeitscheiben zu arbeiten. In diesem Block verwalten Sie die Beziehungen der Mitarbeitenden zu anderen Mitarbeitenden (siehe Abbildung 5.27). Die einzige Ausnahme ist die Zuordnung der bzw. des Vorgesetzten, die in den Stelleninformationen verwaltet wird. In den Stellenbeziehungen werden die anderen Arbeitsbeziehungen der Mitarbeitenden im Unternehmen gepflegt. Dazu gehören:

- HR-Manager
- Matrixvorgesetzter
- Zusätzlicher Vorgesetzter
- Benutzerdefinierter Vorgesetzter
- Zweiter Vorgesetzter

Abbildung 5.27 Stellenbeziehungen mit Informationen für HR- und Matrixvorgesetzte

Alternative Kostenverteilung

Auch besteht die Möglichkeit festzuhalten, wenn Kosten für eine Person auf mehr als einer Kostenstelle auflaufen. Der Block **Alternative Kostenverteilung** beinhaltet diese Daten (siehe Abbildung 5.28).

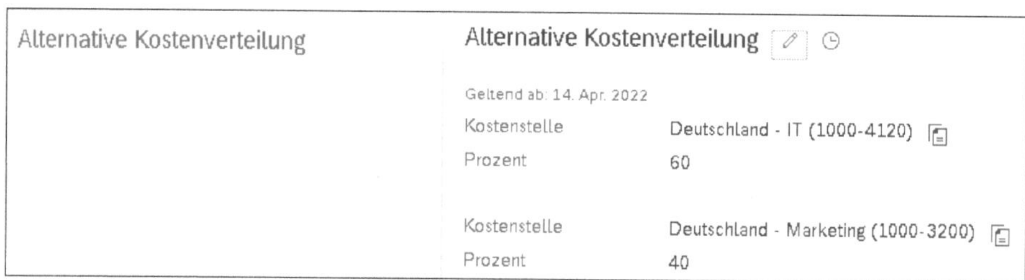

Abbildung 5.28 Alternative Kostenverteilung mit zwei Kostenstellen

5.2.4 Vergütungsinformationen

Auch die in der Ansicht **Vergütungsinformationen** gebündelten Daten sind datumsabhängig; auch hier ist die Pflege der länderspezifischen Felder möglich. Die Vergütungsinformationen sind in verschiedene Bereiche unterteilt, um die darin enthaltenen Daten zu organisieren (siehe Abbildung 5.29). Die Vergütungsinformationen werden oft im Rahmen von MSS intensiv genutzt, da die Vorgesetzten hier Gehaltsänderungen für ihre Teammitglieder vorschlagen können.

Abbildung 5.29 Vergütungsinformationen

[+]

Zusätzliche Felder für die Abbildung Ihrer Prozesse

Sie können den Block **Vergütungsinformationen**, ebenso wie viele andere Blöcke, an die Anforderungen Ihrer eigenen Geschäftsprozesse anpassen. Landesgesellschaften können unterschiedliche Bereiche nutzen, und weitere zusätzliche Bereiche können eingeblendet werden.

Die Hauptbereiche des Blocks **Vergütungsinformationen** teilen sich wie folgt auf:

- **Vergütungsinformationen**

  Der Block **Vergütungsinformationen** führt die grundlegenden Vergütungsmerkmale einer Person auf. So können Sie beispielsweise im Feld **Abrechnungskreis** angeben, zu welchem Abrechnungskreis der Mitarbeiter oder die Mitarbeiterin gehört. Auch werden in den Vergütungsinformationen die berechneten Gehaltsbestandteilgruppen, die relative Lage im Gehaltsband und die Bereichsdurchdringung (Range Penetration) angezeigt (siehe Abbildung 5.29).

Gehaltsverhältnis und Range Penetration

Compa Ratio und Range Penetration werden nur berechnet und angezeigt, wenn eine Person einer Gehaltsgruppe in den Stelleninformationen zugeordnet ist und wenn die Gehaltsgruppen-ID einem Gehaltsbereich in den Basistabellen zugeordnet ist.

- **Vergütung**
  Im Bereich **Vergütung** des Datensatzes für die Mitarbeitenden werden die Vergütungskomponenten aufgeführt, die die betreffende Person in einer Gehaltsperiode erhält (siehe Abbildung 5.30). Diese Zahlungen werden als wiederkehrende Gehaltsbestandteile bezeichnet und umfassen in der Regel ein Grundgehalt oder einen Stundenlohn sowie alle wiederkehrenden Zulagen wie Wohngeld oder Kfz-Zulage. Im Standard werden verschiedene Frequenzen für die Auszahlungsmöglichkeiten ausgeliefert (z. B. monatlich oder zweiwöchentlich), und zudem gibt es eine vollständige Währungsliste. Das Kombinieren unterschiedlicher Möglichkeiten wird ebenfalls vollständig unterstützt.
- **Gehaltsziele**
  Gehaltsziele sind Prämien, die Mitarbeitende erhalten können, wenn bestimmte Kriterien erfüllt sind: Unternehmensleistung, individuelle Leistung, objektive Leistung oder eine Kombination von entsprechenden Kriterien. Dieser Wert kann in Form eines Betrags oder eines Prozentsatzes eingegeben und gepflegt werden. In der Regel werden in diesem Bereich jährliche Leistungsprämien eingetragen. Diese Werte werden zu den zuvor aufgelisteten Vergütungswerten addiert und als mögliche Gesamtverdienstchancen angezeigt (siehe Abbildung 5.30).

Vergütung

Vergütungskomponente	Betrag	Währung	Häufigkeit
Grundgehalt (Deutschland) (BASESAL_DE) End Date: -	6.500	EUR	Monatlich (MON)

Gehaltsziele

Vergütungskomponente	Betrag	Währung	Häufigkeit
Performance Supplement (Performance_Supplement) End Date: -	15%	EUR	Jährlich (ANN)

Abbildung 5.30 Vergütung und Gehaltsziele anzeigen

[«]

Vorschüsse und Abzüge

Weitere Informationen zum Thema Vorschüsse und Abzüge finden Sie im SAP Help Portal unter SAP SuccessFactors Employee Central und Implementing Advances bzw. Implementierung and Managing Deductions in Employee Central.

Einmalige Einmalzahlung

Der Block **Einmalige Einmalzahlung** wird für die Speicherung von Einmalzahlungen an Mitarbeitende verwendet (siehe Abbildung 5.31). Einer Zahlung ist ein Ausgabedatum zuzuweisen, um anzugeben, wann die Zahlung an die Person erfolgen soll oder erfolgt ist. In einigen Unternehmen wird dieser Block in den MSS genutzt, da Vorgesetzte hierüber Anerkennungsprämien oder zusätzliche Zahlungen für ihre Teammitglieder beantragen oder vergeben können. Im deutschsprachigen Raum ist die Nutzung bislang nur selten der Fall.

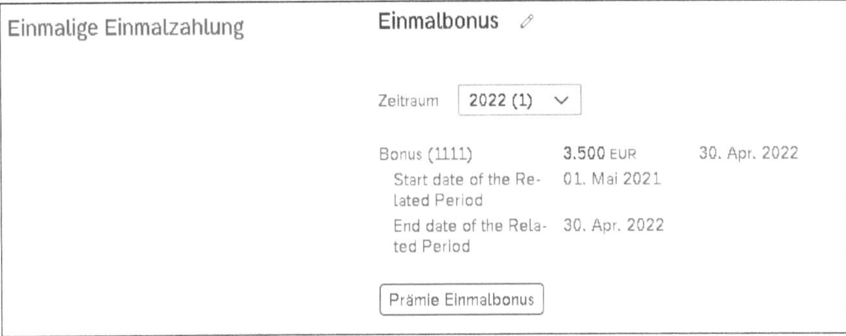

Abbildung 5.31 Einmalzahlung verwalten

5.2.5 Zusätzliche Blöcke für das Mitarbeiterprofil

Es gibt zahlreiche weitere standardmäßig ausgelieferte Blöcke, die die bisher gezeigten Sichten ergänzen können, um die Anforderungen Ihres Unternehmens an die Datenspeicherung und Datenanzeige von mitarbeiterbezogenen Daten zu erfüllen. Zusätzlich zu diesen Standardblöcken können benutzerdefinierte Blöcke mithilfe der Erweiterungsfunktionen des Metadata Frameworks (MDF) konfiguriert werden (siehe Kapitel 12, »Erweiterbarkeit«).

Nachfolgend sind einige wesentliche der zusätzlichen standardmäßig gelieferten Blöcke aufgeführt:

- Global Assignment
- Übersicht über Zusatzleistungen
- Einmalige Abzüge

- Wiederkehrende Abzüge
- Aktuelle Vorschüsse

5.2.6 Andere Ansichten

Neben **Persönliche Informationen** und **Infos zum Beschäftigungsverhältnis** werden typischerweise weitere Ansichten konfiguriert und bereitgestellt.

In der Ansicht **Payroll** werden im Kontext der Gehaltsabrechnung stehende Informationen bereitgestellt (siehe Abbildung 5.32).

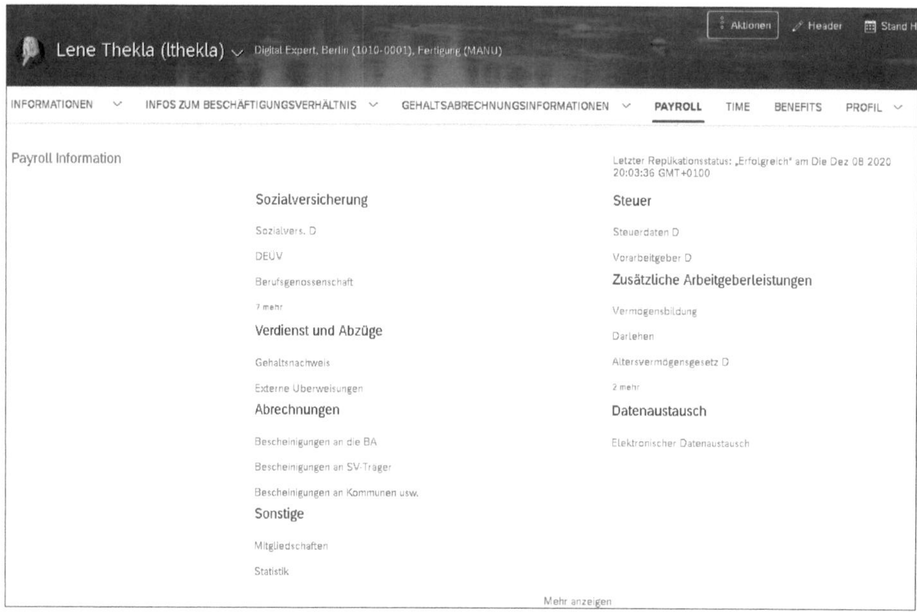

Abbildung 5.32 Payroll-Informationen anzeigen und pflegen

Die Ansicht **Time** stellt entsprechend Informationen rund um das Zeitmanagement bereit.

In der Ansicht **Benefits** werden Informationen zu zusätzlichen Leistungen des Unternehmens (z. B. Versicherungen oder Mitgliedschaftsangebote) gehalten.

Die Ansicht **Profil** enthält viele Informationen aus dem klassischen Mitarbeiterprofil ohne Employee Central. Talentinformationen wie Qualifikationsprofile, Kompetenzen, Leistungsbeurteilungen oder auch Informationen zur Mobilität können hier gepflegt und eingesehen werden (siehe Abbildung 5.33).

Viele der in diesem Kapitel vorgestellten Daten können über Pflegeprozesse und Workflows gesteuert werden. Die Arbeit mit Workflows stellen wir Ihnen im nächsten Abschnitt vor.

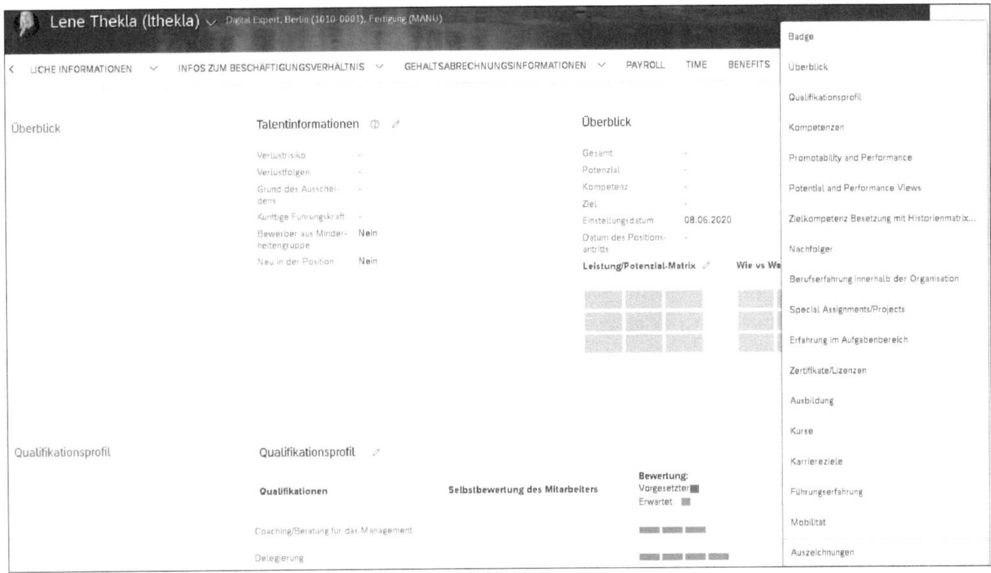

Abbildung 5.33 Bestandteile der Ansicht »Profil«

5.2.7 Arbeiten mit Workflows

Über die Suche in der Kopfzeile von SAP SuccessFactors erreichen Sie den Bereich **Ausstehende Anfragen** (siehe Abbildung 5.34). Geben Sie dazu im Suchfeld »Meine Ausstehenden Anfragen anzeigen« ein.

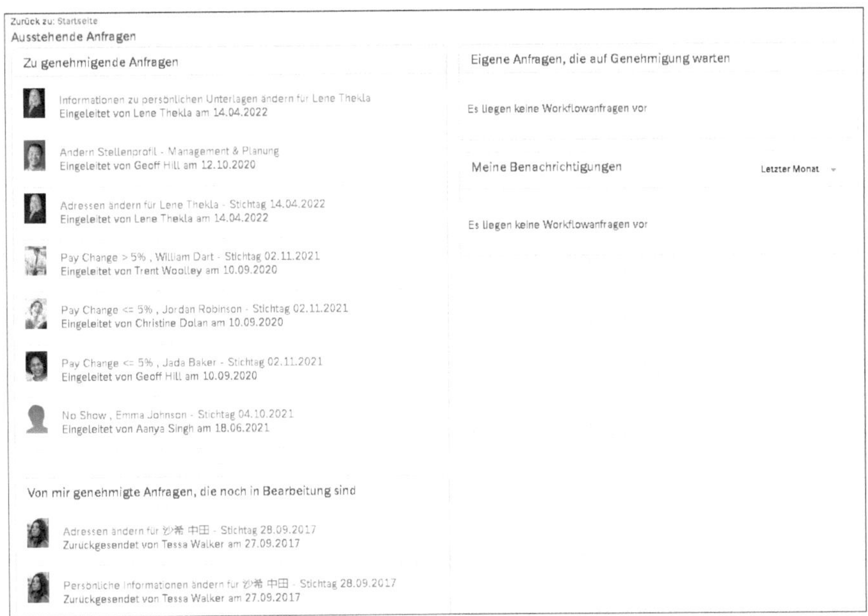

Abbildung 5.34 Ausstehende Anfragen anzeigen

In der Ansicht **Ausstehende Anfragen** werden die mit Employee Central verbundenen Arbeitsabläufe für den aktuell angemeldeten Benutzer organisiert und angezeigt (siehe Abbildung 5.34). Die Ansicht selbst besteht aus vier Blöcken:

- **Zu genehmigende Anfragen**
  Hier werden Workflows angezeigt, für die der Benutzer der aktuelle Genehmigende ist und bei denen der Workflow anhängig ist.
- **Eigene Anfragen, die auf Genehmigung warten**
  Hier sehen Sie Workflows, die von einem Benutzer initiiert wurden, die aber noch von einem anderen Benutzer genehmigt werden müssen.
- **Von mir genehmigte Anfragen, die noch in Bearbeitung sind**
  Hier werden vom Benutzer genehmigte Workflows angezeigt, die den Genehmigungsprozess noch nicht abgeschlossen haben.
- **Meine Benachrichtigungen**
  Hier finden Sie Mitteilungen, die der Benutzer erhält und die Informationen über abgeschlossene Transaktionen enthalten.

5.3 Self-Services für Mitarbeitende und Vorgesetzte

Die Self-Services in Employee Central stellen ein wesentliches Merkmal für eine enge Zusammenarbeit zwischen der Personalabteilung eines Unternehmens und seinen Mitarbeitenden dar. Self-Services ermöglichen die Eingabe und den Austausch von Daten und verankern, dass sowohl Mitarbeitende als auch Vorgesetzte die Eigentümer ihrer eigenen Daten sind. Indem Mitarbeitende und Vorgesetzte die Eigentümer ihrer Daten sind und diese direkt im System pflegen, kann die Fehlerquote bei der Dateneingabe gesenkt und die Genauigkeit erhöht werden. Ganz gleich, ob eine Mitarbeiterin oder ein Mitarbeiter eine neue Adresse angibt oder eine Vorgesetzte eine organisatorische Änderung startet, der Dateneigentümer ist in der Regel der- bzw. diejenige, die oder der am besten über die vorgeschlagene Änderung informiert ist. Immer wenn Daten von ihren »Eigentümerinnen und Eigentümern« gepflegt werden, ist es auch möglich, einen Workflow zur Genehmigung einzurichten. Im Gegenzug können sich die Mitarbeitenden der Personalabteilung von Aufgaben rund um die Datenpflege lösen und eine strategischere Rolle übernehmen.

Employee Central kann so angepasst werden, dass die ESS für die Mitarbeitenden und die MSS für die Vorgesetzten grundsätzlich für alle Felder und Transaktionen im System zur Verfügung stehen.

Da Mitarbeitende jedoch in der Regel keinen schreibenden Zugriff auf ihre eigenen Vergütungsdaten haben sollten und Führungskräfte in der Regel keinen Zugriff auf die persönlichen Daten der Mitarbeitenden benötigen, ist es wichtig, bei der Einrichtung der Self-Services neben Industriestandards und den Vorschriften aus dem Bereich des Datenschutzes kundenspezifische Anforderungen zu berücksichtigen.

Welche Merkmale und Funktionen den Benutzerinnen und Benutzern zur Verfügung gestellt werden, hängt in hohem Maße davon ab, wie die Organisation die Fähigkeit und Bereitschaft ihrer Mitarbeitenden einschätzt, solche Self-Services zu nutzen oder nutzen zu können. Die Unternehmenskultur und die Bereitschaft, mögliche Veränderungen zu unterstützen, sind hier ein wesentlicher zu berücksichtigender Aspekt.

In den nächsten Abschnitten sehen wir uns sowohl die ESS als auch die MSS genauer an.

Self-Services einrichten

Die eigentliche Einrichtung und Konfiguration der Self-Services-Funktionen ist in den Role Based Permissions enthalten. Mit der Ausprägung von Benutzerrollen ist es möglich, Mitarbeitenden und Führungskräften Berechtigungen zur Ansicht, Bearbeitung und Anzeige von bestimmten Daten zu ermöglichen. Dies kann sehr granular ausgeprägt werden.

5.3.1 Employee Self-Services

Durch die ESS können Mitarbeitende definierte Teile ihrer eigenen Mitarbeiterdaten einsehen und aktualisieren. In der Regel beschränken sich die Berechtigungen zur Pflege der Daten auf die Ansicht **Persönliche Informationen**. Der Zugriff auf die Daten in der Ansicht **Infos zum Beschäftigungsverhältnis** ist auf die Anzeige der entsprechenden Daten beschränkt.

Der Gedanke hinter dieser Vorgehensweise ist, dass die Mitarbeitenden ihre eigenen persönlichen Daten besser kennen als alle anderen Personen. Wenn Sie ihnen die Möglichkeit geben, die eigenen persönlichen Daten zu aktualisieren, können Mitarbeitende aktiv dazu beitragen, diese Daten aktuell und korrekt zu halten. Wie bei allen Self-Service-Optionen haben Sie die Möglichkeit, bei Bedarf Workflow-Genehmigungen und Benachrichtigungen einzubinden.

Hat eine Person die Berechtigung, ihre Daten zu bearbeiten, klickt sie auf die Schaltfläche [✎] neben dem Namen des entsprechenden Blocks, um so die Bearbeitung zu starten (siehe Abbildung 5.35). Wenn ein Block mit einem Gültigkeitsdatum versehen ist, wird die betreffende Person aufgefordert, ein Änderungsdatum einzugeben.

Abbildung 5.35 Änderungen in den Employee Self-Services vornehmen

Typischerweise wird es Mitarbeitenden in den folgenden Bereichen ermöglicht, ihre Daten zu ändern:

- **Persönliche Informationen**
  Bei der Anforderungserhebung wird viel darüber diskutiert, welche Felder innerhalb der persönlichen Daten die Mitarbeitenden aktualisieren sollen. Die größte Sorge besteht darin, dass Änderungen in den Feldern **Name**, **Geschlecht** und **Familienstand** oft unterstützende Dokumentation erfordern, um zu identifizieren, welches der zu wählende neue Wert ist. Wir empfehlen hierbei zu bedenken, dass Änderungen mit einem Workflow verbunden werden können, sodass z. B. die HR-Abteilung prüfen kann, ob die Wertauswahl sinnvoll ist, oder gegebenenfalls mit Rückfragen auf die Person zugehen kann.

  Abhängig von den einzelnen Standorten und den Anforderungen Ihres Unternehmens können Sie alle Felder innerhalb des Bereichs **Persönliche Informationen** durch Mitarbeitende aktualisieren lassen – oder auch überhaupt keine.
- **Adresse**
  In diesem Bereich können alle Arten von Adressen mit ESS hinzugefügt und gepflegt werden.
- **Ausweisnummerninfo**
  Die **Ausweisnummerninfo** ist ein weiterer typischer Bereich für ESS. Ausweisinformationen und Informationen zur Arbeitsgenehmigung können durch Mitarbeitende in diesem Block gepflegt werden. Auch besteht die Möglichkeit, in diesen Block Anhänge hochzuladen und so die entsprechenden Belege direkt beizufügen.

- **Kontaktinformation**
  Im Block **Kontaktinformationen** können Mitarbeitende bereitstellen, wer in Notfällen zu kontaktieren ist (Bereich **Erster Ansprechpartner im Notfall**) und sie können wichtige Kontaktinformationen wie E-Mail oder Telefonnummern pflegen. Mit rollenbasierten Berechtigungen haben Sie die Möglichkeit, Änderungen z. B. an der geschäftlichen E-Mail-Adresse zu sperren. Dies ist hilfreich, wenn ein Wert über eine Schnittstelle zugewiesen wird und nicht vom Mitarbeiter bzw. von der Mitarbeiterin oder vom HR-Team geändert werden soll (siehe auch Abschnitt 5.1.2).
- **Angehörige**
  Der Block **Angehörige** ermöglicht das Auflisten und Aktualisieren von Informationen zu Angehörigen.
- **Zahlungsinformationen**
  Der Block **Zahlungsinformationen** enthält eine Auswahl zur Pflege von Zahlungsarten. So kann hier beispielsweise die Bankverbindung gepflegt werden.

5.3.2 Manager Self-Services

MSS ermöglichen es Vorgesetzten, ausgewählte Teile von Datensätzen, die zu ihren Mitarbeitenden gehören, einzusehen und zu aktualisieren. Die genauen Felder, die eine Führungskraft einsehen oder bearbeiten kann, werden beim Einrichten der rollenbasierten Berechtigungen ausgewählt.

In der Regel sind die MSS auf die Daten in der Ansicht **Infos zum Beschäftigungsverhältnis** beschränkt, und der Zugriff auf relevante Daten in der Ansicht **Persönliche Informationen** ist auf die Anzeige beschränkt. Daten im Bereich der persönlichen Informationen werden als besonders sensibel klassifiziert, sodass Vorgesetzte hierauf oft nur eingeschränkten Zugriff haben.

Durch die Möglichkeit, die Informationen zum Beschäftigungsverhältnis zu aktualisieren, können Vorgesetzte eine aktive Rolle dabei spielen, die Daten aktuell und korrekt zu halten. Die Daten werden dort gepflegt, wo sie in der Regel entstehen. Auch für die MSS können Sie bei Bedarf Workflow- Genehmigungen und Benachrichtigungen einbauen.

Eine weitere Möglichkeit für MSS, die manchmal genutzt wird, ist der Zugriff auf die Bereiche Reporting oder Analytics von SAP SuccessFactors. Vorgesetzte haben so die Möglichkeit, eigene Berichte für ihre Mitarbeitenden zu erstellen. Wie die MSS an sich, wird auch diese Möglichkeit über rollenbasierte Berechtigungen gesteuert. MSS-Datenänderungen werden in der Regel über die Schaltfläche **Aktionen** vorgenommen, wie es in Abbildung 5.36 dargestellt ist.

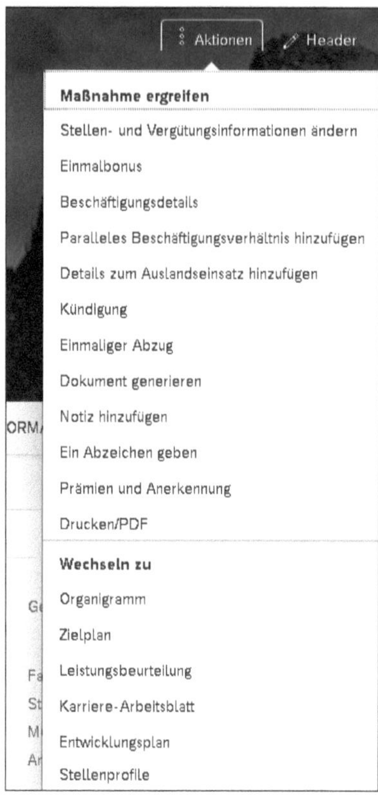

Abbildung 5.36 Aktionenmenü: Maßnahmen ergreifen

Im Folgenden stellen wir Ihnen zwei Bereiche vor, in denen Vorgesetzte oftmals über MSS Änderungen durchführen können. Im deutschsprachigen Raum ist der Einsatz von MSS oftmals abhängig von der Einbindung von Vorgesetzten in organisatorische Änderungen. Manche Unternehmen gehen bewusst davon weg, Vorgesetzten die Möglichkeit zu geben, per E-Mail oder Service-Ticket Datenänderungen zu beantragen und wünschen, dass die MSS so genutzt werden, wie es hier vorgestellt wird.

- **Stellen- und Vergütungsinformationen ändern**
  In diesem umfangreichen Block können potenziell viele Informationen durch Vorgesetzte geändert, Änderungen beantragt und Workflows gestartet werden. Die Felder sind in diesem Block einzeln mit Berechtigungen versehen, und eine Führungskraft kann je nach Kundenanforderung Zugriff auf die Aktualisierung eines, einiger oder aller Felder haben. Um eine Aktualisierung vorzunehmen, klicken Sie im Dropdown-Menü **Maßnahme ergreifen** auf **Stellen- und Vergütungsinformationen** ändern (siehe Abbildung 5.36) und wählen dann im sich öffnenden Fenster die Bereiche aus, in denen Informationen geändert werden sollen, und tragen diese dann im Folgenden ein (siehe Abbildung 5.37).

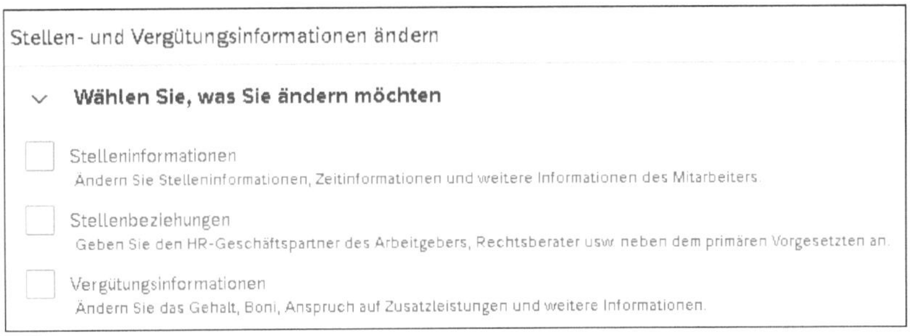

Stellen- und Vergütungsinformationen ändern

Wählen Sie, was Sie ändern möchten

Stelleninformationen
Ändern Sie Stelleninformationen, Zeitinformationen und weitere Informationen des Mitarbeiters

Stellenbeziehungen
Geben Sie den HR-Geschäftspartner des Arbeitgebers, Rechtsberater usw. neben dem primären Vorgesetzten an.

Vergütungsinformationen
Ändern Sie das Gehalt, Boni, Anspruch auf Zusatzleistungen und weitere Informationen.

Abbildung 5.37 Stellen und Vergütungsinformationen ändern

Nach der Pflege der gewünschten Änderungen scrollen Sie zum Ende des Bildes und klicken auf **Senden**, um die Eingabe abzuschließen und gegebenenfalls den verbundenen Workflow zu starten.

- **Beendigung/Ruhestand**
  Vorgesetzte haben hierüber die Möglichkeit, auch den Austritt einer Person aus dem Unternehmen zu starten. Dieses geht ebenfalls über **Aktionen • Maßnahme ergreifen** und dann über den Punkt **Kündigung**. Über diesen Punkt können nicht nur Kündigungen, sondern auch andere Austrittsarten gepflegt werden. Nachdem die entsprechenden Informationen eingegeben worden sind und der Workflow genehmigt worden ist, werden die Aktualisierungen sowohl in den Stelleninformationen als auch in den Mitarbeiterdetails angezeigt.

Im nächsten Abschnitt stellen wir Ihnen vor, welche Arten und Klassifizierungen von Änderungen an Daten vorgenommen werden können. Die hierzu genutzten Transaktionen stellen wichtige Ereignisse im Mitarbeiterlebenszyklus dar.

5.4 Transaktionen zur Pflege des Mitarbeiterlebenszyklus

Transaktionen bilden die Grundlage für die Organisation der Beschäftigungsinformationen zu einem Mitarbeiter oder einer Mitarbeiterin und für die Nachverfolgung größerer beruflicher Veränderungen. Eine Transaktion wird jedes Mal aufgezeichnet, wenn sich die aktuelle Rolle oder Einstufung einer Person im Unternehmen ändert. In diesem Zusammenhang wird auch der verkürzte Begriff *Aktion* verwendet. Transaktionen sind an Ereignisse geknüpft; weitere Informationen zu Ereignissen und Ereignisgründen finden Sie in Abschnitt 2.2, »Ereignisse und Ereignisgründe«.

Im Folgenden stellen wir Ihnen einige wesentliche, in Employee Central verwendete Transaktionen vor.

5.4.1 Eintritt von Mitarbeitenden

Ein Neueintritt ist das erste Ereignis, das im Lebenszyklus einer Mitarbeiterin bzw. eines Mitarbeiters aufgezeichnet wird. Es werden das Datum und der Grund für die Einstellung sowie die erste Arbeitsplatzklassifizierung und die organisatorische Zuordnung der Person erfasst. Dieser Vorgang wird in der Regel von der Personalabteilung eingeleitet und abgeschlossen.

Es gibt zwei Hauptwege, um auf diese Transaktion zuzugreifen. Wenn Sie keinen Zugriff auf das Admin-Center haben, aber neue Mitarbeitende einstellen können, verwenden Sie die Schaltfläche (**Neuen Mitarbeiter hinzufügen**), die Sie unter **Organisationsstruktur • Organigramm** finden (siehe Abbildung 5.38).

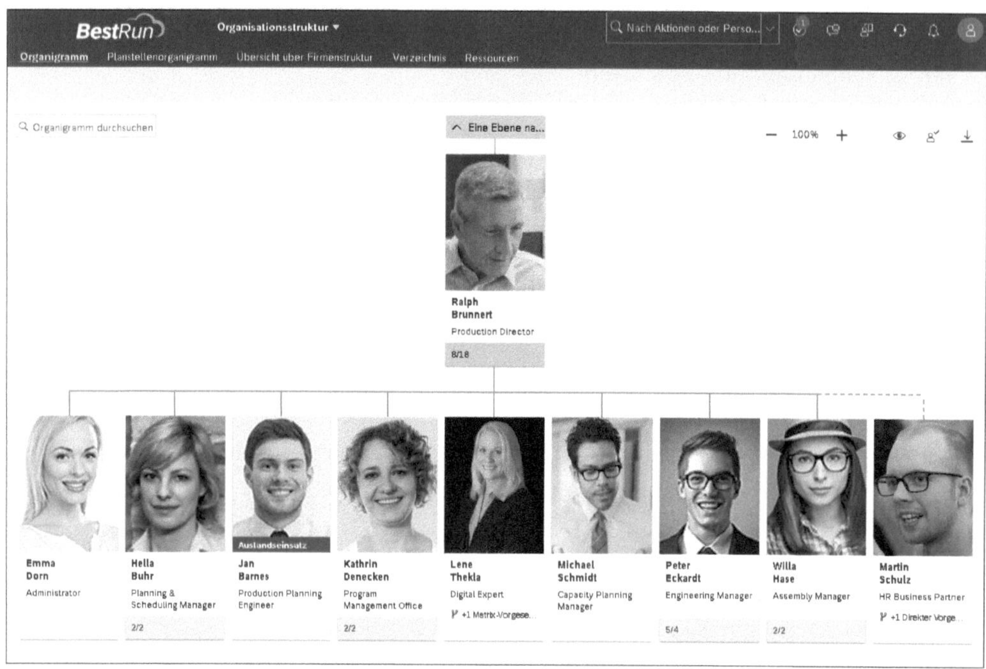

Abbildung 5.38 Neuen Mitarbeiter hinzufügen

Auch können Sie im Suchfeld der Aktionssuche **Neue Mitarbeiter** eingeben und eine der angebotenen Optionen auswählen (siehe Abbildung 5.39). Es werden Ihnen hier die Optionen **Neuen Mitarbeiter hinzufügen** oder **Neuen Mitarbeiter für befristeten Vertrag hinzufügen** angeboten.

Bei Zugriff auf das Admin-Center können Sie natürlich auch direkt hierüber die Aktion aufrufen. Die hier zu pflegenden Blöcke haben Sie bereits in den vorangehenden Abschnitten dieses Kapitels kennengelernt.

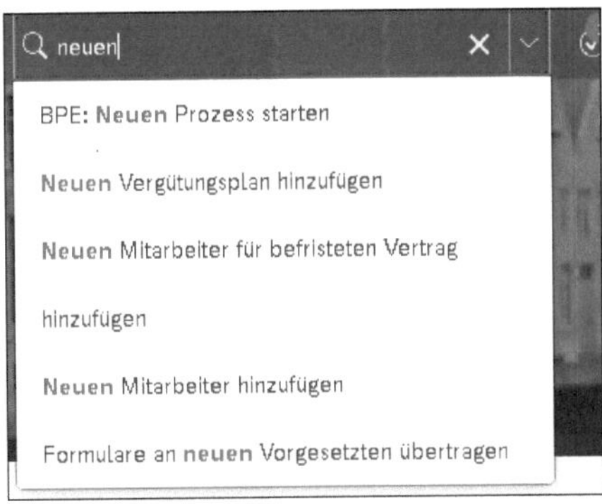

Abbildung 5.39 Neuen Mitarbeiter über die Aktionssuche hinzufügen

Wiedereintritt

Ein Wiedereintritt kann auf dieselbe Weise verarbeitet werden wie ein Neueintritt. Sie können den Wiedereintritt unter demselben Navigationspfad im Admin-Center verwenden.

Ausstehende Einstellungen aus Recruiting oder Onboarding verwalten

Für Unternehmen, die SAP SuccessFactors Recruiting und/oder Onboarding nutzen, können eingestellte Kandidaten über die Funktion **Ausstehende Einstellungen verwalten** unter dem entsprechenden Navigationspfad im Admin-Center oder durch Klicken auf den Link auf der Administrator-Homepage unter **Admin-Meldungen** in das System eingestellt werden.

Wenn Sie mit dem Ausfüllen des Transaktionsformulars für neue Mitarbeitende beginnen, dieses aber nicht abschließen können, können Sie den Entwurf speichern, der gerade bearbeitet wird (siehe Abbildung 5.40).

Um einen teilweise ausgefüllten Eintrag zu speichern, klicken Sie auf die Schaltfläche **Entwurf speichern** in der rechten unteren Ecke. Um einen vollständig ausgefüllten Eintrag zu speichern und zur optionalen Genehmigung zu senden, klicken Sie auf die Schaltfläche **Bestätigen** in der rechten unteren Ecke.

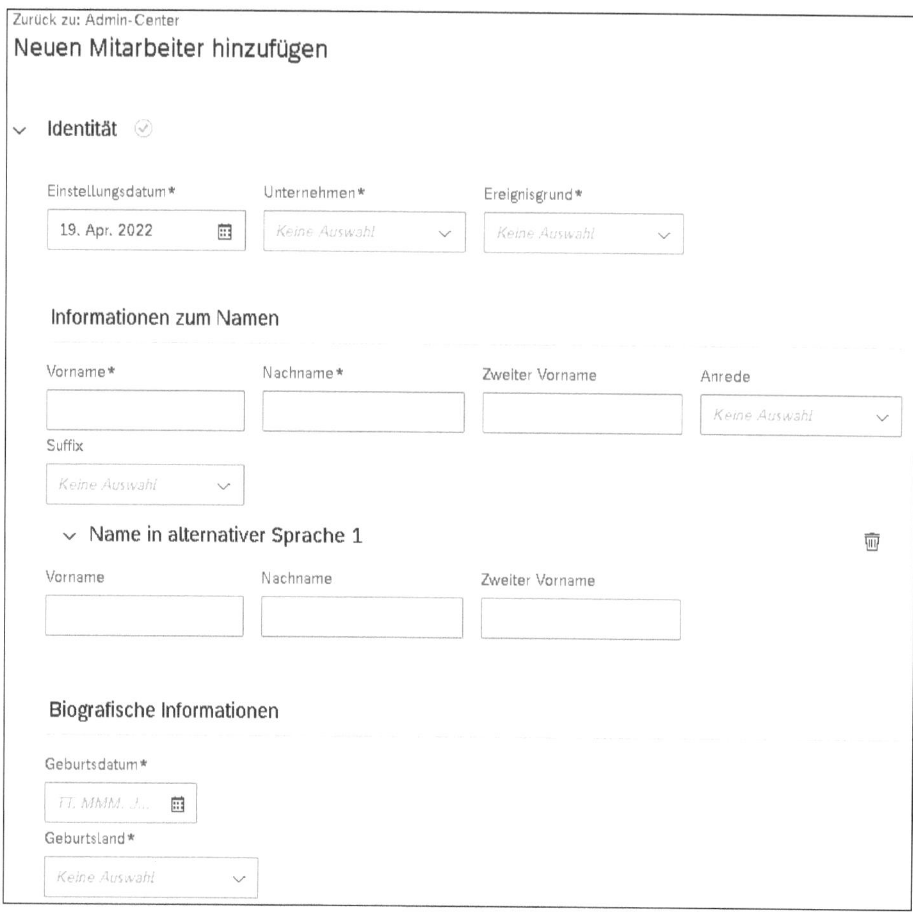

Abbildung 5.40 Neuen Mitarbeiter hinzufügen

5.4.2 Transaktion für Neueintritt/Wiedereintritt konfigurieren

Die Transaktion für den Neu- oder Wiedereintritt kann so konfiguriert werden, dass benutzerdefinierte Kriterien hinzugefügt werden, um doppelte Einträge zu vermeiden. Zu den Kriterien gehören u. a. Kombinationen aus Vor- und Nachnamen, nationaler ID und Geburtsdatum. Anpassungen können auch an den Daten vorgenommen werden, die bei einer Neueinstellungstransaktion übernommen werden. Um Anpassungen an der standardmäßig ausgelieferten Vorlage vorzunehmen, müssen Sie Änderungen innerhalb des Meta Data Frameworks durchführen. Navigieren Sie über das Feld zur Aktionssuche zu **Objektdefinitionen konfigurieren**. Wählen Sie dann die Option zum Bearbeiten einer vorhandenen Objektdefinition, und wählen Sie den Eintrag **Konfiguration von Einstellung/Wiedereinstellung**, wie in Abbildung 5.41 dargestellt.

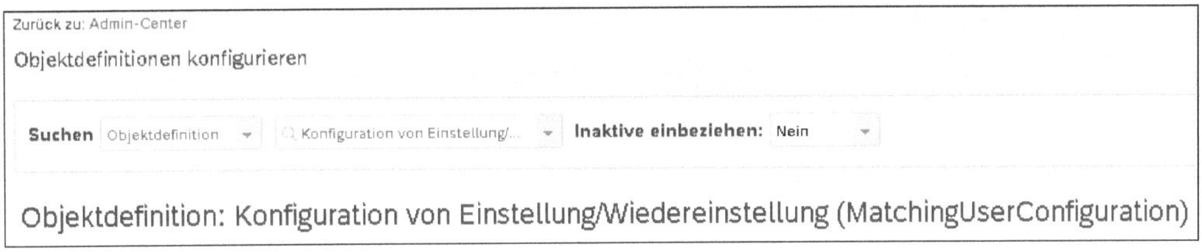

Zurück zu: Admin-Center

Objektdefinitionen konfigurieren

Suchen Objektdefinition | Konfiguration von Einstellung/... | Inaktive einbeziehen: Nein

Objektdefinition: Konfiguration von Einstellung/Wiedereinstellung (MatchingUserConfiguration)

Abbildung 5.41 Konfigurationsobjekt für Einstellung und Wiedereintritt

5.4.3 Organisatorische Wechsel

Organisatorischer Wechsel ist ein Begriff, der in verschiedenen Szenarien angewendet werden kann. An dieser Stelle kommen die Ereignisgründe (siehe Abschnitt 2.2, »Ereignisse und Ereignisgründe«) ins Spiel. Ereignisgründe ermöglichen es Ihnen, bestimmte Arten von organisatorischen Wechseln zu klassifizieren. Typischerweise werden entsprechende Wechsel von Vorgesetzten unter der Verwendung von MSS initiiert. Einige gängige Beispiele für Wechsel sind die folgenden:

- Veränderung des Standorts
- Wechsel in der Abteilung
- Wechsel der Führungskraft bzw. des Teams

5.4.4 Beförderung

Eine Beförderung ist in der Regel mit einer positiven Veränderung des Gehalts sowie mit einer Änderung des Stellencodes und/oder der Stellenbezeichnung verbunden. In der Regel handelt es sich um einen vertikalen Aufstieg sowohl in der Organisationsstruktur als auch in der Gehaltsstruktur. Beförderungen werden in der Regel von einer Führungskraft mithilfe von MSS eingeleitet.

5.4.5 Neueinstufung

Eine Neueinstufung liegt vor, wenn die Aufgaben eines Arbeitsplatzes oder einer Position neu bewertet und auf eine andere Stufe als die derzeit angegebene eingestuft werden. Möglicherweise wird auch das Gehalt neu eingestuft. Oft wird auch eine neue Stellen- oder Planstellenbezeichnung vergeben. In der Regel wird diese Transaktion im Rahmen einer Überprüfung der Stellenverantwortung, einer Prüfung des globalen Stellenkatalogs oder einer globalen Überprüfung der Stelleneinstufung durchgeführt. Die Änderungen werden in der Regel von der HR-Abteilung initiiert.

5.4.6 Stellenwechsel

Ein Stellenwechsel ist eine Veränderung der Stelle, der Berufsbezeichnung oder der Einstufung, die in der Regel nicht als Beförderung angesehen wird. Es kann sich um einen Quereinstieg innerhalb der gleichen Abteilung oder in einen anderen Geschäftsbereich handeln. Auch kann es sich um den Wechsel von einer Teilzeit- auf eine Vollzeitstelle handeln. Diese Vorgänge werden in der Regel durch Vorgesetzte mithilfe von MSS eingeleitet.

5.4.7 Änderungen der Vergütung

Vergütungsänderungen treten in der Regel unabhängig von einem Stellenwechsel oder einer Gehaltsgruppenänderung auf. Eine Vergütungsänderung beinhaltet eine positive oder negative Änderung der Vergütung und kann einheitlich auf Änderungen wie die folgenden angewendet werden:

- jährliche Steigerung der Vergütung
- Anpassungen an die Lebenshaltungskosten
- Anpassungen durch die Zeit in einer Rolle (Seniorität)

Die Verwendung eines aussagekräftigen Ereignisgrundes kann helfen, den Grund für die Änderung zu klassifizieren und transparent zu halten. Je nach Art der vorgeschlagenen Änderung können Vorgesetzte oder Vertreter der Personalabteilung diesen Antrag stellen.

5.4.8 Kündigung oder Austritt

Kündigungen sind eine weitere Transaktion im Bereich von Employee Central. Diese Option wird verwendet, um das Ausscheiden einer Person aus dem Unternehmen aus unterschiedlichen Gründen zu dokumentieren. Im Folgenden sind typische, in den Systemen hinterlegte Gründe aufgelistet:

- Kündigung durch den Mitarbeiter bzw. die Mitarbeiterin selbst
- Kündigung durch das Unternehmen
- Ruhestand oder vorzeitiger Ruhestand
- Tod

Der spezifische Ereignisgrund hilft Ihnen dabei, den Grund für den Austritt zu verstehen. Den Austritt pflegen Sie über **Aktionen • Maßnahme ergreifen • Kündigung**.

Die Änderung von Daten und die Pflege eines Austritts erfordern einen fest definierten Satz von Datenfeldern. Diese Felder werden im System so konfiguriert, dass sie bestimmte Eigenschaften und Merkmale aufweisen, die sie für die Verwendung und Pflege verfügbar machen. Im nächsten Abschnitt zeigen wir Ihnen, wie Sie Mitarbeiterdatenfelder konfigurieren können.

5.5 Konfiguration

Der für Sie verfügbare Weg, Mitarbeiterdaten in Employee Central zu konfigurieren oder Konfigurationsänderungen vorzunehmen, führt über **Geschäftskonfiguration verwalten** im Admin-Center für Systemadministratorinnen und -administratoren. In diesem Abschnitt stellen wir Ihnen diese Konfigurationsoption vor.

5.5.1 Business-Konfiguration verwalten

Sobald in Ihrem System eine Basiskonfiguration vorgenommen worden ist, können Sie mithilfe der Funktionen im Admin-Center Änderungen vornehmen. Für diese Funktionen können Berechtigungen vergeben werden, um Administratorinnen und Administratoren die Möglichkeit zu geben, Konfigurationsänderungen auch noch nach dem Go-live vorzunehmen. Diese Änderungen können z. B. das Ändern von Beschriftungen, das Hinzufügen neuer Felder und das Neuordnen von Feldern umfassen. Um Änderungen durchführen zu können, greifen Sie entsprechend auf **Geschäftskonfiguration verwalten** zu. Sie erreichen die Funktion direkt über die Aktionssuche oder über den Pfad **Admin Center • Firmeneinstellungen • Geschäftskonfiguration verwalten**.

Innerhalb dieser Admin-Funktion sehen Sie eine Auflistung der technischen HRIS-Elemente auf der linken Bildseite, wie in Abbildung 5.42 dargestellt. Mit diesem Menü können Sie zwischen den vorhandenen Konfigurationen für jedes Element hin- und herwechseln. Wenn Sie auf die einzelnen Elemente klicken, werden die zugehörigen HRIS-Felder in der Bildmitte zusammen mit den ihnen zugewiesenen Eigenschaften angezeigt.

In diesem Bild können Sie Felder ein- und ausschalten, indem Sie den Wert in der Dropdown-Liste **Aktiviert** ändern, und Sie können ein Feld als erforderlich festlegen, indem Sie den Wert in der Dropdown-Liste **Obligatorisch** ändern. Felder mit der Einstellung **Nein** in der Spalte **Obligatorisch** sind für dieses System deaktiviert. Zudem ist es möglich, die Anordnung der Felder zu ändern, indem Sie die Aufwärts- und Abwärtspfeile auf der rechten Bildseite verwenden.

Der Bereich **Geschäftskonfiguration verwalten** im Admin-Center bietet zudem die Möglichkeit, die Feldbezeichnung (Label) zu ändern. In Abbildung 5.42 zeigt das Weltkugelsymbol an, dass auch Übersetzungen gepflegt werden können. Wenn Sie auf diese Schaltfläche klicken, öffnet sich das Eingabebild für die Sprachübersetzung, wie in Abbildung 5.43 dargestellt.

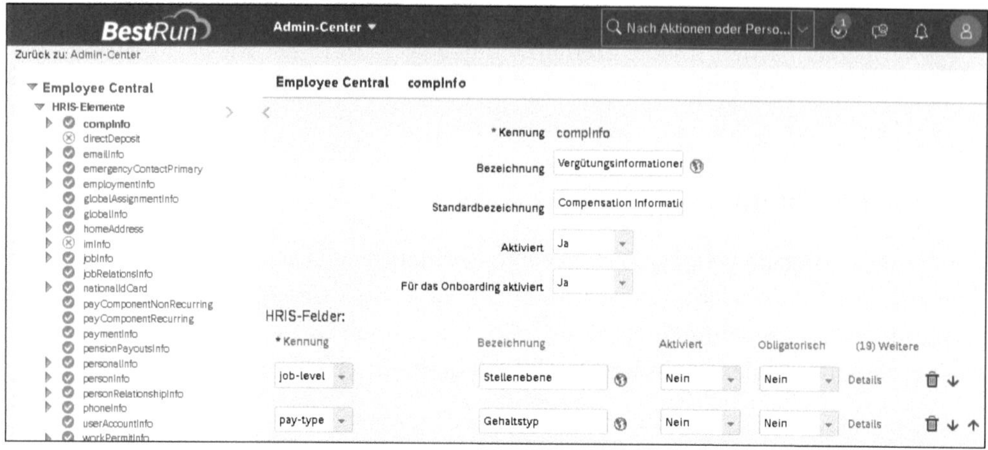

Abbildung 5.42 Geschäftskonfiguration verwalten

Abbildung 5.43 Übersetzungen pflegen

Um weitere Details zu einem Feld anzuzeigen oder zu bearbeiten, klicken Sie auf den blauen Hyperlink **Details** neben dem Feldnamen (siehe Abbildung 5.42). Ein Pop-up-Fenster öffnet sich und zeigt zusätzliche Parameter an, die Sie für jedes Feld einstellen können.

5.5.2 HRIS-Synchronisation

HRIS Sync ist ein Prozess, der einen *Snapshot* der aktuellen Daten aus Employee Central in eine Benutzerdatendatei (auch User Data File oder UDF) erstellt und diese Daten synchronisiert, wenn Änderungen an den Daten in Employee Central vorgenommen werden. Die hier bereitgestellten Informationen werden im Mitarbeiterprofil (People Profile) und von vielen der Talentanwendungen in SuccessFactors verwendet.

HRIS Sync läuft in zwei Modi: in Echtzeit und offline. Die Echtzeitsynchronisierung wird immer dann ausgeführt, wenn eine voraussichtliche Änderung vorgenommen wird. Der Offline-Prozess läuft als geplanter Job, um jede in der Zukunft liegende Transaktion zu verarbeiten, die in Kraft getreten ist.

HRIS Sync wird standardmäßig für Standardfelder wie **Vorname**, **Nachname**, **Abteilung**, **Bereich** und dergleichen geliefert. Ein Bereich im Succession Data Model namens `custom-sync-settings` kann verwendet werden, um diese Synchronisierung zu überschreiben oder um eine benutzerdefinierte Synchronisierung hinzuzufügen.

Zusätzliche Ressourcen

Weitere Informationen zu den Feldern, die in Echtzeit synchronisiert werden, finden Sie in SAP-Hinweis 2172427.

5.5.3 Best Practices: Mitarbeiterdaten

Im Folgenden finden Sie einige Tipps und Tricks, die sich bei der Arbeit mit bei Kunden bewährt haben:

- **Löschen Sie keine Felder, die Sie aktuell nicht benötigen.**
  Standardfelder können während der Konfiguration so eingestellt werden, dass sie nicht verwendet werden. Wenn Sie diese Felder komplett löschen, wird es schwieriger, sie später wieder hinzuzufügen, falls Sie sie benötigen sollten. Auch die Standardübersetzung der Felder in allen relevanten Sprachen bleibt Ihnen so erhalten.
- **Pflichtfelder sollten für alle Mitarbeitende relevant sein.**
  Ein Pflichtfeld muss immer auf globaler Ebene in Pflichtblöcken ausgefüllt werden. Stellen Sie sicher, dass Sie globale Anforderungen reflektieren, wenn Sie ein Feld als erforderlich einstufen. So kann z. B. ein Neueintritt oder eine Versetzung nicht durchgeführt werden, wenn die Pflichtfelder nicht ausgefüllt sind. Stellen Sie sicher, dass Sie die vom System geforderten Felder immer als erforderlich markieren.

Ausnahme bei Pflichtfeldern

Es gibt ein Szenario, das bei Pflichtfeldern und der Aktion **Neuen Mitarbeiter hinzufügen** zu beachten ist. Ein obligatorisches Feld wird nur in einem obligatorischen Block ausgelöst oder wenn ein nicht obligatorischer Block für einen Mitarbeiter oder eine Mitarbeiterin verwendet wird. Ein erforderlicher Block enthält ein vom System erforderliches Feld. Alle obligatorischen Felder in einem systembedingten Block sind absolut erforderlich.

Ein Block ohne systembedingte Felder wird als nicht erforderlicher Block betrachtet. Die Gültigkeitsprüfung überspringt solche Blöcke, es sei denn, es wurde mit einem Eintrag begonnen.

Im Block **Ausweisnummerninfo** gibt es beispielsweise keine vom System geforderten Felder. Sie können diesen Block, wenn es sinnvoll erscheint, ganz überspringen. Wenn Sie jedoch mit der Eingabe der Informationen beginnen und ein Pflichtfeld auslassen, werden Sie von der Gültigkeitsprüfung aufgefordert, die Eingabe der Pflichtfelder zu vervollständigen.

- **Vermeiden Sie die Umwidmung von Standardfeldern.**
  Versuchen Sie, wann immer es möglich ist, die Umwidmung von standardmäßig gelieferten Feldern zu vermeiden. Es stehen zahlreiche benutzerdefinierte Felder zur Verfügung, die in den meisten Szenarien verwendet werden können. Wenn ein Standardfeld anders genutzt wird, verlieren Sie gegebenenfalls die Möglichkeit, es später in seinem originären Sinne zu verwenden. Auch im Standard ausgelieferte Berichte verwenden diese Felder in ihrer ursprünglich vorgesehenen Form, sodass das Risiko besteht, einige Berichte nicht mehr verwenden zu können.

In diesem Kapitel haben wir uns mit den Mitarbeiterdaten und deren Speicherung und Pflege beschäftigt. Wir haben uns mit Ansichten und Blöcken, mit datums- und länderspezifischen Funktionen sowie mit Transaktionen durch Mitarbeitende der Personalabteilung und durch Self-Services beschäftigt.

Im nächsten Kapitel erläutern wir Ihnen die Grundlagen zum Umgang mit Zusatzleistungen.

Kapitel 6
Zusatzleistungen

Zusatzleistungen sind für Unternehmen und Mitarbeitende, u. a. als Gestaltungselemente zur Stärkung der Mitarbeiterbindung, wichtige Bausteine. Manche Zusatzleistungen müssen Mitarbeitenden aufgrund von Regularien angeboten werden. In Employee Central können Sie Zusatzleistungen pflegen, diese den Mitarbeitenden zur Auswahl anbieten und die gewährten Zusatzleistungen verwalten.

Die Gewährung von Zusatzleistungen ist in vielen Unternehmen ein Standardprozess. Es gilt, Zusatzleistungen festzulegen, anspruchsberechtigte Personen zu ermitteln, ihnen die Auswahl der relevanten Zusatzleistungen zu ermöglichen, die Auswahl zu genehmigen oder abzulehnen und die gewährten Zusatzleistungen zu verwalten. Zusatzleistungen können unabhängig von anderen Funktionen in Employee Central genutzt werden und werden per Schnittstelle an die Lohn-/Gehaltsabrechnung weitergegeben.

Zusatzleistungen basieren auf dem Metadata Framework (MDF). Deshalb verhalten sie sich anlog zu anderen MDF-Komponenten, die wir in diesem Buch beschreiben.

Wir erläutern in diesem Kapitel in Abschnitt 6.1 die verschiedenen Arten von Zusatzleistungen, zeigen in Abschnitt 6.2, wie sie konfiguriert werden und in Abschnitt 6.3, wie Mitarbeitende sie auswählen. In Abschnitt 6.4 gehen wir auf länderspezifische Zusatzleistungen ein, und in Abschnitt 6.5 richten wir den Blick auf US-spezifische Zusatzleistungen.

6.1 Globale Zusatzleistungen

Viele Zusatzleistungen sind nicht länderspezifisch, sondern werden global genutzt. Beispiele für Zusatzleistungen, die unternehmensweit und international zur Wahl stehen können, sind Essenszuschüsse und Krankenversicherungen, für manche Mitarbeitergruppen aber z. B. auch ein Firmenwagen.

Es werden in Employee Central sowohl globale als auch lokale Zusatzleistungen unterstützt, die an eine oder mehrere juristische Einheiten gebunden sein können. SAP liefert eine Reihe von globalen und landesspezifischen Standardzusatzleistungen aus. Mit jedem Release wird die Liste erweitert, die über den *SAP SuccessStore* zum Herunterladen zur Verfügung steht.

Bei der Ausgestaltung der Zusatzleistungen bietet es sich an, diese in Leistungsarten zu unterscheiden und in Leistungsprogrammen zusammenzufassen.

- **Leistungsarten**
  Eine Leistungsart klassifiziert die gewährte Leistung.
- **Leistungsprogramm**
  Ein Leistungsprogramm ist eine Gruppierung oder Zusammenfassung von einer oder mehreren Leistungsarten. Wenn eine Mitarbeiterin oder ein Mitarbeiter einem Leistungsprogramm zugeordnet ist, erhält sie oder er alle in diesem Programm enthaltenen Leistungsarten.

Die folgenden Leistungsarten gibt es in Employee Central:

- **Zuschläge**
  Eine Leistung, die als Teil des Gehalts des Arbeitnehmers gewährt wird (z. B. ein Zuschuss für die Mitgliedschaft im Fitnessstudio).
- **Abzugsfähige Zuschläge**
  Eine Zulagenleistung, mit der ein Abzug verbunden ist (z. B. die Nutzung eines Firmenwagens).
- **Rückerstattungen**
  Eine Leistung, bei der dem Arbeitnehmer Kosten entstehen, für die er eine Vergütung erhält (z. B. die Erstattung von Internetkosten zu Hause).
- **Renten**
  Beiträge zu einer Pensionskasse und ähnliche Beiträge
- **Versicherungen**
  Eine Leistung zum Schutz eines Arbeitnehmers oder eines Familienmitglieds (z. B. Lebensversicherung und Berufsunfähigkeitsversicherung).
- **Sparpläne**
  Regelmäßige Zahlungen, um ein Sparguthaben aufzubauen.

6.2 Grundlagen der Konfiguration

Zum Projektstart werden Zusatzleistungen in der Regel vom Implementierungspartner oder von SAP aktiviert. Nach der einmaligen Aktivierung können Sie alle weiteren Einrichtungsschritte in Employee Central selbst vornehmen. Alle Benutzer, die über eine entsprechende Berechtigung verfügen, können diese Aufgaben durchführen. Mit der Erstaktivierung werden vom Implementierungspartner in der Regel auch alle Standardeinträge für Leistungsarten, die es in verschiedenen Ländern gibt und die von SAP bereitgestellt werden, zur Verfügung gestellt.

Die folgenden Punkte sind für die jeweils angegebene Leistungsart der Zusatzleistungen relevant und müssen von Ihnen festgelegt werden:

- **Zuschläge**
  Anspruchsbeträge in der entsprechenden Währung
- **Rückerstattungen**
  Anspruchsbetrag der einzelnen Mitarbeitenden, den Sie mit einem Workflow erstellen und genehmigen lassen können.
- **Renten**
  - Gehaltsbestandteile für Arbeitnehmer und Arbeitgeber
  - Zeitplan für die Altersversorgung
  - Mitarbeitende einschreiben (Prozess der Anmeldung)
- **Versicherungen**
  - Kriterien für die Einschreibung
  - Anbieter
  - Gehaltsbestandteile für Arbeitnehmer und Arbeitgeber
  - Tariftabellen und Zuweisungen
  - Mitarbeitende einschreiben (Prozess der Anmeldung)

Die mit diesen Punkten verbundenen Konfigurationsaufgaben umfassen das Einrichten der Leistungsarten, das Erstellen der Leistungsprofile und die Pflege der anderen Feldinhalte, die sich auf die jeweilige Leistungsart beziehen. Sie können diese Aufgaben über die Aktionssuche und über den Menüpunkt **Zusatzleistungen-Admin-Übersicht** ansteuern (siehe Abbildung 6.1).

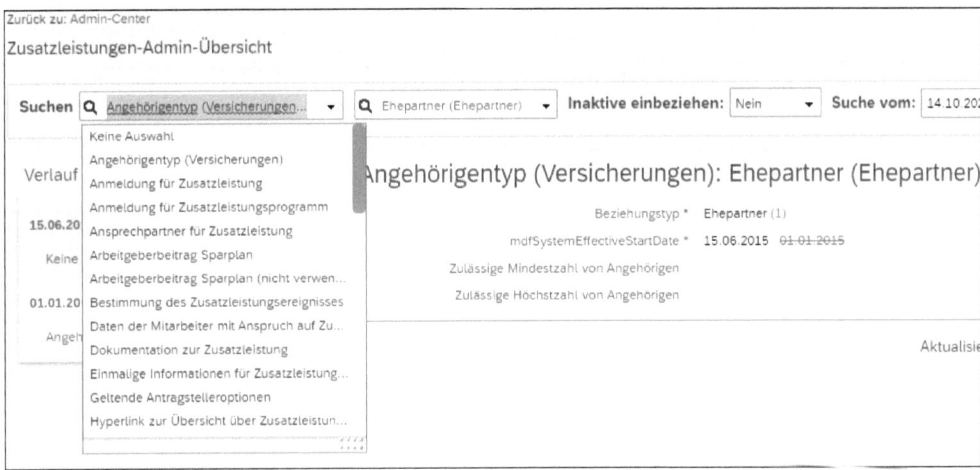

Abbildung 6.1 Admin-Übersicht für Zusatzleistungen

Erstellen Sie neue Einträge, indem Sie auf die Dropdown-Liste **Neu erstellen** klicken und einen Konfigurationseintrag auswählen. Die Standardauswahl können Sie auch über den SAP SuccessStore herunterladen, sollte diese nicht in Ihrer Instanz verfügbar sein. Sie erreichen den Store über *https://launchpad.support.sap.com/*. Klicken Sie in der Ansicht **Installations & Upgrades** auf **By Alphabetical Index** und anschließend auf **S**. In der sich daraufhin öffnenden Ansicht klicken Sie auf **SFSF EC CONFIG FILES**. Sie erhalten Zugriff auf die aktuell gültige Version der verfügbaren relevanten Komponenten (siehe Abbildung 6.2).

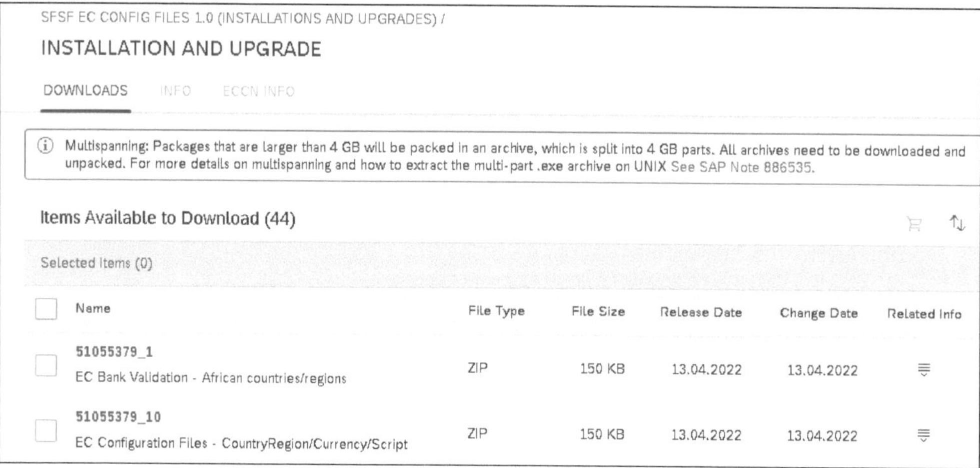

Abbildung 6.2 SAP SuccessStore mit Komponenten für Employee Central

Die Auswahl reicht von **Angehörigentyp (Versicherungen)** bis hin zu **Zusatzleistungsprogramm**. Dem Leistungsprogramm können Sie verschiedene Leistungen zuordnen. Legen Sie hier alle Leistungen an, die Sie Ihren Mitarbeitenden gewähren möchten. Abbildung 6.3 zeigt ein Beispiel für einen Versicherungsplan.

So legen Sie in dieser Übersicht alle von Ihnen benötigten Zuschläge, Renten, Rückerstattungen und Versicherungen an. Nachdem Sie diese Elemente und dazugehörige Teilelemente, wie z. B. Angehörige, erstellt haben, können Sie die Leistungsarten und Einzelleistungen den Leistungsprogrammen zuweisen, die die Anspruchsregeln und vieles mehr festhalten (siehe Abbildung 6.4).

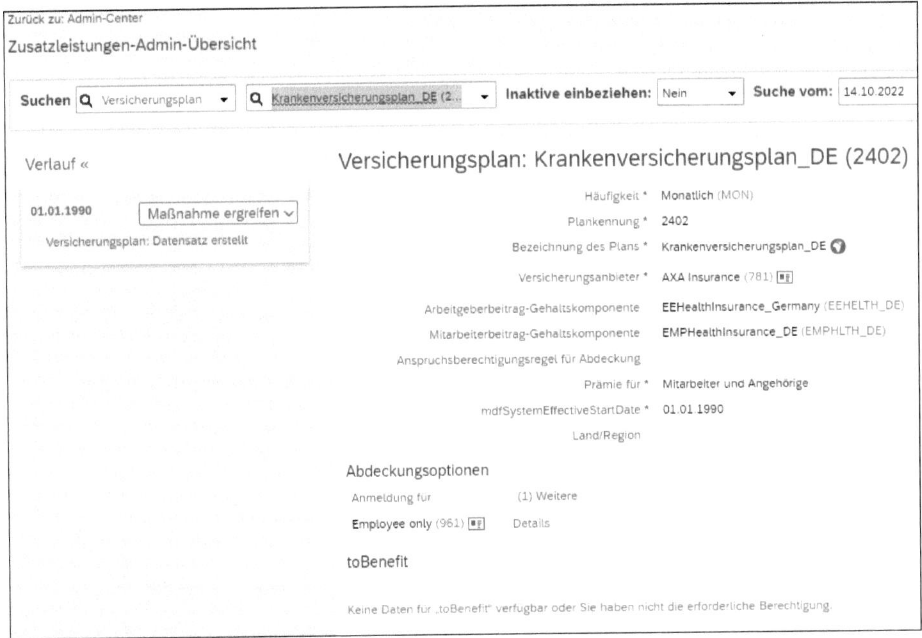

Abbildung 6.3 Zusatzleistung »Krankenversicherungsplan«

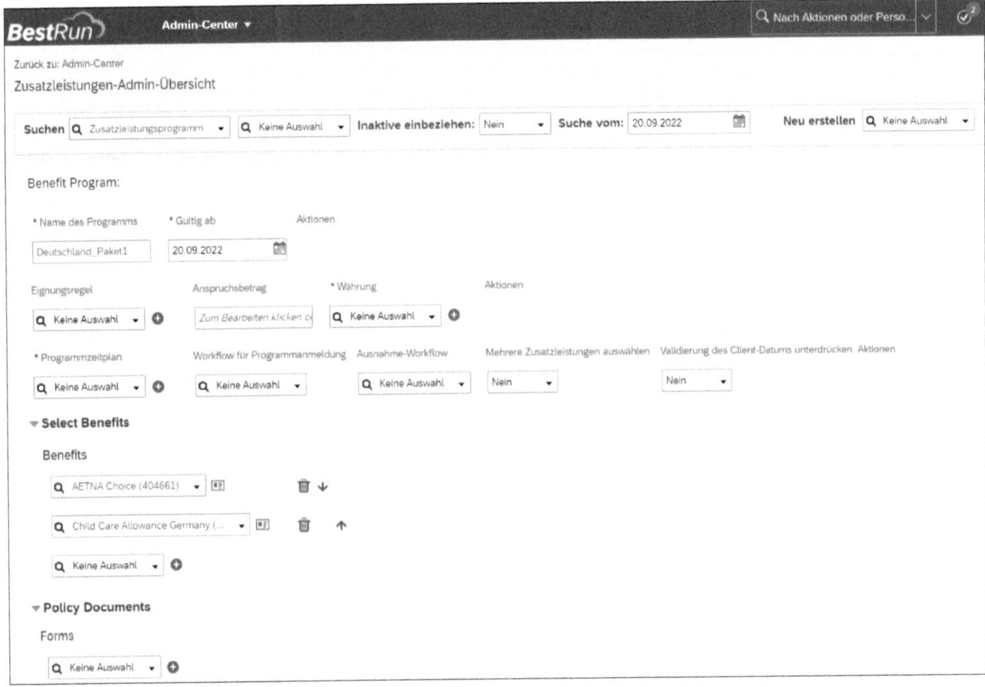

Abbildung 6.4 Leistungsprogramm erstellen

6.3 Globale Zusatzleistungen in ESS

Zusatzleistungen sind Leistungen, die Mitarbeitende auswählen können. Es bietet sich daher an, Zusatzleistungen als Employee Self-Service (ESS) in Employee Central bereitzustellen. Wenn Sie dieses entsprechend eingerichtet haben, können Sie Ihre Zusatzleistungen bzw. die neuen Anmeldungen für Zusatzleistungen auf der in Abbildung 6.5 dargestellten Seite einsehen und verwalten. Sie rufen diese Seite über den Eintrag **Mein Mitarbeiterprofil** in der Hauptnavigation und per Klick auf **Benefits** (Zusatzleistungen) auf. Dieses Bild enthält die folgenden Bereiche:

- **Meine aktiven Anmeldungen**
  Der Bereich **Meine aktiven Anmeldungen** zeigt alle von Ihnen beanspruchten Leistungen sowie den verfügbaren Saldo/Betrag an.
- **Zu Zusatzleistungen wechseln**
  Wechseln Sie auf die Seite, auf der Sie Zusatzleistungen im Detail einsehen, beantragen sowie bearbeiten können.

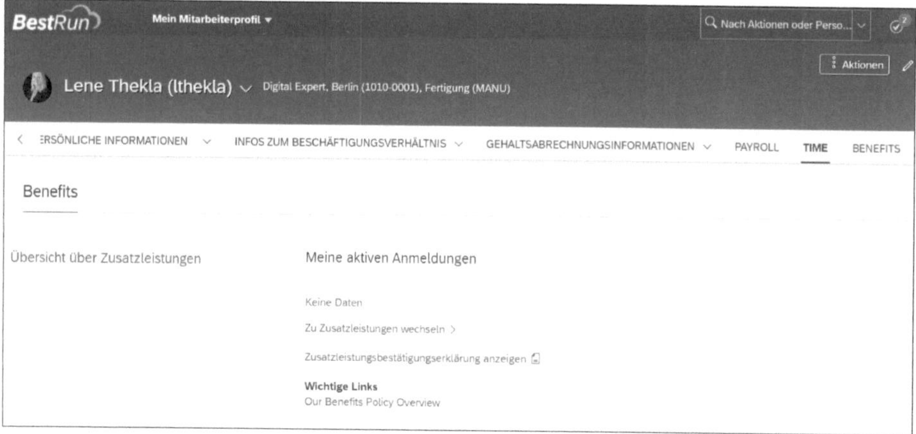

Abbildung 6.5 Übersicht der Zusatzleistungen für Lene Thekla im Mitarbeiterprofil

Wenn Sie Anspruch auf Zusatzleistungen haben, können Sie auf den Link **Zu Zusatzleistungen wechseln** klicken. Dort stehen Ihnen mehrere Optionen zur Auswahl, die wir im Folgenden beschreiben.

6.3.1 Für die Zusatzleistungen anmelden

Im nächsten Schritt zeigen wir Ihnen, wie Sie eine Zusatzleistung auswählen und sich dafür anmelden können. Der Bereich **Offene Anmeldung** zeigt an, welche Leistungen und Leistungsprogramme für Sie zur Anmeldung verfügbar sind. Um sich für eine Zusatzleistung anzumelden, klicken Sie auf die Schaltfläche **Zusatzleistung auswählen** (siehe Abbildung 6.6).

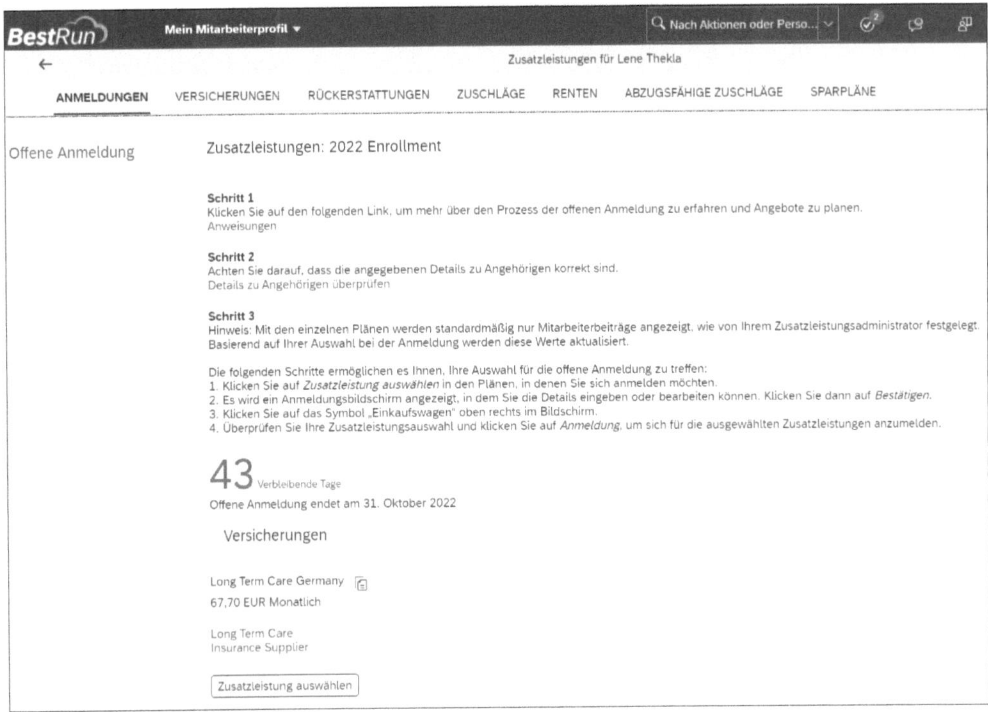

Abbildung 6.6 Offene Anmeldungen mit verfügbaren Zusatzleistungen

Klicken Sie auf die Schaltfläche **Zusatzleistung auswählen**. Anschließend werden Sie zu einer Ansicht weitergeleitet, in der Sie die Anmeldung abschließen. Abbildung 6.7 zeigt die Anmeldung zur Zusatzleistung **Long Term Care Germany**.

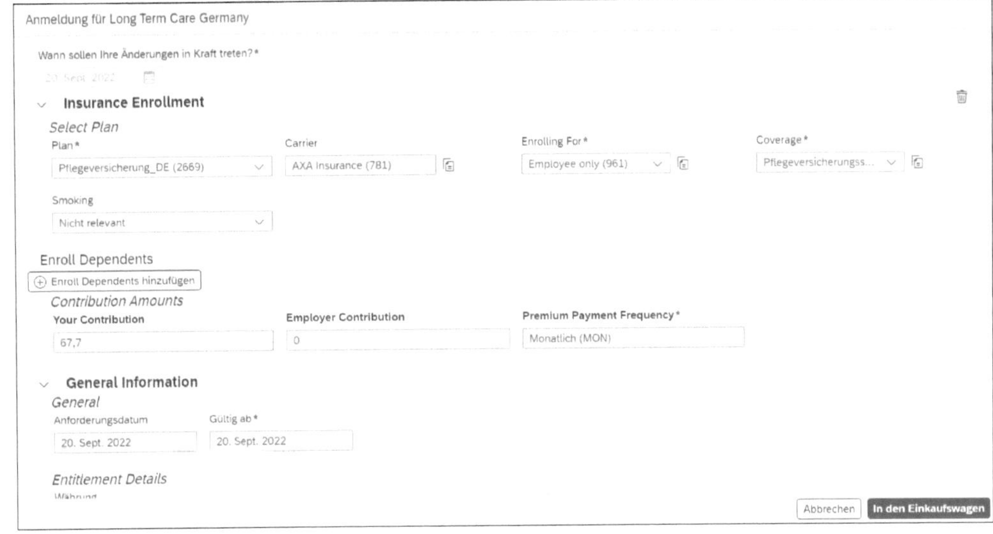

Abbildung 6.7 Anmeldung für die Zusatzleistung »Long Term Care Germany«

Sie können, je nachdem, welche Leistungen Sie in der Konfiguration zugewiesen haben, verschiedene Leistungen auswählen. Pflegen Sie die nötigen Details, und klicken Sie auf die Schaltfläche **In den Einkaufswagen**. Im nächsten Schritt müssen Sie den Nutzungsbedingungen mit einem Häkchen zustimmen und diese anschließend mit einem Klick auf **Bestätigen** annehmen (siehe Abbildung 6.8).

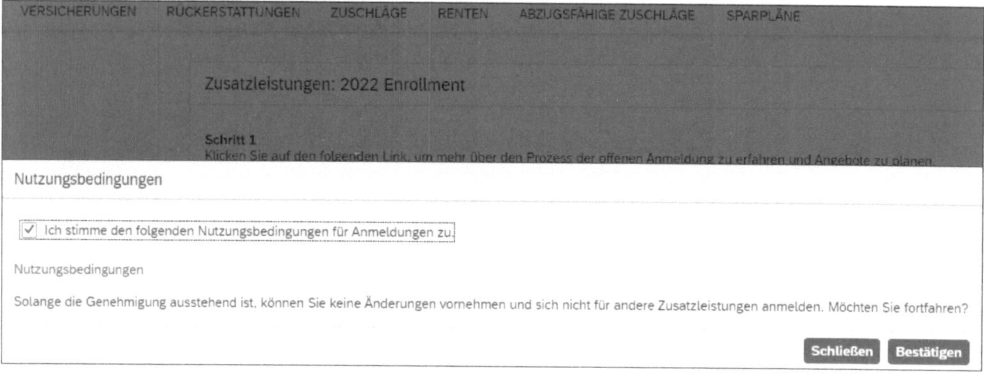

Abbildung 6.8 Den Nutzungsbedingungen zustimmen

Ausgewählte Leistungen können Sie sich über einen Klick auf die Schaltfläche (**Einkaufswagen**) in der oberen rechten Ecke der Anmeldeseite anzeigen lassen (siehe Abbildung 6.9). Falls Sie dies konfiguriert haben, wird ein Workflow ausgelöst, damit eine vorgesetzte Führungskraft und/oder ein Mitglied der HR-Administration den Antrag für die Anmeldung genehmigt.

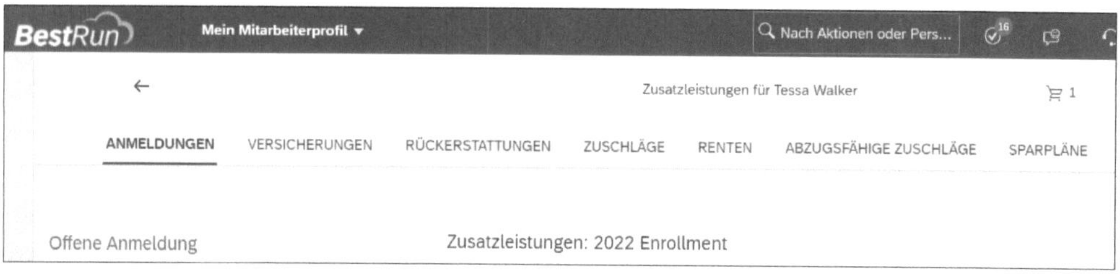

Abbildung 6.9 Zusatzleistungen mit einer Leistung im Einkaufswagen

Im Bereich **Rückerstattungen** der Ansicht **Benefits** sehen Sie alle Möglichkeiten zur Rückerstattung, die den einzelnen Mitarbeitenden zur Verfügung stehen (siehe Abbildung 6.10).

Wenn Sie einen Anspruch auf Rückerstattung geltend machen möchten, können Sie auf **Antrag starten** klicken und das betreffende Formular ausfüllen. In unserem Beispiel handelt es sich dabei ein Formular für die Erstattung von Transportkosten (siehe Abbildung 6.11). In der Regel bearbeitet im nächsten Schritt eine Personalsachbearbeiterin oder ein Personalsachbearbeiter die Anträge, wenn Sie entsprechende Workflows hinterlegt haben.

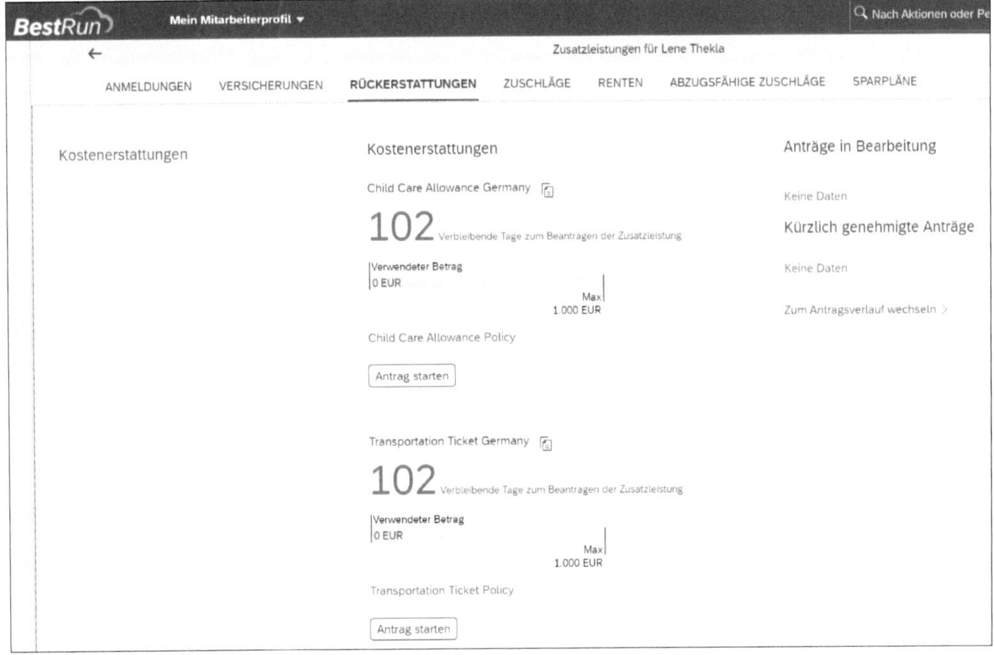

Abbildung 6.10 Übersicht über Kostenerstattungen

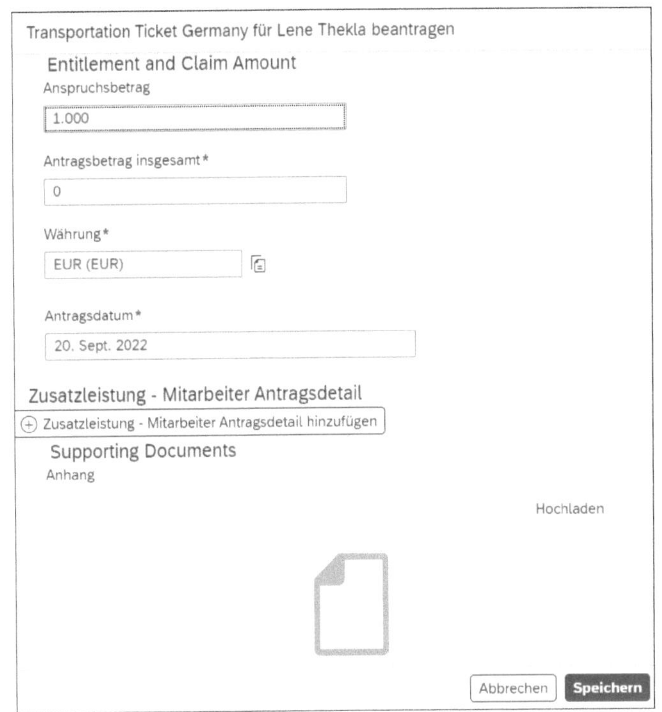

Abbildung 6.11 Rückerstattungsformular für Transportkosten

6.3.2 Dokumentation zur Zusatzleistung

Die Dokumentation zur Zusatzleistung ist ein zusammenfassender Bericht über alle Zusatzleistungen und deren Details. Dazu gehören auch Arbeitnehmerkosten, Arbeitgeberbeiträge und Informationen zu Angehörigen, die ebenfalls als Zusatzleistungen begünstigt werden können. Der Bericht **Dokumentation zur Zusatzleistung** kann von den Mitarbeitenden selbst erstellt werden.

Der Bericht kann ausgedruckt oder als Tabellenkalkulationsdatei heruntergeladen werden. Eine Vorlage für einen solchen Bericht, die Sie selbst anpassen können, finden Sie unter *http://help.sap.com/hr_ec* in der Rubrik **Implement**. Sie können die Vorlage unter **Aktionssuche** und **Zusatzleistungen-Admin-Übersicht** einbinden. Klicken Sie unter **Neu erstellen** auf **Dokumentation zur Zusatzleistung**. Hier können Sie die Informationen pflegen und unter **Anhang hochladen** den Report einbinden (siehe Abbildung 6.12).

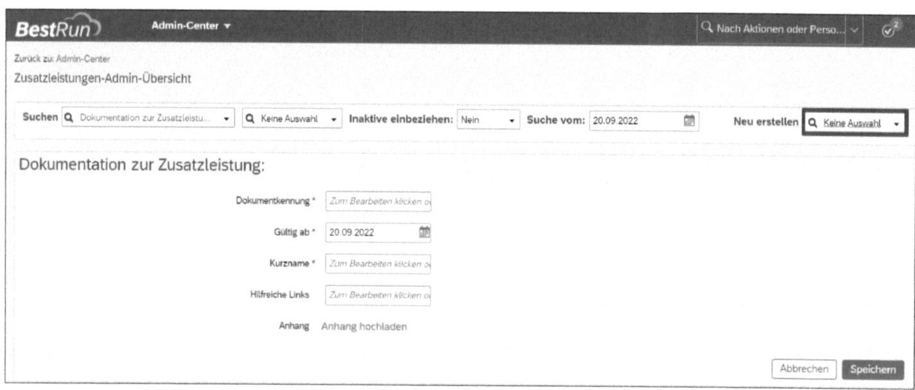

Abbildung 6.12 Dokumentation zur Zusatzleistung

Zusätzliche Informationen

Weitere Informationen zu Zusatzleistungen finden Sie im Global-Benefits-Implementierungsleitfaden unter *http://help.sap.com/hr_ec* in der Rubrik **Implement**.

6.4 Länderspezifische Zusatzleistungen

Sie können Zusatzleistungen auf bestimmte Länder beschränken. Analog zu anderen Komponenten des Metadata Frameworks, können Sie auch Zusatzleistungen länderspezifisch konfigurieren. Damit vereinfachen Sie die Benutzerführung und helfen Mitarbeitenden, die infrage kommenden Zusatzleistungen punktgenau auszuwählen.

Zusätzliche Konfigurations- und Objektanpassungen sind für länderspezifische Leistungen nicht erforderlich. Denn deren Einrichtung erfolgt durch die Angabe zusätzlicher Informationen bei der Definition jeder Leistung. Standardmäßig enthält das Bild zur Zusatzleistungserstellung einen Bereich mit der Bezeichnung **Rechtsträger**, in dem Sie angeben, welche(r) Rechtsträger mit dieser bestimmten Leistung verbunden sein soll(en).

Um eine juristische Einheit zu verknüpfen, rufen Sie über die Aktionssuche den Menüpunkt **Zusatzleistungen-Admin-Übersicht** auf. Klicken Sie auf die Auswahlliste **Neu erstellen**, und wählen Sie den Punkt **Zusatzleistung** aus, um einen neuen Eintrag zu erstellen. Optional können Sie auch einen bereits vorhandenen Eintrag ändern. Gehen Sie nun zu **Schritt 3. Juristische Einheiten verknüpfen** (siehe Abbildung 6.13).

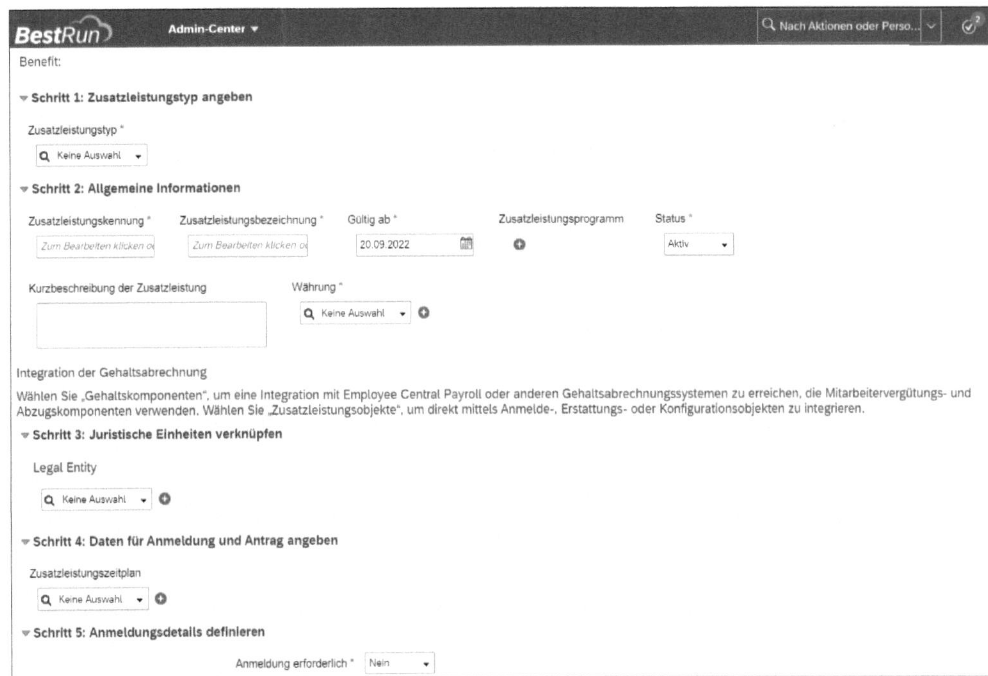

Abbildung 6.13 Juristische Einheiten mit der Zusatzleistung verknüpfen

Wählen Sie die juristische Einheit (**Legal Entity**) aus, die die betreffende Leistung in Anspruch nehmen soll. Ein Beispiel für eine länderspezifische Zusatzleistung ist in Abbildung 6.14 dargestellt.

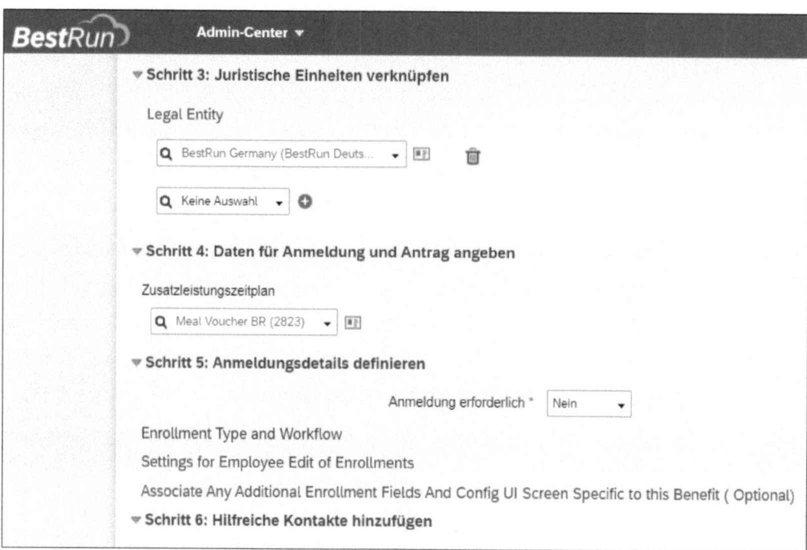

Abbildung 6.14 Zusatzleistung für die juristische Einheit »BestRun Germany«

6.5 US-spezifische Zusatzleistungen

Zusätzlich zu den bereits besprochenen Leistungsarten kann Employee Central die folgenden Leistungen unterstützen, die speziell für die Vereinigten Staaten und teilweise auch für Kanada gelten:

- Lebensversicherung
- Krankenkassen für verschiedene Subtypen
- Health Care Spending/Saving Accounts (nur in den USA unterstützt und als Sparpläne definiert)
  - flexible Ausgabenkonten (Flexible Spending Accounts bzw. FSAs)
  - begrenzte flexible Ausgabenkonten (Limited Flexible Spending Accounts oder LFSAs)
  - Konto für die Rückerstattung von Betreuungskosten für Angehörige (Dependent Care Reimbursement Account oder DCRA)
  - Gesundheitsausgabenkonten (Health Spending Accounts oder HSAs)
- COBRA-Versicherung (Consolidated Omnibus Budget Reconciliation Act)

- Ruhestandspläne
  - 401k, 403b (beide mit Einschränkungen)
  - nur Arbeitnehmerbeiträge
  - Beiträge der Arbeitgeber
  - Renten

Landesspezifische Felder werden nur angezeigt, wenn der entsprechende Länderwert eingestellt ist. In unserem Beispiel ist im Feld **Land/Region** der Eintrag **Vereinigte Staaten (USA)** ausgewählt (siehe Abbildung 6.15).

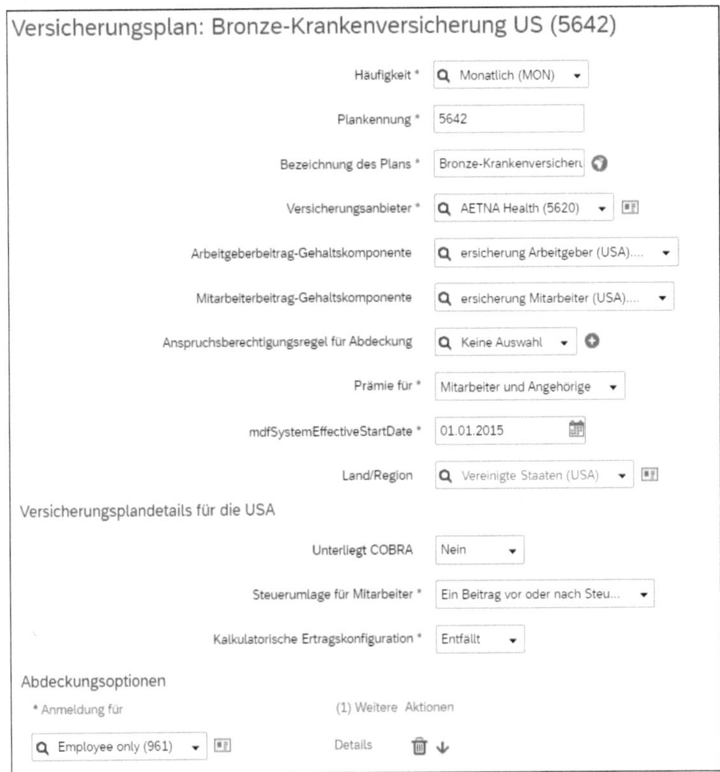

Abbildung 6.15 Versicherungsplandetails für die USA

Viele Leistungserbringer und -träger, darunter auch die, die *COBRA* (Consolidated Omnibus Budget Reconciliation Act) unterliegen, verwenden eine standardisierte Integrationsvorlage für die Anmeldung und Pflege. Employee Central stellt eine *EDI-834-Vorlage* zur Verfügung, die Sie unter **Integrations-Center** für den Austausch von Informationen verwenden können. Diese Standardvorlage können Sie aus dem SAP API Business Hub in der aktuellen Version beziehen (siehe Abbildung 6.16).

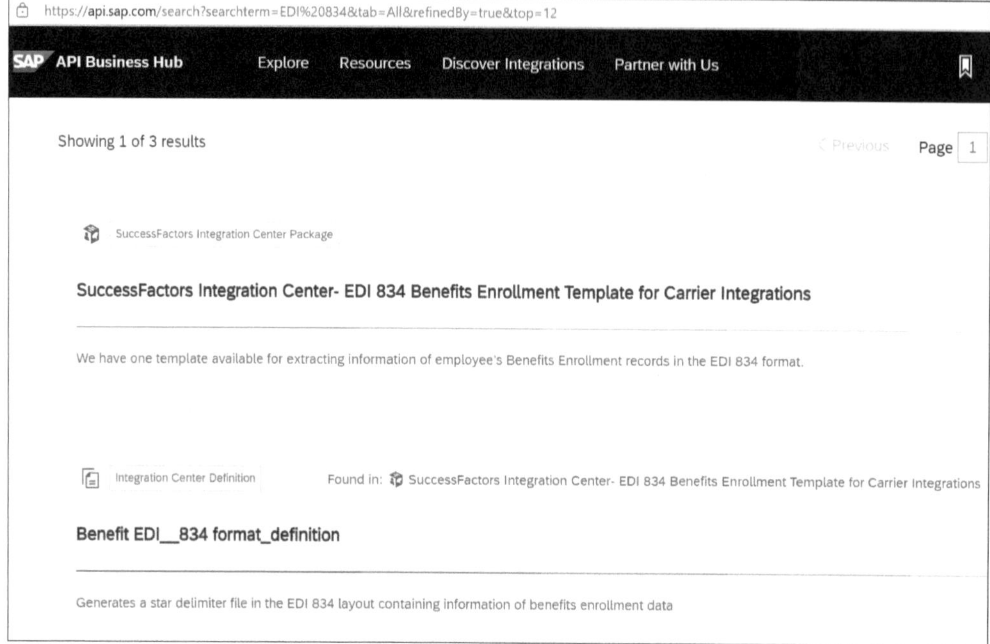

Abbildung 6.16 EDI-834-Vorlage aus dem SAP API Business Hub

Abhängig von den detaillierten Anforderungen können Sie die Vorlage anpassen und in Ihrem Umfeld produktiv nutzen.

In diesem Kapitel haben wir dargestellt, wie Sie Zusatzleistungen in Employee Central zur Verfügung stellen und verwalten können. Außerdem haben wir Ihnen gezeigt, wie Sie Standardzusatzleistungen nutzen und neue Zusatzleistungen erstellen können.

Im nächsten Kapitel befassen wir uns mit dem Thema Zeitmanagement.

Kapitel 7
Zeitmanagement

In diesem Kapitel erhalten Sie einen Überblick über die wesentlichen Objekte des Zeitmanagements in Employee Central. Ein detaillierter Einblick erfolgt in die Verwaltung von Abwesenheiten. Mitarbeitende können Abwesenheiten per Self-Service beantragen, und Vorgesetzte können diese Anträge genehmigen und vorher auch einen Blick auf die An- und Abwesenheiten des Teams werfen.

Employee Central bietet eine Vielzahl von Werkzeugen und Funktionen zur Erfassung und Nutzung von zeitwirtschaftlichen Daten und Ergebnissen. Diese Funktionen können in die folgenden Teilbereiche gegliedert werden:

- Abwesenheitsmanagement
- Mehrarbeitserfassungen
- negative Zeitwirtschaft
- positive Zeitwirtschaft

In diesem Kapitel stellen wir in Abschnitt 7.1 die grundlegenden Themen des Zeitmanagements vor und gehen dann in Abschnitt 7.2 genauer auf die Möglichkeiten der Abwesenheitsverwaltung ein. In Abschnitt 7.3 schauen wir uns den Arbeitszeiterfassungsbogen genauer an, und in Abschnitt 7.4 stellen wir Ihnen schließlich die Erfassung von Zeitereignissen mithilfe der Funktionen von SAP SuccesFactors Employee Central Time Tracking vor.

7.1 Übersicht über das Zeitmanagement

In diesem Abschnitt erhalten Sie Einblick in die Funktionen, Objekte und Profile des Zeitmanagements in SAP SuccessFactors. Zunächst zeigen wir Ihnen, wie sich die SAP-SuccessFactors-Funktionen des Zeitmanagements den Zeiterfassungsanforderungen zuordnen lassen.

Die Zeiterfassung und die Verwaltung von Abwesenheiten bilden zusammen das Zeitmanagementangebot in Employee Central. Beides sind Self-Service-Funktionen, die es den Mitarbeitenden erleichtern, ihre Arbeitszeiten zu erfassen und Abwesenheiten zu beantragen.

Bevor wir ab Abschnitt 7.2 die einzelnen Funktionen genauer betrachten, stellen wir einige grundlegende Begriffe vor, die für alle dargestellten Funktionen relevant sind. Auch zeigen wir, an welcher Stelle den Mitarbeitenden Zeitmanagementprofile zugewiesen werden. Diese Profile bestimmen das Verhalten verschiedener Aspekte der Zeiterfassung und der Abwesenheiten für eine mitarbeitende Person, insbesondere im Hinblick auf Zeitbuchungen.

[»]

Urteil des Bundesarbeitsgerichts vom 13.09.2022

Die Ausführungen in diesem Kapitel beziehen sich auf die Zeiterfassungsanforderungen im Allgemeinen. Mögliche Auswirkungen des Urteils des Bundesarbeitsgerichts vom 13.09.2022 (Az. 1 ABR 22/21) zur Einführung einer elektronischen Zeiterfassung wurden in den dargestellten Anforderungen und Lösungsszenarien noch nicht vollständig betrachtet. Zumindest lassen sich diese schon mit den Funktionen von SAP SuccessFactors Employee Central Time Sheet und Time Tracking abbilden.

7.1.1 Funktionen des Zeitmanagements

Abbildung 7.1 gibt Ihnen einen Überblick über die Anforderungen an ein Zeitmanagement im Unternehmen und zeigt, wie diese mit den Funktionen von SAP SuccessFactors erfüllt werden. Die Funktionen können kombiniert oder einzeln genutzt werden, abhängig von der individuellen Anforderung, z. B. einzelner Beschäftigtengruppen. So kann es z. B. für Beschäftigte mit Vertrauensarbeitszeit in einem Unternehmen sinnvoll sein, lediglich Abwesenheiten wie Urlaub und Krankheit zu erfassen. Für Mitarbeitende mit komplexen Gleitzeitregelungen im gleichen Unternehmen werden hingegen die Funktionen der positiven Zeitwirtschaft genutzt.

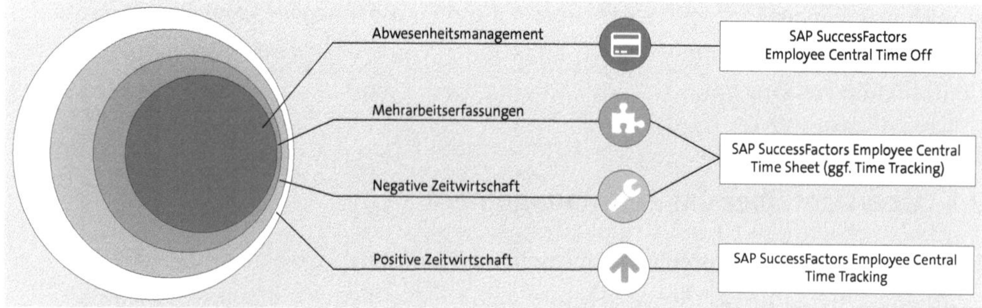

Abbildung 7.1 Zuordnung von Zeitmanagementlösungen in SAP SuccessFactors zu den Zeiterfassungsanforderungen

SAP SuccessFactors bietet mit den in Employee Central vorhandenen Funktionen aufeinander aufbauende Lösungsbausteine an, die die in Abbildung 7.1 gezeigten wesentlichen Aspekte einer Zeiterfassung und Zeitbewertung abdecken können:

- Employee Central *Time Off*
- Employee Central *Time Sheet*
- Employee Central *Time Tracking*

Lizenzierung der Zeitmanagement-Funktionen

Für die Nutzung von Time Tracking benötigen Sie eine zusätzliche Lizenz; die Nutzung von Time Off und Time Sheet ist in der Employee-Central-Lizenz enthalten.

Im Folgenden schauen wir uns an, wofür die Begriffe *Abwesenheitsmanagement*, *Mehrarbeitserfassung* sowie *negative* und *positive Zeitwirtschaft* stehen und wie diese in das Employee-Central-Produktportfolio der Zeitwirtschaft passen.

- **Abwesenheitsmanagement**
  Beschäftigte erfassen im Rahmen des Abwesenheitsmanagements ausschließlich Abwesenheiten mit oder ohne für die Abwesenheit hinterlegten Kontingenten (z. B. Urlaubsanspruch). Dabei wird zwischen verschiedenen Abwesenheitsarten differenziert. Es bestehen Abhängigkeiten zur Abrechnung mit Employee Central Payroll, z. B. hinsichtlich bezahlter und unbezahlter Abwesenheiten oder hinsichtlich melderelevanter Tatbestände zur Sozialversicherung (z. B. Meldeverfahren zur elektronischen Arbeitsunfähigkeitsbescheinigung eAU).

  Basiselemente für das Abwesenheitsmanagement sind die Informationen des individuellen Arbeitszeitplans der Beschäftigen sowie die betriebswirtschaftlichen Konfigurationen zur jeweiligen Abwesenheit. Konfiguriert werden können z. B. Anspruchshöhe, Abtragungsbeginn und Ende, Verhalten beim Zusammentreffen mehrerer Abwesenheiten, wie z. B. Urlaub, und die nachträgliche Erfassung von Krankheit. Auch an dieser Stelle gibt es Wechselwirkungen mit der Abrechnung, wie z. B. Arbeitsunfähigkeit wegen derselben Erkrankung im deutschen Arbeitsrecht. Zur Abbildung der Abwesenheitserfassung wird *Employee Central Time Off* verwendet.

- **Mehrarbeitserfassung**
  Bei der Mehrarbeitserfassung handelt es sich um eine Erfassung von Arbeitszeiten (Anwesenheiten), die zusätzlich zur geplanten Arbeitszeit gemäß dem individuellen Arbeitszeitplan geleistet wurden. Die Mehrarbeitserfassung kann ergänzend mit dem Abwesenheitsmanagement genutzt werden; sie erweitert die Basiselemente um Zeitkonten sowie um deren Berechnungslogiken. Solche Berechnungslogiken umfassen z. B. Fragestellungen, welche Zeiten in das jeweilige Konto fließen, ob Auszahlungen von Lohnarten über Employee Central Payroll stattfinden sollen, und welches Zeitkonto wann um welchen Betrag reduziert werden soll. Die Erfassung dieser Informationen setzt nicht zwingend die Nutzung von Zeiterfassungsterminals oder die Erfassung von Kommt- und Geht-Zeiten voraus.

- **Negative Zeitwirtschaft**
  Im Rahmen der negativen Zeitwirtschaft erfassen Beschäftigte Abweichungen von der gemäß dem individuellen Arbeitszeitplan festgelegten Arbeitszeit. Dies umfasst z. B. Abwesenheiten, Anwesenheiten (oder Beginn und Ende der Arbeitszeit), Mehrarbeiten und Bereitschaftszeiten. Aufbauend auf diesen Informationen werden dabei umfangreichere Berechnungen und Validierungen durchgeführt. Es können mehrere Zeitkontingente berechnet sowie Zeitlohnarten aus den vorhandenen Informationen abgeleitet werden. Diese werden in einem Folgeschritt im Rahmen der Datenreplikation an Employee Central Payroll übergeben. Für die negative Zeitwirtschaft wird *Employee Central Time Sheet* verwendet. Bei komplexen Berechnungslogiken oder z. B. vorhandener externer Zeitwirtschaftsinfrastruktur kann auch *Employee Central Time Tracking* infrage kommen.
- **Positive Zeitwirtschaft**
  In der positiven Zeitwirtschaft werden alle Zeiten durch die Beschäftigten erfasst, in denen sie tatsächlich arbeiten oder in denen die Absicht zu arbeiten besteht (z. B. Rufbereitschaften). Wesentliche Elemente sind dabei die individuelle Erfassung von Arbeitsbeginn und Arbeitsende. Dies geschieht z. B. durch die Nutzung von Buchungen an Zeiterfassungsterminals sowie aller Elemente aus der negativen Zeitwirtschaft der Mehrarbeits- und der Abwesenheitserfassung. Es sind häufig Regelungen zum Auf- und Abbau verschiedener Zeitkonten (z. B. Gleitzeitkonto, Mehrarbeitskonto oder Lebensarbeitszeitkonto) abzubilden. Des Weiteren besteht eine mögliche Anforderung in der Generierung von Zeitlohnarten inklusive der Überleitung nach Employee Central Payroll. Um die positive Zeitwirtschaft umfassend abzubilden, ist Employee Central Time Tracking das Mittel der Wahl.

[!]

Nutzung von Abwesenheit und Zeiterfassungsbogen

Das Abwesenheitsmanagement kann nicht zur Erfassung von Anwesenheiten und der Arbeitszeiterfassungsbogen nicht für die Erfassung von Abwesenheiten verwendet werden. Beide Funktionen unterstützen ausschließlich einen der genannten Anwendungsfälle.

7.1.2 Globale Objekte

Um Zeiterfassung und Abwesenheit zu verstehen, ist es hilfreich, die verschiedenen Objekte zu kennen, die innerhalb des Zeitmanagements verwendet werden. Zugriff auf die im Folgenden vorgestellten Objekte erhalten Sie, wenn nicht anders ausgewiesen, über das Admin-Center und dort über **Abwesenheitsstruktur verwalten**.

- **Zeittyp**
  Der Zeittyp bezeichnet eine Kategorie von Arbeits- oder Nicht-Arbeitszeiten, für die Stunden erfasst werden, z. B. reguläre Arbeitsstunden, Überstunden, Mutter-

schaftsurlaub oder Krankheit. Bei der Erfassung von Zeiten kann der Zeittyp sowohl die geleistete Arbeitszeit (als Anwesenheit bezeichnet) als auch den Urlaub darstellen. Wenn Sie nur die Erfassung von Abwesenheiten nutzen, entspricht der Zeittyp nur dem Urlaub. Die Verwaltung der Zeittypen erreichen Sie über **Abwesenheitsstruktur verwalten** im Admin-Center.

Abbildung 7.2 zeigt ein Beispiel für einen Zeittyp für Krankheit. Über die Schaltfläche **Maßnahme ergreifen** können Sie weitere Konfigurationen durchführen.

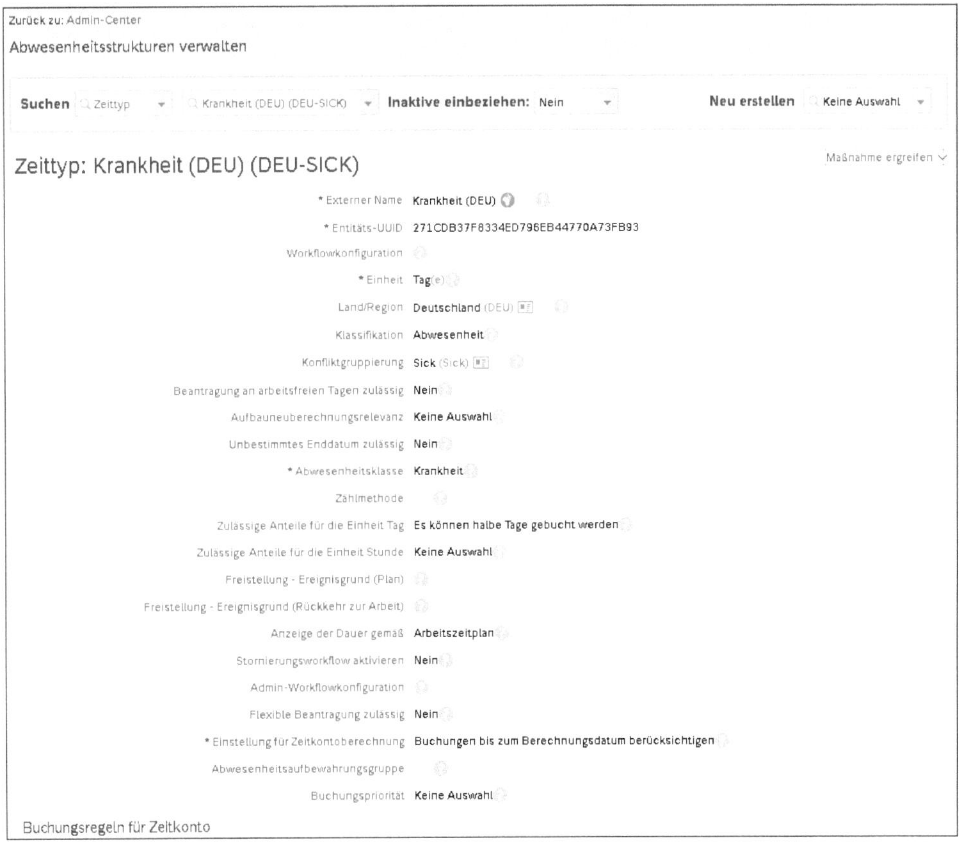

Abbildung 7.2 Zeittyp für Krankheit

- **Zeitkonten**

  Auf Zeitkonten wird die Zeit gespeichert, die für den jeweiligen Zeittyp zur Verfügung steht. Zeitkonten funktionieren ähnlich wie Bankkonten, da Sie auf ihnen Zeit hinzufügen und abheben können (was sich auch im Wortlaut der deutschen Übersetzung der Funktionen widerspiegelt). Je nach Systemeinstellung können Sie bestimmte Zeitkonten auch überziehen. Eine Ansicht der Zeitkonten ist in den Employee Self-Services (ESS) verfügbar. Dies ist hilfreich, da die Mitarbeitenden genau sehen können, wie viele Urlaubs- oder Krankheitstage ihnen noch zur Verfügung stehen. Wenn diese Tage auf der Grundlage der geleisteten Arbeitstage anfallen, erhöht sich der Saldo der Zeitkonten in jeder Periode, bis ein Abzug erfolgt. Mitarbeitende können über mehrere Zeitkonten verfügen (Urlaub, Krankheit usw.).

Abbildung 7.3 zeigt, wie die Zeitkonten den Endbenutzerinnen und Endbenutzern im System angezeigt werden. In diesem Beispiel werden vier Zeitkonten angezeigt.

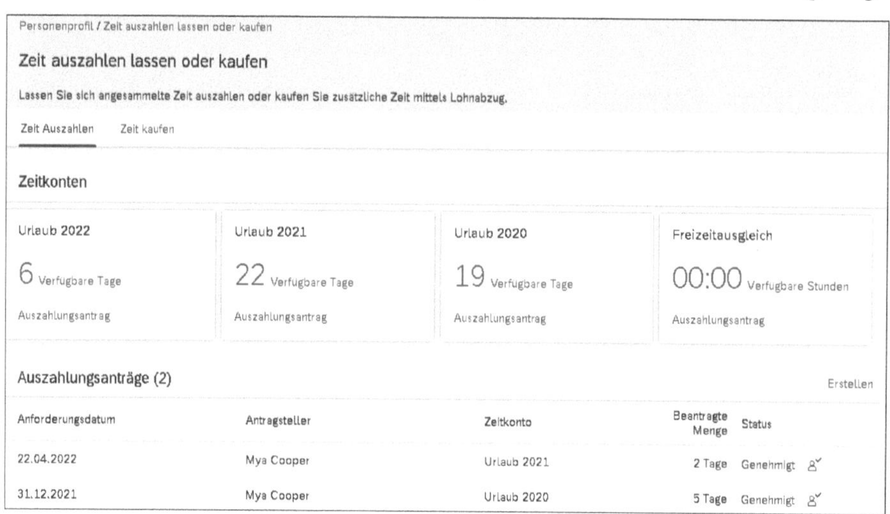

Abbildung 7.3 Überblick über Zeitkonten

- **Zeitkontentyp**
  Jeder Zeittyp, der ein Zeitkonto benötigt, muss mit einem Zeitkontentyp verknüpft sein. Damit beispielsweise für Mitarbeitende eine Rückstellung eines Zeitkontingents gebildet werden kann, kann eine Geschäftsregel erstellt und einem Zeitkontentyp zugewiesen werden. Wählen Sie **Dauerhaft**, wenn es für diesen Zeitkontentyp nur ein Zeitkonto pro Mitarbeitenden geben soll, und wählen Sie **Wiederkehrend**, wenn es mehrere Zeitkonten geben soll, die jeweils für ein Jahr Gültigkeit haben. Wählen Sie das Zeitkonto **Wiederkehrend** aus, wenn z. B. jedes Jahr eine Anzahl an festen Urlaubstagen für eine Mitarbeiterin oder für einen Mitarbeiter zugewiesen werden soll. So hat beispielsweise eine Mitarbeiterin oder ein Mitarbeiter 25 Urlaubstage, die im Laufe eines Jahres genommen werden können. Sind die Tage zum Ende des Zeitraums nicht verbraucht, können Sie, je nach Vereinbarung, auf das nächste Kontingent übertragen werden, oder sie verfallen.

  Beim Anlegen eines Zeitkontotyps muss angegeben werden, um welchen Kontotyp es sich handelt: um ein Konto vom Typ **Dauerhaft** (ein Konto pro mitarbeitender Person, das kontinuierlich aufläuft) oder um ein Konto vom Typ **Wiederkeh-**

rend, das eine festgelegte Laufzeit von einem Jahr hat und sich jedes Jahr erneuert. (Ein Übertrag kann für bestimmte Zeiträume festgelegt werden.)

Abbildung 7.4 zeigt einen Zeitkontentyp für den Jahresurlaub. Es ist ein Konto vom Typ **Wiederkehrend**.

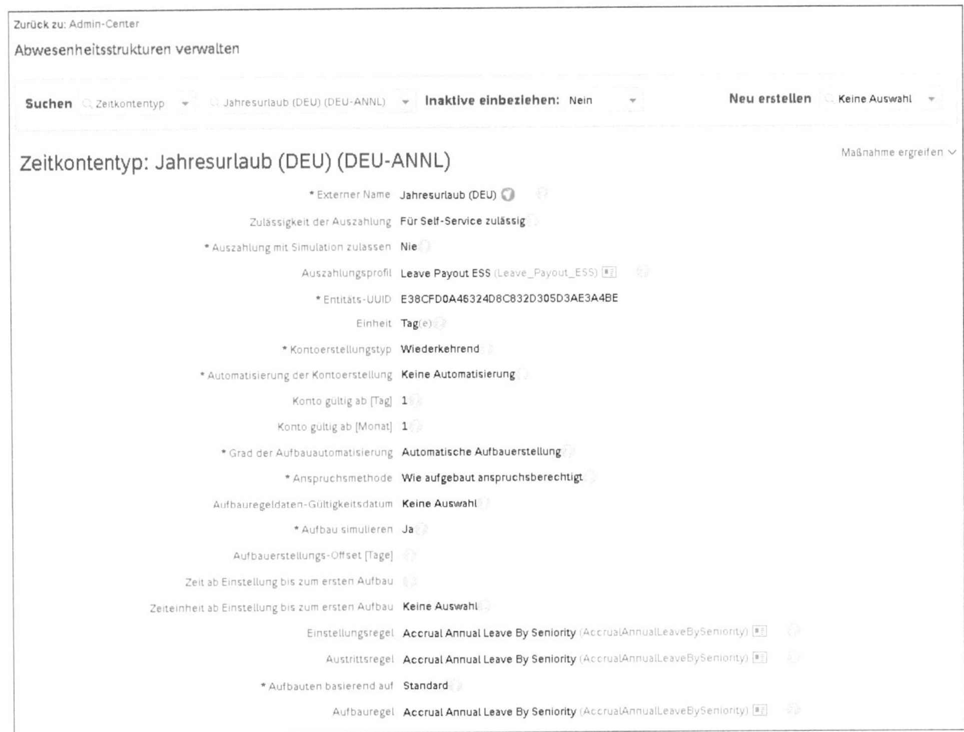

Abbildung 7.4 Zeitkontentyp für den Jahresurlaub

- **Feiertagskalender**
  Der Feiertagskalender ist ein lokaler Kalender mit gesetzlichen Feiertagen und anderen wichtigen Tagen, die bei der Beantragung einer Abwesenheit berücksichtigt werden sollten. Einem Beschäftigungsverhältnis kann nur ein Feiertagskalender zugewiesen werden, auch wenn mehrere Feiertagskalender für ein und dieselbe Lokation unterstützt werden.

  Abbildung 7.5 zeigt den konfigurierten Feiertagskalender für das Bundesland Brandenburg. Wir starten mit dem Jahr 2015, da der Kalender in diesem Jahr initialisiert wurde. Hieran ist erkennbar, dass auch regionale Feiertage Berücksichtigung finden können. Für Deutschland ist es z. B. möglich, je einen Feiertagskalender pro Bundesland zu hinterlegen.

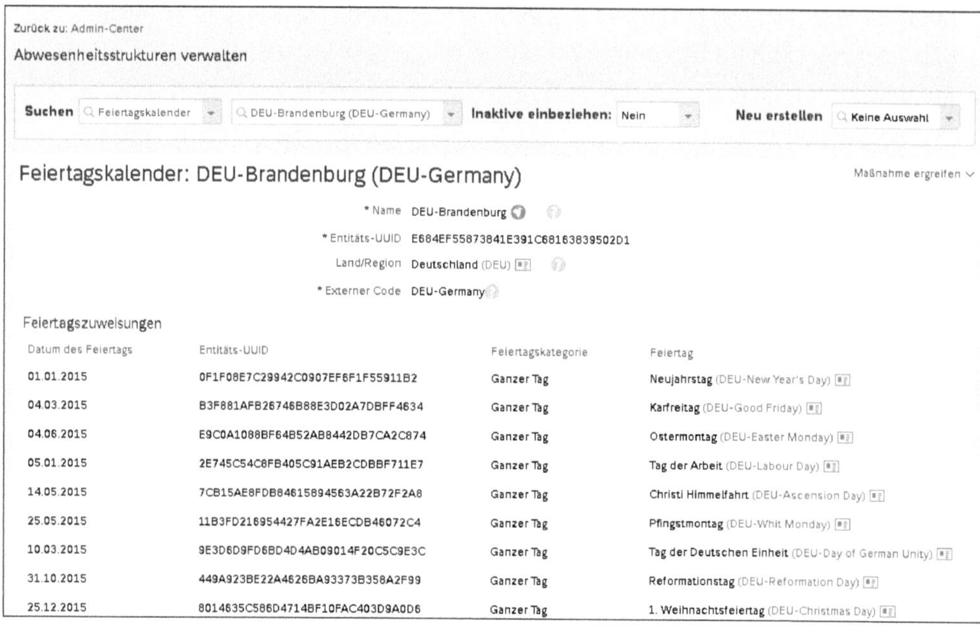

Abbildung 7.5 Feiertagskalender für Deutschland (Bundesland Brandenburg)

Feiertagskalender für Mitarbeitende mit mehreren Beschäftigungsverhältnissen

Haben Mitarbeitende mehrere Beschäftigungsverhältnisse, kann im System theoretisch pro Beschäftigungsverhältnis ein Feiertagskalender (und das gilt für das gesamte Abwesenheits-Setup) anlegelegt werden. Da es sich immer noch um eine Person handelt, wird in der Praxis oftmals der Feiertagskalender des primären Beschäftigungsverhältnisses gewählt. Bei einer Entsendung gilt der Kalender des Landes der Lokation, in der die Person primär eingesetzt wird.

- **Arbeitszeitplan**

  Der Arbeitsplan stellt den typischen Arbeitsrhythmus einer Mitarbeiterin oder eines Mitarbeiters dar (siehe Abbildung 7.6).

  Wenn Sie einen Arbeitszeitplan mit einem Feiertagskalender zusammenführen, können Sie die geplante Arbeitszeit genau vorhersagen, Überstunden oder Feiertagsvergütungen berücksichtigen und sie bei geplanter Abwesenheit entsprechend von den Zeitkonten abheben.

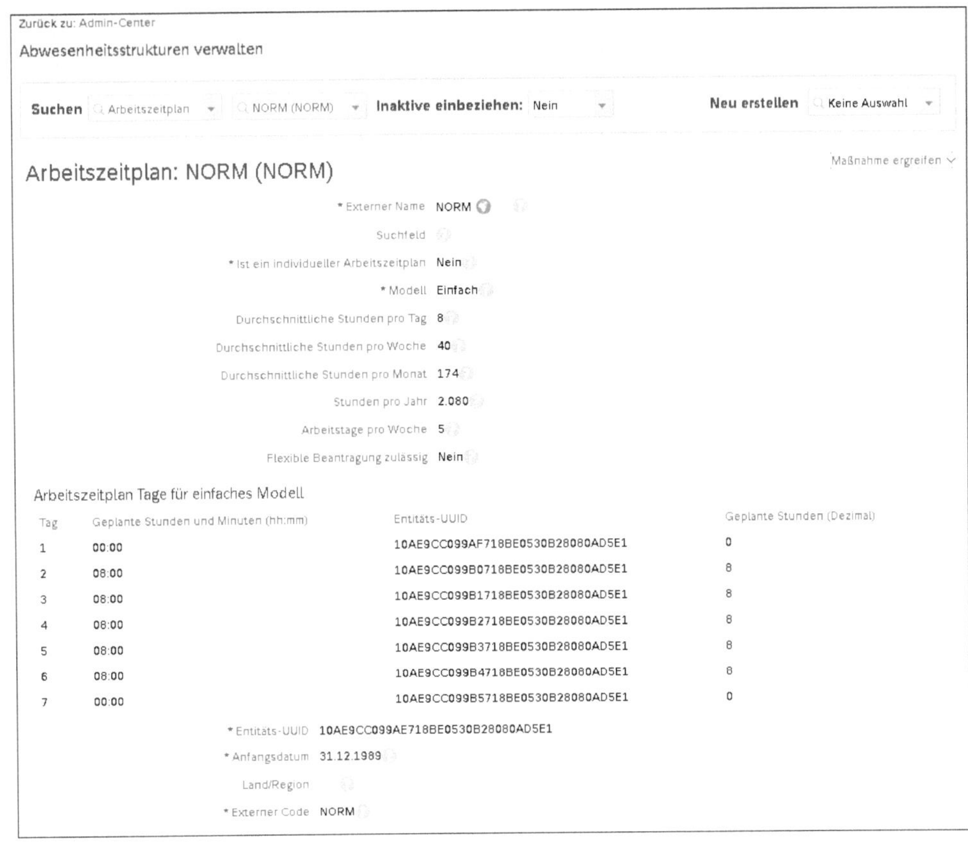

Zurück zu: Admin-Center

Abwesenheitsstrukturen verwalten

Suchen Arbeitszeitplan | NORM (NORM) | **Inaktive einbeziehen:** Nein | **Neu erstellen** Keine Auswahl

Arbeitszeitplan: NORM (NORM)

Maßnahme ergreifen

* Externer Name: NORM
Suchfeld:
* Ist ein individueller Arbeitszeitplan: Nein
* Modell: Einfach
Durchschnittliche Stunden pro Tag: 8
Durchschnittliche Stunden pro Woche: 40
Durchschnittliche Stunden pro Monat: 174
Stunden pro Jahr: 2.080
Arbeitstage pro Woche: 5
Flexible Beantragung zulässig: Nein

Arbeitszeitplan Tage für einfaches Modell

Tag	Geplante Stunden und Minuten (hh:mm)	Entitäts-UUID	Geplante Stunden (Dezimal)
1	00:00	10AE9CC099AF718BE0530B28080AD5E1	0
2	08:00	10AE9CC099B0718BE0530B28080AD5E1	8
3	08:00	10AE9CC099B1718BE0530B28080AD5E1	8
4	08:00	10AE9CC099B2718BE0530B28080AD5E1	8
5	08:00	10AE9CC099B3718BE0530B28080AD5E1	8
6	08:00	10AE9CC099B4718BE0530B28080AD5E1	8
7	00:00	10AE9CC099B5718BE0530B28080AD5E1	0

* Entitäts-UUID: 10AE9CC099AE718BE0530B28080AD5E1
* Anfangsdatum: 31.12.1989
Land/Region:
* Externer Code: NORM

Abbildung 7.6 Arbeitszeitplan von Montag bis Freitag mit 8 Stunden pro Tag aus Sicht der Administration

Wir sehen uns im Folgenden einige spezifische Objekte für die Zeiterfassung und die Abwesenheit an.

Zeiterfassungsobjekte

Die spezifischen Zeiterfassungsobjekte rufen Sie im Admin-Center über **Daten verwalten** auf. Es steht Ihnen dort die folgende Auswahl zur Verfügung:

- **Zeittypgruppe**
  Eine Zeittypgruppe enthält alle Zeitarten, die bei der Zeitvalidierung berücksichtigt werden sollen.
- **Zeiterfassungsprofil**
  Das Zeiterfassungsprofil ist eine Auflistung aller Zeiterfassungsarten, auf die eine Person auf dem Arbeitszeitblatt Zugriff hat. Über einen Klick auf **Neu erstellen** können abhängige Konfigurationen erfolgen (siehe Abbildung 7.7).

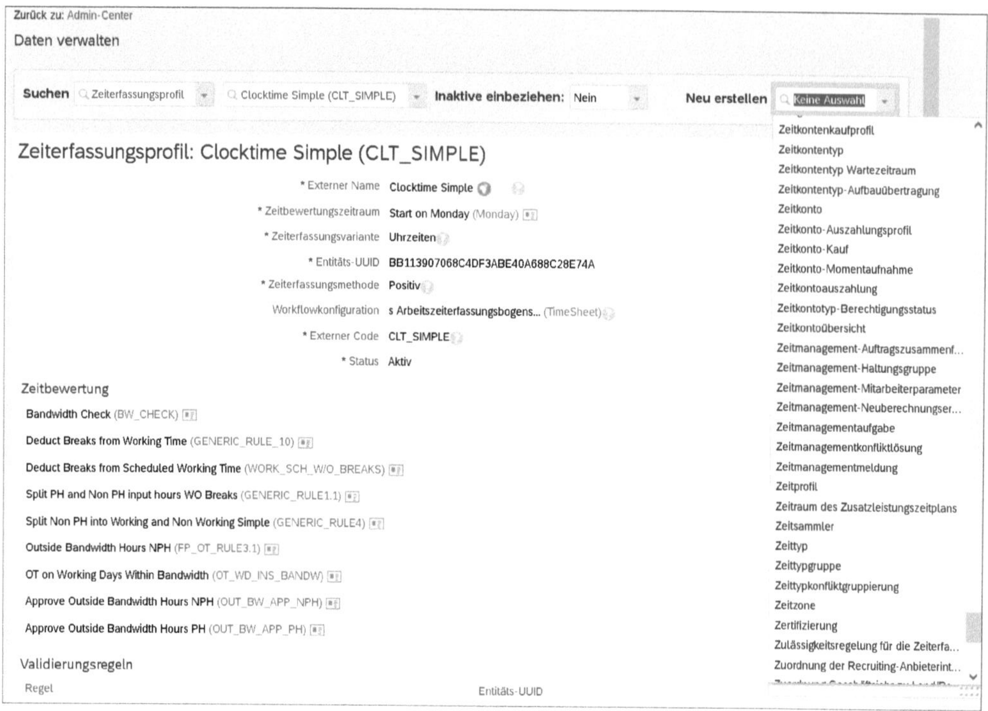

Abbildung 7.7 Zeiterfassungsprofil und Bearbeitungsoptionen

- **Zulässigkeitsregelung für die Zeiterfassung**
  Die Zulässigkeit der Zeiterfassung gibt an, wie weit in der Vergangenheit eine mitarbeitende Person bereits eingereichte Stundenzettel ändern kann.
- **Zeitbewertung**
  Mithilfe von Zeitbewertungen wird die Arbeitszeit berechnet und die Ergebnisse in Form von Stunden in die Lohn- und Gehaltsabrechnung übertragen. Dabei werden Zeitkontoabzüge berücksichtigt.

Abwesenheitsobjekte im Zeitprofil

Wie die Zeiterfassung hat auch die Abwesenheit ein eigenes Objekt: das Zeitprofil. Im Zeitprofil werden Zeitarten zusammengefasst, die den Mitarbeitenden auf der Grundlage ihres Standorts, ihrer Art und ihrer Beschäftigungsklassifizierung zugewiesen werden. Ein Beispiel für eine solche Zuordnung wäre, dass alle Vollzeitbeschäftigten am Standort Wuppertal die gleichen Zeitkontingente für Urlaub, Krankheit und Fortbildung erhalten (siehe Abbildung 7.8).

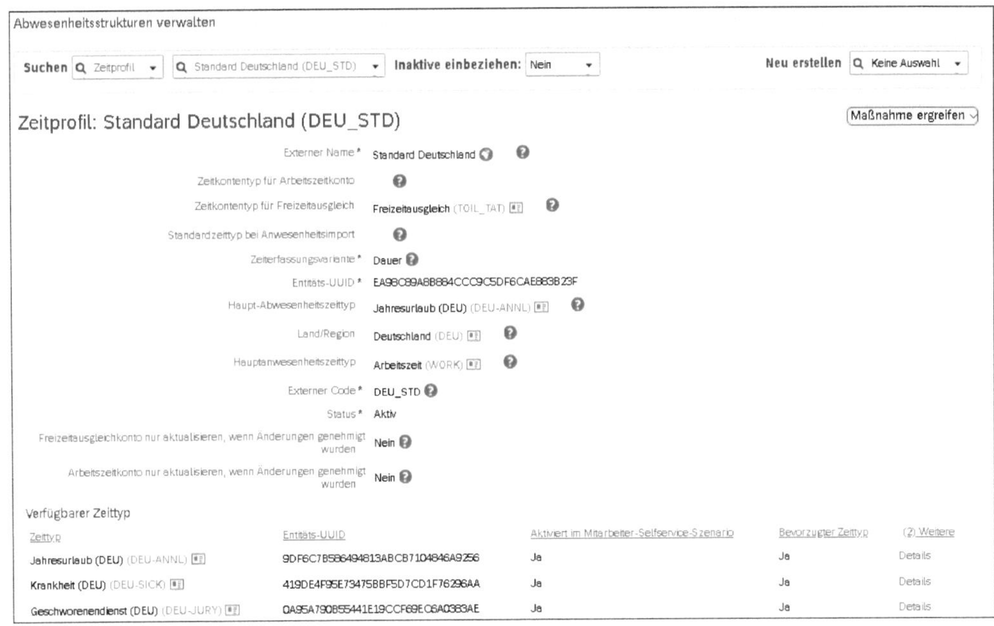

Abbildung 7.8 Zeitprofil (Time Type Profile)

7.1.3 Profile

Schauen wir uns nun an, welche Felder in den Stelleninformationen des Mitarbeiterprofils das Zeitmanagement ausmachen:

- Urlaubskalender
- Arbeitszeitplan
- Zeitprofil
- Zeiterfassungsprofil
- Zulässigkeitsregelung für die Zeiterfassung

In Abbildung 7.9 sehen Sie die dazugehörige Darstellung im Mitarbeiterprofil.

Zeitinformationen

Urlaubskalender	DEU-Brandenburg (DEU-Germany)	Zulässigkeitsregelung für die Zeiterfassung	Letzten 4 Wochen/Korrekturen zulässig (4WK_AMEND_YES)
Arbeitszeitplan	NORM (NORM) Details	Zeiterfassungsvariante	Dauer
Zeitprofil	Standard Deutschland (DEU_STD)	Standard-Überstunden-Vergütungsvariante	Abwesenheit
Zeiterfassungsprofil	Duration Negative (DUR_NEG)		

Abbildung 7.9 Zeitinformationen im Mitarbeiterprofil ansehen

Im Folgenden sehen wir uns die Funktionen im Bereich der Abwesenheiten an.

7.2 Abwesenheit

Mithilfe des Abwesenheitsmanagements (Employee Central Time Off) kann die Abwesenheit der Mitarbeitenden verwaltet werden. Es gibt drei wesentliche Funktionen:

- die Möglichkeit, Abwesenheiten zu erfassen
- ein Workflow zur Genehmigung der beantragten Abwesenheiten
- die Möglichkeit, geplante und genehmigte Abwesenheiten zu verfolgen

Zudem gibt es im Bereich der Abwesenheiten drei Gruppen von Benutzern:

- Mitarbeitende
- Vorgesetzte (Genehmiger)
- HR-Administration

Mitarbeitende geben ihre eigenen Abwesenheitsanträge ein und können ihre Zeitsalden überwachen. Vorgesetzte können einen Kalender mit den Abwesenheiten des Teams einsehen, um vor der Genehmigung von Abwesenheitsanträgen die Teamverfügbarkeit sicherzustellen. Mitglieder der HR-Administration können Urlaubsansprüche und -salden überprüfen, pflegen und manuell ändern.

In diesem Abschnitt befassen wir uns mit dem Einrichten der Funktion **Abwesenheiten** und zeigen Ihnen, wie Sie Funktionen, Abwesenheit und Benutzergruppen bearbeiten.

7.2.1 Abwesenheiten einrichten

Bevor mit Abwesenheiten gearbeitet werden kann, muss diese Funktion im sogenannten *Provisioning* aktiviert werden. Die Aktivierung übernimmt in der Regel Ihr Implementierungspartner für Sie.

Die übrigen Einrichtungsschritte können in Employee Central selbst durchgeführt werden. Greifen Sie dazu über das Admin-Center auf die relevanten Bereiche zu. Jeder Benutzer, meist ein Administrationsnutzer, der über eine entsprechende Berechtigung verfügt, kann diese Aufgaben ausführen. Normalerweise werden die meisten der im Folgenden genannten Schritte während der Erstimplementierung durchgeführt. Als Kunden pflegen Sie dann im weiteren Verlauf oftmals nur noch die bereits vorhandenen Einträge.

Die folgenden Aufgaben stehen im Rahmen der Erstimplementierung an:

1. Aktivieren Sie im Admin-Center unter **Einstellungen für Employee Central verwalten** die Ansicht **Abwesenheit** (und gegebenenfalls den Arbeitszeiterfassungsbogen), indem Sie den betreffenden Schieberegler aktivieren (siehe Abbildung 7.10).

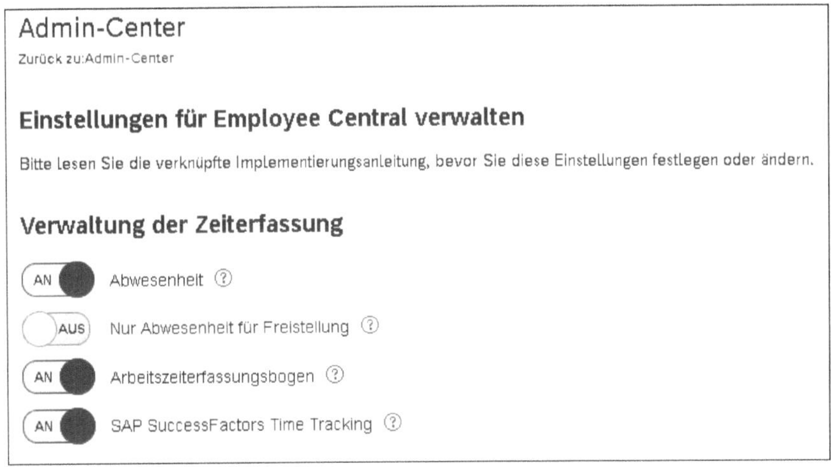

Abbildung 7.10 Abwesenheiten aktivieren

2. Erstellen Sie die entsprechenden rollenbasierten Berechtigungen für Mitarbeitende, Vorgesetzte und die HR-Administration (weitere Informationen zu rollenbasierten Berechtigungen erhalten Sie in Kapitel 11).
3. Richten Sie einen Genehmigungs-Workflow für das Einreichen und die Genehmigung der Anträge ein (weitere Informationen hierzu erhalten Sie in Abschnitt 2.3, »Workflows nutzen«).

Die weiteren Konfigurationsaufgaben führen Sie nun über das Admin-Center und dort über **Abwesenheitsstrukturen verwalten** aus.

Im Folgenden erfahren Sie, wie die einzelnen benötigten Objekte eingerichtet und zusammengefügt werden.

Objekte einsetzen und verwenden

In Abschnitt 7.1 haben wir mehrere Objekte vorgestellt, die im Rahmen der Abwesenheit verwendet werden. Diese fügen sich wie ein Puzzle zusammen und bilden die Grundlage für die Erfassung von Abwesenheiten. Die Konfiguration für die Abwesenheitsstrukturen erfolgt im Admin-Center über **Abwesenheitsstrukturen verwalten**, indem Sie die Dropdown-Liste **Neu erstellen** verwenden und das gewünschte Objekt auswählen (siehe Abbildung 7.11).

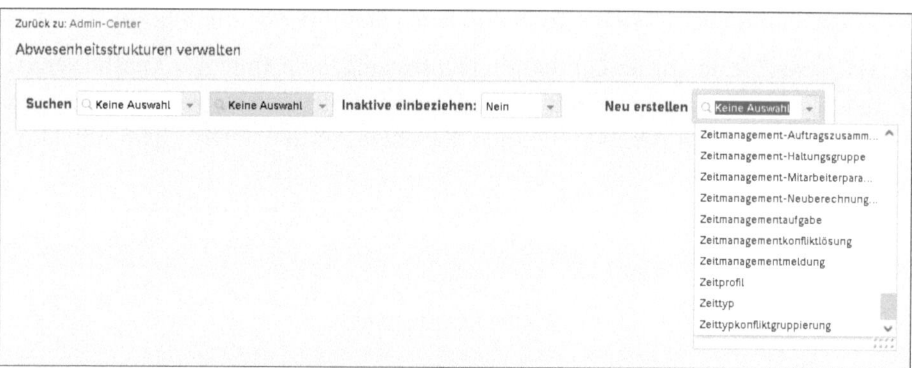

Abbildung 7.11 Abwesenheitsstrukturen verwalten

Im Folgenden zeigen wir Ihnen, wie die Objekte für die Funktion **Abwesenheit** erstellt und verwendet werden können. Navigieren Sie dazu über die Aktionssuche und **Integrations-Center** zum Datenmodellnavigator, indem Sie auf **Datenmodellnavigator** klicken (siehe Abbildung 7.12).

Abbildung 7.12 Datenmodellnavigator nutzen

Geben Sie im sich öffnenden Suchfeld den Begriff »Arbeitszeitplan« ein. Wählen Sie nun alle sechs angebotenen Entitäten aus (siehe Abbildung 7.13).

Im Ergebnis werden Ihnen die Entitäten, die Felder und ihre Abhängigkeiten so dargestellt, wie diese in Ihrem System konfiguriert sind (siehe Abbildung 7.14).

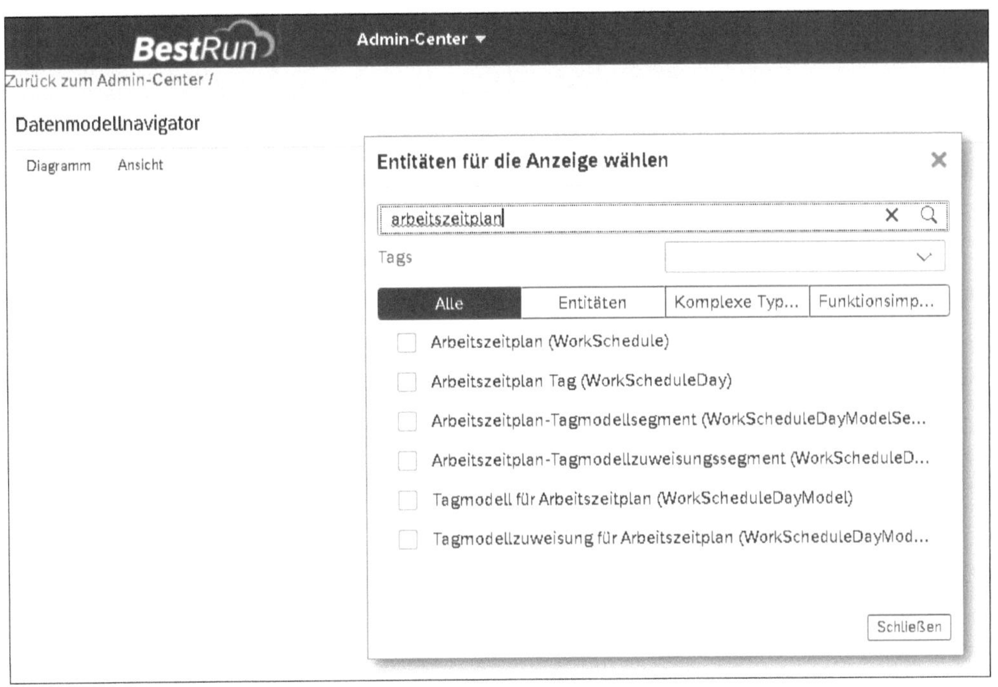

Abbildung 7.13 Entitäten für den Arbeitszeitplan auswählen

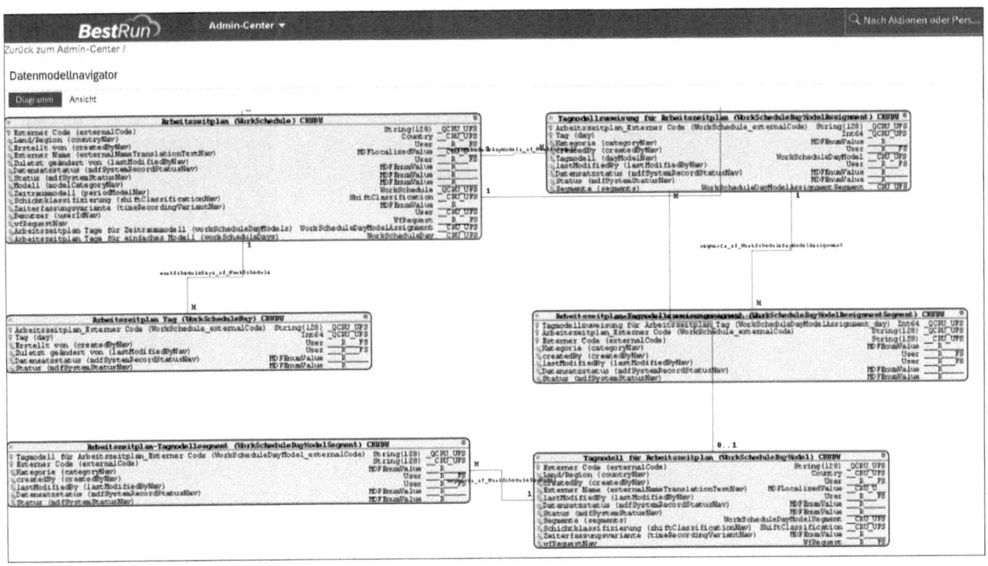

Abbildung 7.14 Visualisierung der Entitäten für den Arbeitszeitplan

Zeittyp

Zeittypen sind der Eckpfeiler für die Einrichtung von Abwesenheiten. Für jede Abwesenheit oder jeden genommenen Urlaub muss ein Zeittyp erstellt werden (siehe Abbildung 7.15).

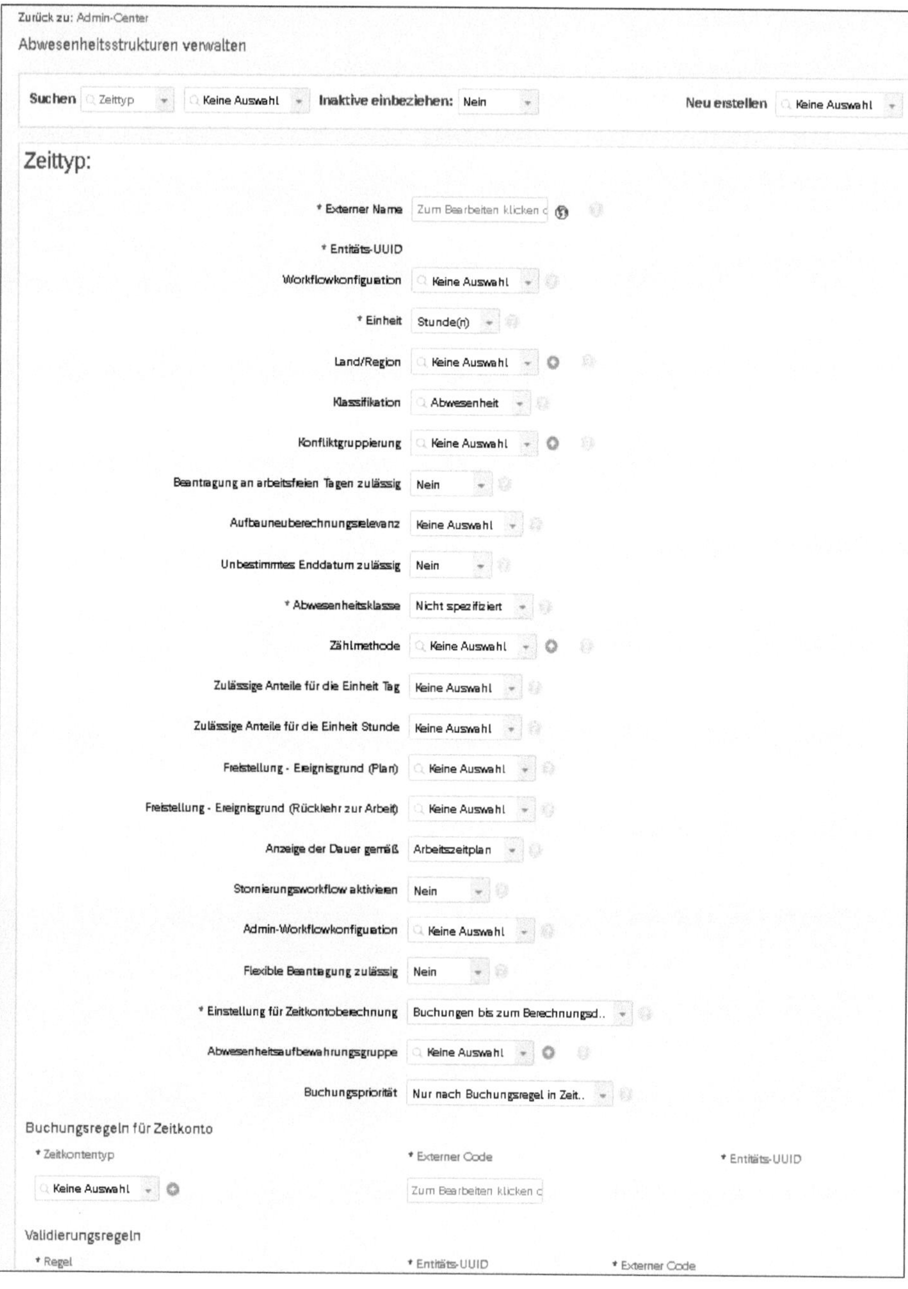

Abbildung 7.15 Zeittyp anlegen und Zeitkontentyp pflegen

Achten Sie beim Anlegen eines Zeittyps darauf, Merkmale anzugeben, die zur Konkretisierung des Zeittyps beitragen. Dazu gehören:

- Die Angabe, welche Einheit verwendet werden soll: Soll die Zeit in Stunden oder in ganzen oder halben Tagen erfasst werden?
- Soll eine Workflow-Konfiguration ausgelöst werden, wenn dieser Zeittyp genutzt wird?
- Ist ein Zeitkontentyp für den Zeittyp relevant? Um diese Zuordnung vornehmen zu können, müssen Sie zuvor Zeitkontentypen definiert haben, deren Nutzung wir Ihnen im nächsten Abschnitt erklären.

Namenskonventionen

Definieren Sie, ebenso wie für die anderen Objekte, Namenskonventionen, die Sie zur Bezeichnung der Zeittypen sowie anderer Objekte heranziehen können. So erleichtern Sie die spätere Verwaltung.

Zeitkontentyp

Zeitkontentypen können genutzt werden, um die Zeittypen zu unterstützen, die auf einem Konto oder einem Saldo geführt werden. Urlaub und Krankheit sind Beispiele für Zeittypen, die in der Regel einen Zeitkontentyp erfordern. Um einen Zeitkontentyp einzurichten, wird u. a. Folgendes gepflegt (siehe Abbildung 7.16):

- **Zeiteinheit**

  Die Zeiteinheit im Feld **Einheit** ist entweder Stunde(n) oder Tag(e). Die Zeiteinheit muss der im Zeittyp ausgewählten Zeiteinheit entsprechen. Die Zeiteinheit kann nicht mehr geändert werden, wenn es für diesen Zeitkontentyp mindestens ein Zeitkonto gibt.

- **Kontoerstellungstyp**

  Im Dropdown-Feld **Kontoerstellungstyp** stehen die Optionen **Dauerhaft**, **Wiederkehrend** oder **Ad-hoc** zur Auswahl. **Dauerhaft** wird gewählt, wenn es für den Zeitkontentyp nur ein Zeitkonto pro Person geben soll. **Wiederkehrend** wählen Sie, wenn es mehrere Zeitkonten geben soll, die jeweils für ein Jahr gültig sind. Die Auswahl der Option **Ad-hoc** ist sinnvoll, wenn Sie Zeitkonten wünschen, die nicht Teil der Standardprozesse zur Erstellung von Zeitkonten sind. Sie werden stattdessen entweder im Rahmen von bestimmten Geschäftsvorfällen (z. B. Kaufurlaub) oder manuell von einem Administrator oder von einer Administratorin erstellt. Beachten Sie, dass sich je nach Auswahl des gewünschten Kontoerstellungstyps auch die weiteren zur Verfügung stehenden Felder der Pflegemaske **Zeitkontentyp** anpassen.

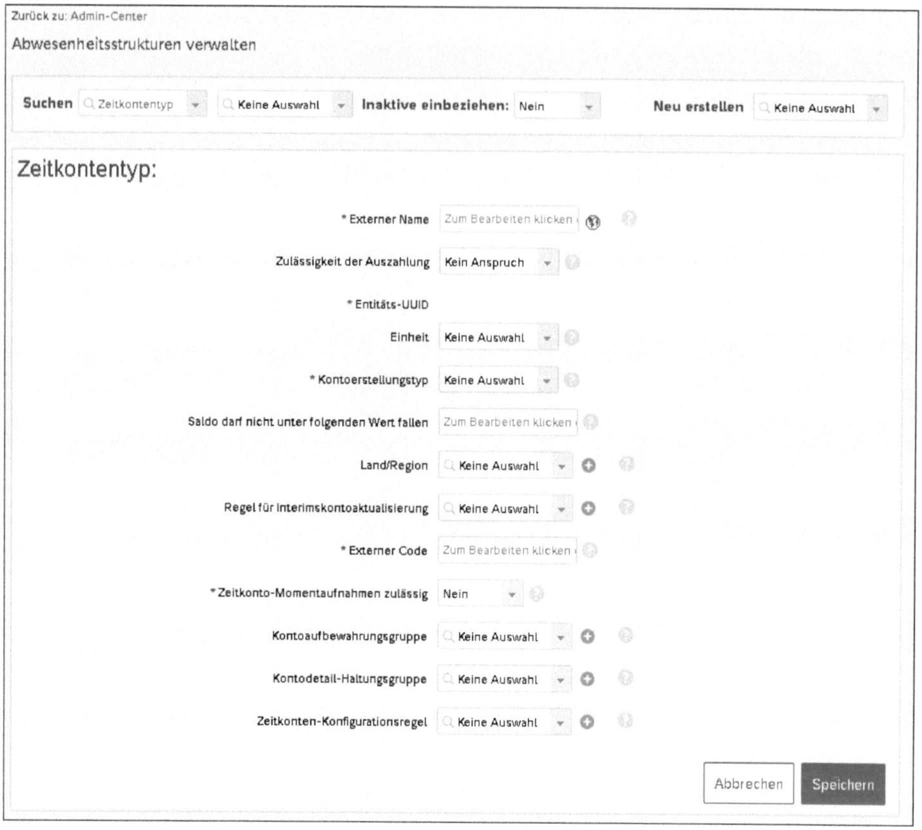

Abbildung 7.16 Zeitkontentyp pflegen

Nachdem der Zeitkontentyp erstellt worden ist, wird er dem zuvor erstellten Zeittyp zugeordnet (siehe Abbildung 7.15).

Zeitprofil

Die erstellten Zeittypen können zu fest zugeordneten Gruppierungen, den sogenannten *Zeitprofilen*, zusammengefasst werden. Es können so viele unterschiedliche Zeitprofile erstellt werden, wie es erforderlich ist, um die benötigten Abwesenheitsszenarien zu unterstützen. Beispielsweise sind mehrere Zeitprofile für verschiedene Standorte üblich. Das liegt an den unterschiedlichen Anforderungen, z. B. aufgrund von Tarifverträgen oder Betriebsvereinbarungen. Grundsätzlich gilt, dass einem Beschäftigungsverhältnis immer nur ein Zeitprofil zugewiesen werden kann.

Bei der Pflege des Zeitprofils können Sie im Feld **Haupt-Abwesenheitstyp** festlegen, welcher Abwesenheitstyp am häufigsten benötigt wird (siehe Abbildung 7.17). Über einen Klick auf die Fragezeichensymbole erhalten Sie Hinweise, z. B. zu den einzelnen Konfigurationsmöglichkeiten. Darüber hinaus können Sie zahlreiche weitere Eigenschaften pflegen.

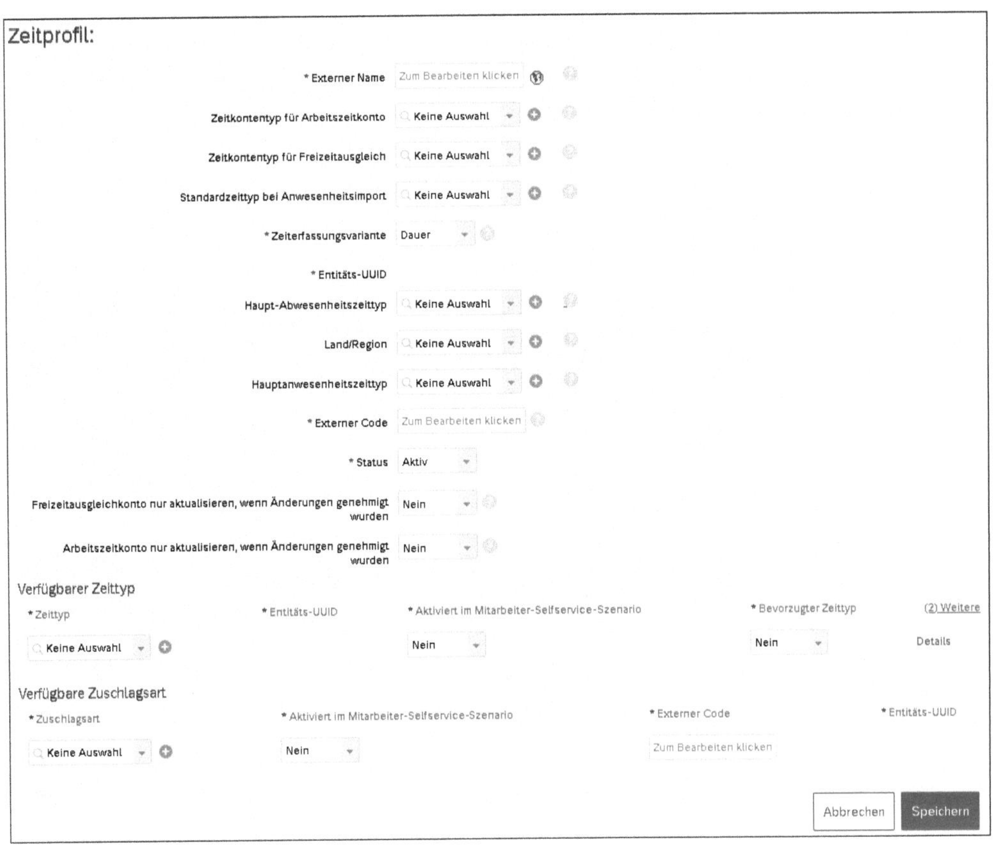

Abbildung 7.17 Zeitprofil pflegen

Feiertagskalender

Für jedes Land oder Bundesland muss ein Feiertagskalender definiert werden, um arbeitsfreie Tage im System zu hinterlegen. Der erste Schritt bei der Erstellung eines Feiertagskalenders besteht darin, die Feiertage zu erstellen. Feiertage können global und über mehrere Jahre hinweg genutzt werden, sodass jede Instanz nur einmal erstellt werden muss und dann wiederverwendet werden kann. So ist beispielsweise der 25. Dezember ein Feiertag, der jedes Jahr am gleichen Datum für alle Standorte gilt, an denen an diesem Tag ein gesetzlicher Weihnachtsfeiertag vorgesehen ist. Dieser Feiertag kann für mehrere Länder und Jahre erstellt und verwendet werden. Es können halbe oder ganze Tage gewährt werden.

Arbeiten mit Feiertagskalender

In Projekten wird immer wieder die Frage gestellt, ob die Feiertagskalender direkt von SAP zur Verfügung gestellt werden können, sodass die manuelle Pflege entfällt. Derzeit (Stand: November 2022) wird dies mit Hinweis auf lokale Inhalte, die SAP in Employee Central nicht zur Verfügung stellt, verneint. Implementierungspartner können in der Regel im Kontext der Feiertagskalender mit sogenannten Beschleunigern Ihre Pflegeaktivitäten unterstützen.

Der zweite Schritt bei der Erstellung eines Feiertagskalenders besteht darin, der Kalenderdefinition Feiertage zuzuweisen (siehe Abbildung 7.18). Im Urlaubskalender muss dem Urlaubsdatum ein Jahr zugewiesen werden. Einer Mitarbeiterin oder einem Mitarbeiter kann nur ein Feiertagskalender zugewiesen werden.

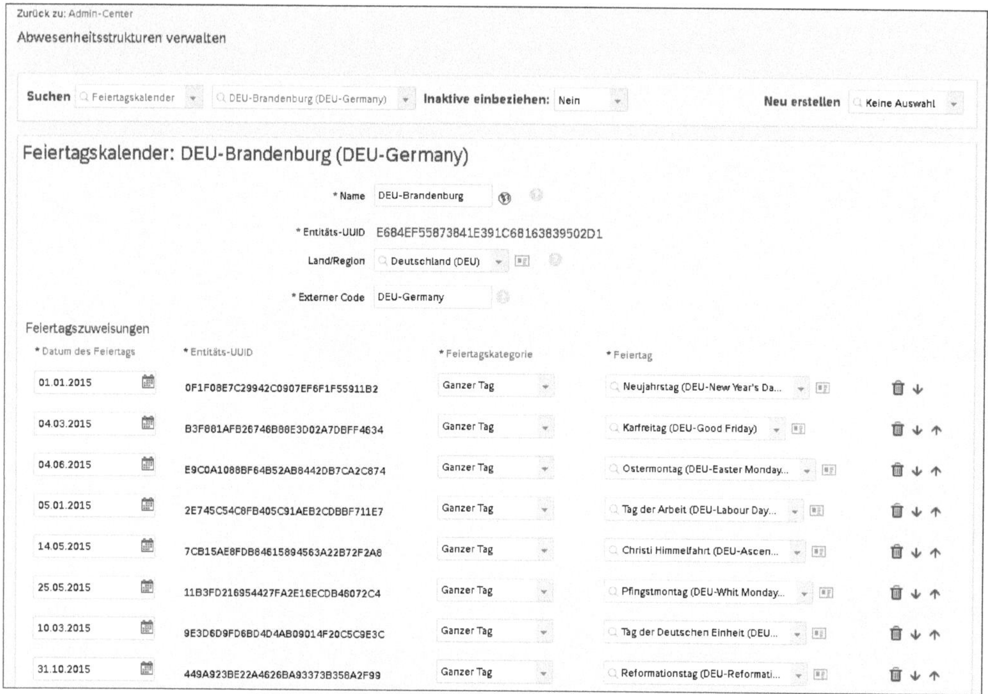

Abbildung 7.18 Feiertagskalender pflegen und Feiertage zuweisen

Arbeitszeitplan

Zur Unterstützung von Abwesenheiten müssen verschiedene Kombinationen von Arbeitszeitplänen erstellt werden. Im System muss bekannt sein, wann Mitarbeitende zu arbeiten haben, damit Urlaub und Abwesenheiten ordnungsgemäß von den Zeitkonten abgezogen werden können. Arbeitszeitpläne können in Abhängigkeit Ihrer Prozesse global oder lokal definiert werden. Im Folgenden führen wir die Schritte zur Einrichtung von Arbeitszeitplänen vor (siehe Abbildung 7.19):

1. Identifizieren Sie verschiedene Zeitmodelle, denen Mitarbeitende zugewiesen werden sollen. Für jedes Szenario sollte es einen eigenen Arbeitszeitplan geben.

2. Bestimmen Sie, wie viele Tage in einem Modell enthalten sein sollen, bevor sich das Muster wiederholt. Typischerweise sind dies 7 Tage (eine Woche), aber es gibt auch andere Zeitpläne mit 5, 14 oder 28 Tagen. Die Spalte **Tag** zeigt dieses an.
3. Ermitteln Sie, welche Tage Arbeitstage und welche Tage arbeitsfrei sind. Arbeitsfreie Tage werden in der Spalte **Geplante Stunden und Minuten (hh:mm)** als Nullstunden in den Arbeitszeitplan eingetragen. Für Arbeitstage geben Sie die Anzahl der geplanten Stunden pro Tag an.
4. Legen Sie ein Anfangsdatum fest, damit das System weiß, wann das Muster starten soll.

Zu beachten ist wiederum, dass einer Person nur ein Arbeitszeitplan zugewiesen werden kann.

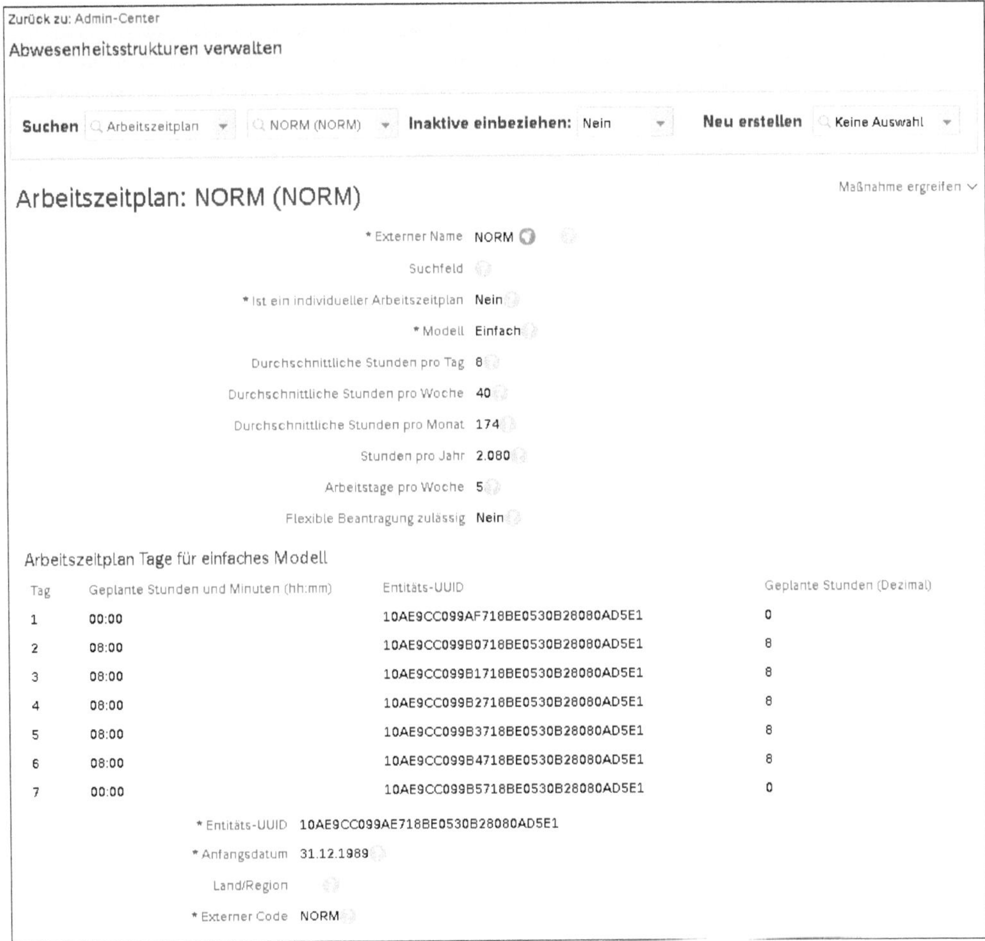

Abbildung 7.19 Arbeitszeitplan einrichten

[+]

Tag 1 bis 7

Bei der Konfiguration eines Arbeitsplans stehen die Zahlen für die Wochentage. Dabei repräsentiert 1 den Wochentag des im Feld **Anfangsdatum** definierten Datums. Wenn z. B. im Feld **Anfangsdatum** das Datum »31.12.1989« eingegeben wird, wäre Tag 1 ein Sonntag, Tag 2 ein Montag usw. Ist das im Feld **Anfangsdatum** eingegebene Datum jedoch der 01.01.2021, wäre Tag 1 ein Freitag, Tag 2 ein Samstag usw.

Zeitkriterien den Mitarbeitenden zuordnen

Der nächste Schritt bei der Einrichtung von Abwesenheit ist die Zuweisung eines Zeitprofils, eines Feiertagskalenders und eines Arbeitszeitplans für alle Mitarbeitenden, die Abwesenheit in Anspruch nehmen.

Bei der Einstellung einer neuen Mitarbeiterin oder eines neuen Mitarbeiters können Regeln für Standardwerte auf der Grundlage des Mitarbeitertyps, der Klasse, der Stelle, des Standorts oder jedes anderen Attributs erstellt werden, sofern die Geschäftsanforderungen dies zulassen.

Für bereits beschäftigte Mitarbeitende, die zum ersten Mal die Funktion **Abwesenheit** nutzen, können die Werte auf eine der folgenden Arten zugewiesen werden:

- Im Mitarbeiterprofil kann für Mitarbeitende der Pfad **Maßnahmen ergreifen • Stellen- und Vergütungsinformationen ändern** genutzt werden (weitere Informationen zur Pflege von Mitarbeiterdaten finden Sie in Kapitel 5, »Mitarbeiterdaten«).
- Es stehen Massenänderungen bereit, um Werte über Gruppen von Mitarbeitenden zuzuweisen (Massenänderungen).
- Sie können einen Datenimport durchführen.

Einen Hinweis zum Thema Massenänderungen finden Sie, ebenso wie Informationen zum Thema Datenimporte, in Kapitel 13, »Daten und Schnittstellen für Employee Central«. Nachdem die Ersteinrichtung abgeschlossen ist, gehen wir im Folgenden auf die wesentlichen Merkmale und Funktionen des Bereichs **Abwesenheit** ein.

7.2.2 Merkmale und Funktionen im Bereich »Abwesenheit«

Im Bereich **Abwesenheit** können Sie eine Reihe verschiedener Funktionen nutzen: Kalender, Aufbau des Zeitkontos, Periodenendverarbeitung, Urlaub u. v. m. Diese Funktionen stellen wir im Folgenden näher vor.

Kalender

Kalender werden in der Funktion **Abwesenheit** verwendet, um Massenaufträge oder Änderungen in Zeitkonten zu verarbeiten. Dadurch können Prozesse wie z. B. der

Aufbau des Zeitkontos selbständig ablaufen. Kalender werden in der Regel verwendet, um die folgenden Prozesse zu automatisieren:

- Periodenverarbeitung
- Aufbau
- Kontoerstellung
- periodische Kontoaktualisierung

Kalender können so eingerichtet werden, dass sie automatisch über einen geplanten Jobauftrag ausgeführt werden. Sie können zu einem bestimmten Zeitpunkt automatisch wiederkehren, und sie können auch in der Zukunft geplant werden. Zusätzlich gibt es die Möglichkeit, Kalender manuell zu bearbeiten und auszuführen.

Um Kalender einzurichten, gehen Sie im Admin-Center über **Abwesenheitskalender verwalten** (siehe Abbildung 7.20).

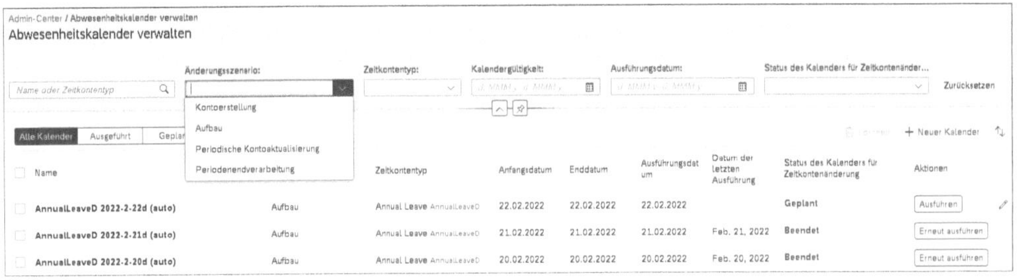

Abbildung 7.20 Abwesenheitskalender verwalten

Im Folgenden stellen wir Ihnen exemplarisch die Periodenverarbeitung und deren Aufbau vor.

Periodenendverarbeitung

Als *Periodenendverarbeitung* werden die Aktivitäten bezeichnet, die am Ende des Jahres für Zeitkonten stattfinden. Diese werden als Periodenendverarbeitung und nicht als Jahresendverarbeitung bezeichnet, da dieses Konzept auch auf Zeitkonten angewandt werden kann, deren Ende einem Geschäftsjahr oder dem Einstellungsjahrestag einer Mitarbeiterin oder eines Mitarbeiters entspricht. Die Periodenendverarbeitung schließt wiederkehrende Zeitkonten ab.

Es gibt drei wesentliche Optionen für die Periodenendverarbeitung:

- Der Saldo des Zeitkontos wird auf null gesetzt, und der Saldo kann nicht mehr verwendet werden.

- Der Saldo des Zeitkontos wird auf das neue Zeitkonto übertragen und geht somit nicht verloren. Stattdessen wird der Saldo dem neuen Zeitkonto hinzugefügt.
- Ein Teil des Zeitkontosaldos wird auf das neue Zeitkonto übertragen. Jeder Saldo, der über diesen Übertrag hinausgeht, geht verloren und kann nicht mehr verwendet werden.

Die Kalender werden über **Abwesenheitskalender verwalten** im Admin-Center eingerichtet. Es besteht die Möglichkeit, neben der Speicherung auch die Variante **Speichern und simulieren** auszuwählen (siehe Abbildung 7.21). In diesem Fall kann das Ergebnisprotokoll im Admin-Center überprüft werden. Wählen Sie **Monitor Job** zur Ansicht des gestarteten Jobs.

Abbildung 7.21 Kalender für die Periodenverarbeitung einrichten

Aufbau des Zeitkontos (Accrual)

Die Funktion **Aufbau** ermöglicht ein regelmäßiges Hinzufügen von Zeit zu einem Zeitkonto. In Anlehnung an unseren Vergleich eines Zeitkontos mit einer Bank ist die Funktion **Aufbau** wie eine regelmäßige Festbetragseinlage zu verstehen. Eine Aufbauregel (engl. Accrual Rule) wird verwendet, um zu bestimmen, wie viel Zeit auf das Zeitkonto gebucht wird und wann sie gebucht werden soll. Nachdem die Zeit gebucht worden ist, kann sie von den Mitarbeitenden verwendet werden.

Aufbauregeln werden im Admin-Center unter **Administration der Geschäftsregeln • Geschäftsregeln konfigurieren** eingerichtet (siehe Abbildung 7.22). Weitere Informationen zu Geschäftsregeln finden Sie in Abschnitt 2.4, »Geschäftsregeln«.

Eine Aufbauregel sollte die folgenden Parameter enthalten:

- **Gebuchte Dauer**
  Die gebuchte Dauer bezeichnet den Betrag der Zeiteinheit, der dem Zeitkonto hinzugefügt werden soll.

- **Externer Code**
  Der externe Code ist ein eindeutiger Code, der automatisch generiert wird, wenn Sie in der Regel das Kennzeichen **Externen Code für Abwesenheit generieren** auswählen.
- **Buchungsdatum**
  Das Buchungsdatum wird in der Regel auf das Datum des Aufbaubeginns gesetzt.
- **Buchungsart**
  Die Buchungsart ist immer auf **Aufbau** eingestellt.
- **Buchungseinheit**
  Die Buchungseinheit muss mit dem Einheitentyp des Zeitkontos übereinstimmen, also geben Sie »Zeitkonto.Zeitkontentyp.Einheit« ein.

Abbildung 7.22 Geschäftsregel für das Szenario »Aufbau« einrichten

Administrationsleitfaden

Weitere Informationen über den Aufbau und weiteren Themen rund um die Abwesenheit finden Sie im Leitfaden für die Implementierung von Employee Central Time Off unter *http://help.sap.com/hr_ec*.

Langzeitabwesenheit

Manchmal kann oder soll nicht der volle Umfang der Funktion **Abwesenheit** genutzt werden, aber dennoch Langzeitabwesenheiten verwaltet werden. Im Folgenden stellen wir die typischen Aktivitäten vor, die zur Verwaltung einer *Langzeitabwesenheit* durchgeführt werden. Dies ist z. B. dann hilfreich, wenn Mitarbeitende für einen längeren Zeitraum von der Arbeit abwesend sind. Gründe für die Unterbrechung des Arbeitsverhältnisses können Mutterschaftsurlaub, Sabbatical oder auch Urlaub aufgrund von Berufsrisiken sein.

Die betreffende Person beantragt eine Beurlaubung, und z. B. der Vorgesetzte und ein Mitglied des HR-Teams genehmigen den Antrag. Es wird hierzu ein Ereignis mit einem Ereignisgrund ausgelöst, das die Person als länger abwesend kennzeichnet. Beurlaubte Mitarbeitende müssen nach einer bestimmten Zeit an ihren Arbeitsplatz zurückkehren. Geschieht das, wird ein Ereignis mit einem passenden Ereignisgrund ausgelöst, um zu kennzeichnen, dass die Person wieder am Arbeitsplatz ist.

Wenn das Positionsmanagement aktiviert ist, können Sie entscheiden, ob die Mitarbeiterin oder der Mitarbeiter das Recht haben soll, nach Beendigung der Langzeitabwesenheit auf seine aktuelle Stelle zurückzukehren. Dazu kann die Funktion **Rückkehrrecht** eingestellt werden. Das Rückkehrrecht kann im Planstellenorganigramm eingesehen werden.

Langzeitabwesenheit und Planstelle

Wird eine Langzeitabwesenheit einer oder einem Mitarbeitenden zugewiesen, wird die Person im Organigramm nicht mehr angezeigt. Sie gilt in solchen Fällen als grundsätzlich nicht verfügbar, anders als z. B. bei Urlaub oder Krankheit.

Gibt es Integrationspunkte, z. B. auch zu SAP ERP HCM, ist bei der Einrichtung von Langzeitabwesenheiten Vorsicht geboten. Das Entfernen der betreffenden Person aus der Position ist hier kritisch zu prüfen und gegebenenfalls nicht anzuwenden.

Eine Langzeitabwesenheit in Employee Central zu pflegen, hat Auswirkungen auf weitere Prozesse. So soll z. B. die langzeitabwesende Führungskraft keine Benachrichtigungen zu Zielvereinbarungen mehr erhalten. Wurde diese Person von der Planstelle für die Zeit der Abwesenheit entfernt, können die ihr direkt unterstellten Mitarbeitenden z. B. automatisch an die übergeordnete Planstelle gehängt werden.

Es gibt zwei Ereignisse für die Langzeitabwesenheit: ein Ereignis für den Start und ein Ereignis für die Rückkehr aus der Beurlaubung. Ereignisgründe richten Sie im Admin-Center über **Strukturen für Organisation, Gehalt und Stellen verwalten** ein. Für ein Ereignis, das zur Langzeitabwesenheit führt, können beliebig viele Ereignisgründe definiert werden. Für jedes Ereignis muss jedoch mindestens ein Ereignisgrund definiert worden sein. Weitere Informationen dazu finden Sie in Abschnitt 2.2, »Ereignisse und Ereignisgründe«. Abbildung 7.23 zeigt den Ereignisgrund **Maternity Leave** (**Bezahlter Urlaub** unter Mitarbeiterstatus ist etwas irreführend, besser wäre **Bezahlte Abwesenheit**).

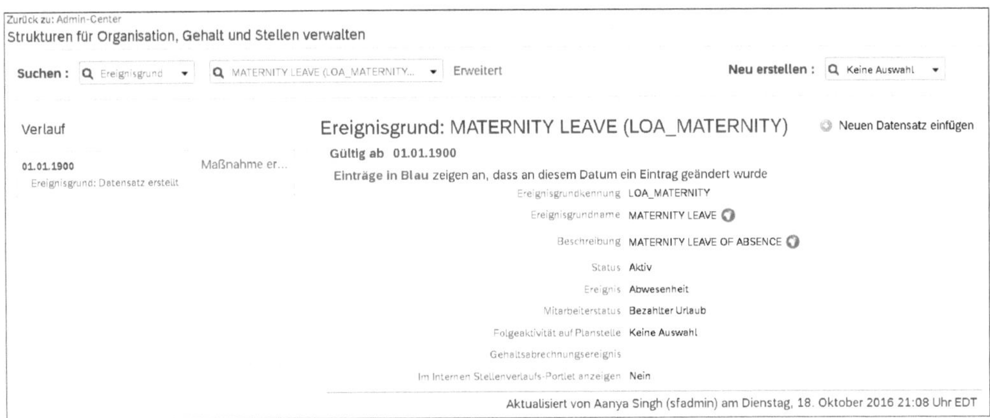

Abbildung 7.23 Ereignisgrund Mutterschutz (Maternity Leave) einsehen

Bei der Definition eines Ereignisgrundes für ein Abwesenheitsereignis kann der Status der oder des Mitarbeitenden auf bezahlte oder unbezahlte Langzeitabwesenheit gesetzt werden. Je nach Systemintegration können diese individuellen Status in weitere Systeme, z. B. für die Lohn- und Gehaltsabrechnung, weitergegeben werden. So kann gesteuert werden, ob das Gehalt der Person während der Langzeitabwesenheit gezahlt werden soll. Für ein Ereignis **Rückkehr an den Arbeitsplatz** sollte der Mitarbeiterstatus eines Ereignisgrundes auf **Aktiv** stehen.

Langzeitabwesenheiten können sich von Land zu Land unterscheiden. Es besteht daher die Möglichkeit, länderspezifische Ereignisgründe zu verwenden. Für Unternehmen, die eine globale Vorlage verwenden möchten, sollte dieser Ansatz in Betracht gezogen werden.

Für die Konfiguration gilt es nun, die Zuordnung der Ereignisgründe zu Zeittypen herzustellen. Jeder Zeittyp einer Langzeitabwesenheit benötigt einen Ereignisgrund. Bei der Pflege des Zeittyps ist zu beachten, dass sowohl das Feld **Ereignisgrund (Plan)** (für den Start Abwesenheit) als auch das Feld **Ereignisgrund Rückkehr zur Arbeit** (für das Ende der Abwesenheit) zu pflegen ist. Abbildung 7.24 zeigt ein Beispiel für einen Zeittyp für eine Abwesenheit, aufrufbar über die Aktionssuche und den Punkt **Abwesenheitsstrukturen verwalten**.

Langzeitabwesenheit

Eine Langzeitabwesenheit ändert nicht den Mitarbeitersystemstatus von **aktiv** auf **inaktiv**. Denn die betreffende Mitarbeiterin oder der betreffende Mitarbeiter ist durchgehend aktiv.

Abbildung 7.24 Zeittyp bearbeiten

Im Gegensatz zu anderen Zeitarten können für Langzeitabwesenheiten nur ganztägige Buchungen beantragt werden. Die Berechnungen basieren auf Kalendertagen. Der nächste Einrichtungsschritt besteht darin, die neuen Zeitarten in Ihre bestehenden Zeitprofile einzubinden.

7.2.3 Benutzer von Abwesenheit

Die drei typischen Benutzergruppen, die an der Nutzung der Funktion **Abwesenheit** beteiligt sind, sind wie schon genannt:

- Mitarbeitende
- Vorgesetzte
- HR-Administration

Im Folgenden gehen wir auf den Einsatz der Funktion **Abwesenheit** für jede dieser Gruppen ein.

Abwesenheit aus Sicht der Mitarbeitenden

Mitarbeitende nutzen die Funktion **Abwesenheit** in der Regel dazu, ihre Anträge auf Abwesenheit zu verwalten, den Teamkalender mit den Abwesenheiten des Teams aufzurufen und die Details für ihr eigenes Abwesenheitskonto anzuzeigen. Die Möglichkeit für Mitarbeitende, selbst Abwesenheit beantragen zu können, ist einer der grundlegenden Self-Services und dient dazu, den Prozess »schlank zu halten«.

Aufgerufen werden kann die Übersicht für Abwesenheit (siehe Abbildung 7.25) entweder über das eigene Personenprofil und den Navigationspunkt **Time** oder gegebenenfalls über einen Quicklink auf der Homepage von SAP SuccessFactors.

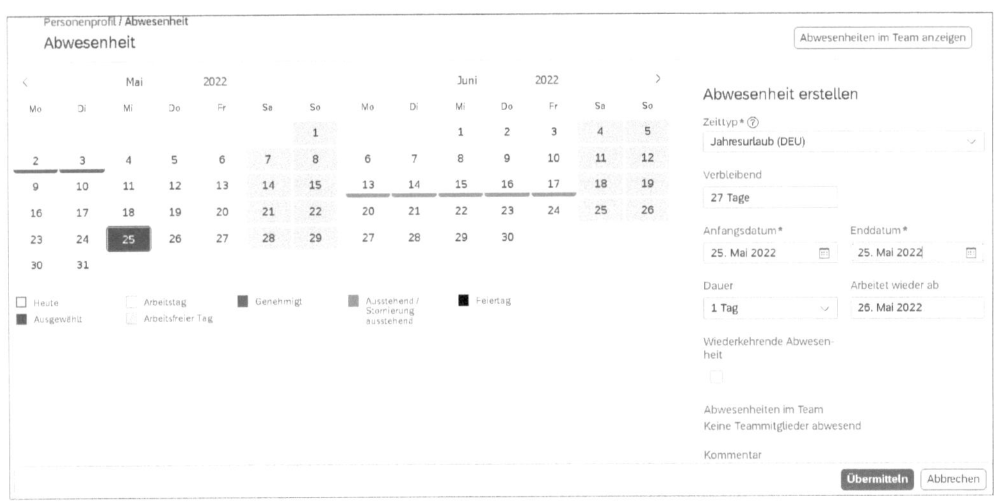

Abbildung 7.25 Abwesenheiten einsehen und verwalten

Die Hauptansicht enthält einen zweimonatigen Kalender, der die geplante und/oder genommene Abwesenheit für die verschiedenen Zeitarten anzeigt. Feiertage aus dem Feiertagskalender, der der betreffenden Person zugewiesen ist, werden in Grau angezeigt. So sind in dem in Abbildung 7.25 gezeigten Beispiel die Wochenendtage grau markiert, da hier keine Arbeit vorgesehen ist. Wird der Mauszeiger über einen Feiertag bewegt, erscheint ein Pop-up-Fenster, in dem der Name des Feiertags angegeben ist (z. B. Tag der Deutschen Einheit). Die im Kalender angezeigte geplante und genommene Abwesenheit ist farblich auf diese Schaltflächen abgestimmt.

Aus Sicht der Mitarbeitenden sind die folgenden Funktionen besonders relevant; sie werden deshalb im Verlauf dieses Abschnitts nacheinander vorgestellt.

Abwesenheit beantragen

Innerhalb der Funktionen zur Verwaltung von Abwesenheiten haben die Mitarbeitenden die Möglichkeit, Abwesenheiten zu beantragen sowie bestehende Anträge zu bearbeiten und zu stornieren. Eine Abwesenheit wird beantragt, indem auf der rechten Seite des Bildes zunächst der gewünschte Zeittyp ausgewählt wird. Danach können weitere Informationen, wie **Anfangsdatum** und **Erwartetes Rückkehrdatum** gepflegt werden.

Vor der Planung können Mitarbeitende einsehen, ob gegebenenfalls Kolleginnen oder Kollegen bereits in einer für sie relevanten Zeit eine Abwesenheit eingetragen haben. Dies ist über einen Klick auf die Schaltfläche **Abwesenheiten im Team anzeigen** möglich (siehe Abbildung 7.25). Nach dem Aufruf der Übersicht erhält man Einsicht in die Abwesenheiten des Teams (siehe Abbildung 7.26).

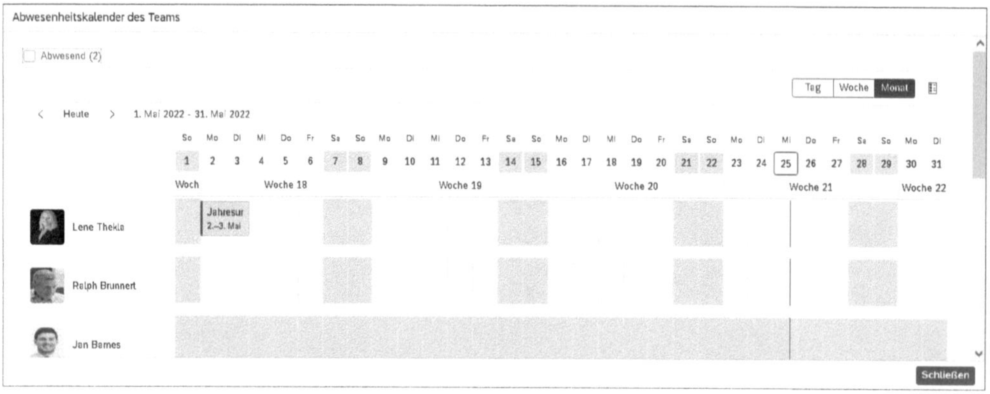

Abbildung 7.26 Abwesenheiten des Teams einsehen

Auch direkt bei der Bearbeitung eines neuen Antrags werden die benötigten Informationen bereitgestellt. Mit einem Klick auf die Schaltfläche **Übermitteln** kann der Antrag versendet und der Genehmigungs-Workflow gestartet werden.

Die Mitarbeitenden können im Bereich **Bevorstehende Abwesenheit** (siehe Abbildung 7.27) direkt neben der Kalenderanzeige bestehende Anträge ansehen, bearbeiten und stornieren. Hierzu klicken sie auf den zu bearbeiten Eintrag und können diesen ansehen oder verändern.

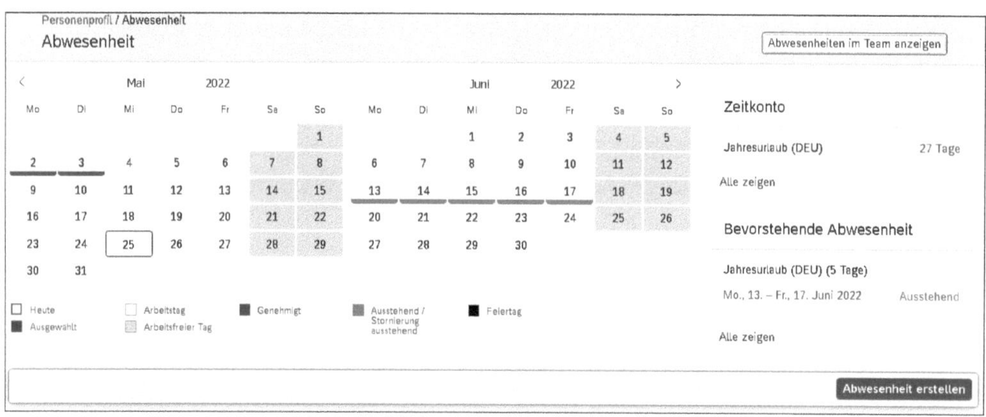

Abbildung 7.27 Bevorstehende Abwesenheiten einsehen

Abwesenheitskalender des Teams

Mitarbeitende und Vorgesetzte können den Abwesenheitskalender des Teams (siehe Abbildung 7.26) zur vorausschauenden Planung nutzen. Vorgesetzten hilft er auch, einen Einblick zu erhalten, wenn weitere Abwesenheiten beantragt werden.

Details des Abwesenheitskontos anzeigen

Die Mitarbeitenden können die Informationen der einzelnen Zeitkonten einsehen (siehe Abbildung 7.28), indem sie auf den Link **Alle zeigen** unterhalb der angezeigten Zeitkonten gehen.

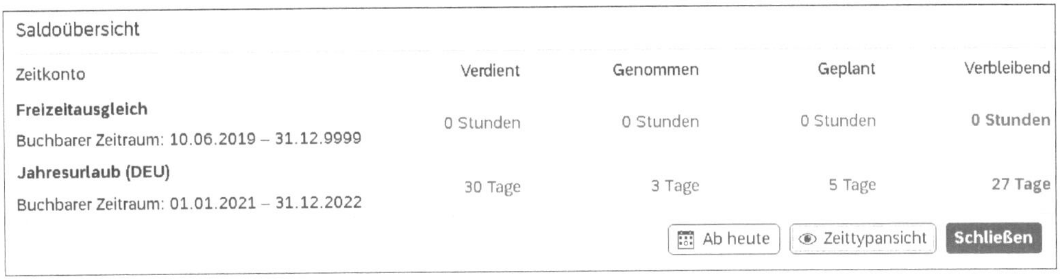

Saldoübersicht

Zeitkonto	Verdient	Genommen	Geplant	Verbleibend
Freizeitausgleich Buchbarer Zeitraum: 10.06.2019 – 31.12.9999	0 Stunden	0 Stunden	0 Stunden	**0 Stunden**
Jahresurlaub (DEU) Buchbarer Zeitraum: 01.01.2021 – 31.12.2022	30 Tage	3 Tage	5 Tage	**27 Tage**

Ab heute | Zeittypansicht | **Schließen**

Abbildung 7.28 Saldoübersicht einsehen

Für jedes Zeitkonto wird nun angezeigt, wie viele Stunden oder Tage vorhanden (verdient), genommen, geplant und verbleibend sind. Auch besteht die Möglichkeit, von der Zeitkonto-Ansicht über die Schaltfläche Zeittypansicht zur Ansicht nach Zeittyp zu wechseln.

Wird ein Antrag auf Abwesenheit gestellt, geht dieser zur Genehmigung zu der vorgesetzten Person der antragstellenden Person.

Abwesenheit aus Sicht der Vorgesetzten

Vorgesetzte haben im Rahmen der Abwesenheitsfunktion die Aufgabe, die eingereichten Abwesenheitsanträge der Mitarbeitenden zu prüfen und die Verfügbarkeiten des Teams im Blick zu halten.

Vorgesetzte finden eingereichte Anfragen auf Abwesenheit in der To-do-Liste, die über die Titelzeile in SAP SuccessFactors rechts neben dem Profilbild durch einen Klick auf erreichbar ist. Genehmigungen werden mit einem Klick auf **Anfragen genehmigen** erteilt. Der Antrag kann direkt genehmigt werden oder durch Anklicken geöffnet werden. Mit dem Öffnen des Antrags werden detaillierte Informationen zu diesem sichtbar (siehe Abbildung 7.29).

Es ist möglich, den Antrag zu prüfen und ihn auf die gleiche Weise zu bearbeiten wie einen Standard-Workflow. Am unteren Bildrand (hier nicht zu sehen) kann auf **Genehmigen**, **Delegieren** oder **Ablehnen** geklickt werden, um eine Rückmeldung zur Anfrage zu geben. Vorgesetzte können wie bei einem Standard-Workflow Kommentare zur Diskussion stellen, bevor sie eine dieser Aktionen durchführen.

Abbildung 7.29 Abwesenheitsanfrage prüfen

Abwesenheit aus Sicht des HR-Teams

Die dritte Benutzergruppe für die Funktion **Abwesenheit** sind Mitglieder der HR-Administration oder Personalreferentinnen und -referenten. Diese erhalten die Übersicht und Kontrolle über die Zeitkonten und Urlaube der Mitarbeitenden, für die sie zuständig sind. Sie haben zudem die Möglichkeit, in den Abwesenheitsprozess einzugreifen, indem sie Abwesenheitsanträge im Namen der Mitarbeitenden erstellen und bearbeiten. Ihre wichtigsten Aufgaben (in der allgemeinen Benutzeransicht) sind das Monitoren von Abwesenheitsdaten und deren Bearbeitung in Stellvertretung für

Mitarbeitende (oder gegebenenfalls auch Vorgesetzte) und die Anpassung von Zeitkontensalden.

Aufgaben der Personalsachbearbeitenden

Die Personalsachbearbeitenden übernehmen in der Administration oftmals verschiedene weitere Aufgaben für die Abwesenheit. Zu diesen Aufgaben gehören das Anlegen von Rückstellungen und/oder der Aufbau von Zeitkonten, die Änderung von Arbeitszeitplänen und die Zuweisung von Freizeit für neue Mitarbeitende.

Mitglieder der HR-Administration können die Daten zur Abwesenheit der Mitarbeitenden einsehen, indem sie in deren öffentliches Profil navigieren und dort im Menü **Zeit verwalten** wählen. Es erscheint die Übersicht über die Zeitinformationen für die gewählte Person (siehe Abbildung 7.30).

Personenprofil / Zeit verwalten

Zeitinformationen für Lene Thekla

ABWESENHEITEN ZEITKONTEN ARBEITSZEITPLAN ZEITWARNUNGEN ZEITSAMMLER

Abwesenheiten (5) Abwesenheit erstellen

Anfangsdatum	Enddatum	Genommen	Zeittyp	Verwandte Datensätze	Antragsteller	Angefordert am	Status
13.06.2022	17.06.2022	5 Tage	Jahresurlaub (DEU)		Lene Thekla	05.05.2022	Ausstehend
02.05.2022	03.05.2022	2 Tage	Jahresurlaub (DEU)		Lene Thekla	05.05.2022	Genehmigt

Abbildung 7.30 Zeitinformationen für eine Mitarbeiterin einsehen

Über diese Seite haben Personalverantwortliche alle erforderlichen Zugriffsmöglichkeiten, um die aktuellen Zeitkonten zu überprüfen, manuell Freizeit im Namen von Mitarbeitenden zu beantragen und bestehende Zeitkontenbuchungen sofort anzupassen.

Zugriff auf »Zeit verwalten«

Ein schneller Zugriff auf die Zeitinformationen eines Mitarbeiters oder einer Mitarbeiterin ist über die Aktionssuche möglich. Tippen Sie »Zeit verwalten« ein, klicken Sie auf den Eintrag, und geben Sie dann den Namen des Zielbenutzers ein.

7.3 Arbeitszeiterfassungsbogen

Kunden, die SAP SuccessFactors Employee Central vor Januar 2021 erworben haben, haben Zugriff auf die Funktion des Arbeitszeiterfassungsbogens **Basic Time Sheet**. Dieser Basisstundenzettel bietet die Möglichkeit, die geleisteten Arbeitsstunden einzugeben und über den Workflow zur Genehmigung weiterzuleiten. Es handelt sich um eine sehr schlanke und einfache Version der Zeiterfassung. Diese Funktion befindet sich derzeit im Wartungsmodus. Das bedeutet, dass keine Erweiterungen ausgeliefert werden.

Im Arbeitszeiterfassungsbogen werden die folgenden Funktionen unterstützt:

- Aufzeichnung von Anwesenheiten und Überstunden in einem wöchentlichen Bogen als positive Zeiterfassung
- Aufzeichnung von Ausnahmen von der geplanten Arbeitszeit im Sinne einer negativen Zeiterfassung
- Zusendung des Zeitblattes zur Genehmigung
- Freigabe von Zeiterfassungen
- Änderungen an genehmigten oder beantragten Zeiterfassungen

Der Zeiterfassungsbogen bietet den mitarbeitenden Personen auf einen Blick eine Übersicht über ihre Zeitinformationen (siehe Abbildung 7.31). Im großen Bereich werden der Arbeitszeiterfassungsbogen für die gewählte Woche angezeigt und bereits erfasste Stunden aufgeführt. Im rechten Bereich kann die Zeit für den ausgewählten Tag erfasst werden. Zudem gibt sind hier Detailinformationen zu sehen, u. a. werden die geplante Arbeitszeit und der Gleitzeitrahmen angezeigt.

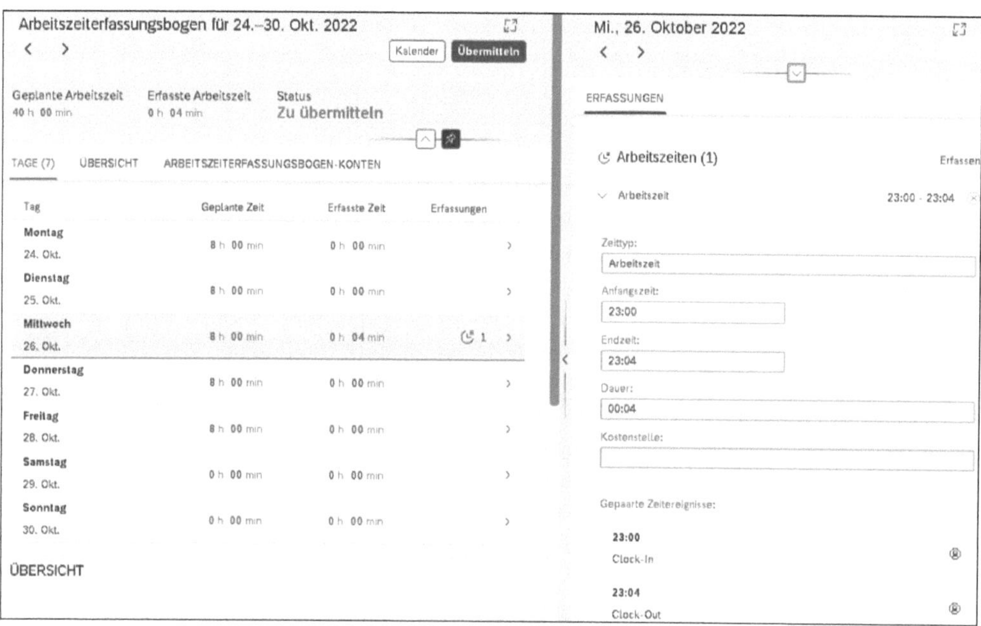

Abbildung 7.31 Arbeitszeiterfassungsbogen einsehen

[+]

Unterlagen der Time Management Academy

Im SAP Learning Hub gibt es Leitfäden für das Einrichten des Arbeitszeiterfassungsbogens. Der Basis-Guide ist mit berechtigtem S-User über die folgende Adresse zu erreichen: *https://saplearninghub.plateau.com/icontent_e/CUSTOM_eu/sap/self-managed/ebook/THR94_EN_Col2111/THR94_EN_Col2111_5/index.html*

7.4 Employee Central Time Tracking

Wesentliches Anwendungsgebiet von *Employee Central Time Tracking* ist die Abbildung der sogenannten positiven Zeitwirtschaft, bei der es um die Erfassung und Bewertung aller zeitwirtschaftlichen Informationen der Beschäftigten geht. Die Bewertung umfasst dabei alle Berechnungsschritte innerhalb der Zeitwirtschaft. Beispiele für Bewertungen sind:

- Berechnung von Sonn-/Feiertags- und Nachtzuschlägen
- Auf- und Abbau von Arbeitszeitkonten wie Gleitzeitkonto, Mehrarbeitskonto, Lebensarbeitszeitkonto
- Auf- und Abbau von Abwesenheits- und Anwesenheitskontingenten (z. B. Urlaubskonto, Gleitzeitkonto)
- Berechnung und Kappung von Tages-, Wochen- und Monatssalden

Für alle diese und weitere Berechnungen stellt Employee Central Time Tracking umfassende Möglichkeiten zur Verfügung, die in der Regel kundenspezifisch ausgeprägt werden müssen. Die Ausprägung erfolgt entsprechend den geltenden Tarifverträgen oder Betriebsvereinbarungen. Einige Beispiele wurden in den vorangehenden Abschnitten bereits erläutert.

[«]

Funktionen zur Berechnung

Auf die explizite Darstellung der Funktionen zur Berechnung einzelner Sachverhalte des Zeitmanagements wird zugunsten der Darstellung des prozessualen und übergreifenden Zusammenspiels der Zeitdaten in Employee Central Time Tracking sowie insbesondere der Funktionalitäten zur Erfassung von Kommt- und Geht-Zeiten verzichtet. SAP vervollständigt die Berechnungsmöglichkeiten mit jedem weiteren Release.

7.4.1 Benutzeroberfläche

Employee Central Time Tracking verwendet die aus dem Arbeitszeiterfassungsbogen bekannte Benutzeroberfläche (siehe Abschnitt 7.3, »Arbeitszeiterfassungsbogen«).

Diese Oberfläche ist allerdings noch um weitere Bereiche erweitert worden: **Zeitereignisse** und **Zeitauswertungsergebnisse** (siehe Abbildung 7.32).

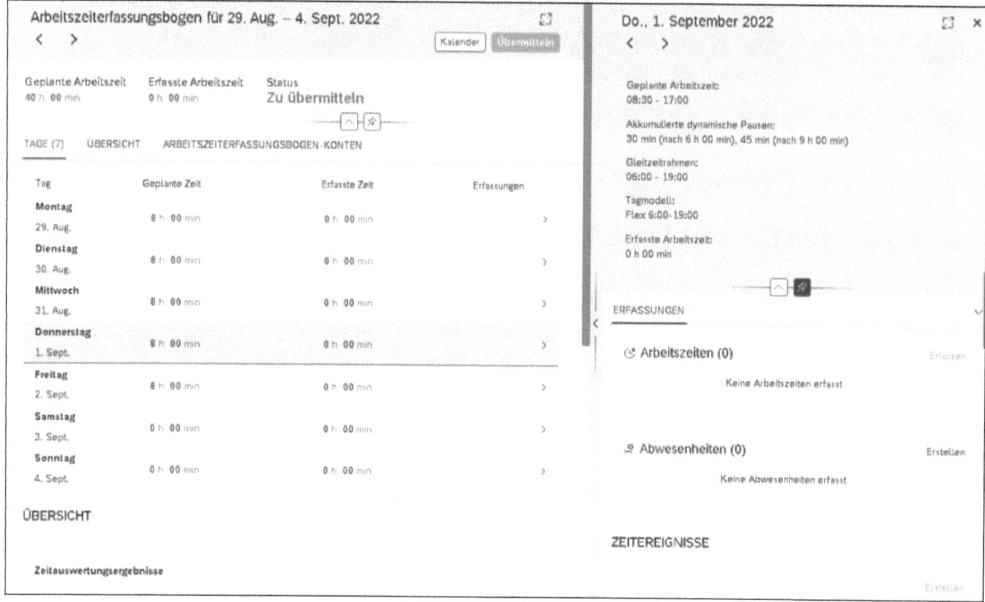

Abbildung 7.32 Benutzeroberfläche von Employee Central Time Tracking

Im Bereich **Zeitereignisse** können Sie über einen Klick auf **Erfassen** Kommt- und Geht-Zeiten erfassen oder bereits erfasste Kommt- und Geht-Zeiten anzeigen. Die Kommt- und Geht-Zeiten können dabei auch über externe Zeiterfassungssysteme über eine sogenannte REST-API aus einem externen Zeiterfassungssystem an SAP SuccessFactors übertragen werden.

Im Bereich **Zeitauswertungsergebnisse** werden ausgesuchte Ergebnisse aus der eigentlichen Zeitbewertung dargestellt. Welche Ergebnisse hier angezeigt werden, kann z. B. für verschiedene Beschäftigungsgruppen individuell konfiguriert werden.

7.4.2 Erfassungsoptionen für Zeitereignisse in Employee Central Time Tracking

Employee Central Time Tracking setzt auf Employee Central Time Off (siehe Abschnitt 7.2) und Time Sheet (siehe Abschnitt 7.3) auf und verwendet wesentliche Elemente aus diesen beiden Lösungen.

Eine wesentliche Neuerung mit Employee Central Time Tracking ist die Erfassung (und Bewertung) von Kommt- und Geht-Zeiten der Beschäftigten. Zur Erfassung der relevanten Daten stehen unterschiedliche Möglichkeiten zur Verfügung, von denen wir im Folgenden die gängigen vorstellen.

Zeiterfassungsterminals

Kommt- und Geht-Zeiten und gegebenenfalls weitere Elemente werden an festen Zeiterfassungsterminals (mit oder ohne Funktionen zur Zutrittskontrolle) durch die Beschäftigten erfasst. Sie werden in regelmäßigen Intervallen zur Weiterverarbeitung über eine Inbound-API-Schnittstelle an Employee Central Time Tracking übergeben.

Die für die Buchung berechtigten Beschäftigten werden über eine sogenannte *Ministamm-Schnittstelle* (Outbound-API) auf die entsprechende Infrastruktur des Zeiterfassungsherstellers geladen. SAP SuccessFactors ist somit das führende System für diese Stammdaten.

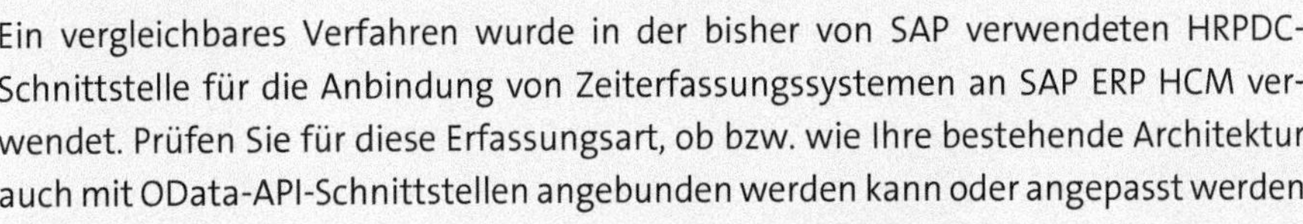

API-Schnittstelle

Ein vergleichbares Verfahren wurde in der bisher von SAP verwendeten HRPDC-Schnittstelle für die Anbindung von Zeiterfassungssystemen an SAP ERP HCM verwendet. Prüfen Sie für diese Erfassungsart, ob bzw. wie Ihre bestehende Architektur auch mit OData-API-Schnittstellen angebunden werden kann oder angepasst werden muss.

Schnelle Aktionen auf der SAP-SuccessFactors-Startseite

Über die Schnelle-Aktionen-Karte **Zeit aufzeichnen** auf der Startseite können durch die Beschäftigten je nach Konfiguration verschiedene Zeitereignisarten direkt erfasst und an den sogenannten *Check-in/Check-out-Service* zur Paarbildung innerhalb von SAP SuccessFactors übergeben werden. Die den Mitarbeitenden angebotenen Optionen sind kontextsensitiv und im Admin-Center über **Kommen/Gehen konfigurieren** einzurichten (siehe Abbildung 7.33).

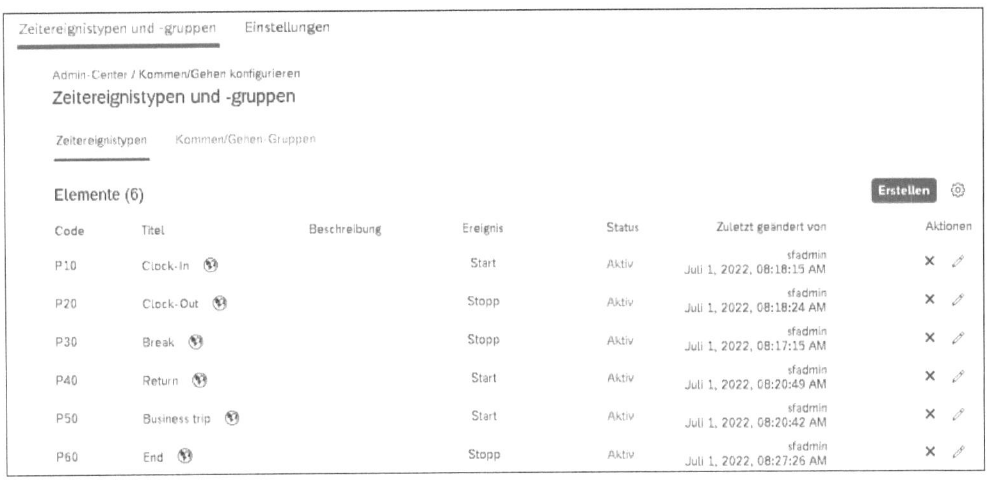

Abbildung 7.33 Zeitereignistypen und -gruppen

In Abbildung 7.34 ist die Option für die Beschäftigten gegeben: entweder eine Kommt-Uhrzeit (**Clock-In**), den Beginn einer Dienstreise (**Business-Trip**) oder die Rückkehr aus einer vorherigen An- oder Abwesenheit (**Return**) zu erfassen.

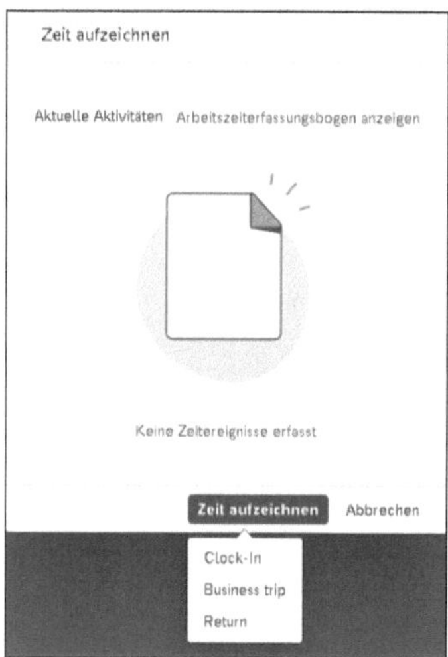

Abbildung 7.34 Schnelle Aktionen: Zeiten aufzeichnen

In Abbildung 7.35 ist zu sehen, wie zu dem über die vorherige Funktion erfassten Zeitereignis (in diesem Falle **Clock-In** um 23:00 Uhr) weitere passende Zeitereignisse hinzugefügt werden können. Es wird neben den bereits dargestellten Möglichkeiten, z. B. die Erfassung einer Geht-Zeit (**Clock-Out**), die Erfassung einer Pause (**Break**) oder eine Tagesabschlussverarbeitung z. B. bei Erfassung am maximalen Gleitzeitrahmen (**End**) angeboten.

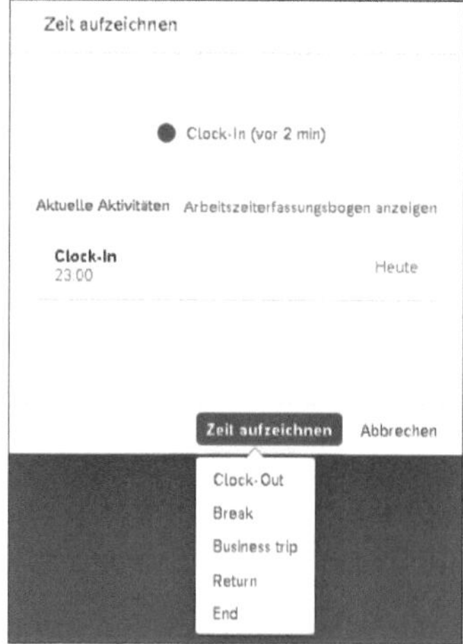

Abbildung 7.35 Weitere Erfassung eines Zeitereignisses über »Schnelle Aktionen« auf der Startseite

[«]

Kontextsensitive Optionen zur Zeitaufzeichnung

Die kontextsensitiven Optionen zur Zeitaufzeichnung sind oft in Zeiterfassungsterminals in Form von Buchungscodes oder Funktionstasten vorhanden. Im Rahmen eines Projekts sollten daher die am Terminal möglichen Funktionen erhoben und mit den im Standard vorhandenen Zeitereignistypen abgeglichen werden. Es sollten als Zeitereignistypen mindestens die am Terminal möglichen Funktionen abgebildet werden.

SAP SuccessFactors Mobile App

Eine vergleichbare Funktionalität zur Schnelle-Aktionen-Karte **Zeit aufzeichnen** ist in der SAP SuccessFactors Mobile App enthalten (siehe Abbildung 7.36).

Abbildung 7.36 Schnelle Aktion »Zeit erfassen« in der Mobile App

Direktpflege im Arbeitszeiterfassungsbogen

Alternativ oder ergänzend zu den genannten Möglichkeiten besteht die Option, die Zeitereignisse direkt im Arbeitszeiterfassungsbogen über den Bereich **Zeitereignisse** und einen Klick auf **Erstellen** zu erfassen (siehe Abbildung 7.32).

Darüber hinaus kann die Rolle **Zeitadministrator** noch über die Aktionssuche und über die Funktion **Kommen/Gehen verwalten** fehlende oder falsche Zeitereignisse ergänzen, korrigieren und löschen (siehe Abbildung 7.37).

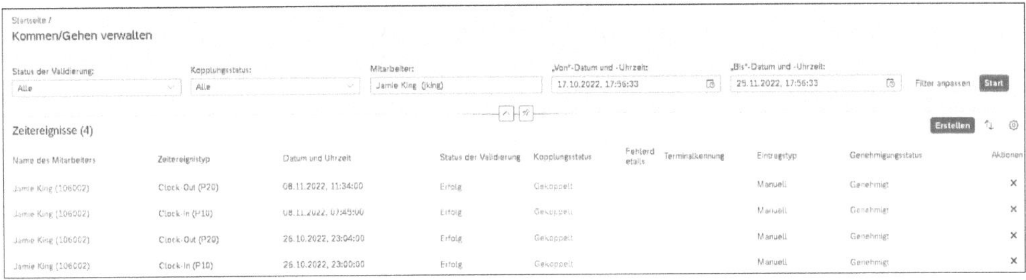

Name des Mitarbeiters	Zeitereignistyp	Datum und Uhrzeit	Status der Validierung	Kopplungsstatus	Fehlerdetails	Terminalkennung	Eintragstyp	Genehmigungsstatus	Aktionen
Jamie King (106002)	Clock-Out (P20)	08.11.2022, 11:34:00	Erfolg	Gekoppelt			Manuell	Genehmigt	×
Jamie King (106002)	Clock-In (P10)	08.11.2022, 07:45:00	Erfolg	Gekoppelt			Manuell	Genehmigt	×
Jamie King (106002)	Clock-Out (P20)	26.10.2022, 23:04:00	Erfolg	Gekoppelt			Manuell	Genehmigt	×
Jamie King (106002)	Clock-In (P10)	26.10.2022, 23:00:00	Erfolg	Gekoppelt			Manuell	Genehmigt	×

Abbildung 7.37 Bereich »Kommen/Gehen verwalten« als Zeitadministrator

Zeitereignisse und Zeitpaare

Zeitereignisse stellen die Grundlage für die Abbildung einer positiven Zeitwirtschaft dar. Die sogenannte *Paarbildung*, das heißt, die Kombination eines Kommt-Geht-Zeitereignisses sowie deren betriebswirtschaftliche Interpretation in Form der Zeitbewertung sind Folgeschritte aus dieser Erfassung. Die Paarbildung ist Bestandteil eines umfangreichen Gesamtprozesses und elementar für alle Folgeschritte. Der Ablauf der Paarbildung lässt sich, wie in Abbildung 7.38 gezeigt, darstellen.

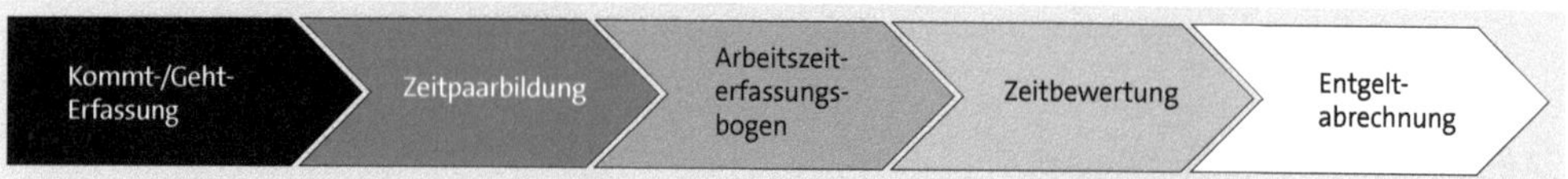

Abbildung 7.38 Prozess von der Zeiterfassung bis hin zur Entgeltabrechnung

Im Arbeitszeiterfassungsbogen werden die gepaarten und ungepaarten Zeitereignisse angezeigt. Mittels Konfiguration wird der richtige Zeittyp (siehe Abschnitt 7.2.1, »Abwesenheiten einrichten«) den jeweiligen Zeitereignissen automatisch zugeordnet und in den Folgeschritten verwendet. In Abbildung 7.39 handelt es sich um die Kommt-Zeit (**Clock-In**) 23:00 sowie um die Geht-Zeit (**Clock-Out**) 23:04.

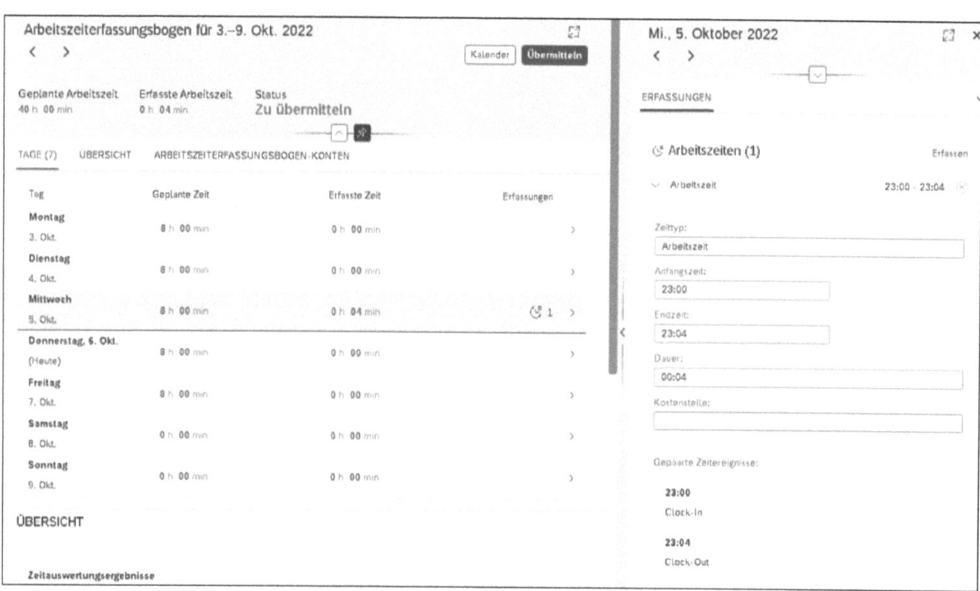

Abbildung 7.39 Paarbildung im Arbeitszeiterfassungsbogen

Grundlage für die Paarbildung stellt dabei das sogenannte *Ereignisattribut* im Zeitereignis dar – entweder **Start** oder **Stopp**. Jeder Zeitereignistyp ist eindeutig einem Ereignis zugeordnet. Durch diese Zuordnung ist das System in der Lage, aus Zeitereignissen mit dem jeweiligen Attribut passende Zeitpaare zu bilden. Sie erreichen diese

Ansicht über das Admin-Center und dort über **Zeitereignistypen und -gruppen** (siehe Abbildung 7.40).

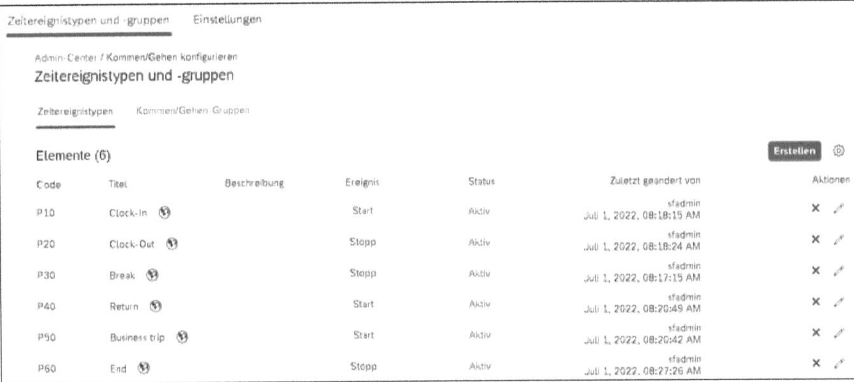

Abbildung 7.40 Ereignis zu Zeitereignistyp zuordnen

Diese Logik wird auch zur Abbildung von mitternachtsübergreifenden Zeitpaaren verwendet. Das ist relevant, wenn z. B. das Geht-Zeit-Ereignis im Vergleich zum Kommt-Zeit-Ereignis logisch auf dem Folgetag liegt. In Tabelle 7.1 zeigen wir Ihnen die hierbei möglichen Szenarien.

Ereignisse	Bedeutung	Beispiel
Start nach Stopp	Auf ein Geht-Ereignis folgt ein Kommt-Ereignis, und ein neuer Anwesenheitszeitraum beginnt; keine Kopplung an ein Zeitpaar möglich.	Rückkehr aus gebuchter Pause.
Stopp nach Start	Anwesenheitszeitraum endet; eine Zeitpaarbildung mit vorherigem Start-Ereignis findet statt; Kopplung mit vorherigem Startereignis.	Geht-Buchung bei Arbeitsende; Buchung einer Pause.
Start nach Start	Vorheriger Anwesenheitszeitraum endet durch neue Buchung; Paarbildung erfolgt.	Kommt-Buchung nach nicht erfasster Mittagspause.
Stopp nach Stopp	Keine Paarbildung möglich, da es keine sinnvolle Ableitung gibt; dieser Fall muss in der Regel durch einen Zeitsachbearbeiter oder durch Mitarbeitende (z. B. durch Nacherfassung direkt in SAP SuccessFactors) gelöst werden.	Vergessene Kommt-Buchung bei Arbeitsbeginn.

Tabelle 7.1 Szenarien für Zeitpaare

Der Status der Paarbildung bzw. Kopplung, der einen Zusammenhang zwischen einem Kommt- und einem Geht-Ereignis herstellt, kann über die Startseite und die Funktion **Kommen/Gehen verwalten** von Zeitsachbearbeitenden oder von der Zeitadministration mitarbeitergenau nachverfolgt werden (siehe Abbildung 7.41).

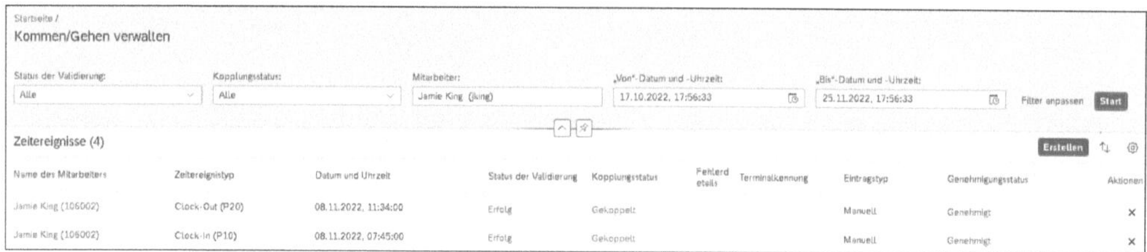

Abbildung 7.41 Status der Paarbildung/Kopplung von Zeitereignissen

7.4.3 Validierungen und Prüfungen

Die erfassten Daten werden zur Laufzeit gegen die im System hinterlegten Prüfungen und Konfigurationen validiert. Den Beschäftigten werden umgehend die Ergebnisse dieser Validierungen im Arbeitszeiterfassungsbogen angezeigt und etwaig relevante Hinweise gegeben. Mit einem Klick auf die Schaltfläche ⚠ können Sie die Details zur Warnung anzeigen (siehe Abbildung 7.42).

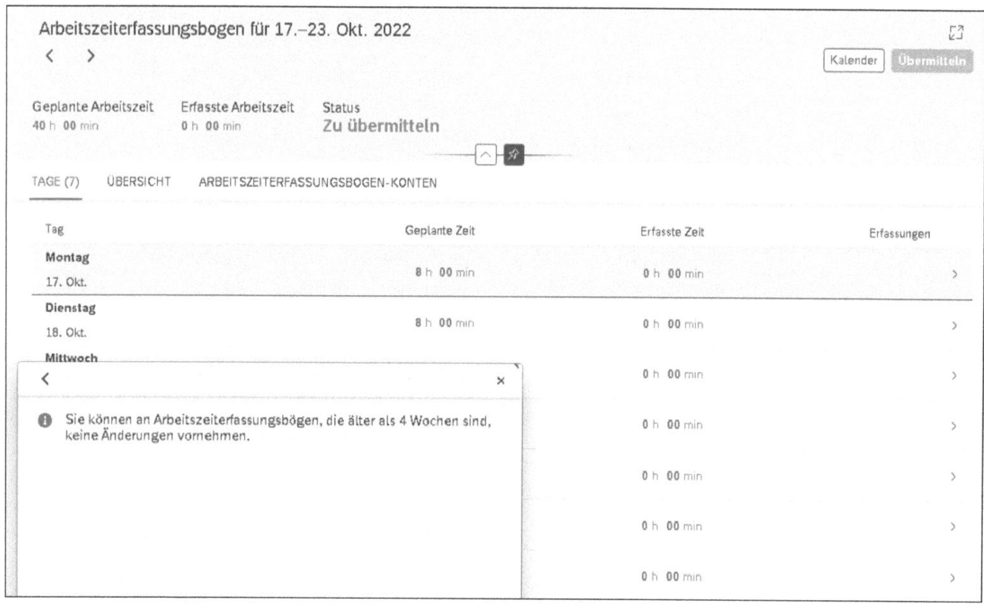

Abbildung 7.42 Validierung und Fehlermeldung

Die Rahmenparameter entsprechend dem Arbeitszeitplan werden jederzeit im rechten oberen Bereich über dem Bereich **Erfassungen** angezeigt (siehe Abbildung 7.42). Die manuell erfassten Zeitereignisse werden unterhalb angezeigt.

Im Folgenden erläutern wir ein Beispiel etwas genauer, in dem vier Einträge erstellt worden sind (siehe Abbildung 7.43).

Abbildung 7.43 Manuell erfasste Zeitereignisse über den Arbeitszeiterfassungsbogen

In Employee Central Time Tracking wurden auf Basis der im System hinterlegten Konfiguration Zeitpaare gebildet, die als Arbeitszeit in Abbildung 7.44 dargestellt sind.

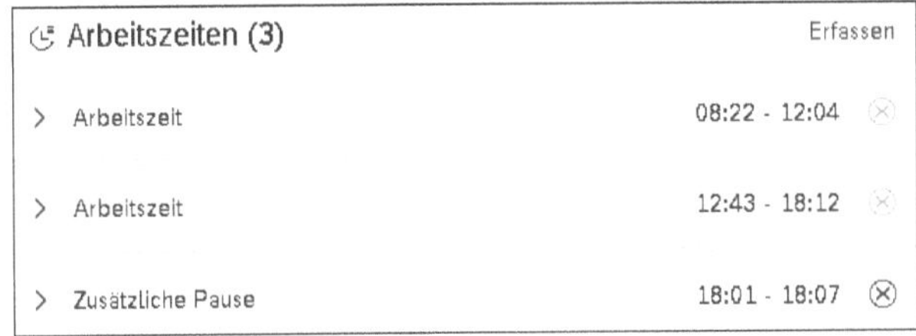

Abbildung 7.44 Erzeugte Ergebnisse der Paarbildung und Zeitbewertung

Da die Pause nicht explizit gebucht wurde, wird die Zeit zwischen 12:04 und 12:43 als Pausenzeit gewertet. Da gemäß der hinterlegten Validierung nach einer Anwesenheit über 9 Stunden eine 45-minütige Pause gemäß Arbeitszeitgesetz (ArbZG) notwendig ist, wird vom System eine zusätzliche Pause von 6 Minuten generiert, da ansonsten diese Vorgabe nicht erfüllt worden wäre.

Hinweismeldungen nutzen

Bei Bedarf können Hinweismeldungen zu Vorgaben, die nicht erfüllt werden (z. B. zu kurze Pausen), erzeugt werden. Des Weiteren ist eine Information an Vorgesetzte, Personalabteilung oder Betriebsrat über eine Benachrichtigungsfunktion möglich. Ihr Implementierungspartner unterstützt Sie dabei, die für Ihre Anforderungen passende Lösung zu finden und umzusetzen.

Hiermit schließen wir unseren Blick auf das Zeitmanagement ab und wenden uns im nächsten Kapitel den Beschäftigungsarten in Employee Central zu.

Kapitel 8
Weitere Beschäftigungsarten abbilden

Viele Unternehmen nutzen die Möglichkeit, Mitarbeitende im Ausland temporär einzusetzen. Auch die Anzahl an Mitarbeitenden mit mehreren Beschäftigungsverhältnissen ist in den letzten Jahren beständig gestiegen. In diesem Kapitel zeigen wir Ihnen, wie Sie diese Szenarien mit SAP SuccessFactors Employee Central abbilden und damit Ihre operativen Prozesse vereinfachen können.

Wie viele andere Organisationen haben auch Sie vielleicht Mitarbeitende, die Sie befristet ins Ausland entsenden möchten. Manche Ihrer Mitarbeitenden haben möglicherweise mehr als ein Beschäftigungsverhältnis in Ihrem Unternehmen bzw. Konzern. Für diese und ähnliche Fälle, die administrativ sehr komplex sein können, bietet SAP SuccessFactors Employee Central wertvolle Hilfestellungen. Diese sind in den folgenden Funktionen gebündelt:

- Auslandseinsatz
- Mehrfache Beschäftigung

Es gibt Ähnlichkeiten zwischen diesen Funktionen, von denen jede aber auch Besonderheiten hat. Wir beschreiben zuerst die Gemeinsamkeiten, bevor wir dann auf die Unterschiede eingehen.

Zusätzliche Ressourcen

Weitere Einzelheiten zu den in diesem Kapitel behandelten Funktionen und Konfigurationsschritten finden Sie im SAP Hep Portal im folgenden Leitfaden:
https://help.sap.com/docs/SAP_SUCCESSFACTORS_EMPLOYEE_CENTRAL/43449dd62e9c486d940000b007977b97/644afc192c54427a960b8cd59c717e82.html?q=Integrating%20mulitple%20employment

In Abschnitt 8.1, »Grundlegende Konzepte«, stellen wir Ihnen die grundlegenden Konzepte im Kontext der weiteren Beschäftigungsarten vor. Das Thema Auslandseinsatz schließt dann in Abschnitt 8.2, »Auslandseinsatz«, an. Im Abschnitt 8.3, »Mehrfachbeschäftigung«, stellen wir Ihnen die Möglichkeiten in diesem Kontext vor. Welche Auswirkungen es in den Funktionen und Prozessen anderer Module von SAP SuccessFactors gibt, wenn mehrere Beschäftigungsverhältnisse vorliegen, erläutern wir Ihnen in Abschnitt 8.4. Die Arbeit mit Kontingentarbeitern und Kontingentarbeiterinnen steht im Mittelpunkt von Abschnitt 8.5.

Wir starten mit der Erläuterung der grundlegenden Konzepte.

8.1 Grundlegende Konzepte

Auslandseinsatz und Mehrfachbeschäftigung nutzen die Möglichkeit der *zusätzlichen Beschäftigung*. Damit wird ein zweiter Mitarbeiterdatensatz im System erstellt. Er enthält z. B. die aus dem Standard-Mitarbeiterdatensatz bekannten Elemente **Informationen zum Beschäftigungsverhältnis** und **Gehaltsabrechnungsinformationen**. Außerdem wird vom System ein eindeutiges Benutzerkonto in der *Benutzerdatendatei* (UDF) angelegt.

Sie können Workflows, Benachrichtigungen und alle Elemente, die Sie schon aus Employee Central kennen, für die Genehmigung dieser zusätzlichen Beschäftigungen verwenden.

Workflows und Benachrichtigungen können z. B. durch die Erstellung, Bearbeitung oder Beendigung einer Beschäftigung ausgelöst werden. Sie können diese entweder auf der Grundlage des Ereignisses, eines bestimmten Ereignisgrundes oder aufgrund der spezifischen Aufgabe anstoßen. Die Geschäftsregeln in Employee Central unterstützen Sie darin sehr flexibel. Wenn Sie die UDF-Datei als Administratorin oder Administrator betrachten, sehen Sie ein Benutzerkonto für die Mitarbeiterin oder den Mitarbeiter sowie ein Benutzerkonto für jeden Auslandseinsatz und jede Mehrfachbeschäftigung.

Benutzerkonten für aktive Zuweisungen bzw. Beschäftigungen sind aktiv, während Benutzerkonten für frühere Zuweisungen bzw. Beschäftigungen inaktiv sind.

Der Benutzer und der Benutzername sind für diese Konten unterschiedlich, wobei der Inhalt des Feldes **PersonenID Extern** für die Zuordnungen bzw. Beschäftigungen einer Mitarbeiterin oder eines Mitarbeiters immer dieselbe ist. Bestimmte Funktionen der SAP-SuccessFactors-Plattform und andere Module der SAP SuccessFactors HXM Suite können verschiedene Beschäftigungsverhältnisse unterstützen.

Zunächst werfen wir einen Blick auf das Modul Auslandseinsatz.

8.2 Auslandseinsatz

Die Entsendung von Mitarbeitenden in ein anderes Unternehmen innerhalb der Organisation ist in multinationalen und globalen Organisationen üblich. Die Personalabteilung und die Führungskräfte müssen diese Mitarbeitenden während ihrer

Abwesenheit weiterhin verwalten und sie gleichzeitig von ihren aufnehmenden Gastunternehmen verwalten lassen.

Mit der Funktion **Globale Zuweisungen** in Employee Central können Mitarbeitende in ein anderes Unternehmen innerhalb der Organisation entsendet werden. Außerdem können Personalverantwortliche und Management sowohl im Heimat- als auch im Gastland eine oder beide Beschäftigungsverhältnisse einsehen, je nachdem, welche Berechtigungen eingerichtet worden sind. Die globale Zuweisung wird als *Gastzuweisung* bezeichnet, während die Hauptbeschäftigung als *Heimzuweisung* bezeichnet wird.

Umgang mit Auslandseinsatz und Mehrfachbeschäftigung

Eine Mitarbeiterin oder ein Mitarbeiter kann immer nur einen Auslandseinsatz ausüben. Eine mitarbeitende Person kann nicht gleichzeitig einen Auslandseinsatz und eine Mehrfachbeschäftigung haben.

Wenn Sie Mitarbeitende in ein anderes Unternehmen Ihrer Organisation entsenden, gilt dies in Employee Central als weitere Beschäftigung. Die Gastbeschäftigung verhält sich im Kern genauso wie die Heimbeschäftigung.

8.2.1 Grundlagen des Auslandseinsatzes

Im Folgenden stellen wir Ihnen die wesentlichen Grundlagen der Arbeit mit Auslandseinsätzen vor. Zunächst sehen wir uns die Arbeit mit Ereignissen und Ereignisgründen an.

Ereignisse und Ereignisgründe

Der Auslandseinsatz verwendet Ereignisse und Ereignisgründe, um die Zuweisungen zu steuern. Sie können die folgenden Ereignisse nutzen:

- **Auslandseinsatz hinzufügen**
  Dieses Ereignis wird für den ersten Datensatz der Stellen- und Vergütungsinformationen des Auslandseinsatzes verwendet; der Ereignisgrund für dieses Ereignis sollte den Mitarbeiterstatus **Aktiv** verwenden.
- **Auslandseinsatz beenden**
  Dieses Ereignis wird für den Ereignisgrund verwendet, der die Datensätze, Stellen- und Vergütungsinformationen des Auslandseinsatzes beendet; der Ereignisgrund für dieses Ereignis sollte den Mitarbeiterstatus **Ausgeschieden** verwenden.
- **Als obsolet markieren**
  Dieses Ereignis wird für den Ereignisgrund verwendet, der einen Auslandseinsatz obsolet macht (damit ist der Auslandseinsatz in den Beschäftigungsinformatio-

nen der mitarbeitenden Person nicht mehr verfügbar); der Ereignisgrund für dieses Ereignis sollte den Mitarbeiterstatus **Entlassen** verwenden.

- **Auf Auslandseinsatz**
  Dieses Ereignis wird für den Ereignisgrund in der Heimatzuweisung der mitarbeitenden Person verwendet, um anzuzeigen, dass diese Person auf einem Auslandseinsatz ist; der Ereignisgrund für dieses Ereignis sollte den Mitarbeiterstatus **Ruhend** verwenden.
- **Zurück vom Auslandseinsatz**
  Dieses Ereignis wird für den Ereignisgrund in der Heimatzuweisung der Mitarbeiterin oder des Mitarbeiters verwendet, um anzuzeigen, dass die Mitarbeiterin oder der Mitarbeiter von einer globalen Zuweisung zurückgekehrt ist; der Ereignisgrund für dieses Ereignis sollte den Mitarbeiterstatus **Aktiv** verwenden.

Auch können Sie Ihre eigenen Ereignisgründe erstellen (siehe Abschnitt 2.2, »Ereignisse und Ereignisgründe«) und den Status der Heim- und Gastzuweisung der Mitarbeitenden durch diese Ereignisse automatisiert festlegen.

Konfiguration des Auslandseinsatzes

Sie konfigurieren den Auslandseinsatz mit einem generischen Objekt. Rufen Sie hierzu die Konfiguration über **Daten verwalten** in der Aktionssuche auf. Wählen Sie dann die Option **Auslandseinsatz-Konfiguration**. Es gibt mehrere Einstellungen, die Sie an dieser Stelle vornehmen können. In Abbildung 8.1 erhalten Sie einen Einblick in die Konfiguration.

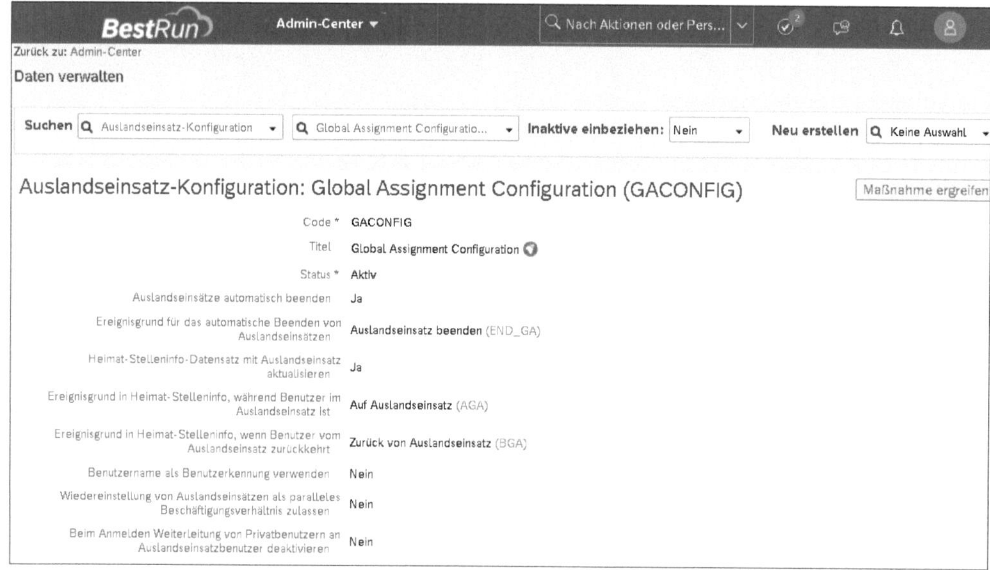

Abbildung 8.1 Auslandseinsatz-Konfiguration

Die wichtigsten Einstellungen beschreiben wir im Folgenden:

- **Auslandseinsätze automatisch beenden**
  Über dieses Feld legen Sie fest, ob Auslandseinsätze automatisch beendet werden sollen, und wenn ja, mit welchem dafür zu verwendenden Ereignisgrund.
- **Heimat-Stelleninfo-Datensatz mit Auslandseinsatz aktualisieren**
  Über dieses Feld wird festgelegt, ob die Heimatbeschäftigung aktualisiert werden soll, wenn eine Mitarbeiterin oder ein Mitarbeiter in den Auslandsdienst geht und welcher Ereignisgrund dafür zu verwenden ist.
- **Ereignisgrund in Heimat-Stelleninfo, wenn der Benutzer vom Auslandseinsatz zurückkehrt**
  Über dieses Feld werden die Ereignisgründe festgelegt, die zu verwenden sind, wenn eine Mitarbeiterin oder ein Mitarbeiter vom Auslandseinsatz zurückkehrt.
- **Benutzername als Benutzerkennung verwenden**
  Über dieses Feld legen Sie fest, ob die Benutzer-ID (Kennung) mit dem Benutzernamen im Auslandseinsatz identisch sein soll.
- **Wiedereinstellung von Auslandseinsatz als paralleles Beschäftigungsverhältnis zulassen**
  Über dieses Feld legen Sie fest, ob ein Auslandseinsatz in eine Mehrfachbeschäftigung umgewandelt werden können soll.
- **Beim Anmelden Weiterleitung von Privatbenutzern an Auslandseinsatzbenutzer deaktivieren**
  (Anmerkung: »Privatbenutzer« ist aktuell eine falsche Übersetzung, es sollte »Mitarbeiter in der Heimatbeschäftigung« heißen.) Diese Option legt fest, ob die automatische Weiterleitung vom Benutzer in der Heimatbeschäftigung nach der Anmeldung zum Auslandseinsatz des Benutzers deaktiviert werden soll.

Kundenspezifische Erweiterungen

Sie können auch benutzerdefinierte Felder und andere Erweiterungen zu Auslandseinsätzen hinzufügen. Rufen Sie dazu über die Aktionssuche **Geschäftskonfigurationen verwalten** auf, und wählen Sie die Option **globalAssignmentInfo**. Dort können Sie auch kundenindividuelle Einstellungen und Erweiterungen verankern (siehe Abbildung 8.2).

Rollenbasierte Berechtigungen

Für Auslandseinsätze können Sie einen eigenen Satz von Berechtigungen nutzen, der bei den Rollen und Berechtigungen in der Kategorie **Mitarbeiterdaten** zu finden ist. Dies ermöglicht Ihnen eine Feinjustierung des Zugriffs (siehe Abbildung 8.3). Weitere Informationen zum Thema der rollenbasierten Berechtigungen erhalten Sie in Kapitel 11, »Rollenbasierte Berechtigungen«.

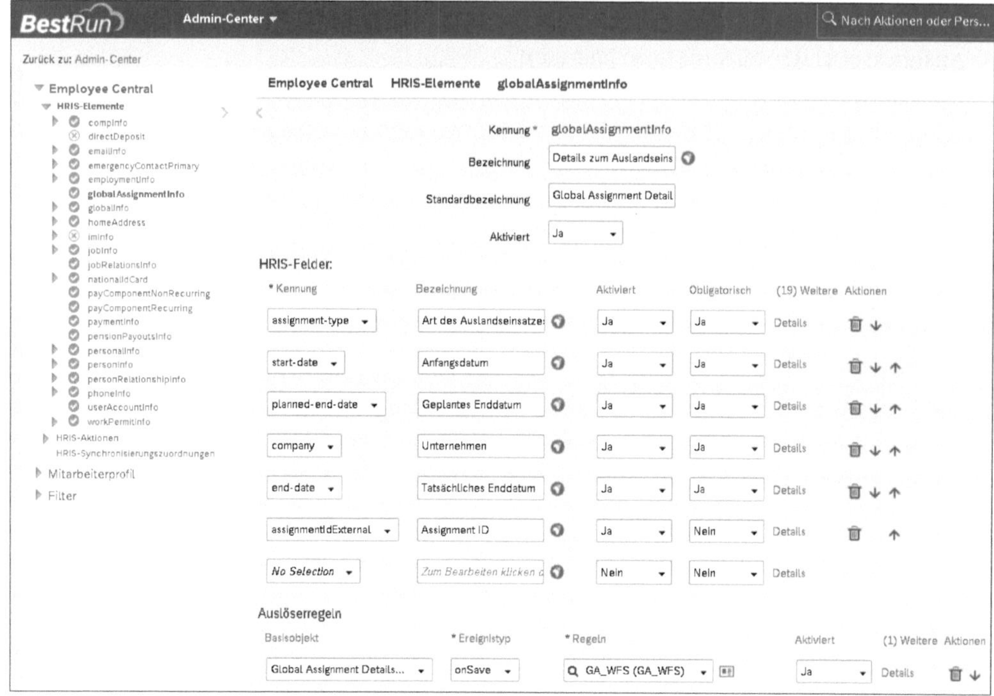

Abbildung 8.2 Standardelement »Auslandseinsatz erweitern«

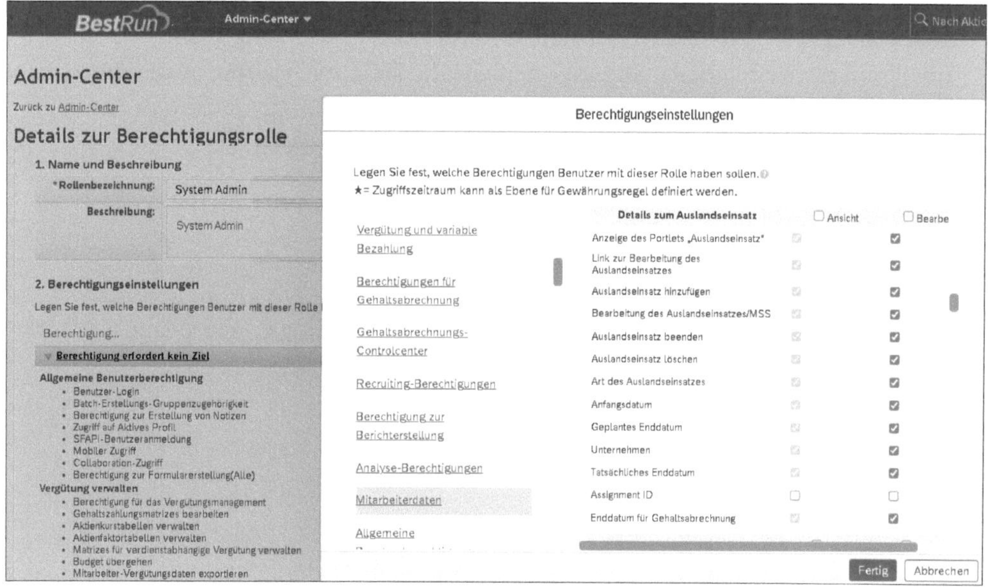

Abbildung 8.3 Berechtigungen in »Details zum Auslandseinsatz«

Auslandseinsätze bzw. *globale Zuweisungen*, wie es in dem Kontext genannt wird, verfügen über eigene Berechtigungsgruppen, die die Administration eines Auslandseinsatzes deutlich vereinfachen (siehe Abbildung 8.4).

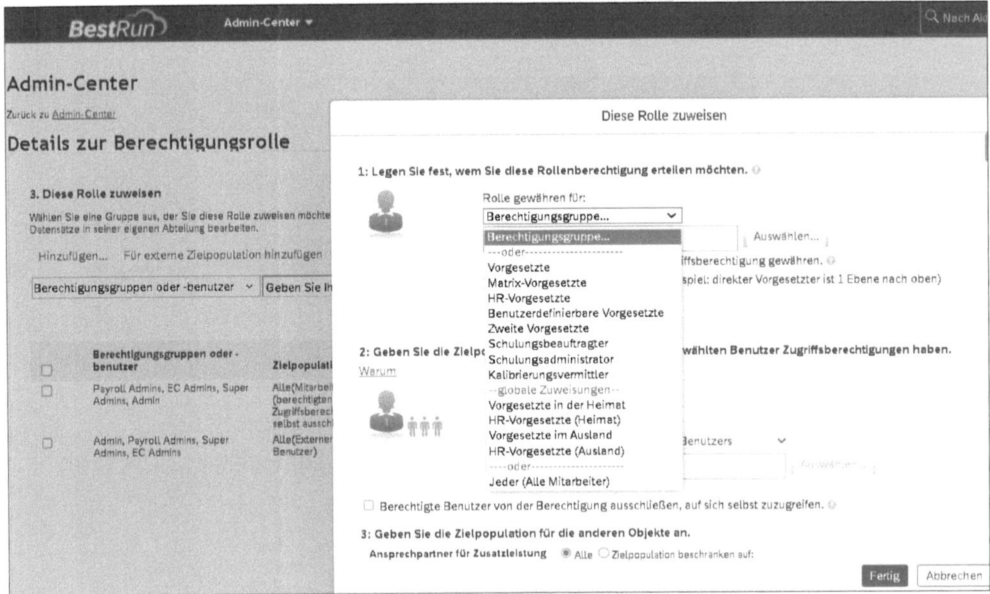

Abbildung 8.4 Standard-Berechtigungsgruppen für den Auslandseinsatz

Bei der Auswahl der Gruppen, denen eine Rolle mit diesen Berechtigungen gewährt werden soll, stehen Ihnen vier Optionen zur Verfügung:

- Vorgesetzte in der Heimat
- HR-Vorgesetzte in der Heimat
- Vorgesetzte im Ausland
- HR-Vorgesetzte im Ausland

Diese Gruppen ermöglichen Ihnen die Erteilung von Berechtigungen für die direkten Vorgesetzten des Heimat- und des Gastlandes bzw. des jeweilen HR-Vorgesetzten.

8.2.2 Center für intelligente Dienste

Im Center für intelligente Dienste, das Sie über **Center für Intelligente Dienste** in der Aktionssuche aufrufen, finden Sie zwei Ereignisse für den Auslandseinsatz, die Sie für eine Vielzahl von automatisierbaren Prozessen verwenden können: **Auslandseinsatz hinzufügen** und **Auslandseinsatz beenden**.

Dies ist besonders interessant, weil es viele andere Prozesse im Unternehmen gibt, die Informationen zum Auslandseinsatz typischerweise zeitnah benötigen – weit über die HR-Welt und SAP SuccessFactors hinaus, z. B. auch im Rahmen des Einsatzes von Zutrittskontrollsystemen und diversen ERP-Systemen. Die beiden Ereignisse sind in Abbildung 8.5 dargestellt.

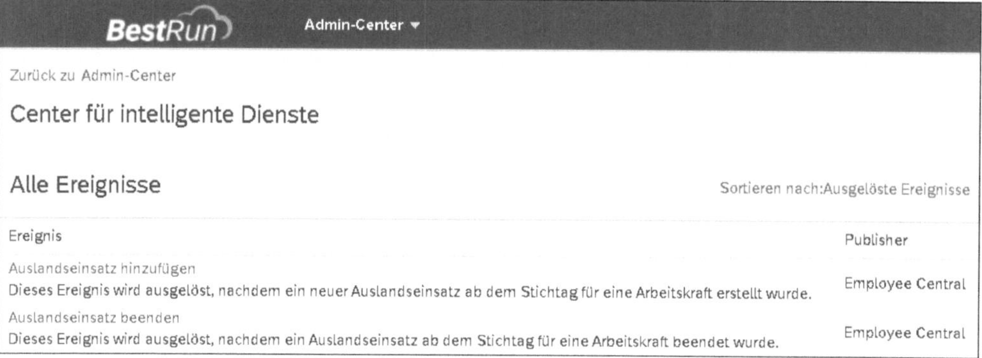

Abbildung 8.5 Ereignisse im Kontext des Auslandseinsatzes im Center für intelligente Dienste

8.2.3 Mitarbeitende zu einem Auslandseinsatz entsenden

Sie können eine Mitarbeiterin oder einen Mitarbeiter zu einem Auslandseinsatz entsenden, indem Sie im Mitarbeiterprofil (oder im Organigramm) **Aktionen Maßnahmen ergreifen • Details zum Auslandseinsatz hinzufügen** wählen (siehe Abbildung 8.6).

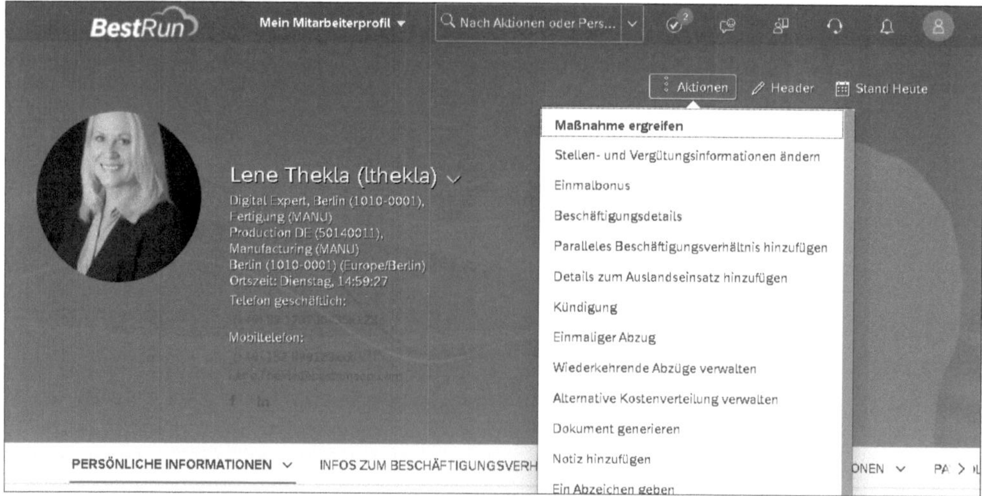

Abbildung 8.6 Für eine Mitarbeiterin einen Auslandseinsatz hinzufügen

Im nächsten Schritt können Sie dann die notwendigen Informationen für den Auslandseinsatz hinzufügen (siehe Abbildung 8.7):

- Ereignisgrund
- Art des Auslandseinsatzes
- Anfangsdatum
- Geplantes Enddatum
- Unternehmen

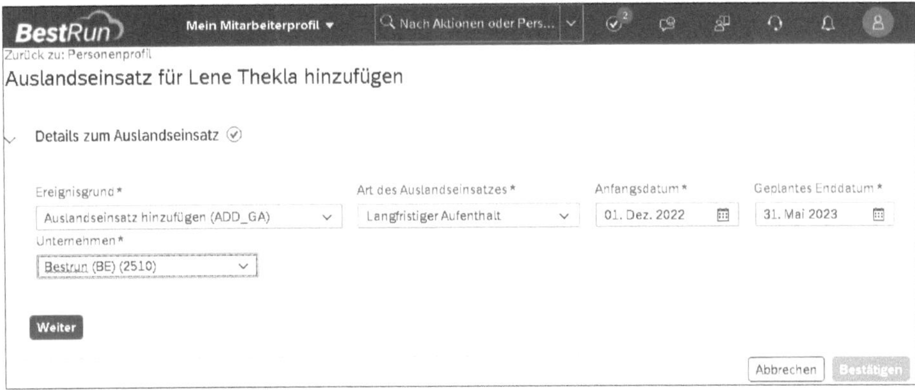

Abbildung 8.7 Details zum Auslandseinsatz eingeben

Nachdem Sie diese Informationen erfasst haben, klicken Sie auf die Schaltfläche **Weiter**. Sie können nun spezifische Details des Einsatzes eingeben. Für einen Auslandseinsatz müssen Sie die folgenden Bereiche mit Informationen pflegen:

- Stelleninformationen
- Stellenbeziehungen
- Informationen zur Arbeitserlaubnis
- Vergütungsinformationen
- Angehörige

Diese Informationen sollten genauso gründlich gepflegt werden wie die Daten bei der Einstellung von mitarbeitenden Personen in Employee Central. Abbildung 8.8 zeigt, welche Bereiche Sie befüllen müssen.

Nachdem Sie alle Informationen eingetragen haben, klicken Sie auf **Bestätigen**. Wenn Sie einen Workflow verwenden, wird der Antrag zur Genehmigung weitergeleitet; andernfalls wird die Entsendung mit den relevanten Daten sofort wirksam.

Abbildung 8.8 Informationen für einen Auslandseinsatz pflegen

Ereignisgrund »Abwesenheit im Auslandseinsatz«

Sie können den Ereignisgrund **Abwesenheit im Auslandseinsatz** so konfigurieren, dass der Status des Beschäftigungsverhältnisses in der Heimat des entsendeten Mitarbeiters auf **Ruhend** gesetzt wird. Dadurch bleibt die Heimatbeschäftigung aktiv und wird nicht inaktiv.

8.2.4 Heimeinsatz und Auslandseinsatz verwalten

In der Navigation der Homepage werden beide Beschäftigungsverhältnisse eines Mitarbeiters zur Anzeige gebracht (siehe Abbildung 8.9).

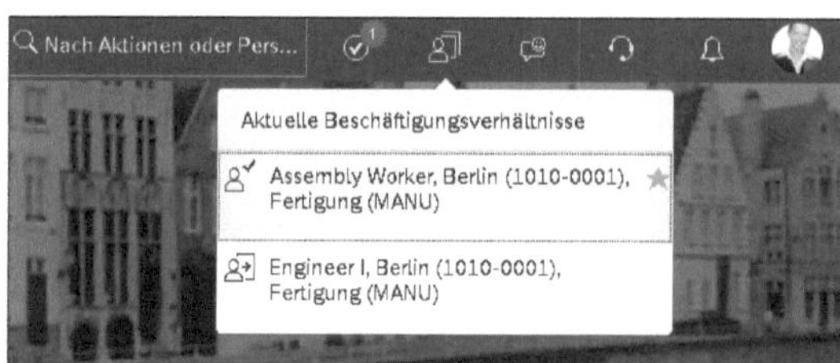

Abbildung 8.9 Aktuelle Beschäftigungsverhältnisse anzeigen

Sie können auf die Einsätze der Mitarbeitenden über das Mitarbeiterprofil zugreifen. Am oberen linken Bildrand wird ein Optionsfeld für jeden Einsatz (Heim- und Auslandseinsatz) angezeigt, das als Menü zum Umschalten zwischen Heim- und Auslandseinsatz dient.

Abbildung 8.10 zeigt, dass der Heimeinsatz angehalten worden ist (**Heimeinsatz • Angehalten**). Der Auslandseinsatz (**Im Auslandseinsatz**) wird, wie in Abbildung gezeigt, voraussichtlich bis zum 31. Dezember 2023 stattfinden.

Abbildung 8.10 Einsätze eines Mitarbeiters im Mitarbeiterprofil

Wenn Sie eine der Optionsschaltflächen auswählen, wird das Profil mit den Informationen für den ausgewählten Einsatz neu geladen. Über das Menü **Aktionen** können Sie Aktionen für den soeben angezeigten Einsatz durchführen (siehe Abbildung 8.11).

Sie sehen die Optionsfelder dann, wenn eine Person zum aktuellen Zeitpunkt im Auslandseinsatz ist, in Zukunft im Auslandseinsatz sein wird oder in der Vergangenheit mindestens einen Auslandseinsatz absolviert hat.

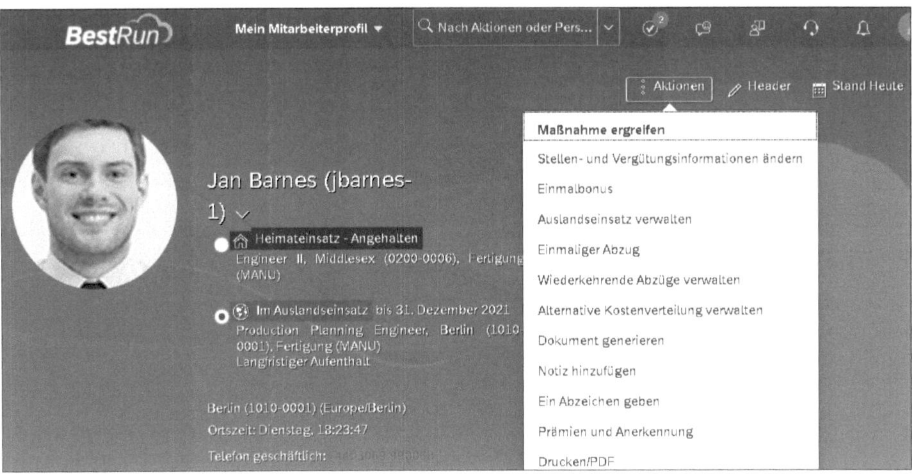

Abbildung 8.11 Auslandseinsatz verwalten

Das Personenprofil der Mitarbeitenden ist für Auslandseinsatz und Heimeinsatz gleich. Im Auslandseinsatz können Sie auch Informationen (Details) zum Auslandseinsatz anzeigen, wie z. B. das Startdatum oder das geplante Enddatum. Wenn Sie das System so konfigurieren, dass Auslandseinsätze automatisch beendet werden, wird auch das tatsächliche Enddatum angezeigt.

Um einen aktiven, vergangenen oder künftigen Auslandseinsatz zu bearbeiten, navigieren Sie zum Personenprofil der zu verwaltenden Mitarbeiterin oder des Mitarbeiters im Auslandseinsatz. Klicken Sie auf die Schaltfläche **Aktionen**, und wählen Sie die Option **Auslandseinsatz verwalten**. Danach wird das Fenster **Auslandseinsatz verwalten** angezeigt, in dem sie den Auslandseinsatz verwalten können (siehe Abbildung 8.12).

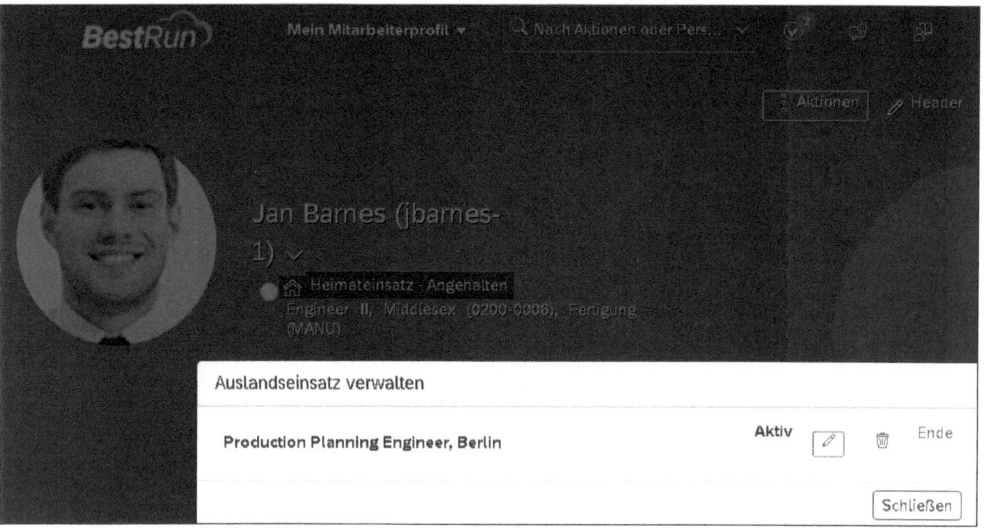

Abbildung 8.12 Auslandseinsatz verwalten

Bei aktiven oder zukünftigen Auslandseinsätzen können Sie den Einsatz mithilfe der entsprechenden Schaltfläche bearbeiten, beenden oder löschen. Über die Schaltfläche wird der Einsatz bearbeitet, und über die Schaltfläche wird der Einsatz gelöscht. Wenn Sie auf **Ende** klicken, wird die Zuweisung beendet.

Vergangene oder zukünftige Auslandseinsätze können Sie auf die gleiche Weise über die entsprechende Schaltfläche bearbeiten oder löschen. In Abbildung 8.13 sehen Sie, wie ein Auslandseinsatz bearbeitet wird.

Die übrigen Details des Beschäftigungsverhältnisses, wie z. B. ein Wechsel des Vorgesetzten oder Änderungen in der Vergütung, können Sie über die Funktion **Stellen- und Vergütungsinformationen ändern** im Menü **Aktionen** bearbeiten.

Abbildung 8.13 Auslandseinsatz bearbeiten

Wenn Sie mit der Aktionssuche nach einer Mitarbeiterin oder nach einem Mitarbeiter suchen, die oder der einen Auslandseinsatz absolviert, zeigt Ihnen das System in der Ergebnisliste unter dem Mitarbeiternamen die Information »Mehrere Einsätze« an. In der Quickcard wird Ihnen angezeigt, dass der Mitarbeiter Jan Barnes im Auslandseinsatz ist (siehe Abbildung 8.14).

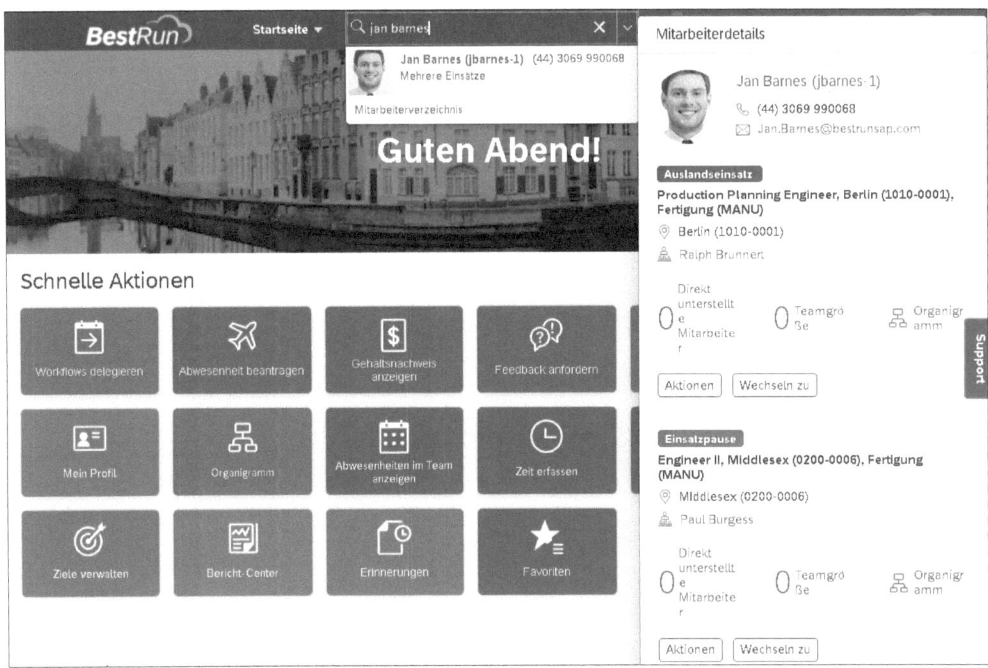

Abbildung 8.14 Einsätze des Mitarbeiters über die Aktionssuche und die Quickcard anzeigen

8.2.5 Globale Zuweisungsadresse

Die Adresse der mitarbeitenden Person während ihrer Abwesenheit im Rahmen einer globalen Zuweisung kann im Bereich **Adressen des Auslandseinsatzes** der Mitarbeitenden hinzugefügt werden. Diese Adresse ist sowohl für den Heim- als auch für den Auslandseinsatz sichtbar. Das Hinzufügen, Bearbeiten oder Löschen einer Adresse für den Auslandseinsatz sollten Sie jedoch im Beschäftigungsverhältnis des Auslandseinsatzes durchführen.

8.2.6 Auslandseinsatz beenden

Wenn eine Mitarbeiterin oder ein Mitarbeiter einen Auslandseinsatz beendet, gibt es zwei Möglichkeiten dazu, wie der Einsatz im System beendet werden kann:

- automatisch durch das System (basierend auf dem geplanten Enddatum, das bei der Erstellung des Einsatzes oder später definiert wurde)
- manuell durch eine Anwenderin oder einen Anwender

Rückkehrrecht

Um die Rückkehr von Mitarbeitenden aus dem Auslandseinsatz rechtzeitig zu koordinieren, können Sie Warnungen und Benachrichtigungen einrichten, um bestimmte Mitarbeitende über das Auslaufen von Auslandseinsätzen zu informieren.

Bei der manuellen Beendigung eines Auslandseinsatzes können Sie im Bereich **Ende des Auslandseinsatzes** das tatsächliche Enddatum und das Enddatum der Abrechnung eingeben.

Auslandseinsatz zu Mehrfachbeschäftigung konvertieren

Sie können einen Auslandseinsatz auch, wenn Sie dies in den Konfigurationseinstellung zulassen, in eine Mehrfachbeschäftigung konvertieren, siehe dazu auch den folgenden Hinweis:

https://help.sap.com/docs/SAP_SUCCESSFACTORS_EMPLOYEE_CENTRAL/43449dd62e9c486d940000b007977b97/551a277249654b159dcd0e630164ba0a.html?q=convert%20global%20assignment%20to%20concurrent%20employment

Gehen Sie dazu auf *https://help.sap.com/*, und geben Sie in die Suchleiste **SAP SuccessFactors Employee Central** ein und klicken anschließend auf den entsprechenden Eintrag in der Ergebnisliste. Scrollen Sie auf der sich dann öffnenden Liste bis zum Abschnitt **Operate** und klicken hier auf **Integrating Multiple Employment in the SAP SuccessFactors HXM Suite**. Navigieren Sie dann zu **Configuration Settings for Global Assignments and Concurrent Employment • Configuring Global Assignments • Configuring Global Assignment Settings**.

Im nächsten Abschnitt beschäftigen wir uns mit dem Thema der Mehrfachbeschäftigung. Bei der Mehrfachbeschäftigung haben Mitarbeitende gleichzeitig mehr als ein aktives Beschäftigungsverhältnis in demselben Unternehmen.

8.3 Mehrfachbeschäftigung

Die Mehrfachbeschäftigung ermöglicht es Arbeitnehmenden, mehrere Beschäftigungsverhältnisse gleichzeitig auszuüben. Ein Mehrfachbeschäftigter hat oft unterschiedliche Arbeitsplätze, Vorgesetzte, Vergütungen und andere Beschäftigungsdetails. Eine Beschäftigung wird immer als Hauptbeschäftigung (primäres Beschäftigungsverhältnis) bezeichnet. Eine mitarbeitende Person kann eine oder mehrere *Nebenbeschäftigungen* (*sekundäre Beschäftigungsverhältnisse*) ausüben.

Mehrfachbeschäftigungen funktionieren ähnlich wie Auslandseinsätze, die wir im vorangehenden Abschnitt behandelt haben. Sie sind im Vergleich dazu aber einfacher konzipiert und leichter zu konfigurieren.

Eine sekundäre Beschäftigung ist im Wesentlichen eine zweite Version einer primären Beschäftigung, sodass beide Beschäftigungen meist gleich aussehen und sich gleich verhalten. Die Hauptunterschiede – mit Ausnahme der Daten – sind möglicherweise länderspezifische Konfigurationen, wenn die Nebentätigkeit in einem anderen Land stattfindet.

Es gibt im Zusammenhang mit Mehrfachbeschäftigungen zwei Regeln, die Sie in den Geschäftsregeln nutzen können:

- **Maximale Gesamtzahl der FTE für den Zeitraum ermitteln**
  Diese Regel dient zur Ermittlung des Datums, an dem das maximale Full Time Equivalent (FTE) über mehrere Beschäftigungen hinweg während eines bestimmten Zeitraums erreicht wird. Wenn das Anfangs- und das Enddatum des Zeitraums gleich sind, wird das gesamte FTE zum angegebenen Datum zurückgegeben. Wenn der FTE-Wert nicht in den Stelleninformationen des Mitarbeiters oder der Mitarbeiterin verfügbar ist, wird er aus den Standardarbeitsstunden abgeleitet.
- **Datum der maximalen Gesamtzahl der FTE für den Zeitraum abrufen**
  Diese Regel wird verwendet, um das Datum zu bestimmen, an dem die maximale Gesamtzahl der FTE über mehrere Beschäftigungen hinweg erreicht wird.

Diese Funktionen können Sie z. B. verwenden, um zu verhindern, dass die Gesamtzahl der FTE für alle Beschäftigungsverhältnisse einer mitarbeitenden Person 1 (oder eine andere Zahl) übersteigt.

Im Center für intelligente Dienste können Sie verschiedene Ereignisse nutzen, um Prozesse innerhalb oder außerhalb von SAP SuccessFactors zu orchestrieren (siehe Abbildung 8.15).

Wir betrachten nun die Prozesse des Hinzufügens, Verwaltens und Beendens von Beschäftigungsverhältnissen sowie das Wechseln von sekundär zu primär und zuletzt das Beenden der Hauptbeschäftigung.

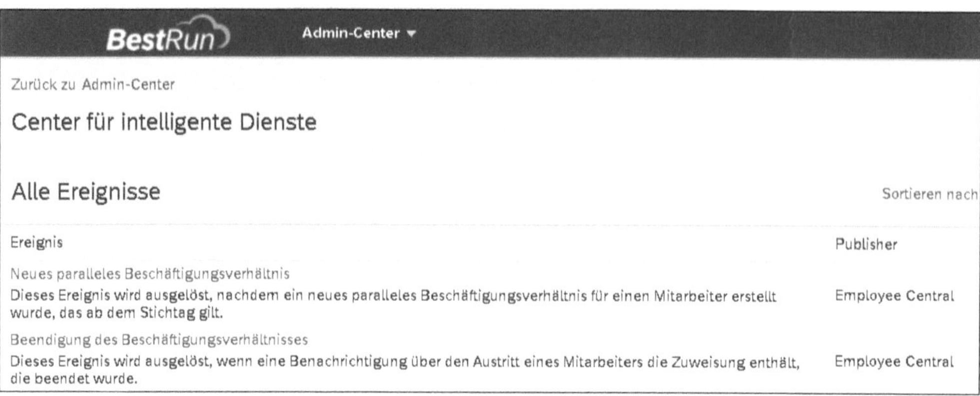

Abbildung 8.15 Beschäftigungsverhältnisereignisse im Center für intelligente Dienste

8.3.1 Nebenbeschäftigung hinzufügen

Eine Mitarbeiterin oder Mitarbeiter erhält eine Mehrfachbeschäftigung, indem Sie im Mitarbeiterprofil über **Aktionen** die Option **Paralleles Beschäftigungsverhältnis hinzufügen** auswählen (siehe Abbildung 8.16).

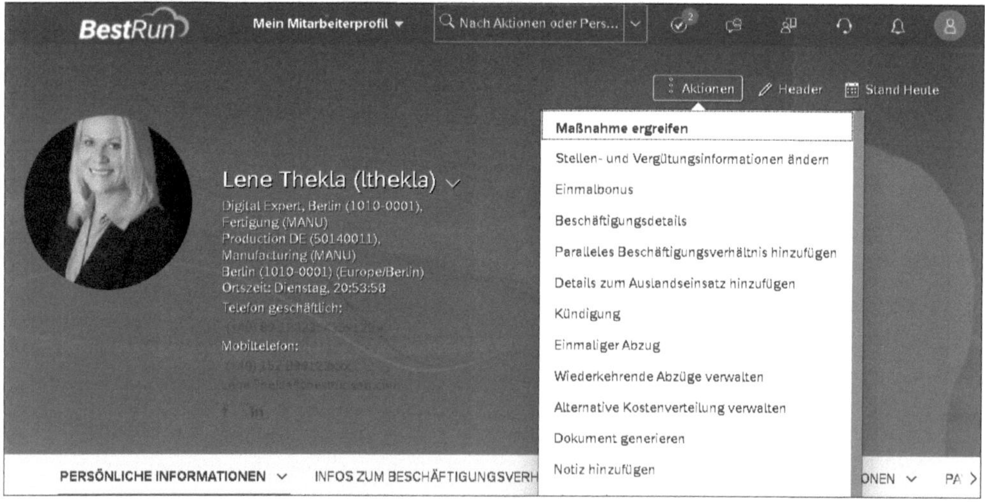

Abbildung 8.16 Paralleles Beschäftigungsverhältnis hinzufügen

Die Ansicht **Paralleles Beschäftigungsverhältnis hinzufügen** enthält u. a. die folgenden Felder (siehe Abbildung 8.17):

- Ereignisgrund
- Einstellungsdatum
- Unternehmen (das empfangende Unternehmen)

Abbildung 8.17 Details zum parallelen Beschäftigungsverhältnis eingeben

Klicken Sie nach der Eingabe der Details auf die Schaltfläche **Weiter**. Sie können nun spezifische Details zum Beschäftigungsverhältnis eingeben. Die einzelnen Bereiche kennen Sie schon aus der Eingabe der Hauptbeschäftigung:

- Stelleninformationen
- Stellenbeziehungen
- Vergütungsinformationen

Diese Bereiche sind für die Nebenbeschäftigung erforderlich und sollten genauso sorgsam ausgefüllt werden wie bei der Einstellung eines Mitarbeiters oder einer Mitarbeiterin in Employee Central (siehe Abschnitt 5.4.1, »Eintritt von Mitarbeitenden«).

Im Bereich **Nebenbeschäftigung für alle SuccessFactors-Prozesse** wird festgelegt, ob diese Beschäftigung eine Nebenbeschäftigung ist oder ob sie zur Hauptbeschäftigung wird (siehe Abbildung 8.18). Dies wird durch die Auswahl eines der beiden folgenden Werte in der Dropdown-Liste **Als Nebenbeschäftigung für alle SuccessFactors-Prozesse festlegen?** bestimmt:

- **Ja**: Legt diese Beschäftigung als Nebenbeschäftigung fest.
- **Nein**: Legt diese Beschäftigung als Hauptbeschäftigung fest und ändert die aktuelle Hauptbeschäftigung in eine Nebenbeschäftigung.

Nachdem Sie die Details der Nebenbeschäftigung eingegeben haben, klicken Sie auf **Bestätigen**. Wenn ein Workflow verwendet wird, wird der Antrag zur Genehmigung weitergeleitet; andernfalls wird die beantragte Änderung sofort wirksam.

Abbildung 8.18 Informationen zur Nebenbeschäftigung

8.3.2 Nebentätigkeiten verwalten

Der Zugriff auf die Beschäftigungen der Mitarbeitenden erfolgt über ihr Mitarbeiterprofil. Am oberen Bildrand wird ein Optionsfeld für jede Zuordnung (primär und sekundär) angezeigt, das als Menü zum Umschalten zwischen den Beschäftigungsverhältnissen dient. Das primäre Beschäftigungsverhältnis hat einen Stern hinter dem Titel (siehe Abbildung 8.19).

Wenn Sie eine der Optionsschaltflächen auswählen, wird das Profil mit den Informationen für diese Beschäftigung neu geladen. Über einen Klick auf **Aktionen** und **Maßnahmen ergreifen** können Sie Maßnahmen für das soeben ausgewählte Beschäftigungsverhältnis ergreifen.

Die Optionsfelder bleiben immer dann sichtbar, wenn eine mitarbeitende Person im Einsatz ist, in Zukunft im Einsatz sein wird oder in der Vergangenheit mindestens eine Mehrfachbeschäftigung ausgeübt hat.

Abbildung 8.19 Beschäftigungen der Mitarbeiterin Christina Huber

8.3.3 Nebentätigkeit beenden

Jede Nebentätigkeit kann jederzeit beendet werden. Um eine Nebenbeschäftigung manuell zu beenden, navigieren Sie zum Personenprofil des Beschäftigungsverhältnisses, klicken auf **Aktionen** und **Maßnahme ergreifen** und wählen anschließend die Option **Kündigung**. Sie werden gefragt, ob Sie das aktuelle Beschäftigungsverhältnis oder alle Beschäftigungsverhältnisse kündigen möchten. Geben Sie die Kündigungsdetails ein (wie bei einer regulären Kündigung, siehe hierzu auch Abschnitt 5.4.8, »Kündigung oder Austritt«), und klicken Sie auf **Speichern**. Wenn Sie einen Workflow nutzen, wird der Antrag zur Genehmigung weitergeleitet; andernfalls wird die Kündigung des Beschäftigungsverhältnisses sofort wirksam.

8.3.4 Tausch von primären und sekundären Beschäftigungsverhältnissen

Es ist möglich, eine Nebenbeschäftigung mit einer Hauptbeschäftigung zu tauschen und umgekehrt. Navigieren Sie dazu zum Personenprofil der Nebenbeschäftigung des Mitarbeiters oder der Mitarbeiterin, und wählen Sie die Option **Beschäftigungsdetails** im Menü **Aktionen • Maßnahmen ergreifen**.

Setzen Sie im Bild **Beschäftigungsdetails** den Wert von **Ist die Hauptbeschäftigung für alle SuccessFactors-Prozesse?** auf **Ja**. Dieses Feld befindet sich im Bereich **Informationen zur Nebenbeschäftigung**, wie in Abbildung 8.18 dargestellt.

Nachdem Sie **Ja** ausgewählt haben, erscheint das Feld **Wann sollen die Änderungen in Kraft treten?**, in dem Sie das Datum auswählen können, an dem der Tausch in Kraft treten soll.

Nachdem Sie die Änderungen vorgenommen haben, klicken Sie auf **Bestätigen**. Wenn ein Workflow verwendet wird, wird der Antrag zur Genehmigung weitergeleitet; andernfalls wird die Änderung sofort wirksam.

8.3.5 Hauptbeschäftigung zugunsten einer Nebentätigkeit beenden

Scheiden Arbeitnehmende zu irgendeinem Zeitpunkt während ihrer Mehrfachbeschäftigung aus ihrer Hauptbeschäftigung aus, wird eine ihrer Nebenbeschäftigungen zur Hauptbeschäftigung.

Wenn Mitarbeitende mit einer Mehrfachbeschäftigung aus ihrer Hauptbeschäftigung ausscheiden, wird diese auf dieselbe Weise beendet wie bei einem regulären Mitarbeiter oder einer regulären Mitarbeiterin. Das heißt, dass die Option **Kündigung** im Menü **Aktionen** im Personenprofil der Hauptbeschäftigung ausgewählt wird.

Das Bild **Kündigung** ist das gleiche wie bei der Kündigung einer regulären Mitarbeiterin oder eines regulären Mitarbeiters (siehe Abschnitt 5.4.8, »Kündigung oder Austritt«). Wenn jedoch zwei oder mehr Nebenbeschäftigungen bestehen, wird das Feld **Neue Hauptbeschäftigung** angezeigt. Das Feld **Neue Hauptbeschäftigung** listet alle Nebenbeschäftigungen auf, die die mitarbeitende Person ausübt. Eine dieser Nebenbeschäftigungen müssen Sie auswählen, um eine neue Hauptbeschäftigung festzulegen.

Geben Sie die Kündigungsdetails ein (wie bei einer regulären Kündigung), wählen Sie gegebenenfalls die neue Hauptbeschäftigung aus, und klicken Sie auf **Bestätigen**. Wenn ein Workflow verwendet wird, wird der Antrag zur Genehmigung weitergeleitet; andernfalls wird er sofort wirksam.

Im Folgenden stellen wir Ihnen die wesentlichen Auswirkungen von Mehrfachbeschäftigungen auf die anderen Module und Prozesse in SAP SuccessFactors vor.

8.4 Auswirkungen von mehreren Beschäftigungsverhältnissen auf andere Module und Prozesse

In diesem Abschnitt betrachten wir die technischen und prozessualen Auswirkungen und Wechselwirkungen in Fällen, in denen Sie mehrere Beschäftigungsverhältnisse für eine Person nutzen.

8.4.1 Organigramm

Im Organigramm können Sie die Mitarbeitenden mit verschiedenen Beschäftigungsverhältnissen sehen. Die Darstellung im Organigramm hängt von der Art der Mehrfachbeschäftigung ab. Auch ein Auslandseinsatz bzw. eine Einsatzpause wird z. B. im Organigramm direkt angezeigt (siehe Abbildung 8.20).

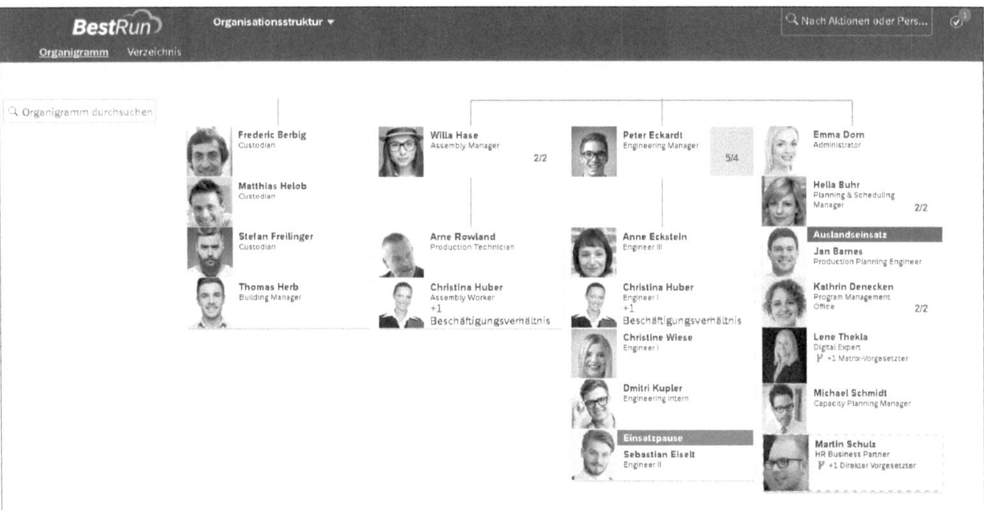

Abbildung 8.20 Darstellung von Informationen zu Beschäftigungsarten

8

Auslandseinsatz

Sowohl das pausierte Beschäftigungsverhältnis in der Heimat als auch der Auslandseinsatz einer Mitarbeiterin oder eines Mitarbeiters werden im Organigramm angezeigt. Wenn Sie im Organigramm nach einem Mitarbeitenden mit Auslandseinsatz suchen, können Sie zwischen den einzelnen Beschäftigungen wählen, um die jeweilige Zuweisung im Organigramm anzuzeigen.

Im Organigramm und in den Mitarbeiterdetails wird der Auslandseinsatz wie in Abbildung 8.21 dargestellt. Das Beschäftigungsverhältnis in der Heimat trägt die Bezeichnung »Einsatzpause«.

Mehrfache Beschäftigungsverhältnisse

Sowohl die primären als auch die sekundären Beschäftigungsverhältnisse eines Mitarbeiters werden im Organigramm angezeigt. Wenn Sie im Organigramm nach einer Mitarbeiterin oder einem Mitarbeiter mit Mehrfachbeschäftigung suchen, können Sie zwischen den einzelnen Beschäftigungsverhältnissen wählen, um die jeweilige Zuordnung im Organigramm anzuzeigen.

Für jede Zuordnung wird ein Hinweis mit der Anzahl der Beschäftigungen angezeigt. Hat die oder der Arbeitnehmende z. B. eine Nebenbeschäftigung, steht auf dem Etikett »+1 Beschäftigungsverhältnis« (siehe Abbildung 8.22); gäbe es drei Nebenbeschäftigungen, würde »+3« angezeigt.

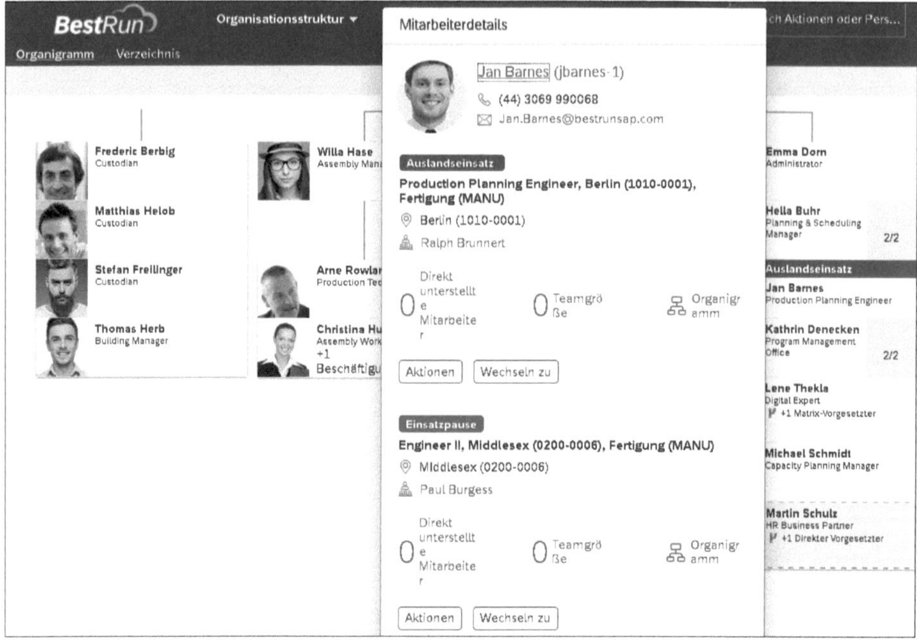

Abbildung 8.21 Mitarbeitende im Auslandseinsatz mit Einsatzpause in der Heimat

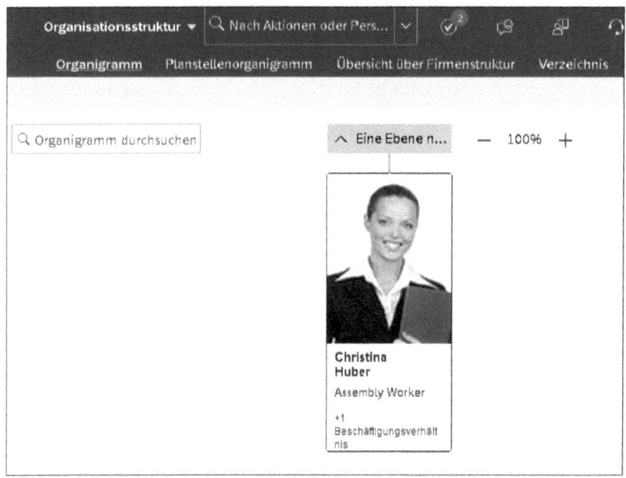

Abbildung 8.22 Mitarbeiterin mit einem zusätzlichen Beschäftigungsverhältnis

8.4.2 Planstellenorganigramm

Sie können die Informationen über die unterschiedlichen Beschäftigungsverhältnisse- und Abordnungsarten nicht nur im Organigramm, sondern auch im Planstellenorganigramm sehen. Die Darstellung hängt von der Art der Mehrfachbeschäftigung ab, was wir im Folgenden zeigen.

Auslandseinsatz

Im Planstellenorganigramm wird die Heimatposition (mit dem Symbol [Haus-Symbol]) als (teil)vakant in Abhängigkeit ihrer Soll-Stärke angezeigt, wenn die Person im Auslandseinsatz ist. Wenn für die Mitarbeiterin oder den Mitarbeiter ein Rückkehrzeitpunkt festgelegt worden ist, wird im Seitenbereich der Position ein Bereich mit den Details zur Rückkehr angezeigt (siehe Abbildung 8.23).

Abbildung 8.23 Heimatposition eines Mitarbeiters im Auslandseinsatz

Die Position der Auslandszuweisung des Mitarbeiters oder der Mitarbeiterin zeigt den Status der Auslandszuweisung mit einem Weltsymbol [Welt-Symbol] an (siehe Abbildung 8.24). Der Bereich **Details zum Auslandseinsatz** zeigt den Mitarbeiter Jan Barnes im Auslandseinsatz mit dem Text »Vorübergehend dieser Planstelle im Auslandseinsatz zugewiesen". Außerdem werden das Anfangsdatum des Auslandseinsatzes und das geplante Enddatum des Auslandseinsatzes angezeigt.

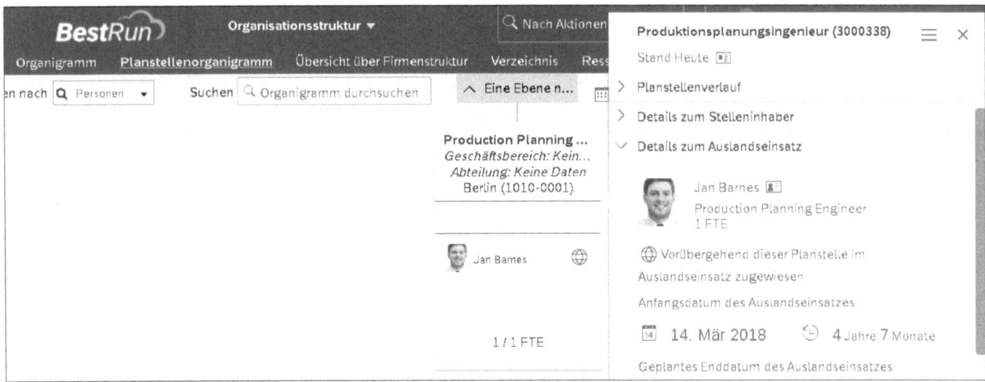

Abbildung 8.24 Mitarbeiter im vorübergehenden Auslandseinsatz

Mehrfache Beschäftigungsverhältnisse

Eine Planstelle, die von einer Person besetzt ist, die eine Nebenbeschäftigung ausübt, zeigt diese als Inhaberin oder Inhaber der Planstelle auch im Planstellenorganigramm an. Klicken Sie auf **Mitarbeiterdetails**, um die Details zu den Beschäftigungsverhältnissen einzusehen (siehe Abbildung 8.25).

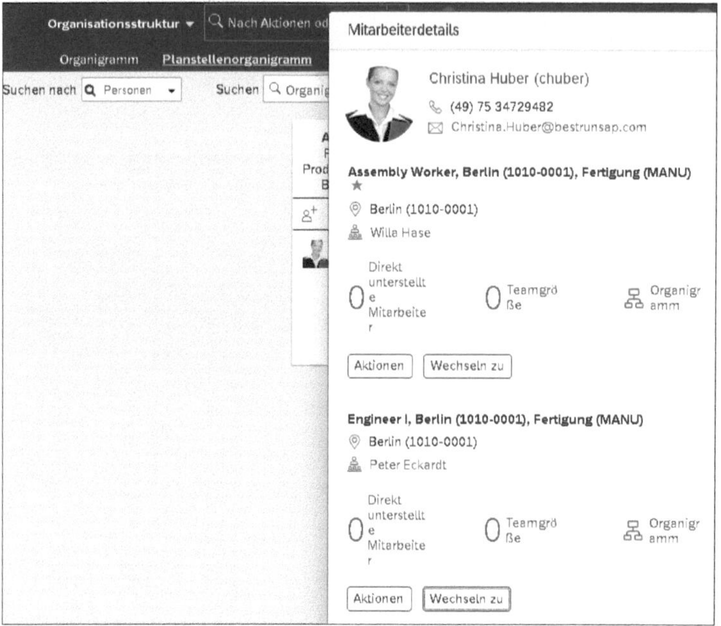

Abbildung 8.25 Planstelle einer Mitarbeiterin mit mehrfachen Beschäftigungsverhältnissen in den Mitarbeiterdetails

8.4.3 Ziel- und Leistungsbeurteilung

Performancemanagement-Formulare können sowohl für die Heimatbeschäftigung als auch für den Auslandseinsatz erstellt werden. Beachten Sie, dass die erstellten Formulare nicht einfach von der Heimatbeschäftigung auf den Auslandseinsatz übertragen werden können.

Je nachdem, wie Sie die Berechtigungen einrichten und auf Basis welches Beschäftigungsverhältnisses die Formulare erstellt werden, kann die Führungskraft der Person gegebenenfalls nur deren Ziele sehen oder lediglich das Formular selbst.

Die To-do-Liste auf der Startseite zeigt die To-dos aus allen Beschäftigungen an. Wenn eine Mitarbeiterin oder ein Mitarbeiter ein To-do aus einer anderen Beschäftigung auswählt, wechselt sie oder er automatisch zum Beschäftigungsverhältnis des To-dos, bevor sich das Formular öffnet.

Bei einem Auslandseinsatz sieht die Mitarbeiterin oder der Mitarbeiter die Formulare für den Auslandseinsatz, nicht aber die Formulare der Heimatbeschäftigung im Posteingang von **Eigene Formulare**. Wenn der Mitarbeiter oder die Mitarbeiterin zu seiner Heimatbeschäftigung wechselt, sieht er oder sie die Performanceformulare seiner

Heimatzuweisung. Die Performanceformulare für die Heimatbeschäftigung werden weiterhin durch alle Schritte bis hin zum Abschluss des Prozesses geleitet. Führungskräfte können Formulare für eine Heimatbeschäftigung ihrer Mitarbeitenden im Ausland prozessieren, auch wenn die Heimatbeschäftigung pausiert.

8.4.4 Vergütungsmanagement

Wie die Formulare für das Performancemanagement können auch die Formulare für das Vergütungsmanagement sowohl für die Heimatbeschäftigung als auch für den Auslandseinsatz erstellt werden. Wie im Performancemanagement können die Formulare, die bereits für ein Beschäftigungsverhältnis erstellt worden sind, nicht einfach auf das andere Beschäftigungsverhältnis übertragen oder mit ihm verknüpft werden.

Um den Betrieb zu optimieren, kann das Administrationsteam im Modul Vergütungsmanagement Regeln erstellen, um alle Auslandseinsätze von der Anzeige auf Vergütungsformularen auszuschließen. Dadurch werden doppelte Formulare für denselben Mitarbeiter oder dieselbe Mitarbeiterin vermieden.

8.4.5 Nachfolgeplanung

Die Nominierung für die Nachfolge ist bei den meisten Kunden an die Planstelle und nicht an eine Person gebunden. Folglich werden die Nominierungen pro Planstelle verwaltet. Wenn Sie einen Auslandseinsatz annehmen, wird der Auslandsdienst einer anderen Planstelle in der dazugehörigen Organisationsstruktur zugewiesen. Damit können Sie die Nachfolgeplanung effizient weiterbearbeiten:

- Die Nominierungen für die Nachfolge auf der ursprünglichen Planstelle des Mitarbeitenden im Auslandseinsatz bleiben bestehen. Die Mitarbeitenden, die als Nachfolger für die Planstelle nominiert wurden, bleiben unverändert.
- Die neu erstellte oder zugewiesene Planstelle im Auslandseinsatz kann zusätzlich auch genutzt werden, um (andere) Nachfolger zu nominieren, wenn es betriebliche Gründe dafür gibt.

8.4.6 SAP SuccessFactors Learning Management

In SAP SuccessFactors Learning haben Sie pro Beschäftigungsverhältnis einen eigenen Lerndatensatz. Sie können daher über die Standard-Administrationswerkzeuge im Lernmanagement die Lernhistorien manuell zusammenführen. Auch gibt es Partnerlösungen, die Sie nutzen können, um die Handhabung weiter zu vereinfachen.

8.4.7 SAP SuccessFactors Recruiting

Mitarbeitende können sich mit SAP SuccessFactors Recruiting auf eine offene Planstelle bewerben, die für einen Auslandseinsatz vorgesehen ist. Wenn sie mit Ihrer Bewerbung Erfolg haben, kann die Administratorin oder der Administrator über **Aktionssuche** und **Ausstehende Einstellungen verwalten** sie für die Auslandseinsatz-Planstelle und das zugehörige Beschäftigungsverhältnis einstellen.

8.4.8 Employee-Central-Payroll-Lohnzettel

Sie können die relevanten Abrechnungsdaten und auch Lohnzettel aus Employee Central Payroll (natürlich auch aus anderen Abrechnungssystemen) extrahieren und sie dem richtigen Beschäftigungsverhältnis in SAP SuccessFactors über die Beschäftigungs-ID zuordnen und hochladen.

Neben den bisher behandelten Arten der Mehrfachbeschäftigung gibt es das Modell des Kontingentarbeitenden, das wir im folgenden Abschnitt behandeln.

8.5 Kontingentarbeitende

In Employee Central können Sie nicht nur die internen Mitarbeitenden verwalten und in ihren HR-Prozessen unterstützen, sondern auch externe Mitarbeitende. SAP bietet dafür ein vereinfachtes Datenmodell und effiziente Werkzeuge. Damit können Organisationen einen kompletten Einblick in ihre Mitarbeitenden erhalten, unabhängig davon, ob es sich um interne oder externe Personen handelt, und auch externe Mitarbeitende effizient in die Arbeitsabläufe einbinden.

Es gibt mehrere Arten von externen Mitarbeitenden. Unterscheiden lassen sich z. B.:

- Externe Mitarbeitende, die Sie nur für Ausweiskontrollen und Zutritte verwalten müssen. Sie sind klassische Kontingentarbeitende.
- Externe Mitarbeitende, die auch in manche HR-Prozesse involviert sind, z. B. an Schulungen teilnehmen sollen und diesbezüglich administriert werden müssen. Auch sie fallen in SAP SuccessFactors Employee Central unter das Modell der Kontingentarbeitenden.
- Externe Mitarbeitende, die wie interne Mitarbeitende in fast alle HR-Prozesse einbezogen sind, weil sie interimsmäßig die Planstelle von internen Mitarbeitenden und damit deren Aufgaben übernehmen. Diese Art von externen Mitarbeitenden werden meist als volle Employee-Central-Mitarbeitende geführt und nur mit einem Attribut wie **Mitarbeiterklasse** von den internen Mitarbeitenden unterschieden.

Mit Kontingentarbeitenden in Employee Central erzielen Sie die folgenden wesentliche Vorteile:

- ein einheitliches Reporting über alle Arbeitskräfte im Unternehmen zu haben
- administrative Prozesse stark vereinfachen zu können
- Transparenz zu schaffen und viele Integrationsmöglichkeiten zu haben, bis hin zur Integration mit Identity-and-Access-Management-Lösungen, die die Zutrittskontrolle und Rechte im Unternehmen kontrollieren

In diesem Kapitel zeigen wir Ihnen, wie Kontingentarbeitende in Employee Central erfasst werden und wie Sie sie verwalten, und wir geben Ihnen Hinweise zur Konfiguration.

8.5.1 Kontingentarbeitende konfigurieren

Sie können die Funktionalitäten für Kontingentarbeiter und Kontingentarbeiterinnen mit geringem Aufwand selbst konfigurieren. Kontingentarbeitende zeichnet ein vereinfachtes Datenmodell und stark vereinfachte Prozesse aus. Planstellen, Stellen und Organisationsmanagement werden für Kontingentarbeitende in der Regel genutzt, nicht aber der Bereich **Vergütungsinformationen**. Dafür gibt es das Element **Arbeitsauftrag**, das deutlich einfacher in der Handhabung als die Vergütungsinformationen ist.

Rollen und Berechtigungen müssen Sie in Abhängigkeit dessen, wer Kontingentarbeitende verwaltet und welche Rechte Kontingentarbeitende im System haben, gestalten.

Beachten Sie, dass im Standard mit der Beendigung des Arbeitsauftrags der Kontingentarbeitende gekündigt wird.

Konfiguration von Kontingentarbeitenden

Um Kontingentarbeitende einzurichten und die Konfiguration zu ändern, stellt SAP eine passgenaue Dokumentation zur Verfügung. Gehen Sie zu *https://help.sap.com/*. Wählen Sie **SAP SuccessFactors Employee Central • Implementing Support for Contingent Workers in Employee Central as Part of Total Workforce Manage • Supporting Contingent Workers in Employee Central**.

8.5.2 Mit Kontingentarbeitenden arbeiten

Nachdem Sie Kontingentarbeitende eingerichtet haben, können Sie über die Aktionssuche und **Neuen Kontingentarbeiter hinzufügen** eine Kontingentarbeiterin oder einen Kontingentarbeiter hinzufügen. Haben Sie die Stammdaten vervollständigt, was sehr ähnlich dem Hinzufügen eines neuen Mitarbeiters oder einer neuen Mitarbeiterin ist, müssen Sie noch einen Arbeitsauftrag statt der Vergütungsinformationen ausfüllen. Im Ergebnis sehen Sie den Kontingentarbeitenden, klar mit **Kontingentarbeiter** gekennzeichnet, mit seinem Profil (siehe Abbildung 8.26).

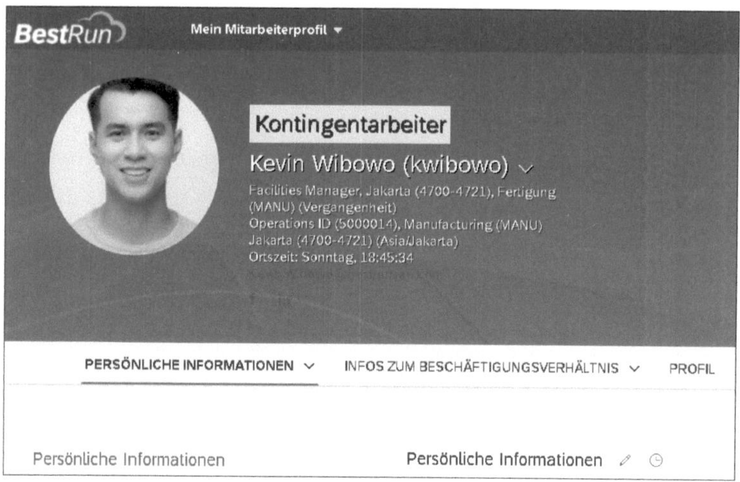

Abbildung 8.26 Kontingentarbeiter im Mitarbeiterprofil

Den Arbeitsauftrag des Kontingentarbeiters oder der Kontingentarbeiterin können Sie jederzeit im Mitarbeiterprofil der Kontingentarbeiterin oder des Kontingentarbeiters über **Aktionen** und **Informationen zum Arbeitsauftrag bearbeiten** aufrufen und bearbeiten (siehe Abbildung 8.27).

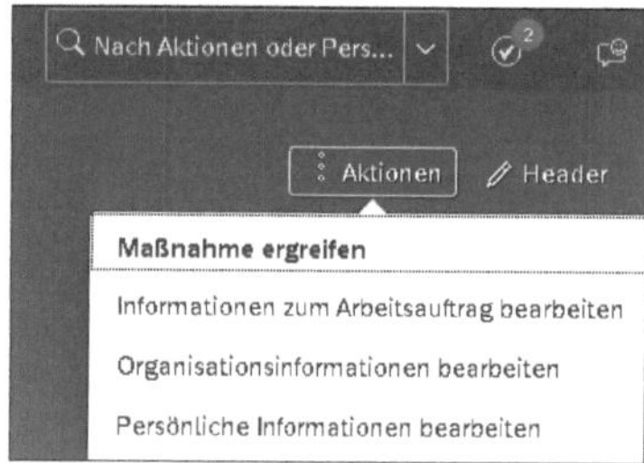

Abbildung 8.27 Informationen zum Arbeitsauftrag bearbeiten

Im Arbeitsauftrag halten Sie die Kerndaten des Arbeitsauftrags fest. Start- und Enddatum, Entlohnung, Währung und Dienstleister (siehe Abbildung 8.28).

Um Mitarbeitende von Kontingentarbeitenden einfach zu unterscheiden, wird in SAP SuccessFactors der Kontingentarbeitende auch im Organigramm deutlich mit zusätzlicher Kennung **Kontingentarbeiter** dargestellt (siehe Abbildung 8.29).

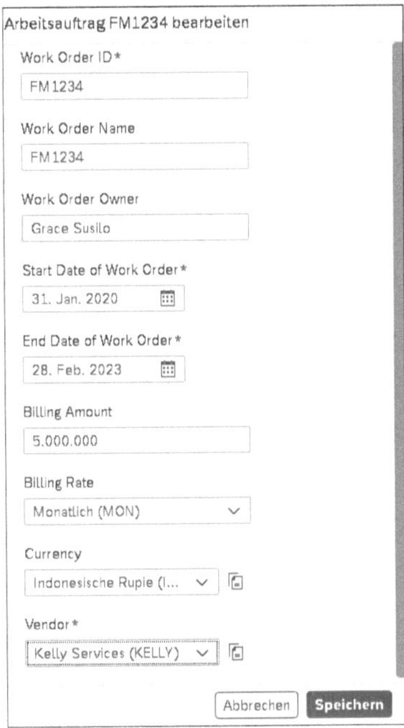

Abbildung 8.28 Arbeitsauftrag bearbeiten

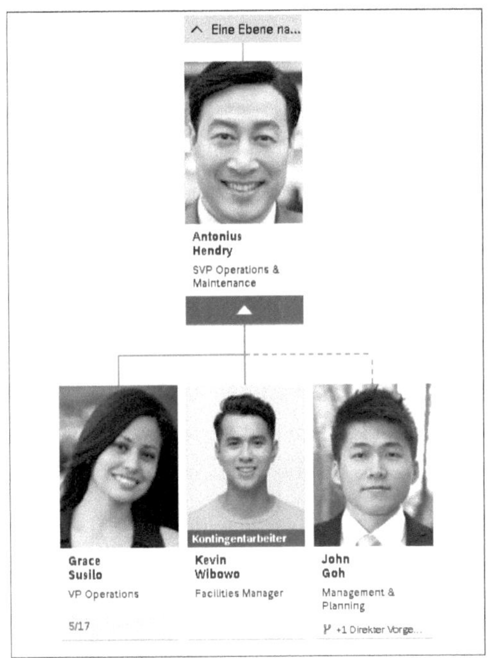

Abbildung 8.29 Kontingentarbeitende im Organigramm

Im nächsten Abschnitt stellen wir kurz dar, wie Sie SAP Fieldglass im Zusammenhang mit Kontingentarbeitenden nutzen können.

8.5.3 SAP Fieldglass und Kontingentarbeitende

In *SAP Fieldglass* können Sie Zeitarbeitskräfte verwalten. Dies beinhaltet mit der Vertragsverwaltung und der Rechnungserstellung und ähnlichen Funktionen viele Elemente, für die Employee Central nicht ausgelegt ist. SAP bietet eine Standardintegration von SAP Fieldglass nach Employee Central. Damit können Sie folgende Szenarien realisieren:

- Erstellen einer Stellenausschreibung in SAP Fieldglass aus einer Planstelle in Employee Central.
- Replizieren von Zeitarbeitskräften mit ihren Stammdaten als Kontingentarbeitende nach Employee Central, um dort den Gesamtüberblick über alle Mitarbeitenden zu haben und weitere Prozesse im Unternehmen zu orchestrieren.

Integration von SAP Fieldglass mit Employee Central

Um die Integration einzurichten, bietet SAP eine passgenaue Dokumentation. Gehen Sie dazu auf *https://help.sap.com/*, und wählen Sie **SAP SuccessFactors Employee Central • Integrating Employee Central with SAP Fieldglass • Integrating SAP Fieldglass with Employee Central**.

Auslandseinsätze sind ein wichtiger, auch prozessual aufwendiger HR-Anwendungsfall für internationale Unternehmen, bei dessen Durchführung Sie Employee Central unterstützt. Mit den Funktionen rund um Auslandseinsätze können Sie Beschäftigungsverhältnisse im Heimatland und im Auslandseinsatz verwalten.

Die Funktionen für die Mehrfachbeschäftigungen ermöglichen es Ihnen, Mitarbeitende, die mehrere Beschäftigungsverhältnisse haben, über alle HR-Prozesse hinweg zu begleiten und zu verwalten.

Mit der Funktion für Kontingentarbeitende bietet Ihnen SAP SuccessFactors Employee Central die Möglichkeit, alle Mitarbeitenden, ob intern oder extern, ganzheitlich zu verwalten, Berichte zu erstellen und sie in die nötigen HR- oder auch Nicht-HR-Unternehmensprozesse einzubinden.

Im nächsten Kapitel werfen wir einen Blick auf Ihre Möglichkeiten, um Dokumente auf Basis der Daten in Employee Central zu erstellen und sie Ihren Mitarbeitenden zur Verfügung zu stellen.

Kapitel 9
Dokumentgenerierung

Wenn es so einfach geht wie mit SAP SuccessFactors, haben Sie gute Chancen, dass Ihre Mitarbeitenden auch gerne selbst die von ihnen benötigten Dokumente, wie z. B. Bescheinigungen, aus dem System heraus erstellen. Wir zeigen Ihnen in diesem Kapitel, welche Möglichkeiten die Dokumentgenerierung in SAP SuccessFactors bietet und wie Sie diese einrichten.

Mit der Dokumentgenerierung können Nutzerinnen und Nutzer, die über eine Rolle dazu berechtigt sind, für sich oder zugeordnete Gruppen von Mitarbeitenden Dokumente anhand vordefinierter Vorlagen und Daten aus SAP SuccessFactors Employee Central erstellen. Ein Dokument kann z. B. eine Anstellungsbescheinigung oder ein Beförderungsschreiben sein.

Die Dokumentgenerierungsvorlagen funktionieren dabei wie Druckschablonen, in die die Inhalte aus SAP SuccessFactors dynamisch eingefügt werden. Die Vorlagen können Bilder und auch Platzhalter enthalten, die Informationen über die Mitarbeitenden ziehen können, z. B. **Name**, **Position**, **Abteilung**, **Vorgesetzte** usw.

Eine Vorlage wird verwendet, um verschiedene Dokumente erstellen zu können, die das gleiche Thema abdecken, aber inhaltlich etwas unterschiedlich sind – dynamisch mit den richtigen Informationen für die entsprechende Person befüllt. Um den typischen Prozess darum herum auszugestalten, sind drei Arbeitsschritte nötig:

1. Erstellen Sie zuerst die Dokumentgenerierungsvorlage.
2. Erstellen bzw. justieren Sie die E-Mail-Einstellungen für die Dokumentgenerierungsvorlage (dieser Schritt ist optional, wird aber häufig durchgeführt).
3. Ordnen Sie der Dokumentgenerierungsvorlage dynamische Inhalte über Felder/ Platzhalter zu.

Bestehende Vorlagen können Sie auch später einfach abändern oder – je nach Bedarf – neue erstellen. Wichtig ist auch in diesem Bereich, der mit dem *Metadata Framework* umgesetzt ist, dass Sie die Gestaltungselemente zeitlich abgrenzen können. Dies bedeutet, dass z. B. eine Vorlage, abhängig vom gewählten Datum, unterschiedliche Konfigurationseinstellungen abbilden kann.

In diesem Kapitel sehen wir uns jeden der oben genannten Arbeitsschritte genauer an. In Abschnitt 9.1, »Dokumentgenerierungsvorlage erstellen«, zeigen wir Ihnen, wie Sie eine Dokumentgenerierungsvorlage erstellen. In Abschnitt 9.2, »E-Mail-Einstellungen für eine Dokumentgenerierungsvorlage erstellen«, lernen Sie dann, wie Sie die E-Mail-Einstellungen für eine Dokumentgenerierungsvorlage vornehmen, und in Abschnitt 9.3, »Inhalte von Feldern in der Dokumentvorlage zuordnen«, ordnen Sie die Felder zu. In Abschnitt 9.4, »Ein Dokument generieren«, erfahren Sie, wie Sie ein Dokument aus der Sicht unterschiedlicher Rollen generieren.

9.1 Dokumentgenerierungsvorlage erstellen

Rufen Sie über die Aktionssuche **Dokumentgenerierung • Dokumentvorlage verwalten** auf. Hier können Sie bestehende Vorlagen verwalten und neue Dokumentgenerierungsvorlagen erstellen.

Dokumentgenerierungsgruppe

Dokumentgenerierungsvorlagen können einer Dokumentgenerierungsgruppe zugewiesen werden, wie später in diesem Abschnitt beschrieben. Um eine Vorlage einer Gruppe zuzuordnen, muss die Dokumentgenerierungsgruppe vor der Erstellung der Dokumentgenerierungsvorlage erstellt werden. Wählen Sie hierzu den Pfad **Dokumentgenerierung • Dokumentvorlage verwalten**. Eine Dokumentgenerierungsgruppe erstellen Sie dort über **Neu erstellen • Dokumentgenerierungsgruppe** (siehe Abbildung 9.1).

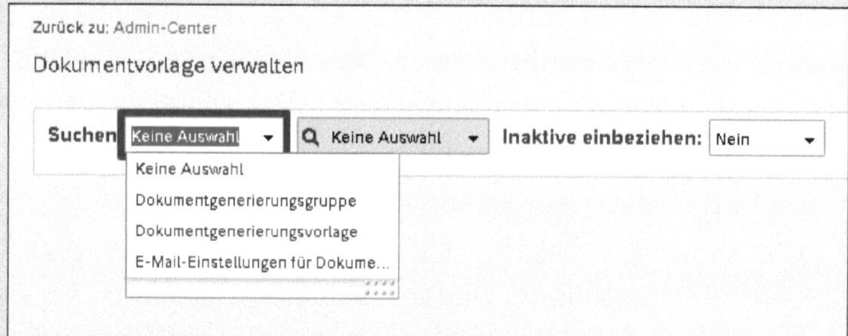

Abbildung 9.1 Dokumentgenerierungsgruppe

Wählen Sie im Auswahlmenü **Suchen** die Option **Dokumentgenerierungsgruppe** aus, und verfahren Sie dann analog der folgenden Beschreibung für die Dokumentgenerierungsvorlage. Definieren Sie anschließend die konkrete Dokumentgenerierungsgruppe.

Um eine neue Dokumentgenerierungsvorlage zu erstellen, wählen Sie **Dokumentgenerierungsvorlage** in der Auswahlliste **Neu erstellen** auf der rechten Bildseite (siehe Abbildung 9.2).

Um eine vorhandene Dokumentgenerierungsvorlage anzuzeigen, zu pflegen oder zu löschen, wählen Sie **Dokumentgenerierungsvorlage** in der Auswahlliste **Suchen** aus und selektieren dann die gewünschte Dokumentgenerierungsvorlage in der nebenstehenden Auswahlliste.

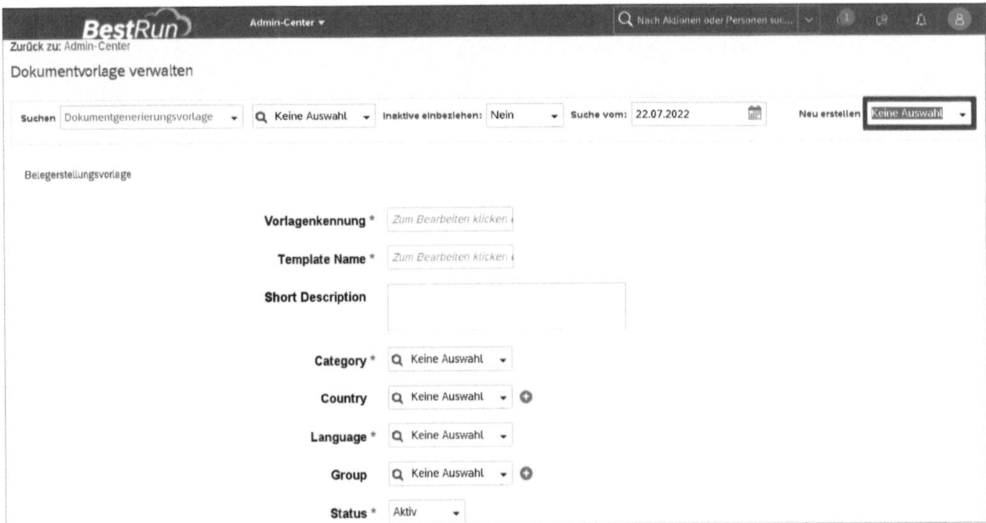

Abbildung 9.2 Dokumentvorlage verwalten

Folgende Felder definieren die Eigenschaften der Dokumentgenerierungsvorlage (siehe Abbildung 9.3):

- **Vorlagenkennung**: Ein eindeutiger Code für die Dokumentgenerierungsvorlage.
- **Template Name**: Der Name der Dokumentgenerierungsvorlage.
- **Short Description (Kurzbeschreibung)**: Eine optionale Beschreibung.
- **Category** (Kategorie): Die Kategorie für die Vorlage.
- **Country** (Land): Das Land, für das die Dokumentvorlage verfügbar ist (optional).
- **Language** (Sprache): Die Sprache der Dokumentgenerierungsvorlage.

  Group (Gruppe): Die Dokumentgenerierungsgruppe, der Sie die Dokumentvorlage zuordnen möchten (optional).
- **Status**: Gibt an, ob die Dokumentvorlage aktiv oder inaktiv ist.
- **Email Subject** (E-Mail-Betreff): Die Betreffzeile der E-Mail (optional). Auch im Betreff werden dynamische Inhalte (mit Feldersatz) unterstützt. Dazu später mehr.

- **Template Content** (Vorlage Inhalt): In diesem Bereich können Sie die Dokumentgenerierungsvorlage und den Anzeigetext ausgestalten. Sie können z. B. mit Aufzählungspunkten und Listen oder Tabellen sowie Hyperlinks arbeiten und Platzhalter für dynamische Inhalte nutzen, mit denen die Felder von Employee Central der Vorlage zugeordnet werden.

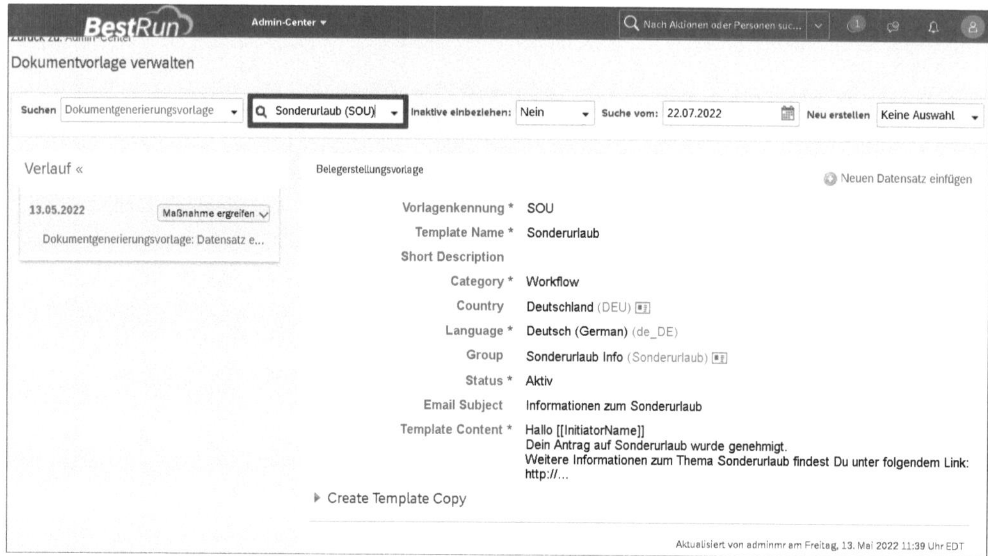

Abbildung 9.3 Dokumentgenerierungsvorlage »Sonderurlaub bearbeiten«

Nutzen Sie in der Dokumentgenerierungsvorlage die Option, dynamische Inhalte einzusetzen, gehen Sie wie folgt vor: Dynamische Inhalte sind die Termini, die in doppelten eckigen Klammern stehen (z. B. [[FIRSTNAME]] oder [[COMPANY]]). Fügen Sie dynamische Inhalte ein, indem Sie die `Druck`-Taste verwenden. Der dynamische Inhalt wird beim Erstellen eines Dokuments mit den Echtwerten aus Employee Central befüllt (siehe Abschnitt 9.4, »Ein Dokument generieren«).

Auch ist es möglich, eine Dokumentgenerierungsvorlage zu kopieren, um eine neue Version, z. B. mit leicht veränderten Inhalten, zu erstellen. Wenn Sie Felder zugeordnet haben (siehe Abschnitt 9.3, »Inhalte von Feldern in der Dokumentvorlage zuordnen«), werden diese ebenfalls kopiert.

Nachdem Sie erfahren haben, wie eine Dokumentgenerierungsvorlage erstellt wird, zeigen wir Ihnen nun, welche Optionen es für E-Mail-Einstellungen bei Dokumentgenerierungsvorlagen gibt und wie dynamische Inhalte aus Employee Central den Vorlagen zugeordnet werden können.

9.2 E-Mail-Einstellungen für eine Dokumentgenerierungsvorlage erstellen

Wenn ein Dokument von einer Führungskraft oder von Mitarbeitenden erstellt und per E-Mail versendet wird, können Sie das System so einstellen, dass eine Kopie der E-Mail an andere Benutzerinnen und Benutzer, z. B. an die HR-Verantwortlichen, gesendet wird. Zu diesem Zweck müssen Sie die E-Mail-Einstellungen für die Dokumentvorlage erstellen. Dies geschieht an der gleichen Stelle wie die Erstellung der Dokumentgenerierungsvorlage, nämlich unter **Dokumentgenerierung • Dokumentvorlage verwalten** in der Suchleiste (siehe Abbildung 9.1).

Um eine vorhandene Einstellung anzuzeigen, zu pflegen oder zu löschen, wählen Sie in der Dropdown-Liste **Suchen** die Option **E-Mail-Einstellungen für Dokumentgenerierungsvorlage** und anschließend in der nebenstehenden Dropdown-Liste die Vorlage aus, die Sie anzeigen möchten.

Um neue E-Mail-Einstellungen für eine Dokumentvorlage zu erstellen, wählen Sie in der Dropdown-Liste **Neu erstellen** auf der rechten Seite des Bildes die Option **E-Mail-Einstellungen für Dokumentgenerierungsvorlage**.

Beim Erstellen von E-Mail-Einstellungen für Dokumentgenerierungsvorlagen stehen Ihnen die folgenden Felder zur Verfügung (siehe Abbildung 9.4):

- **Kennung**: Die eindeutige Kennung für die Einstellung.
- **Land/Region**: Das Land, für das das Dokument bestimmt ist (optional).
- **Vorlage**: Die Dokumentvorlage, für die die E-Mail-Einstellungen wirksam sind.
- **Verteilerliste und andere Beteiligte**: Eine oder mehrere E-Mail-Adressen, an die die E-Mail gesendet werden soll; hier hinzugefügte E-Mail-Adressen werden zu den CC-Empfängern der E-Mail hinzugefügt (optional). Beachten Sie, dass diese Einträge von anderen Personen im Betrieb mitunter schwer wartbar sind.

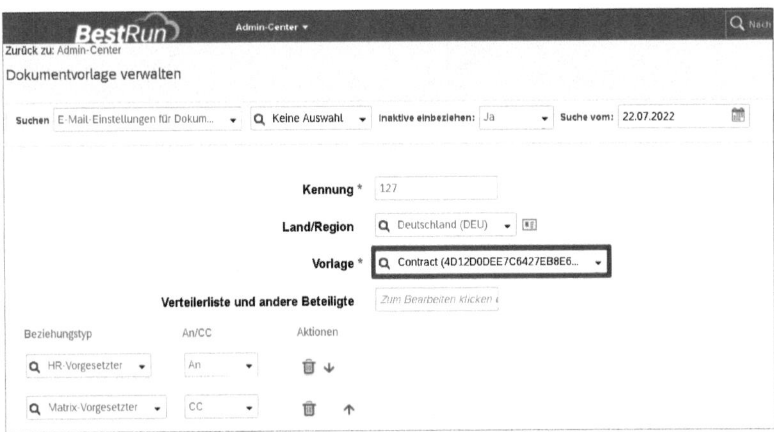

Abbildung 9.4 E-Mail-Einstellungen verwalten

Unter diesen Feldern können Sie die Rollen, die die E-Mail erhalten soll, hinzufügen. Auf diese Weise kann die E-Mail an viele Standardrollen (z. B. **HR-Manager**, **Matrix-Manager**) der Person, für die das Dokument erstellt wurde, entweder in CC oder direkt gesendet werden. Nachdem Sie die Einstellungen vorgenommen haben, klicken Sie auf **Speichern**, um die Vorlage zu sichern.

9.3 Inhalte von Feldern in der Dokumentvorlage zuordnen

Nachdem eine Dokumentgenerierungsvorlage erstellt worden ist (siehe Abschnitt 9.1), muss der in der Vorlage hinzugefügte dynamische Inhalt den Feldern von Employee Central zugeordnet werden. Daraus zieht sich das Dokument dann dynamisch und zeitabhängig beim Erstellen die entsprechenden Inhalte. Diese Vorgehensweise erläutern wir im Folgenden.

Zunächst werfen wir einen Blick auf die unterstützten Objekte, die für die Zuordnungsfunktion zur Verfügung stehen.

9.3.1 Unterstütze Objekte

Die meisten Employee-Central-Objekte werden als Basisobjekte für Zuordnungen unterstützt. Alle Elemente von Employee Central sind, ebenso wie ausgewählte Objekte des Metadata Frameworks (MDF), verfügbar. Dazu gehören u. a:

- Benefits/Zuwendungen
- Vorschüsse
- Informationen zur Beschäftigung inklusive Zahlungsinformationen

Kundenindividuelle MDF-Objekte können Sie ebenfalls nutzen, wenn die Zuordnung zum User (dem Gegenstand der Aktion) gegeben ist. Das bedeutet, dass im Feld **Subject User** des MDF-Objekts der Eintrag **User** ausgewählt sein muss.

Auf die Grundlagenobjekte kann aus demselben Grund nicht direkt, sondern nur indirekt über die vererbten Informationen in den Mitarbeiterdaten zugegriffen werden.

9.3.2 Zuordnungen durchführen

Um die Zuordnung durchzuführen, rufen Sie über die Aktionssuche **Dokumentgenerierung • Dokumentvorlagenzuordnung verwalten** auf. Dort wählen Sie über die Auswahlfelder hinter **Vorlage auswählen** das Land sowie die entsprechende Vorlage aus (siehe Abbildung 9.5).

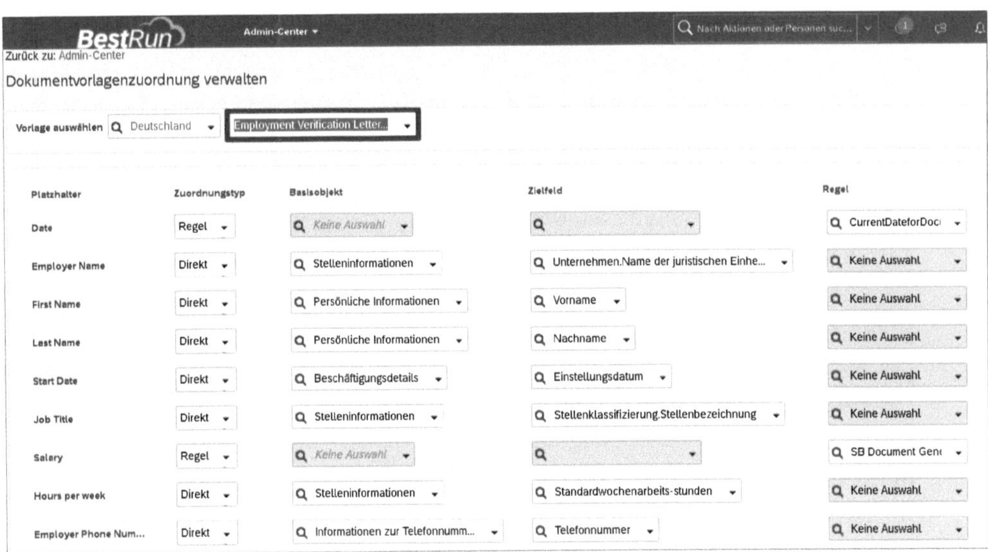

Abbildung 9.5 Dokumentvorlagezuordnung verwalten

Im Beispiel aus Abbildung 9.5 sehen Sie zur ausgewählten Vorlage **Employment Verification Letter** (Bestätigung des Beschäftigungsverhältnisses) alle Platzhalter für dynamische Inhalte, die der Dokumentvorlage hinzugefügt wurden (in der Spalte **Platzhalter** ganz links im Bild in Fettdruck).

Die Spalte **Zuordnungstyp** enthält eine Auswahlliste, um festzulegen, wie die Felder zugeordnet werden. Es stehen vier Optionen zur Verfügung:

- **Direkt**: Ordnet das Feld direkt einem Feld von Employee Central zu; bei der Erstellung des Dokuments erfolgt die Zuordnung anhand des im Feld **Belegdatum** ausgewählten Datums.
- **Regel**: Verwendet eine Geschäftsregel, um die Feldzuordnung zu definieren.
- **Vergangenheit direkt**: Ordnet das Feld direkt einem Feld von Employee Central zu, verwendet aber die Daten der letzten Datenänderung vor dem im Feld **Belegdatum** ausgewählten Datum.
- **Zukunft direkt**: Ordnet das Feld direkt einem Feld von Employee Central zu, verwendet aber Daten aus einem Zeitpunkt in der Zukunft, zu dem die Daten nach dem im Feld **Belegdatum** ausgewählten Datum geändert werden (z. B. heute schon für den 31.01.2023, wenn klar ist, dass die Änderungen zum 31.12.2022 eingespielt werden).

Die Spalten **Basisobjekt** und **Zielfeld** ändern sich nicht, wenn in der Spalte **Zuordnungstyp** entweder **Direkt**, **Vergangenheit direkt** oder **Zukunft direkt** ausgewählt wurde. Die Spalte **Basisobjekt** enthält das Objekt, für das die Zuordnung vorgenommen werden soll. Die Spalte **Zielfeld** verweist auf das Feld des Objekts, aus dem die Information geholt wird. Die Spalte **Regel** wird zur Auswahl der Geschäftsregel verwendet, wenn in der Spalte **Zuordnungstyp** die Option **Regel** ausgewählt wurde.

Abbildung von Gehaltsbestandteilen

Wenn Sie alle Gehaltsbestandteile in einem Dokument auflisten möchten, verwenden Sie die direkte Zuordnung. Wenn Sie nur bestimmte Gehaltsbestandteile auflisten möchten, verwenden Sie die Zuordnung per Regel und eine Geschäftsregel. Beachten Sie, dass Sie bei der direkten Zuordnung nicht steuern können, in welcher Reihenfolge die Gehaltsbestandteile ausgegeben werden.

Wenn Sie die Funktion zum Auditieren des Lesezugriffs *Read Access Log* (auch RAL), um auch Lesezugriffe zu protokollieren, aktiviert haben, wird die Spalte **Lesezugriff protokollieren** rechts neben der Spalte **Regel** angezeigt. RAL ist eine Option, die SAP SuccessFactors bietet, um auch Lesezugriffe zu protokollieren. Für dynamische Platzhalter, die sensible Informationen enthalten und für die RAL aktiviert werden muss, muss der Wert in der Dropdown-Liste **Lesezugriff protokollieren** auf **Ja** geändert werden.

Nachdem Sie alle benötigten Felder zugeordnet haben, klicken Sie auf **Speichern**. Sie können nun ein Dokument auf Basis der Dokumentvorlage erstellen.

9.3.3 Geschäftsregeln für die Zuordnung verwenden

Sie können Geschäftsregeln verwenden, wenn eine direkte Feldzuordnung nicht die gewünschte Ausgabe liefern würde. Dazu gehören z. B. die folgenden Fälle:

- Name der Managerin/des Managers
- Arbeitsbeziehungen
- einige wiederkehrende Bezahlkomponenten
- E-Mail-Adressen und Telefonnummern

Verwendung von Geschäftsregeln

Eine Geschäftsregel muss erstellt werden, bevor sie danach für das Zuordnen von Feldinhalten verwendet werden kann.

Wenn Sie Geschäftsregeln für die Zuordnung nutzen, erstellen Sie eine Geschäftsregel mit dem Szenario **Grundregel** und wählen als Wert für das Basisobjekt **Ergebnis der Dokumentzuordnung**. Das Objekt, das für die Zuordnung verwendet wird, muss als Parameter der Regel hinzugefügt werden. Verwenden Sie z. B. für Zahlungskomponenten den Wert **Compensation** (Vergütung), siehe Abbildung 9.6.

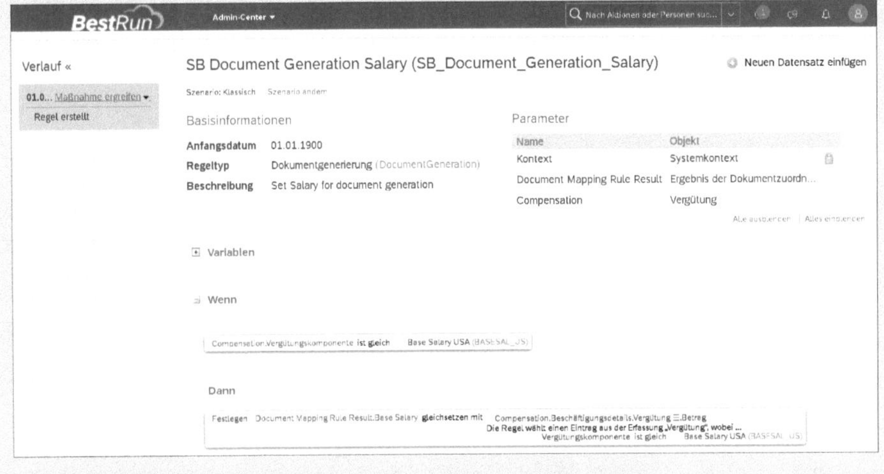

Abbildung 9.6 Beispielregel für die Dokumentengenerierung

9.4 Ein Dokument generieren

Dokumente können von HR-Administratorinnen und -Administratoren im Admin-Center oder im Self-Service von Mitarbeitenden und Vorgesetzten erstellt werden. In diesem Abschnitt stellen wir Ihnen diese beiden Möglichkeiten vor und geben dann einen Einblick in gegebenenfalls auftretende Fehlernachrichten und Warnmeldungen bei der Erstellung eines Dokuments.

[!]

Umgang mit Schriftarten für die Dokumente

Beachten Sie, dass im PDF-Format erstellte Dokumente nur die Standardschriftart unterstützen.

9.4.1 Personalsachbearbeitende

Um ein Dokument aus einer Dokumentvorlage zu erstellen, geben Sie in der Aktionssuche »Dokumentgenerierung« ein und wählen **Dokument generieren** aus.

In der Ansicht **Dokument generieren** können Sie verschiedene Optionen zur Erstellung des Dokuments auswählen (siehe Abbildung 9.7):

- **Land/Region**: Das Land, für das das Dokument bestimmt ist (optional).

- **Sprache**: Die Sprache, für die das Dokument bestimmt ist (optional); wenn eine Sprache ausgewählt wird, werden die im Feld **Vorlage** verfügbaren Vorlagen nach der in der Vorlage definierten Sprache gefiltert.
- **Vorlage**: Die zu verwendende Dokumentgenerierungsvorlage.
- **Inaktive Benutzer einschließen**: Legt fest, ob inaktive Benutzerinnen und Benutzer berücksichtigt werden sollen.
- **Benutzer**: Die Person, für die das Dokument erstellt werden soll.
- **Bezugsdatum**: Das Datum, auf das sich der Dokumentinhalt bezieht.
- **Dokumenttyp**: Das Ausgabeformat des Dokuments (PDF- oder Microsoft-Word-Dokument).

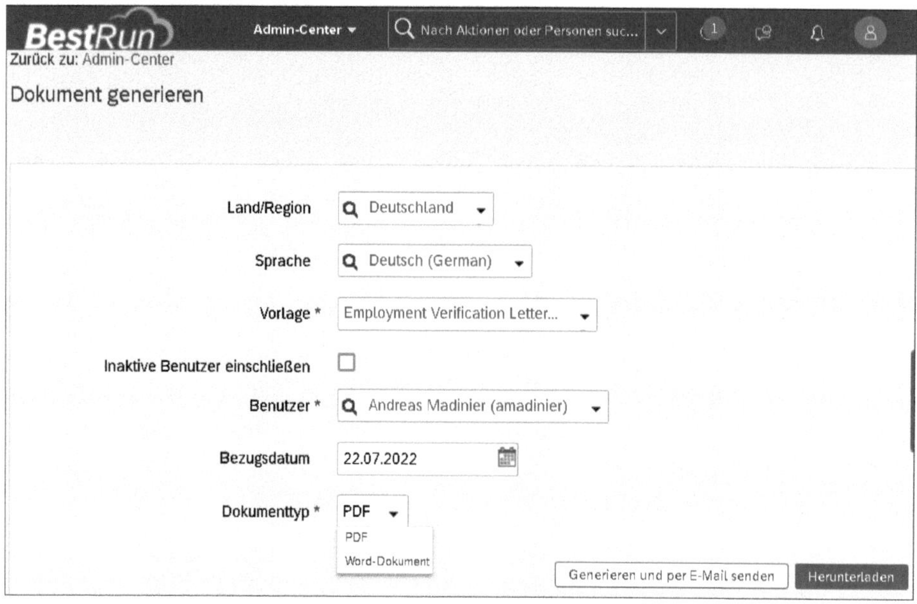

Abbildung 9.7 Dokument generieren

Nachdem Sie die Felder entsprechend Ihrem Anliegen ausgefüllt haben, wählen Sie eine der beiden folgenden Optionen, um das Dokument zu erstellen:

- **Generieren und per E-Mail versenden**: Schickt das erstellte Dokument per E-Mail an Sie.
- **Herunterladen**: Stellt die Datei zum Herunterladen bereit.

Abbildung 9.8 zeigt ein PDF-Dokument, das aus unserer Dokumentvorlage für die Mitarbeiterin Tessa Walker generiert wurde. Diese PDF-Datei kann je nach Bedarf vom Ersteller bzw. der Erstellerin des Dokuments weiter genutzt werden. Sie können es beispielsweise herunterladen, versenden oder ablegen.

22.07.2022

BestRun USA

Betreff: Überprüfung der Beschäftigung für Tessa Walker

An die zuständige Abteilung,

Mit diesem Bestätigungsschreiben bestätigen wir, dass Tessa Walker bei BestRun USA seit 01.01.2014angestellt ist. Derzeitig ist, Tessa:

- beschäftigt als Personalmanager
- verdient ein Gehalt von 3.083,33 USD, zahlbar Semi-monthly
- arbeitet 40 Stunden pro Woche

Wenn Sie Fragen haben oder weitere Informationen benötigen, kontaktieren Sie mich bitte unter 555-0622.

Mit freundlichen Grüßen,

William Muller
HR Business Partner

Abbildung 9.8 Beispiel für ein erstelltes Dokument

Um Dokumente massenhaft zu generieren, geben Sie in der Suche »Dokumentgenerierung – Massengenerierung von Dokumenten« ein. In der Ansicht **Massendokumentgenerierung** können Sie die verschiedenen Optionen für die Erstellung des Dokuments auswählen (siehe Abbildung 9.9). Es werden die folgenden Optionen angezeigt:

- **Ausführungsmanager – Auftragsname**: Der Name des Auftrags (Jobs), der den Prozess der Massendokumentgenerierung ausführen wird. Dieses ist ein Pflichtfeld, gekennzeichnet über das entsprechende Symbol [★].
- **Land/Region**: Das Land, für das das Dokument bestimmt ist.
- **Sprache**: Wenn eine Sprache ausgewählt wird, werden die im Feld **Vorlage** verfügbaren Vorlagen nach der in der Vorlage definierten Sprache gefiltert.
- **Vorlage**: Die zu verwendende Dokumentgenerierungsvorlage. Dies ist ebenfalls ein Pflichtfeld.
- **Benutzerauswahl durch juristische Einheit**: Wird benutzt, um die Auswahl der Mitarbeitenden auf eine juristische Einheit einzuschränken, z. B. auf das Unternehmen. Auch dieses Feld ist verpflichtend zu füllen.

- **Benutzerauswahl durch Regel**: Eine Geschäftsregel, die zum Filtern/Auswählen von Mitarbeitenden verwendet werden soll. Das Regelszenario **Massendokumentgenerierung – Benutzerauswahl** muss verwendet werden, um diese Art von Regel zu erstellen.

Abbildung 9.9 Massendokumentgenerierung starten

- **Bezugsdatum**: Das Datum, auf das sich das Dokument bezieht.
- **Generierte Dokumente – Empfängeroptionen**: Dieses Pflichtfeld enthält die Information, an wen die über die Massengenerierung erstellten Dokumente gesendet werden sollen. Es gibt drei Optionen:
  - **Ausgewählte Benutzer per E-Mail senden**: Die Dokumente werden an die Mitarbeitenden der juristischen Person gesendet, die im Feld **Benutzerauswahl durch juristische Einheit** ausgewählt wurde.
  - **Auftragsbesitzer per E-Mail senden**: Die Dokumente werden an den Benutzer oder die Benutzerin gesendet, der bzw. die den Auftrag zur Dokumentenzusammenstellung erstellt hat.
  - **Ausgewählte Benutzer und Auftragsbesitzer per E-Mail senden**: Die Dokumente werden an beide Benutzergruppen gesendet.

Nachdem Sie alle Kriterien gepflegt haben, klicken Sie auf **Massengenerierung starten**. Wenn keine Fehler aufgetreten sind, wird eine Meldung angezeigt, die bestätigt, dass der Auftrag übermittelt wurde. Der Auftrag (Job) wird im *Ausführungsmanager-Dashboard* angezeigt.

Nach Abschluss des Auftrags werden die Dateien per E-Mail an den Auftraggeber oder die Auftraggeberin des Jobs gesendet.

Reihenfolge der Gehaltskomponenten

Wenn Sie die direkte Zuordnung in einer Dokumentvorlage verwenden, ist die Anzeigereihenfolge der Zahlungskomponenten in einem generierten Dokument zufällig und kann nicht konfiguriert werden. Wenn Sie möchten, dass die Zahlungskomponenten in einer bestimmten Reihenfolge angezeigt werden, muss die Dokumentvorlage eine Zuordnung per Geschäftsregel vorsehen und Sie dafür eine Geschäftsregel verwenden, wie in Abschnitt 2.4, »Geschäftsregeln«, erwähnt.

9.4.2 Dokumente über Employee Self-Services und Manager Self-Services erstellen

Mitarbeitende können über *Employee Self-Services* (ESS) verfügbar gemachte Dokumente für sich selbst erstellen. Vorgesetzte können ebenfalls berechtigt werden, über *Manager Self-Services* (MSS) Dokumente für ihre Mitarbeitenden zu erstellen.

ESS für die Dokumenterstellung

Mitarbeitende selbst können die Erstellung über ihr Mitarbeiterprofil starten, indem sie im Kopfbereich auf **Aktionen** klicken und dann **Dokument generieren** auswählen (siehe Abbildung 9.10).

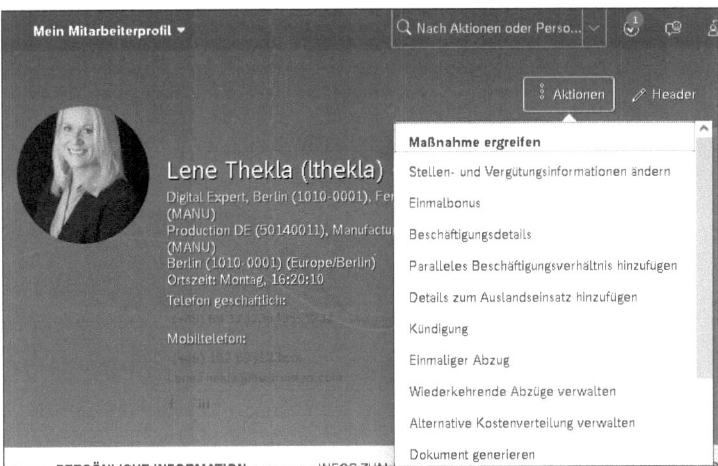

Abbildung 9.10 Dokument aus dem Mitarbeiterprofil generieren

Die Dokumente werden immer im PDF-Format erstellt.

MSS für die Dokumenterstellung

Vorgesetzte starten die Dokumenterstellung im Standard über das Mitarbeiterprofil der jeweiligen Person, für die das Dokument erstellt werden soll.

Nachdem Sie das gewünschte Mitarbeiterprofil aufgerufen haben, wählen Sie im Menü **Aktionen** die Option **Dokument generieren** (ähnlich wie in Abbildung 9.10 aus Sicht der Mitarbeiterin dargestellt). Daraufhin öffnet sich das Fenster **Dokument generieren** mit den folgenden Optionen (siehe Abbildung 9.11):

- **Land/Region**: Wählen Sie das Land bzw. die Region aus (vorbefüllt auf Basis der Daten der Nutzerin).
- **Sprache**: Wählen Sie die Sprache aus (optional); die Liste der im Feld **Vorlagen** angezeigten Vorlagen wird nach der Sprache gefiltert.
- **Vorlagen**: Die Vorlage des zu erstellenden Dokuments. Unterhalb des Feldes **Vorlagen** wird die Beschreibung der Vorlage im Feld **Vorlagenbeschreibung** angezeigt.
- **Bezugsdatum**: Das Datum, auf das sich das zu erstellende Dokument und die Dokumentvorlage bezieht (optional).

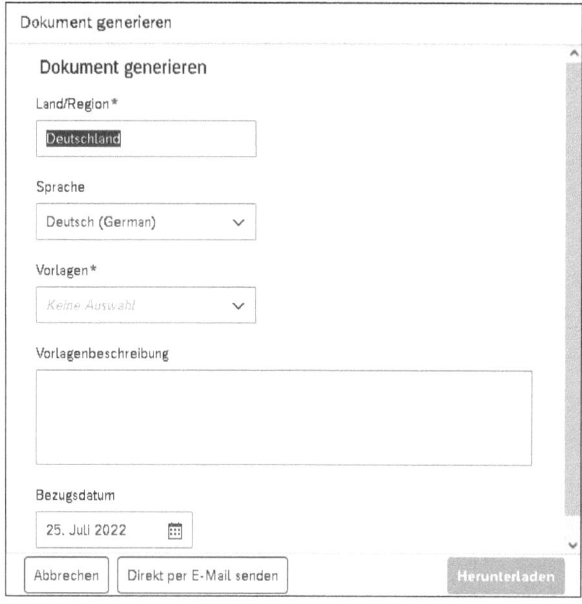

Abbildung 9.11 Dokument aus Sicht der Vorgesetzten für ihre Mitarbeitenden generieren

Nachdem Sie die entsprechenden Werte ausgewählt haben, können Sie das Dokument entweder über die Schaltfläche **Herunterladen** erstellen oder das Dokument über die Schaltfläche **Direkt per E-Mail senden** versenden.

9.4.3 Fehler- und Warnmeldungen beim Erzeugen von Dokumenten

Beim Erstellen eines Dokuments kann es mitunter passieren, dass Sie eine Fehler- oder Warnmeldung erhalten. In der Regel hängen Fehlermeldungen mit den folgenden Punkten zusammen:

- Die Mitarbeiterdaten sind nicht verfügbar.
- Der Benutzer, der die Vorlage erstellt, hat keine Berechtigung zum Anzeigen der Daten.
- Die Platzhalter für dynamische Inhalte, die in der Dokumentgenerierungsvorlage abgebildet werden, sind nicht eindeutig. Es könnten beispielsweise mehrere Werte in der Datenbank vorhanden sein, oder die Werte beziehen sich auf verschiedene Objekte.

Erhalten Sie eine Warnung, können zwar weiterhin Dokumente erzeugt werden, aber das Ergebnis kann beeinträchtigt sein. Beim Auftreten von Fehlern können keine Dokumente erzeugt werden, sondern Sie müssen die Fehlerursache zunächst beheben.

Partnerlösungen

Es gibt eine Reihe von Partnerlösungen und Vendoren, die Dokumenterstellungsfunktionalitäten bis hin zu Dokumentenmanagement und Archivierung zur Verfügung stellen. Im Kern werden dabei die Daten per API (Schnittstelle) aus SAP SuccessFactors geholt und in der Drittplattform weiterverarbeitet. Diese Plattformen bieten in der Regel auch deutlich weitergehende Funktionen an, die über den Standard von SAP SuccessFactors weit hinausreichen.

Wenn es nur darum geht, die Daten in ein Drittsystem zu übergeben, gibt es auch die Möglichkeit, die Daten ohne zusätzliche Plattform direkt, z. B. in Google Cloud oder Office 365, zu verarbeiten. Es handelt sich um eine sehr schlanke Lösung, die mit den Berechtigungen in SAP SuccessFactors arbeitet, Daten über Platzhalter beliebig übergeben kann und dem Kunden die Option gibt, die Möglichkeiten der Standardplattformen (Templates, Workflows oder Weiterverarbeitung) zu nutzen, für die auf Kundenseite häufig schon viel Wissen vorhanden ist.

In diesem Kapitel haben wir uns mit der Funktion der Dokumentgenerierung befasst. Sie erleichtert es, dynamisch für einzelne oder viele Mitarbeitende Dokumente für vordefinierte Zwecke zu erstellen. Häufig wird die Dokumentgenerierung als Self-Service angeboten oder erleichtert Verwaltungsarbeiten. Im nächsten Kapitel sehen wir uns das Reporting in Employee Central an.

Kapitel 10
Reporting

Die Möglichkeit, schnell und einfach nützliche und aussagekräftige Daten aus einem HR-System zu extrahieren, ist eine wesentliche Geschäftsanforderung. SAP SuccessFactors Employee Central bietet Ihnen umfangreiche Berichtsfunktionen, sowohl für standardmäßige als auch für benutzerdefinierte Berichte. Die Funktionen und Möglichkeiten in diesem Umfeld stellen wir Ihnen in diesem Kapitel vor; zudem erhalten Sie einen Einblick in die Reporting-Storys in SAP SuccessFactors People Analytics.

Mithilfe der cloudbasierten Analyselösungen von SAP können Sie wichtige Geschäftsentscheidungen auf der Grundlage Ihrer Personalinformationen aus SAP SuccessFactors treffen.

Grundlagen für Geschäftsentscheidungen variieren über verschiedene Prozesse hinweg, und die SuccessFactors-Reporting-Tools ermöglichen Ihnen die Anpassung der Datenaufbereitung und -darstellung für die jeweils anstehenden Geschäftsentscheidungen.

Der Umfang der zur Verfügung stehenden Tools geht von einfachen Listen mit Echtzeitdaten bis hin zu komplexen Dashboards mit KPIs. Die verschiedenen Analyselösungen können Auswirkungen in Ihrem Unternehmen schneller sichtbar machen und die Handlungsfähigkeit bei den Entscheidungsträgern erhöhen. Das Aufsetzen auf rollenbasierten Berechtigungen, auch Role-based Permissions genannt, (siehe Kapitel 11, »Rollenbasierte Berechtigungen«) bei der Berichtserstellung stellt sicher, dass alle Mitarbeitenden nur die Informationen auswerten können, für die sie im System berechtigt wurden. So kann beispielsweise einer Abteilungsleiterin vertiefte Einsicht in die HR-Strukturen ihrer Abteilung gewährt werden. Sie kann so relevante Themen steuern und beispielsweise auf Basis der Kennzahlen Themen wie die Fluktuation in ihrer Abteilung betrachten und, wo es notwendig ist, auf sie einwirken. Role Based Permissions können dabei, falls erforderlich, die Einsicht in übergreifende, nicht das eigene Arbeitsumfeld betreffende HR-Informationen verhindern.

SAP SuccessFactors gibt Ihnen integrierte Tools an die Hand, um tiefere Einblicke in alle Daten Ihres Unternehmens zu ermöglichen.

Sie erfahren in diesem Kapitel, wie Sie Ihre Daten in aussagekräftigen und flexiblen Formaten erstellen und Ihren Mitarbeitenden und Entscheidungsträgern die Berichte zur Verfügung stellen können. Wir geben Ihnen einen Einblick in die Funktionen und Möglichkeiten der Reporting-Tools zur Berichtserstellung. Nach der Lektüre dieses Kapitels sind Sie in der Lage, das richtige Reporting-Tool für Ihren Anwendungsfall zu wählen und Analysen zu erstellen, um handlungsrelevante Erkenntnisse zu gewinnen.

Stakeholder zeitig einbinden

Mit SAP SuccessFactors haben Sie die Möglichkeit, Auswertungen bis auf die Personenebene vorzunehmen. Klären Sie mit den Mitbestimmungspartnern, den Compliance-Beauftragten und gegebenenfalls weiteren Ansprechpartnern, ob und unter welchen Bedingungen Sie detaillierte Berichte erstellen und nutzen sollen.

Das Berichtswesen basiert auf den gespeicherten Daten Ihrer SAP-SuccessFactors-Umgebung und der damit einhergehenden Datenqualität. Eine verlässliche Auswertung kann nur auf der Grundlage eines korrekten Datenbestands erfolgen. Die Prüfung und Sicherstellung der Datenqualität sollte daher bei der Umsetzung von Berichten stets der erste Schritt sein.

In Abschnitt 10.1 stellen wir Ihnen zunächst die Arbeit mit dem Bericht-Center vor. In Abschnitt 10.2 erhalten Sie dann einen Überblick über die im Bericht-Center verfügbaren Reporttypen, die wir Ihnen anschließend genauer vorstellen. In Abschnitt 10.2.1 starten wir mit dem Thema Canvas. Daraufhin erläutern wir Ihnen Tabellen (siehe Abschnitt 10.2.2), Kachelberichte und Dashboards (siehe Abschnitt 10.2.3) sowie abschließend die Story (siehe Abschnitt 10.2.4).

10.1 Bericht-Center

Das Bericht-Center ist der Startpunkt für alle Berichte in SAP SuccessFactors, unabhängig vom gewählten Reporting-Tool. Sie rufen es auf, indem Sie in der Auswahlliste der Homepagenavigation auf die Schaltfläche **Berichte** klicken. Von hier aus können Sie Berichte erstellen und ausführen sowie sie Ihren Mitarbeitenden zur weiteren Nutzung zur Verfügung stellen (siehe Abbildung 10.1).

Das Bericht-Center bietet Ihnen eine konsolidierte Ansicht aller Arten von Berichten. Zu den analytischen Tools gehören **Kachel**, **Dashboard**, **Tabelle**, **Canvas** und **Story**. Mit einem Klick auf **Neu** im Startbild des Bericht-Centers können Sie die Erstellung des gewünschten Berichttyps starten (siehe Abbildung 10.2).

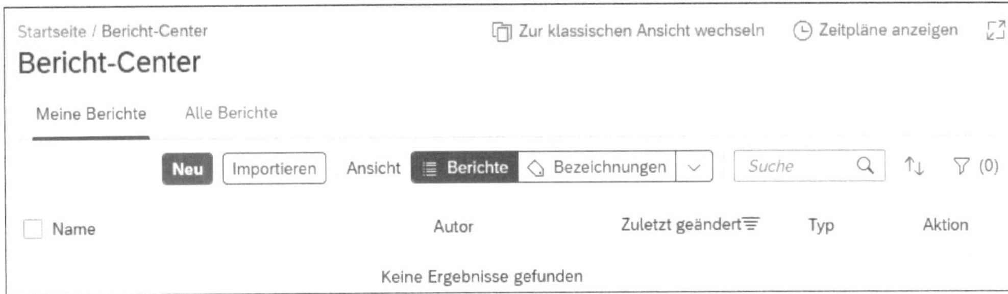

Abbildung 10.1 Bericht-Center nutzen

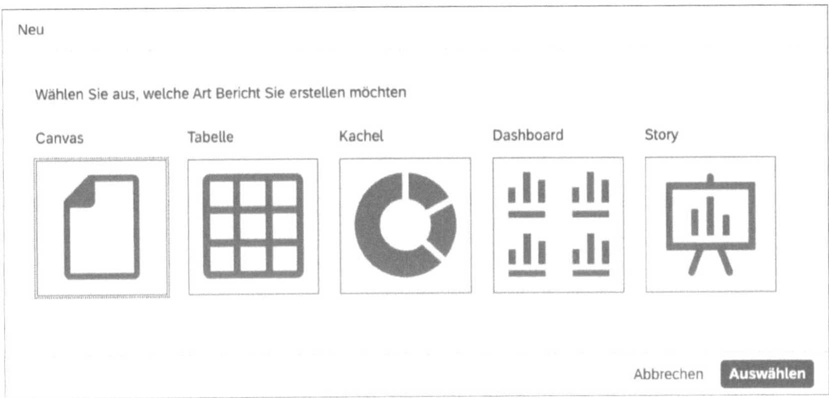

Abbildung 10.2 Art des Berichts wählen

Um die verschiedenen Berichtstools über das Bericht-Center verwenden zu können, müssen Sie über bestimmte Berechtigungen verfügen. Unter *https://help.sap.com/* finden Sie eine aktuelle Übersicht der benötigten Berechtigungen.

Das Bericht-Center verfügt über eine komfortable Suchfunktion, die das Auffinden einzelner Berichte erleichtert. Geben Sie einfach das gewünschte Stichwort in die Suchzeile ein (siehe Abbildung 10.1).

10.2 Überblick verfügbarer Reporttypen im Bericht-Center

Im Folgenden geben wir Ihnen einen Überblick über die verfügbaren Reporttypen in SAP SuccessFactors. Während sich die darunterliegenden Technologien sowie Vor- und Nachteile der Reporttypen unterscheiden, greifen alle Technologien auf Live-Daten Ihres Unternehmens zu. Die im Folgenden vorgestellten Berichtsarten stehen den Kunden im Standard kostenfrei zur Verfügung.

10.2.1 Canvas

Canvas-Berichte waren früher unter dem Namen *Online Report Designer* bekannt. Sie rufen Canvas-Berichte über das Bericht-Center auf (siehe Abbildung 10.2). Bei der Erstellung dieses Reporttyps steht Ihnen eine Drag-&-Drop-Oberfläche zur Verfügung, mit deren Hilfe Sie Ihren Report individualisieren und anpassen können. Sie können bei der Erstellung auf Diagramme, Tabellen und weitere Komponenten zugreifen und diese nach individuellem Bedarf anordnen (siehe Abbildung 10.3).

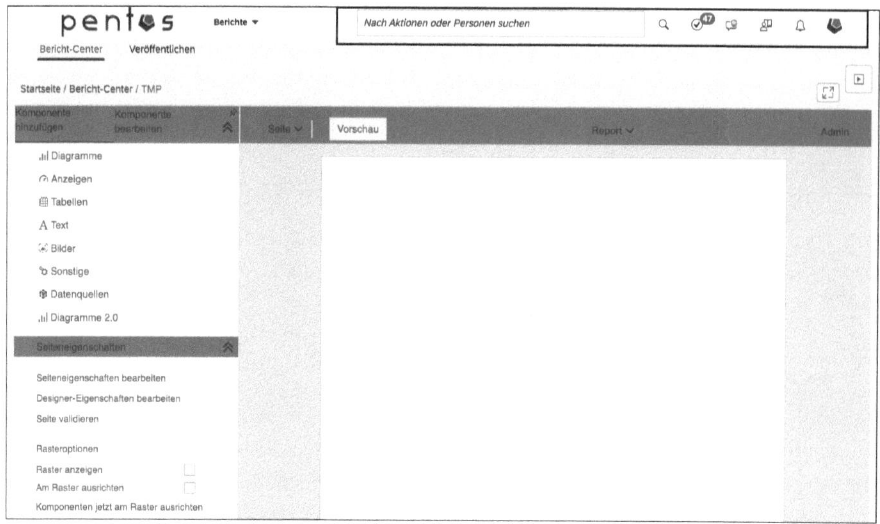

Abbildung 10.3 Canvas-Bericht erstellen

Berichtsvorlagen anpassen

Employee Central kann aufgrund Ihrer individuellen Anforderungen auf unterschiedliche Weise konfiguriert werden. Die standardisierten Employee-Central-Berichtsvorlagen wurden auf Basis einer Standardkonfiguration von Employee Central erstellt, die möglicherweise nicht mit der Konfiguration Ihrer Zielinstanz übereinstimmt. Mithilfe des *Canvas Validation Tools* können Sie nach Teilen der Berichtsvorlagendefinition suchen, die nicht mit der Employee Central-Konfiguration Ihrer Instanz übereinstimmen. Dadurch können Sie die Berichtsdefinition so anpassen, dass Sie mit der Konfiguration Ihrer Zielinstanz übereinstimmt und der Bericht erfolgreich ausgeführt werden kann. Die Konfiguration von Employee Central sollte vor der Implementierung von Berichten weitgehend abgeschlossen sein.

SAP stellt Ihnen eine Vielzahl an Canvas-Berichtsvorlagen für die Datenerhebung aus Employee Central zur Verfügung. Diese Vorlagen helfen Ihnen bei der Verwendung und Erstellung der am häufigsten verwendeten Canvas-Berichte. Um Vorlagen in Ihre SuccessFactors Instanz zu importieren, gehen Sie wie folgt vor:

1. Suchen Sie im SAP Help Portal unter *https://help.sap.com* nach »Advanced Reporting Templates for Canvas Reports« (siehe Abbildung 10.4), und stellen Sie sicher, dass Sie das Berichtsvorlagenpaket **Advanced Reporting: Basic Templates for Employee Central** auf Ihrem Computer gespeichert haben. Die Vorlagendateien haben die Endung **.xml** und stehen entweder als Paket (zum Massenladen aller verfügbaren Berichtsvorlagen) oder als einzelne Berichtsvorlage (zum Laden ausgewählter Berichte) zur Verfügung.

Abbildung 10.4 Im Help Portal suchen

2. Navigieren Sie zu Bericht-Center, und klicken Sie dann auf **Importieren** (siehe Abbildung 10.1).
3. Klicken Sie im sich öffnenden Fenster unter **Lokale Datei** auf die Schaltfläche **Durchsuchen**, und wählen Sie (in unserem Beispiel) die Vorlage **ECREALMS$Age Range Report.xml** aus (siehe Abbildung 10.5).

Abbildung 10.5 Berichtsdefinition importieren

4. Sie erhalten eine Meldung, dass der Bericht erfolgreich hochgeladen worden ist (siehe Abbildung 10.6).

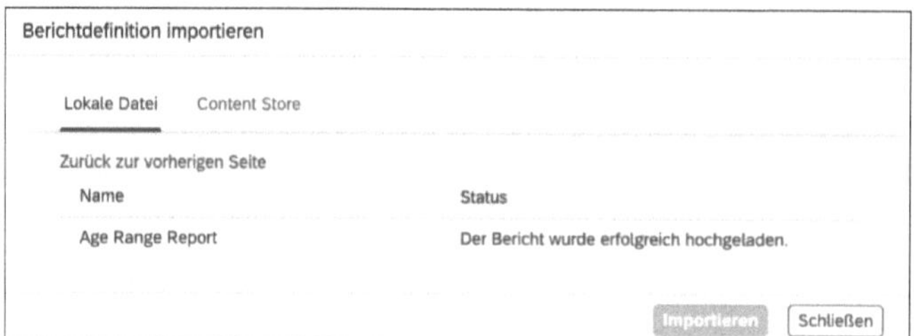

Abbildung 10.6 Meldung über erfolgreich hochgeladenen Bericht

5. Führen Sie den Bericht aus, indem Sie auf den Reportnamen **Age Range Report** klicken (siehe Abbildung 10.6).
6. Der ausgeführte Bericht gibt Ihnen einen kategorisierten Überblick über die Altersverteilung Ihrer Mitarbeitenden (siehe Abbildung 10.7).

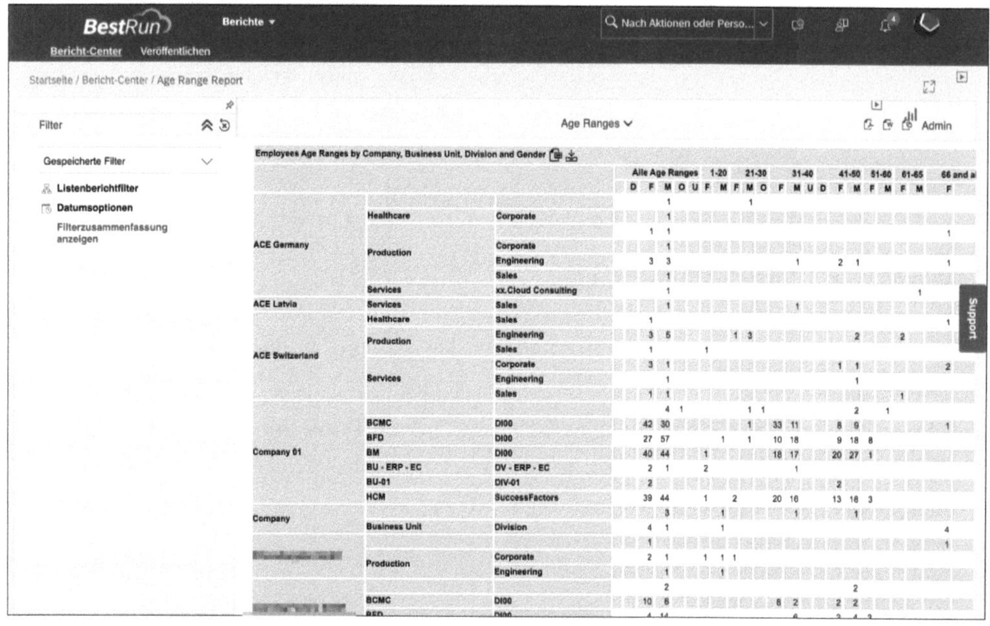

Abbildung 10.7 Ausgeführten Bericht einsehen

Export von Berichten

Für die Weiterverarbeitung der Daten, so denn dieses gestattet ist, und für eine benutzerfreundlichere Handhabung können Sie den Report als Excel-Datei exportieren, indem Sie auf die Schaltfläche mit dem Excel-Symbol neben der Tabellenüberschrift klicken.

10.2.2 Tabelle

Tabellenberichte waren früher unter dem Namen *Ad-hoc-Berichte* bekannt. Mit Tabellenberichten können Sie benutzerdefinierte Berichte erstellen und diese entsprechend berechtigten Mitarbeitenden zur Nutzung zur Verfügung stellen.

Tabellenberichte haben ein starres, tabellarisches Ausgabe-Layout, das bei der Ausführung entweder direkt online im Browser dargestellt wird oder als CSV-, PDF-, XLS- oder PPT-Datei heruntergeladen werden kann.

Aufgrund der intuitiven Bedienung und der anwenderfreundlichen Weiterverarbeitung von Daten in Tabellenkalkulationsprogrammen erfreut sich dieser Reporttyp großer Beliebtheit.

[«] 10

Domänen

Für die integrierte Verarbeitung von Daten ist es notwendig, dass die Datenmodelle über einen Identifikator zusammengebracht werden können. Technisch nennt man das einen *Join*. Wenn es diesen Join gibt, können Daten aus verschiedenen Modulen in einem Bericht ausgegeben und miteinander verknüpft werden. In SAP SuccessFactors können Sie im Reporttyp **Tabelle** verschiedene Ausgabe- und Verbindungsarten wählen. **Einzeldomäne** gibt die Daten aus einem Bereich wieder, **Domänenübergreifend** erlaubt Ihnen, die Daten aus verschiedenen Modulen miteinander verknüpft auszuwerten und **Mehrfach-Domäne** gibt die Daten von mehreren Domänen auf einzelnen Reporting-Blättern aus.

Mit *BIRT*, einem Open-Source-Business-Intelligence-Reporting-Werkzeug (siehe *https://eclipse.github.io/birt-website*), haben Sie zudem die Möglichkeit, Ihre Daten zu kombinieren, Berechnungen durchzuführen und das Ausgabe-Layout Ihren Wünschen entsprechend anzupassen. Ein erstelltes BIRT-Template kann mit der Berichtskonfiguration verknüpft werden, indem es über das Frontend hochgeladen wird. Ihren Wünschen bei der Datenvisualisierung sind hierbei nahezu keine Grenzen gesetzt.

Durch das umfangreiche Schulungsangebot können Sie Wissen rundum dieses Open-Source-Tool aufbauen, um eigenhändig BIRT-Vorlagen zu erstellen. Implementierungspartner können Sie ebenfalls bei der Erstellung von BIRT-Vorlagen unterstützen.

Beachten Sie bei Ihrer Entscheidungsfindung, ob im Unternehmen eigenes Wissen aufgebaut werden soll: BIRT kommt auch an anderer Stelle im SAP-SuccessFactors-Umfeld zum Einsatz. *Pixel Perfect Talent Cards* (PPTC), Berichte bzw. Zertifikatsgenerierung im Lernmodul, sowie Custom-Print-Layouts für Performanceformulare basieren ebenfalls auf dieser Technologie.

Wenn Sie Excel als Ausgabeformat benötigen, haben Sie neben BIRT-Vorlagen auch die Möglichkeit, VBA-Vorlagen zu verknüpfen, um Ihre Daten weiterzuverarbeiten.

Tabellenbericht erstellen

In unserem Beispiel erstellen wir nun einen Tabellenbericht für eine Kontaktliste:

1. Navigieren Sie zum Bericht-Center, und klicken Sie auf **Neu** (siehe Abbildung 10.1). Wählen Sie in der Auswahl den Reporttyp **Tabelle**, und klicken Sie auf **Auswählen** (siehe Abbildung 10.2).
2. Markieren Sie **Einzeldomäne**, wählen Sie im Suchfeld **Domäne auswählen** den Eintrag **Mitarbeiterprofil** aus, und bestätigen Sie Ihre Auswahl mit einem Klick auf die Schaltfläche **Auswählen** (siehe Abbildung 10.8).

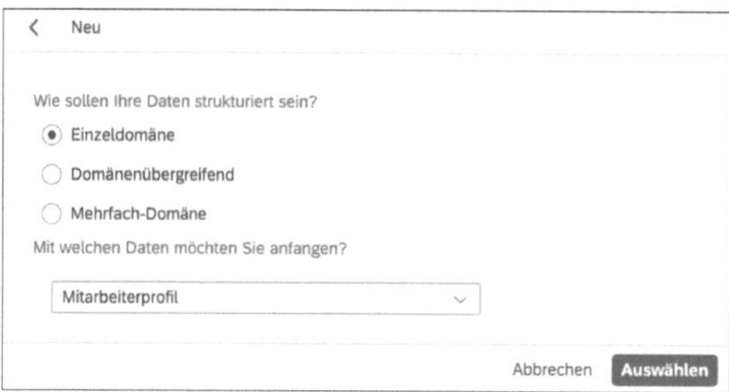

Abbildung 10.8 Tabellenbericht definieren

3. Sie gelangen anschließend zur Konfigurationsansicht. Geben Sie »Kontaktliste« in das Feld **Name des Berichts** ein (siehe Abbildung 10.9).

Abbildung 10.9 Namen des Berichts pflegen

4. Klicken Sie auf den Schritt **Personen** (siehe Abbildung 10.9) und dann auf **Kriterien verfeinern**, um die Personengruppe zu definieren, die in den Bericht einbezogen werden soll (siehe Abbildung 10.10).

5. Wählen Sie im Bereich **Team-Hierarchietyp** die Option **Weitere Filter**. Die Auswahl erlaubt die Auswertung aller Mitarbeiterdaten, für die Sie entsprechend Ihren Berechtigungen in SAP SuccessFactors berechtigt sind. Bestätigen Sie mit **OK** (siehe Abbildung 10.10).

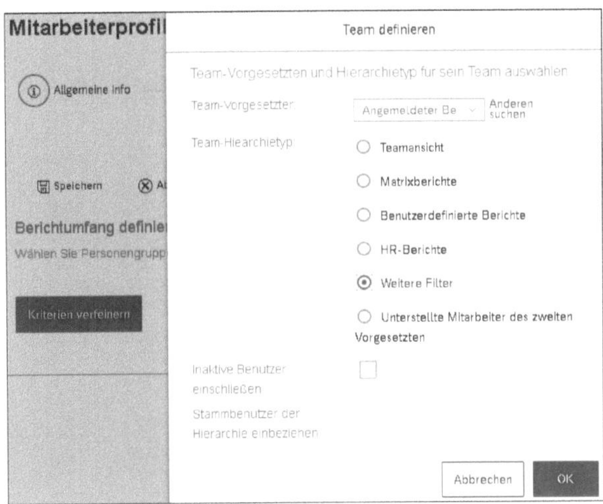

Abbildung 10.10 Kriterien verfeinern

6. Klicken Sie auf den Schritt **Spalten** (siehe Abbildung 10.9). Anschließend klicken Sie auf **Spalten auswählen**, um die gewünschten Mitarbeiterinformationen auswählen zu können. Selektieren Sie aus der Liste alle für Sie relevanten verfügbaren Spalten (siehe Abbildung 10.11).

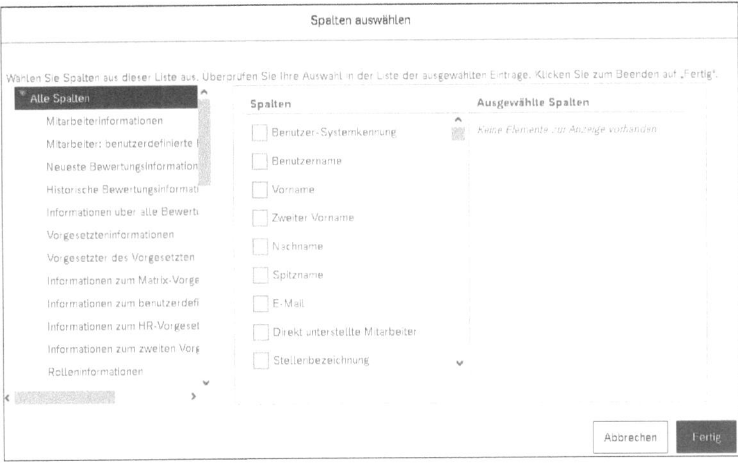

Abbildung 10.11 Spalten auswählen

7. Bestätigen Sie Ihre Auswahl mit **Fertig**. Die zuvor ausgewählten Spalten werden nun unter **Spalten bearbeiten** aufgelistet (siehe Abbildung 10.12).

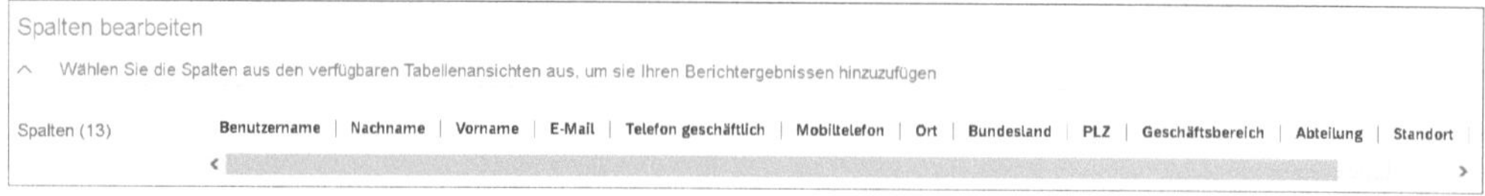

Abbildung 10.12 Spalten bearbeiten

8. Mit einem Klick auf Vorschau erhalten Sie einen Datenextrakt in einer Vorschauliste (siehe Abbildung 10.13).

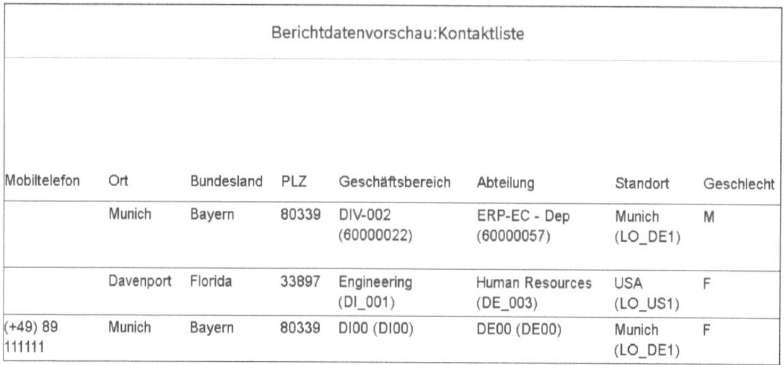

Berichtdatenvorschau:Kontaktliste

Mobiltelefon	Ort	Bundesland	PLZ	Geschäftsbereich	Abteilung	Standort	Geschlecht
	Munich	Bayern	80339	DIV-002 (60000022)	ERP-EC - Dep (60000057)	Munich (LO_DE1)	M
	Davenport	Florida	33897	Engineering (DI_001)	Human Resources (DE_003)	USA (LO_US1)	F
(+49) 89 111111	Munich	Bayern	80339	DI00 (DI00)	DE00 (DE00)	Munich (LO_DE1)	F

Abbildung 10.13 Vorschauliste einsehen

9. Schließen Sie die Vorschau, indem Sie auf **Schließen** klicken, und speichern Sie die Reportkonfiguration mit einem Klick auf **Speichern**.
10. Navigieren Sie erneut zum Bericht-Center, und führen Sie den soeben erstellten Bericht aus, indem Sie auf den Berichtsnamen **Kontaktliste** oder auf die entsprechende Schaltfläche klicken. Mit einem Klick auf die Schaltfläche [ooo], stehen Ihnen zudem weitere Möglichkeiten wie **Bearbeiten**, **Freigeben** (für andere Nutzerinnen und Nutzer) oder **Exportieren** zur Verfügung (siehe Abbildung 10.14).

Abbildung 10.14 Bericht ausführen

11. Wählen Sie im sich öffnenden Fenster die Option **Online ausführen**, und klicken Sie auf die Schaltfläche **Bericht generieren** (siehe Abbildung 10.15).

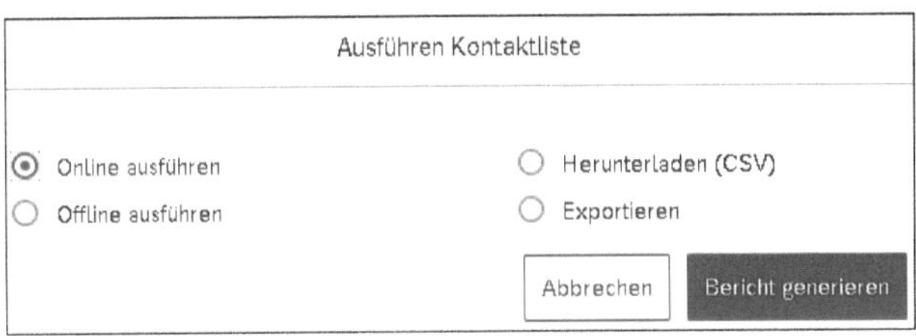

Abbildung 10.15 Bericht: Kontaktliste ausführen

12. Klicken Sie im oberen Bereich auf **CSV**, **Excel**, **PDF** oder **PPT**, um die Daten in dem gewählten Datenformat zu betrachten und/oder weiterzuverarbeiten (siehe Abbildung 10.16).

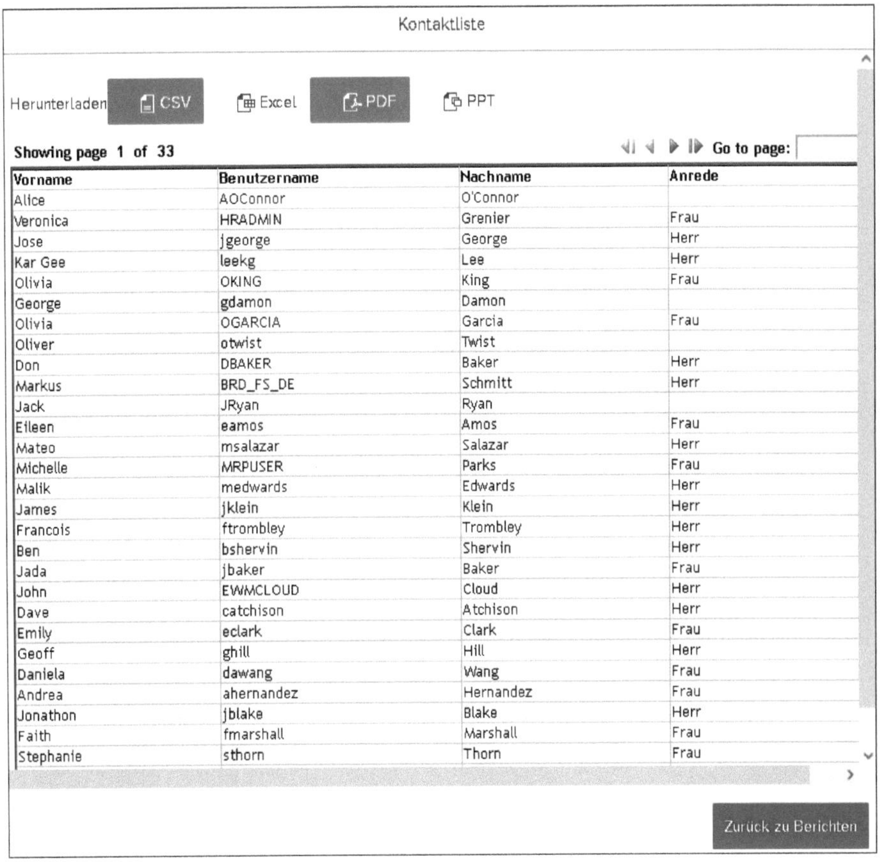

Kontaktliste

Herunterladen CSV Excel PDF PPT

Showing page 1 of 33 Go to page:

Vorname	Benutzername	Nachname	Anrede
Alice	AOConnor	O'Connor	
Veronica	HRADMIN	Grenier	Frau
Jose	jgeorge	George	Herr
Kar Gee	leekg	Lee	Herr
Olivia	OKING	King	Frau
George	gdamon	Damon	
Olivia	OGARCIA	Garcia	Frau
Oliver	otwist	Twist	
Don	DBAKER	Baker	Herr
Markus	BRD_FS_DE	Schmitt	Herr
Jack	JRyan	Ryan	
Eileen	eamos	Amos	Frau
Mateo	msalazar	Salazar	Herr
Michelle	MRPUSER	Parks	Frau
Malik	medwards	Edwards	Herr
James	jklein	Klein	Herr
Francois	ftrombley	Trombley	Herr
Ben	bshervin	Shervin	Herr
Jada	jbaker	Baker	Frau
John	EWMCLOUD	Cloud	Herr
Dave	catchison	Atchison	Herr
Emily	eclark	Clark	Frau
Geoff	ghill	Hill	Herr
Daniela	dawang	Wang	Frau
Andrea	ahernandez	Hernandez	Frau
Jonathon	jblake	Blake	Herr
Faith	fmarshall	Marshall	Frau
Stephanie	sthorn	Thorn	Frau

Zurück zu Berichten

Abbildung 10.16 Bericht: Kontaktliste einsehen

13. Klicken Sie auf die Schaltfläche **Zurück zu Berichten**, um beispielsweise den Bericht erneut zu bearbeiten oder weitere Optionen auszuwählen (siehe Abbildung 10.14).

Diese Option nutzen Sie auch, wenn Sie zu einem späteren Zeitpunkt den Bericht bearbeiten möchten.

Tabellenbericht bearbeiten

Den erstellten Bericht können Sie über die Funktion **Bearbeiten** an Ihre Anforderungen anpassen (siehe Abbildung 10.14). So können Sie beispielsweise Filteroptionen hinzufügen. Klicken Sie dazu im bereits geöffneten Bericht auf den Schritt **Filter** und danach auf **Kriterien verfeinern** (siehe Abbildung 10.17).

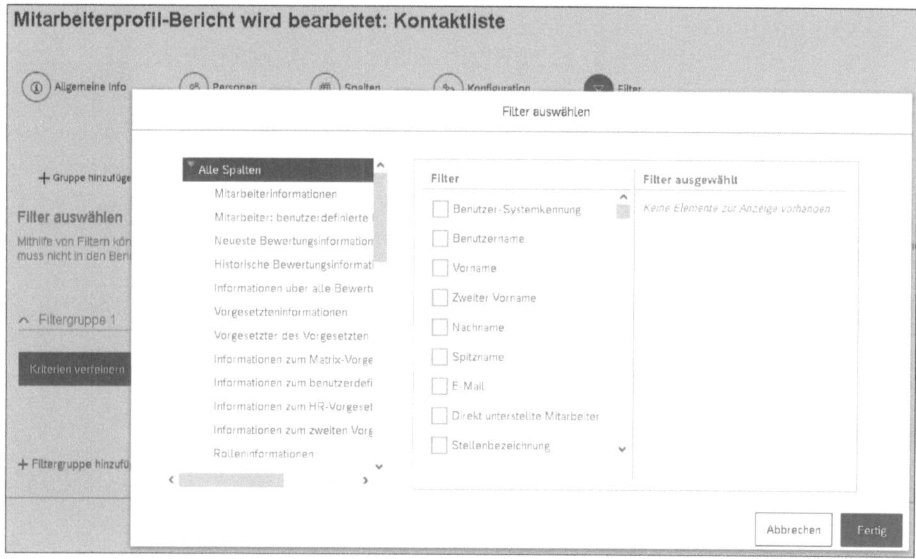

Abbildung 10.17 Filter verfeinern

Klicken Sie auf die zu filternden Information, in unserem Beispiel auf Ort. Selektieren Sie **Alle auswählen**, und markieren Sie die Auswahlbox **Aufgeforderte Benutzer** (siehe Abbildung 10.18).

Abbildung 10.18 Filter spezifizieren

Durch die Auswahl dieser Option erreichen Sie, dass die Filter von den Nutzerinnen und Nutzern ausgewählt werden können, wenn der Report ausgeführt wird.

Bestätigen Sie die Auswahl mit einem Klick auf **Fertig**, und wiederholen Sie gegebenenfalls die Schritte für weitere gewünschte Kriterien wie **Bundesland**, **Geschäftsbereich**, **Abteilung** und **Standort**.

Klicken Sie anschließend erneut auf **Fertig**. Speichern Sie Ihre Änderungen, und führen Sie den Bericht erneut aus. Sie haben nun vor der Anzeige der Informationen die Möglichkeit, Ihren Bericht über die selektierten Filter, hier **Ort**, **Bundesland**, **Geschäftsbereich**, **Abteilung** und **Standort**, zu filtern.

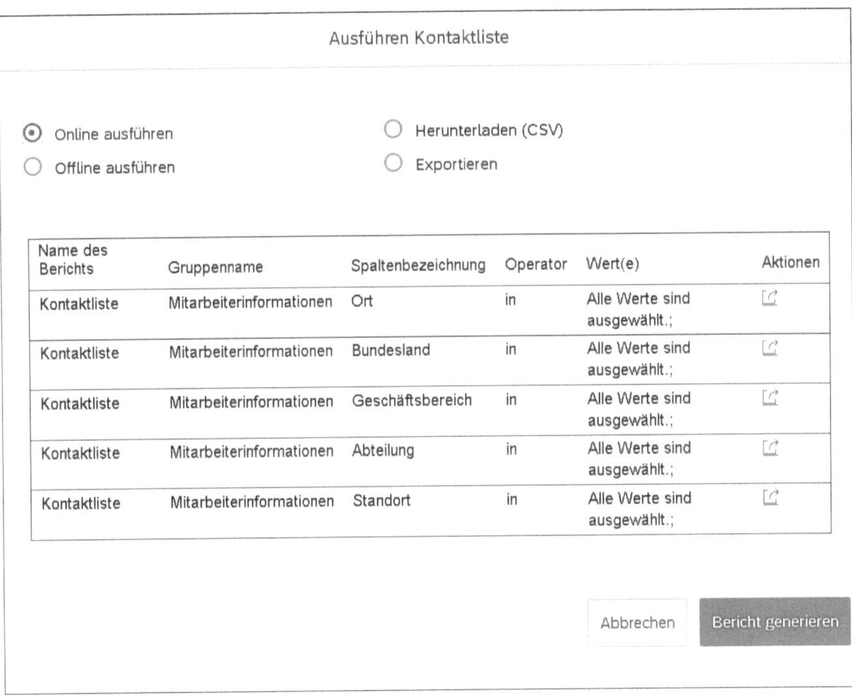

Abbildung 10.19 Bericht: Kontaktliste ausführen

Um einen Filterwert, beispielsweise für **Abteilung** zu setzen, klicken Sie unter **Aktionen** auf die Schaltfläche [icon] und wählen **Bearbeiten** (siehe Abbildung 10.19). Selektieren Sie die Option **Nach meiner Auswahl**, um aus einer Liste an vorhanden Informationen die gewünschten Informationen auszuwählen (siehe Abbildung 10.20).

Wählen Sie die gewünschten Abteilungen aus, klicken Sie auf die Schaltfläche **OK** und anschließend auf **Bericht generieren**. Ihr Bericht listet nun Mitarbeitende auf, die den ausgewählten Abteilungen zugewiesen sind (siehe Abbildung 10.21). Sie können im Kopfbereich die unterschiedlichen Optionen beim Herunterladen auswählen.

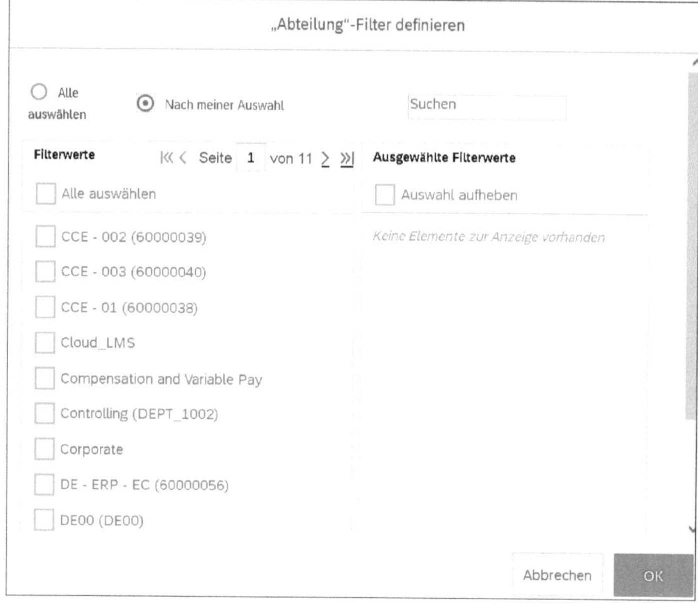

Abbildung 10.20 Filter definieren

Kontaktliste

Herunterladen CSV Excel PDF PPT

Showing page 1 of 35

Email	Telefon	Telefon mobil	Stadt	Bundesland	Postleitzahl	Geschäftsbereich	Abteilung
1LMS@pentos.com.n			Munich	Bayern	80339	DI00 (DI00)	DE00 (DE00)
2LMS@pentos.com.n			Munich	Bayern	80339	DI00 (DI00)	DE00 (DE00)

Abbildung 10.21 Bericht einsehen und exportieren

BIRT-Vorlage erstellen und uploaden

Um eine BIRT-Vorlage erstellen zu können, müssen Sie zunächst die benötigte Software herunterladen und auf Ihrem Computer installieren. Für weitere Informationen besuchen Sie *https://eclipse.github.io/birt-website*.

In BIRT gibt es eine Reihe von Ansichten. Die Ansichten können links, rechts oder unten im Layout-Editor angeordnet werden. Beachten Sie im Folgenden, dass sich die Anordnung der Ansichten in den Screenshots von Ihrer Konfiguration unterscheiden kann. Wir arbeiten im Folgenden weiter mit dem zuvor erstellten Report **Kontaktliste** (siehe Abschnitt 10.2.2).

1. Nachdem Sie *Eclipse BIRT* auf Ihrem Computer installiert haben, starten Sie die Bearbeitung für den Bericht **Kontaktliste**, wie in Abschnitt 10.2.2 vorgestellt. Klicken Sie auf **Datensätze** und anschließend auf **Dataset exportieren** (siehe Abbildung 10.22).

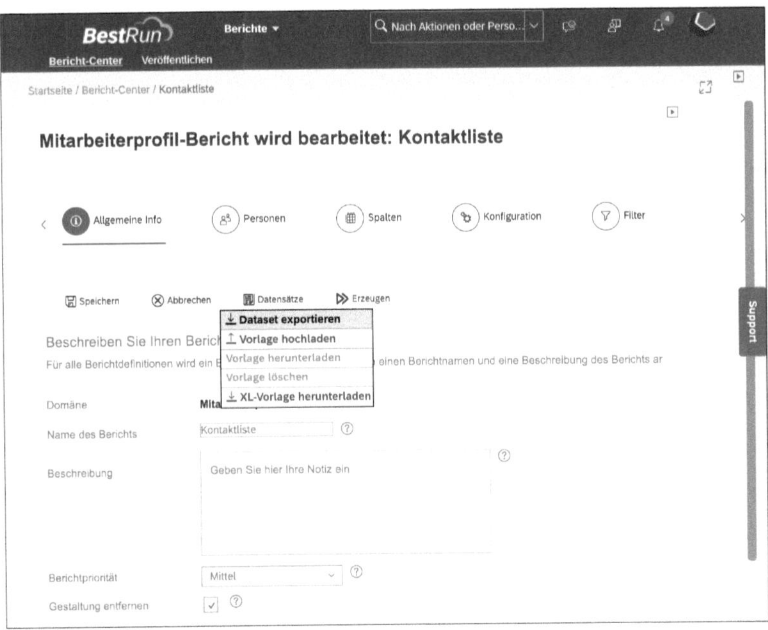

Abbildung 10.22 Berichtsdaten exportieren

2. Speichern Sie die CSV-Datei mit dem gewünschten Namen, in unserem Beispiel unter **report_Kontaktliste.csv**. Öffnen Sie Eclipse BIRT, und erstellen Sie eine neue Berichtsvorlage, indem Sie im Menü auf **File • New • Report** klicken (siehe Abbildung 10.23).

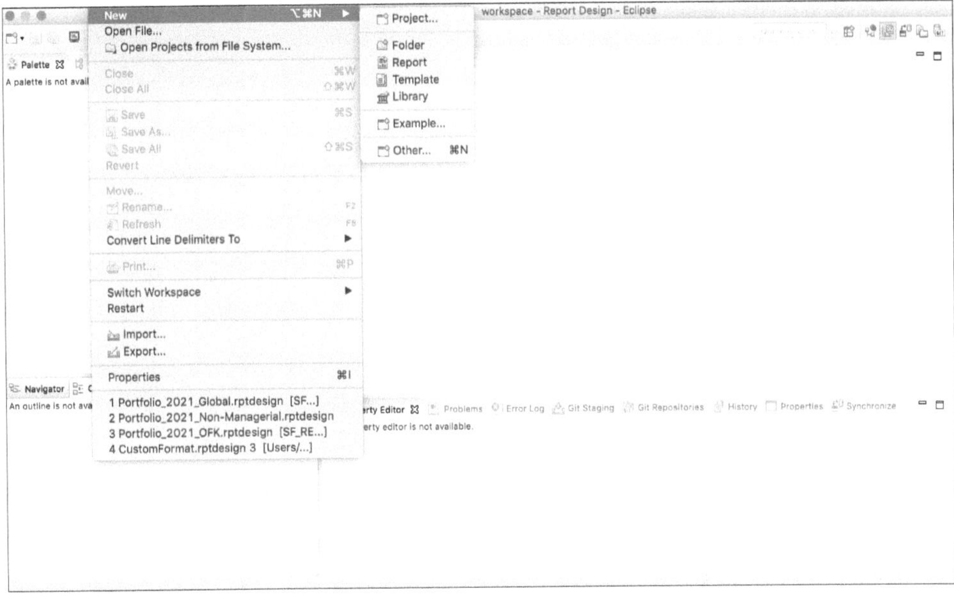

Abbildung 10.23 Report in BIRT erstellen

3. Wählen Sie den Speicherort, und vergeben Sie den gewünschten Dateinamen.
4. Wählen Sie im geöffneten Bild die Ansicht **Data Explorer**, und klicken Sie dann auf **Data Source** sowie anschließend auf **New Data Source** (siehe Abbildung 10.24).

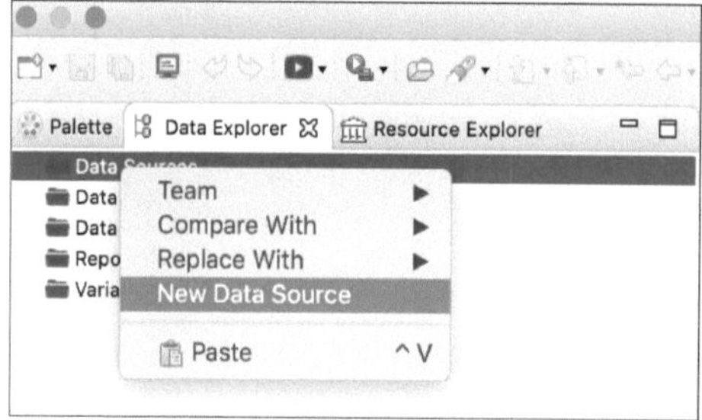

Abbildung 10.24 Datenquelle auswählen

5. Wählen Sie im sich öffnenden Fenster **Flat File Data Source** aus, und klicken Sie anschließend auf **Next**. Wählen Sie den absoluten Ordnerpfad zur heruntergeladenen CSV-Datei aus, und klicken Sie auf **Finish** (siehe Abbildung 10.25).

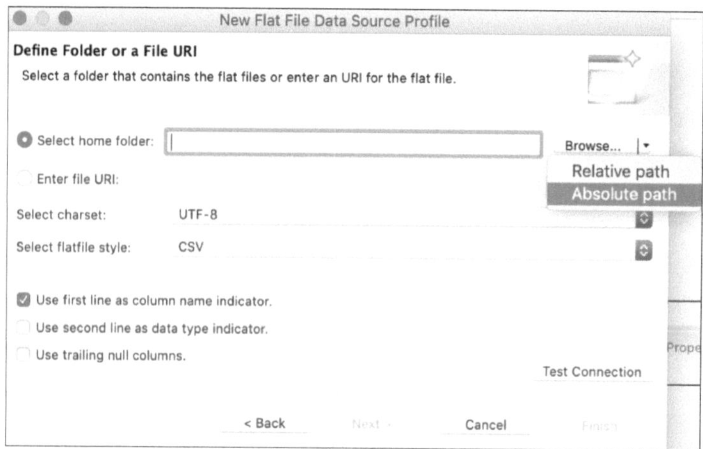

Abbildung 10.25 Datei auswählen

6. Gehen Sie zum Tab **Data Explorer**, klicken Sie dort auf **Data Set**, und wählen Sie **New Data Set**. Vergeben Sie den gewünschten Namen, hier »dataset1«, und stellen Sie sicher, dass die korrekte Datei, hier **report_Kontaktliste.csv**, ausgewählt ist. Klicken Sie auf **Next**.
7. Wählen Sie anschließend alle gewünschten Spalten aus, indem Sie auf das die Schaltfläche [>>] klicken, und bestätigen Sie Ihre Eingaben mit **Finish** und anschließend mit **OK** (siehe Abbildung 10.26).

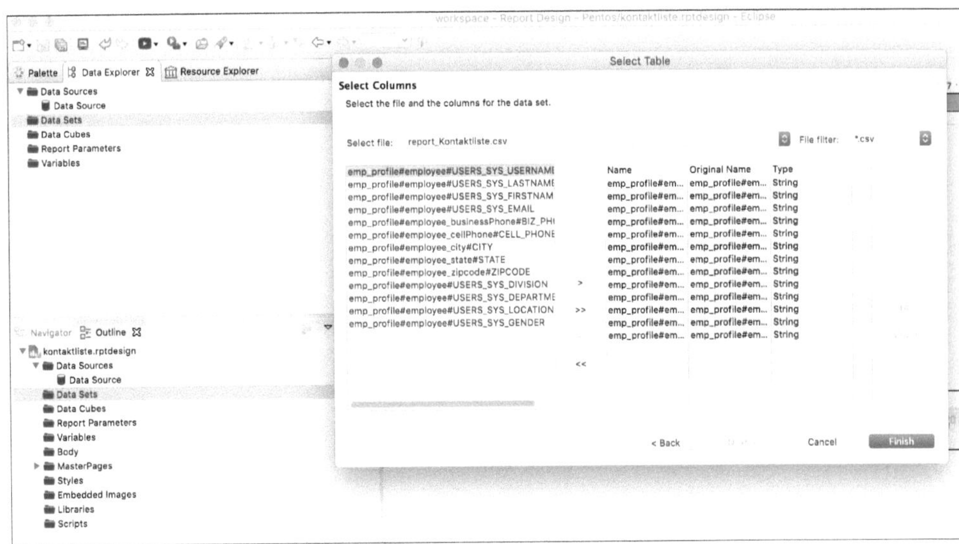

Abbildung 10.26 Spalten bearbeiten

8. Ziehen Sie das Datenset `dataset1` aus dem Data-Explorer-Fenster per Drag & Drop in die Layout-Ansicht, und wählen Sie im sich öffnenden Fenster alle Spalteninformationen, indem Sie auf **Select All** klicken. Bestätigen Sie anschließend mit **OK**. Sie sehen, dass die Informationen nun als Tabelle in der Layout-Ansicht angezeigt werden (siehe Abbildung 10.27).

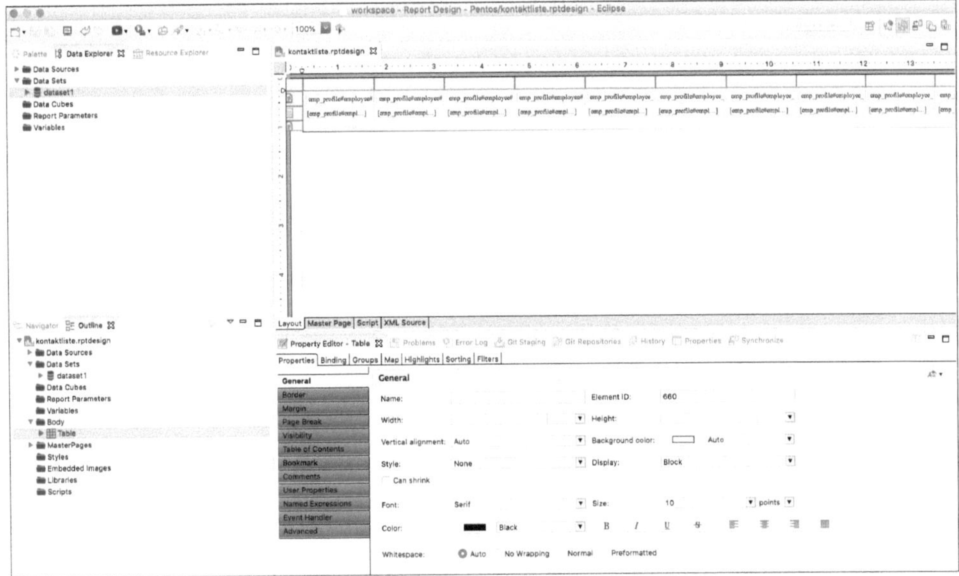

Abbildung 10.27 Layout-Ansicht mit Tabelle

9. Wählen Sie die Ansicht **Master Page**, um das Ausgabe-Layout mit den vorhandenen Optionen zu ändern (siehe Abbildung 10.28).

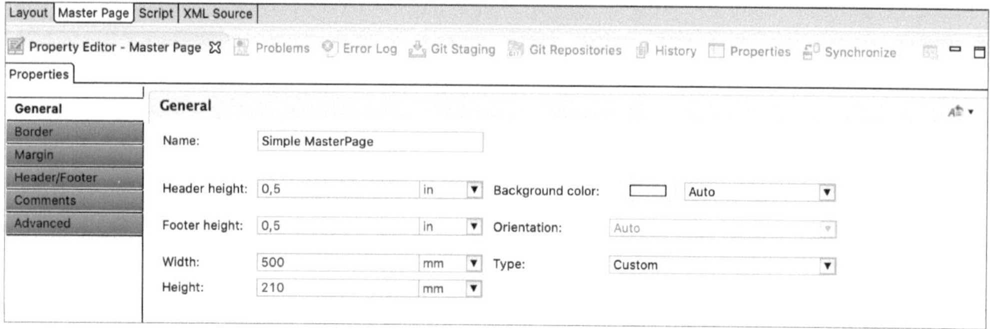

Abbildung 10.28 Ausgabe-Layout ändern

10. Navigieren Sie mit einem Klick auf **Layout** wieder zur Layout-Ansicht (siehe Abbildung 10.28). Löschen Sie z. B. unerwünschte Spalten, indem Sie die gesamte Spalte markieren und auf **Delete** klicken (siehe Abbildung 10.29).

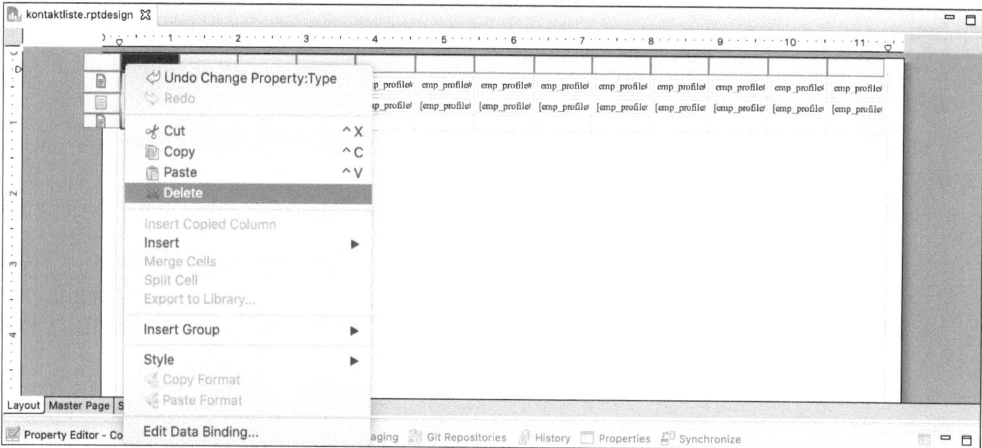

Abbildung 10.29 Spalten löschen

11. Sie können die Vorschau für Ihren BIRT-Report anzeigen, indem Sie auf der Schaltfläche auf den nach unten zeigenden Pfeil klicken (siehe Abbildung 10.24).
12. Wählen Sie **View Report as PDF**, um sich die Ergebnisse als PDF anzeigen zu lassen (siehe Abbildung 10.30).

Zur weiteren Bearbeitung gehen Sie zurück zur bekannten Ansicht **Layout**. Klicken Sie doppelt auf die Spaltenüberschriften, und vergeben Sie für jede Spalte aussagekräftige Spaltennamen.

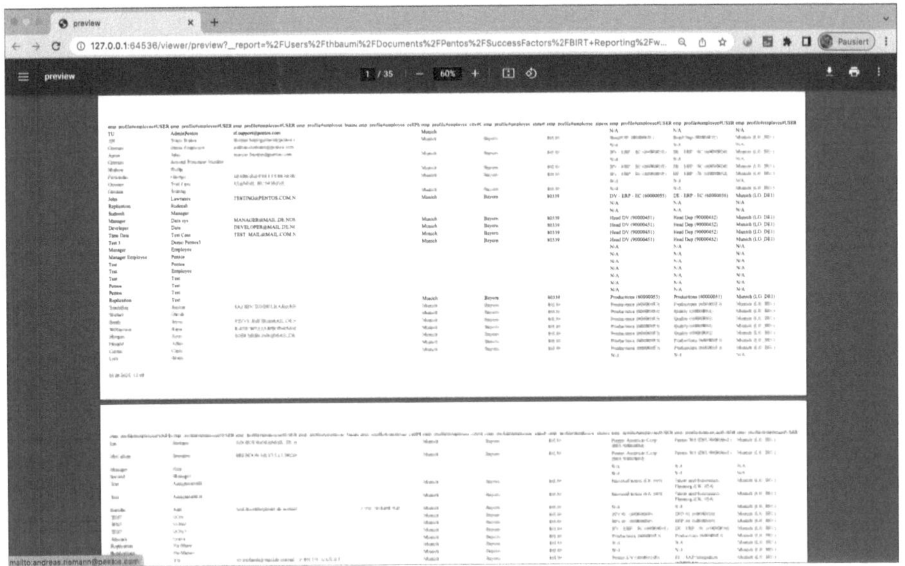

Abbildung 10.30 PDF-Report ansehen

Layout des BIRT-Reports definieren

Sie können zudem das Layout des Reports definieren. Markieren Sie die gesamte Überschriftzeile der Tabelle, vergeben Sie die gewünschte Hintergrundfarbe (hier: **Gray**), und führen Sie weitere gewünschte Formatierungen durch (siehe Abbildung 10.31).

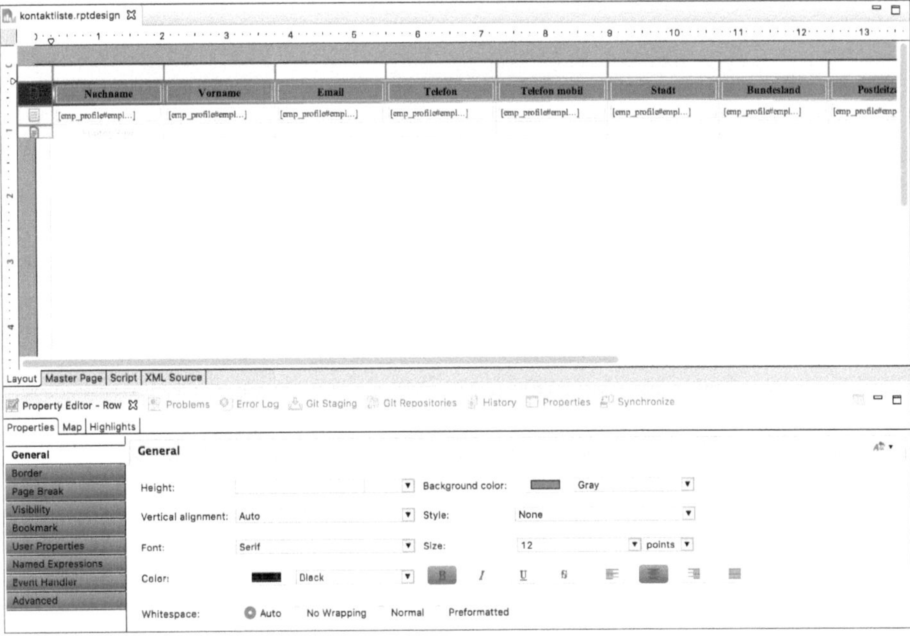

Abbildung 10.31 Layout bearbeiten

Sie können zudem auch den weiteren Report so gestalten. Zur Anpassung einer Zeile wählen Sie die gesamte Detailzeile aus und klicken im Property Editor auf **Highlights • Add....** Wählen Sie in der Auswahlliste die Spalte zu den Geschlechtsinformationen, und klicken Sie auf der rechten Seite auf die Schaltfläche f_x. Geben Sie »F« (für female = weiblich) im Expression Builder ein, und bestätigen Sie Ihre Eingabe mit einem Klick auf **OK** (siehe Abbildung 10.32).

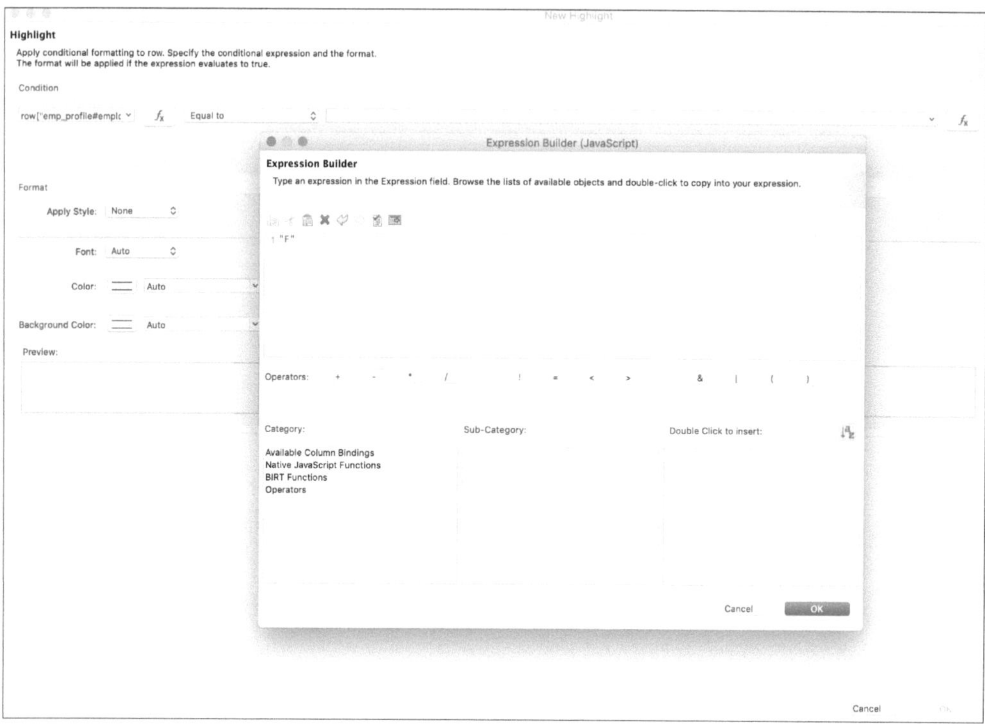

Abbildung 10.32 Ausgabe formatieren

Wählen Sie unter **Format • Color** eine Hintergrundfarbe aus (in unserem Beispiel **orange**), und klicken Sie dann auf die Schaltfläche **OK**. Um die Zeilen für den Wert »M« (male = männlich) zu formatieren, gehen Sie erneut wie beschrieben vor. In unserem Beispiel wählen wir für den zweiten Wert die Option **olive**.

Wählen Sie anschließend die gesamte Tabelle in der Layout-Ansicht aus, klicken Sie auf Sorting und anschließend auf **Add...**, und schauen Sie sich dann das Ergebnis in der Vorschau an (siehe Abbildung 10.33). Sie sehen, dass die Spalten entsprechend unserer Konfiguration farblich kodiert sind. Speichern Sie die erstellte Vorlage.

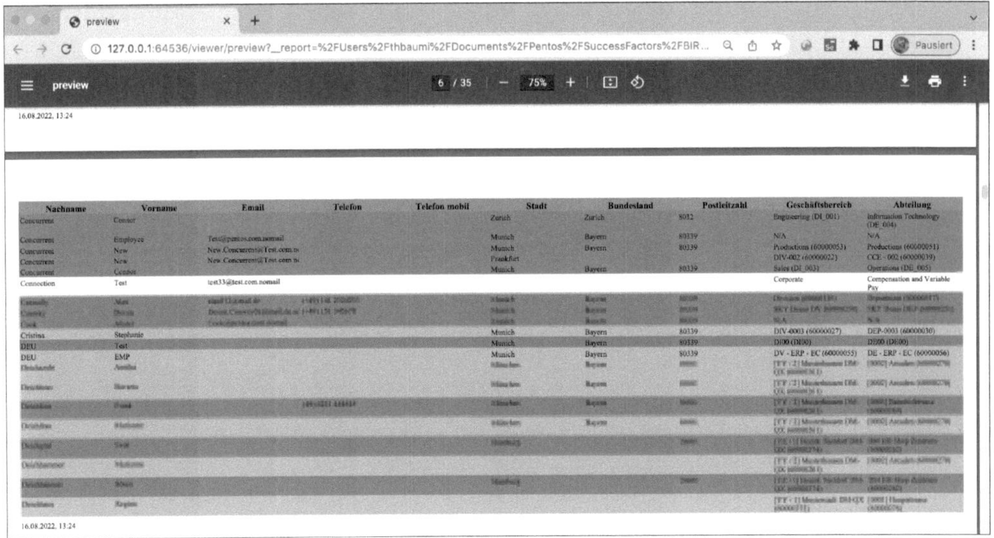

Abbildung 10.33 Farblich markierte Zeilen im Report (Auszug)

BIRT-Vorlage hochladen

Um die Vorlage hochzuladen, navigieren Sie zurück zum Bericht-Center, wählen den relevanten Report aus und öffnen diesen im Bearbeitungsmodus. Klicken Sie auf **Datensätze** und anschließend auf **Vorlage hochladen** (siehe Abbildung 10.34).

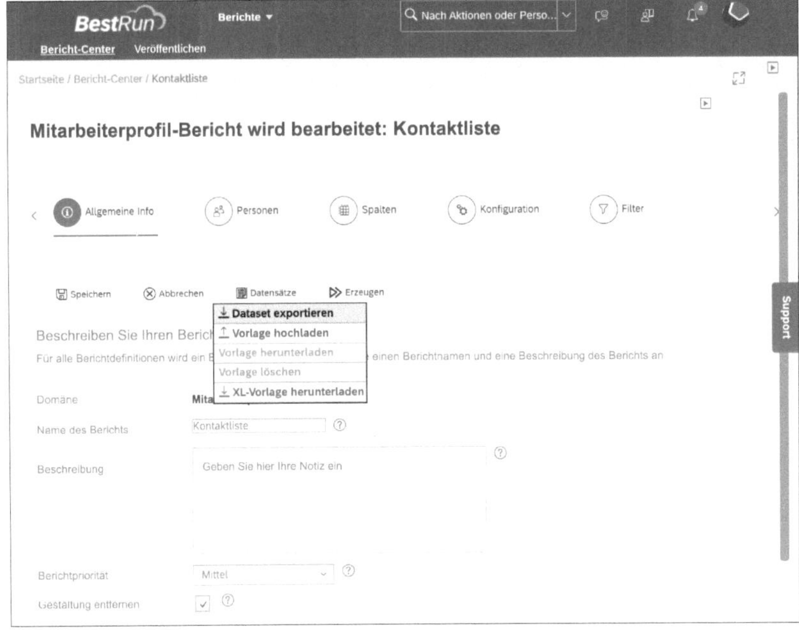

Abbildung 10.34 Vorlage hochladen

Wählen Sie hier die zuvor erstellte Vorlage, in unserem Beispiel **kontaktliste.rpt-design**, und klicken Sie dann auf **Hochladen**. Speichern Sie den Bericht, und führen Sie ihn aus. Wählen Sie **Exportieren** und im Feld **Format** die Option **PDF** (siehe Abbildung 10.35).

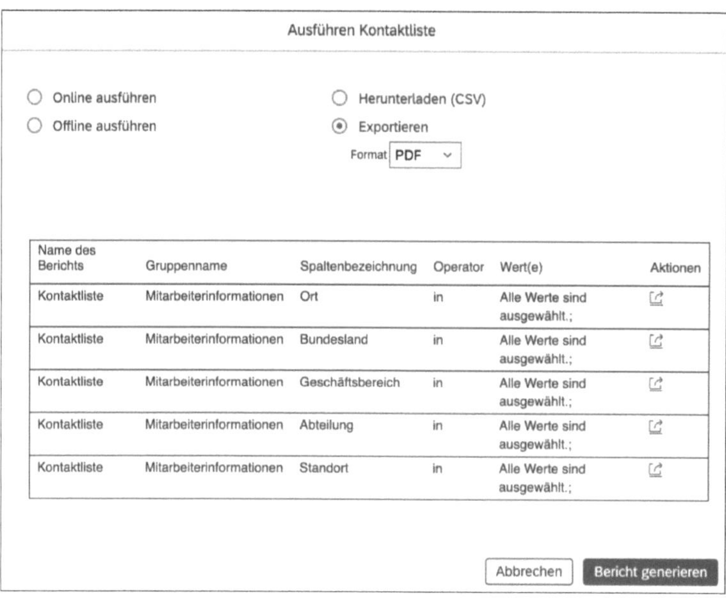

Abbildung 10.35 Bericht: Kontaktliste ausführen

Sehen Sie sich den generierten PDF-Bericht an. Sie haben nun Ihre erste BIRT-Vorlage erstellt und dem Tabellenbericht in SAP SuccessFactors hinzugefügt.

10.2.3 Kachelberichte und Dashboard

Kachelberichte bauen technisch auf die in SuccessFactors gehaltenen Daten auf und stellen diese grafisch ansprechender dar. Kacheln sind dafür gedacht, einzelne Kennzahlen in einer konsolidierten Ansicht darzustellen. Bei der Erstellung von Kachelberichten werden Sie durch einen sogenannten Click-through-Wizard geführt, um Ihre Daten in einem Diagramm darstellen zu können. Jede Kachel verfügt hierbei über eine interaktive *Drill-to-Detail*-Funktionalität. Durch die Auswahl eines Bereichs erhalten Sie einen detaillierten Einblick in die Daten, die sich hinter der visuellen Darstellung verbergen, und können diese mit einem Klick auf **CSV** oder **Excel** auch offline verfügbar machen. Berichte dieser Art basieren auf der *Youcalc Calculation Engine*. Ihr Implementierungspartner kann zudem mithilfe eines separaten Tools komplexere Abbildungen erstellen, die über die Möglichkeiten des Click-through-Wizards hinausgehen.

Dashboards sind eine Sammlung von unabhängigen Kachelreports und stellen einzelne Kacheln in einer übergreifenden Übersicht dar. Kachelbasierte Dashboards bieten Ihnen eine Möglichkeit zur einfachen Sammlung und Visualisierung mehrerer Kacheln an einem einzigen Ort. Um Dashboards zusammenstellen zu können, müssen Sie zuvor Kachelreports erstellt haben. Daher betrachten wir diese beiden Themen in diesem Abschnitt gemeinsam.

Kachelbericht erstellen

Um einen Kachelbericht zu erstellen, navigieren Sie zum Bericht-Center und klicken dort auf **Neu** (siehe Abbildung 10.1). Wählen Sie in der Auswahl den Reporttyp **Kachel**, und klicken Sie auf **Auswählen**. Wählen Sie im sich öffnenden Fenster in der Suchzeile **Domäne auswählen** aus der Liste **Mitarbeiterprofil**, und bestätigen Sie Ihre Auswahl mit einem Klick auf die Schaltfläche **Auswählen** (siehe Abbildung 10.36).

Abbildung 10.36 Domäne auswählen

Nun öffnet sich die Konfigurationsansicht. Im Laufe der Berichtserstellung werden Sie durch die einzelnen Bereiche der Konfiguration geführt (siehe Abbildung 10.37).

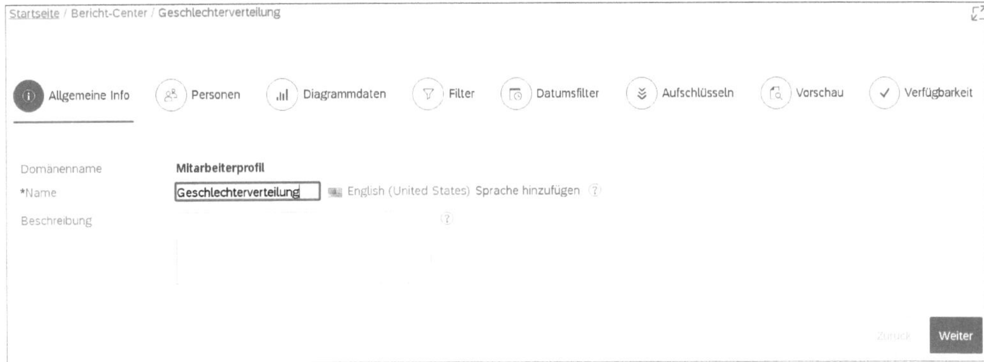

Abbildung 10.37 Konfigurationsoptionen für eine Kachel

Vergeben Sie zunächst im Schritt **Allgemeine Info** den Berichtsnamen, in unserem Beispiel den Namen »Geschlechterverteilung« (siehe Abbildung 10.37), und klicken

Sie auf **Weiter**, um zum Schritt **Personen** zu gelangen. Wählen Sie in diesem Schritt in der Auswahlliste des Feldes **Berichttyp** den Eintrag **Weitere Filter** aus, um für alle Mitarbeiterdaten zu berichten, für die sie über das Rollenberechtigungskonzept befugt sind. Klicken Sie anschließend auf **Weiter**.

Wählen Sie im Schritt **Diagrammdaten** den Diagrammtyp **Kreisdiagramm** aus (siehe Abbildung 10.11). Um nach dem Kriterium Geschlecht zu kategorisieren, klicken Sie in der Auswahl für **Kategorie** auf den Hyperlink **Auswählen**, wählen das Feld **Geschlecht** aus der Spaltenauswahl und bestätigen Ihre Auswahl im Pop-up-Fenster mit Klick auf **Fertig**. Damit Sie die Summe aller Mitarbeitenden über das jeweilige Geschlecht erhalten, klicken Sie in der Auswahl für **Metrik** auf den Hyperlink **Auswählen**, markieren **Benutzer-Systemkennung** in der Spaltenauswahl und bestätigen Ihre Wahl im Pop-up-Fenster mit einem Klick auf **Fertig**. Bestätigen Sie die Konfiguration mit einem Klick auf **Weiter** (siehe Abbildung 10.38). Überspringen Sie anschließend die Schritte **Filter** und **Datumsfilter**, und klicken Sie direkt den Schritt **Aufschlüsseln** an.

Abbildung 10.38 Diagrammdaten definieren

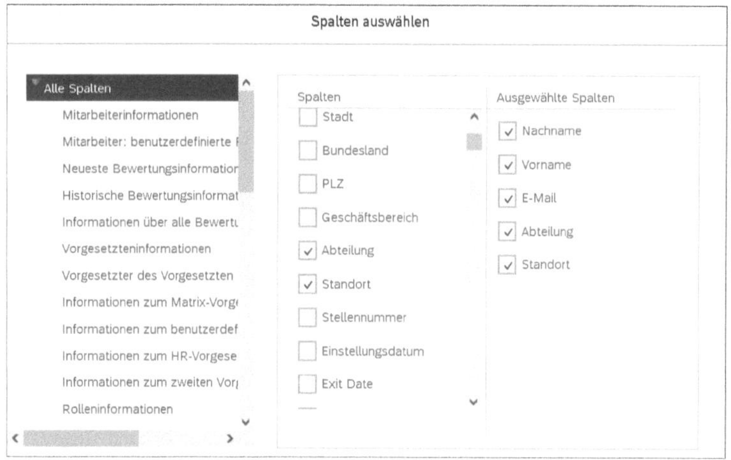

Abbildung 10.39 Spalten auswählen

In diesem Bereich definieren Sie die anzuzeigenden Informationen für die Drill-to-Detail-Funktionalität. Klicken Sie auf **Spalten hinzufügen**, und aktivieren Sie **Vorname**, **Nachname**, **E-Mail**, **Abteilung** und **Standort** (siehe Abbildung 10.39).

Bestätigen Sie die Spaltenauswahl über die Schaltfläche **Fertig**. Im Schritt **Aufschlüsseln** werden Ihnen nun die ausgewählten Spalten angezeigt (siehe Abbildung 10.40).

Abbildung 10.40 Daten aufschlüsseln

Klicken Sie nun auf den Schritt **Verfügbarkeit**, und aktivieren Sie die entsprechende Kachel, indem Sie das Kontrollkästchen neben **Aktivieren** auswählen. Klicken Sie dann auf **Speichern und beenden** (siehe Abbildung 10.41).

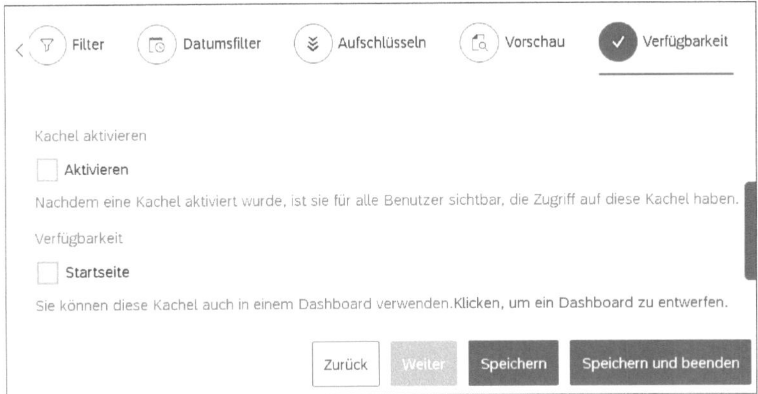

Abbildung 10.41 Kachel aktivieren

Dashboard erstellen und Kachelbericht aufrufen

Damit Sie den soeben erstellten Kachelbericht über das Bericht-Center ausführen können, benötigen Sie ein Dashboard. Navigieren Sie zum Bericht-Center, und klicken Sie auf **Neu**. Wählen Sie **Dashboard** und klicken Sie auf **Auswählen** (siehe Abbildung 10.2).

Geben Sie unter **Dashboardbezeichnung** einen Titel ein, hier »Geschlechterverteilung Dashboard«, und klicken Sie auf **Kachel hinzufügen** (siehe Abbildung 10.42).

Abbildung 10.42 Kachel im Dashboard hinzufügen

Wählen Sie im sich öffnenden Fenster die zuvor erstellte Kachel, hier **Geschlechterverteilung**, aus (siehe Abbildung 10.43), und bestätigen Sie die Auswahl mit einem Klick auf **Fertig** (hier nicht gezeigt). Sichern Sie das Dashboard mit Klick auf **Speichern** (siehe Abbildung 10.42).

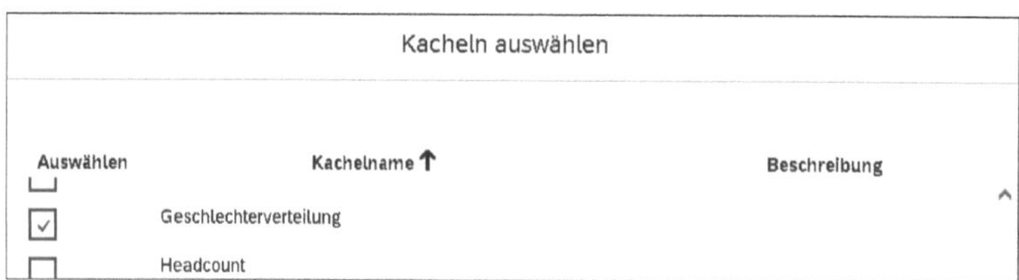

Abbildung 10.43 Kachel auswählen

Die Kachel wird nun unter **Kacheln in diesem Dashboard** angezeigt.

Navigieren Sie zum Bericht-Center, und rufen Sie das gewünschte Dashboard auf, indem Sie auf den Berichtsnamen oder auf die Schaltfläche ▶ klicken (siehe Abbildung 10.44).

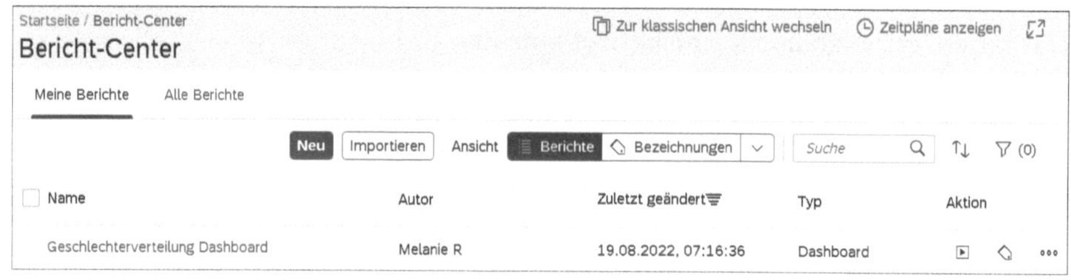

Abbildung 10.44 Dashboard aufrufen

Filtern Sie entsprechend der gewünschten Parameter (siehe Abbildung 10.45).

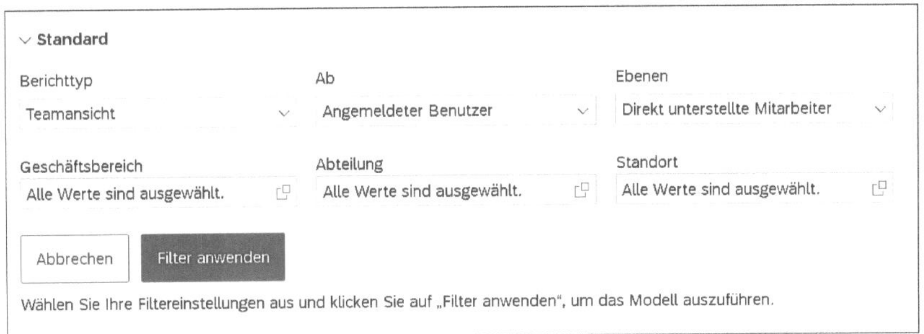

Abbildung 10.45 Filter setzen

Benutzen Sie im angezeigten Kreisdiagramm die Drill-to-Detail-Funktionalität, indem Sie einen Wert durch Anklicken auswählen (siehe Abbildung 10.46). Die Ergebnisse in der tabellarischen Ansicht unter dem Kreisdiagramm geben weitere Auskunft.

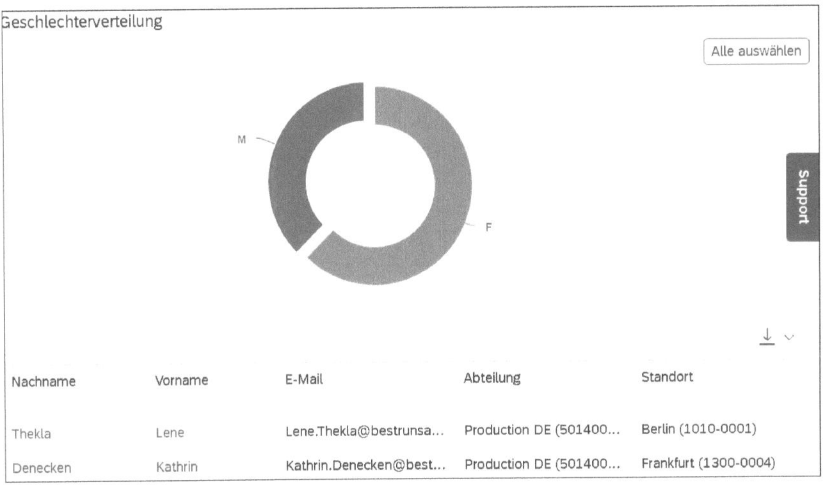

Nachname	Vorname	E-Mail	Abteilung	Standort
Thekla	Lene	Lene.Thekla@bestrunsa...	Production DE (501400...	Berlin (1010-0001)
Denecken	Kathrin	Kathrin.Denecken@best...	Production DE (501400...	Frankfurt (1300-0004)

Abbildung 10.46 Kreisdiagramm nutzen

Um die Daten weiterzuverarbeiten, können Sie nun die ausgewählten Ergebnisse exportieren, indem Sie auf die Schaltfläche rechts über der Tabelle klicken. Wählen Sie aus den verfügbaren Formaten **CSV** oder **Excel**, und speichern Sie die Datei auf Ihrem Computer.

Berichte teilen

Sie können im Bericht-Center in den Aktionen zum Bericht per Klick auf einen Report mit anderen Personen teilen. Die in Abbildung 10.47 gezeigte Oberfläche bietet umfangreiche Optionen zur Teilung mit einzelnen Benutzern, mit einer Gruppe oder mit einer Rolle.

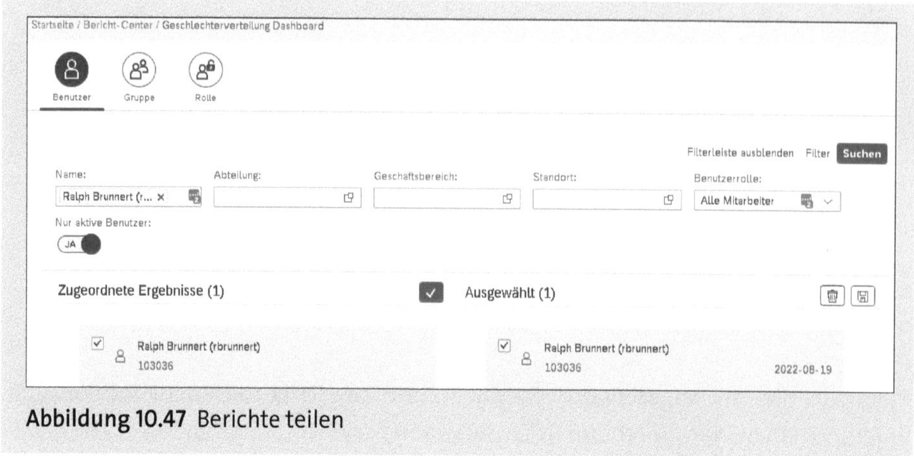

Abbildung 10.47 Berichte teilen

10.2.4 Story

Bei den *Story*-Berichten handelt es sich um die aktuelle und modernste Analysetechnologie im Umfeld von SAP SuccessFactors. Mit Story-Berichten können Sie Berichte erstellen, die Daten aus allen Modulen der SAP SuccessFactors HXM Suite enthalten. Dieser Berichtstyp bietet Ihnen umfangreiche Visualisierungsmöglichkeiten für die Darstellung Ihrer Unternehmensdaten.

Berichte vom Typ **Story** sind Teil von *People Analytics*, das auf der Technologie von *SAP Analytics Cloud* aufbaut und dessen Embedded Edition mit SuccessFactors bereitgestellt wird.

Story-Report importieren

Um Story-Reports nutzen zu können, müssen Sie zuvor das Story-Reporting in Ihrer Instanz konfiguriert haben. SAP stellt eine Vielzahl an kostenfreien Story-Vorlagen über den eingebundenen Content Store zur Verfügung. Im SAP Help Portal unter *https://help.sap.com* finden Sie Beschreibungen und eine aktuelle Auflistung aller verfügbaren Vorlagen. Sie haben die Möglichkeit, Vorlagen zu importieren und direkt zu nutzen, oder auf Basis der Vorlagen Ihre Anpassungen vorzunehmen.

Um eine Vorlage aus dem Content Store zu importieren, gehen Sie wie folgt vor: Navigieren Sie zunächst in das Bericht-Center, und klicken Sie auf **Importieren** (siehe Abbildung 10.1).

Im Beispiel importieren wir einen Bericht, der Lohngefälle im Unternehmen aufzeigt und dabei einen besonderen Schwerpunkt auf den geschlechtsspezifischen Aspekt legt. Er stellt die Unterschiede in der Bezahlung von männlichen im Vergleich zu weiblichen Beschäftigten dar.

Klicken Sie im sich öffnenden Fenster auf **Content Store**, und geben Sie »gender« in das Suchfeld des Fensters ein, um die Liste der verfügbaren Vorlagen zu reduzieren. Wählen Sie den Report `SF_COM_Gender_Pay_Gap_Analysis_v1.0` aus. Klicken Sie anschließend auf **Importieren** (siehe Abbildung 10.48), und bestätigen Sie den Hinweis zur Nutzung von Vorlagen-Storys im erscheinenden Fenster.

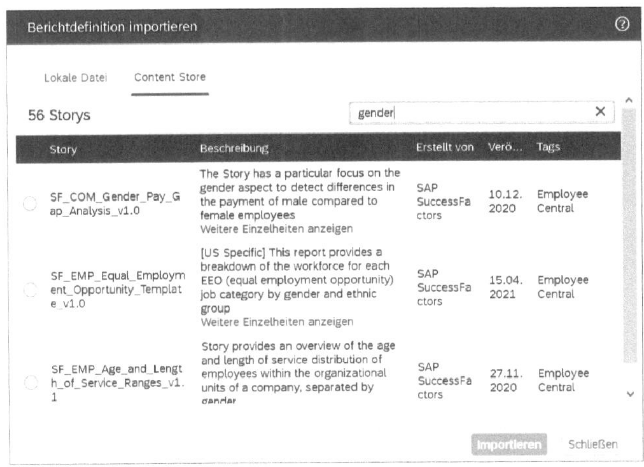

Abbildung 10.48 Berichtsdefinitionen importieren

Laden Sie das Bericht-Center nach dem Importvorgang neu, und führen Sie den gewählten Bericht aus, indem Sie auf den Berichtsnamen oder auf die Schaltfläche ▶ klicken. Die Story öffnet sich und steht für Ihre Auswertungen zur Verfügung (siehe Abbildung 10.49).

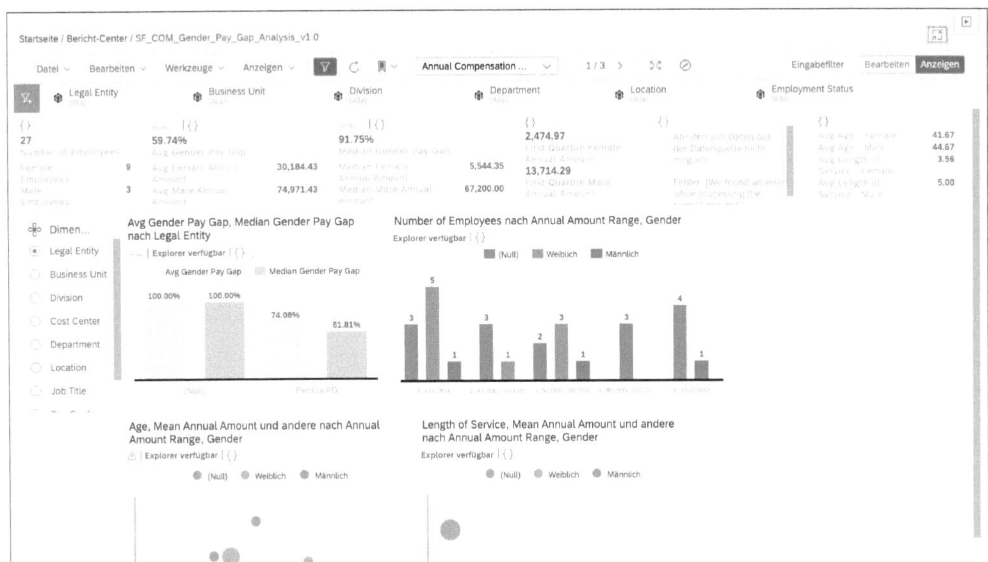

Abbildung 10.49 Story einsehen und nutzen

Story-Report erstellen

Im Folgenden erstellen wir nun eine Story von Anfang an. Die Story hat das Ziel, die Mitarbeitenden auszugeben, die am aktuellen Tag (oder in der aktuellen Woche) Geburtstag haben.

1. Navigieren Sie zum Bericht-Center, und klicken Sie auf **Neu** (siehe Abbildung 10.1). Wählen Sie in der Auswahl den Reporttyp **Story**, und klicken Sie auf **Auswählen**. Ihnen wird nun die Ansicht **Query Designer** angezeigt (siehe Abbildung 10.50).

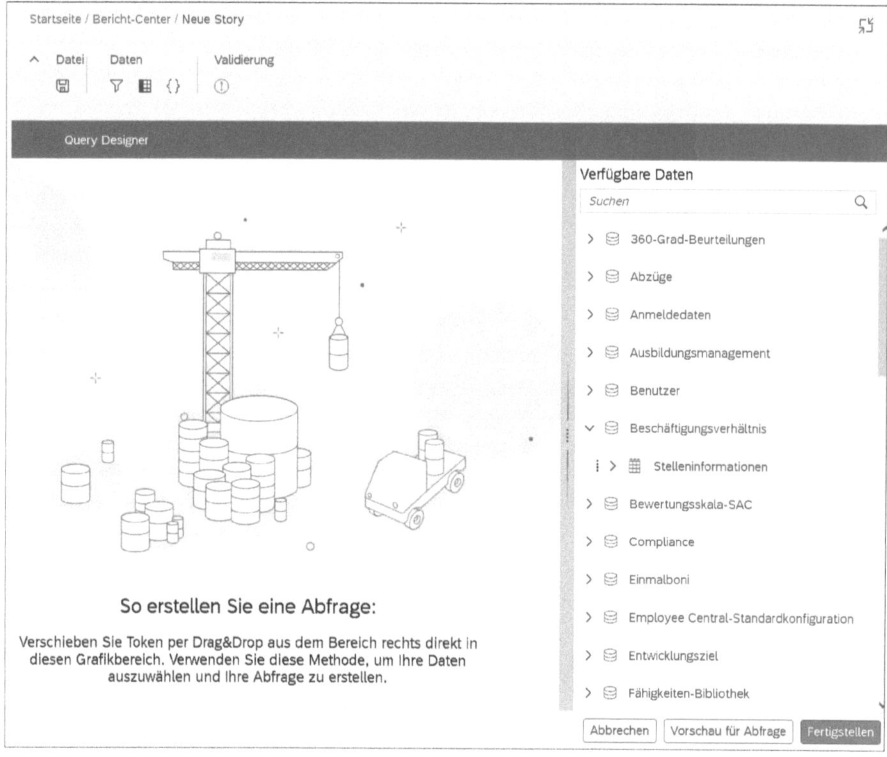

Abbildung 10.50 Mit dem Query Designer arbeiten

2. Um nun eine erste Abfrage im Query Designer zu erstellen, klicken Sie auf die Schaltfläche [v] neben dem Eintrag **Beschäftigungsverhältnis** in der Liste der verfügbaren Daten, die Ihnen zur Auswahl stehen, um Ihre Story zu erstellen. Ziehen Sie das Element **Stelleninformationen** in den Abfragebereich, indem Sie die Schaltfläche [▦] anklicken und das Element nach links ziehen.
3. Klicken Sie im Abfragebereich auf **Stelleninformationen**, um das aufgehende Untermenü zu sehen, und klicken Sie dann auf die Schaltfläche [◧] (**Spalten auswählen**). Markieren Sie im erscheinenden Fenster die relevanten Werte. Wir nutzen Benutzerkennung, Name (unter Geschäftsbereich) und Name (unter Standort), siehe Abbildung 10.51).

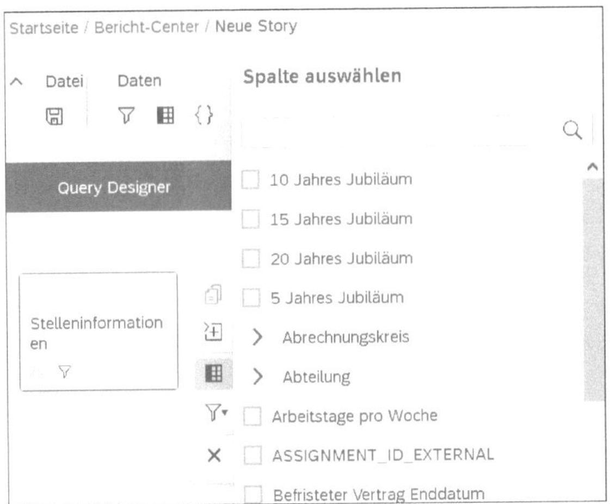

Abbildung 10.51 Spalten auswählen

4. Klicken Sie erneut auf die Kachel **Stelleninformationen** im Abfragebereich, und klicken Sie im Untermenü auf die Schaltfläche (**Verbundene Tabellen einblenden**), siehe Abbildung 10.52.

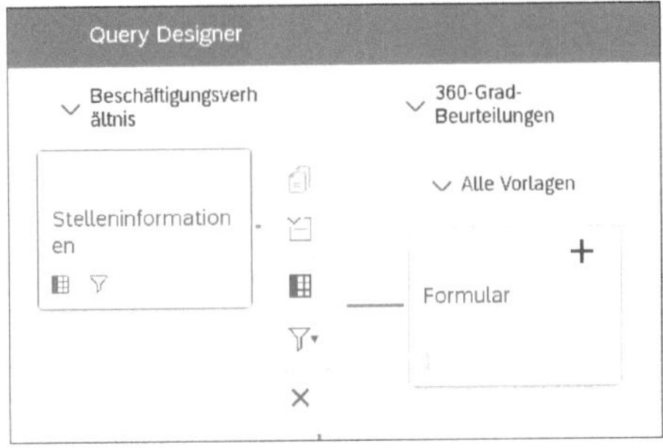

Abbildung 10.52 Verbundene Tabellen einblenden

5. Um weitere Informationen aus verbundenen Datenbanktabellen im Bericht anzuzeigen, öffnen Sie die relevanten Bereiche, in unserem Beispiel den Bereich **Person**, und verbinden die Tabelleninformationen aus **Stelleninformationen** und **Persönliche Information**, indem Sie auf die Schaltfläche (**Hinzufügen**) klicken (siehe Abbildung 10.53).

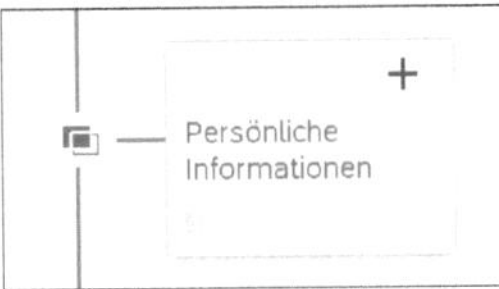

Abbildung 10.53 Tabelleninformationen verbinden

6. Klicken Sie anschließend auf **Persönliche Informationen** und dann erneut auf die Schaltfläche ▦ (**Spalten auswählen**). Markieren Sie, analog zum vorherigen Vorgehen, Vorname und Nachname (siehe Abbildung 10.51).
7. Um das Geburtsdatum auswählen zu können, klicken Sie auf **Persönliche Informationen** und im Untermenü auf die Schaltfläche ⊞ (**Verbundene Tabellen einblenden**). Klicken Sie anschließend im Bereich **Person** auf **Biografische Informationen** und danach auf die Schaltfläche ▦ (**Spalten auswählen**). Aktivieren Sie das Kennzeichen **Geburtsdatum** (siehe Abbildung 10.54).

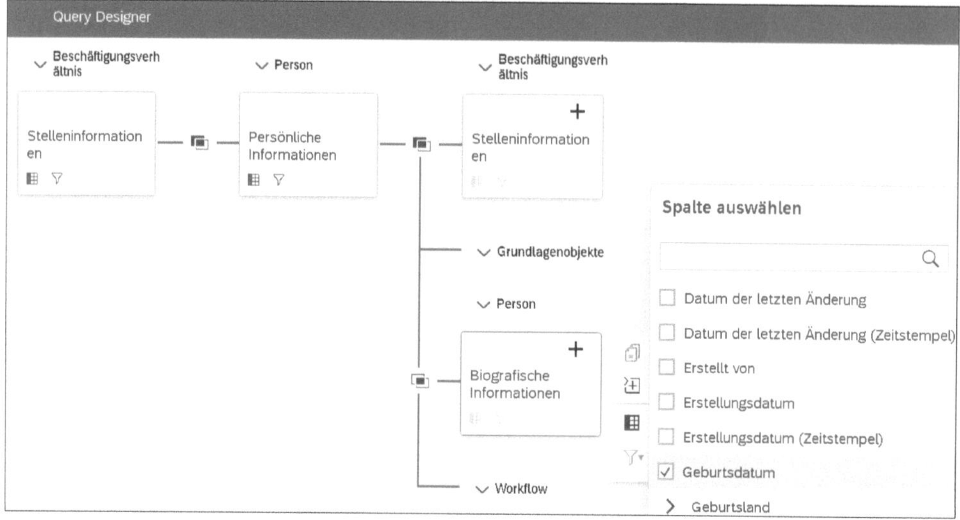

Abbildung 10.54 Informationen selektieren

8. Damit Sie auf die Geburtstage der aktuellen Woche filtern können, benötigen Sie eine weitere Information, die Sie mithilfe einer berechneten Spalte implementieren. Klicken Sie hierzu im Hauptmenü auf die Schaltfläche ▦ (**Berechnete Spalte anlegen**), siehe Abbildung 10.50. Wählen Sie im sich öffnenden Fenster die Ansicht **Berechnete Spalten** (siehe Abbildung 10.55).

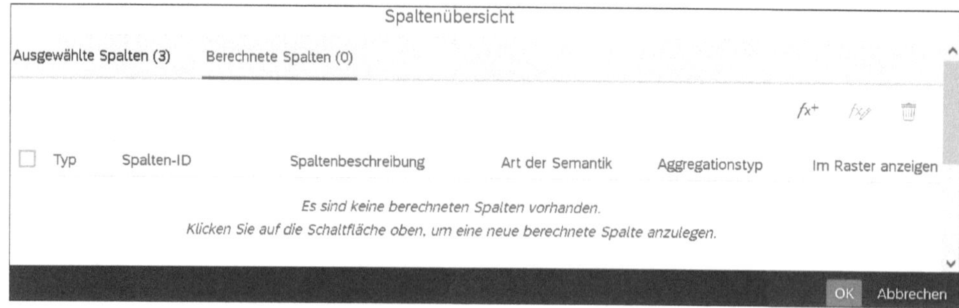

Abbildung 10.55 Berechnete Spalten hinzufügen

9. Um eine Funktion hinzuzufügen, klicken Sie auf die Schaltfläche [fx+] (**Hinzufügen**) und geben eine ID ein, in unserem Beispiel »BDCURRENTWEEK«. Geben Sie als Beschreibung »Geburtstag in der aktuellen Woche« ein.
10. Klicken Sie in das Feld **Formel bearbeiten**, und Sie sehen, dass die verfügbaren Funktionen auswählbar sind und in Blau erscheinen. Sie können Funktionen entweder durch einen Klick auf die Funktionsauswahl unter **Formelfunktionen** hinzufügen, oder Sie geben die Funktionen direkt in das Feld **Formel bearbeiten** ein (hierbei wird Ihnen durch Syntaxhervorhebung und Syntax-Highlighting geholfen). Um auf Feldwerte zuzugreifen, tippen Sie auf den entsprechenden Tabellennamen und wählen aus dem sich öffnenden Fenster das gewünschte Feld aus (siehe Abbildung 10.56).
11. Stellen Sie sicher, dass die Formel wie folgt eingegeben ist:

```
IF(WEEK([Person#BiografischeInformationen#Geburtsdatum])=WEEK(CURRENT-
DATE()), "ja", "nein" )
```


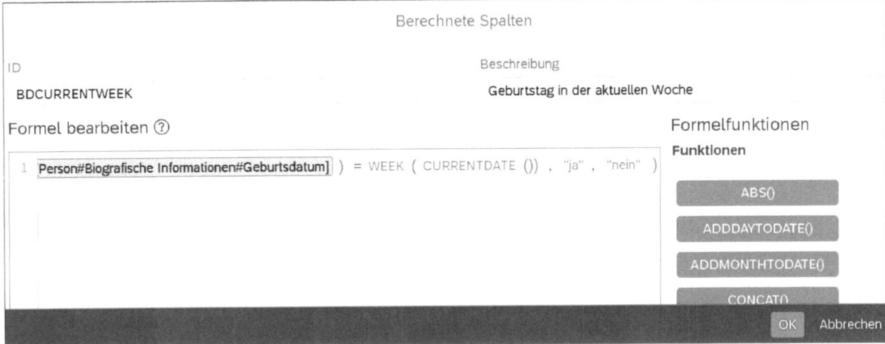

Abbildung 10.56 Berechnete Spalten bearbeiten

12. Bestätigen Sie Ihre Eingaben über die Schaltfläche **OK** (siehe Abbildung 10.56). Danach bestätigen Sie das Einfügen der Spalte erneut mit einem Klick auf **OK** (siehe Abbildung 10.57).

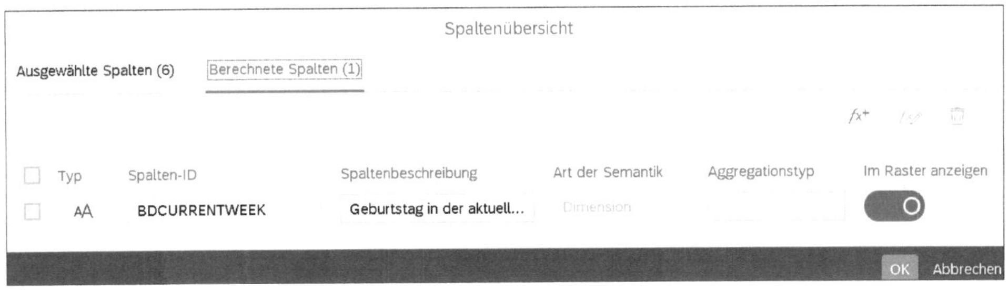

Abbildung 10.57 Spalte bestätigen

13. Sehen Sie sich den erstellten Bericht in der Vorschau an, indem Sie auf die Schaltfläche **Vorschau für Abfrage** klicken (siehe Abbildung 10.50). Wählen Sie im sich öffnenden Fenster das aktuelle Datum aus, und bestätigen Sie über die Schaltfläche **Festlegen** (siehe Abbildung 10.58).

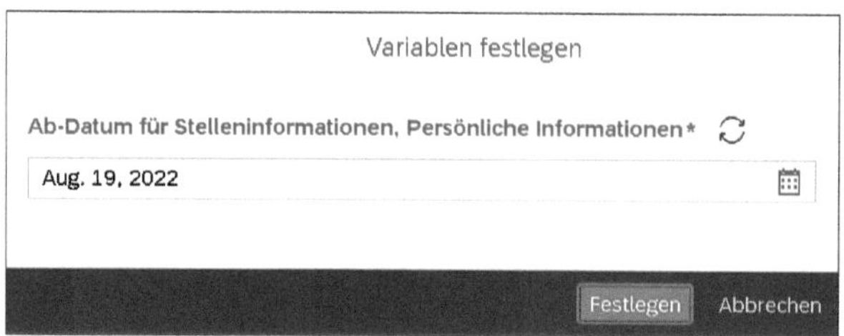

Abbildung 10.58 Variablen festlegen

14. Ihr Bericht öffnet sich (siehe Abbildung 10.59). Beachten Sie, dass die dynamisch berechnete Spalte **Geburtstag in der aktuellen Woche** die Ausprägung **ja** oder **nein** enthält.

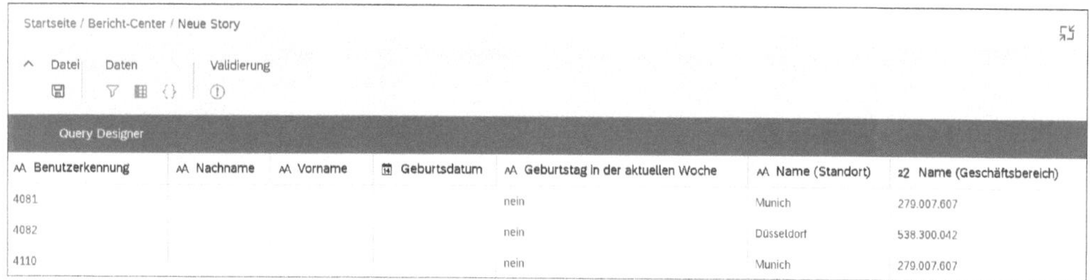

Abbildung 10.59 Fertiger (anonymisierter) Bericht

15. Klicken Sie auf **Vorschau ausblenden**, um zum Query Designer zurückzukehren. Klicken Sie auf **Fertigstellen**, wenn Sie alle gewünschten Definitionen durchgeführt haben (siehe Abbildung 10.50). Vergeben Sie im sich öffnenden Fenster **Namen für Datenquelle angeben** den gewünschten Namen, im Beispiel **Geburtstage in dieser Woche** (siehe Abbildung 10.60). Bestätigen Sie die Eingabe mit **OK**.

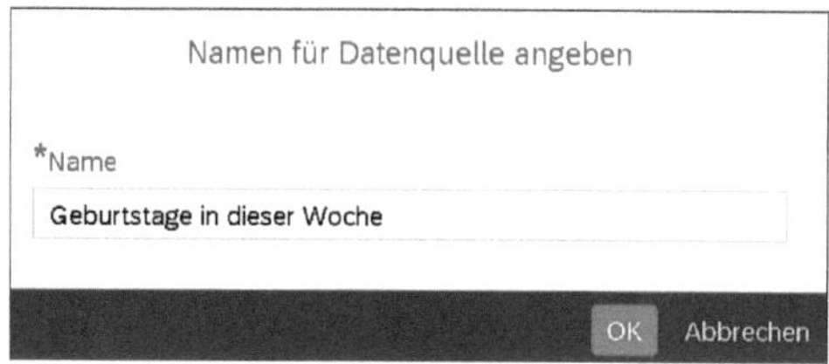

Abbildung 10.60 Name für Datenquelle angeben

16. Es öffnet sich nun der sogenannten Page Designer (siehe Abbildung 10.61). Um sich die Geburtstage tabellarisch anzeigen zu lassen, klicken Sie im Page Designer auf den Eintrag **Tabelle**.
17. Die Bearbeitungsansicht inklusive des Builders öffnet sich (siehe Abbildung 10.62).

Abbildung 10.61 Page Designer nutzen

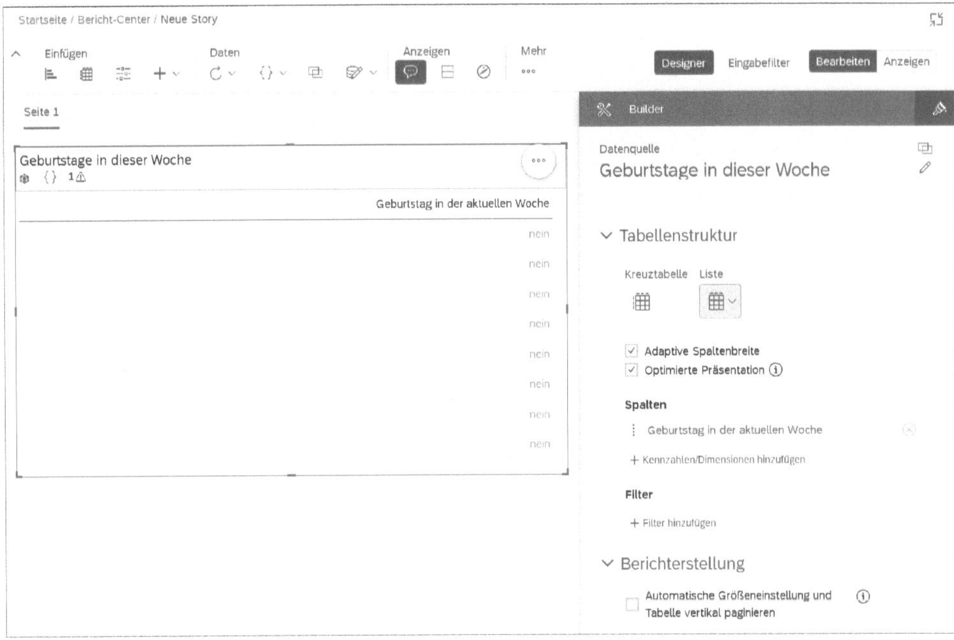

Abbildung 10.62 Builder nutzen

18. Klicken Sie im Bereich **Builder** auf **Kennzahlen/Dimensionen hinzufügen**, und wählen Sie **Vorname**, **Nachname**, **Name (Geschäftsbereich)**, **Name (Standort)** und **Geburtsdatum** aus. Die Spalten und Informationen erscheinen nun links neben dem Builder (siehe Abbildung 10.63).

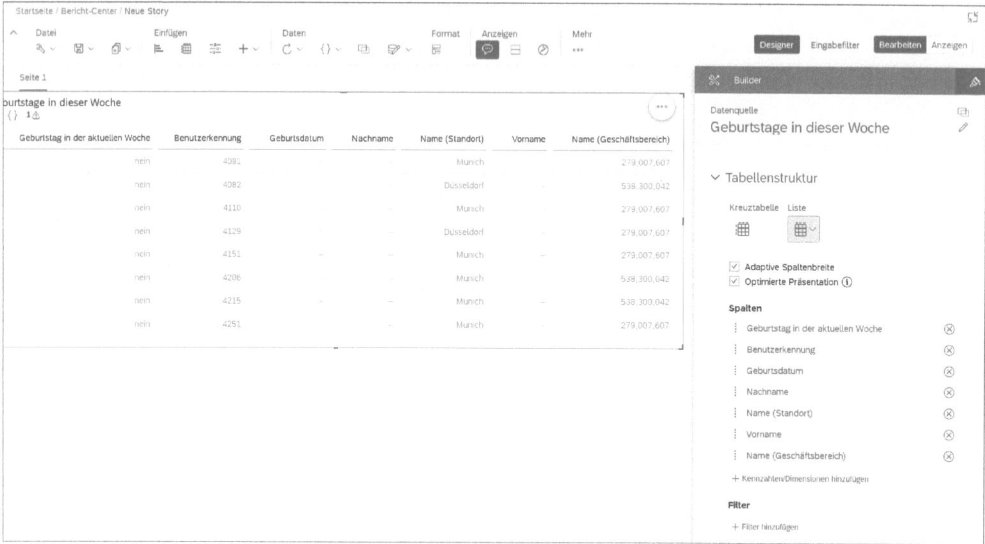

Abbildung 10.63 Spalten anpassen

19. Verändern Sie die Reihenfolge der Spalten, indem Sie die ausgewählten Dimensionen per Drag & Drop anordnen. Entfernen Sie anschließend die berechnete Spalte **Geburtstag in der aktuellen Woche**.
20. Damit der Bericht am Ende nur Mitarbeitende ausgibt, die in der aktuellen Woche Geburtstag haben, benötigen wir einen Filter, der auf unserer berechneten Spalteninformation basiert. Klicken Sie im Bereich **Builder** auf **Filter hinzufügen**, und wählen Sie **Geburtstag in der aktuellen Woche** aus (siehe Abbildung 10.63). Selektieren Sie im sich öffnenden Fenster den Wert **Alle Elemente** (siehe Abbildung 10.64).
21. Bestätigen Sie mit **OK**, und speichern Sie den Bericht, indem Sie im Hauptmenü auf die Schaltfläche **Speichern** klicken und **Sichern** auswählen (siehe Abbildung 10.50).
22. Vergeben Sie im sich öffnenden Fenster den Namen »Geburtstagsliste«, und bestätigen Sie Ihre Eingabe mit **OK**.

    Sie haben nun Ihren ersten Story-Bericht erstellt. Navigieren Sie zum Bericht-Center, und führen Sie den Bericht aus, indem Sie auf den Berichtsnamen klicken (siehe Abbildung 10.1). Der Bericht steht nun mit den relevanten Daten und den verfügbaren Filtern zur Verfügung (siehe Abbildung 10.65).

Filter für Geburtstag in der aktuellen Woche festlegen

Verfügbare Elemente
Nicht gebuchte Elemente anzeigen
Ausgewählte Elemente ausschließen
Alle Elemente
nein

Ausgewählte Elemente
Alle Elemente
Auswahl löschen
Einstellungen für Benutzer
Betrachtern erlauben, Auswahl zu bearb.
Betrachtern erlauben, Filter zu löschen
Im Bereich Eingabefilter ausblenden
Mehrfachauswahl
OK Abbrechen

Abbildung 10.64 Filter festlegen

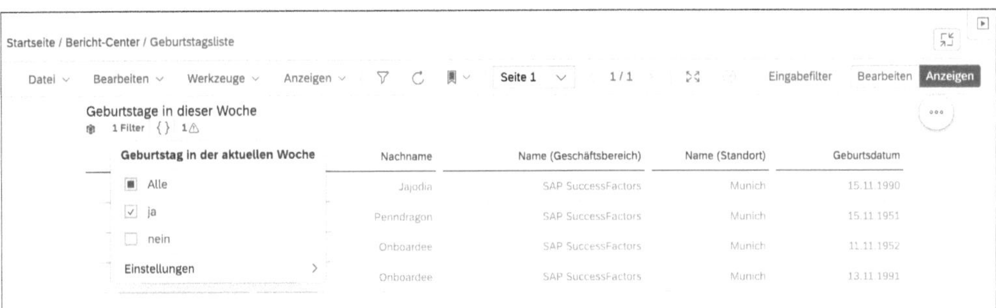

Abbildung 10.65 Bericht nutzen

Klicken Sie unter der Tabellenüberschrift auf **1 Filter**, und selektieren Sie den Wert **ja**. So zeigen Sie die Mitarbeitenden an, die Geburtstag haben.

Weitere Auswertungsmöglichkeiten

Wenn Sie gerne mit Ihren Spreadsheets in der Google- oder MS-Office-365-Umgebung arbeiten, können Sie die Daten aus SAP SuccessFactors mit einer Partnerlösung auch direkt live dorthin transferieren. Die Lösung benötigt keine zusätzliche Plattform, denn sie ermöglicht es, die Daten, die der Anwender in SAP SuccessFactors sehen darf (und nur diese), per Knopfdruck in das Google- oder MS-Office-365-Spreadsheet-Template Ihrer Wahl zu transferieren. Damit können Sie sowohl die Live-Daten von SAP SuccessFactors als auch die Formatierungs-/Design- und Automatisierungsmöglichkeiten der Zielplattformen nutzen. Diese Technologie lässt sich nicht nur für Berichte, sondern auch für Dokumenterstellungen aller Art nutzen (siehe *https://www.pentoslabs.com/document-generation*).

In diesem Kapitel haben wir den Fokus auf die Nutzung der in Employee Central enthaltenen Daten in Form von Berichten und Datenvisualisierungen gelegt. Im nächsten Kapitel widmen wir uns dem Thema der rollenbasierten Berechtigungen.

Kapitel 11
Rollenbasierte Berechtigungen

Daten und Prozesse innerhalb von SAP SuccessFactors können durch rollenbasierte Berechtigungen und Gruppen zugänglich gemacht, aber auch geschützt werden. In diesem Kapitel lernen Sie das Berechtigungswesen von SAP SuccessFactors kennen.

Das rollenbasierte Berechtigungswesen (engl. *Role-Based Permissions* (RBP)) in SAP SuccessFactors erlaubt es, die Berechtigungen innerhalb des Systems aufzubauen und zu verwalten. Über rollenbasierte Berechtigungen wird der Zugriff auf Module, Teilfunktionen und alle Informationen, die die Mitarbeitenden sehen und bearbeiten können, gesteuert – von Prozessen bis hin zum Zugriff auf einzelne Datenfelder.

Wesentliche Bestandteile des rollenbasierten Berechtigungssystems sind Berechtigungsgruppen, Berechtigungsrollen und Zielgruppen. Diese können innerhalb der Admin-Tools angelegt, geändert oder gelöscht werden.

An einigen Stellen der Suite werden Berechtigungen zusätzlich direkt in den Modulen definiert. Dazu gehören u. a.:

- Vorlagen für Leistungsbeurteilungen
- Vorlagen für Rekrutierungen
- Vorlagen für Vergütungspläne

Im Folgenden stellen wir Ihnen zunächst vor, wie das rollenbasierte Berechtigungswesen in SAP SuccessFactors grundsätzlich aufgebaut ist und welche Überlegungen Sie anstellen sollten, bevor Sie den Aufbau Ihres Berechtigungskonzepts angehen. Daran anschließend beleuchten wir die Arbeit mit den Elementen **Berechtigungsgruppe** (siehe Abschnitt 11.2) und **Berechtigungsrolle** genauer (siehe Abschnitt 11.3). Sie erfahren, wie Sie in SAP SuccessFactors prüfen können, welche Zugriffe ein Benutzer hat. Die Berechtigungspflege für Objekte des Metadata Frameworks (MDF) ergänzt das Bild zum Thema der rollenbasierten Berechtigungen (siehe Abschnitt 11.4). Im Anschluss gehen wir auf die Besonderheiten von Employee Central in Bezug auf Berechtigungen ein (siehe Abschnitt 11.5). Best Practices für die Konzeption des Berechtigungssystems und die tägliche Arbeit im System schließen dieses Kapitel ab (siehe Abschnitt 11.6). Als Best Practice stellen wir Ihnen vor, wie mithilfe des Konzepts für Technische Nutzer in komplexen Unternehmensorganisationen gearbeitet werden kann. Prozessuale Anforderungen können so flexibel, sicher, skalierbar, benutzerfreundlich und dennoch mit niedrigen Betriebskosten erfüllt werden.

Implementierungspartner einbinden

Abhängig davon, wie erfahren Sie im Umgang mit Berechtigungskonzepten sind und ob Sie schon erste Erfahrungen im Berechtigungsmanagement in SAP SuccessFactors haben, empfehlen wir Ihnen, mit Ihrem Implementierungspartner zusammen den Blick auf das zentrale Thema *Berechtigungen* zu richten.

11.1 Einführung in rollenbasierte Berechtigungen

Die Grundlagen für die Konzeption des Berechtigungswesens stellen wir Ihnen in den folgenden Abschnitten vor.

11.1.1 Bestandteile des rollenbasierten Berechtigungswesens

Die wesentlichen Bestandteile des Berechtigungswesens in SAP SuccessFactors sind die folgenden:

- *Berechtigungsgruppen* legen fest, *wer* etwas machen darf.
- *Berechtigungsrollen* legen fest, *was* man machen darf.
- *Zielgruppen* legen fest, auf *wen* die Berechtigungsrollen Einfluss haben sollen.

Da sich das Thema *Berechtigungswesen* oft erst während der Arbeit am System erschließt, verdeutlichen wir die Thematik mit einer Analogie aus dem Fußballspiel.

Im Fußball gibt es klar definierte Rollen: Schiedsrichterin, Trainer, Teamärztin, Torwart, Feldspieler und Feldspielerinnen in verschiedenen Positionen bzw. Rollen. Allen Rollen ist gemeinsam, dass sie vorgeben, was der Rolleninhaber tun kann, soll oder muss.

Der Schiedsrichter oder die Schiedsrichterin pfeift das Spiel an, kann verwarnen, vom Platz verweisen, Verstöße ahnden und vieles mehr. Interessant ist, dass diese und die anderen Rollen nicht statisch sind, sondern sich im Laufe der Zeit mit den Anforderungen ändern. So haben Schiedsrichter und Schiedsrichterinnen seit der Weltmeisterschaft 2014 in Brasilien die Möglichkeit, die Abstände bei Freistößen mit einem Spray auf dem Rasen zu markieren. Auch das Regelwerk (z. B. Abseitsregeln) ist ständigen Anpassungen und Änderungen unterworfen; man denke nur an die Diskussion im Zusammenhang mit dem elektronischen Auge, der computergestützten Torlinienüberwachung.

Neben der Rolle, die definiert, *was* der Schiedsrichter oder die Schiedsrichterin tun kann, ist es natürlich auch wichtig festzulegen, *wer* die jeweilige Rolle ausüben darf. Weder der Torwart noch der Trainer oder die Zuschauer vor den Bildschirmen haben aktuell das Recht, als Schiedsrichter oder Schiedsrichterinnen in einem Spiel Entscheidungen zu treffen. Die Auswahlverfahren für Schiedsrichter oder Schiedsrichterinnen sind streng und führen zu einer klar definierten Gruppe von Menschen, die die Rolle des Schiedsrichters oder der Schiedsrichterin in den jeweiligen Ligen ausüben dürfen.

Beim Aufbau eines Systems mit Rollen und Gruppen muss festgehalten werden, auf *wen* sich die Berechtigten bei der Ausübung ihrer Rolle beziehen sollen. Die Schiedsrichter und Schiedsrichterinnen haben keine Möglichkeit, dem Eisverkäufer im Stadion wirksame Anweisungen kraft ihrer Schiedsrichterrolle zu geben. Erst im engen Kontext des Fußballspiels entfaltet sich ihre Rolle mit einer genau definierten Zielgruppe: Trainer, Spielerinnen und Linienrichter. Dabei wirkt die Rolle mit jeweils unterschiedlichen Rechten auf die einzelnen Zielgruppen.

Im folgenden Abschnitt stellen wir Ihnen vor, wie die Kernelemente des Berechtigungssystems, die Berechtigungsgruppe, die Berechtigungsrolle und die Zielgruppe interagieren und funktionieren.

Berechtigungsgruppe

Berechtigungsgruppen sind Gruppen von Benutzern des Systems, die anhand eines bestimmten Attributs oder der expliziten Zuordnung zu einer Gruppe identifiziert werden können. Berechtigungsgruppen können genutzt werden, um abzubilden, *wer* etwas tun darf (nämlich genau die Personen, die Mitglieder dieser Gruppe sind) oder *wer* die Zielgruppe einer Aktivität ist (in Bezug auf *wen* etwas gemacht werden darf).

In allen Berechtigungsgruppen ist es möglich, unterschiedlichste Kriterien anzuwenden, um Benutzer bzw. Gruppenmitglieder auszuwählen. Diese sind u. a.:

- Stadt
- Land
- Abteilung
- Einstellungsdatum
- Lokation
- Benutzer
- Benutzername
- Stellenkennzeichen

Berechtigungsgruppen, die mit solchen Kriterien definiert werden, werden als *dynamische Berechtigungsgruppen* bezeichnet. Dies bedeutet, dass die Zuordnung eines

Benutzers zu einer solchen Gruppe automatisiert ist. Sie müssen ihn nicht manuell hinzufügen oder entfernen. So wird einer Mitarbeiterin oder einem Mitarbeiter etwa durch einen Planstellenwechsel oder eine Versetzung, automatisch eine neue Rolle zugewiesen. Zudem können Sie unterschiedliche Kriterien miteinander kombinieren. Ein Beispiel dafür sieht folgendermaßen aus: Eine Gruppe kann aus allen Mitarbeitenden bestehen, die in der Lokation Berlin ansässig sind und die das Stellenkennzeichen XY haben. Sobald eine Person nicht mehr in der Lokation Berlin ansässig ist, ist sie nicht mehr Mitglied der Berechtigungsgruppe. Selbstverständlich ist es auch möglich, ausgewählte Personen aus einer Berechtigungsgruppe auszuschließen.

In SAP SuccessFactors gibt es außerdem Gruppen, die automatisch im System erstellt werden. Wir empfehlen Ihnen im Projekt, diese Gruppen auf ihre Nutzung hin genauer zu prüfen (siehe Abschnitt 11.2.1, »Standardgruppen«), da Sie in der Betreuung des Systems effizient mit ihnen arbeiten können. Ein Beispiel für eine solche Benutzergruppe ist die Gruppe aller Vorgesetzten. Hier werden alle Vorgesetzten (jeder bzw. jede Vorgesetzte mit mindestens einer bzw. einer zugeordneten mitarbeitenden Person) automatisch zusammengefasst und können so sehr einfach in der Berechtigungsvergabe berücksichtigt werden. Zudem gibt es in SAP SuccessFactors auch statische Gruppen, die über (externe) Schnittstellen gefüllt werden.

Im laufenden Betrieb erleichtert Ihnen die Nutzung von *Namenskonventionen* für Berechtigungsgruppen, aber auch für Berechtigungsrollen die tägliche Arbeit. Anhand des Beispiels »Land« möchten wir verdeutlichen, wie wichtig es ist, Namenskonventionen einzuhalten. Wird im Feld **Land** die Option **Deutschland** als Attribut zur Zusammenstellung einer Benutzergruppe gewählt, greifen die Berechtigungen genau dafür. Würde bei einem Benutzer anstelle von Deutschland »DE« eingetragen, würde dieser Benutzer natürlich nicht in der Berechtigungsgruppe berücksichtigt.

Basis für die Berechtigungsvergabe

Idealerweise sollten bereits Benutzer im System sein, bevor die Berechtigungsgruppen erstellt werden. Auf diese Weise kann sichergestellt werden, dass Personenpools in SAP SuccessFactors sinnvoll genutzt werden können. Im Best-Practice-Fall entwickeln Sie die Rollen und Gruppen mit einer repräsentativen Testpopulation in Ihrer Testumgebung und transportieren sie dann über die Instanzensynchronisierung in die Produktion.

Definition: Berechtigungsrolle

In einer Berechtigungsrolle werden verschiedene Berechtigungen zusammengefasst. Berechtigungsrollen steuern den Zugriff, den eine oder mehrere Gruppen auf Module, Funktionen, Prozesse und Datenfelder haben.

Außerdem kann gesteuert werden, welche Art von Interaktion ein Benutzer ausführen darf, also z. B. **Anzeigen**, **Bearbeiten** oder **Löschen**.

[!]

Berechtigungszuschnitt

Berechtigungen von Benutzern sollten sich nicht überlappen. Dies bedeutet, dass ein Benutzer die Berechtigung für eine Gruppe nicht über zwei unterschiedliche Rollen bekommen sollte. So können Sie unerwünschte Nebeneffekte vermeiden und stellen auch sicher, dass das System leistungsfähig arbeiten kann.

Definition: Zielgruppe

Die Zielgruppe wird in einer Rolle verwendet und definiert die Benutzer eines Systems, für deren Daten die Zugriffsgruppe (mitunter auch sie selbst oder sie selbst unter Ausschluss der eigenen Person) Anzeige- oder Änderungsberechtigungen erhält.

[«]

Arten von Gruppen

Jede Gruppe kann – je nach Verwendung – Berechtigungsgruppe oder Zielgruppe sein! Wir empfehlen Ihnen, die jeweilige Nutzung durch Namenskonventionen zu unterstützen, da Sie so leichter den Überblick über die Verwendung behalten.

Zusammenspiel von Berechtigungsgruppe, Berechtigungsrolle und Zielgruppe

Berechtigungsgruppen legen fest, *wer* etwas tun darf, und Berechtigungsrollen definieren, *was* erlaubt ist. Die Zielgruppe definiert, für *wen* (Benutzer und Objekte wie z. B. Planstellen) die Berechtigungen gewährt werden.

So wird z. B. in einer Berechtigungsrolle definiert, dass alle Mitarbeitenden (*wer*) das öffentliche Profil (*was*) aller im System vorhandenen Mitarbeitenden (für *wen*) in seinem Land sehen darf.

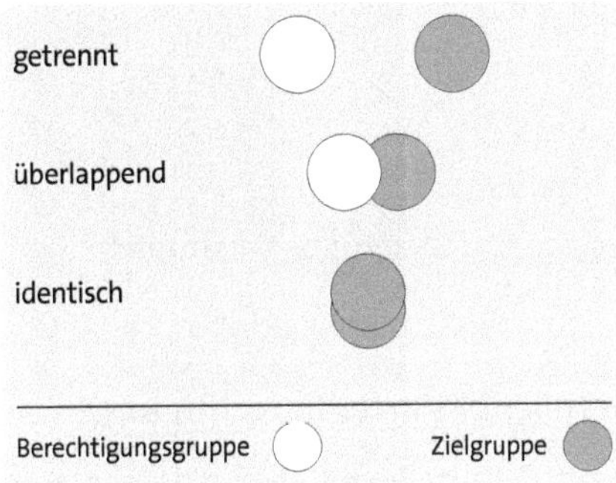

Abbildung 11.1 Berechtigungsgruppe und Zielgruppe

Wir sehen uns nun die unterschiedlichen Fälle aus Abbildung 11.1 im Detail an:

- Berechtigungsgruppe und Zielgruppe können getrennt voneinander sein. Das bedeutet, dass niemand aus der Berechtigungsgruppe gleichzeitig auch in der Zielgruppe ist, z. B. die Mitarbeitenden und die Führungskräfte.
- Berechtigungsgruppe und Zielgruppe könnten überlappend sein, wie z. B. Mitglieder der HR-Abteilung, die sich auch selbst verwalten dürfen – wir empfehlen, dies zu vermeiden.
- Berechtigungsgruppe und Zielgruppe können identisch sein. Das ist der Fall, wenn Mitarbeitende z. B. die eigenen Daten oder Prozesse verwalten können.

Das notwendige Handwerkszeug für diese Einstellungen finden Sie innerhalb des Admin-Centers im Bereich **Benutzerberechtigungen einrichten** (siehe Abbildung 11.2).

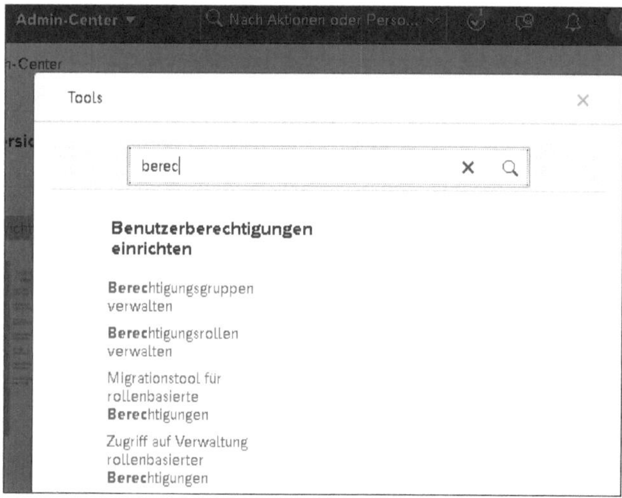

Abbildung 11.2 Benutzerberechtigungen einrichten

Die richtige Reihenfolge

Um rollenbasierte Berechtigungen zu definieren und zu erstellen, gehen Sie folgendermaßen vor:

1. Berechtigungs- und Zielgruppen erstellen
2. Berechtigungsrollen erstellen
3. Berechtigungsrolle mit der Berechtigungsgruppe und Zielgruppe verknüpfen

11.1.2 Best Practice: Schritte zur Konzeption rollenbasierter Berechtigungen

Im Folgenden haben wir einige wichtige Punkte aufgeführt, an die Sie bei der Konzeption denken sollten:

- **HR-Rolle**
  Legen Sie fest, welche Berechtigungsrolle die Mitglieder der HR-Abteilung (Sachbearbeiterinnen und Sachbearbeiter) in welchen Prozessen haben. Wenn Sie das Ziel haben, viele oder alle HR-Rollen für eine Zielgruppe bei einer Funktion (HR-Business-Partner) zu bündeln, Sie also einen »One-HR«-Ansatz unterstützen, wirkt sich das positiv auf die Service-Level (Antwortzeiten) und das Verständnis für Zusammenhänge aus und hat erfahrungsgemäß einen stark dämpfenden Effekt auf die Betriebskosten.
- **Mitarbeiter- und Vorgesetztenrolle**
  Die Mitarbeiterrolle und die Vorgesetztenrolle sollten Sie, ebenso wie die HR-Rolle und die anderen Standardrollen, möglichst unternehmensweit gültig festlegen. Ausnahmen und Erweiterungen für bestimmte Länder oder Gruppen können Sie in einem zweiten Schritt bestimmen.
- **IT-Rolle**
  Legen Sie von Anfang an fest, welche Rolle die IT hat. Typische Aufgaben wären z. B. Schnittstellenmanagement, Apps bzw. Erweiterungen, Hoheit über die Berechtigungssysteme und die Verantwortung für komplexe Aufgabenstellungen im Bereich der Berichterstellung. Dies wird dann in der Regel nicht über die Standardgruppen und Rollen, sondern über dedizierte funktionale Rollen und Gruppen abgebildet.
- **Standardgruppen und Rollen nutzen**
  Nutzen Sie die Standardgruppen und Rollen von SAP SuccessFactors so intensiv wie möglich, denn das erleichtert den Betrieb signifikant. Nutzen Sie auch die hierarchischen Beziehungen der Gruppen, um administrationserleichternde Strukturen zu etablieren, die sich flexibel und automatisch mit den Mitarbeiterdaten und Prozessen ändern.
- **Namenskonventionen**
  Arbeiten Sie von Anfang an mit Namenskonventionen auch für Rollen, Berechtigungs- und Zielgruppen.
- **Datenschutz und Betriebsrat**
  Binden Sie von Anfang Überlegungen aus dem Bereich Ihrer Datenschutzanforderungen und die Anforderungen der Betriebsratsrolle ein.
- **Sehen, Editieren und Löschen**
  Denken Sie daran, dass Rechte in Bezug auf das Sehen, Editieren und Löschen detailliert pro Rolle und Gruppe aufgebaut werden können.
- **Logging von Zugriffen**
  Stellen Sie technisch und organisatorisch sicher, dass der Zugriff auf lokale Daten nur entsprechend den Vereinbarungen in Ihrem Unternehmen erfolgen kann. Zur Überwachung ist es möglich, Logging-Funktionen einzuschalten, um z. B. die Zu-

griffe der Admin-Nutzer zu protokollieren, die Änderungen an Rechten und Rollen vornehmen können.

- **Risiken der automatischen Zuordnung zu Gruppen**
  Stellen Sie sicher, dass Mitarbeitende nicht automatisch in Gruppen eingetragen werden, wenn die Kriterien für die Zuordnung nicht zu 100 % sicher kontrolliert werden können, weil die Daten über externe Schnittstellen geliefert werden. Denn ansonsten besteht die Gefahr, dass durch unkontrollierte Datenänderungen entweder innerhalb von SAP SuccessFactors oder durch Drittsysteme Mitarbeitende automatisch Gruppen und Rechten zugeordnet werden, denen sie nicht zugeordnet sein dürfen.
- **Benutzer- und Zielgruppen trennen**
  Trennen Sie die Benutzergruppen und Zielgruppen in allen wichtigen Administrationsfunktionen, sodass sich die Benutzer nicht selbst administrieren können.

11.2 Berechtigungsgruppen verwalten

Das Verwalten von Berechtigungsgruppen erläutern wir in drei Themenbereichen:

- Standardgruppen, die das System automatisch auf der Basis von Feldern im Mitarbeiterdatensatz erstellt
- Gruppen, die Sie selbst erstellen können
- als Sonderform statische Gruppen, die Sie aus anderen Systemen importieren können

11.2.1 Standardgruppen

Es gibt in SAP SuccessFactors eine Reihe von Gruppen, sowohl Zielgruppen als auch Berechtigungsgruppen, die das System automatisch im Hintergrund auf Basis der Mitarbeiterdaten erstellt. Diese *Standardgruppen* sind die mächtigsten Gruppen, weil sie das Fundament der SAP-SuccessFactors-Suite bilden und in fast allen Modulen einfach genutzt werden können. Diese Gruppen sind:

- Mitarbeiter
- Vorgesetzter
- HR-Vorgesetzter (Personalsachbearbeiter)
- benutzerdefinierter Vorgesetzter
- zweiter Vorgesetzter
- Matrix-Vorgesetzter

Wer sich in einer oder mehreren dieser Berechtigungsgruppen befindet, wird schon beim Import der Mitarbeiterdaten bzw. beim Pflegen der Mitarbeiterdaten in SAP SuccessFactors festgelegt. Der oder die Vorgesetzte ist im Feld **Manager** (Vorgesetzter) und der oder die Matrix-Vorgesetzte im Feld **Matrix-Manager** eingetragen usw.

Zu diesen Berechtigungsgruppen gibt es auch Zielgruppen, die das System automatisch im Hintergrund erstellt. Für die Vorgesetztengruppe befinden sich in der Zielgruppe die jeweiligen Mitarbeitenden oder die im Mitarbeiterstammsatz eingetragenen vorgesetzten Personen in der Vorgesetztengruppe. So kann die Führungskraft einfach dazu berechtigt werden, eine Aktion für »alle ihre Mitarbeitenden« auszuführen. Zusätzlich lässt sich noch die hierarchische Tiefe festlegen, z. B. »für alle ihre Mitarbeiter, aber nur zwei Ebenen in der Hierarchie hinunter«. Eine Führungskraft kann dann z. B. bestimmte Daten ihrer Mitarbeitenden sehen, nicht aber die Daten der Mitarbeitenden ihrer Mitarbeitenden.

Für die Berechtigungsrolle **Personalsachbearbeiter** handelt es sich analog um die über das Datenfeld **HR** zugeordneten Mitarbeitenden. Im Feld **HR** wird die globale Benutzer-ID der Personalsachbearbeiterin oder des Personalsachbearbeiters eingetragen. Idealerweise wird der Technische Nutzer, der diese Rolle ausübt, eingetragen. Damit kann diese Benutzer-ID die Berechtigungsrolle **Personalsachbearbeiter** automatisch auf alle Mitarbeitenden, bei denen die Benutzer-ID im Feld **HR** eingetragen ist, ausüben. Das gilt analog für alle Standardrollen und -gruppen. Daher sind die Standardrollen und -gruppen so mächtig und flexibel.

[«]

Standardgruppen

Für den Betrieb ist es sehr wichtig, dass Sie die Standardgruppen und Standardrollen kennen und effizient einsetzen. Die Administration des Gesamtsystems wird damit stark vereinfacht, weil Sie die Standardziel- und die Standardberechtigungsgruppen nicht explizit erstellen und pflegen müssen. Sie sind damit gleichzeitig sehr mächtig, wartungsarm und performant.

11.2.2 Eigene Berechtigungsgruppen anlegen

In den Admin-Tools nutzen Sie die Option **Berechtigungsgruppen verwalten**, um Berechtigungsgruppen anzulegen, zu ändern oder zu löschen (siehe Abbildung 11.3). Klicken Sie auf die Schaltfläche **Neu erstellen**, um eine neue Berechtigungs- oder Zielgruppe zu erstellen.

Wählen Sie anschließend den Namen der Gruppe entsprechend Ihrer Namenskonvention, und selektieren Sie dann den Personenpool (siehe Abbildung 11.4). Sie können mehrere Kriterien hinzufügen, z. B. alle Mitarbeitenden am Standort Berlin mit dem Einstellungsdatum nach dem 01.01.2019. Außerdem ist es möglich, Personenkreise mit Kriterien, die von der Granularität bis auf den Benutzernamen gehen können, aus der Gruppe *auszuschließen*, wenn sie die Kriterien der Mitgliedschaft an sich zwar erfüllen, aber dennoch nicht Teil der Gruppe sein sollen. Einen Ausschluss pflegen Sie unter **Diese Personen aus der Gruppe ausschließen**. In Abbildung 11.4 ist dieser, im System rot markierte Bereich teilweise verdeckt. Auch hier wählen Sie wieder über die Auswahlliste den Personenpool aus, der die Nutzer oder Nutzergruppen definiert, die ausgeschlossen werden sollen (analog dem in Abbildung 11.4 gezeigten Vorgehen für den gewählten Personenpool), zum Beispiel alle Mitarbeitenden am Standort Hamburg.

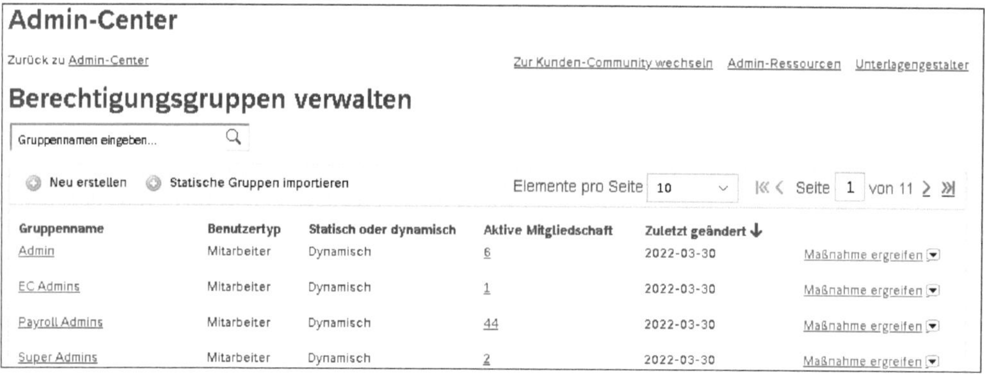

Abbildung 11.3 Berechtigungsgruppen verwalten

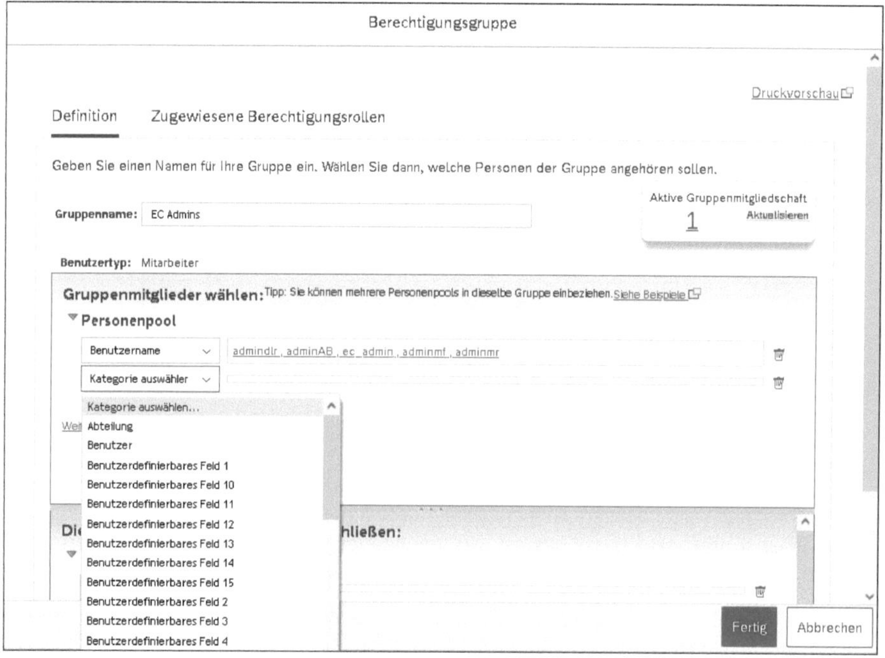

Abbildung 11.4 Neue Berechtigungs- oder Zielgruppe anlegen

Im Bereich **Aktive Gruppenmitgliedschaft** rechts oben sehen Sie nach der Selektion der Ein- und Ausschlusskriterien, wie viele Mitglieder Ihre Gruppe haben wird. Mit einem Klick auf die angezeigte Zahl werden auch die einzelnen Mitglieder angezeigt.

Gewährte Berechtigungsrollen

Sobald Sie der Berechtigungsgruppe eine oder mehrere Rollen zugeordnet haben, sehen Sie dort, welche Rollen diese Berechtigungsgruppe nutzt.

Bestehende Gruppen können Sie mit einem Klick auf den Link **Maßnahme ergreifen** bearbeiten, kopieren, löschen und auch den Änderungsverlauf anzeigen (siehe Abbildung 11.3).

11.2.3 Arbeiten mit statischen Gruppen

Dynamische Gruppen ändern sich automatisch – entweder auf Basis von Datenpflege und Vererbung in SAP SuccessFactors oder auf der Basis automatisierter Importe von Drittsystemen. Dies ist in vielen Fällen gut und spart Administrationsaufwand. Allerdings ist eine dynamische Gruppe unter Sicherheitsgesichtspunkten kritisch, wenn nicht über alle Liefer- und Eingabesysteme hinweg sichergestellt ist, dass die Datenänderungen nur kontrolliert von vertrauenswürdigen und im Sinne des Zielsystems »verständigen« Quellen durchgeführt werden. Andernfalls empfiehlt es sich, insbesondere für Gruppen, die direkt oder indirekt (über Proxy-Rechte) administrativen Rollen zugeordnet sind, mit den leichter zu kontrollierenden statischen Gruppen zu arbeiten.

Eine statische Gruppe in SAP SuccessFactors kann durch die manuelle Eingabe der Benutzernamen durch den Gruppenadministrator gefüllt werden; dies ist jedoch relativ zeitaufwendig in der Eingabe und Pflege, weil es für jeden Benutzer einzeln durchgeführt werden muss. Um die Verwaltungstätigkeit in diesem Bereich zu beschleunigen, können Sie statische Gruppen auch über den Upload einer Textdatei füllen. Klicken Sie dazu auf die Schaltfläche **Statische Gruppen importieren**, und wählen Sie anschließend die betreffende Textdatei aus (siehe Abbildung 11.5).

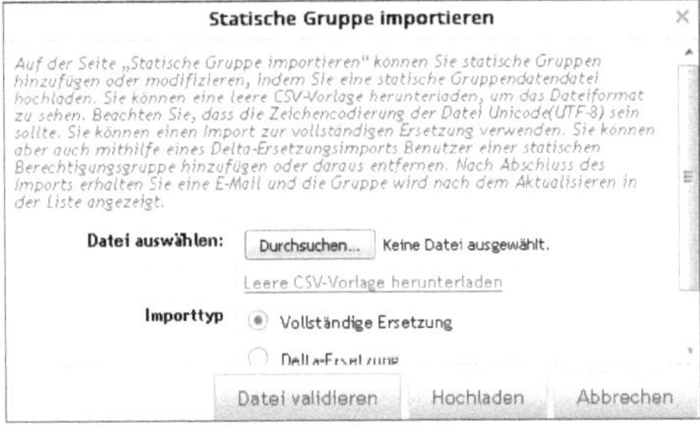

Abbildung 11.5 Statische Gruppe importieren

Administrationsberechtigungen und statische Gruppen

Statische Gruppen können Sie, insbesondere wenn Sie kein Organisationsmanagement (SAP SuccessFactors Employee Central) in SAP SuccessFactors nutzen und sichere Drittsysteme zur Berechtigungsvergabe haben, dabei unterstützen, den Zugang zu administrativen Berechtigungen zu steuern. Dazu übertragen Sie die benötigten Administrationsberechtigungen über statische Gruppen an die Personen oder Technischen Nutzer. Personen können als Stellvertreter (engl. Proxy) zu Technischen Nutzern in eine gesonderte Berechtigungsgruppe hochgeladen werden, die es erlaubt, als Stellvertreter eines bestimmten Technischen Nutzers zu handeln.

Statische Gruppen können sowohl als Berechtigungsgruppe als auch als Zielgruppe dienen.

11.3 Berechtigungsrollen verwalten

In Berechtigungsrollen werden verschiedene Berechtigungen zusammengefasst, die einer Berechtigungsgruppe für eine Zielgruppe innerhalb des Systems gewährt werden. Im Admin-Center wählen Sie über die Toolsuche **Berechtigungsrollen verwalten** aus, um alle notwendigen Einstellungen in Bezug auf die Berechtigungsrollen vorzunehmen.

In der Liste der Berechtigungsrollen sehen Sie, welche Rollen in Ihrer SAP-SuccessFactors-Instanz vorhanden sind (siehe Abbildung 11.6). Sie können diese Rollen dort verwalten oder neue Rollen anlegen.

Berechtigungsrolle	Benutzertyp	Rollentyp	Beschreibung	Status	Erstellt aus	Zuletzt geändert	Aktion
System Admin			System Admin	ACTIVE		2022-03-30	Maßnahme ergreifen
MSS			Manager Self Service	ACTIVE		2021-07-09	Maßnahme ergreifen
ONB2.0 - Admin			Admin group for ONB2.0 specific authorizations	ACTIVE		2021-07-08	Maßnahme ergreifen
Sandbox - Employee Self Service			Users can view and modify thier employee and development info	ACTIVE		2021-06-19	Maßnahme ergreifen
Talent Search			This permission is to allow non-managers to do talent search.	ACTIVE		2021-06-17	Maßnahme ergreifen
Employee Self Service			Users can view and modify thier employee and development info	ACTIVE		2021-06-16	Maßnahme ergreifen

Abbildung 11.6 Liste der Berechtigungsrollen

11.3.1 Eine neue Berechtigungsrolle anlegen

Um eine in der Ansicht **Liste der Berechtigungsrollen** angezeigte Berechtigung zu bearbeiten, klicken Sie auf den Link **Maßnahme ergreifen**. In einem neuen Fenster stehen Ihnen dann ebenfalls die im Folgenden zur Neuanlage einer Berechtigungsrolle vorgestellten Möglichkeiten zur Verfügung. Um eine neue Rolle in der Liste der Berechtigungsrollen anzulegen, klicken Sie auf die Schaltfläche **Neu erstellen**.

Im Bereich **Details zur Berechtigungsrolle** (siehe Abbildung 11.7) definieren Sie die neue Rolle. Zunächst nehmen Sie Eingaben in den Feldern **Rollenbezeichnung** und **Beschreibung** vor.

Abbildung 11.7 Details zur Berechtigungsrolle anzeigen

Im folgenden Abschnitt zeigen wir Ihnen, wie Sie die Berechtigungen korrekt einstellen.

11.3.2 Berechtigungseinstellungen festlegen

In den Berechtigungseinstellungen für eine Berechtigungsrolle legen Sie fest, was genau in einer Rolle berechtigt wird und welche Aufgaben jemand ausführen darf, der diese Rolle hält (siehe Abbildung 11.8). Grundsätzlich wird zwischen zwei Arten von Berechtigungen unterschieden: Benutzerberechtigungen und Administrationsberechtigungen.

Benutzerberechtigungen

In den Benutzerberechtigungen werden die Berechtigungen für Endanwender des Systems eingerichtet. Im Beispiel in Abbildung 11.8 werden Berechtigungen für die Employee-Central-Einheiten mit Stichtag vergeben. Wenn Sie die Kennzeichen für die relevanten Berechtigungen aktivieren, werden diese in die betreffende Rolle aufgenommen.

Abbildung 11.8 Benutzerberechtigungen pflegen

In den Fällen, in denen das Symbol für **Ziel muss definiert werden** (ein kleines Kreuz) hinter einem Eintrag angezeigt wird, müssen Sie definieren, für welche Zielgruppe die betreffende Berechtigung greifen soll.

Zudem pflegen Sie in diesem Bereich in diesem Beispiel, wie genau Daten zugänglich gemacht werden und welche Bearbeitungsmöglichkeit gewährt wird:

- Aktuelle anzeigen
- Verlauf anzeigen
- Bearbeiten/Einfügen

Und nicht in der Abbildung:

- Korrigieren
- Löschen

Administrationsberechtigungen

Die zweite Art von Berechtigungen, die Sie in den Berechtigungseinstellungen vergeben können, ist die Berechtigung für Administratoren und Administratorinnen. Diese Art von Berechtigung ermöglicht den Zugriff auf das Admin-Center und erlaubt es damit, die Prozessunterstützung in SAP SuccessFactors einzurichten und anzupassen.

Genau wie für die Benutzerberechtigungen gibt es auch in den Administrationsberechtigungen die Möglichkeit, eine Zielgruppe zu definieren, für die Berechtigungen erteilt werden (siehe Abbildung 11.9). Auch ist dies für die Einträge erforderlich, die mit dem Symbol für **Ziel muss definiert werden** (ein kleines Kreuz) markiert sind. Wie Sie die Zielgruppe definieren, erfahren Sie in Abschnitt 11.3.3, »Berechtigungsrollen zuweisen und pflegen«.

Abbildung 11.9 Administratorenberechtigungen vergeben

11.3.3 Berechtigungsrollen zuweisen und pflegen

In den beiden vorangehenden Schritten haben Sie zunächst den Rollennamen und die Beschreibung der Rolle gepflegt und in den Berechtigungseinstellungen festgelegt, worauf Zugriff gewährt werden soll. Durch Ihre Angaben in den Berechtigungseinstellungen haben Sie dabei auch bestimmt, ob Sie die betreffende Rolle im folgenden Schritt nur zuweisen müssen oder ob Sie neben der Zuweisung der Rolle auch eine Zielgruppe definieren müssen, auf die die Berechtigungsrolle wirkt.

Rollenberechtigung erteilen

Möchten Sie Berechtigungen vergeben, für die keine Zielgruppe ausgewählt werden muss, klicken Sie unter **3. Diese Rolle zuweisen** auf die Schaltfläche **Hinzufügen...** (siehe Abbildung 11.7). Im neu geöffneten Fenster **Diese Rolle zuweisen** definieren Sie nun, welcher Berechtigungsgruppe Sie eine Rollenberechtigung erteilen möchten (siehe Abbildung 11.10).

[»]

Mit Berechtigungsgruppen arbeiten

Idealerweise ist ein in SAP SuccessFactors zu berechtigender Benutzer Mitglied einer Berechtigungsgruppe. Diese Gruppe erhält dann über die Zuordnung zur Berechtigungsrolle die relevanten Berechtigungen.

Im Auswahlmenü **Rolle gewähren für** können Sie die Berechtigungsgruppen auswählen (siehe Abbildung 11.10).

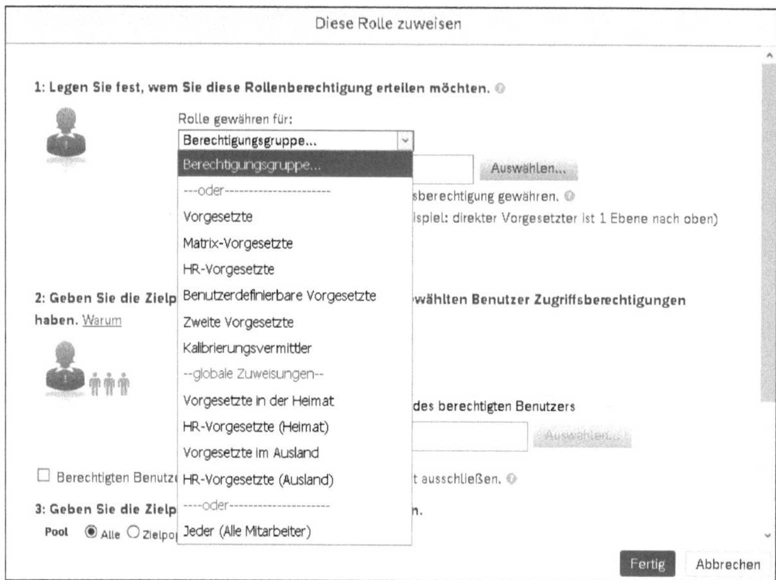

Abbildung 11.10 Berechtigungsrolle zuweisen

Möchten Sie keine automatisch generierte Berechtigungsgruppe nutzen, können Sie über einen Klick auf das Suchfeld **Geben Sie Ihre Stichwörter ein...** oder durch die direkte Auswahl eine oder mehrere individuelle Gruppen auswählen, die die betreffende Berechtigung erhalten sollen (siehe Abbildung 11.11).

Klicken Sie auf **Fertig**, wenn Sie die benötigten Gruppen ausgewählt haben, um die Bearbeitung zu beenden.

Im Bereich **3. Diese Rolle zuweisen** erscheint nun die von Ihnen ausgewählte Gruppe (siehe Abbildung 11.12). Im darüber angezeigten Menüband haben Sie die Möglichkeit, die Gruppenzuordnung zu bearbeiten. Über den Link **Gewährung bearbeiten** können Sie die aktuell getroffene Auswahl bearbeiten. Um Ihre neu erstellte Rolle zu sichern, klicken Sie auf die Schaltfläche **Änderungen speichern**. Die neue Rolle wird in die Liste der Berechtigungsrollen aufgenommen.

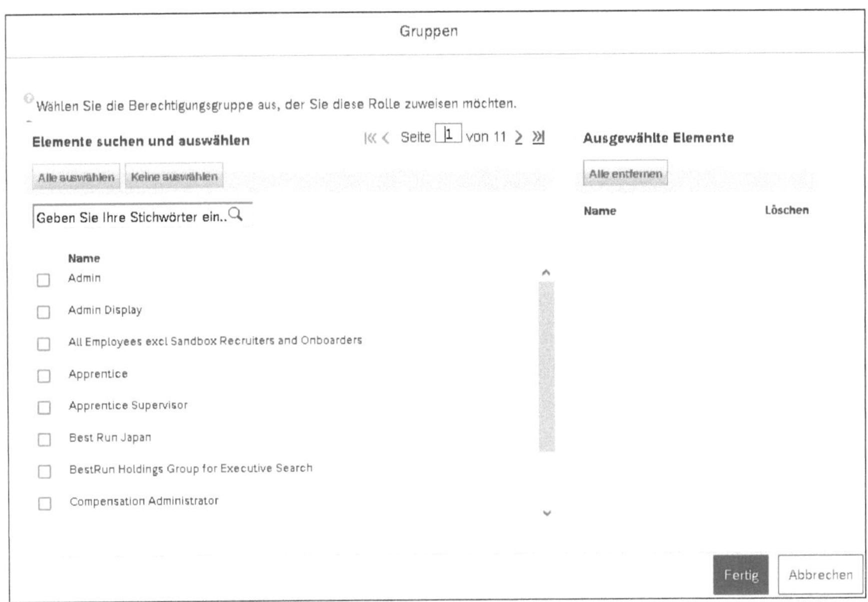

Abbildung 11.11 Berechtigungsgruppe auswählen

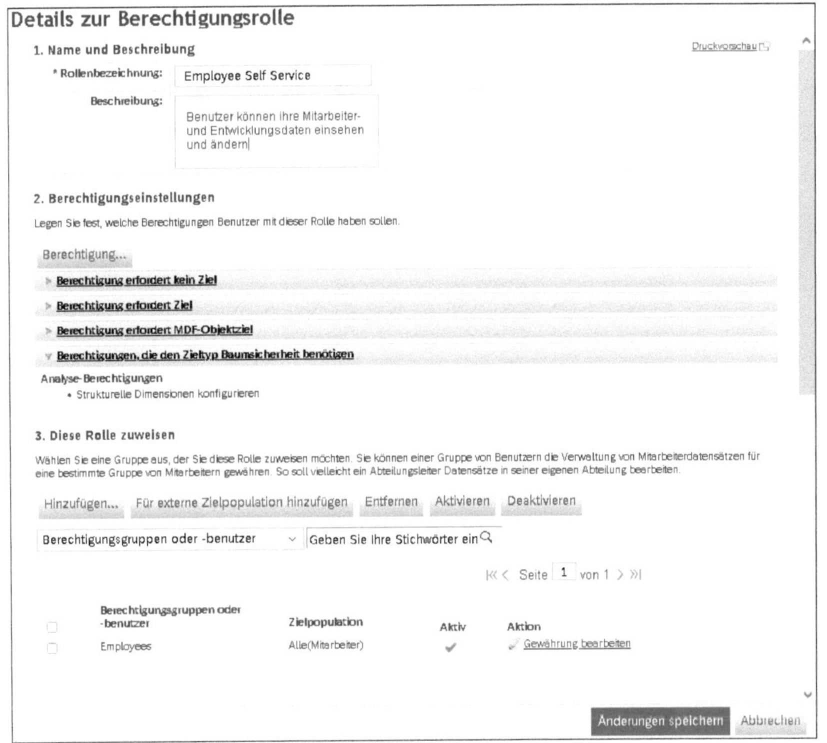

Abbildung 11.12 Berechtigungsrolle speichern

Auch haben Sie die Möglichkeit, mehrere Berechtigungsgruppen entsprechend zu kombinieren.

Wenn für eine Berechtigung eine Zielgruppe definiert werden muss, wird dies ebenfalls unter **2. Berechtigungseinstellungen** angezeigt (siehe Abbildung 11.12). Zur Erinnerung: Dass eine Zielgruppe eingetragen werden muss, erkennen Sie im Menü zu Punkt **2. Berechtigungseinstellungen** daran, dass neben den Einträgen das Symbol für **Ziel muss definiert werden** (ein kleines Kreuz) angezeigt wird.

Zunächst müssen Sie – wie im vorangehenden Abschnitt 11.2.3, »Arbeiten mit statischen Gruppen«, beschrieben – die Berechtigungsrolle einer Berechtigungsgruppe zuweisen. Anschließend wählen Sie die Zielgruppe aus, auf die die Berechtigungsrolle wirken soll. Wenn Sie eine der von SAP SuccessFactors vordefinierten Gruppen ausgewählt haben (in unserem Beispiel **Vorgesetzte**), werden Ihnen, passend zu dieser Gruppe, Optionen für die Zielgruppe angezeigt, die Sie an Ihre Bedürfnisse anpassen können (siehe Abbildung 11.13).

Abbildung 11.13 Zielgruppe zu einer vordefinierten Gruppe zuweisen

Wenn Sie eine eigene Berechtigungsgruppe ausgewählt haben, stehen Ihnen ähnliche Möglichkeiten zur Verfügung.

Nachdem Sie die Zielgruppe definiert haben, klicken Sie auf die Schaltfläche **Fertig**, um die Zuweisung abzuschließen. In der Detailansicht zur Berechtigungsrolle klicken Sie auf **Änderungen speichern**, um die Aufgabe abzuschließen und die neue Rolle in die Liste der Berechtigungsrollen einzutragen.

11.3.4 Berechtigungsrollen eines Benutzers prüfen

Um zu prüfen, welche Berechtigungsrollen ein Benutzer hat, gibt es verschiedene Möglichkeiten, z. B. die **Benutzerrollensuche**, die Sie über das Admin-Center aufrufen können (siehe Abbildung 11.14).

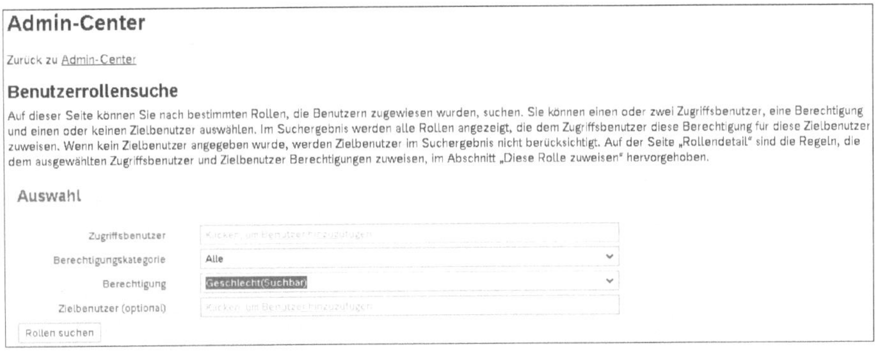

Admin-Center

Zurück zu Admin-Center

Benutzerrollensuche

Auf dieser Seite können Sie nach bestimmten Rollen, die Benutzern zugewiesen wurden, suchen. Sie können einen oder zwei Zugriffsbenutzer, eine Berechtigung und einen oder keinen Zielbenutzer auswählen. Im Suchergebnis werden alle Rollen angezeigt, die dem Zugriffsbenutzer diese Berechtigung für diese Zielbenutzer zuweisen. Wenn kein Zielbenutzer angegeben wurde, werden Zielbenutzer im Suchergebnis nicht berücksichtigt. Auf der Seite „Rollendetail" sind die Regeln, die dem ausgewählten Zugriffsbenutzer und Zielbenutzer Berechtigungen zuweisen, im Abschnitt „Diese Rolle zuweisen" hervorgehoben.

Auswahl

Zugriffsbenutzer

Berechtigungskategorie Alle

Berechtigung Geschlecht(Suchbar)

Zielbenutzer (optional)

Rollen suchen

Abbildung 11.14 Benutzerrollen suchen

Hier können Sie sich anhand der **Zugriffsbenutzer** (das sind die Benutzer des Systems) zu Berechtigungskategorien und Berechtigungsobjekten die individuellen Rollen eines Benutzers anzeigen lassen.

Zum anderen können Sie, ebenfalls über das Admin-Center, die Option **Benutzerberechtigungen anzeigen** aufrufen (siehe Abbildung 11.15).

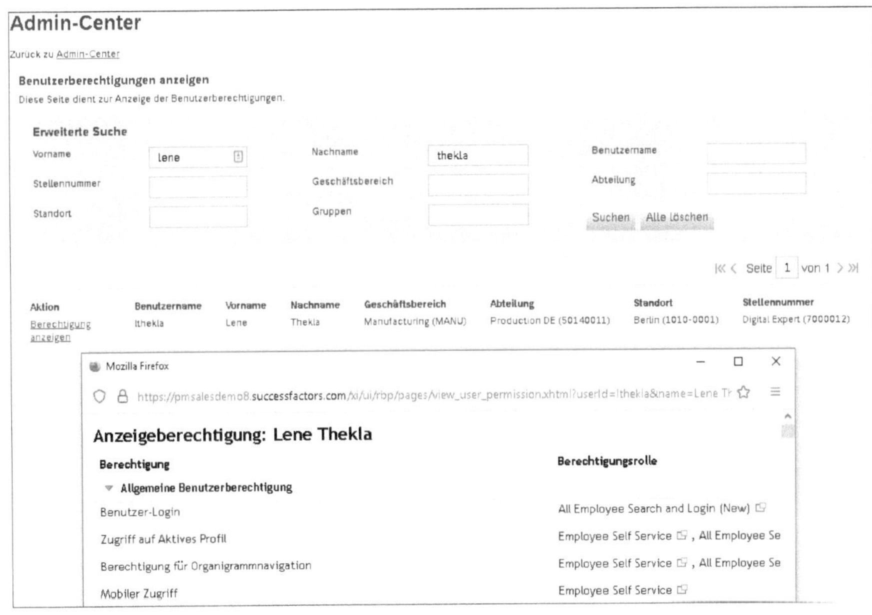

Abbildung 11.15 Benutzerberechtigungen anzeigen: Anzeigeberechtigungen eines Mitarbeiters

In der Suchfunktion der Anzeigeberechtigungen können Sie z. B. einen Benutzernamen eingeben und sich dadurch alle zugewiesenen Berechtigungen des Benutzers ansehen. Die Anzeige der genauen Berechtigungen erfolgt nach einem Klick auf **Berechtigungen anzeigen** in einem neuen Browserfenster (siehe Abbildung 11.15).

Auch mithilfe von Ad-hoc-Berichten können Sie Informationen zu Benutzern, Rollen und Berechtigungsgruppen auswerten.

11.4 Berechtigungspflege für MDF-Objekte

Objekte des Metadata Frameworks (MDF-Objekte) sind wichtige Standardbausteine von SAP SuccessFactors. Sie können Sie auch nutzen, um das System kundenspezifisch zu erweitern. Wichtige Beispiele für MDF-Objekte bzw. Gruppen von MDF-Objekten sind Stellenprofile, die Planstelle und Talentpools.

Besondere Bedeutung haben diese Objekte und die dahinterstehenden Prozesse nicht nur funktional, sondern es ist für Sie auch interessant, wie Sie diese Objekte sichern und ihre Eigenschaften verändern können. Generell können Sie im Bereich der MDF-Objekte selbst all das konfigurieren, was ein Implementierungspartner könnte. Im Folgenden zeigen wir Ihnen die Berechtigungspflege für MDF-Objekte anhand des Beispiels der Stellenbeschreibung.

Das MDF-Objekt für die Stellenbeschreibung kann, wie jedes MDF-Objekt, über die Option **Objektdefinition konfigurieren** im Admin-Center, aufgerufen und gesichert werden (siehe Abbildung 11.16). Auch können Sie die Funktionssuche hierzu nutzen.

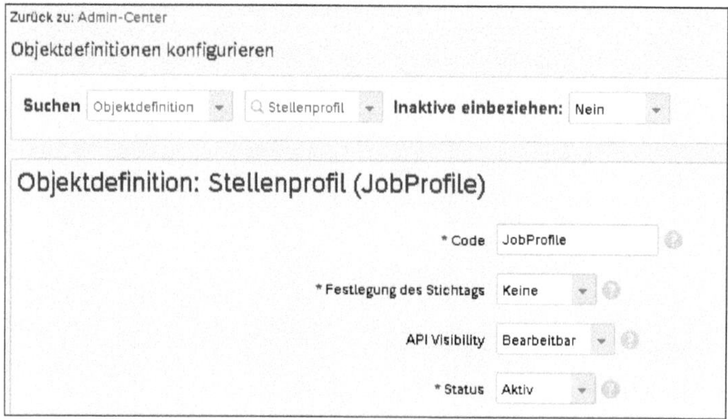

Abbildung 11.16 Stellenprofil konfigurieren

In der geöffneten Konfiguration der Objektdefinitionen geben Sie im Menü im Bereich **Suche** den Begriff »Objektdefinition« und dann im Feld unmittelbar daneben den Begriff »Stellenprofil« ein (siehe Abbildung 11.16).

Klicken Sie auf den Menüpunkt **Maßnahme ergreifen** oben rechts, und wählen Sie dann **Korrektur vornehmen** aus dem Menü aus. Nach der Durchführung Ihrer Änderungen können Sie das Objekt **Stellenvorlage** sichern und sowohl die Sichtbarkeit und Veränderbarkeit des Objekts als auch seine Felder über die rollenbasierten Berechtigungen pro Berechtigungsrolle festlegen. Hierzu scrollen Sie zum unteren Ende der Maske und setzen im Bereich **Sicherheitsfunktionen** das Feld **Gesichert** auf **Ja** (siehe Abbildung 11.17).

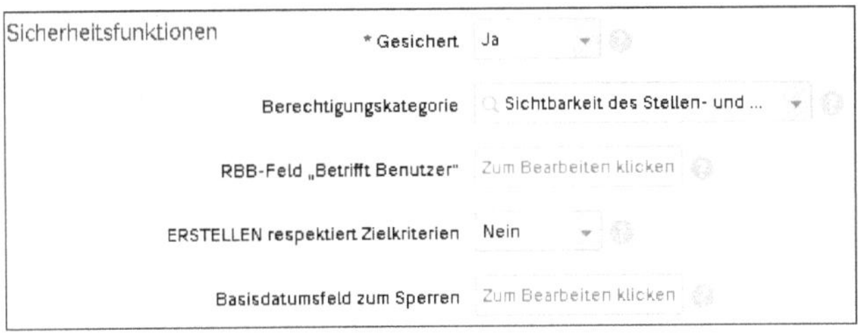

Sicherheitsfunktionen

* Gesichert	Ja
Berechtigungskategorie	Sichtbarkeit des Stellen- und ...
RBB-Feld „Betrifft Benutzer"	Zum Bearbeiten klicken
ERSTELLEN respektiert Zielkriterien	Nein
Basisdatumsfeld zum Sperren	Zum Bearbeiten klicken

Abbildung 11.17 Objekt sichern

Im Feld **Berechtigungskategorie** wählen Sie die Option **Sichtbarkeit des Stellen- und Qualifikationsprofils verwalten** und einen Zielbereich aus der Liste der Möglichkeiten aus. In diesem Bereich nehmen Sie dann im nächsten Schritt die Sicherheitseinstellungen im Berechtigungssystem vor.

Speichern Sie das Objekt, und navigieren Sie in die Rollenverwaltung (siehe Abschnitt 11.3). Öffnen Sie die Berechtigungsrolle, der Sie Zugriff auf die Stellenprofile geben wollen, und navigieren Sie zum Eintrag **Sichtbarkeit des Stellen- und Qualifikationsprofils verwalten** (siehe Abbildung 11.18). Dort können Sie auch pro Feld die Rechte der Berechtigungsrolle auswählen.

Abbildung 11.18 Berechtigungseinstellungen zum Objekt »Stellenprofil«

Im Bereich der Rolle können Sie, wie in Abschnitt 11.3.3 beschrieben, den Objekten Merkmale zuweisen. Hier haben Sie auch die Möglichkeit, die verfügbaren Objekte für den Zugriff einzuschränken.

11.5 Berechtigungen im Kontext von Employee Central

Das Einrichten und Arbeiten mit Rollen und Berechtigungen in Employee Central erfolgt so, wie Sie es in den ersten Abschnitten dieses Kapitels gelernt haben. Dennoch gibt es einige Besonderheiten in Employee Central, auf die wir in diesem Abschnitt eingehen.

Viele der Datenfelder in Employee Central können individuell berechtigt werden. Um einen ersten Überblick zu geben, fassen wir im Folgenden die wesentlichen Bereiche zusammen.

11.5.1 Häufige Rollen im Kontext von Employee Central

Die folgenden Rollen sind bei vielen Kunden, die Employee Central nutzen, anzutreffen:

- **Mitarbeiter auf sich selbst**: Mitarbeitende können ihre eigenen Daten sehen.
- **Mitarbeiter auf alle anderen**: Mitarbeitende können Daten von Kolleginnen und Kollegen einsehen.
- **Vorgesetzter auf sein Team**: Vorgesetzte haben Einblick oder Änderungsmöglichkeiten in Bezug auf ihre direkten und indirekten Mitarbeitenden.
- **Vorgesetzter auf Direktberichtende**: Vorgesetzte haben Einblick oder Änderungsmöglichkeiten im Hinblick auf ihre direkt unterstellten Mitarbeitenden.
- **HR-Manager**: Die Rolle hat Zugriff auf HR-Funktionen, abhängig vom Zuständigkeitsbereich.
- **HR-Administrator**: Die Rolle hat Zugriff auf administrative Funktionen, speziell auf definierte HR-Prozesse.
- **Super User**: Super User haben Zugriff auf eine umfassende Konfiguration des Systems.

Diese Rollen werden durch weitere Rollen ergänzt. Diese ergeben sich oftmals aus der Notwendigkeit der Aufgabentrennung oder -aufteilung bzw. auch aus den gruppenspezifischen Anforderungen, z. B. in unterschiedlichen Ländern. Oftmals werden Mitarbeitende nicht von einem zentralen HR-Team oder einer einzelnen Person, die das HR-Management innehat, betreut. Es gibt vielmehr häufig Fälle, in denen lokalisierte HR-Teams ihre eigenen lokalen Benutzer und Prozesse verwalten.

11.5.2 Ansichten des Mitarbeiterprofils

Welche Ansichten in der Liste der rollenbasierten Berechtigungen zur Auswahl stehen, hängt davon ab, welche Module von SAP SuccessFactors aktiv sind und wie der Stand der Konfiguration ist. Die Benutzer von Employee Central sollten mindestens Zugriff auf persönliche Informationen, Beschäftigungsinformationen und offene Anträge haben. Wenn zusätzliche Funktionen, wie z. B. Zeitmanagement, genutzt werden, werden gegebenenfalls weitere Ansichten benötigt.

Die Ansichten auf die Mitarbeiterdaten (siehe Abschnitt 5.2, »Ansichten auf Mitarbeiterdaten«) können über die Berechtigungseinstellungen verwaltet werden (siehe Abbildung 11.19).

Abbildung 11.19 Grundlegende Einstellungen für die Mitarbeiteransichten

11.5.3 Mitarbeiterdaten

Um Mitarbeiterdaten in den Berechtigungsrollen (siehe Abschnitt 11.3.3, »Berechtigungsrollen zuweisen und pflegen«) zu verwalten, wählen Sie in den Berechtigungseinstellungen die Option **Mitarbeiterdaten** (siehe Abbildung 11.20).

Die in den Mitarbeiterdaten enthaltenen Felder sind ohne Gültigkeitsdatum. Das bedeutet, dass sie nur angezeigt oder editiert werden können. Sie sind in die folgenden Abschnitte unterteilt:

- Mitarbeiterprofil
- Hintergrund

- Benutzerinformationen
- HR-Informationen
- Beschäftigungsdetails
- Details zum Auslandseinsatz
- HR-Aktionen
- Meldung für Transaktion mit zukünftigem Datum
- Ereignisgründe
- Transaktionen mit ausstehender Genehmigung
- Workflow-Genehmigungsverlauf anzeigen
- Gehaltskomponentengruppen
- Gehaltskomponenten

In Abbildung 11.20 sehen Sie den Bereich **HR-Informationen** (blau bzw. dunkel hinterlegt).

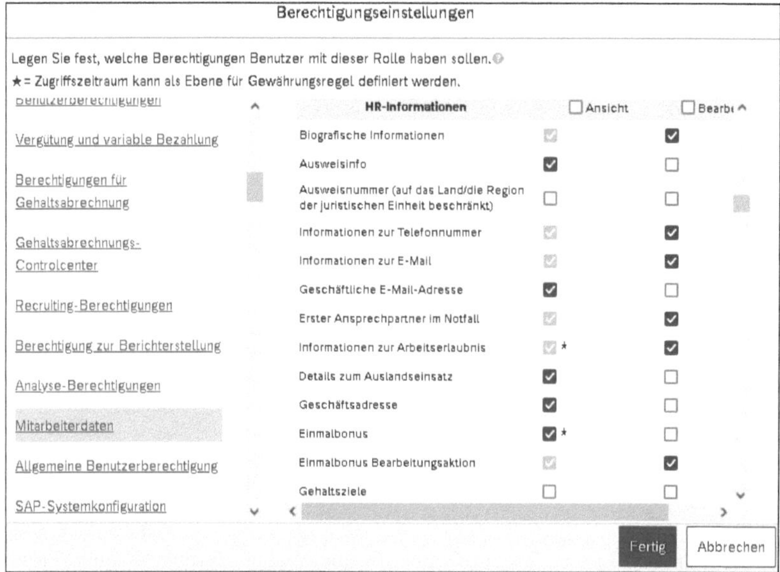

Abbildung 11.20 Felder in den Mitarbeiterdaten ohne Gültigkeitsdatum

Im Folgenden stellen wir Ihnen die wesentlichen Bereiche aus den Mitarbeiterdaten im Kontext der Berechtigungsvergabe näher vor.

Mitarbeiterprofil, Hintergrund und Benutzerinformationen

In den Bereichen **Mitarbeiterprofil**, **Hintergrund** und **Benutzerinformationen** sehen Sie die Felder, die das Mitarbeiterprofil gestalten, wenn kein Employee Central im Einsatz ist. Ist Employee Central im Einsatz, werden die Felder auch hier genutzt. Hier verwalten Sie die Berechtigungssteuerung für die benutzerdefinierten Felder, dazu Felder wie **Benutzername**, **Einstellungsdatum** oder **Kontaktinformationen**.

HR-Information

Berechtigungen für den Bereich **HR-Information** werden auf Block- oder Bereichsebene (Portlet) vergeben. Werden Berechtigungen vergeben, unabhängig davon, ob zur Ansicht oder zum Bearbeiten, dann gelten diese für alle Felder in einem Bereich. Weitere Informationen zu den einzelnen Blöcken finden Sie in Abschnitt 5.2.3, »Informationen zur Beschäftigung«. Die Berechtigungen in diesem Abschnitt werden auf der Feldebene vergeben.

Sie finden hier die Berechtigungssteuerung für Felder wie **Einstellungsdatum**, **Kündigungsdatum** oder **Anfängliche Aktienzuteilung**.

Beschäftigungsdetails

Der Bereich **Beschäftigungsdetails** enthält Informationen, die sich im Mitarbeiterprofil im Bereich **Infos zum Beschäftigungsverhältnis** befinden (siehe Abschnitt 5.2.3, »Informationen zur Beschäftigung«).

HR-Aktionen

In dem Bereich **HR-Aktionen** ist die Berechtigungssteuerung für Aktionen enthalten. Berechtigungen in diesem Kontext werden in der Regel den Vorgesetzten (im Kontext des Manager Self-Service) zugewiesen. Mitunter sind im deutschsprachigen Raum die hier gebündelten Aktionen auch der HR-Abteilung zugewiesen. Enthalten sind in diesem Bereich Aktionen für den Eintritt von Mitarbeitenden, für die Kündigung oder das Aktualisieren von Beschäftigungsdatensätzen (Funktion **Maßnahme ergreifen**).

Meldung für Transaktion mit zukünftigem Datum

Im Bereich **Meldung für Transaktion mit zukünftigem Datum** legen Sie fest, ob ein Benutzer eine Benachrichtigung über eine in der Zukunft stattfindende Transaktion anzeigen können soll. Wenn Sie **Ansicht** wählen, wird im betreffenden Bereich eine Nachricht eingeblendet, die darauf hinweist, dass eine Änderung mit künftigem Datum geplant ist (siehe Abbildung 11.21).

Abbildung 11.21 Nachricht über ausstehende Änderung

Die Elemente **Persönliche Informationen**, **Adresse**, **Angehörige**, **Stelleninformationen**, **Vergütungsinformationen** und **Stellenbeziehung** sind mit einem Gültigkeitsdatum versehen und für Warnungen mit einem zukünftigen Datum geeignet.

Ereignisgründe

Der Bereich **Ereignisgründe** enthält die im System verfügbaren Ereignisgründe; hier können Sie die entsprechenden Berechtigungen zur Ansicht oder Bearbeitung auswählen.

Transaktionen mit ausstehender Genehmigung

Im Bereich **Transaktionen mit ausstehender Genehmigung** können Sie festlegen, ob ein Benutzer eine Änderungsanforderung sehen können soll, die noch nicht genehmigt wurde (siehe Abbildung 11.22). Wenn Sie **Ansicht** wählen, wird im betreffenden Portlet eine Warnung ohne Hyperlink angezeigt. Diese weist darauf hin, dass eine Transaktion zur Genehmigung ansteht. Die Meldung kann nicht angeklickt werden, und gibt keine weiteren Informationen über die ausstehende Änderung und die damit verbundenen genehmigenden Personen. Wenn Sie **Bearbeiten** wählen, wird stattdessen eine Hyperlink-Warnung angezeigt. Wenn Sie auf den Hyperlink klicken, erhalten Sie weitere Informationen über die beantragte Änderung.

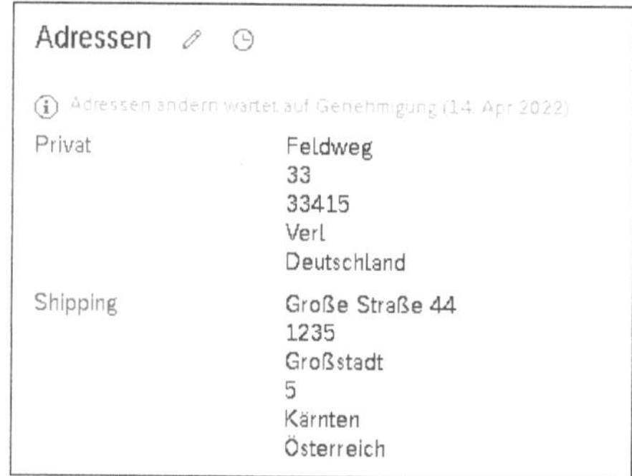

Abbildung 11.22 Änderungsnachricht für Adresse

Workflowgenehmigungsverlauf anzeigen

Im Bereich **Workflowgenehmigungsverlauf anzeigen** können Sie die Workflow-Genehmigungshistorie für Portlets mit Gültigkeitsdatum anzeigen. Wenn eine Datenänderung vorgenommen wurde, die einen Workflow betrifft, speichert das System diese Information. Wenn Sie **Ansicht** wählen, können Benutzer die Workflow-Historie im Bereich Historie der Portlets **Persönliche Informationen**, **Adressen**, **Stelleninformationen**, **Vergütungsinformationen** und **Stellenbeziehungen** sehen (hier: die Bezeichnungen der Bereiche in den Berechtigungseinstellungen).

Gehaltskomponentengruppe

Im Bereich **Gehaltskomponentengruppe** werden alle in Ihrem System definierten Gehaltskomponentengruppen (siehe Abschnitt 5.2.4, »Vergütungsinformationen«) aufgeführt und können berechtigt werden. Da es sich bei den Gehaltsbestandteilgruppen um vom System berechnete Beträge handelt, können diese nicht bearbeitet werden.

Gehaltskomponenten

Der Bereich **Gehaltskomponenten** listet alle in Ihrem System definierten Gehaltskomponenten auf. Wenn Sie **Anzeige** wählen, können Benutzer diese Gehaltskomponente im Portlet **Vergütungsinformationen** sehen. Wenn Sie die Option **Bearbeiten** wählen, können die Benutzer im Portlet **Vergütungsinformationen** Werte für diesen Gehaltsbestandteil hinzufügen, bearbeiten und löschen. Die Voraussetzung ist, dass die benötigten Workflows konfiguriert sind.

11.5.4 Employee-Central-Einheiten mit Stichtag pflegen

Der Bereich **Employee Central-Einheiten mit Stichtag** zur Pflege der Berechtigungen für stichtagsbezogene Felder ist umfangreich und wiederum in weitere Bereiche untergliedert: **Persönliche Informationen**, **Adressen**, **Angehörige**, **Stelleninformationen**, **Vergütungsinformationen** sowie **Stellenbeziehungen** (siehe Abbildung 11.23). Die vollständige Feldliste ist im System einsehbar.

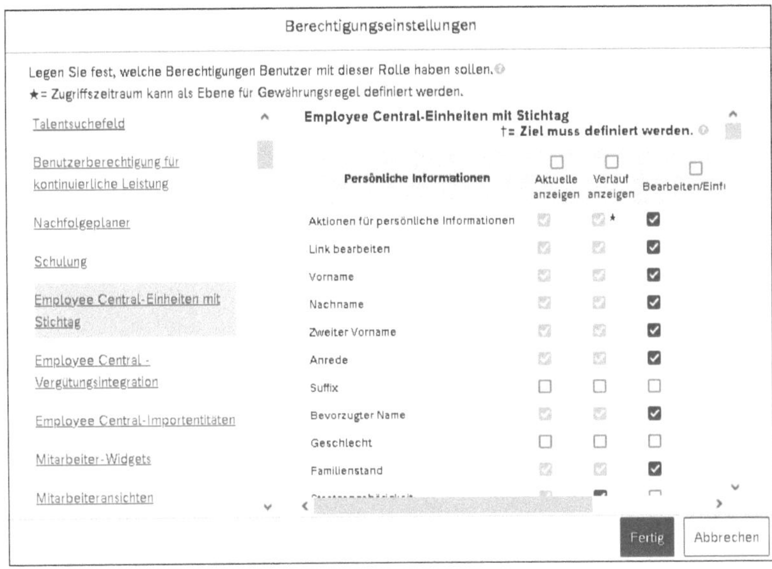

Abbildung 11.23 Menü zur Pflege von stichtagsbezogenen Einheiten

Alle Felder können individuell berechtigt werden, um die Berechtigungen auf einem granularen Level steuern zu können. So können Sie Felder nur für Vorgesetzte verfügbar machen. Andere Felder können Sie mit Employee Self-Services (ESS) verknüpfen, damit die Mitarbeitenden ihre Daten auf dem neuesten Stand halten können. Schauen wir uns nun die Berechtigungsoptionen auf der Ebene der einzelnen Felder an. In diesem Abschnitt werden die Felder mit Stichtag verwaltet. Es handelt sich also um Datensätze mit gegebenenfalls historischen Daten. Folgende selbsterklärende, Berechtigungsoptionen sind verfügbar:

- Aktuelle anzeigen
- Verlauf anzeigen
- Bearbeiten/Einfügen
- Korrigieren
- Löschen

Die erste Zeile jedes Bereichs **Aktionen für...** steuert, welche Ansicht oder Änderung innerhalb der Historie und außerhalb der Funktion **Maßnahme ergreifen** für Portlets mit Stichtag möglich ist. Sie steuert, was ein Benutzer tun kann, wenn er auf die Schaltfläche (**Änderungsverlauf**) eines Datensatzes klickt.

In jedem Bereich steuert die zweite Zeile **Link bearbeiten**, welche Blöcke oder Portlets über **Maßnahme ergreifen** aufgerufen und geändert werden können. Dort wo **Maßnahme ergreifen** nicht vorgesehen ist, erscheint eine Schaltfläche **Bearbeiten**.

11.6 Best Practice: Einfachheit, Klarheit und Skalierbarkeit

Beim Arbeiten mit Rollen, Berechtigungs- und Zielgruppen sollen in der Regel folgende Eigenschaften und Aspekte abgebildet werden:

- Die Strukturen sollen möglichst einfach und klar verständlich sein.
- Die Strukturen sollen bei Änderungen der Rollen oder der Gruppen, z. B. durch funktionale Erweiterungen oder organisatorische Änderungen im Unternehmen wie Zukäufe, Umorganisation oder Verkäufe, leicht änder- und wartbar sein.
- Mitarbeitende sollen immer genau wissen, in welcher Rolle sie sich gerade befinden und was sie tun sollen.
- Das System soll nur die Funktionen zur Verfügung stellen, die Mitarbeitende in der jeweiligen Rolle unbedingt brauchen. Andere Funktionen, die sie in anderen Rollen oder für andere Zielgruppen benötigen, sollen verborgen sein, bis sie in dieser Rolle agieren.

- Das System soll eindeutig protokollieren, wer in welcher Berechtigungsrolle welche Aktionen und Änderungen im System vorgenommen hat. Dabei muss vermieden werden, dass zwei oder mehr unterschiedliche Berechtigungsrollen gleichzeitig von einer Person auf die Zielgruppe ausgeführt werden könnten. Diese Trennung wird als *Segregation of Duties* bezeichnet.
- Ist die Mitarbeiterin oder der Mitarbeiter verhindert oder werden ihre bzw. seine Aufgaben übergeben, sollen nur die Aufgaben übergeben werden, die direkt mit der relevanten Rolle verbunden sind, und keine anderen. Idealerweise werden in solchen Fällen alle Einstellungen dieser Rolle zu 100 % übergeben.
- Die allgemeinen Mitarbeiterdaten im System dürfen nicht mit den Daten, mit denen eine bestimmte Person in der Ausübung einer Berechtigungsrolle zu tun hat, vermischt werden. Es muss eine sichere Abgrenzung des Zugriffs zwischen den eigenen Mitarbeiterdaten und den Daten geben, auf die die mitarbeitende Person in der Ausübung verschiedener Rollen Zugriff hat.
- Die oder der Mitarbeitende darf nicht über eine Admin-Rolle Zugriff auf die eigenen, persönlichen Daten haben oder sich Zugriff zu den Daten anderer ohne Befugnis verschaffen können.

Diese Anforderungen lassen sich mit einem *Technischen Nutzer* (englisch *Technical User*, abgekürzt TU) abbilden. Ein Technischer Nutzer ist ein »künstlicher Mitarbeiter«, den es nicht als reale Person gibt. Vielmehr wird der Technische Nutzer eigens für eine Funktion geschaffen. So könnte es z. B. einen Technischen Nutzer **HR_Global** bzw. **Globale Berichte** geben. Die Technischen Nutzer können hierarchisch gegliedert werden. Sie teilen gleiche Berechtigungsrollen auf unterschiedliche Zielgruppen. Unterschiedliche Arten von Technischen Nutzern können für administrative oder funktionale Arbeiten, z. B. Berichte, Zielerstellung, Zuweisungen, Talentmanagement und vieles mehr, verwendet werden.

Vererbung von HR-Verantwortlichkeit

Es bietet sich an, die Zuständigkeit für HR-Aufgaben auch über das Organisationsmanagement abzubilden. So können die HR-Verantwortlichen z. B. über die rechtliche Einheit und die Planstelle gesetzt sein. Mitarbeitende, die auf eine Planstelle versetzt werden, werden automatisch den relevanten HR-Verantwortlichen zugeordnet.

Oft setzen Unternehmen mehrere Technische Nutzer ein, um ihre Anforderungen gemäß den genannten Kriterien umzusetzen. Die Mitarbeitenden selbst werden über Proxy-Rechte berechtigt, um als ein oder mehrere Technische Nutzer arbeiten zu können Um sich als Technischer Nutzer anzumelden, muss im Beispiel die Mitarbeiterin Melanie R. auf ihren Namen klicken und anschließend die Option **Jetzt als Vertreter agieren** auswählen (siehe Abbildung 11.24).

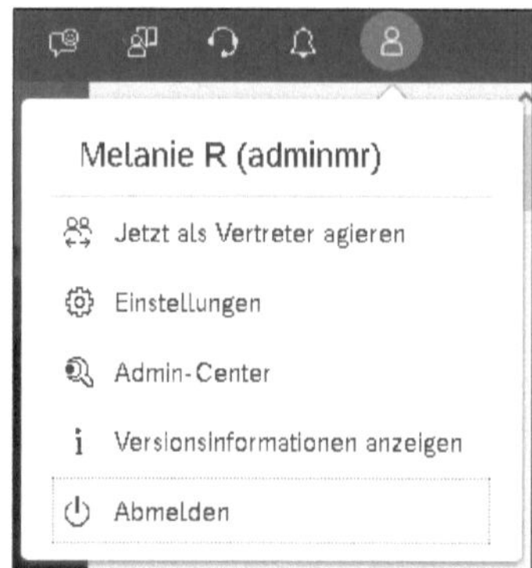

Abbildung 11.24 Das Recht »Jetzt als Vertreter agieren« aufrufen

Das Recht **Jetzt als Vertreter agieren** wird über Rollen, Berechtigungs- und Zielgruppen gesteuert. Anschließend kann die Mitarbeiterin Melanie R. den Technischen Nutzer entsprechend der Namenskonvention auswählen (siehe Abbildung 11.25).

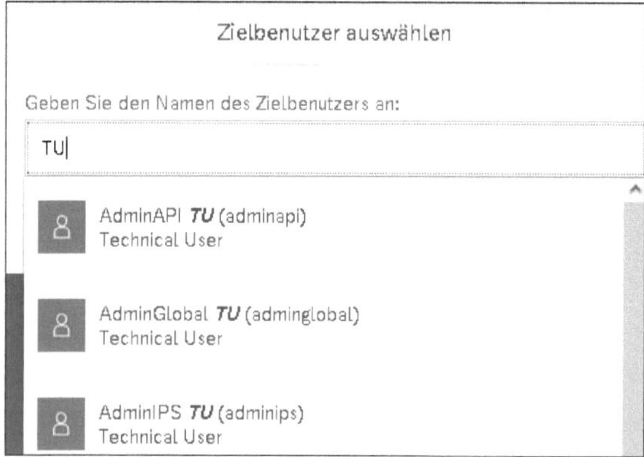

Abbildung 11.25 Technischen Nutzer als Zielbenutzer auswählen

Nach der Auswahl des entsprechenden Zielbenutzers ist die Mitarbeiterin »in Vertretung« als Technischer Nutzer im System angemeldet und kann im Kontext dieses Technischen Nutzers agieren. Das System protokolliert Schreibvorgänge entsprechend »in Vertretung« mit und führt hier auf, welcher persönliche Nutzer den Technischen Nutzer benutzt hat.

Für häufig genutzte prozessrelevante, funktionale oder administrative Rollen empfehlen wir den Einsatz des Technischen Nutzers aufgrund folgender Vorteile:

- Die Person wird von der Funktion klar getrennt.
- Die Benutzerfreundlichkeit des Systems wird durch eine nachhaltige Komplexitätsreduktion erhöht. Die Anwenderinnen und Anwender wählen über Vertre-

tungsrechte die erforderliche Funktion aus und erhalten somit nur alle funktional relevanten Informationen.

- Technische Nutzer verfügen über einen eigenen Posteingang. Deshalb gehen alle relevanten Nachrichten an einer Stelle ein, anstatt auf viele verschiedene Mitarbeitende verteilt zu werden. Dies erlaubt ein funktionales Arbeiten und unterstützt servicecenterorientierte Support- und Leistungsstrukturen.
- Mögliche Wechselwirkungen und Schwierigkeiten im Support aufgrund sich überschneidender Rollen und Gruppen können minimiert werden.
- Urlaubsvertretung oder die Übergabe von Aufgaben inklusive Positionswechsel können sehr einfach durch die Weitergabe der Vertretungsrechte eingerichtet werden. Dafür muss nicht auf persönliche Daten des ursprünglichen Rolleninhabers zugegriffen werden.
- Die Verwaltung der Technischen Nutzer wird deutlich vereinfacht, weil deren Ausprägungen in den Attributen im Vergleich zu den Daten natürlicher Personen konstant sind.
- Die Verteilung von Berichten, Präsentationen und anderen Elementen über funktionale Gruppen wird deutlich vereinfacht.
- Über Importmechanismen können die Vertreter von Technischen Nutzern automatisch von externen Systemen angesteuert werden.

Bedenken Sie dabei aber, dass für die Einrichtung von Technischen Nutzern auch konzeptionelle Vorarbeiten nötig sind. Folgendes ist zu beachten:

- Die Konzeption der Technischen Nutzer erfordert systematische Arbeit und reife Prozesse in Bezug auf Systematik, Namenskonventionen und Nachvollziehbarkeit.
- Technische Nutzer sind zusätzliche Benutzer im System, für die Lizenzkosten anfallen.
- Technische Nutzer sind dann am effektivsten, wenn sie auch für Standardrollen wie **HR-Vorgesetzter** und **Zweiter Vorgesetzter** eingesetzt werden. Dafür müssen Mechanismen in der Schnittstelle oder in Employee Central eingerichtet werden, die die richtige Zuordnung sicherstellen.

Nehmen Sie die Technischen Nutzer mit an den Start!

Verwenden Sie die Technischen Nutzer schon in den ersten Anwendungsfällen, um die erforderliche Erfahrung zu sammeln. Außerdem gewöhnen sich die Tester über die Iterationen an das neue Konzept, und Sie erhalten einen sehr guten Einblick dazu, wo Prozesse noch nachgeschärft werden müssen. Lassen Sie sich nicht darauf ein, wenn Ihnen ein Implementierungspartner erklärt, dass man Rechte, Rollen und Gruppen noch später klären könne. Dies ist von Anfang an eine ganz wichtige Aufgabe!

Ohne die Verwendung von Technischen Nutzern gibt es die folgenden Herausforderungen:

- Keine klare Trennung von Rollen und Rechten, wenn mehrere funktionale Rollen gleichzeitig in einer Person vereint sind. Dies führt dazu, dass man nicht weiß, in welcher Funktion eine Person eine Aktion ausgeführt hat (Genehmigung von Änderungen), und das System könnte aus Endanwendersicht durch die Überlappungen inkonsistent erscheinen.
- Benutzer, die mehrere Rollen gleichzeitig innehaben, finden eine hohe Komplexität im System vor, weil das System dann gleichzeitig alle Möglichkeiten anzeigen muss – die Benutzerfreundlichkeit nimmt dadurch spürbar ab.

[»]

Delegation

Neben der Arbeit mit Technischen Nutzern kann auch die Möglichkeit der Delegation genutzt werden. Über die Delegation können im Kontext von Workflows Vertretungsregeln aufgesetzt werden (siehe Abschnitt 1.1.5, »Workflows«).

Im nächsten Kapitel stellen wir Ihnen vor, welche Möglichkeiten zur Erweiterung es im Kontext von Employee Central gibt.

Kapitel 12
Erweiterbarkeit

Wenn Sie über den Standard hinausgehende Anforderungen haben, bietet Ihnen das Metadata Framework eine sehr gute Grundlage, um diese Anforderungen umzusetzen. Wenn Sie zusätzlich die SAP Business Technology Platform nutzen, können Sie fast unbeschränkt kundenindividuelle Erweiterungen und Geschäftsanforderungen abdecken.

Employee Central ist das Steuerzentrum der SAP SuccessFactors HXM Suite und Ihrer Personaldaten. Es liefert die nötigen Informationen aus dem Organisationsmanagement und aus der Personaladministration, aber auch aus der Zeitwirtschaft und der Entgeltabrechnung, wenn diese Module eingesetzt werden, um alle anderen Module anzusteuern und exakt zu lenken. Ohne Employee Central werden diese Daten in der Regel von extern, z. B. aus einem SAP-HCM-System geliefert. Aufgrund dieser Architektur können Sie auch einzelne Module von SAP SuccessFactors betreiben, verschiedene Module integrieren oder auch alle Module gemeinsam mit dem Steuerelement Employee Central als zentraler Einheit versehen.

Daraus ergeben sich Chancen und Risiken, da Sie einerseits sehr flexibel vorgehen können, andererseits die Flexibilität hohe Anforderungen an das Gesamtverständnis stellt.

Weil sich die Anforderungen der Kunden und die (technischen) Möglichkeiten mit der Zeit ändern, sind die Hersteller von integrierten HR-Plattformen gefordert, ihre Suiten so aufzubauen, dass sie diesen sich ständig ändernden Rahmenbedingungen gerecht werden können. Die Hersteller investieren in der Folge weniger in spezifische Funktionalitäten und mehr in grundlegende Themen wie Skalierbarkeit, Leistungsfähigkeit der Plattform – und ganz zentral in die Erweiterbarkeit. Für SAP SuccessFactors ist die Erweiterbarkeit ein wichtiges Unterscheidungsmerkmal zum Wettbewerb. Es ist auch systematisch der größte Unterschied zum etablierten SAP-ERP-HCM-System, das in sich hoch integriert, nach außen hin aber schwer live mit Drittsystemen integrierbar ist. Diese hohe Erweiterbarkeit von SAP SuccessFactors erlaubt es SAP selbst, einfach Erweiterungen einzubringen. Auch die Kunden und Partner können SAPSuccessFactors mit eigenen Erweiterungen ausstatten. Sehr wichtig ist diese Möglichkeit für Partner, weil diese damit Nischenlösungen entwickeln, wovon wiederum die Kunden profitieren. Der Erkenntnis, dass es nicht ein integriertes System geben kann, dass für alle Kunden zu jeder Zeit gleich gut funktioniert, folgt mit SAP SuccessFactors eine über die Jahre gediehene Plattform, die viele führende Praktiken und Standards enthält und diese zur Nutzung zur Verfügung stellt, die aber gleichzeitig auch die Möglichkeit einräumt, den Standard flexibel und releasesicher zu erweitern.

Mit Erweiterungen werden neue Funktionen geschaffen, die im System bislang noch nicht oder nicht vollständig enthalten sind. Es gibt zwei Schwerpunkte der Erweiterbarkeit von Employee Central:

- Metadata Framework (MDF)
- SAP Business Technology Platform (SAP BTP)

In diesem Kapitel werfen wir in Abschnitt 12.1 einen Blick auf das Metadata Framework und in Abschnitt 12.2 auf die damit verbundenen Erweiterungen im Kontext von Employee Central. Wir zeigen Ihnen in Abschnitt 12.3, wie Sie Erweiterungen innerhalb von Employee Central mit den Standardmöglichkeiten der SAP-SuccessFactors-Plattform erstellen können. Wir sehen uns an, wie Sie kundenindividuelle Objekte erstellen und wie Sie benutzerdefinierte Bilder im Mitarbeiterprofil für diese Objekte nutzen (siehe Abschnitt 12.4) sowie die dazugehörigen Daten und Prozesse in ESS/MSS einbinden und abbilden. In Abschnitt 12.5 gehen wir auf weitere Möglichkeiten mit Partnererweiterungen ein. Anschließend stellen wir Ihnen die SAP BTP vor (siehe Abschnitt 12.6), stellen dar, wie die Architektur einer SAP-BTP-App für SuccessFactors aussieht und wo Sie Partnererweiterungen finden, von denen es bereits mehrere Hundert gibt.

12.1 Metadata Framework

Das Metadata Framework (MDF) bildet einen Erweiterungsrahmen, mit dem Sie Ihre kundenindividuellen Prozesse und Daten im SAP-SuccessFactors-System erstellen, ändern und pflegen können. Auch SAP-Implementierungspartner setzen auf das Metadata Framework als wichtigen Baukasten, um ergänzende Produkte und Lösungen für SAP SuccessFactors anzubieten.

Um eine Erweiterung mit dem Metadata Framework zu realisieren, können Sie u. a. auf die folgenden Bausteine zurückgreifen:

- *Kundenindividuelle Objekte*, die die Daten halten und helfen, die Logik abzubilden.
- Eine *Benutzeroberfläche* für die Objekte, mit der Sie die Daten visualisieren.
- *Geschäftsregeln*, die Verbindungen zu anderen Objekten schaffen und/oder die auch für Validierungen, Vererbungen bzw. die Weitergabe von Daten und Berechnungen eingesetzt werden.

- *Workflows inklusive Delegationen*, die Sie schon aus den Grundlagenobjekten kennen.
- *Benachrichtigungen*, die Sie flexibel integrieren können.
- *Auswertungsmöglichkeiten*, weil die Objekte und Daten Ihnen auch in den Standard-Berichtswerkzeugen zur Verfügung stehen.
- *Standard-Pflegemöglichkeiten* für die Administration, wie Importe und Exporte, per Integration-Center und per OData-API.
- *Standardberechtigungen* über Rollen und Berechtigungen, die sicherstellen, dass Feldinhalte auch in MDF-Objekten auf der Feldebene erteilt werden können.
- Vorhandene *Transportmechanismen* zwischen den verschiedenen Instanzen.

Um MDF-Erweiterungen einzurichten, benötigen Sie keine Programmierkenntnisse. Dennoch können Sie damit auch komplexere und aufwendige Anforderungen abbilden. Da das Metadata Framework Standardelemente der SAP-SuccessFactors-Suite verwendet, ist es möglich, Erweiterungen zu erstellen, die sicher, stabil und zudem einfach wartbar sind.

Die Standardunternehmenslizenz von Employee Central stellte zum Zeitpunkt der Buchveröffentlichung (November 2022) 250 generische Objekte für Sie als Kunden zur Verfügung. Zu dieser Zahl kommen noch die Standard-MDF-Objekte hinzu, die von SAP ausgeliefert werden. Da nur das sogenannte *Top-Level-Objekt* innerhalb der 250-Objekt-Grenze gezählt wird, haben Sie ausreichend Raum, um viele Erweiterungen zu realisieren. Untergeordnete Objekte, beispielsweise für länderspezifische Felder oder für Detaildaten, werden bei der Gesamtzahl nicht berücksichtigt.

Generische Objekte sind mächtige Bausteine. Sie werden durch ihre Objektdefinition festgelegt; in der Objektdefinition finden Sie u. a.:

- *Schlüsselfelder* wie Kennzeichen, Bezeichnung und Status des Objekts.
- *Zeitscheiben*, ob und inwieweit das Objekt mit einem Gültigkeitsdatum versehen ist.
- *API* und die Information, ob das Objekt für die Anwendungsprogrammierschnittstelle (API) sichtbar ist und von ihr genutzt werden kann (Lese- und Schreibmöglichkeiten).
- *Versionierung* und wie diese bei den Daten eines Objekts gehandhabt wird.
- Ein Feld zur *Assoziation* mit einer mitarbeitenden Person (wenn das Objekt zur Erfassung von Daten verwendet wird, die einem Mitarbeiter oder einer Mitarbeiterin zugeordnet sind). Auch andere Assoziationen (mit anderen Objekten) sind möglich.
- Das zu verwendende *Standardbild zur Anzeige der Daten*.

- Den zu verwendenden *Workflow*, die Behandlung ausstehender Daten (d. h. die Behandlung von Daten, die schwebend im Workflow und noch nicht genehmigt worden sind).
- Welche Felder bei der *Suche* nach einem Objekt durchsuchbar sind.
- *Assoziationen* mit anderen Objekten.
- *Rollen und Berechtigungen* und die Information, ob das generische Objekt über eine eigene Berechtigung verfügt und in welcher Berechtigungskategorie (im Rollen- und Berechtigungssystem) sich diese wiederfindet, damit Sie dort die Berechtigungen, bis auf die Feldebene, bei Bedarf setzen können.
- *Geschäftsregeln*, die durch das Objekt ausgelöst werden sollen.

Objektdefinitionen können bis zu 200 benutzerdefinierte Felder beinhalten, die wiederum verschiedene Datentypen enthalten können. Felder für Namen und Kennzeichen sind Standardfelder, die in jeder Objektdefinition enthalten sind. Für von SAP SuccessFactors ausgelieferte generische Objekte können je nach Art des generischen Objekts eine Reihe von Standardfeldern definiert sein. Abbildung 12.1 zeigt die Objektdefinition des generischen Objekts **Planstelle**, die Sie über **Objektdefinition konfigurieren** in der Aktionssuche finden.

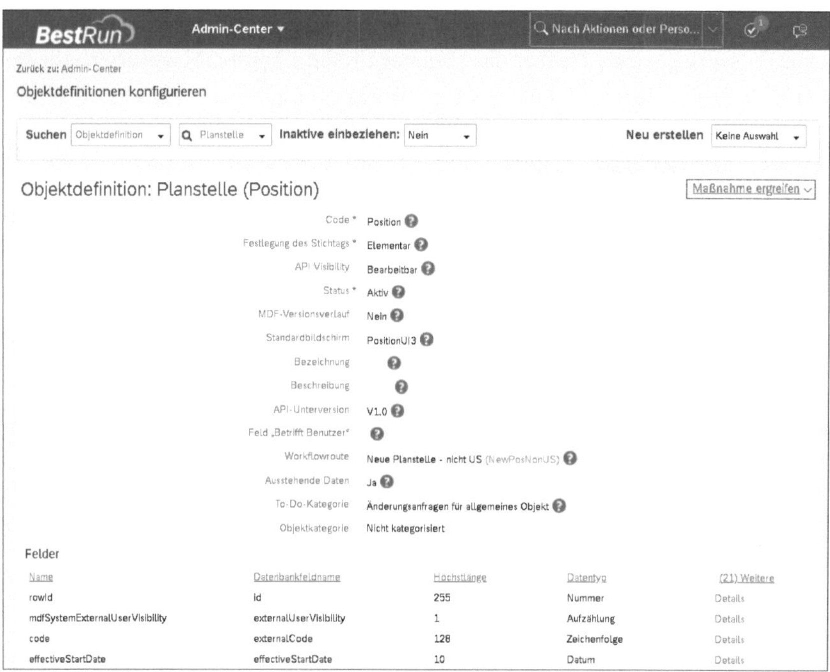

Abbildung 12.1 Das generische Objekt »Planstelle« definieren

In diesem Kapitel zeigen wir Ihnen wichtige Elemente von Erweiterungen, insbesondere im Zusammenhang mit Employee Central.

12.2 MDF-Erweiterungen

Eine Erweiterung mit dem Metadata Framework kann von SAP-Partnern als Produkt oder als Lösungskomponente oder vom Kunden selbst erstellt werden. In diesem Abschnitt behandeln wir die Grundlagen für die Nutzung dieser Erweiterungen. Im Anschluss zeigen wir Ihnen dann, wie Sie eine Erweiterung selbst erstellen können (siehe Abschnitt 12.3, »Eine Erweiterung erstellen«).

12.2.1 Gründe für das Erstellen und Nutzen von Erweiterungen

In der Regel werden mit SAP SuccessFactors die Anforderungen der Kunden in einer ersten Phase der Nutzung, der *ADOPT-Phase* (siehe Abschnitt 1.3, »Implementierung vorbereiten«), sehr nahe am Standard abgebildet. Dies hat viele gute Gründe: So lassen sich z. B. viele Kunden gern von Standards leiten. Auch ist deren Qualität hoch, da eine Lösung hundert- oder tausendfach ausgeliefert wird. Die Umsetzung von Anforderungen im Projekt kann durch den Einsatz von Standards viel schneller erfolgen.

In einer zweiten Phase, der *ADAPT-Phase*, werden häufig über den Standard hinausgehende Anforderungen abgedeckt. Dann schlägt die Stunde der Erweiterungen, die Kunden gerne einsetzen, um noch mehr kundenspezifischen Nutzen aus der Plattform zu ziehen oder die Plattform mit einer Partnererweiterung zu ergänzen, die einen Nischenbedarf abdeckt. Im Folgenden sind einige Gründe dazu aufgelistet, warum Kunden Erweiterungen umsetzen:

- **Benutzerdefinierte Grundlagenobjekte**
  Erweiterungen können verwendet werden, um zusätzliche Organisationsstrukturobjekte (z. B. eine Untergliederung oder einen regionalen Standort) oder andere Grundlagenobjekte hinzuzufügen. Bei komplexeren Organisationen und Anforderungen sehen wir diese Art der Erweiterung.
- **Benutzerdefinierte Erweiterungen rund um den Mitarbeiter oder die Mitarbeiterin**
  Es können Erweiterungen erstellt werden, um die Mitarbeiterdaten zu erweitern und zusätzliche Prozesse im System verfügbar zu haben. Es gibt viele Anwendungsfälle dafür, wie z. B. die Verwaltung von Ausrüstungsgegenständen, die Abbildung eines betrieblichen Vorschlagswesens oder die Erstattung von Studiengebühren.
- **Weitere Objekte aus dem betrieblichen Umfeld**
  Sie können Daten über zusätzliche Geschäftsobjekte speichern. In Betracht kommen z. B. Daten zu verschiedenen Geschäftsanlagen oder detaillierte Daten zu Projekten, die Sie im Kontext von SAP SuccessFactors (z. B. für die Einbindung in Mitarbeitergespräche oder für Berechnungen im Bereich der Vergütung) nutzen wollen. Dieser Anwendungsfall kann auch relevant sein, wenn Sie z. B. Daten zu Arbeitszeitplänen bzw. zu Einsätzen von Mitarbeitenden in SAP SuccessFactors spei-

chern, visualisieren und auswerten wollen. Auch aus der Lohn- und Gehaltsabrechnung können Sie die Daten nach SAP SuccessFactors in Standard- oder kundeneigene Objekte zurückspielen, um sie zu visualisieren oder im Kontext der SuccessFactors-Daten auswertbar zu machen.

- **Referenztabellen**
  Erweiterungen können als Nachschlage- bzw. Referenztabellen verwendet werden. So können Sie z. B. Workflows nach Daten ausrichten, die im Standard nicht in SAP SuccessFactors enthalten sind. Zum Beispiel könnten Sie Informationen aus einem Identity-und-Access-Management-System (IAM) einspeichern, das sich um Rechte und Rollen im Unternehmen kümmert, um daraus spezifische Arbeitsschritte und Benachrichtigungen in SAP SuccessFactors abzuleiten, die ohne diese Steuerinformationen des externen Systems nicht möglich wären.
- **Konfigurationsdaten**
  Kundeneigene Objekte werden auch verwendet, um Konfigurationsdaten für Anforderungen rund um den Zeitausgleich vorzuhalten. Auch Partnererweiterungen, die wir später noch im Detail beschreiben werden, speichern Steuerinformationen und Konfigurationsdaten in aller Regel in eigenen Objekten ab, die der Kunde selbst verwalten kann.

In Abbildung 12.2 sehen Sie eine kundenindividuelle Erweiterung für Ausrüstungsgegenstände, eingebettet in ein Personenprofil.

Abbildung 12.2 In ein Personenprofil eingebetteter Ausrüstungsgegenstand

Im Folgenden erläutern wir Ihnen die einzelnen Bestandteile einer Erweiterung.

12.2.2 Bestandteile einer Erweiterung

Erweiterungen bestehen immer aus einer Objektdefinition, die Sie nutzen können, um Daten zu pflegen. Zusätzlich können Erweiterungen eine Reihe von anderen MDF-Komponenten nutzen. Welche Komponenten genutzt werden, hängt von den Anforderungen im Detail ab. Zu den Komponenten, die Sie nutzen können, gehören:

- Felder
- Beziehungen
- Regeln
- Workflows (Arbeitsabläufe)
- User Interfaces (UIs bzw. Benutzersicht)
- Eigenschaften
- Einstellungen rund um das Thema Sicherheit

Zusätzlich zu diesen Komponenten gibt es weitere Objekte, die Sie in manchen Fällen als Teil der Erweiterung nutzen können, um sie noch passgenauer zu verwenden:

- Auswahllisten
- Geschäftsregeln
- Workflow-Konfigurationen
- Konfigurations-UIs

Die Zusammenhänge zwischen diesen Elementen ergeben sich weitgehend aus dem Einsatzzweck der Elemente beim Erstellen einer Erweiterung. Sie werden vom System geführt; es werden Ihnen die Optionen zur Einbindung der Elemente im jeweiligen Kontext angeboten. Beispielsweise konfigurieren Sie Geschäftsregeln als Teil der generischen Objektdefinition. Ebenso können Workflows über Geschäftsregeln in der Komponente Geschäftsregeln einer Erweiterung zugewiesen werden.

Im nächsten Abschnitt gehen wir auf mögliche Eltern-Kind-Beziehungen von Objekten ein und wie Sie Ihnen dabei helfen, Ihre Erweiterung effektiv und effizient zu gestalten.

12.2.3 Die Möglichkeiten von Eltern-Kind-Beziehungen im Hinblick auf Objekte

Wenn z. B. ein Mitarbeiter oder eine Mitarbeiterin mehrere Ausrüstungsgegenstände verwenden kann, bietet es sich an, dies mit einer *Eltern-Kind-Beziehung* abzubilden. Das übergeordnete Objekt stellt die jeweiligen Mitarbeitenden dar, und der Ausrüstungsgegenstand ist das Kind (von dem es mehrere geben kann). So können Sie pro mitarbeitender Person mehrere Datensätze des Objekttyps **Ausrüstung** abspeichern. Analog können Sie diese Beziehung für Ihre Erweiterungen nutzen. Beispielsweise könnte ein Gebäude das Elternobjekt sein. Die Gebäuderäume würden sich dann als Kind-Objekte auf das Elternobjekt beziehen und wären so dem korrekten Gebäude zugeordnet. Jeder dieser untergeordneten Datensätze ist mit dem generischen Hauptobjekt, dem Gebäude, verknüpft. Beide Objekte sind für eine funktionstüchtige Erweiterung für diesen Anwendungsfall notwendig.

Sie können sich im System auch die von SAP SuccessFactors bereitgestellten generischen Objekte ansehen, um die Verknüpfungen und Strukturen für die abgebildeten Elemente nachzuvollziehen. Das hilft Ihnen bei der Entwicklung eigener Erweiterungen und fördert auch Ihr Verständnis für die in Ihrem System abgebildeten Datenstrukturen. Sie profitieren davon z. B. auch bei der Ausgestaltung des Berichtswesens und bei der Durchführung von Datenimporten und Exporten.

Wir werfen nun einen Blick auf den Prozess der Erstellung einer Erweiterung.

12.3 Eine Erweiterung erstellen

Sie können die Komponenten der Erweiterungen, wie z. B. generische Objekte und Auswahllisten, mehrfach auch in verschiedenen Erweiterungen gleichzeitig nutzen. Beim Erstellen Ihrer Erweiterung können und sollten Sie auf Vorhandenem aufbauen. Dabei ist es uninteressant, ob es sich um Workflows, um Auswahllisten oder um Geschäftsregeln handelt, was den Betrieb und die Weiterentwicklung Ihrer Erweiterung vereinfacht. In diesem Abschnitt beschreiben wir alle erforderlichen Schritte zur Erstellung von Erweiterungen.

Auswahllisten

Erstellen Sie die benötigten Auswahllisten, bevor Sie im zweiten Schritt die Objektdefinition erstellen. Dies erleichtert Ihnen die Arbeit, weil Ihnen die Listen bereits zur Verfügung stehen, wenn Sie die Objektdefinition festlegen. So können Sie vorhandene Auswahllisten nutzen und vermeiden eine Arbeitsunterbrechung.

In diesem Beispiel erstellen wir eine einfache Employee-Self-Service-Anwendung (ESS-Anwendung) für Ausrüstungsgegenstände. Wir beginnen mit der Definition der zu verwendenden Auswahllisten.

12.3.1 Auswahllisten erstellen

Die Verwaltung von Auswahllisten kann in der Aktionssuche über **Auswahllisten-Center** aufgerufen werden. Dort können Sie entweder eine neue Auswahlliste anlegen oder eine bestehende Auswahlliste bearbeiten. Zum Bearbeiten einer Auswahlliste klicken Sie die entsprechende Liste an und rufen die Einstellungsmöglichkeiten über einen erneuten Klick auf die aktive Zeile auf. Um eine bestehende Auswahlliste zu deaktivieren, klicken Sie auf die Schaltfläche ◇ (siehe Abbildung 12.3).

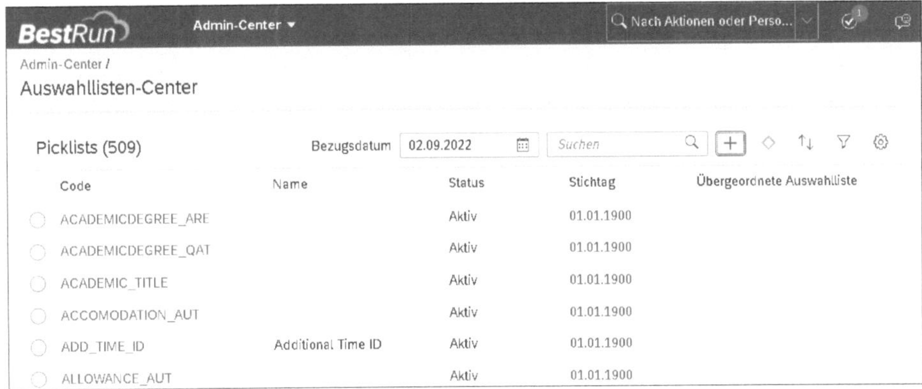

Abbildung 12.3 Auswahllisten verwalten

Um eine neue Auswahlliste zu erstellen, wählen Sie die Schaltfläche + (**Auswahlliste erstellen**); es öffnet sich das Fenster **Neue Auswahlliste erstellen** (siehe Abbildung 12.4).

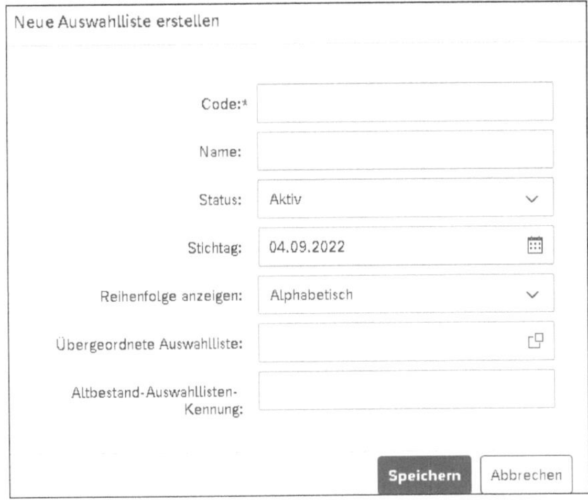

Abbildung 12.4 Neue Auswahlliste erstellen

Geben Sie eine ID für die Auswahlliste in das Feld **Code** und einen Namen für Ihre Auswahlliste in das Feld **Name** ein. Im Folgenden finden Sie weitere Felder, die zur Definition der Auswahlliste gehören:

- **Status**
  Wenn Sie die Auswahlliste aktiv nutzen wollen, belassen Sie diese Einstellung auf **Aktiv**.

- **Stichtag**
  Das Startdatum bestimmt, wann die Werte der Liste verfügbar sind. Dies dient der Überprüfung der Werte der Liste und ermöglicht die Durchführung von Änderungen im Zeitablauf. Wir empfehlen Ihnen die Eingabe des Datums 01.01.1900, damit die Werte der Wertekartei immer zur Verfügung stehen. Zu einem späteren Gültigkeitsdatum können Sie dann Werte erfassen, die ab dem Gültigkeitsdatum angezeigt werden sollen.
- **Reihenfolge anzeigen**
  Dieses Feld beeinflusst die Reihenfolge der Werte, die für die Auswahlliste angezeigt werden. Sie haben drei Optionen:
  - **Alphabetisch**: listet die Werte alphabetisch auf.
  - **Numerisch**: listet die Werte in numerischer Reihenfolge auf.
  - **Benutzerdefiniert**: Hier definieren Sie eine eigene Anzeigereihenfolge.
- **Übergeordnete Auswahlliste**
  Wenn die Auswahlliste eine übergeordnete Auswahlliste hat, um von dieser abhängig Werte anzuzeigen, wird die übergeordnete Auswahlliste an dieser Stelle ausgewählt.
- **Altbestand-Auswahllisten-Kennung**
  Lassen Sie dieses Feld leer, denn es ist bei neuen Auswahllisten ohne Funktion.

Klicken Sie auf **Erstellen**, um die Auswahlliste zu erzeugen. Der nächste Schritt besteht darin, die Werte zu erstellen, die in der Auswahlliste angezeigt werden sollen. Um einen Auswahllistenwert hinzuzufügen, klicken Sie in der erstellten Liste auf die Schaltfläche [+] (**Neuen Wert hinzufügen**). Diesen Vorgang wiederholen Sie entsprechend für die Werte, die Sie nutzen möchten.

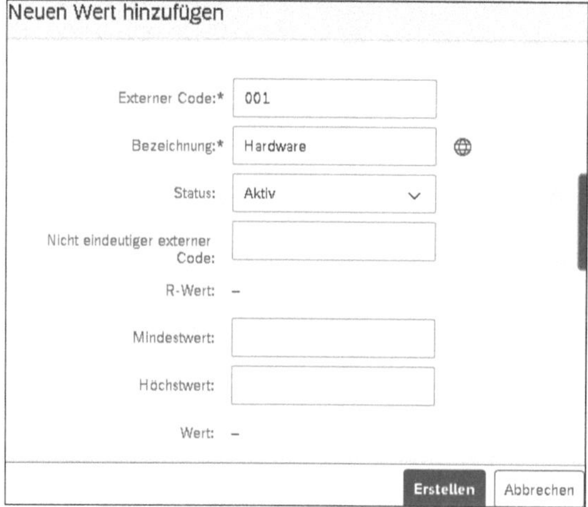

Abbildung 12.5 Neuen Wert hinzufügen

Für jeden Wert der Auswahlliste sind mehrere Felder verfügbar, wovon Sie nur die folgenden ausfüllen müssen (siehe Abbildung 12.5):

- **Externer Code**
  In dieses Feld tragen Sie die ID (die eindeutige Kennung des Wertes) ein, die im System durchgehend verwendet werden kann, um den Wert zu referenzieren.
- **Bezeichnung**
  In diesem Feld treffen Sie eine Auswahl, z. B. **Ja**, **Nein**, **Hardware** oder **Software**. Mit einem Klick auf die Schaltfläche [🌐] können Sie die Werte in allen Sprachen pflegen, die Sie in Ihrer Instanz konfiguriert haben. Wir empfehlen immer, den Standardwert zu pflegen. Dieser wird dann angezeigt, wenn keine Übersetzung für eine Sprache gepflegt ist.
- **Status**
  Über das Feld **Status** wird festgelegt, ob der Wert **Aktiv** oder **Inaktiv** sein soll.
- **Übergeordnete Auswahlliste Wert**
  Dieses Feld steht Ihnen nur zur Auswahl, wenn eine übergeordnete Auswahlliste mit der aktuellen Auswahlliste verknüpft ist. Wählen Sie dann den Wert aus der übergeordneten Auswahlliste, die mit diesem Wert verknüpft ist. Wenn die übergeordnete Auswahlliste z. B. **Land** ist und dieser Wert für die Vereinigten Staaten steht, wählen Sie in diesem Feld die Option **USA** aus. Dies bedeutet, dass der Wert nur dann auf der Benutzeroberfläche angezeigt wird, wenn der vom Benutzer ausgewählte Wert für **Land** mit dem in der übergeordneten Auswahlliste **Wert** definierten Wert übereinstimmt.

Belassen Sie die anderen Felder wie sie sind, und klicken Sie auf die Schaltfläche **Erstellen**, um die Werte zu speichern (siehe Abbildung 12.5). Die Werte der Auswahlliste werden nun im Bereich **Werte der Auswahlliste** angezeigt (siehe Abbildung 12.6).

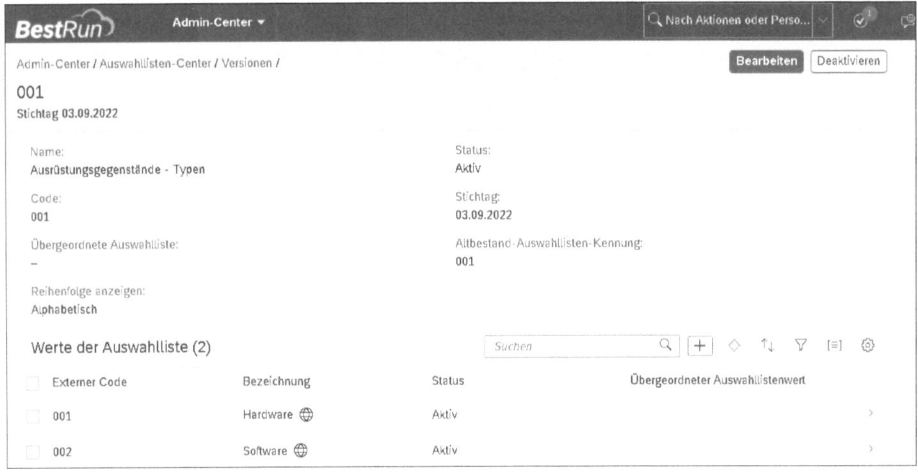

Abbildung 12.6 Auswahllistenwerte ansehen

Bei Bedarf können Sie nun weitere Auswahllisten für Ihre Erweiterung erstellen oder bestehende Auswahllisten ergänzen. Nachdem wir unsere Auswahlliste erstellt haben, zeigen wir Ihnen nun, wie Sie eine generische Objektdefinition konfigurieren.

12.3.2 Objektdefinition erstellen

Ähnlich wie für die Auswahllisten beschrieben, können Sie auch für die Objektdefinition entweder eine neue Objektdefinition erstellen oder eine vorhandene Objektdefinition verwenden. Wir beginnen damit, eine neue Objektdefinition zu erstellen. In der Aktionssuche wählen Sie die Option **Objektdefinitionen konfigurieren**. Oben rechts im Bild wählen Sie dann unter **Neu erstellen** die Option **Objektdefinition**, und Sie erhalten das Eingabebild (siehe Abbildung 12.7).

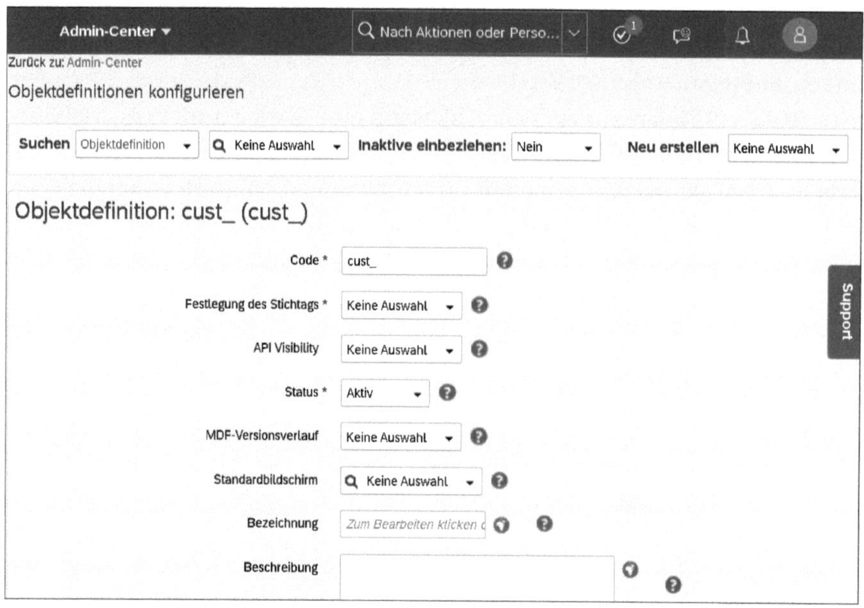

Abbildung 12.7 Neue Objektdefinition erstellen

Geben Sie einen Identifikator für das generische Objekt in das Feld **Code** ein; den Namen des generischen Objekts tragen Sie in das Feld **Bezeichnung** ein. Klicken Sie auf die Schaltfläche auf der rechten Seite des Textfeldes, um die Bezeichnung in mehreren Sprachen zu pflegen. Tragen Sie optional eine Beschreibung für das generische Objekt in das Feld **Beschreibung** ein. Auch die Beschreibung ist mehrsprachig. Unter **Workflowroute** können Sie einen passenden Workflow aussuchen oder einen neu erstellten Workflow hinzufügen.

Sie können zudem weitere Informationen pflegen. Zunächst sehen wir uns wichtige Attribute im Bereich **Objektdefinition** an.

Objektdefinition

Im Bereich **Objektdefinition** werden die Hauptattribute des generischen Objekts wie das Gültigkeitsdatum, die API-Sichtbarkeit und der Status festgelegt. Wir sehen uns dies im Folgenden im Detail an:

- **Festlegung des Stichtags**
  Im Feld **Festlegung des Stichtags** wird die Art der Datierung (Zeitscheiben) für Ihr Objekt festgelegt. Sie definieren hier, ob das Objekt die Festlegung von Stichtagen zulässt, und falls ja, welchen Typs: **Vom übergeordneten Element**, **Basis** oder **Mehrere Änderungen pro Tag (MCPD)**.

  Die Festlegung von Stichtagen kann nur aufsteigend erfolgen (also von **Keine** zu **Elementar** oder **Mehrere Änderungen pro Tag** oder von **Elementar** zu **Mehrere Änderungen pro Tag**). Es sind vier Typen verfügbar:

  - **Vom übergeordneten Element**: Dieser Typ wird verwendet, damit untergeordnete Objekte die Struktur der Zeitscheiben ihres übergeordneten Objekts erben können.
  - **Keine**: Das Objekt ist nicht datiert, d. h. dass die Historie nicht gespeichert wird, wenn sich die Objektdaten ändern.
  - **Elementar**: Der Zeitverlauf wird gespeichert, aber es kann nur ein Datensatz pro Tag erstellt werden.
  - **Mehrere Änderungen pro Tag**: Während des Lebenszyklus der Objektdaten können mehrere historische Datensätze auch an einem Tag erstellt werden.

[+]

SAP-Hilfe nutzen

Sehen Sie hierzu auch in die Hilfe-Texte, die Sie über die Schaltfläche [?] öffnen können. Im Folgenden zeigen wir Ihnen ein Beispiel für die Verwendung der Hilfe-Funktion direkt im System und orientieren uns an den hier verfügbaren Texten.

- **API Visibility**
  Wenn die Daten Ihres generischen Objekts für die Integration über eine API verwendet werden sollen, wählen Sie in diesem Feld entweder die Option **Bearbeitbar** oder **Nur Lesezugriff**, je nachdem, welche Art des Datenzugriffs Sie für Ihr generisches Objekt wünschen. Sie können es auf **Nicht sichtbar** setzen, wenn Sie nicht wollen, dass Ihre Daten über die API lesbar sind.
- **Status**
  Wählen Sie hier die Option **Aktiv** oder **Inaktiv**. Bei der Einstellung **Inaktiv** wird die Objektinstanz oder der Datensatz nicht verwendet und ist im System nicht sichtbar, auch nicht in der Regel-Engine, im konfigurierbaren UI-Designer und in den rollenbasierten Berechtigungen.

- **MDF-Versionsverlauf**
  Der **MDF-Versionsverlauf** ermöglicht es Ihnen, die MDF-Audit-Daten auf der Objektebene zu erfassen, wenn Vorgänge wie **Aktualisieren**, **Einfügen**, **Löschen** usw. für die Datensätze eines Objekts ausgeführt werden. Dieses Attribut legt fest, welche Art von Verlauf für gelöschte Werte gespeichert wird. Wenn Sie das Feld leer lassen, verhält es sich genauso wie bei der Auswahl von **Nein**.
  - **Nein**: Für keinen Vorgang werden Verlaufsdaten gespeichert.
  - **Verlauf löschen**: Nur die Verlaufsdatensätze des Löschvorgangs werden in internen Verlaufs- oder Prüftabellen gespeichert. Die durch einen vollständigen Bereinigungsimport gelöschten Daten und übersetzbaren Felder sind ebenfalls darin enthalten.
  - **Vollständiger Verlauf**: Verlaufsdatensätze von jedem Vorgang (**Erstellen**, **Einfügen**, **Aktualisieren**, **Löschen** usw.) sind in internen Verlaufs- oder Audit-Tabellen verfügbar. Die durch einen vollständigen Bereinigungsimport gelöschten Daten und die übersetzbaren Felder sind ebenfalls enthalten.
- **Standardbildschirm**
  Sie können einem MDF-Objekt eine standardmäßige konfigurierbare Benutzeroberfläche (UI) zuweisen. Die zugewiesene Standardbenutzeroberfläche wird überall dort verwendet, wo das MDF-Objekt auftaucht, z. B. auf der Seite **Daten verwalten**, in der MDF-Kurzübersicht und im Pop-up-Fenster **Details**.
- **API-Unterversion**
  Dieses Feld steuert, ob die technischen Felder in der OData-API für die Kunden sichtbar sein sollen. Wenn Sie die Option **Keine Auswahl** wählen, verhält sich das System wie bei der Auswahl der Option **V1.1**.
- **Betrifft Benutzer**
  Nehmen Sie eine Eingabe im Feld **Betrifft Benutzer** vor, um den Workflow gemäß der Eingabe des Benutzers einzuleiten. Die Eingabe des Benutzers kann ein beliebiges benutzerdefiniertes Feld oder ein externer Code sein. Wenn in diesem Feld kein Wert angegeben ist und vom Benutzer ein externer Code eingegeben wird, übernimmt dieses Feld standardmäßig den Wert des externen Codes.
- **Ausstehende Daten**
  Wenn Sie die Workflow-Weiterleitung so konfiguriert haben, dass eine Genehmigung erforderlich ist und eine Datenänderung nur bei der Genehmigung wirksam werden soll, wählen Sie den Eintrag **Ja**. Die entsprechenden Änderungen werden nur genehmigt, wenn der Workflow genehmigt wurde. Außerdem können Sie weitere Änderungen an diesen Datensätzen erst vornehmen, nachdem der Workflow genehmigt oder abgelehnt worden ist.

- **To-Do-Kategorie**
  Wenn im Feld **Ausstehende Daten** der Eintrag **Ja** ausgewählt worden ist, setzen Sie das Feld **To-Do-Kategorie** auf die Kategorie Ihrer SAP-SuccessFactors-Startseite, unter der die Genehmigung durch die Workflow-Weiterleitung angezeigt werden soll.

Unterhalb dieses Bereichs, der zunächst die Kopfdaten des Objekts enthält, finden Sie die Bereiche für weitere Komponenten der Objektdefinition: **Felder**, **Verknüpfungen**, **Durchsuchbare Felder**, **Geschäftsschlüsselfelder**, **Sicherheitsfunktionen**, **Regeln** und **Regeln initialisieren** (siehe Abbildung 12.8).

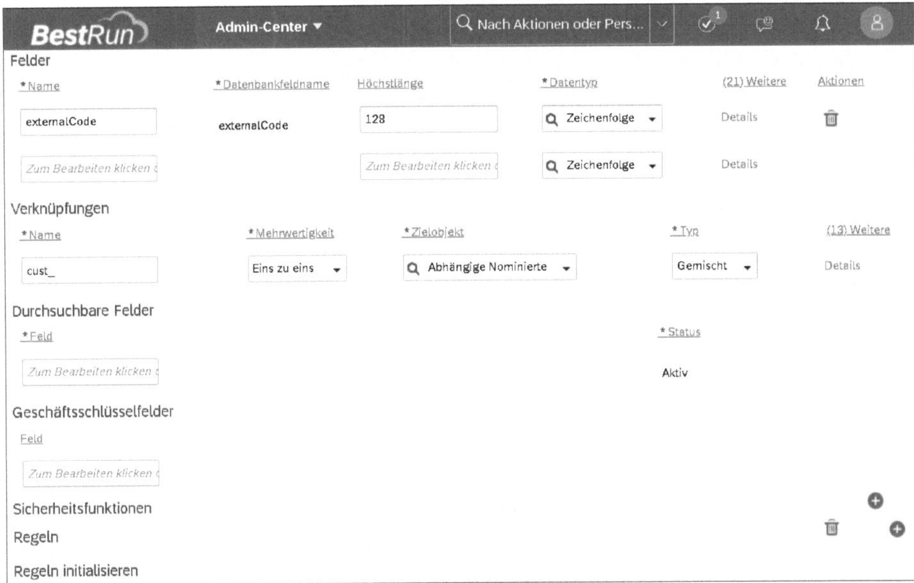

Abbildung 12.8 Unterer Bereich der Objektdefinition

Im Folgenden beschreiben wir die einzelnen Bildbereiche:

Felder

Im Bereich **Felder** können Sie bis zu 200 Felder hinzufügen; zwei Felder sind vorbelegt:

- **externalCode**
  Hierbei handelt es sich um das Kennzeichen des Objektdatensatzes. Der **Datentyp** dieses Feldes kann viele Ausprägungen haben. Die beiden häufigsten Ausprägungen sind:
  - **Automatische Nummer**: Diese Ausprägung wird verwendet, wenn Sie möchten, dass das System automatisch eine Kennung für den Objektdatensatz generiert.

  - **Benutzer**: Diese Ausprägung wird für generische Objekte verwendet, die vom Anwender in ESS-/MSS-Szenarien genutzt werden.

- **externalName**
  Hierbei handelt es sich um die Bezeichnung des Datensatzes. Dieses Feld wird oft als **Datentyp Zeichenfolge** belassen.

Wenn Sie das Feld **Festlegung des Stichtags** in der Objektdefinition aktivieren (dazu später mehr), werden Ihnen zwei weitere Felder hinzugefügt:

- **effectiveStartDate**
  In diesem Feld wird das Anfangsdatum von Datensätzen für Objekte mit Gültigkeitsdatum (also Zeitscheiben) gespeichert.
- **transactionSequence**
  Wenn Sie im Feld **Festlegung des Stichtags** die Option **Mehrere Änderungen pro Tag** verwenden, benötigen Sie dieses Feld.

Für jedes Feld gibt es eine Reihe von Attributen:

- **Name**
  Dieses Attribut bezeichnet das Feld, das in der Benutzeroberfläche (UI) angezeigt wird.
- **Datenbankfeldname**
  Der Datenbankfeldname ist der technische Name des Feldes in der Objektdefinition.
- **Höchstlänge**
  Dieses Attribut legt die maximale Länge des Eingabewertes fest. Der Standardwert ist 255 Zeichen, der Wert hängt aber von den folgenden Datentyp-Attributen ab:
  - **Name** und **externalCode**: 128 Zeichen.
  - **Zeichenfolge**: 4.000 Zeichen für Standardobjekte.
  - **Nummer**: 4.000 Zeichen. Es wird empfohlen, 38 Zeichen nicht zu überschreiten.
  - **Dezimalzahl**: 4.000 Zeichen, aber es wird empfohlen, 38 Zeichen nicht zu überschreiten. Das Attribut **Höchstlänge** berücksichtigt auch die Dezimalstellen des Wertes dieses Feldtyps.
- **Datentyp**
  Einige der gebräuchlichsten Datentypen sind im Folgenden aufgelistet:
  - **Allgemeines Objekt**: eine Liste von Datensätzen für ein bestimmtes, in weiterer Folge auszuwählendes generisches Objekt.
  - **Anhang**: ein Feld, das einen Anhang enthält.
  - **Auswahlliste**: referenziert eine Auswahlliste.
  - **Benutzer**: eine Mitarbeiterin oder ein Mitarbeiter im System; wird für das Feld **externalCode** in jedem ESS-Generic-Object verwendet.

- **Boolesch**: ein Ja- oder Nein-Feld.
- **Datum**: speichert ein Datum im Format, das dem Gebietsschemas des Benutzers entspricht.
- **Grundlagenobjekt**: eine Liste von Datensätzen für ein bestimmtes, in weiterer Folge auszuwählendes Grundlagenobjekt. Beachten Sie, dass Sie die neueren Grundlagenobjekte unter **Allgemeines Objekt** referenzieren.
- **Zu übersetzen**: ein String-Feld, das in jede im System aktivierte Sprache übersetzt werden kann.

Zusätzliche Attribute sind verfügbar, wenn Sie unter der Überschrift **Weitere** auf den Link **Details** zum gewünschten Feld klicken (siehe Abbildung 12.9).

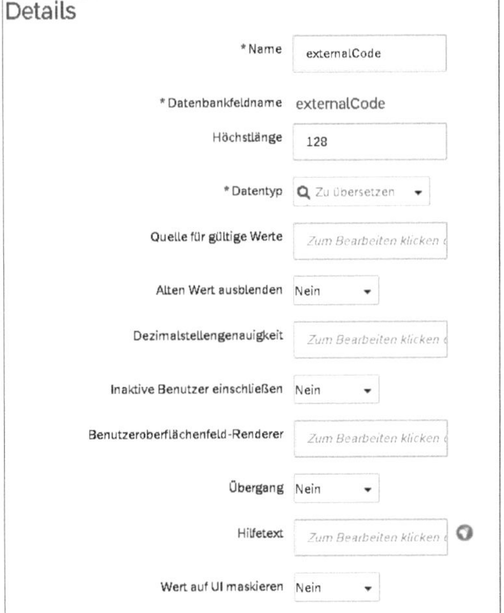

Abbildung 12.9 Felddetails

Im Detailbereich stehen Ihnen dann weitere wichtige Attribute und Ausgestaltungsmöglichkeiten zur Verfügung:

- **Quelle für Gültige Werte**
  Wenn der Wert des Datentyps **Grundlagenobjekt** oder **Allgemeines Objekt** ist, müssen Sie hier die Kennung dieses Objekts eingeben. Lautet der Datentyp **Auswahlliste**, wird die Auswahlliste aus einer Dropdown-Liste ausgewählt.
- **Alten Wert ausblenden**
  In diesem Feld wird festgelegt, ob der alte Wert eines Feldes durchgestrichen neben dem Feld angezeigt werden soll, wenn sich der Wert in der Regel durch ESS/MSS geändert hat.

- **Inaktive Benutzer einbeziehen**
  Wenn der Wert des Attributs **Datentyp** auf **Benutzer** gesetzt ist, kann damit bestimmt werden, ob inaktive Benutzer in der Liste der Benutzer enthalten sein sollen.
- **Benutzeroberflächenfeld-Renderer**
  Mit diesem Feld wird verhindert , dass der externe Code einer Auswahlliste oder eines generischen Objekts neben dem Wert angezeigt wird (wenn er in einer Dropdown-Liste zu sehen ist). Die möglichen Feldwerte sind wie folgt:
  - **displayPicklistWithoutExternalCode**: wird für Auswahllisten verwendet.
  - **displayGOWithoutExternalCode**: wird für generische Objekte verwendet.
- **Hilfe-Text**
  Der Hilfe-Text, der neben einem Feld angezeigt werden soll. Der Feldinhalt kann für jede im System aktivierte Sprache übersetzt werden.
- **Standardwert**
  In dieses Feld kann ein Standardwert für ein Feld angegeben werden.
- **Sekunden ausblenden**
  Wenn das Attribut **Datentyp** auf einen Wert gesetzt ist, der die Uhrzeit enthält, kann mit diesem Attribut festgelegt werden, ob die Sekunden angezeigt oder ausgeblendet werden sollen.
- **Erforderlich**
  Über dieses Feld können Sie festlegen, ob ein Feldeintrag obligatorisch sein soll.
- **Sichtbarkeit**
  Über das Feld **Sichtbarkeit** legen Sie fest, ob das Feld im User Interface sichtbar sein soll. Manchmal ist es zweckmäßig, Felder auszublenden, z. B. wenn Felder für Berechnungen und/oder Integrationen benötigt werden, es aber nicht erforderlich ist, sie dem Anwender anzuzeigen.
- **Status**
  Über das Feld **Status** legen Sie fest, ob das betreffende Feld aktiv oder inaktiv sein soll.
- **Deaktiviert von**
  Wenn der Status des Feldes **Inaktiv** lautet, wird hier die Person angezeigt, die das Feld deaktiviert hat. Dieses Feld ist schreibgeschützt.

Unterhalb der Attribute finden Sie die Bereiche **Regeln**, **Feldkriterien** und **Bedingung** (siehe Abbildung 12.10).

Im Bereich **Regeln** können Sie Geschäftsregeln einbinden. Wenn das Datentyp-Attribut eines Feldes **Grundlagenobjekt**, **Allgemeines Objekt** oder **Auswahlliste** lautet, können Feldkriterien verwendet werden, um die Liste der Objekte zu filtern.

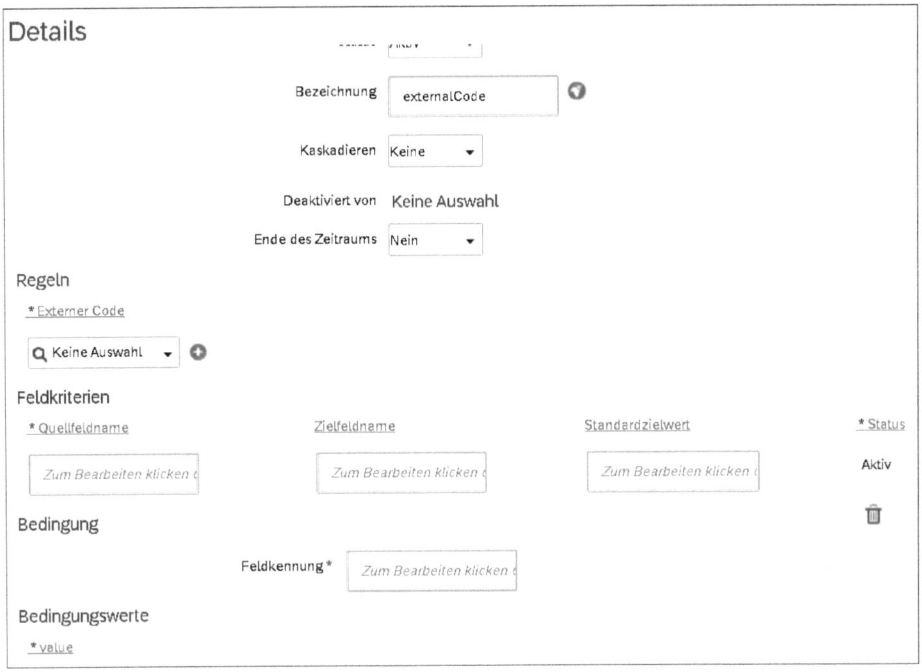

Abbildung 12.10 Weitere Felddetails

Attribute nutzen

Wenn Ihr generisches Objekt ein Feld mit dem Datentyp-Attribut **Generisches Objekt** verwendet und das Referenzobjekt **Juristische Einheit** ist, fügen Sie ein Feld mit dem Datentyp-Attribut **Generisches Objekt** hinzu und verweisen auf das Objekt **Kostenstelle**. Für dieses Feld legen Sie ein Feldkriterium fest: das Feld **Juristische Einheit** in Ihrem generischen Objekt und das Feld **Juristische Einheit** im Kostenstellenobjekt. Sie können damit also Verbindungen auf Basis von Wertübereinstimmungen im Zielobjekt mit einem verbundenen generischen Objekt schaffen.

Um ein Feldkriterium hinzuzufügen, geben Sie das Quellfeld in das Attribut **Quellfeldname** ein (z. B. das Feld in Ihrem Zielobjekt) und das (passende) Zielfeld in das Attribut **Zielfeldname**. Auch können Sie einen Standardwert in das Attribut **Standardzielwert** schreiben, der gezogen wird, wenn sich aus der Verknüpfung kein anderer Wert ergibt. Durch das Ausfüllen einer Zeile aktiviert das System automatisch eine weitere Zeile unterhalb, in der Sie weitere Kriterien pflegen können.

Im Bereich **Bedingung** können Sie die Sichtbarkeit des Feldes vom Wert eines anderen Feldes abhängig machen, das der von Ihnen definierten Bedingung entspricht.

[zB]

Mit Bedingung arbeiten

Sie erstellen ein Feld **Zugeordneter Standort** für Ihr generisches Objekt und möchten, dass es nur angezeigt wird, wenn im Feld **Standort** die Eingabe **Deutschland** vorgenommen worden ist. Um diese Bedingung zu definieren, geben Sie einfach das Zielfeld in das Attribut **Feldkennung** und den passenden Wert bzw. die passenden Wert(e) unter **Bedingungswerte** in das Attribut **value** ein. Verwenden Sie die Schaltfläche [+], um weitere Werte für die Bedingung hinzuzufügen.

Verknüpfungen

Im Bereich **Verknüpfungen** können Sie beliebige Verknüpfungen zu anderen generischen Objekten erstellen. Es werden Ihnen dort die folgenden Attribute angezeigt, die Sie pflegen können (siehe Abbildung 12.11):

- **Name**
  Das Attribut **Name** enthält die Bezeichnung für die Verknüpfung.
- **Mehrwertigkeit**
  Es stehen Ihnen in diesem Feld zwei Optionen zur Auswahl:
  - **Eins zu eins**: Ein generischer Objektdatensatz kann nur mit einem anderen untergeordneten generischen Objektdatensatz verknüpft sein.
  - **Eins zu viele**: Ein Datensatz eines generischen Objekts kann mit vielen Datensätzen eines untergeordneten generischen Objekts verknüpft sein.
- **Zielobjekt**
  Hierbei handelt es sich um das generische Zielobjekt der Verknüpfung.
- **Typ**
  Es stehen Ihnen im Feld **Typ** die folgenden Optionen zur Auswahl:
  - **Gemischt**: Der zugehörige generische Objektdatensatz kann nur als Kind eines generischen Objektdatensatzes existieren.
  - **Gültig wenn**: Der zugehörige generische Objektdatensatz kann mit oder ohne den zugehörigen generischen Objektdatensatz existieren.
  - **Nach Spalte verbinden**: Ziel und Quellobjekt werden auf Basis einer Feldwerteliste verbunden.

Zusätzliche Attribute sind verfügbar, wenn Sie auf **Details** rechts in der Zeile des betreffenden Objekts klicken (siehe Abbildung 12.11).

Im Folgenden erläutern wir die für Verbindungen wichtigen Attribute:

- **Zielobjektspalte**
  Dies ist der Feldname des untergeordneten generischen Objekts, das dem generischen Objekt zugeordnet werden soll.

- **Quellobjektspalte**
  Dies ist der Feldname des übergeordneten generischen Objekts, auf dem das generische Objekt abgebildet werden soll.
- **Benutzeroberflächen-Zuordnungsrenderer**
  Dieses Feld ist aktuell ohne Funktion.
- **Neuordnung zulassen**
  Standardmäßig ist dieses Feld auf **Ja** gesetzt, und Sie können die Reihenfolge der Assoziationsdaten unter Aktionssuche und **Daten verwalten** ändern. Wenn Sie dieses Feld auf **Nein** setzen, wird die Reihenfolge der Assoziationsdaten vom System festgelegt.

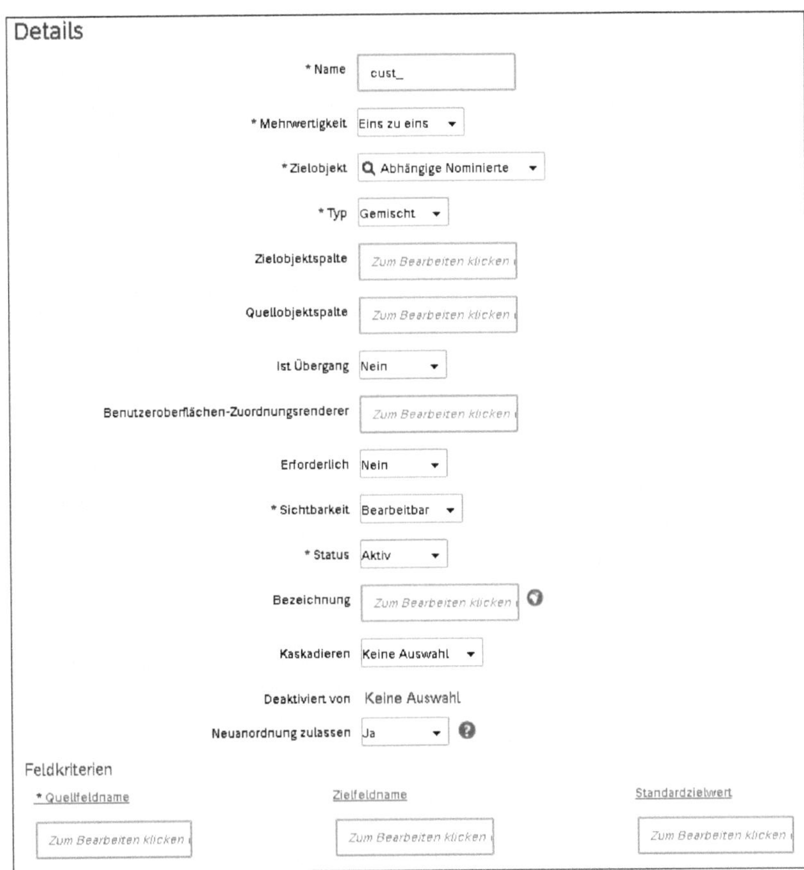

Abbildung 12.11 Zusätzliche Attribute pflegen

Geschäftsschlüsselfelder

Im Bereich **Geschäftsschlüsselfelder** können Sie einen eindeutigen Schlüssel für jeden Datensatz eines Objekts im System definieren. Dies gilt auch für alle Employee-Central-Objekte, die ausgeliefert werden.

Der Standard ist in der Regel die Kombination aus den Feldern **externalCode** und **effectiveStartDate** für ein Objekt mit Stichtag oder nur **externalCode** für ein Objekt ohne Stichtag. Wenn Sie den Standard nicht nutzen wollen, können Sie in diesem Bereich für das generische Objekt einen eigenen Geschäftsschlüssel definieren (siehe Abbildung 12.12).

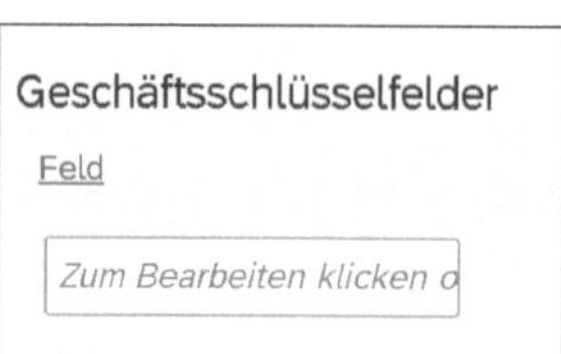

Abbildung 12.12 Geschäftsschüsselfelder pflegen

Klicken Sie einfach auf das vorhandene Feld im Bereich **Geschäftsschlüsselfelder**, und tragen Sie dort den Feldnamen ein. Darunter stellt das System automatisch ein weiteres Feld zur optionalen Eingabe bereit. Häufig wird dieser Abschnitt leer gelassen, was bedeutet, dass die Standard-Geschäftsschlüssel verwendet werden.

Durchsuchbare Felder

Im Bereich **Durchsuchbare Felder** können Sie alle Felder definieren, die für die Suche nach dem generischen Objekt (die Sie über Aktionssuche und **Daten verwalten** erreichen) verwendet werden können. Ebenso wie im Bereich **Geschäftsschlüsselfelder** klicken Sie für jedes Feld, das Sie nutzen wollen, auf die Schaltfläche **Zeile hinzufügen** und geben das betreffende Feld in das Attribut **Feld** ein. Beachten Sie, dass wenn es sich um ein benutzerdefiniertes Feld handelt, der Feldname mit `cust_` beginnen muss. Wenn Sie den Wert einer Pickliste aufnehmen wollen, müssen Sie z. B. den Wert eintragen und an den Wert den Suffix `label` anhängen, also z. B. `Hardware.label`.

Regeln

Im Bereich **Regeln** können Sie Geschäftsregeln an bestimmten Punkten im Lebenszyklus eines Objekts auslösen.

In Abbildung 12.13 sehen Sie die verfügbaren Auslösepunkte, denen Sie Geschäftsregeln zuweisen können. Folgende Auslösepunkte sind verfügbar:

- **Regeln initialisieren**
  Der Auslösepunkt **Regeln initialisieren** löst Regeln beim Erstellen eines generischen Objektdatensatzes aus. Initialisierungsregeln werden typischerweise zum Festlegen von Feldvorgaben für ein generisches Objekt verwendet.

- **Regeln validieren**
  Der Auslösepunkt **Regeln validieren** löst Regeln bei der Eingabe von Daten in einem generischen Objektdatensatz aus.
- **Regeln für das Speichern**
  Über **Regeln für das Speichern** werden Regeln beim Speichern eines generischen Objektdatensatzes ausgelöst.
- **Regeln nach dem Speichern**
  Über Regeln nach dem Speichern werden Alarme oder Benachrichtigungen ausgelöst, nachdem ein generischer Objektdatensatz gespeichert worden ist.
- **Regeln löschen**
  Über Regeln löschen werden Regeln ausgelöst, wenn ein generischer Objektdatensatz gelöscht wird.

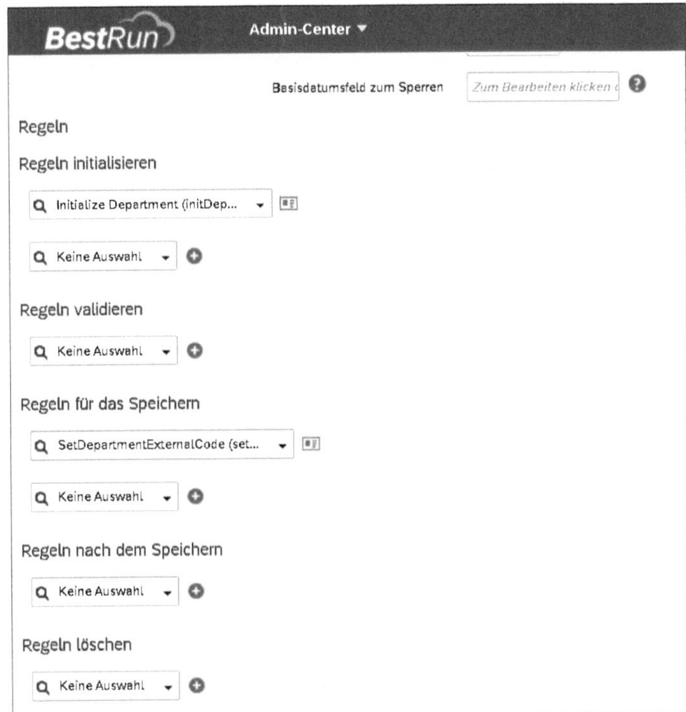

Abbildung 12.13 Regeln in der Objektdefinition

Für jeden Auslösepunkt erstellt das System automatisch einen neuen Eintrag, sobald Sie eine Regel ausgewählt haben. Über einen Klick auf die Schaltfläche **Regel anzeigen** können Sie die Regel anzeigen oder auch neue Regeln erstellen (siehe Abbildung 12.14).

Abbildung 12.14 Symbol für die Regel anzeigen

Als Nächstes erstellen wir eine Benutzeroberfläche für unser generisches Objekt bzw. binden es in das Feld **Standardbildschirm** ein.

Standardbildschirm (UI)

Sie können einem MDF-Objekt eine standardmäßige konfigurierbare Benutzeroberfläche (UI) zuweisen. Die zugewiesene Standardbenutzeroberfläche wird überall dort verwendet, wo das MDF-Objekt auftaucht, z. B. in der Aktionssuche unter **Daten verwalten** oder auch in ESS/MSS für die Anzeige für Mitarbeitende und für das Management im Mitarbeiterprofil. Das Layout der Felder des generischen Objekts und die Art und Weise, wie diese Felder für die Mitarbeitenden angezeigt werden sollen, kann sich von dem Layout und der Konfiguration der erstellten Objektdefinition unterscheiden, da die Benutzerfreundlichkeit im Self-Service-Bereich sehr wichtig ist.

Erstellen Sie nun ein Konfigurations-UI (ein Standardbild für die Anzeige der Daten Ihrer Erweiterung) über **Konfigurations-UI verwalten** in der Aktionssuche (siehe Abbildung 12.15).

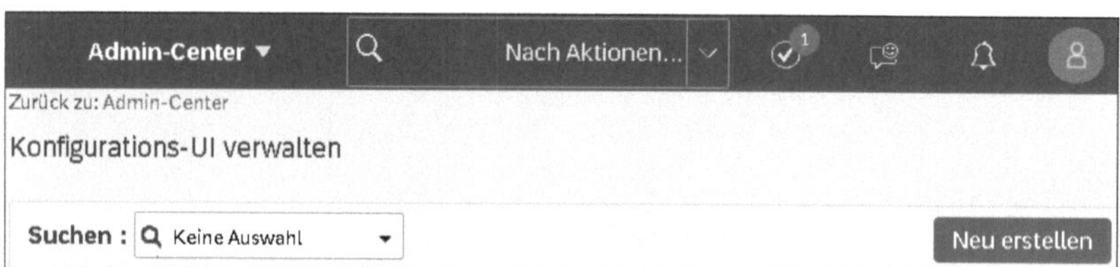

Abbildung 12.15 Konfigurations-UI neu erstellen

Danach wählen Sie Ihre Erweiterung im Feld **Basisobjekt auswählen** aus; in unserem Fall heißt das Basisobjekt **Equipment**. Sobald Sie das Basisobjekt ausgewählt haben, füllt sich das Bild automatisch mit allen Objektfeldern des Basisobjekts (siehe Abbildung 12.16). Jedes Feld kann nun umbenannt, entfernt oder ausgeblendet werden.

Änderungen in einer Konfigurations-UI

Alle Änderungen, die Sie an Feldern im Editor für die Konfigurationsoberfläche vornehmen, gelten nur für die Oberfläche, die Sie gerade erstellen oder bearbeiten. Die ursprünglichen Felder des generischen Objekts werden nicht geändert.

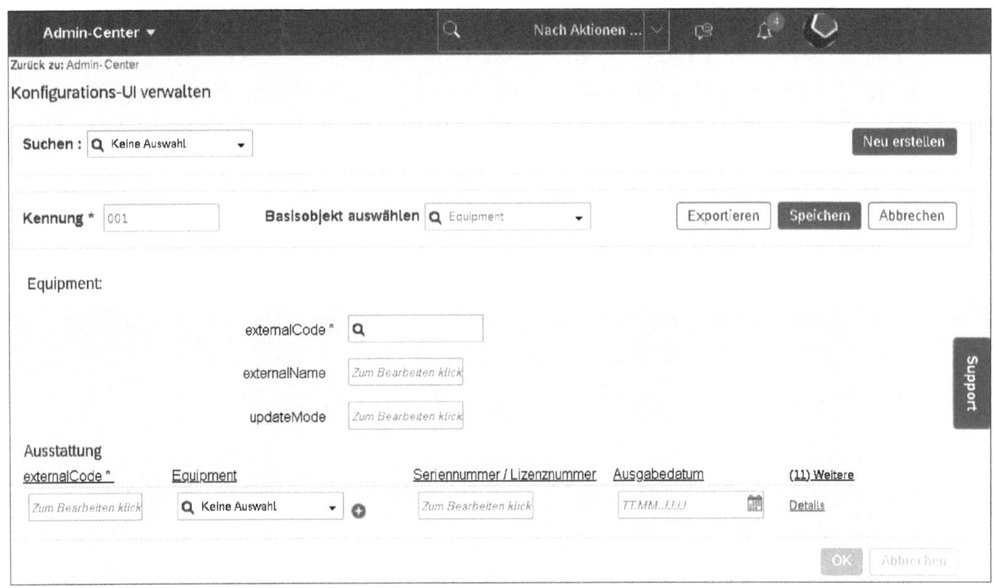

Abbildung 12.16 Konfigurations-UI mit der Erweiterung »Equipment« pflegen

Wenn Sie mit der Maus über den Kopfbereich des Bereichs **Equipment** fahren, eröffnen sich Ihnen neue Möglichkeiten (siehe Abbildung 12.17). Mit einem Klick auf die Schaltfläche (**Eigenschaften bearbeiten**) können Sie die Eigenschaften für das Konfigurations-UI bearbeiten, und mit einem Klick auf die Schaltfläche (**Manage UI Rules**) rechts daneben definieren Sie Regeln, die das Verhalten der Felder in ESS/MSS festlegen.

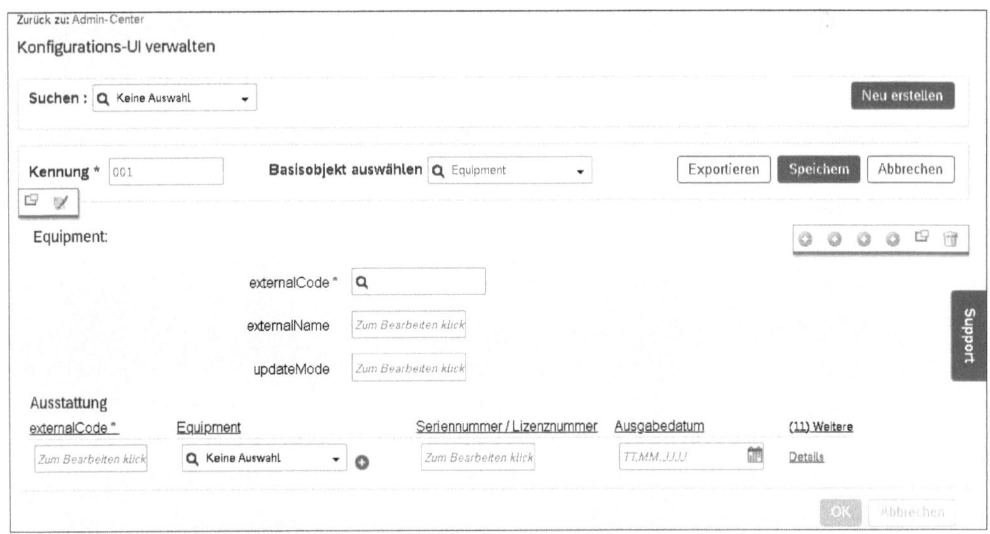

Abbildung 12.17 Eigenschaften bearbeiten

Weitere Optionen stehen jeweils über die unterschiedlichen Schaltflächen mit dem Icon [⊕] bereit, die in Abbildung 12.18 zu sehen sind. Klicken Sie diese Schaltflächen an, wird dem Objekt jeweils ein entsprechender Bereich hinzugefügt.

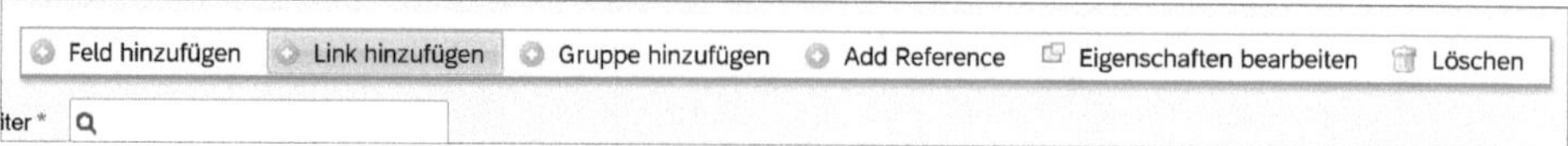

Abbildung 12.18 Optionen zur Bearbeitung

Auch können Sie das Layout von Feldern ändern und Felder zu Bereichen (Gruppen) hinzufügen (siehe Abbildung 12.19).

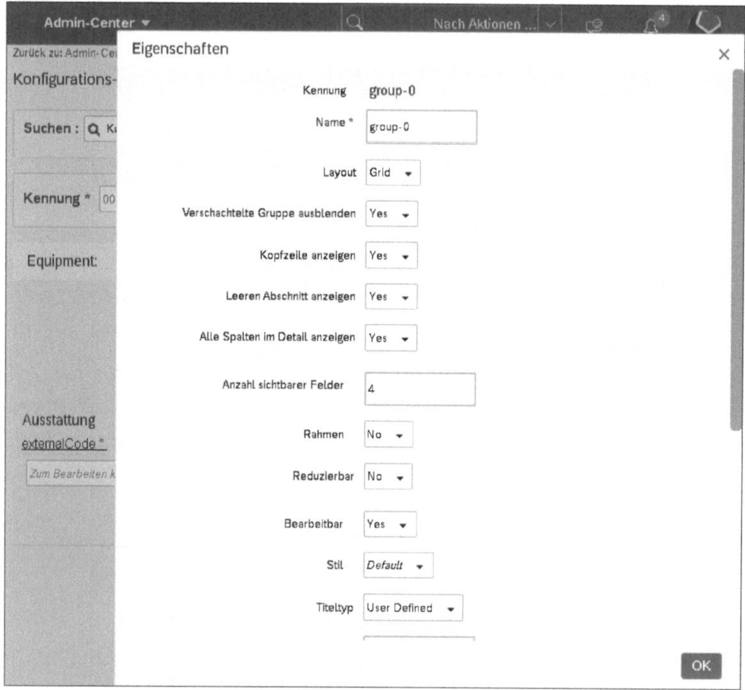

Abbildung 12.19 Gruppe im Konfigurations-UI

Gruppen können Namen und Rahmen haben und auch so eingestellt werden, dass sie im UI einklappbar sind.

Wenn Sie Änderungen an den dargestellten Feldern vornehmen möchten, klicken Sie auf das zu ändernde Feld. Daraufhin sehen Sie zwei Schaltflächen neben dem Feld, in unserem Beispiel neben dem Feld **Seriennummer/Lizenznummer** (siehe Abbildung 12.20). Über einen Klick auf die Schaltfläche [✎] können Sie Eigenschaften bearbeiten und über [X] Eigenschaften löschen.

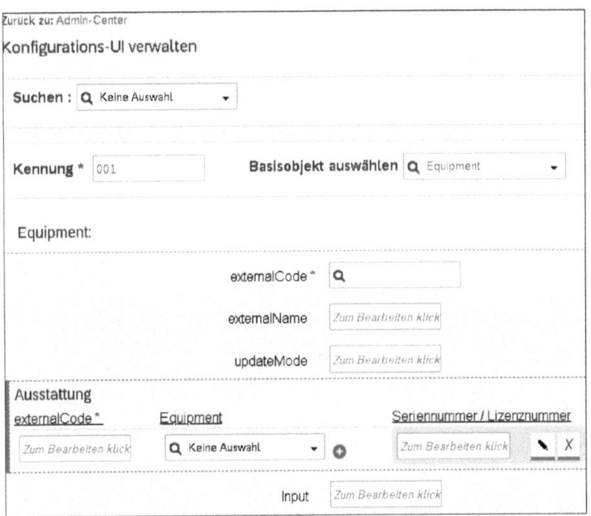

Abbildung 12.20 Änderungen am Layout eines Feldes vornehmen

Wenn Sie auf die Schaltfläche ✎ (**Eigenschaften bearbeiten**) klicken, können Sie die spezifischen Eigenschaften für dieses Feld öffnen, wie in Abbildung 12.21 und Abbildung 12.22 dargestellt. Sie können nun verschiedenste Änderungen vornehmen, z. B. das Feld ausblenden oder einen Schreibschutz einrichten, die Beschriftung ändern oder dem Feld eine UI-spezifische Regel zuweisen.

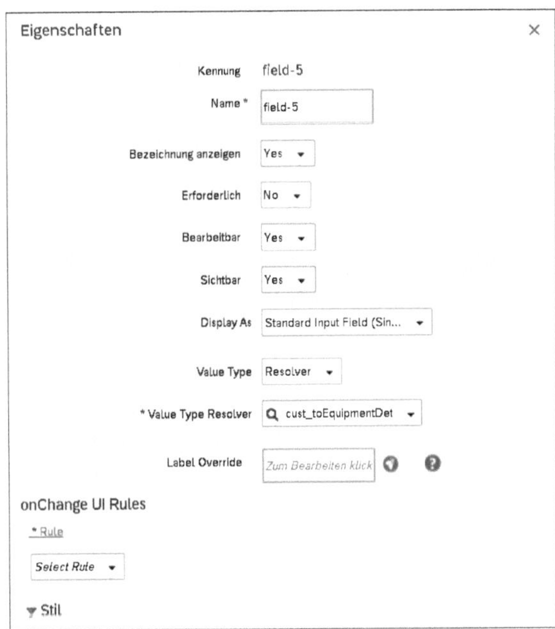

Abbildung 12.21 Eigenschaften eines Feldes im Konfigurations-UI (oberer Bildbereich)

Abbildung 12.22 Eigenschaften eines Feldes im Konfigurations-UI (unterer Bildbereich)

Als Nächstes schauen wir uns die Sicherheitsfunktionen für ein Objekt an.

Sicherheitsfunktionen

Im Bereich **Sicherheitsfunktionen** legen Sie fest, ob das generische Objekt mit einer Berechtigung versehen und damit geschützt werden oder ob es für jeden Benutzer prinzipiell sichtbar sein soll (siehe Abbildung 12.23).

BestRun
Admin-Center
Sicherheitsfunktionen
Gesichert * Ja
Berechtigungskategorie MDF-Grundlagenobjekte
RBB-Feld „Betrifft Benutzer" Zum Bearbeiten klicken
ERSTELLEN respektiert Zielkriterien Nein
Basisdatumsfeld zum Sperren Zum Bearbeiten klicken

Abbildung 12.23 Sicherheitsfunktionen

Die folgenden Attribute sind verfügbar:

- **Gesichert**
  Legt fest, ob und wie das Objekt gesichert ist:
  - **Nein**: lässt das Objekt und seine Daten ungesichert.
  - **Ja**: sichert das Objekt und macht es über die in den Attributen der Berechtigungskategorie definierte Berechtigung für die Verwaltung in **Berechtigungsrollen verwalten** zugänglich.
  - **Angepasst**: wird aktuell nicht unterstützt.
- **Berechtigungskategorie**
  Über **Berechtigungskategorie** legen Sie fest, in welcher der verfügbaren Kategorien das Feld bei der Definition der Berechtigungen von Berechtigungsrollen sichtbar sein soll.
- **RBB-Feld „Betrifft Benutzer"**
  Hier wird festgelegt, welches Feld oder welche Felder des Objekts bzw. der Erweiterung für die Vergabe von Berechtigungen verwendet werden sollen.
- **ERSTELLEN respektiert Zielkriterien**
  Über dieses Feld wird festgelegt, ob das System die Zielkriterien, die für den Benutzer gelten, berücksichtigen soll, wenn der Benutzer einen Objektdatensatz erstellt. Es gibt nur die beiden Optionen **Ja** und **Nein**.
- **Basisdatumsfeld zum Sperren**
  Hierbei handelt es sich um ein Datumsfeld, mit dem berechnet wird, ob der Datensatz gesperrt ist. Ein Eintrag in diesem Feld ist obligatorisch, wenn das Feld **Festlegung des Stichtags** auf **Elementar** oder **Mehrere Änderungen pro Tag** eingestellt ist.

Unter Aktionssuche und **Berechtigungsrollen verwalten** finden Sie nun die gesicherte Erweiterung und können die Berechtigungen ändern, die für das generische Objekt (Ihre Erweiterung) gelten (siehe Abbildung 12.24). Sie können z. B. das Kennzeichen **Überschreiben auf Feldebene** für jedes Feld des generischen Objekts aktivieren. In der Abbildung sehen Sie die Illustration für unsere Erweiterung **Equipment** (siehe Abbildung 12.24).

Nachdem die Erweiterung erstellt worden ist, gilt es nun, sie einzubinden und nutzbar zu machen.

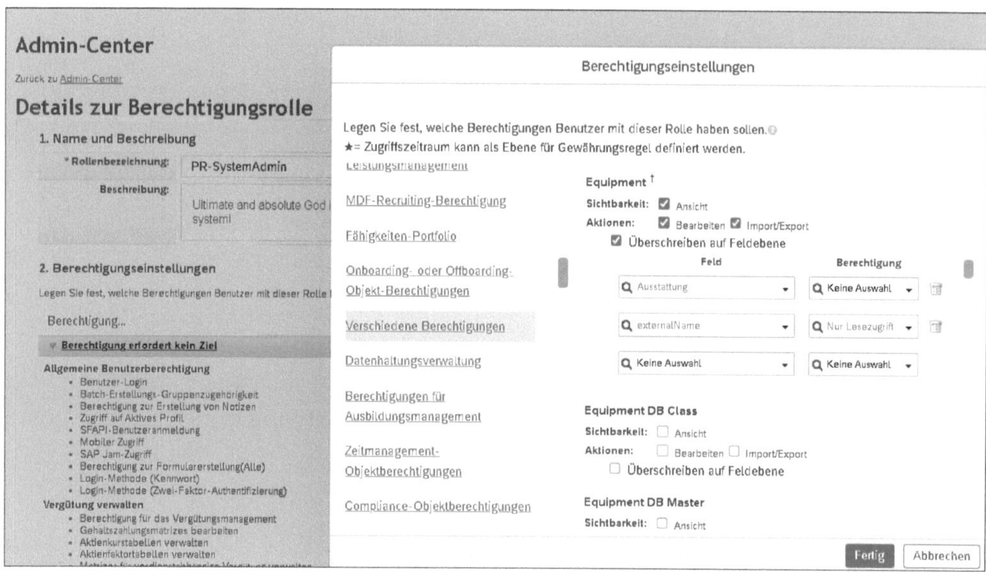

Abbildung 12.24 Berechtigungseinstellungen für die Erweiterung »Equipment« pflegen

12.3.3 Erweiterung zu Employee Self-Service oder Manager Self-Service hinzufügen

Standardbilder von generischen Objekten müssen zum Personenprofil hinzugefügt werden, damit Sie sie in ESS oder MSS nutzen können. Rufen Sie die Personenprofilkonfiguration über Aktionssuche und **Personenprofil konfigurieren** auf. Erstellen Sie einen neuen Bereich, und fügen Sie einen Block vom Typ **MDF-Informationen zum aktiven Profil** ein. Tragen Sie außerdem rechts im Bild in der Suche unter **Verfügbare Blöcke** »mdf« ein (siehe Abbildung 12.25).

Das Ergebnis können Sie dann nach links in einen der freien Blöcke übertragen.

Danach wählen Sie im Feld **MDF-Bildschirmkennung** eine solche aus, d. h. das Standardbild, das Sie für das MDF-Objekt für die Anzeige der Daten erstellt haben (siehe Abbildung 12.26).

Fügen Sie die erforderlichen Bezeichnungen in den verschiedenen Sprachen ein, und speichern Sie die Konfiguration ab.

Wenn Sie die Rechte und Rollen korrekt gesetzt haben, kann die Erweiterung von mitarbeitenden Personen und Führungskräften eingesehen und verwaltet werden.

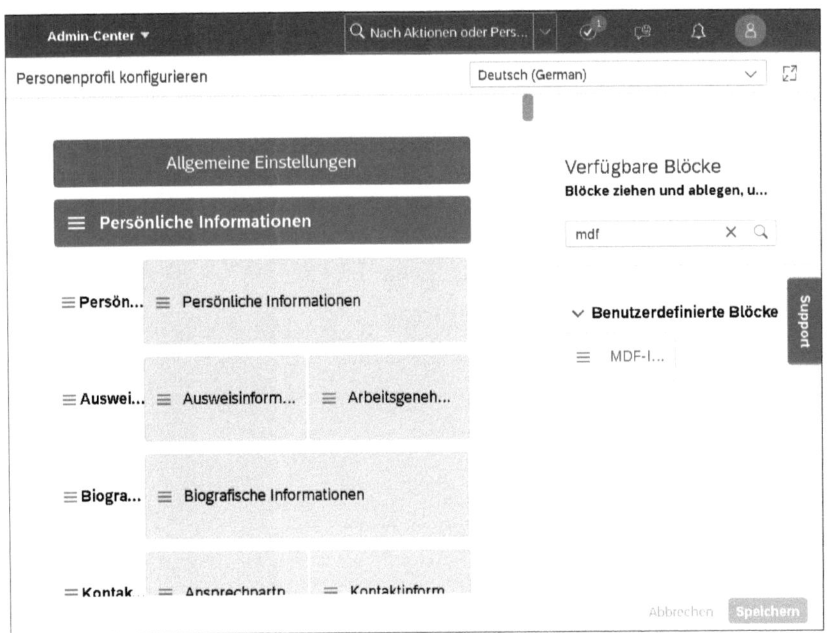

Abbildung 12.25 MDF-Objekt in das Personenprofil einfügen

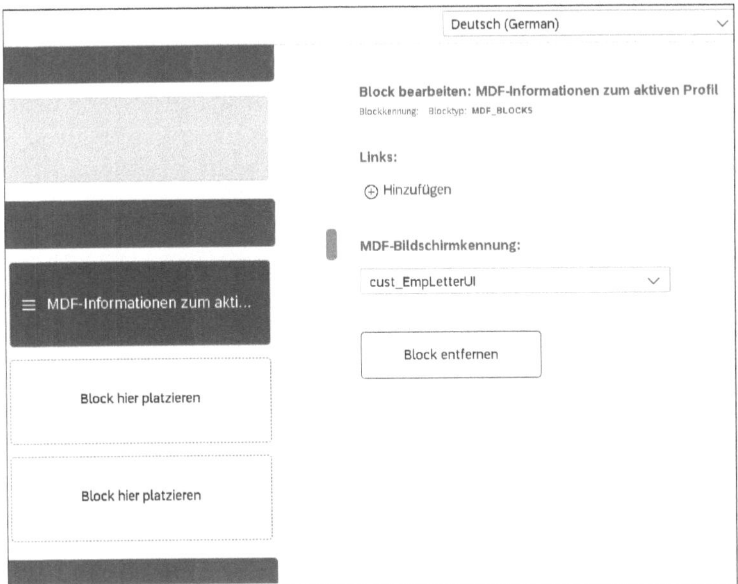

Abbildung 12.26 Standardbild für die Anzeige der Daten im MDF-Objekt auswählen

12.3.4 Erweiterungen transportieren

Wir empfehlen Ihnen, Erweiterungen in einer Entwicklungsumgebung zu entwickeln, in der Testumgebung zu testen und erst dann in die Produktion zu bringen. SAP SuccessFactors unterstützt das mit dem Transportwesen und dem Instanzsynchronisierungstool (siehe Abbildung 12.27) oder mit dem Konfigurations-Center.

Instanzsynchronisierungstool

Auf dieser Seite können Sie alle Instanzsynchronisierungsanforderungen überwachen

ⓘ**Die Daten auf dieser Seite sind in der Zeitzone GMT-04:00 angegeben.**

Antwortcodes für die Instanzsynchronisierung

Erstellt von | Zielinstanz: Instanz auswählen | Synchronisierun: Synchronisierungstyp auswählen

Übermittlungsda: TT.MM.JJJJ | Status: Status auswählen | Synchronisierun

Suche

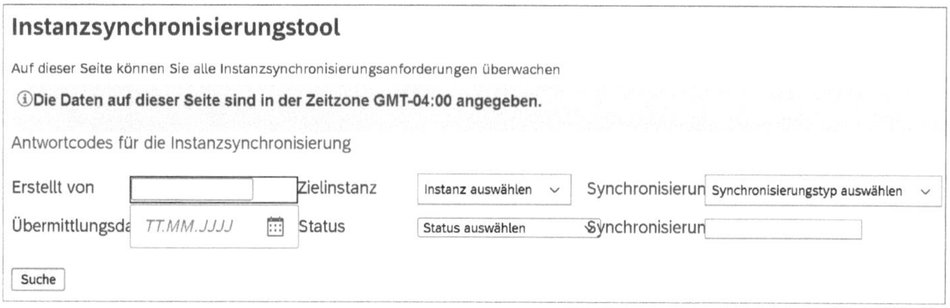

Abbildung 12.27 Instanzsynchronisierungstool

Instanzsynchronisierungstool und Konfigurations-Center

Die Einrichtung dieser beiden Werkzeuge, die eine hohe Qualität mit geringem Aufwand sicherstellen sollen, erfolgt im Rahmen der Implementierung von Employee Central. Auch können Sie diese Werkzeuge für den Transport Ihrer Erweiterungen nutzen.

12.4 Daten mit einer Standarderweiterung pflegen

Sie haben mehrere Möglichkeiten, um Daten in Ihren Erweiterungen zu pflegen, im Standard z. B. über die Eingabemaske, die Sie für die generischen Objekte erstellen können. Sie können die Daten aber auch über eine Erweiterung in der SAP BTP (siehe Abschnitt 12.6, »SAP Business Technology Platform«) anzeigen oder die Visualisierung mit Partnererweiterungen durchführen, die sich nativ in SAP SuccessFactors einbetten lassen. Wir stellen Ihnen hier die Standarderweiterung von SAP SuccessFactors und als Option die Darstellung über eine Partnererweiterung da. Die (fast unbeschränkten) Möglichkeiten, die Sie über die SAP BTP haben, erläutern wir kurz im folgenden Abschnitt.

Erweiterungen, die auf generischen Objekten basieren, werden in der Regel von mitarbeitenden Personen und dem Management direkt im Mitarbeiterprofil gepflegt. Generischen Objekten kann ein Workflow über Geschäftsregeln zugewiesen werden. So können Sie Änderungen durch Genehmigungsprozesse validieren und bestätigen lassen. Außerdem können Sie Benachrichtigungen in den verschiedenen Genehmigungsschritten versenden und die Berechtigungen im Lese-, Schreib-, Korrekturmodus, wie gewohnt, mit Rollen und Gruppen festlegen. Dieses ist im Kern ganz genau so, wie es im Standard mit Elementen von Employee Central wie den Bank- oder Adressdaten einer Mitarbeiterin oder eines Mitarbeiters funktioniert.

Administratorinnen und Administratoren können die Daten der jeweiligen Objekte über **Daten verwalten** in der Aktionssuche einsehen und pflegen (siehe Abbildung 12.28).

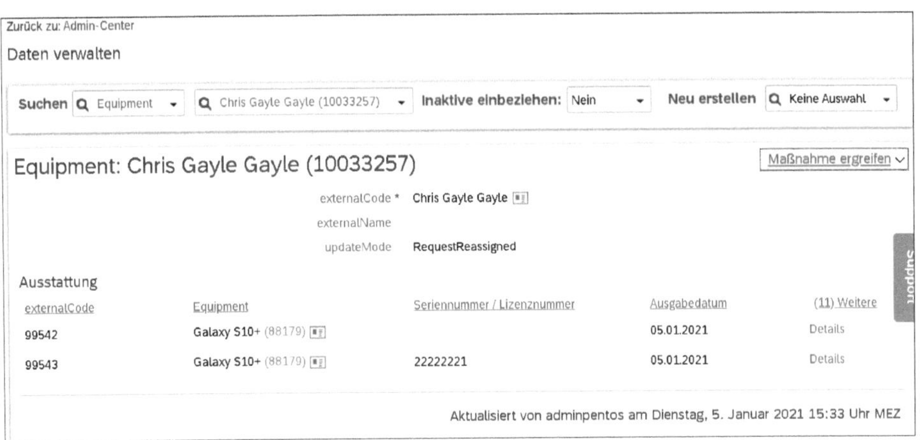

Abbildung 12.28 Daten einer Erweiterung verwalten

Wählen Sie das zu pflegende Objekt aus der Liste aus, in unserem Fall das Objekt **Equipment**, suchen Sie in der Auswahlliste nach dem gewünschten Eintrag, und wählen diesen per Klick aus. Über einen Klick auf **Maßnahme ergreifen** haben Sie über die entsprechenden Schaltflächen die Möglichkeit, Korrekturen vorzunehmen, um die Daten zu pflegen und Datensätze dauerhaft zu löschen. Bei Bedarf können Sie auch neue Datensätze erstellen. Wählen Sie **Neu erstellen** auf der rechten Seite des Bildes und anschließend das gewünschte Objekt aus.

Administratoren und Administratorinnen haben auch die Möglichkeit, Daten in der Masse zu importieren, zu aktualisieren und zu löschen. Die hiermit verbundenen Optionen haben wir in Kapitel 13, »Daten und Schnittstellen für Employee Central«, beschrieben.

Unser Beispielobjekt dient dazu, Mitarbeitenden zugewiesenes Equipment zuzuordnen. Aus Mitarbeitersicht sehen Sie die der Mitarbeiterin Carla Christl zugeordnete Ausrüstung (**Employee Assets**) im Mitarbeiterprofil über eine individuelle Ansicht **Ausrüstung** (siehe Abbildung 12.29). Die Mitarbeiterin hat Bearbeitungsrechte und kann ihre Ausrüstung selbst erfassen.

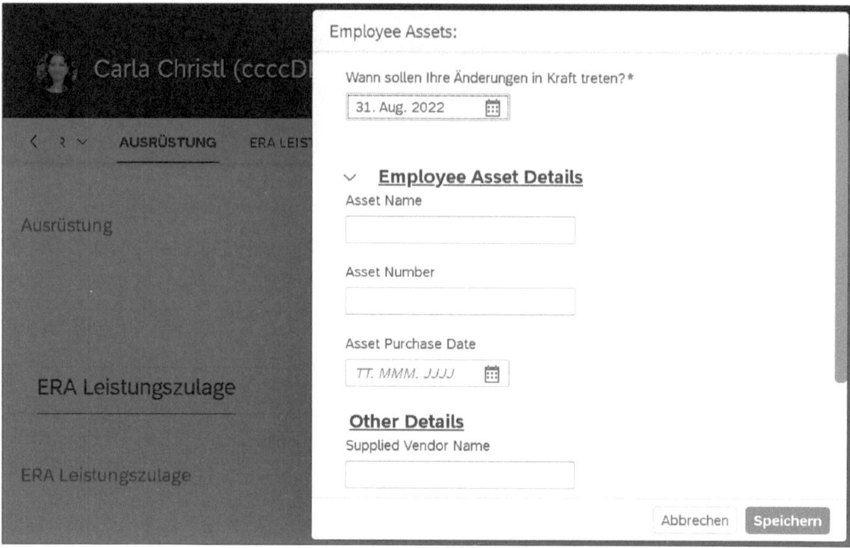

Abbildung 12.29 Ausrüstung erfassen

Weil es sich um MDF-Objekte handelt, haben Sie bei solchen Erweiterungen die Möglichkeit, die Versionierung zu aktivieren und den historischen Verlauf anzuzeigen. Je nach den Berechtigungen des Benutzers kann er jeden Datensatz korrigieren oder löschen, oder er kann einen neuen Datensatz einfügen, wenn er den Verlauf bearbeiten darf.

12.5 Erweiterung einer Standard-MDF-Erweiterung

Mit einer Erweiterung, die Implementierungspartner zusätzlich vornehmen können, lassen sich weitere spannende und zusätzliche Optionen realisieren, die auf einer Standarderweiterung aufsetzen und sie erweitern, sie im Kern aber nicht verändern. Im Folgenden illustrieren wir eine solche Partnererweiterung. Sie funktioniert in fast allen Punkten wie der Standard und erlaubt es beispielsweise darüber hinaus, die gewünschten Daten, egal aus welchem Bereich in SuccessFactors sie kommen, punktgenau und performant z. B. in Dashboards darzustellen und die benötigten Daten direkt zur Bearbeitung bereitzustellen.

Dies gelingt, indem Sie in den Browser zusätzliche Funktionalität laden, die das Erscheinungsbild der Benutzeroberfläche beliebig verändern. So lässt sich auch die Benutzerführung komplett auf den Anwendungsfall abstimmen. Damit gibt es im Hinblick auf Datenschutz, Datenverarbeitung, Rechte und Rollen, auf die Integration in den Standard und die Nutzung aller Standardfunktionen sowie auf die Erweiterbarkeit inklusive Releasesicherheit meist keine Bedenken. Neben diesen Vorteilen besticht eine solche Lösung auch dadurch, dass die Daten sehr schnell geladen werden – schneller als mit allen anderen Optionen.

In unserem Anwendungsfall zeigen wir Ihnen, wie Ausrüstungsgegenstände für alle Mitarbeitenden gepflegt werden können. Statt einzeln pro Mitarbeiterprofil (wie oben gezeigt und wie es im Standard der Fall ist) ist hier die Pflege auf einem Dashboard möglich, auf dem der Bearbeiter oder die Bearbeiterin alle Mitarbeitenden sieht, die er oder sie laut seinen oder ihren Berechtigungen im Standard sehen darf (siehe Abbildung 12.30).

Abbildung 12.30 Partner-Dashboard für Ausrüstungsgegenstände

Folgende Vorteile ergeben sich aus u. a. aus Benutzersicht:

- Mitarbeitende sehen nicht nur ihre Ausrüstungsgegenstände, sondern sofort auch die Ausrüstungsgegenstände aller ihnen zugeordneten Mitarbeitenden im Einklang mit den Rollen und Berechtigungen von SAP SuccessFactors. Die Daten werden wie in einem Bericht dargestellt, sind aber sofort und direkt pflegbar.
- Mitarbeitende können ihren Ausrüstungsgegenstand direkt pflegen, neue Ausrüstungsgegenstände anlegen und auch die Ausrüstungsgegenstände aller anderen Mitarbeitenden sehen und pflegen.
- Es gibt die Möglichkeit, Filter nach beliebigen Feldwerten zu setzen und punktgenau sowie sehr schnell die relevanten Daten anzuzeigen.
- Es können beliebige Daten aus allen Bereichen der SAP-SuccessFactors-Suite direkt angezeigt werden, auf die der Benutzer Zugriff hat – unabhängig davon, wie viele Klicks diese Informationen im Standard entfernt sind.
- Die Spalten lassen sich in der Größe verändern, und u. a. sind Scrollen sowie beliebige Berechnungen und Transformationen möglich.
- Ein Export nach Microsoft Excel ist per Knopfdruck möglich.
- Es gibt die Möglichkeit, Aktionen im Dashboard zu visualisieren, wenn z. B. Ausrüstungsgegenstände ausgemustert und erneuert werden müssen.
- Browserbasierte Integrationen zu Drittsystemen wie Microsoft Teams können einfach realisiert werden. So lassen sich die Statusinformationen aus Teams direkt in SAP SuccessFactors neben den Namen der Mitarbeitenden darstellen und unmittelbar von SAP SuccessFactors ein Chat per Click in Microsoft Teams realisieren.

Auch das Aussehen der Pflegemaske und die Funktionen in der Pflegemaske können über JavaScript-Funktionen beliebig verändert werden. Anbei als Abschluss dazu die Darstellung einer entsprechenden Pflegemaske (siehe Abbildung 12.31).

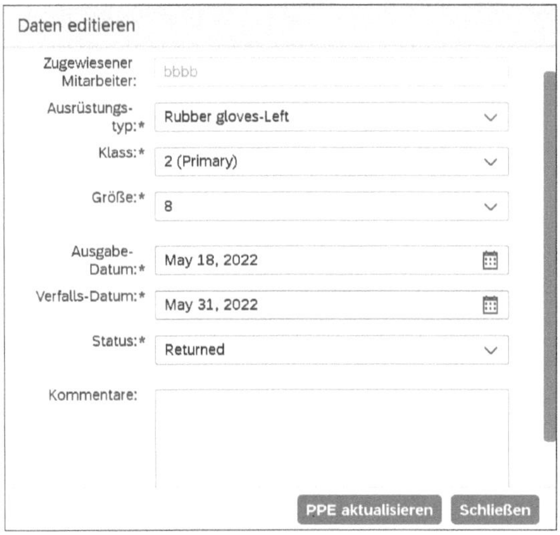

Abbildung 12.31 Pflegemaske mit Partnererweiterung

Die Wartung und der Betrieb einer solchen Erweiterung kann für den Kunden sehr einfach sein. In unserem Fall sind wichtige Konfigurationselemente auch in eigenen MDF-Objekten abgelegt. Der Administrator hat darauf Zugriff und kann so z. B. die angezeigten Felder oder auch Berechnungen selbständig verändern.

Wie solche und noch viele weitere Anforderungen mit der SAP BTP abgebildet werden können, zeigen wir Ihnen im folgenden Abschnitt.

12.6 SAP Business Technology Platform

Die *SAP Business Technology Platform* (SAP BTP) ist ein Platform-as-a-Service-Angebot (PaaS-Angebot) von SAP. Es bietet eine leistungsstarke Erweiterungsplattform mit dutzenden Services, die von der SAP-HANA-Datenbank über Datenintegrationsdienste bis hin zum Blockchain reichen.

Kunden und Partner können die SAP BTP nutzen, um Erweiterungen für SAP und Nicht-SAP Systeme zu erstellen. Auch die Nutzung für mobile Dienste ist möglich. Das Erweiterungsangebot richtet sich sowohl an andere Cloud- als auch an *On-Premise*-Systeme. Im Kern handelt es sich bei der SAP BTP um eine Java-basierte Plattform mit vielen Beschleunigern, die Sie nutzen können. Sie programmieren auf der SAP BTP primär mit Java (Backend) oder JavaScript (Frontend), jedoch können Sie auch viele andere Programmiersprachen wie z. B. ABAP nutzen.

Die SAP BTP können Sie nutzen, um Erweiterungen für Employee Central einzusetzen oder Erweiterungen selbst zu entwickeln, die nahtlos in SAP SuccessFactors eingebunden sind. Es gibt z. B. ein Single Sign-On. Damit muss sich der Endanwender nach einer Authentifizierung in bzw. über SAP SuccessFactors nicht mehr authentifizieren. Die Erweiterungen erben auch das Aussehen, das sogenannte *Theming* von SAP SuccessFactors, sodass die Erweiterungen so aussehen und sich so verhalten, als wären sie Teil Ihres SAP-SuccessFactors-Systems. Durch die Verwendung der OData-API können Sie Daten in Employee Central in Echtzeit lesen und schreiben. Auch andere Integrationsarten werden unterstützt.

Es gibt viele Anwendungsfälle für Erweiterungen für SAP SuccessFactors auf der SAP BTP. Typische Anwendungsfälle sind:

- Die standardmäßig gelieferte Funktionalität oder kundeneigene MDFs mit Geschäftsregeln erfüllen Ihre Anforderungen nicht.
- Oft ist eine Erweiterung eine Kombination von kunden- oder partnerspezifischen MDF-Objekten und Funktionalitäten mit einer BTP-Applikation.

Wenn eine Erweiterung entwickelt wird, wird versucht aus Gründen der einfachen Wartbarkeit so viel Funktionalität wie möglich innerhalb von SAP SuccessFactors abzubilden und die SAP BTP dort hinzuzunehmen, wo die Standardmöglichkeiten nicht ausreichen.

Wenn Sie z. B. kompliziertere mathematische Funktionen benötigen, können Sie oder Ihr Implementierungspartner Anwendungen auf der SAP BTP für Employee Central erstellen. Die benötigte Funktionalität wird dann in die SAP BTP ausgelagert, und das fertige Ergebnis, das Sie zur Weiterarbeit im SAP-SuccessFactors-Kontext benötigen, schreiben Sie aus der SAP BTP wieder an die richtige Stelle in Ihr SuccessFactors-System zurück.

Diese Erweiterungen sind kundenindividuelle Anwendungen, die in Java oder einer anderen Programmiersprache programmiert sind und verschiedene UI-Technologien nutzen. SAP stellt ein Software Development Kit (SDK) für die weit verbreitete Entwicklungsumgebung *Eclipse* zur Verfügung, das Sie nutzen können. SAP bietet auch Werkzeuge an, die es Ihnen ohne Programmierkenntnisse ermöglichen, funktionsfähige SAP-Fiori-Oberflächen zu gestalten, die Sie dann in Ihr SAP-SuccessFactors-System einbetten können.

Anbei zur Illustration die Architektur einer BTP-Erweiterung eines Partners im Zusammenspiel mit SAP SuccessFactors. In dem Fall wird vom Partner die App (die Erweiterung) geliefert, und der Kunde nutzt sie in seiner eigenen BTP-Umgebung. Die App ist mit SAP SuccessFactors integriert und für die Darstellung und die Logikverarbeitung zuständig (siehe Abbildung 12.32). In SAP SuccessFactors werden die Daten in kundeneigenen MDF-Objekten gespeichert.

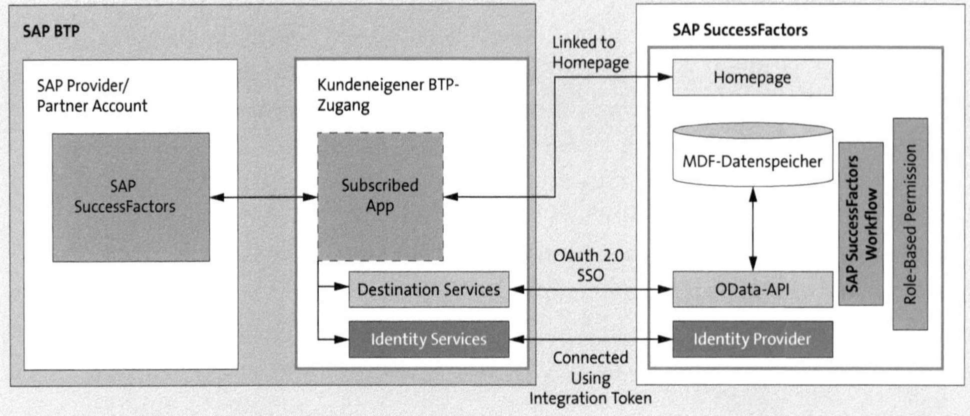

Abbildung 12.32 Architektur einer Partner-App

Im Fall der Erweiterung aus Abschnitt 12.4 könnte eine BTP-Erweiterung verwendet werden, um die Standarddarstellung und die Funktionsweise der Erweiterung zu verändern. Der wichtigste Zweck wäre es dann, eine höhere Benutzerfreundlichkeit zu erzielen. Zusätzlich könnten weitere Dienste eingebunden werden, z. B. ein Barcode-Scanner, der die Geräte per Scan direkt den zugehörigen Mitarbeitenden zuordnet.

Zusätzlich können auch andere Arten von Erweiterungen realisiert werden, z. B. die Datenhaltung in einer SAP-HANA-Datenbank auf der SAP BTP oder Integrationen mit Dritt- und Viertsystemen. Über die SAP BTP können Zusatzservices lizensiert werden, die von der Mustererkennung bis hin zum Blockchain reichen.

Im SAP Store können Kunden unter *https://store.sap.com/* Anwendungen aus dem gesamten SAP-Portfolio finden und diese manchmal auch testen und kaufen. Im SAP Store gibt es einen eigenen Bereich für HR- und People-Engagement-Anwendungen, den Sie über die Auswahl im Filter **Category** aufrufen können (siehe Abbildung 12.33).

Jede im SAP Store gelistete Erweiterung hat typischerweise eine gute Beschreibung über die Anwendungsfälle, die damit abgedeckt werden und weiterführende Materialien wie Videos, damit Sie sich einen ersten Eindruck verschaffen können.

Angebote von Partnern

Nicht alle Erweiterungen, die Partnern zur Verfügung haben und einsetzen, finden sich im App Store. Fragen Sie Ihren Implementierungspartner nach Erweiterungen. Auch wenn es zu Ihrem Anliegen noch keine veröffentlichte Erweiterung geben sollte, kann Ihnen Ihr Implementierungspartner unter Umständen mit Teilelementen weiterhelfen.

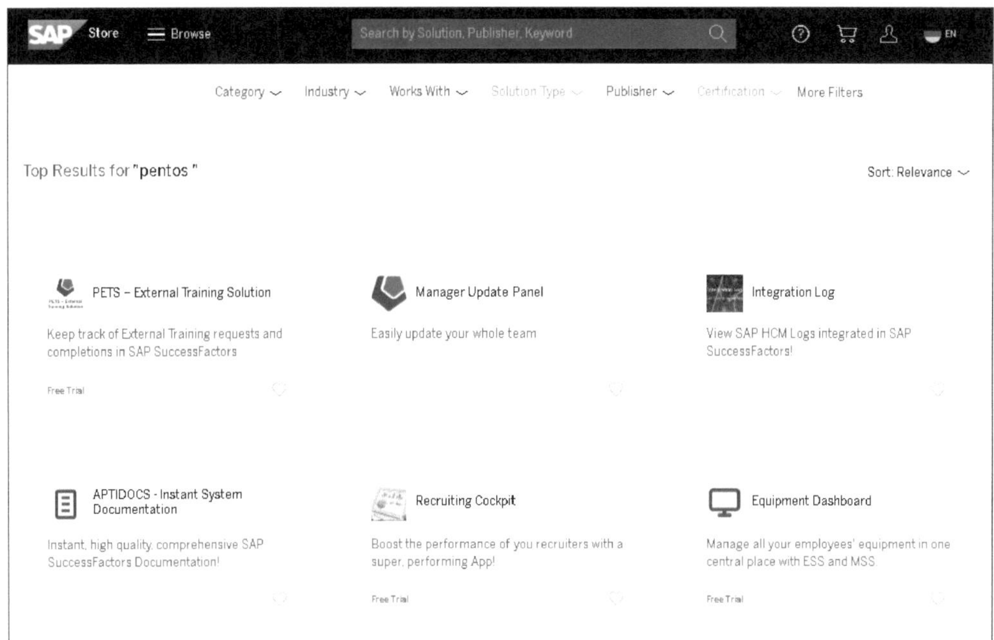

Abbildung 12.33 Beispiele für HR-Apps im SAP Store

Wenn der Standard nicht ausreicht, können Sie SAP SuccessFactors fast beliebig erweitern. SAP SuccessFactors bietet dafür einen Standardwerkzeugkasten rund um das Metadata Framework. Damit können Sie kundenindividuelle Objekte und Funktionalitäten erstellen und diese nahtlos sowie releasesicher in Ihrer SAP-SuccessFactors-Umgebung betreiben.

Das Metadata Framework bietet vielfältige Möglichkeiten, wendet sich aber nicht an Programmierer, sondern an Konfiguratoren, die die von SAP angebotenen Standardelemente einsetzen. Wir haben Ihnen in diesem Kapitel gezeigt, wie Sie solche Standarderweiterungen erstellen, einbinden und pflegen können.

Wenn Sie darüber hinaus z. B. komplexe Berechnungen oder Live-Integrationen mit Drittsystemen benötigen oder Ihre Erweiterung in Bezug auf die User Experience anders darstellen, *Blockchain* einbinden oder im ERP-Umfeld Prozesse orchestrieren möchten, bietet Ihnen SAP dafür die SAP BTP, die wir Ihnen ebenfalls kurz vorgestellt haben. Die Möglichkeiten der SAP BTP sind im Kern technisch unbeschränkt.

Im nächsten Kapitel beschäftigen wir uns nun mit dem Umgang mit Daten und Schnittstellen im Kontext von Employee Central.

Kapitel 13
Daten und Schnittstellen für Employee Central

Die Eingabe oder der Übertrag Ihrer bestehenden HR-Daten ist ein notwendiger und wichtiger Vorgang in der Projektarbeit bei der Einführung von Employee Central. Die Daten können durch automatisierbare Importe über Textdateien oder per API-Schnittstelle übernommen werden. Dieses Kapitel gibt Ihnen einen Überblick über die zur Verfügung stehenden Optionen und deren Einsatz.

Die Erstbefüllung von Employee Central mit Daten ist ein wichtiger Anwendungsfall für den Datentransfer. Sowohl die Grundlagendaten als auch die Mitarbeiterdaten müssen zur Verfügung stehen, damit Employee Central gewinnbringend eingesetzt werden kann. Auch bei der Durchführung von massenhaften Datenänderungen, z. B. bei Reorganisationen, Unternehmensein- oder -ausgliederungen oder bei der Korrektur von Daten sind Importe eine sehr gute Möglichkeit, um die erforderlichen Änderungen im System abzubilden.

Manuelle Dateneingabe: schnell und gut

Bei kleineren Einheiten bis zu mehreren Hundert Mitarbeitenden kann es am einfachsten sein, die Daten manuell erfassen zu lassen. Diese Vorgehensweise ist einerseits eine hervorragende Übung für die Verantwortlichen und andererseits schnell und effektiv, weil fehlende Informationen sofort erkannt und vervollständigt werden können. Auch der manchmal erforderliche inhaltliche Transfer kann von den Verantwortlichen so einfach und schnell vorgenommen werden.

Wir starten in Abschnitt 13.1 mit den typischen Vorüberlegungen zu Datenimporten für die Migration. In Abschnitt 13.2 zeigen wir Ihnen, wie Sie Daten importieren und welche Abläufe hierbei typischerweise relevant sind. In Abschnitt 13.3 werfen wir einen Blick auf die Möglichkeiten, Daten aus Employee Central zu exportieren, und in Abschnitt 13.4 erläutern wir die für den Import und Export von Daten notwendigen Berechtigungen. Das Thema der Datenmigration von SAP ERP HCM schließt dieses Kapitel ab (siehe Abschnitt 13.5).

13.1 Vorüberlegungen zu Datenimporten für die Migration

Bevor wir den Datenimport detailliert diskutieren, werfen wir einen kurzen Blick auf mögliche Vorbereitungen bzw. Rahmenbedingungen für die Datenmigration.

SAP SuccessFactors bietet Ihnen zwei Möglichkeiten, um Daten zu importieren:

1. Die Nutzung von manuellen Datenimporten mithilfe von kaskadierenden, aufeinander referenzierenden CSV-Importdateien.
2. Die Nutzung der OData-Anwendungsprogrammierschnittstelle (API)

Zunächst sehen wir uns im Überblick die dateibasierten Importe (CSV) an. Ob Sie eine einmalige Migration durchführen, eine Reihe neuer mitarbeitender Personen in das System einführen oder ob sie verschiedene Grundlagenobjekte aktualisieren: All das kann mit der Funktion des CSV-Datei-Imports abgedeckt werden.

Die API stellt eine flexiblere und mächtigere Möglichkeit zur Abbildung von Datenimporten dar als der CSV-Datenimport. Sie erfordert allerdings ein höheres Maß an technischem Wissen, andere Fähigkeiten und zusätzliche Technologie und ist daher mit einem höheren Aufwand verbunden. Wir empfehlen Ihnen, eine Aufwands-Nutzen-Abschätzung durchzuführen, bevor Sie entscheiden, ob Sie die Daten manuell erfassen, per CSV-Datei importieren oder/und ob Sie API-basierte Integrationen realisieren möchten.

In den nachfolgenden Abschnitten werden die Anforderungen und Prozesse erörtert, die dem Bedarf der meisten Kunden beim Import bzw. Export von Daten entsprechen.

Standardfunktionen für die Massendatenverwaltung

Für Massenänderungen bietet SAP SuccessFactors auch eine eigene dedizierte Funktion, die Sie über die Massendatenverwaltung in der Aktionssuche aufrufen können (siehe Abbildung 13.1).

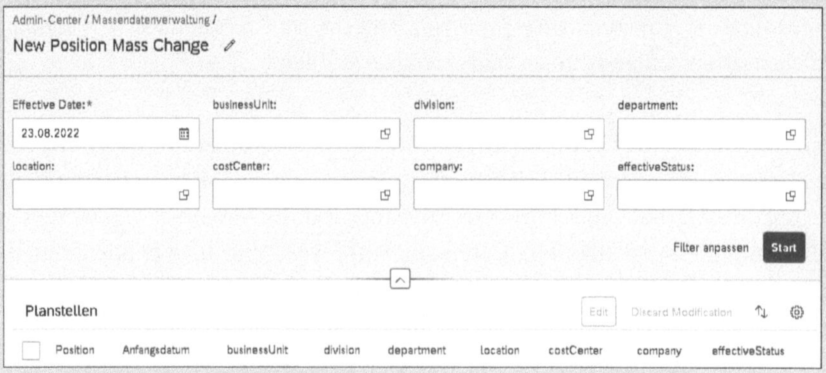

Abbildung 13.1 Beispielposition in der Massendatenverwaltung

Die Massendatenverwaltung steht für Grundlagenobjekte zur Verfügung und ist auf die folgenden Objekttypen beschränkt:

- Planstelle
- TimeAccountChangeCalendar

Für die Mitarbeiterdaten sind für die Objekte **Stelleninformationen** und **Stellenbeziehungen** vergleichbare Funktionen verfügbar.

13.1.1 Historische Daten

Bei der initialen Datenmigration gibt es oftmals die Anforderung, möglichst viele historische Daten in das Employee-Central-System zu übernehmen, um sie im Zielsystem vollständig verfügbar zu haben, z. B. für Berichtszwecke und zur besseren Nachvollziehbarkeit.

[«]

Globale HR-Daten und die Integration von Drittsystemen

Mit Employee Central schaffen Sie eine globale HR- und Organisationsdatenbasis, die Sie nutzen können, um Drittsysteme anzusteuern. Jedes (empfangende) System hat jedoch seine eigene Logik und eigene Prozessanforderungen, die nicht mit denen des sendenden Systems übereinstimmen müssen. Es ist daher in der Regel nicht ohne Weiteres möglich, Daten von einem global führenden System in ein lokales System zu übernehmen oder umgekehrt. In einer Middleware, man könnte es auch Dehnungsfuge nennen, werden die Daten und Prozesse für das jeweils empfangende System so transformiert und aufbereitet, dass sie möglichst ohne Fehler aufgenommen werden können. SAP hat dazu mit Release H2 2022 Cross-System-Workflows angekündigt, um den Abgleich von HR-Core-Daten aus SAP SuccessFactors und SAP ERP HCM Payroll weiter zu vereinfachen.

Globale Systeme korrespondieren gut mit anderen globalen Systemen (z. B. Employee Central mit Microsoft Active Directory oder Identity-and-Access-Management-Systemen). Soll die Integration mit lokalen Systemen funktionieren, ist ein profundes Verständnis für die Daten und Prozesse auf globaler und lokaler Ebene erforderlich. Beispielsweise benötigen Sie auf lokaler Ebene andere Organisationsstrukturen und Mitarbeiterhierarchien als auf globaler Ebene. Der Grund ist, dass viele der global vorliegenden Mitarbeitenden und Organisationsstrukturen lokal nicht vorhanden sein werden. Um die nötige Übersetzung bzw. Transformation der Daten und Prozesse durchführen zu können, benötigen Sie fachliche Kompetenz und häufig technische Unterstützung in Form einer sogenannten Middleware, wie es z. B. die *SAP Integration Suite* (ehemals SAP Cloud Platform Integration) ist.

Da Employee Central ein zeitscheibenbasiertes System ist, das viele Objekte und Abhängigkeiten umfasst, ist es notwendig und praktisch, die Vergangenheitsdaten vor dem Import aufzubereiten und oft auch zu harmonisieren.

Wir empfehlen den Import der Daten zu einem Stichpunkttag, der nicht allzu weit in der Vergangenheit liegt. Historische Daten sollten nur nach gründlicher Prüfung geladen werden. Es empfiehlt sich, historischen Datenstrukturen vor dem Importieren so zu bereinigen, dass die Komplexität den Anforderungen entsprechend ausgestaltet ist.

Mitarbeiterdaten migrieren

Wenn Sie Mitarbeiterdaten aus mehreren Jahren der Vergangenheit in SAP-SuccessFactors-Standardstrukturen migrieren möchten, müssen Sie hier die davon betroffenen Grundlagendaten (Kostenstellen, Planstellen, Organisationsstrukturen und dergleichen) und die Mitarbeitenden, die zu diesem Zeitpunkt die Rolle **Führungskraft** wahrgenommen haben und gegebenenfalls das Unternehmen schon verlassen haben, ebenfalls bereitstellen. Dies ist jedoch häufig nicht zweckmäßig und auch nicht erforderlich.

Wenn Sie die Daten vor dem Import nicht vereinfachen, ist dieser aufgrund der Vielzahl an vergangenen abzubildenden Abhängigkeiten sehr aufwendig.

13.1.2 Quellen und Bereitstellung von Daten

Wenn eine größere Menge an historischen Daten geladen werden soll, empfehlen wir, die historischen Daten in kundeneigene MDF-Objekte zu laden. Das Datenmodell und die Abhängigkeiten können damit deutlich vereinfacht werden. Dies ist für die typischen Anwendungsfälle (wichtige Daten anzeigen, unkompliziert Berichte erstellen) sehr nützlich.

Die kundeneigenen MDF-Objekte können Sie dann einerseits für Self-Services nutzen und andererseits in Berichten auswerten oder an Drittsysteme weitergeben.

Starten Sie in Ihrem Employee-Central-Projekt frühzeitig mit den Vorbereitungen für den Datenimport. Ehe Sie die technischen Themen angehen, ist es wichtig, die fachlichen Themen gut zu prüfen und mögliche Herausforderungen zu lösen. Machen Sie sich Gedanken zu den folgenden Aspekten:

- Definition der Quellsysteme (siehe Abbildung 13.2)
- Festlegung, welche Technologie und Tools Sie zur Erstellung der Importdaten nutzen möchten. Extraktion, Transformation und das Laden der Daten gilt es abzudecken.

- Prozess der Erstellung und Lieferung der Dateien (z. B. Datenpflegestopp in der Quellumgebung)

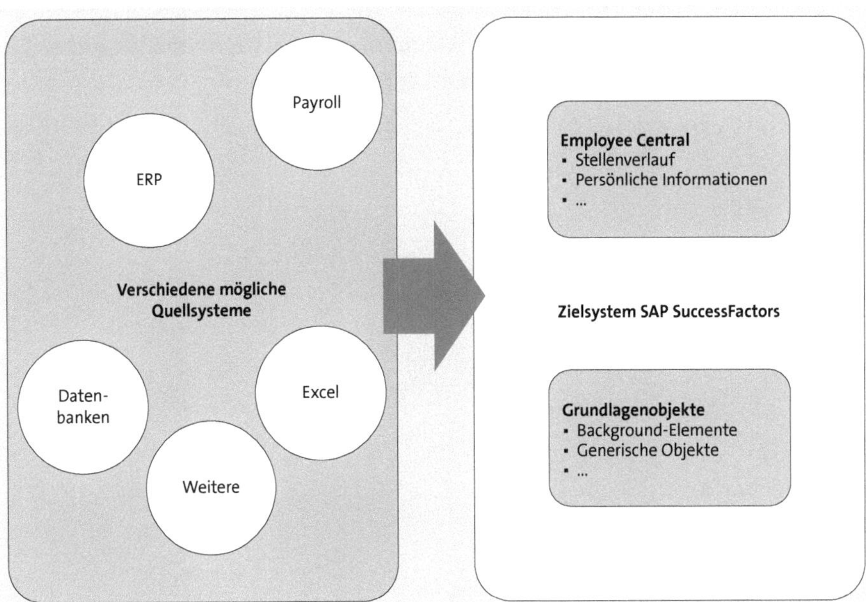

Abbildung 13.2 Quell- und Zielsystem definieren

Validieren Sie die Bereitstellung der Importdateien und das Laden dieser Daten in einer Pre-Go-live-/Qualitätstestphase, um frühzeitig Fehler zu erkennen und zu beheben. Damit erhalten Sie auch erste verlässliche Indikationen zum technischen und fachlichen Gesamtaufwand im Projekt.

Besonders wichtig ist dieses Vorgehen z. B. bei einer Migration von einem SAP-ERP-HCM-System, das nach dem Go-live vom führenden zum empfangenden System umgestellt sein wird. Abbildung 13.3 zeigt den möglichen Prozessablauf.

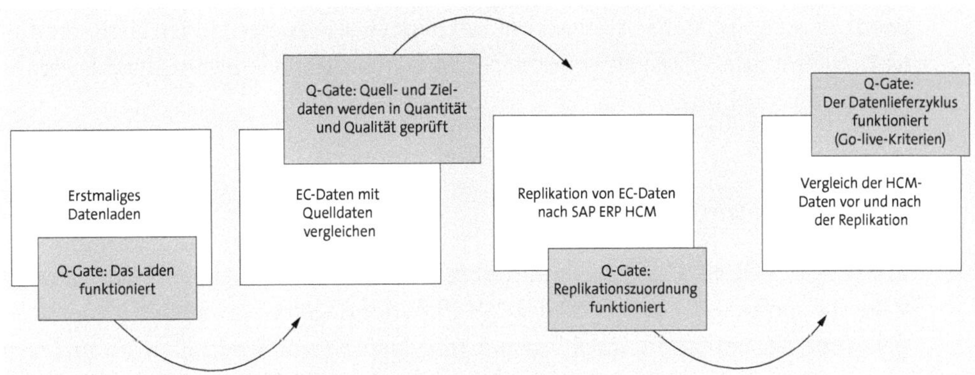

Abbildung 13.3 SAP ERP HCM: Datenimporte überprüfen

13.1.3 Stichtag für das Umstellungsdatum festlegen

Eine wichtige Entscheidung ist die Festlegung des Umstellungsdatums (des relevanten Stichtags) für den Übertrag aller relevanten Daten. Ab diesem Datum müssen die Integrationen wie geplant funktionieren. Abbildung 13.4 illustriert die Vorgehensweise in Bezug auf den Employee-Central-Datenimport.

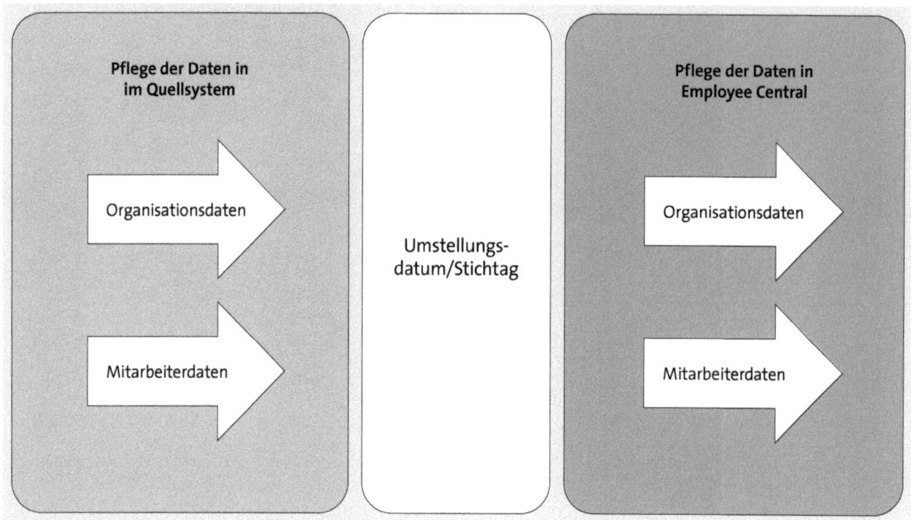

Abbildung 13.4 Umstellungsdatum/Stichtag

In allen relevanten zeitscheibenbasierenden Employee-Central-Bereichen wie z. B. **Infos zum Beschäftigungsverhältnis** wird zum Stichtag eine Zeitscheibe in den Importdateien generiert und geladen. Es können Zeitscheiben vor diesem Datum existieren oder nachträglich geschaffen werden. Für die Integration und die Datenpflege ist der Eintrag unter **Infos zum Beschäftigungsverhältnis** der Dreh- und Angelpunkt für alle weiteren führenden Datenpflegeabläufe in Employee Central.

Am häufigsten wird die Datenmigration über Datenimporte durchgeführt. Im folgenden Abschnitt 13.2 befassen wir uns mit den typischen allgemeinen Elementen aller Datenimporte. Wir geben Ihnen auch Tipps an die Hand, um vom Start weg effektiv arbeiten zu können.

13.2 Daten importieren

In SAP SuccessFactors können Sie die Daten im CSV-Datei-Format (Comma-separated Values) importieren. Der Aufbau der CSV-Importvorlagen ist abhängig von der Konfiguration des jeweiligen SAP-SuccessFactors-Systems und wird Ihnen automatisch so als Vorlage angeboten, wie es Ihrer Systemkonfiguration entspricht.

Die folgenden Datenimporte werden für den Import von Employee-Central-Daten verwendet:

- Grundlagenobjektdaten und allgemeine (generische) Objektdaten
- personenbezogene oder Mitarbeiterdaten

Alle Importe funktionieren nach den gleichen Mustern. Im Folgenden beleuchten wir dieses Thema näher.

13.2.1 Zentralisierte Dienste für Mitarbeiterdatenimporte

Über die Eingabe und Auswahl von »Unternehmensweite System- und Logo-Einstellungen« in der Aktionssuche öffnen Sie den Bereich für die Aktivierung von zentralisierten Diensten (siehe Abbildung 13.5). Zentralisierte Dienste fassen verschiedene Funktionen der Plattform für die Administratorin oder den Administrator übersichtlich zusammen.

Abbildung 13.5 Zentralisierte Dienste im Admin-Center

Zentralisierte Dienste unterstützen Sie bei den Funktionen für den Mitarbeiterdatenimport. Dazu gehören die Ausführung von Geschäftsregeln, die Unterdrückung identischer Datensätze sowie die Weiterleitung von Daten in zukünftige Zeitscheiben.

Folgende Employee-Central-Entitäten werden derzeit in den zentralisierten Diensten für den Datenimport unterstützt:

- Adressen
- Ausweisnummerninfo
- Beschäftigungsinformationen
- Biografische Informationen
- Globale Informationen
- Informationen zur E-Mail
- Informationen zur Telefonnummer
- Persönliche Informationen
- Stellenbeziehungen
- Stellenverlauf

Über die Aktionssuche können Sie die Funktion **Unternehmensweite System- und Logo-Einstellungen** aufrufen. Mithilfe dieser Funktion können Sie unter anderem die folgenden Entitäten aktivieren:

- Auslandseinsatz – Details
- nicht wiederkehrende Gehaltskomponenten
- Vergütungsinformationen
- wiederkehrende Gehaltskomponenten

Die zentralisierten Dienste sind standardmäßig aktiviert. Sie werden für Datenimporte genutzt, die über die Seite **Mitarbeiterdaten importieren** (aufrufbar über die Aktionssuche) ausgeführt werden (siehe Abbildung 13.6). Alternativ stehen die zentralisierten Dienste auch über die OData-API-Importe zur Verfügung.

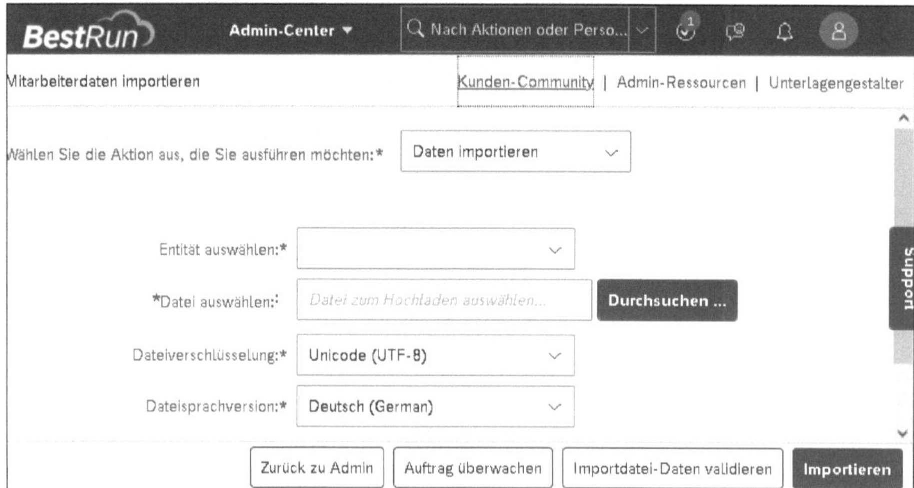

Abbildung 13.6 Mitarbeiterdaten importieren

13.2.2 Datenimporte durchführen

Finale Datenimporte können erstmals am Ende der Konfigurationsphase des Employee-Central-Datenmodells durchgeführt werden. Der Grund ist, dass die Importdateien die benötigten Datenfelder reflektieren müssen und auf dem gewählten Datenmodell aufsetzen.

Wir empfehlen jedoch, eine kleine Teilmenge der Mitarbeiterdaten und die dazu notwendigen Grundlagenobjekte sehr früh im Projektverlauf zu laden. In der Regel erleichtert Ihnen der Import einer Teilmenge von Daten das Verständnis dafür, wie sich das System in einem realen Szenario darstellt. Auch ermöglicht Ihnen der Import von Teilmengen eine bessere Beurteilung der vorgenommenen Konfigurationen und erforderlichen Änderungen.

Im Folgenden beschreiben wir die Standard-Datenimportprozesse, die Schlüsselfelder sowie die Einstellungen und teilen die beim Datenimport anzustellenden Überlegungen mit Ihnen.

Anleitung zum Datenimport

Die einzelnen Importe basieren in vielen Fällen auf Daten, die sich zur Zeit der Durchführung des Imports bereits in SAP SuccessFactors befinden müssen. Denn andernfalls funktioniert der Import nicht. In der Regel gehen Sie in der folgenden Reihenfolge vor:

1. Beginnen Sie damit, die Daten der Grundlagenobjekte (z. B. **Juristische Einheit**) vor den Mitarbeiterdaten zu importieren.
2. Es ist wichtig, dass z. B. Auswahllisten vor den Datenimports in SAP SuccessFactors verfügbar sind. Dies gilt insbesondere für Auswahllisten, auf die in den CSV-Importvorlagen verwiesen wird. Auch Auswahllisten sind einfach zu importieren.
3. Je nach Systemkonfiguration kann die Reihenfolge der im dritten Schritt zu importierenden Datenobjekte unterschiedlich sein. Einige Objekte müssen möglicherweise nicht importiert werden (z. B. die Objekte bezüglich der Verwaltung von Abwesenheiten). Mitarbeiterdatendateien haben eine bestimmte einzuhaltende Reihenfolge.

[«]

Reihenfolge und Abhängigkeiten bei den Datenimporten

Da die Reihenfolge auch von Ihrer Systemkonfiguration abhängt, gilt es, die Importreihenfolge zu testen. SAP SuccessFactors weist Sie beim Laden bzw. Validieren der Daten sofort darauf hin, wenn ein anderes Datum zuerst geladen werden muss. Auch Ihr Implementierungspartner wird Sie rasch und gut bei den ersten Importen unterstützen. Planen Sie anfangs ein wenig Zeit dafür ein; so sind Sie auf der sicheren Seite.

Im Folgenden finden Sie einige wichtige Hinweise zum Import von Daten von Grundlagenobjekten:

- **Objekte mit Eltern-Kind-Beziehungen**
  Die Objekte, die eine Eltern-Kind-Beziehung beinhalten, müssen mindestens zweifach geladen werden – beim ersten Mal ohne die Beziehung, damit alle Datensätze angelegt werden können. Anschließend erfolgt ein zweiter Ladevorgang mit den Beziehungen, die in diesem Importlauf angelegt werden können. Ein Beispiel ist hier die Hierarchiebeziehung bei Planstellen.
- **Referenz auf Mitarbeiterdaten**
  Wenn in Grundlagenobjekten auf Mitarbeiterdaten referenziert wird, z. B. bei Kostenstellen auf den Kostenstellenverantwortlichen (Feld `costCenterManager`) oder in der Abteilung auf den Abteilungsleiter (Feld `headOfUnit`), müssen diese Daten auch zumindest zweimal geladen werden – zuerst die reinen Objektdaten und nach den Mitarbeiterimporten noch einmal dieselben Daten mit der Information der relevanten mitarbeitenden Person oder der relevanten Führungskraft.
- **Import von Gehaltsbestandteilen**
  Alle prozentualen Gehaltsbestandteile müssen importiert werden, ohne dass das Basisfeld für die Gehaltskomponente (Feld: `PayComponentGroup`) gefüllt ist. Sie müssen erneut importiert werden, nachdem die Gehaltsbestandteilgruppen importiert und dieser erforderliche Wert gefüllt worden ist.

Rufen Sie über die Aktionssuche **Grundlagendaten importieren** auf, um mit dem Laden der Daten zu beginnen (siehe Abbildung 13.7).

Abbildung 13.7 Grundlagendaten importieren

Referenz zu Mitarbeitenden

Wir empfehlen, in Grundlagenobjekten keine direkten Referenzen zu Mitarbeitenden zu verwenden, z. B. zur Leitung einer Organisationseinheit (`headOfUnit`). Diese Information aktualisiert sich im Standard nicht automatisch, wie es gegebenenfalls bei einem Wechsel der Person zu erwarten wäre. Ein Lösungsansatz für diese Fragestellung besteht darin, mit einem kundenspezifischen Feld, das auf die entsprechende Position referenziert, zu arbeiten.

Das System führt beim Import eine Validierung aller importierten Grundlagendaten und Mitarbeiterdaten durch. Es überprüft die Daten auch anhand der vorgenommenen Konfigurationen und der Geschäftsregeln, sofern diese Option über **Zentralisierten Dienste** aktiviert wird (siehe Abbildung 13.5).

Geschäftsregeln beim Import

Wenn Sie die konfigurierten Geschäftsregeln und Validierungen beim Import deaktivieren, riskieren Sie Fehler beim Arbeiten mit den Daten und in den Prozessabläufen. Wir empfehlen daher, die Geschäftsregeln auch beim Import zu aktivieren.

Für die ersten 10 Datensätze in den Grundlagendaten und Mitarbeiterdatenimporten wird zum Zeitpunkt des Hochladens eine Validierung durchgeführt, bei der alle entdeckten Fehler angezeigt werden. Um mit dem Import fortzufahren, müssen Sie die Hinweise befolgen und Fehler und Inkonsistenzen beheben.

Die CSV-Importdateien können in verschiedenen Kodierungen geladen werden:

- Westeuropäisch (Windows/ISO)
- Unicode (UTF-8)
- Koreanisch (EUC-KR)
- Chinesisch vereinfacht (GB2312)
- Chinesisch traditionell (Groß)
- Chinesisch traditionell (EUC-TW)
- Japanisch (EUC)
- Japanisch (Shift-JIS)

Wir empfehlen, beim Import von Daten grundsätzlich mit der Option **Unicode (UTF-8)** und im Bereich **Datum** mit dem amerikanischen Datumsformat zu arbeiten (siehe Abbildung 13.7). Dies sollte zu Beginn des Projekts verbindlich festgelegt und kommuniziert werden.

Synchrones und asynchrones Laden in Echtzeit

SAP SuccessFactors unterstützt sowohl das Laden von Daten in Echtzeit (synchrones Laden) als auch das asynchrone Laden von Daten.

Echtzeitimporte werden durchgeführt, wenn die Anzahl der Datensätze unter einem vom System vorgegebenen Schwellenwert liegt. Der Schwellenwert kann herabgesetzt werden, sodass eine Importdatei einen asynchronen Import anstelle eines Echtzeitimports auslösen kann. Importe von generischen Objektdaten sind immer asynchrone Importe.

Die Ergebnisse von asynchronen Jobs (in unserem Fall Importe oder auch Exporte) können über die Aktionssuche und den Aufruf der Funktion **Auftrag überwachen** eingesehen werden. Dort können auch die Ergebnisse des Uploads als CVS-Datei heruntergeladen werden (siehe Abbildung 13.8).

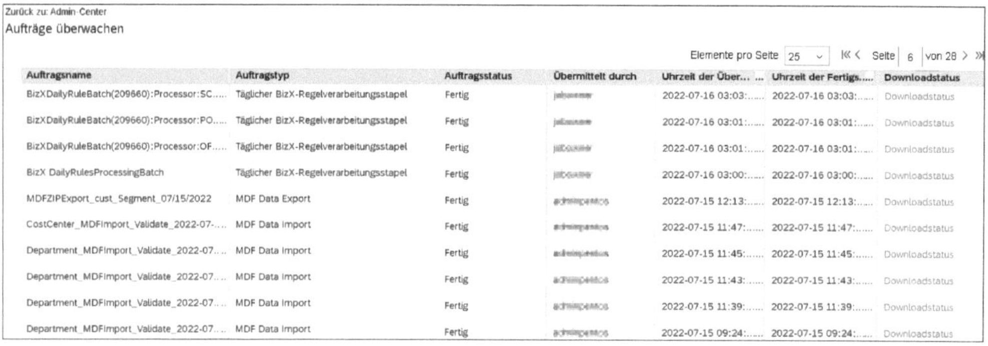

Zurück zu: Admin-Center

Aufträge überwachen

Elemente pro Seite 25 | Seite 6 von 28

Auftragsname	Auftragstyp	Auftragsstatus	Übermittelt durch	Uhrzeit der Über...	Uhrzeit der Fertigs....	Downloadstatus
BizXDailyRuleBatch(209660):Processor:SC.....	Täglicher BizX-Regelverarbeitungsstapel	Fertig		2022-07-16 03:03:......	2022-07-16 03:03:......	Downloadstatus
BizXDailyRuleBatch(209660):Processor:PO.....	Täglicher BizX-Regelverarbeitungsstapel	Fertig		2022-07-16 03:01:......	2022-07-16 03:01:......	Downloadstatus
BizXDailyRuleBatch(209660):Processor:OF.....	Täglicher BizX-Regelverarbeitungsstapel	Fertig		2022-07-16 03:01:......	2022-07-16 03:01:......	Downloadstatus
BizX DailyRulesProcessingBatch	Täglicher BizX-Regelverarbeitungsstapel	Fertig		2022-07-16 03:00:......	2022-07-16 03:00:......	Downloadstatus
MDFZIPExport_cust_Segment_07/15/2022	MDF Data Export	Fertig		2022-07-15 12:13:......	2022-07-15 12:13:......	Downloadstatus
CostCenter_MDFImport_Validate_2022-07-....	MDF Data Import	Fertig		2022-07-15 11:47:......	2022-07-15 11:47:......	Downloadstatus
Department_MDFImport_Validate_2022-07....	MDF Data Import	Fertig		2022-07-15 11:45:......	2022-07-15 11:45:......	Downloadstatus
Department_MDFImport_Validate_2022-07....	MDF Data Import	Fertig		2022-07-15 11:43:......	2022-07-15 11:43:......	Downloadstatus
Department_MDFImport_Validate_2022-07....	MDF Data Import	Fertig		2022-07-15 11:39:......	2022-07-15 11:39:......	Downloadstatus
Department_MDFImport_Validate_2022-07....	MDF Data Import	Fertig		2022-07-15 09:24:......	2022-07-15 09:24:......	Downloadstatus

Abbildung 13.8 Auftrag überwachen

Wenn ein Import fehlschlägt, enthält die Download-Status-Datei die Datensätze und Fehler für jeden fehlgeschlagenen Datensatz. Wenn ein Import- oder Exportauftrag erfolgreich war, enthält der Download eine Zusammenfassung der Anzahl der verarbeiteten Datensätze. Sie können auf diese Informationen zugreifen, indem Sie auf den Hyperlink **Downloadstatus** zum entsprechenden Auftrag klicken.

Bei asynchron geladenem Auftrag wird nach der Beendigung des Auftrags eine E-Mail an die Adresse des Übermittlers des Auftrags versandt.

Vollständig bereinigende oder inkrementelle Datenimports

Die zu importierenden Daten können entweder vollständig bereinigt oder inkrementell geladen werden. Vollständige Bereinigung bedeutet, dass alle vorhandenen Datensätze im System für jedes Objekt bzw. für die Person in der CSV-Importvorlage gelöscht und durch die Datensätze in der CSV-Importvorlage ersetzt werden.

Inkrementelles Laden bedeutet, dass die Datensätze in der CSV-Importvorlage zusätzlich zu den bereits bestehenden Datensätzen im System importiert werden. Beim inkrementellen Laden bleiben die bestehenden Datensätze im System unberührt; beim vollständig bereinigenden Laden werden sie gelöscht.

Daten mit NO_OVERWRITE schützen

Beim inkrementellen Laden ist es auch möglich, einen partiellen Ladevorgang durchzuführen. Dabei werden nur bestimmte Werte im Datensatz geändert, während andere Werte unverändert bleiben. Verwenden Sie dazu den Wert `&&NO_OVERWRITE&&` in dem beizubehaltenden Feld. Alternativ können Sie die Felder, wenn sie bei allen Datensätzen identisch sind, auch aus der Vorlage entfernen. Auch dann findet beim Laden kein Ersetzungsvorgang statt (siehe Abbildung 13.9).

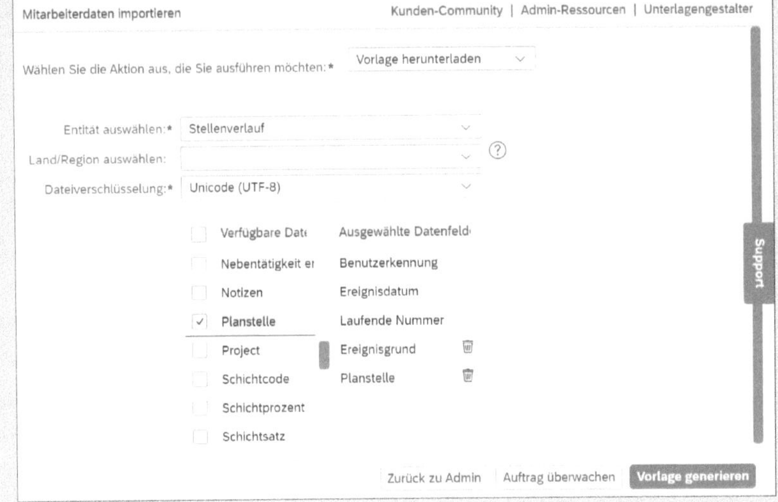

Abbildung 13.9 Mitarbeiterdaten importieren: Vorlage definieren

Die Vorlage anzupassen ist z. B. zweckmäßig, wenn bei einem Massenimport nur bestimmte Änderungen vorgenommen werden sollen, z. B. wenn nur eine Abteilung oder eine Gehaltsgruppe geändert werden soll.

Bei den folgenden Systemfeldern können Sie `&&NO_OVERWRITE&&` nicht verwenden bzw. können Sie sie auch nicht in der Vorlage weglassen:

- `user-id`
- `personen-id-extern`
- `externalCode`
- `Start-Datum`
- `Ende-Datum`
- `seq-number`

Ähnliches gilt für die System- und Schlüsselfelder bei Objekten.

Die folgenden Importe unterstützen den Wert &&NO_OVERWRITE&& nicht:

- Gehaltskalenderobjekt
- dynamisches Rollenstiftungsobjekt
- Workflow-Grundlagenobjekte (Workflow-Konfiguration, Kontributor- und CC-Rollen-Grundlagenobjekte)
- Informationen zu persönlichen Unterlagen (Informationen zur Arbeitserlaubnis)
- Stellenbeziehungen

Beachten Sie, dass der Wert &&NO_OVERWRITE&& (inklusive des Weglassens der Definition) beim Stelleninformationsimport nicht für Datensätze verwendet werden kann, die einen Ereignisgrund für die Ereignisse **Einstellung** oder **Wiedereinstellung** haben.

Das System behandelt leere Felder unterschiedlich, je nachdem, ob die Datei als vollständige Bereinigung oder als inkrementelle Ladung importiert wird. Beim Import als vollständige Bereinigungsdatei werden leere Werte als leer behandelt. Beim Import als inkrementeller Load werden vorhandene leere Werte beibehalten, wenn das Feld &&NO_OVERWRITE&& unterstützt oder wenn dieses nicht in der Importdatei enthalten ist.

Besondere Zeichen

Beachten Sie bei der Verwendung einiger Sonderzeichen Folgendes:

- Alle Textfelder, die ein Komma (,) enthalten, müssen in Anführungszeichen (" ") gesetzt werden. Damit wird das Komma nicht als Trennzeichen ausgewiesen
- Pipe (I) sollte nicht im externen Codefeld eines Grundlagenobjekts verwendet werden, wenn dieses Objekt in einem Feld verwendet wird, das Assoziationen für ein anderes Grundlagenobjekt definiert.

Datumsformate

Das Format der Datumsangaben in Datumsfeldern ist abhängig vom Anmeldegebietsschema des Benutzers. Wenn das Gebietsschema des Benutzers beispielsweise en_US ist, ist das Datumsformat MM/TT/JJJJ, wenn das Gebietsschema des Benutzers en_GB ist, ist das Datumsformat TT/MM/JJJJ oder bei de_DE DD.MM.JJJJ.

Best Practices für Formate

Wir empfehlen daher, für die Datenimporte einen *Technischen Benutzer* zu verwenden, dem das en_US-Gebietsschema zugewiesen ist und somit die Datumswerte alle im US-Format MM/TT/JJJJ geliefert werden. Alle Mitarbeitenden, die Importe durchführen, nutzen dann den Technischen Benutzer für die Importe. Dies erhöht die Datenqualität und erleichtert u. a. auch die Nachvollziehbarkeit.

Vorwärtspropagierung

Informationen zum Beschäftigungsverhältnis, zu Vergütungsinformation und zu wiederkehrenden Vergütungskomponenten ermöglichen die Propagierung von Daten in zukünftige Zeitscheiben. Dies bedeutet, dass das System beim Einfügen eines neuen Datensatzes zwischen den Zeitscheiben über den inkrementellen Import die zukünftigen Datensätze automatisch auf den Wert aktualisiert, der ihm vorausgeht. Dabei ist Folgendes zu berücksichtigen:

- Geschäftsregeln werden nicht auf vorwärts propagierten Daten ausgelöst.
- Die Vorwärtspropagierung wird nur im inkrementellen Modus unterstützt.
- Die Vorwärtspropagierung wird nur beim Einfügen unterstützt, d. h. beim Einfügen und Ändern eines Wertes oder beim Hinzufügen eines neuen Datensatzes für eine Entität.
- Die Vorwärtspropagierung von Daten erfolgt beim Import von Vergütungsinformationen (einschließlich wiederkehrender Gehaltsbestandteile) nur, wenn Sie die Berechtigung **Vorwärtspropagierung** beim inkrementellen Import aktiviert haben.

13

Bevor wir uns mit den verschiedenen Arten des Datenimports befassen (siehe Abschnitt 13.2.4), erläutern wir einige Grundlagen für die Importvorlagen.

13.2.3 Importvorlagen importieren

Importvorlagen haben immer zwei Kopfzeilen und mehrere Spalten. Die oberste Zeile der Vorlage beinhaltet den technische Feldnamen und die zweite Zeile die Beschreibung des Feldes. Beachten Sie, dass beide Zeilen nicht gelöscht oder verändert werden dürfen. Abbildung 13.10 zeigt ein Beispiel für eine CSV-Importvorlage für das Grundlagenobjekt **Juristische Person**.

A	B	C	D	E	F	G
[OPERATOR]	effectiveStartDate	externalCode	name.defaultValue	name.en_US	name.de_DE	description.defaultValue
Unterstützte Operatoren: Delimit, Clear und Delete	Anfangsdatum	Kennung der juristischen Einheit	Standardwert	US-Englisch	Deutsch (Deutschland)	Standardwert

H	I	J	K	L	M	N
effectiveStatus	defaultPayGroup.externalCode	defaultLocation.externalCode	standardWeeklyHours	currency.code	countryOfRegistration.code	toNameFormat.externalCode
Status(Valid Values : A/I A for Aktiv I for Inaktiv)	Abrechnungskreis.Abrechnungskreiskennung	location.externalCode	Standardwochenarbeitsstunden	Währung.Währungscode	Land/Region.Länder-/Regionscode (3 Zeichen)	Juristische Einheit.Namensformat für juristische Einheit

Abbildung 13.10 CSV-Importvorlage für das Grundlagenobjekt »Juristische Person«

Häufige Felder in Importvorlagen sind auf die folgenden Themen bezogen:

- **start-date**
  Dieses Feld beinhaltet das Startdatum eines Datensatzes (normalerweise im (amerikanischen) Format MM/TT/JJJJ); wir empfehlen die Verwendung von 01/01/1900

für die ersten Grundlageobjektdatensätze und für erste generische Objektdatensätze, die Grundlagenobjekte und verwandte Objekte (z. B. Position) darstellen.

- **end-date**
  Dieses Feld wird für die Datumsabgrenzung verwendet. Wird das Feld leer gelassen, wird analog zum Ansatz in SAP HCM standardmäßig der 31.12.9999 verwendet.
- **Status**
  Dieses Feld beinhaltet den Status des Objekts: **Aktiv** (A) oder **Inaktiv** (I) für Grundlagenobjekte und Mitarbeiterdaten und **Aktiv** (A) oder **Inaktiv** (I) für generische Objektdaten.
- **externalCode**
  Dieses Feld beinhaltet den Code (die ID) eines Objekts.
- **Name**
  Dieses Feld beinhaltet den Namen eines Objekts.
- **user-id**
  Die User-ID bzw. die Personalnummer der Mitarbeitenden ist wichtig für die Weitergabe an Abrechnungssysteme bzw. für die Synchronisation mit Abrechnungssystemen. Achten Sie auf die richtige Anwendung, wenn Sie für eine Person mehrere Beschäftigungsverhältnisse abbilden.
- **Person-id-extern**
  Die externe Personen-ID ist ein weiteres wichtiges Element: Diese ID der Person im Beschäftigungsverhältnis kann an externe Systeme weitergegeben oder von diesen befüllt werden, z. B. an ein lokales Abrechnungssystem, bei dem es sich um solch ein externes System handelt.
- **event-reason**
  Dieses Feld beinhaltet den externen Code des Ereignisgrundes, der verwendet wird, um den Grund für ein Ereignis in den Importvorlagen **Job Information**, **Compensation Information** oder **Termination** festzulegen.
- **seq-number**
  Dieses Feld beinhaltet eine laufende Nummer, die verwendet wird, um Datensätze zu unterscheiden, wenn mehrere Datensätze zu demselben Datum existieren.
- **Operation/Operator**
  Hier geht es darum, eine Abgrenzungs- oder Löschoperation in bestimmten Importvorlagen zu bestimmen.

Folgende allgemeine Regeln gelten für alle Vorlagen, wenn auf Objekte oder verbundene Objekte verwiesen wird: Beim Verweis auf ein Grundlagenobjekt, auf ein generisches Objekt oder auf einen Wert einer Auswahlliste wird immer der externe Code des Objekts verwendet. Wenn Sie auf Mitarbeitende referenzieren, sollten Sie deren Benutzer-ID verwenden.

Boolesche Felder haben zwei Sätze gültiger Einträge, je nachdem, ob es sich um Grundlageobjekte, Mitarbeiterdaten oder um generische Objekte handelt:

- **Grundlageobjekte und Mitarbeiterdaten**
  - Y (Yes), Ja; T (TRUE), Wahr; 1 für Ja;
  - N (No), Nein; F (FALSE), Falsch; oder 0 für Nein.
- **Generische Objekte**
  - TRUE für Ja
  - FALSE für Nein

Da Sie bei den CSV-Importvorlagen nicht sofort erkennen können, ob es sich um Pflichtfelder oder z. B. Auswahllistenfelder handelt, prüfen Sie dies direkt über **Geschäftskonfiguration verwalten** über die Aktionssuche.

Für Pflichtfelder müssen valide Daten mitgeliefert werden, damit ein Import erfolgen kann. Für schreibgeschützte Felder (d. h. Felder, bei denen das Feld **Sichtbarkeit** auf **Ansicht** eingestellt ist) muss im Feld **Import zulassen** der Eintrag **Ja** ausgewählt sein, damit die Felder in der CSV-Importvorlage verfügbar sind und dafür Daten importiert werden können (siehe Abbildung 13.11). Auch das können Sie schnell in der Aktionssuche unter **Geschäftskonfiguration verwalten** prüfen und ändern.

13

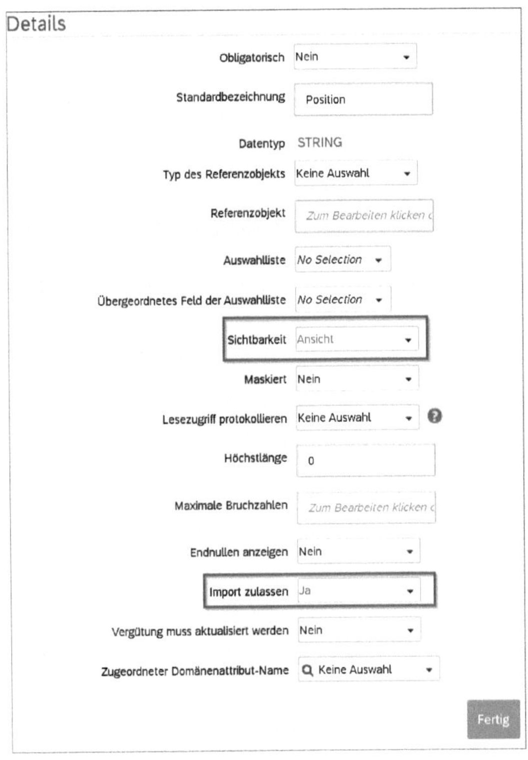

Abbildung 13.11 Feld »Position« in Bezug auf die Importmöglichkeiten prüfen

Wir empfehlen Ihnen, beim Ausfüllen von CSV-Importvorlagen ein Apostroph vor die führenden Nullen zu setzen (z. B. '00001234') sowie auch am Ende der Nummer. Anführungszeichen sollten verwendet werden wenn ein Wert ein Komma enthält (z. B. "Director, HR Operations"). Anführungszeichen stellen in dem Zusammenhang sicher, dass das Komma nicht als Trennzeichen interpretiert wird. Gut zu wissen ist, dass die Reihenfolge der Spalten in den CSV-Importvorlagen keine Rolle spielt.

Importvorlagen nach Konfigurationsänderungen anpassen

Wenn sich das Datenmodell im System ändert, für das Sie Daten importieren möchten, müssen Sie neue CSV-Importvorlagen herunterladen oder bestehende CSV-Importvorlagen an die neue Konfiguration anpassen.

13.2.4 Verschiedene Importtypen

Es gibt es drei Arten von Datenimporten:

- Datenimporte für Grundlagenobjekte
- Datenimporte für generische Objekte
- Datenimporte für Benutzer und Mitarbeiter.

In diesem Abschnitt beschreiben wir diese drei Arten von Importtypen im Detail.

Grundlagenobjektdaten importieren

Für die Grundlagenobjekte gibt es einen eigenen Import. Die relevanten CSV-Importvorlagen können Sie über **Grundlagendaten importieren** in der Aktionssuche aufrufen. Hier laden Sie auch die ausgefüllten Importdateien ins System.

CSV-Importvorlagen können heruntergeladen werden, indem Sie auf den Link **Leere CSV-Vorlage herunterladen** klicken und dann eine Vorlage auswählen (siehe Abbildung 13.12).

SAP SuccessFactors stellt standardmäßig einige Grundlagenobjektdaten im System bereit. So werden z. B. eine Reihe von sogenannten *Häufigkeiten* (Wiederholungsfrequenzen) zur Verfügung gestellt. Diese Werte können Sie bei Bedarf ändern. Analog gilt das auch für andere Voreinstellungen.

Regeln zum Befüllen von Importvorlagen

Beachten Sie beim Befüllen von Importvorlagen die folgenden Tipps:

- Verwenden Sie ein gemeinsames Startdatum für den ersten Eintrag aller Objekte (z. B. 01.01.1900, entsprechend 01/01/1900 (`en_US-Format`)).
- Beim Ausfüllen von verknüpften Objekten oder Referenzen nutzen Sie den externen Code (`externalCode`) des Zielobjekts.

- Stellen Sie sicher, dass die Daten der verknüpften Objekte auch zeitlich zusammenpassen. So kann eine Planstelle, die im Jahr 2020 erstellt wird, im Gültigkeitszeitraum 2020 nicht auf eine Kostenstelle referenzieren, die es erst im Jahr 2022 gibt.

Admin-Center
Zurück zu Admin-Center
Zur Kunden-Community wechseln Admin-Ressourcen Unterlagengestalt
Grundlagendaten importieren
Verwenden Sie eine CSV-Datei, um mehrere Grundlagendatensätze hochzuladen. Beachten Sie, dass der Importvorgang mehrere Minuten dauern kann.
Tipp: Wissen Sie nicht genau, welche Datenfelder Sie in Ihre Datei einbeziehen sollen? Leere CSV-Vorlage herunterladen
Auftrag überwachen
Typ: Standort, Vergütungskomponente, Vergütungskomponentengruppe, Häufigkeit, Vergütungsbereich, Geozone, Standortgruppe
Typ: Vollständiges Bereinigen, Inkrementelles Laden
Datei auswählen: Datei auswählen Keine ausgewählt
Dateiverschlüsselung: Unicode (UTF-8)
Standort
Vergütungskomponente
Vergütungskomponentengruppe
Häufigkeit
Vergütungsbereich
Geozone
Standortgruppe
Ereignisgrund
Gehaltsgruppe
Workflow
Beitragende
Cc-Rolle
Dynamische Rolle
Position Dynamic Role
Abbrechen Importdatei-Daten validieren Importieren

Abbildung 13.12 Grundlagendaten importieren

CSV-Vorlagen mit Daten importieren

Wenn es Verknüpfungen zu anderen Objekten gibt, hängt die Reihenfolge, in der die CSV-Vorlagen importiert werden, von den Verknüpfungen zwischen den Objekten ab. Daher werden Objekte ohne Verknüpfungen immer zuerst importiert. Objekte, die mit einem anderen Objekt verknüpft sind, sollten importiert werden, bevor die dazugehörigen, abhängigen Objekte geladen werden. So sollten z. B. Standortgruppenobjekte vor Standortobjekten geladen werden, da Standortobjekte auf Standortgruppenobjekte verweisen.

Um die ausgefüllten CSV-Importvorlagen zu importieren, navigieren Sie zu **Grundlagendaten importieren** und führen dort die folgenden Schritte aus (siehe Abbildung 13.12):

1. Wählen Sie das zu importierende Grundlagenobjekt aus.
2. Wählen Sie den Typ (**Vollständiges Bereinigen** oder **Inkrementelles Laden**).
3. Wählen Sie die zu importierende Datei aus, indem Sie auf die Schaltfläche **Datei auswählen** klicken.

4. Ändern Sie bei Bedarf die Dateikodierung in der Dropdown-Liste **Dateikodierung** aus. (Wir empfehlen Ihnen, die Option **UTF-8** zu verwenden.)
5. Klicken Sie auf **Import-Daten validieren**, um die Datei zu validieren, oder klicken Sie auf **Importieren**, um die Daten zu importieren.

Validieren Sie die Importdatei vor dem Importieren, um sicherzustellen, dass sie fehlerfrei ist. Ist das nicht der Fall, verarbeiten Sie die Rückmeldungen und validieren erneut. Wiederholen Sie die Korrektur, bis Sie keine Hinweise auf Inkonsistenzen oder Fehler mehr erhalten. Danach laden Sie die Daten.

Nachdem die Daten geladen worden sind, prüfen Sie, ob sie korrekt geladen wurden. Navigieren Sie dazu im Admin-Center zu **Strukturen für Organisation, Gehalt und Stellen verwalten**. Dort können Sie alle Datensätze sehen und einzelne Datensätze direkt in der Ansicht **Strukturen für Organisation, Gehalt und Stellen verwalten** ändern.

Generische Objekte importieren

Für generische Objekte führen Sie alle Importe und Exporte über **Daten importieren und exportieren** in der Aktionssuche durch. Dort können Sie auch die entsprechenden CSV-Importvorlagen herunterladen (siehe Abbildung 13.13).

Datenänderungen

Wenn Sie zuerst die relevanten Daten exportieren, kann das den Zeitaufwand für das Durchführen von Datenänderungen erheblich reduzieren. Die exportierten Daten können Sie als Kopiervorlage, zumindest als »Spickvorlage«, verwenden, um sie dann rasch (geändert) wieder hochzuladen.

Die verfügbaren Optionen für das Herunterladen von Vorlagen, für den Datenimport und für den Datenexport bieten die Möglichkeit, sowohl einfache als auch komplexere Objektstrukturen zu nutzen.

Mit der Funktion **Daten importieren und exportieren** können Sie Vorlagen herunterladen und Daten der folgenden Typen importieren und exportieren:

- generische Objektdefinitionen (Objektdefinitionsobjekt und abhängige Objekte)
- allgemeine Objektdaten
- MDF-Picklistendaten (MDF-Picklistenobjekt- und objektabhängige Werte)
- Geschäftsregeln (Regelobjekt und abhängige Objekte)
- Konfigurations-UIs (`ConfigUIMeta`-Objekt und abhängige Objekte)

Datenimporte und -exporte werden asynchron verarbeitet. Sie können die Ergebnisse von Importen und Exporten über **Auftrag überwachen** in der Aktionssuche herunterladen.

[«]

Gesicherte generische Objekte

Wenn Sie bei generischen Objekten in der Objektdefinition die Sicherheitsfunktionen aktiviert haben, muss die Import-/Exportberechtigung für jedes generische Objekt dem Benutzer erteilt werden, der die Aktion durchführen soll. Oft wird dieser Umstand über einen Technischen Nutzer abgebildet.

CSV-Importvorlagen

Laden Sie CSV-Importvorlagen herunter, indem Sie in der Dropdown-Liste **Auszuführende Aktion auswählen** die Option **Vorlage herunterladen** wählen (Abbildung 13.13).

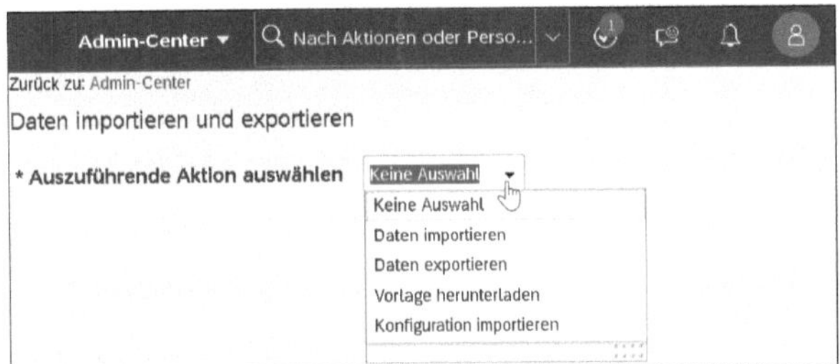

Abbildung 13.13 Vorlage herunterladen

Beim Herunterladen von Vorlagen stehen dem Benutzer verschiedene Optionen zur Verfügung (siehe Abbildung 13.14). Die wichtigsten Optionen sind:

- **Allgemeines Objekt auswählen**
  Diese Einstellung ermöglicht das Herunterladen der generischen Objektvorlage.
- **Abhängige Objekte einbeziehen**
  Diese Einstellung gibt an, ob CSV-Importvorlagen für abhängige Objekte, wie z. B. verknüpfte Objekte, Auswahllisten und Geschäftsregeln, einbezogen werden sollen.

Nachdem diese Einstellungen eingegeben worden sind, klicken Sie auf **Herunterladen**, um die CSV-Importvorlage herunterzuladen (siehe Abbildung 13.14).

Beachten Sie, dass es zwar eine CSV-Importvorlage für ein generisches Objekt, aber noch eine separate CSV-Importvorlage für jede Verbindung zwischen dem Objekt und dem verbundenen generischen Objekt gibt. Diese CSV-Importvorlage definiert lediglich die Verbindungen; für die assoziierten Objekte gibt es eine separate CSV-Importvorlage.

So gibt es z. B. für das Objekt **Abteilung** eine CSV-Importvorlage für Abteilungsobjektdaten, eine CSV-Importvorlage für Abteilungs-Geschäftsbereichs-Zuordnungen und eine CSV-Importvorlage für Geschäftsbereiche. Diese Assoziationen sind aber grundsätzlich davon abhängig, wie diese in Ihrem System konfiguriert wurden.

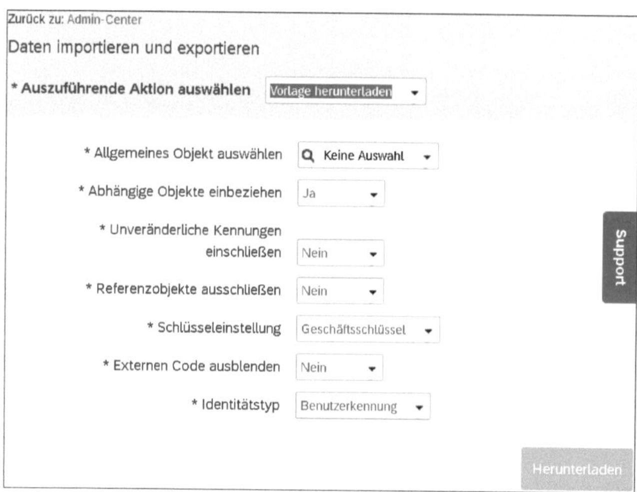

Abbildung 13.14 Daten importieren und exportieren

Vorlagen enthalten in der Regel die folgenden Felder sowie weitere Standard- oder benutzerdefinierten Felder (übersetzbare Felder werden ebenfalls angezeigt, wie in Abschnitt 13.1.2, »Quellen und Bereitstellung von Daten« beschrieben):

- **OPERATOR**
  Dient der Durchführung von Aktionen mit den Daten:
  - `DELIMIT`: Grenzt einen bestehenden Datensatz ab.
  - `CLEAR`: Löscht die Daten aus bestehenden Datensätzen und allen nachfolgenden Datensätzen eines zugehörigen untergeordneten Datensatzes (kann daher nicht für generische Objekte der obersten Ebene verwendet werden).
  - **DELETE**: Löscht übergeordnete generische Objektdatensätze (kann daher nicht für untergeordnete Datensätze oder für andere Arten von Importen verwendet werden).
- **externalCode**
  Der Code des Datensatzes bzw. des Objekts.
- **effectiveStatus oder mdfSystemStatus**
  Der Status des Datensatzes (A für **Aktiv** oder I für **Inaktiv**)

Objekte mit Gültigkeitsdatum enthalten in der Regel ein Feld `effectiveStartDate`, damit Sie angeben können, ab wann das Objekt gültig zur Verfügung stehen soll. Oft gibt es kein Feld für das Enddatum, da das System das Enddatum eines Datensatzes aus dem Anfangsdatum des vorherigen Datensatzes ableiten kann.

Wenn an einem Objekt mit Gültigkeitsdatum mehrere Änderungen pro Tag durchgeführt werden können, was Sie in der Objektdefinition festlegen, verfügt es auch über das Feld `transactionSequence`, um die Reihenfolge der Datensätze innerhalb eines Datums zu ordnen.

Regeln zum Befüllen von Importvorlagen

Es gibt einige Tipps für das Arbeiten mit generischen Objekten beim Befüllen von Importvorlagen:

- Denken Sie daran, beim Ausfüllen von verknüpften Objekten oder Referenzen den externen Code (`externalCode`) des Zielobjekts zu verwenden.
- Bei den Auswahllisten verwenden Sie den externen Code (`externalCode`) des Wertes.
- Stellen Sie sicher, dass die Daten der verknüpften Objekte im relevanten Zeitraum existieren.

Anhänge

Sie können Anhänge in einen Datenimport für generische Objekte aufnehmen, wenn die Objekte ein oder mehrere Felder mit dem Datentyp **Anhang** haben. Anhänge können nur als ZIP-Datei(en) hochgeladen werden. Alle Anhänge müssen in einem Ordner mit dem Namen **attachments** innerhalb der ZIP-Datei abgelegt werden. Die Dateinamen müssen in den entsprechenden Spalten im Anhang richtig referenziert werden.

13

CSV-Vorlagen mit Daten importieren

CSV-Importvorlagen werden in das System importiert, indem Sie im Bild **Daten importieren und exportieren** im Dropdown-Menü die Option **Daten importieren** auswählen (siehe Abbildung 13.13). Wählen Sie aus den folgenden drei Optionen, welche Art von Import Sie verwenden möchten (siehe Abbildung 13.15):

- **CSV-Datei**
  Importieren Sie eine einzelne CSV-Importvorlage mit Daten.
- **ZIP-Datei**
  Importieren Sie eine ZIP-Datei, die mehrere Dateien enthält.
- **SuccessStore**
  Importieren Sie Daten mit von SAP SuccessFactors bereitgestellten Inhalten.

Bei der Nutzung der Option **ZIP-Datei** ist die Steuerung des Imports über die Datei `import.properties` wichtig. Diese beinhaltet die Informationen, die Sie beim Typ **CSV-Datei** in den Optionen konfigurieren. Abbildung 13.16 zeigt eine ZIP-Importdatei für den Import von Geschäftsbereichsinformationen.

Abbildung 13.15 Daten importieren

Name	Size	Packed Size
Geschäftsbereich-Unternehmenseinheit.csv	1 614	448
Geschäftsbereich.csv	22 019	3 879
import.properties	788	399
import_sequence.csv	248	141
Unternehmenseinheit.csv	7 014	1 561

Abbildung 13.16 Importdefinition für eine ZIP-Datei

Die Datei **import.properties** beinhaltet die folgenden Felder bzw. Einstellungen (siehe Abbildung 13.15):

- **Allgemeines Objekt auswählen**
  Dieses Feld beinhaltet das generische Objekt, für das Sie Daten hochladen wollen.
- **Datei**
  Dieses Feld trägt den Dateinamen der hochzuladenden Datei.
- **Dateiverschlüsselung**
  In dieses Feld wird die Dateikodierung eingegeben (wir empfehlen, die Einstellung **UTF-8** zu nutzen).
- **Bereinigungstyp**
  In diesem Feld haben Sie die Auswahl zwischen den Optionen **Vollständiges Bereinigen** und **Inkrementelles Laden**.

- **Redundante Datensätze mit Stichdatum unterdrücken**
  Die Einstellung in diesem Feld ist standardmäßig **Ja**, um doppelte Einfügungen und unveränderte Aktualisierungen zu verhindern.
- **Schlüsseleinstellung**
  Dieses Feld beinhaltet die Methode zur Festlegung des Geschäftsschlüssels; wählen Sie entweder die Einstellung **Geschäftsschlüssel** (die Standardmethode) oder die Einstellung **Externer Code**.
- **Use Local Format**
  Wählen Sie **Ja**, um diese Funktion zu aktivieren (das Feld **Gebietsschema** wird zur Auswahl des Gebietsschemas angezeigt). Wählen Sie **Nein**, um das Gebietsschema des Benutzers zu verwenden, der den Import durchführt.
- **Dezimalrundungsoptions aktivieren**
  Legen Sie in diesem Feld fest, ob die Dezimalfelder gerundet werden sollen.
- **Identitätstyp**
  Die Optionen für den Identitätstyp sind **Benutzer-ID** oder **Beschäftigungsverhältnis-ID**. Wenn Sie mehrfache Beschäftigungsverhältnisse verwenden, sollten Sie die jeweils richtige Beschäftigungsverhältnis-ID nutzen.

Validieren Sie über die Schaltfläche **Validieren** die Daten (siehe Abbildung 13.15). Die Ergebnisse der Validierung und des Imports sind unter **Auftrag überprüfen** verfügbar (siehe Abbildung 13.7).

Mit der Option **SuccessStore** stellt SAP Inhalte wie z. B. Geschäftsregeln für Time-off (Abwesenheiten) zur Verfügung, die Sie als Kopiervorlage oder direkt nutzen können (siehe Abbildung 13.15).

Wir empfehlen Ihnen, beim Import von Grundlagenobjektdaten die Option **CSV-Datei** zu verwenden. Bei anderen Importen hängt die Wahl vom Datensatz ab. Komplexe Objekte und Zusammenhänge benötigen mehrere Dateien und erfordern eine ZIP-Datei.

Massenhaftes Löschen von generischen Objektdaten über den Import

Sie können generische Objektdaten manuell, direkt im System oder über einen Datenimport aus dem System löschen. Nutzen Sie dazu den `DELETE`-Operator, und gehe Sie wie folgt vor:

1. Exportieren Sie die Daten des generischen Objekts, das Sie löschen möchten.
2. Geben Sie in der CSV-Datei in der Operatorspalte für die zu löschenden Datensätze `DELETE` ein. Wir empfehlen, alle Datensätze, die Sie nicht löschen wollen, aus der Datei zu entfernen.
3. Importieren Sie die CSV-Datei. Achten Sie darauf, dass im Feld **Bereinigungstyp** die Einstellung **Inkrementelles Laden** ausgewählt ist.

Wenn die generischen Objektdatensätze verbundene untergeordnete Datensätze haben, müssen Sie diese verbundenen Datensätze mit einem ähnlichen Verfahren abgrenzen:

- Geben Sie in der CSV-Datei in der Operatorspalte für die zu löschenden Datensätze `DELIMIT` ein. Wir empfehlen, alle Datensätze, die Sie nicht löschen wollen, aus der Datei zu entfernen.
- Importieren Sie die CSV-Datei. Achten Sie darauf, dass im Feld **Bereinigungstyp** die Option **Inkrementelles Laden** eingestellt ist.

Benutzer- und Mitarbeiterdaten importieren

Beim Import von Mitarbeiterdaten können Sie die Daten über **Mitarbeiterdaten importieren**, aufrufbar über die Aktionssuche, in das System laden. Die dazugehörigen CSV-Vorlagen erhalten Sie auf der Seite, indem Sie unter **Wählen Sie die Aktion aus, die Sie ausführen möchten** die Aktion **Vorlage herunterladen** selektieren (siehe Abbildung 13.17).

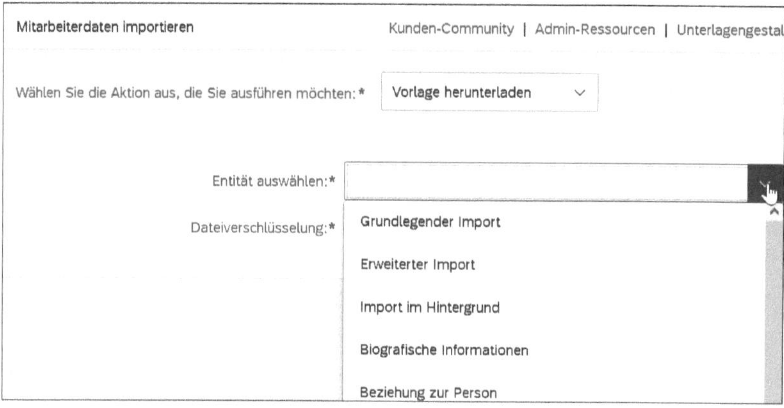

Abbildung 13.17 Vorlage herunterladen

Ihnen stehen dann unterschiedliche Entitäten zur Auswahl. Es sind z. B. die Daten enthalten, die im Personenprofil unter **Biografische Informationen** angezeigt werden. Auch gibt es Daten, die auf generischen Objektdefinitionen basieren, wie z. B:

- alternative Kostenverteilung
- Vorschüsse und Abzüge
- Zahlungsinformationen

Diese werden wie alle anderen generischen Objekte importiert (siehe den Abschnitt »Generische Objektimporte« in Abschnitt 13.2.4).

Bei manchen Importvorlagen können Sie nur das Dateiformat auswählen, z. B. bei der Vorlage für den Basisimport von Mitarbeiterinformationen (**Grundlegender Import**), siehe Abbildung 13.18.

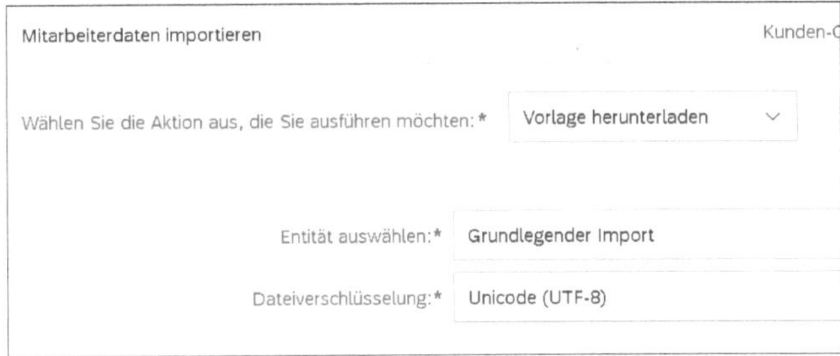

Abbildung 13.18 Grundlegenden Import herunterladen

Bei anderen Importvorlagen können Sie entscheiden, welche Felder im Import-Template enthalten sein sollen. In Abbildung 13.19 sehen Sie exemplarisch die verfügbaren Datenfelder. Pflichtfelder, wie z. B. die Benutzerkennung, können Sie allerdings nicht entfernen. Welche Felder Pflichtfelder sind, hängt von Ihrer Konfiguration ab, die Sie unter der Aktion **Geschäftskonfiguration verwalten** einsehen und verändern können.

Mitarbeiterdaten importieren
Kunden-Community | Admin-Ressourcen | Unterlagengestalter
Wählen Sie die Aktion aus, die Sie ausführen möchten: *
Vorlage herunterladen
Entität auswählen: *
Biografische Informationen
Dateiverschlüsselung: *
Unicode (UTF-8)
Verfügbare Datenfelc
Ausgewählte Datenfelder
Custom ID
Geburtsdatum
Geburtsland
Geburtsname
Geburtsort
PerPersonUUID
Personenkennung
Benutzerkennung
Support
Zurück zu Admin
Auftrag überwachen
Vorlage generieren

Abbildung 13.19 Vorlage herunterladen

Wenn Sie schon Grundlagendaten importiert haben, werden Sie sich im Bereich **Mitarbeiterdaten importieren** rasch zurechtfinden (siehe Abbildung 13.20). Es gibt nur wenige kleine Unterschiede zum Import der Grundlagendaten. Die Optionen **Vollständige Bereinigung** und **Inkrementelles Laden** finden Sie direkt unter der Vorlage, die Sie für den Import ausgewählt haben, und nicht am unteren Rand des Bildes. Auch gibt es zusätzliche Optionen für den Basisimport und die Beschäftigungsdetails sowie einige zusätzliche Optionen für den Import von konsolidierten Datensätzen.

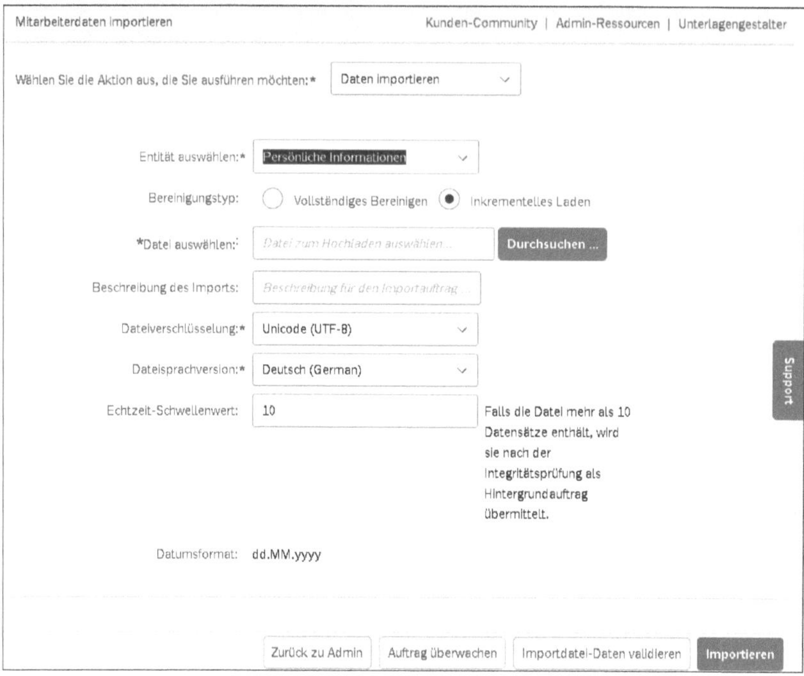

Abbildung 13.20 Mitarbeiterdaten importieren

[»]

Minimalimport

Wenn Sie Mitarbeitende per Import laden wollen, müssen Sie mindestens die folgenden Importe erfolgreich durchführen:

- Grundlegender Import
- Biografische Informationen
- Persönliche Informationen
- Beschäftigungsinformationen
- Stellenverlauf

Diese Daten sind Voraussetzung dafür, dass Mitarbeitende in Employee Central verwaltet werden können.

Im Folgenden listen wir die Importe und Optionen auf, die Ihnen unter **Mitarbeiterdaten importieren** zur Verfügung stehen und die für Employee Central relevant sind, wo sie im Mitarbeiterprofil (siehe Kapitel 5, »Mitarbeiterdaten«) zur Anzeige gebracht werden. Wo es notwendig ist, ergänzen wir Hinweise.

- **Grundlegender Import**
  Über den Import der Benutzerdatendatei (UDF – User Data File) legen Sie die Benutzerkonten an. Diese Datei bildet die Grundlage für den Mitarbeiterdatensatz in SAP SuccessFactors. Beachten Sie, dass Sie diesen Import auch ohne Employee Central für die Talent-Module und das Mitarbeiterprofil benötigen. Für diesen Import stehen Ihnen mehrere Kennzeichen zur Verfügung (siehe Abbildung 13.21), von denen **Inaktive Mitarbeiter verarbeiten** besonders interessant ist. Wählen Sie diese Option, wenn Sie inaktive Mitarbeiter importieren möchten.

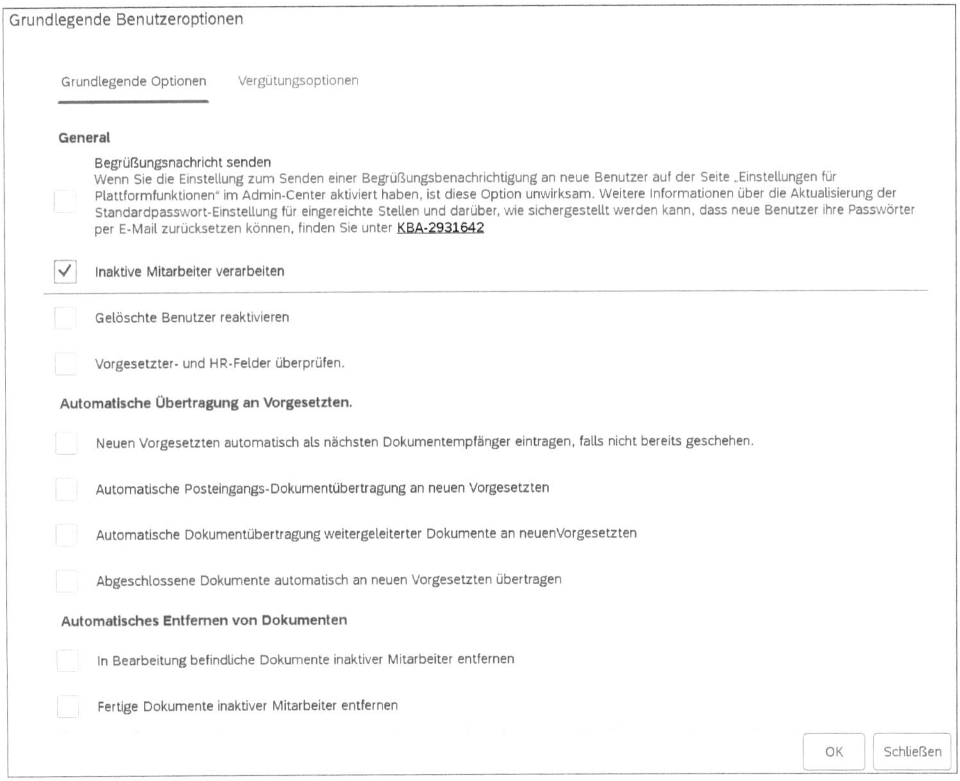

Abbildung 13.21 Grundlegende Importoptionen auswählen

- **Biografische Informationen**
  Mit dieser Funktion importieren Sie die Daten, die im Mitarbeiterprofil unter **Biografische Informationen** im Bereich **Persönliche Informationen** angezeigt werden. Bei dieser Art von Import wird immer eine vollständige Bereinigung durchgeführt.

- **Beziehung zur Person**
  Mit dieser Funktion importieren Sie die Beziehungsdaten der Angehörigen, die im Block **Angehörige** im Bereich **Persönliche Informationen** angezeigt werden. Die Importe **Persönliche Informationen** und **Adressen** sind erforderlich, um persönliche Informationen über die Angehörigen zu importieren. Alternativ können Sie auch den Import **Konsolidierte Angehörige** verwenden, um alle Daten der Angehörigen zu importieren.
- **Beschäftigungsinformationen**
  Diese Funktion importiert die Informationen zum Beschäftigungsverhältnis
- **Persönliche Informationen**
  Diese Funktion importiert die im Bereich **Persönliche Informationen** enthaltenen Daten wie Anrede oder Staatsangehörigkeit.
- **Globale Informationen**
  Diese Funktion importiert Informationen zur Einschränkung des Mitarbeitenden und die dazugehörigen Daten.
- **Austrittsinformationen**
  Diese Funktion importiert die Details zur Beendigung des Beschäftigungsverhältnisses eines Mitarbeiters bzw. einer Mitarbeiterin. Diese Informationen werden im Abschnitt **Beschäftigungsdetails** im Block **Beschäftigungsinformationen** angezeigt. Bei dieser Art von Import wird immer eine vollständige Bereinigung durchgeführt.
- **Stellenverlauf**
  Diese Funktion importiert Daten, die unter **Stelleninformationen** angezeigt werden. Beachten Sie, dass für diesen Import zwar sowohl die Option **Vollständiges Bereinigen** als auch die Option **Inkrementelles Laden** zur Verfügung steht, das inkrementelle Laden jedoch nicht für Datensätze mit einem Ereignisgrund verwendet werden kann, der die Ereignisse **Einstellung** oder **Wiedereintritt** verwendet.
- **Vergütungsinformationen**
  Diese Funktion importiert Informationen rund um das Thema **Vergütung**.
- **Informationen zur Telefonnummer**
  Über diese Funktion werden Telefonnummern und damit verbundene Informationen importiert.
- **Informationen zur E-Mail**
  Diese Funktion importiert E-Mails und damit verbundene Informationen.
- **Ausweisinfo**
  Diese Funktion importiert Daten aus dem Umfeld unterschiedlicher Ausweise. In Deutschland gehört hierzu z. B. der Sozialversicherungsausweis.

- **Adressen**
  Diese Funktion importiert unterschiedliche Informationen aus dem Bereich der Adressdaten.
- **Ansprechpartner im Notfall**
  Mit dieser Funktion werden Informationen zum Ansprechpartner im Notfall importiert.
- **Informationen zu persönlichen Unterlagen**
  Diese Funktion importiert Arbeitsgenehmigungsdaten und, falls gewünscht, Dokumentanhänge, die im Bereich **Arbeitsgenehmigung** unter **Persönliche Informationen** angezeigt werden.
- **Wiederkehrende Gehaltskomponente**
  Diese Funktion importiert Informationen zu den Daten im Bereich der wiederkehrenden Gehaltskomponenten.
- **Einmalige Gehaltskomponente**
  Mit dieser Funktion werden Spot-Bonus-Daten importiert, die im Bereich **Spot-Bonus** angezeigt werden.
- **Stellenbeziehungen**
  Diese Funktion importiert Informationen zu den relevanten Stellenbeziehungen.
- **Upload gemischter Daten (ZIP)**
  Diese Option ermöglicht Ihnen das Hochladen einer ZIP-Datei, die mehrere CSV-Importdateien enthält. Das System verarbeitet die Dateien in der gewünschten Reihenfolge. Jede Datei innerhalb der ZIP-Datei kann im Admin-Center über **Auftrag überwachen** überwacht werden, und für jede Datei wird eine E-Mail-Benachrichtigung versandt. Für neue Mitarbeiter muss sie die CSV-Importvorlagen **Grundlegender Import**, **Biografische Informationen** und **Beschäftigungsdetails** enthalten. Für bestehende Benutzer ist nicht vorgeschrieben, welche Importdateien enthalten sein sollen.
- **Konsolidierte Angehörige**
  Diese Funktion importiert die Beziehungsdaten der Angehörigen und die persönlichen Daten der Angehörigen eines Mitarbeiters oder einer Mitarbeiterin. Beachten Sie, dass bei dieser Art von Import immer eine vollständige Bereinigung durchgeführt wird.

CSV-Importvorlagen

Die im Folgenden aufgeführten CSV-Importvorlagen müssen Sie importieren, um einen vollständigen Mitarbeiterdatensatz in Employee Central zu erstellen. Beachten Sie auch die Importreihenfolge.

Folgende CSV-Importvorlagen sind zu importieren:

- Grundlegender Import
- Biografische Informationen
- Persönliche Informationen
- Beschäftigungsinformationen
- Stellenverlauf

Alle anderen Mitarbeiterdatenimporte sind, wie z. B. **Vergütungsinformationen**, optional. Sie ergänzen die Mitarbeiterdatensätze, sind aber nicht unbedingt notwendig, um einen funktionalen Mitarbeiter im System anzulegen.

Regeln zum Befüllen von Importvorlagen

Die folgenden allgemeinen Hinweise unterstützen Sie beim Ausfüllen der Importvorlagen:

- In eine CSV-Importvorlage sollten maximal 50.000 Datensätze eingefügt werden.
- Die User-ID ist die Benutzer-ID, die im Basisimport oder beim direkten Anlegen in SAP SuccessFactors definiert wurde.
- Beim initialen Import beinhaltet das Feld `Person-id-external` meist denselben Wert wie die User-ID.
- Für den ersten oder einzigen (Einstellungs)datensatz eines Mitarbeiters sollte das Datum im Feld **Startdatum** in allen CSV-Importvorlagen mit dem Datum im Feld **Startdatum** in der CSV-Importvorlage **Beschäftigungsinformationen** übereinstimmen.
- Die Spalte mit dem Endedatum kann für den letzten Datensatz leer gelassen werden.
- Bei mehreren Datensätzen mit gleichem Gültigkeitsdatum verwenden Sie das Feld `seq-number`, um die Reihenfolge innerhalb des Datums festzulegen.

Anhänge

Für einige Bereiche in Employee Central können Sie Anhänge importieren. Die Anhänge bzw. die Dokumente, die sie darstellen, können im jeweiligen Bereich als Anhänge aufgerufen werden. Ob Ihnen die entsprechenden Felder für die Ablage und Anzeige von Anhängen zur Verfügung stehen, hängt von Ihrer Konfiguration im Datenmodell ab.

Der Inhalt der ZIP-Datei ist sehr ähnlich dessen, wie wir ihn in Abschnitt 13.2.4, »Verschiedene Importtypen«, besprochen haben. Der größte Unterschied ist, dass die ZIP-Datei einen Unterordner hat, indem sich die zu importierenden Dateien befinden. In

Abbildung 13.22 handelt es sich um den Ordner **attachments**. Die einzelnen Elemente haben die folgenden Funktionen:

- **attachments**: Ordner, der die Dateien enthält, hier Gehaltsabrechnungen
- **import.properties**: Definition des Importverhaltens
- **import_sequence.csv**: Definition der Importstruktur
- **Payslip-PaySlips.csv**: Definition, welche Datei für welchen Mitarbeiter hochgeladen werden soll

Name	Size
attachments	63 302
import.properties	787
import_sequence.csv	114
Payslip-PaySlips.csv	324

Abbildung 13.22 CSV-Importdatei für Anhänge

Mitarbeiterdaten abgrenzen oder löschen

Beim inkrementellen Laden können Sie z. B. für die folgenden HRIS-Elemente Datensätze abgrenzen oder löschen:

- Adressen
- Ansprechpartner im Notfall
- Ausweisinformationen
- Einmalige Einmalzahlung
- Informationen zur E-Mail
- Informationen zur Telefonnummer
- Stellenbeziehungen
- Wiederkehrende Gehaltskomponente

Dazu fügen Sie den Wert `DELIMIT` oder `DELETE` in die Spalte **Operation** ein, die sich in jeder CSV-Importvorlage befindet. `DELIMIT` grenzt Datensätze mit Gültigkeitsdatum ab und ermöglicht die teilweise Löschung von Daten für Datensätze ohne Gültigkeitsdatum. `DELETE` löscht den Datensatz komplett aus dem System.

Wenn die Spalte **Operation** für einen Datensatz leer gelassen wird, werden diese Datensätze als Einfüge- oder Aktualisierungsvorgänge behandelt. Nachdem Sie Ihre CSV-Importvorlagen mit Daten gefüllt haben, können Sie die Datei importieren.

Befüllte CSV-Vorlagen importieren

Um die ausgefüllten CSV-Importvorlagen zu importieren, wählen Sie über die Aktionssuche »Mitarbeiterdaten importieren« und folgen diesen Schritten (siehe Abbildung 13.20):

1. Wählen Sie, welche Art von Daten Sie importieren wollen.
2. Wählen Sie den Bereinigungstyp (**Vollständiges Bereinigen** oder **Inkrementelles Laden**), falls dieser in dem Kontext verfügbar ist.
3. Wählen Sie die zu importierende Datei aus, indem Sie auf die Schaltfläche **Datei auswählen** klicken.
4. Beschreiben Sie optional den Import zur besseren Identifikation im Bereich **Auftrag überwachen**.
5. Ändern Sie bei Bedarf die Dateikodierung in der Dropdown-Liste **Dateiverschlüsselung** (wir empfehlen mit **UTF-8** zu arbeiten).
6. Ändern Sie bei Bedarf die **Dateisprachversion** in der Dropdown-Liste (wir empfehlen mit `en_US` zu arbeiten).
7. Ändern Sie den Schwellenwert im Feld **Echtzeit-Schwellenwert**, wenn Sie einen asynchronen Import auslösen wollen.
8. Klicken Sie auf **Importdatei-Daten validieren**, um die Datei zu validieren, oder klicken Sie auf **Import**, um die Daten zu importieren.

Wir empfehlen Ihnen, die Importdatei vor dem Importieren zu validieren, um sicherzustellen, dass sie fehlerfrei ist. Wenn nach der Validierung oder nach dem Versuch, die Datei zu importieren, Fehler auftreten, beheben Sie diese und versuchen Sie es erneut.

Die Zeit, die ein Datenimport systemseitig benötigt, kann je nach Art des Imports und der Anzahl der Datensätze erheblich variieren. SAP bietet hier in der Standarddokumentation Hinweise zu den aktuellen Werten.

13.2.5 Daten zeitgesteuert importieren

Sie haben mehrere Möglichkeiten, um zeitgesteuert Datenimporte durchzuführen.

- Über die Nutzung des Integrations-Centers.
- Über die OData-API oder die Compound-API, die meist über eine Middleware wie die SAP Integration Suite angestoßen werden.
- Im Backend, über die Konfiguration von Importjobs im Provisioning (dieses kann der SAP-Support und/oder Ihr Betriebspartner mit Provisioning-Zugriff durchführen.)

Im Folgenden gehen wir auf diese Importoptionen genauer ein.

Zeitgesteuerte Importe über das Integrations-Center durchführen

Durch die Nutzung des Integrations-Centers ist es möglich, zeitgesteuerte Importjobs anzulegen. Dazu rufen Sie über die Aktionssuche das Integrations-Center auf (siehe Abbildung 13.23).

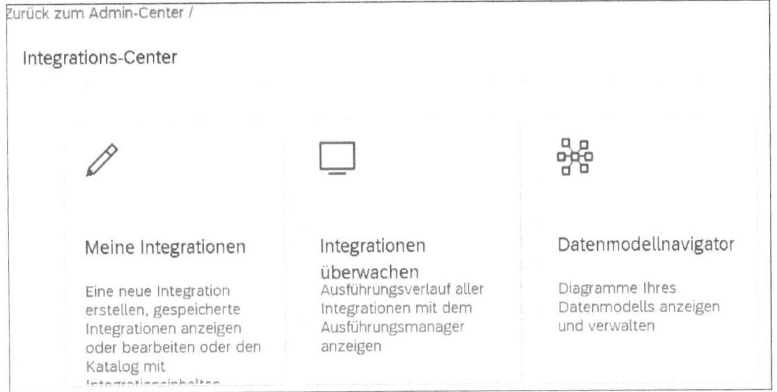

Abbildung 13.23 Integrations-Center nutzen

Führen Sie die folgenden Schritte durch, um einen Importjob anzulegen:

- Klicken Sie im Integrations-Center auf **Meine Integrationen** und im sich öffnenden Bild auf **+ Erstellen**, um die Anlage eines neuen Importjobs zu initialisieren. In unserem Fall wählen Sie im Auswahlmenü den Punkt **Geplante CSV-Eingabeintegration** aus (siehe Abbildung 13.24).

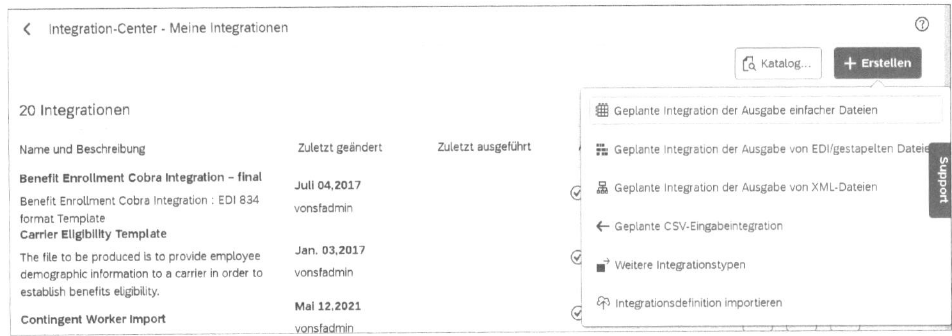

Abbildung 13.24 Importjob erstellen

- Nun wählen Sie die Entität aus, also das Zielobjekt, in das die Daten importiert werden sollen, z. B. **Abteilung (FODepartment)**, wenn Sie Abteilungsinformationen zeitgesteuert importieren wollen (siehe Abbildung 13.25).
- Legen Sie für den Job im Feld **Integrationsname** den Namen fest (Abbildung 13.26).

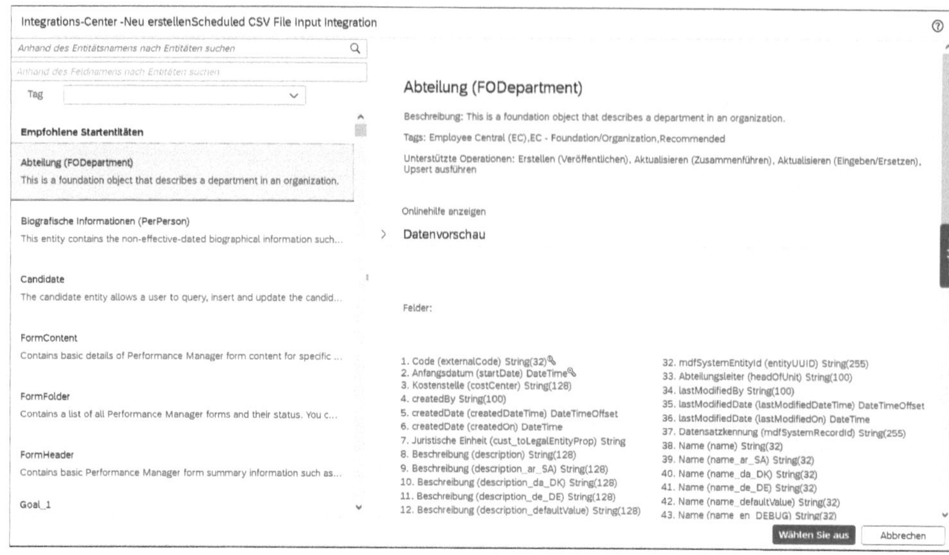

Abbildung 13.25 Importjob gestalten

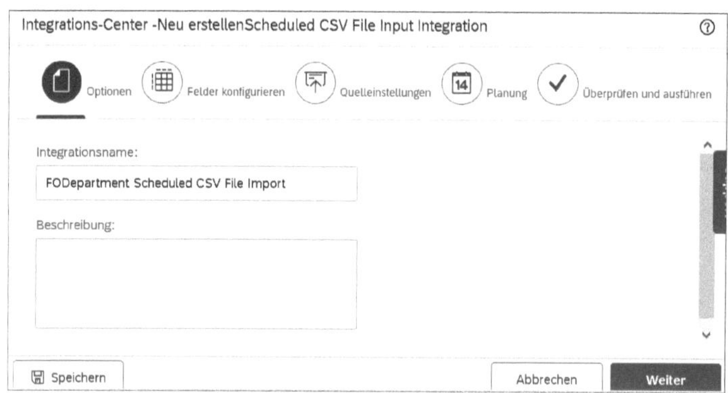

Abbildung 13.26 Schritte, um einen Importjob zu definieren

Laden Sie nun im Punkt **Felder konfigurieren** über einen Klick auf **Beispiel hochladen CSV** eine Beispiel-Import-CSV-Datei hoch. Diese Datei kann einer zuvor erstellten Importvorlage entsprechen.

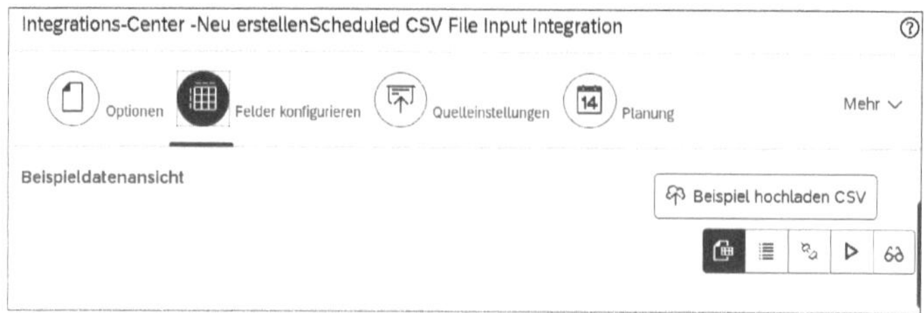

Abbildung 13.27 Beispiel-Import-CSV-Datei hochladen

Nun ist das Mapping der Felder zwischen den Feldern in der zuvor gewählten Entität und den Feldern aus der importierten Datei durchzuführen. Wenn dies geschehen ist, können Sie hier auch eine Beispieldatendatei hochladen, um das Mapping zu testen.

- Der SFTP-Ablageort wird in den Quelleinstellungen definiert. Hier kann auch die Konfiguration für eine mögliche Entschlüsselung von als verschlüsselt gelieferten Dateien festgelegt werden (siehe Abbildung 13.28).

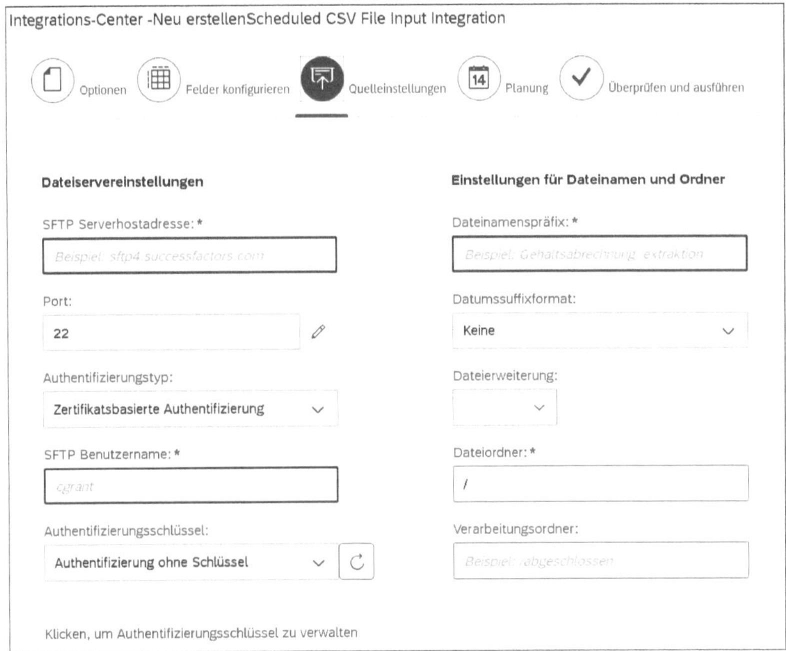

Abbildung 13.28 Quelleinstellungen verwalten

- Unter dem Punkt **Planung** kann die Häufigkeit des Imports justiert werden.
- Eine Überprüfung der vorgenommenen Einstellungen mit einem Import einer Datei kann über den Punkt **Überprüfen und ausführen** erfolgen (Abbildung 13.29). Hier haben Sie dann auch die Möglichkeit, mit einem Klick auf die Schaltfläche [↻] in den Ausführungsmanager abzuspringen, um das Protokoll des Imports einzusehen.

Wir empfehlen die Nutzung des Integrations-Centers für zeitgesteuerte Importjobs. Das Integration-Center bietet sehr gute Optionen, um Dateien in regelmäßig wiederkehrenden Intervallen einzulesen.

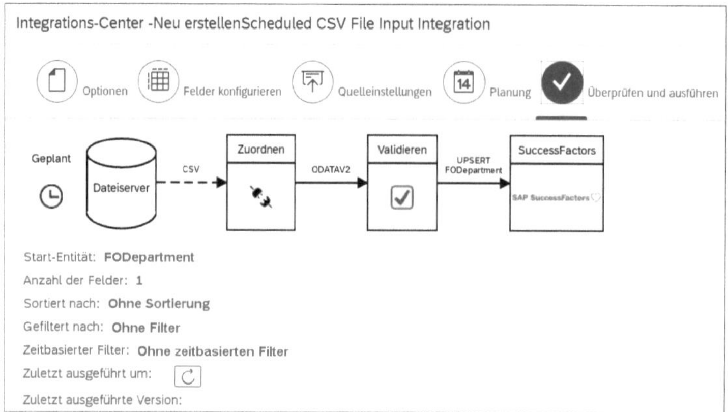

Abbildung 13.29 Import überprüfen und ausführen

Zeitgesteuerte Importe über die Odata-API oder die Compound-API durchführen

Über die Webschnittstellen, die APIs, haben Sie vielfältige Möglichkeiten, um Daten abzufragen und zu importieren. Die APIs ermöglichen Ihnen einen Schreibzugriff auf die Datenstrukturen in Employee Central. Die Integration wird häufig über die SAP Integration Suite realisiert, für die es eine Reihe von Standardintegrationen gibt, die Sie nutzen können. SAP stellt diese im SAP API Business Hub zur Verfügung (siehe *https://api.sap.com/search?searchterm=Employee%20Central*).

Integration mit Microsoft Active Directory durchführen

Microsoft bietet eine bidirektionale, API-basierte Schnittstelle, die Sie nutzen können, um Daten aus Employee Central (und Onboarding) mit dem Microsoft Active Directory zu integrieren. Damit können Sie neue Mitarbeitende im Active Directory anlegen, ausscheidende Mitarbeitende deaktivieren, Stammdatenänderungen übergeben und z. B. die E-Mail-Adressen für neue Mitarbeitende automatisiert nach SAP SuccessFactors übernehmen (siehe auch *https://docs.microsoft.com/en-us/azure/active-directory/app-provisioning/sap-successfactors-integration-reference*).

Beachten Sie, dass Sie insbesondere dann eine höhere Datenqualität haben, wenn Sie mit dem Einrichten der Schnittstelle die lokalen Administrationsrechte im Active Directory beschneiden. Mit dem Einrichten der Schnittstelle müssen die Daten in Employee Central und den darin eingebetteten Prozessen validiert und prozessiert werden und dürfen nicht mehr direkt im Active Directory von lokalen Administratoren und Administratorinnen gepflegt werden.

Importjobs im Provisioning konfigurieren

Datenimporte können mit Unterstützung des SAP-Supports oder Ihres Implementierungs- und Support-Partners, der Sie im Betrieb unterstützt, auch im Provisioning

(d. h. über das Kunden nicht zugängliche Backend) über die Funktion **Geplante Jobs verwalten** geplant werden.

In der Praxis spielt diese Variante kaum mehr eine Rolle; wir erläutern sie hier nur kurz der Vollständigkeit halber. Die Datenimportdateien sollten vor der Ausführung der Jobs auf dem Secure-File-Transfer-Protocol-Server (SFTP-Server) von SAP SuccessFactors abgelegt werden. Die folgenden Auftragstypen stehen für die Planung von Datenimporten zur Verfügung:

- **Mitarbeiter-Export und Mitarbeiter-Import**
  Dieser Auftragstyp dient zum Importieren des Basic-User-Imports (UDF)
- **Live-Profil-Import**
  Dieser Auftragstyp wird verwendet, um die Mitarbeiterprofildaten zu importieren, die nicht Teil der UDF sind.
- **Grundlagen Datenimport**
  Diese Option dient dem Importieren von Grundlagenobjektdaten.
- **Import von Mitarbeiterdaten** (nur für Employee Central)
  Mit dieser Möglichkeit importieren Sie Daten von Employee Central.
- **MDF-Datenimport (FTP)**
  Dieser Auftragstyp dient dem Importieren von Daten generischer Objekte.

[+]

Erste Importe mit Partnerunterstützung

Beim Importieren von Daten können unterschiedlichste Fehlertypen vorkommen. Wir empfehlen Ihnen, die ersten Importe gemeinsam mit Ihrem Implementierungspartner durchzuführen. So lernen Sie die Funktionen gut kennen, sammeln Erfahrung und lernen die Fehlernachrichten und Hinweise zum Import zu verstehen und zu bearbeiten.

13.3 Daten exportieren

Es gibt auch sehr gute Möglichkeiten, um Daten aus Employee Central zu exportieren. In diesem Abschnitt stellen wir Ihnen verschiedene Varianten des Datenexports aus Employee Central vor und zeigen, wie Sie sie automatisieren können.

13.3.1 Verschiedene Exportmöglichkeiten

Es stehen Ihnen verschiedene Exportmöglichkeiten zur Verfügung, um Daten aus Employee Central anderen Systemen zur Verfügung zu stellen:

- Export der Benutzerdatendatei (UDF – User Data File)
- Export von Mitarbeiteränderungen (Employee Delta Export),

- Export generischer Objektdaten
- Exporte von Daten über das Berichtswesen
- Exporte über das Integrations-Center
- Exporte per OData-Api oder Compound-API

Im Folgenden sehen wir uns diese Optionen im Detail an.

Benutzerdatendatei exportieren

Die Benutzerdatendatei **Mitarbeiter Ministamm** wird von Employee Central über die Standardintegration befüllt. Sie können die Daten der Benutzerdatendatei über **Mitarbeiter exportieren** in der Aktionssuche extrahieren. Beim Export stehen Ihnen verschiedene Optionen zur Verfügung (siehe Abbildung 13.30).

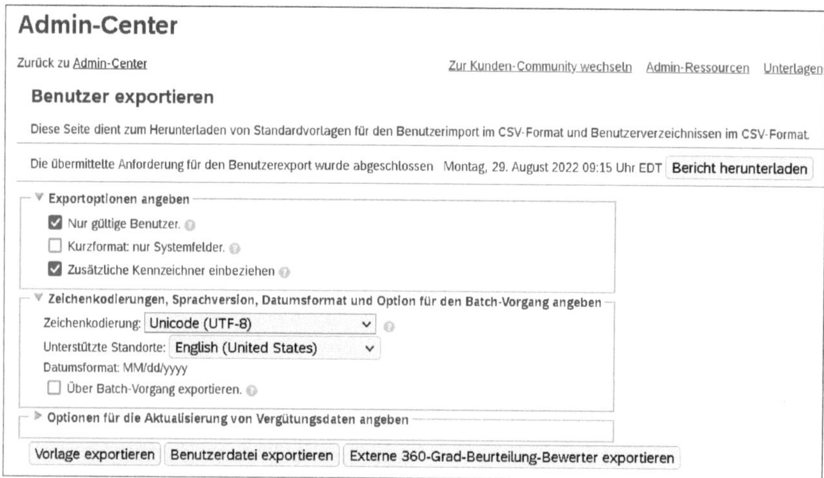

Abbildung 13.30 Benutzer exportieren

Falls Sie nur aktive Benutzer exportieren möchten, können Sie im Bereich **Exportoptionen angeben** die Option **Nur gültige Benutzer** auswählen. Außerdem können Sie sich über **Zusätzliche Kennzeichner einbeziehen** die externe Personen-ID (`Person-id-external`) mit ausgeben lassen, was für Integrationen mit Drittsystemen wichtig sein kann.

Wählen Sie im Bereich **Zeichenkodierungen, Sprachversion, Datumsformat und Option für den Batch-Vorgang angeben** die Zeichenkodierung **Unicode (UTF-8)** aus.

Über die Aktivierung des Kennzeichens **Über Batch-Vorgang exportieren** wird der Export asynchron verarbeitet, und Sie werden bei Fertigstellung benachrichtigt.

Mit einem Klick auf die Schaltfläche **Benutzerdatei exportieren** starten Sie den Download der Datei. Wenn Sie das Kennzeichen **Über Batch-Vorgang exportieren** aktiviert haben, erhalten Sie das Ergebnis mit einem Klick auf die Schaltfläche **Bericht herunterladen**, die nach dem Abschluss des Exports bereitsteht.

Employee-Delta-Export

Mit dem *Employee-Delta-Export* können Sie alle für die Lohn- und Gehaltsabrechnung relevanten Änderungen in einem von Ihnen festlegbaren Zeitraum, z. B. August 2022, exportieren. Der Bericht gibt die Daten im Microsoft-Excel-Format aus und liefert die Stamm- und Bewegungsdaten inklusive Zugängen, Abgängen und Änderungsmeldungen zu den Stammdaten auf verschiedenen Excel-Tabellenblättern aus. Der Bericht liefert auch Löschmeldungen (z. B. Löschung einer Entgeltkomponente), die Sie im Zielsystem gegebenenfalls ebenfalls berücksichtigen wollen. Bei Bedarf können Sie den Bericht anpassen, zusätzliche Felder hinzunehmen oder die Felder aus dem Bericht entfernen.

Über die Aktionssuche und die Eingabe von **Mitarbeiteränderungen exportieren** rufen Sie den relevanten Dialog auf. Der Employee-Delta-Export besteht aus einem Add-in für Microsoft Excel und zwei Microsoft-Excel-Arbeitsmappen, die die Konfiguration und das Layout der Daten, die aus Employee Central exportiert werden, bereitstellen (siehe Abbildung 13.31). Zudem wird Ihnen direkt ein User Guide bereitgestellt, der weitere Detailinformationen bereithält.

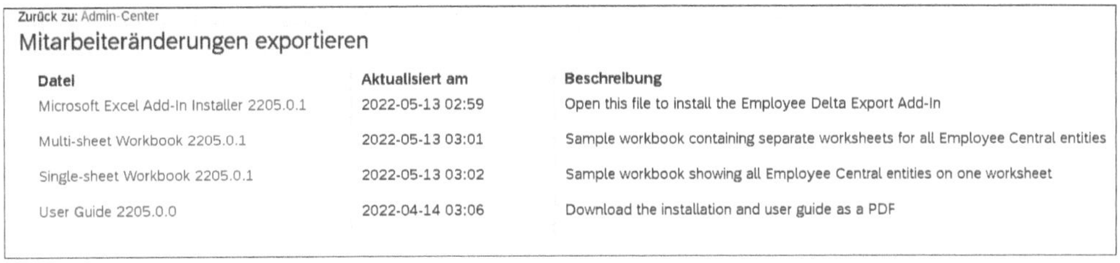

Zurück zu: Admin-Center

Mitarbeiteränderungen exportieren

Datei	Aktualisiert am	Beschreibung
Microsoft Excel Add-In Installer 2205.0.1	2022-05-13 02:59	Open this file to install the Employee Delta Export Add-In
Multi-sheet Workbook 2205.0.1	2022-05-13 03:01	Sample workbook containing separate worksheets for all Employee Central entities
Single-sheet Workbook 2205.0.1	2022-05-13 03:02	Sample workbook showing all Employee Central entities on one worksheet
User Guide 2205.0.0	2022-04-14 03:06	Download the installation and user guide as a PDF

Abbildung 13.31 Mitarbeiteränderungen exportieren

Der Export nutzt die *SOAP-API* (Simple Object Access Protocol) von Employee Central HRIS, um die Daten aus Employee Central in die Arbeitsmappen zu exportieren. Wenn Sie mehrere rechtliche Einheiten haben, die diese Berichte benötigen, empfehlen wir Ihnen, einen zentralen Service zur Generierung und Verteilung dieser Berichte einzurichten.

Generische Objektdaten exportieren

Zum Export von generischen Objektdaten aus dem SAP-SuccessFactors-System gehören mehrere Komponenten, die Sie je nach Bedarf wählen können. Dieses sind Objektdefinitionen, Objektdaten, MDF-Wertelisten, Geschäftsregeln und Konfigurations-UIs (User-Interface-Definitionen).

Beim Export verhält sich das System analog zum Import: Die Daten werden als CSV-Datei exportiert (siehe Abschnitt 13.2.4, »Verschiedene Importtypen«). Wenn voneinander abhängige Daten und Objekte exportiert werden, werden die CSV-Datei, die die Abhängigkeiten abbildet, und die CSV-Dateien der abhängigen Objekte mit den jeweiligen Werten in einer ZIP-Datei zusammengefasst.

Über **Daten importieren und exportieren** in der Aktionssuche gelangen Sie in das betreffende Bild (siehe Abbildung 13.13). Exportieren Sie dort Daten aus dem System, indem Sie in der Auswahlliste **Auszuführende Aktion auswählen** die Option **Daten exportieren** wählen (siehe Abbildung 13.32).

Die folgenden Optionen können Sie wählen, um den Export weiter an Ihren Bedarf anzupassen:

- **Allgemeines Objekt auswählen**
  Wählen Sie das generische Objekt aus, für das Daten heruntergeladen werden sollen, z. B. **Abteilung**.
- **Abhängige Objekte einbeziehen**
  Hier können Sie zwischen **Ja** oder **Nein** wählen und so angeben, ob alle verknüpften Objekte und Daten, wie z. B. verknüpfte Objektdefinitionen, Daten verknüpfter Objekte, Auswahllisten und Geschäftsregeln, zusammen mit der CSV-Datendatei des ausgewählten Objektes exportiert werden sollen.
- **Unveränderliche Kennungen einschließen**
  Wählen Sie, ob unveränderliche (unveränderbare) IDs in den Export einbezogen werden sollen. Diese Möglichkeit ist dann interessant, wenn Sie die Daten für Abgleiche mit Drittsystemen benötigen.
- **Inaktive Datensätze einschließen**
  Exporten Sie auch inaktive Datensätze.
- **Referenzobjekte ausschließen**
  In diesem Feld geben Sie an, ob verwandte, nicht abhängige Objekte (z. B. Auswahllisten oder Geschäftsregeln) ausgeschlossen werden sollen.
- **Alle Datensätze auswählen**
  In diesem Feld geben Sie an, ob alle Datensätze für das ausgewählte generische Objekt oder nur die vom Benutzer ausgewählten Datensätze ausgegeben werden sollen. Wenn Sie **Nein** wählen, wird die Auswahlliste **Objekte auswählen** angezeigt, und Sie können dort die Auswahl einschränken.
- **Schlüsseleinstellung**
  Über dieses Feld wählen Sie den Geschäftsschlüssel oder den externen Code als Schlüssel.

Daten importieren und exportieren

* **Auszuführende Aktion auswählen** | Daten exportieren

* Allgemeines Objekt auswählen | Keine Auswahl
* Abhängige Objekte einbeziehen | Ja
* Unveränderliche Kennungen einschließen | Nein
* Inaktive Datensätze einschließen | Nein
* Referenzobjekte ausschließen | Nein
* Alle Datensätze auswählen | Ja
* Schlüsseleinstellung | Geschäftsschlüssel
* Externen Code ausblenden | Nein
* Identitätstyp | Benutzerkennung

Ergebnis anzeigen | Exportieren

Abbildung 13.32 Daten exportieren

- **Externen Code ausblenden**
  Über dieses Feld blenden Sie den externen Code aus.
- **Identitätstyp**
  In diesem Feld wird die Benutzer-ID oder die Beschäftigungsverhältnis-ID ausgegeben.

Nachdem Sie die entsprechenden Einstellungen vorgenommen haben, klicken Sie auf die Schaltfläche **Exportieren**, um den Datenexport zu starten (siehe Abbildung 13.32). Der Datenexport wird vom System asynchron verarbeitet. Sobald der Auftrag verarbeitet worden ist, steht Ihnen der Export über **Auftrag überwachen** in der Aktionssuche zur Verfügung und zum Download bereit.

Über die Schaltfläche **Ergebnis anzeigen** können Sie direkt zur Funktion **Manager für geplante Aufträge** abspringen (siehe Abbildung 13.33). Hier haben Sie direkt Zugriff auf die generierte(n) Exportdateien und die davon abhängenden Informationen.

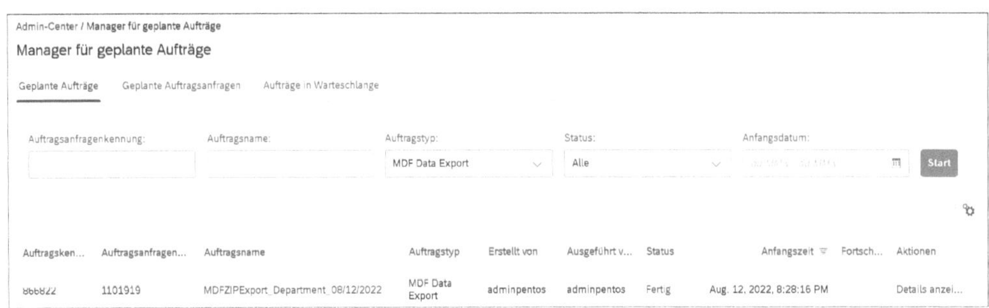

Abbildung 13.33 Manager für geplante Aufträge

Daten über das Berichtswesen exportieren

Über die verschiedenen Möglichkeiten der Berichtserstellung (siehe Kapitel 10, »Reporting«) können Sie die Ergebnisdaten exportieren. In den Berichtsdefinitionen können Sie die benötigten Objekte und Datenfelder auswählen und mit den verschiedenen Berichtsarten so transformieren, dass Sie diese nach dem Export anderen Systemen passend oder passender zur Verfügung stellen können.

Daten über das Integration-Center exportieren

Auch über das *Integrations-Center* (erreichbar über die Aktionssuche) können Sie Daten exportieren (siehe Abbildung 13.23). Ähnlich wie beim Berichtswesen können Sie dort die Objekte und Felder auswählen, die Sie exportieren wollen. Das Integrations-Center erlaubt es, einfache Transformationen der Daten selbst durchzuführen. Das Integrations-Center ist jedoch keine Middleware, mit der Sie die Daten beliebig ändern und kombinieren können. Dieses würden Sie im Bedarfsfall mit einer Middleware (z. B. der SAP Integration Suite, die Kunden sehr häufig mit SAP SuccessFactors mitlizenzieren) durchführen.

Export mit der Odata-API oder mit der Compound-API durchführen

Über die Webschnittstellen, die APIs, haben Sie vielfältige Möglichkeiten, um Daten abzufragen und zu exportieren. Die Odata-API ermöglicht den Zugriff auf die aktuellen Daten in Employee Central, und die Compound-API stellt Ihnen auch Änderungsdaten im Zeitablauf zur Verfügung. Das heißt, dass Sie, wenn Sie Änderungen seit einem bestimmten Datum interessieren, die Compound API verwenden.

Die Abfrage wird häufig über die SAP Integration Suite umgesetzt, mit der Sie beliebige Transformationen, Ergänzungen und Weiterleitungen realisieren können. SAP stellt eine Reihe von Standardexporten im API Business Hub zur Verfügung (siehe *https://api.sap.com/search?searchterm=Employee%20Central*).

13.3.2 Zeitliche Planung und Automatisierung von Exporten

Sie können Datenexporte automatisieren und zeitlich einplanen. Wenn Sie die Datenexporte über die API vornehmen, wird das in der Regel von der und über die von Ihnen eingesetzte Middleware gesteuert. Im Folgenden zeigen wir Ihnen, wie Sie Exporte in SAP SuccessFactors über das Reporting und das Integrations-Center automatisieren können.

Exporte über das Reporting durchführen

Berichte vom Typ **Tabelle** oder **Story** können Sie über die Admin-Tools im Bericht-Center nach Zeitplan exportieren. Dazu wählen Sie für den von Ihnen ausgewählten Bericht über Klick auf [ooo] die Aktion **Neuer Plan** den Berichtplaner (Abbildung 13.34).

Abbildung 13.34 Neuen Plan erstellen

Im Berichtplaner nehmen Sie die notwendigen Einstellungen vor und navigieren durch die einzelnen Schritte (siehe Abbildung 13.35). Im Schritt **Ziel** wählen Sie die Ausgabemethoden **Offline** oder **File Transfer Protocol** (FTP). Über die Konfiguration des FTP können Sie beliebige FTP-Server als Adressaten festlegen.

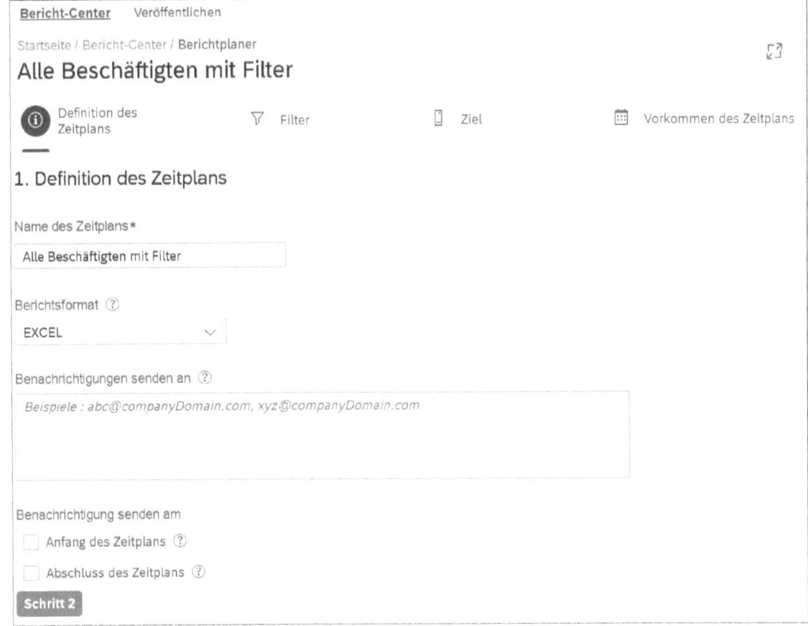

Abbildung 13.35 Ansicht »Berichtplaner«

Exporte über das Integrations-Center durchführen

Das *Integrations-Center* ist für das einfache Exportieren von Daten und für das zur Verfügung stellen derselben für Drittsysteme konzipiert. Sie können darüber alle Employee-Central-Daten (auch in Kombinationen) ansprechen und exportieren.

Zusätzlich haben Sie die Möglichkeit, einfache Datentransformationen durchzuführen. So können Sie einfache Berechnungen durchführen oder mit Referenz auf hochgeladene Werte auch Werte auf andere Werte regelbasiert transformieren.

Wenn Sie an Datenänderungen seit dem letzten Lauf interessiert sind, können Sie das per Konfiguration auch so einstellen und ausgeben. Die Ausgabe des Exports erfolgt immer auf einen von Ihnen zu wählenden SFTP-Server Dateisystem.

Wenn Sie Daten für Drittsysteme exportieren möchten, empfehlen wir Ihnen als erste Anlaufstelle, das Integrations-Center zu prüfen. Es ist gleichzeitig mächtig, aber einfach zu bedienen. Wenn Sie die Datenstrukturen in Employee Central kennen, werden Sie damit sehr rasch und erfolgreich arbeiten können.

13.4 Berechtigungen für Importe und Exporte pflegen

In Kapitel 11, »Rollenbasierte Berechtigungen«, zeigen wir Ihnen, wie Sie mit Rollen und Berechtigungen arbeiten können. Hier erfahren Sie, wie Sie Rollen und auch die dazugehörigen Berechtigungen pflegen. Dieses findet auch für die im Folgenden besprochenen Berechtigungen Anwendung. Die rollenbasierten Berechtigungen in SAP SuccessFactors erlauben es Ihnen festzulegen, ob ein Benutzer Daten importieren oder exportieren kann und auch welche Art von Daten importiert oder exportiert werden können. Die Berechtigungen sind auf fünf Berechtigungskategorien verteilt:

- Employee Central-Importentitäten
- Neuen Benutzer hinzufügen
- Employee-Central-Importeinstellungen
- Verwalten von Grundlagen-Objekten
- Metadata Framework

Die Berechtigungskategorie **Employee Central-Importentitäten** ist eine sogenannte *Benutzerberechtigung*, die Sie in den Berechtigungseinstellungen einer Rolle pflegen. Die weiteren benötigten Berechtigungen sind *Administratorberechtigungen*.

Darüber hinaus bieten generische Objektdefinitionen in der Regel die Möglichkeit, Import- bzw. Exportberechtigungen zu erteilen. Zu beachten ist, dass bei generischen Objekten, für die keine Berechtigung erteilt werden kann, standardmäßig Daten importiert und exportiert werden dürfen, wenn der Benutzer Zugriff auf die relevanten Aktionen **Daten importieren** und **Daten exportieren** hat.

13.4.1 Employee-Central-Importentitäten

Mit den Konfigurationsmöglichkeit in der Berechtigungskategorie **Employee Central-Importentitäten** können Sie bestimmte Beschäftigungsdatenentitäten für eine Zielpopulation importieren (siehe Abbildung 13.36). Sie können, indem Sie die entsprechende Rolle über die Aktionssuche und **Berechtigungsrollen verwalten** aufrufen, die gewünschte Rolle selektieren. Innerhalb der Rolle klicken Sie auf den Hyperlink **Berechtigungen**, um z. B. einer Rolle ausschließlich zu erlauben, Einmalzahlungen nur für einen Personenkreis der Abteilung A zu importieren.

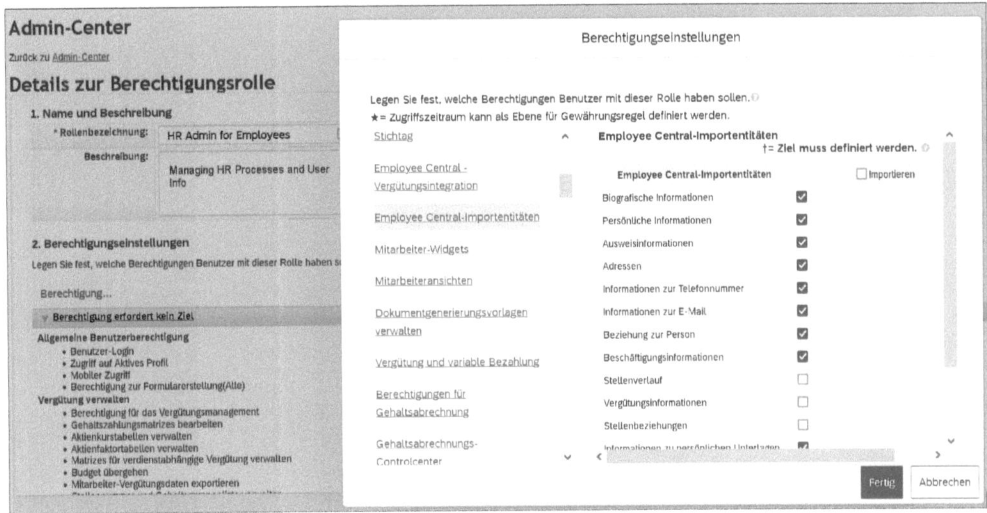

Abbildung 13.36 Employee-Central-Importentitäten pflegen

Damit diese Berechtigungen wirken, muss das Kennzeichen **Aktivieren Sie die RBB-Zugriffsvalidierung für EC-Elemente während Importvorgängen (nicht aktivieren beim erstmaligen Import)** im Bereich **Employee Central-Importeinstellungen** aktiviert worden sein (siehe Abbildung 13.37).

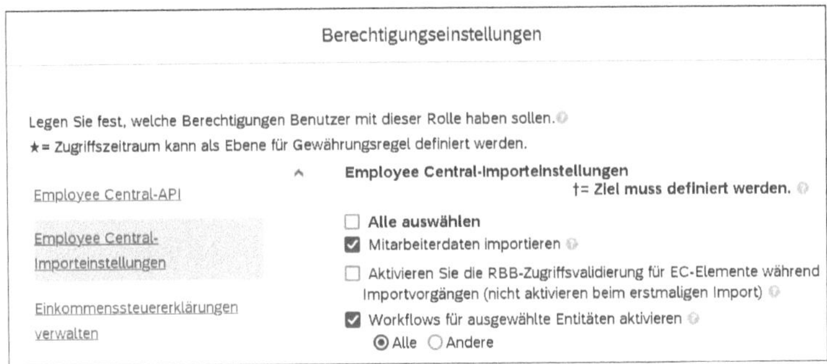

Abbildung 13.37 Employee-Central-Importeinstellungen pflegen

13.4.2 Neuen Benutzer hinzufügen

Die Berechtigungskategorie **Neuen Benutzer hinzufügen**, enthält die folgenden Berechtigungen, die den Zugriff auf die spezifischen Import- und Exporttransaktionen ermöglichen. Sie rufen diese übrigens ebenso auf, wie wir es schon im vorangehenden Abschnitt beschrieben haben (siehe Abbildung 13.38).

- Mitarbeiter exportieren
- Erweiterte Benutzerinformationen exportieren
- Vorlagen zum Exportieren von Mitarbeiteränderungen verwalten

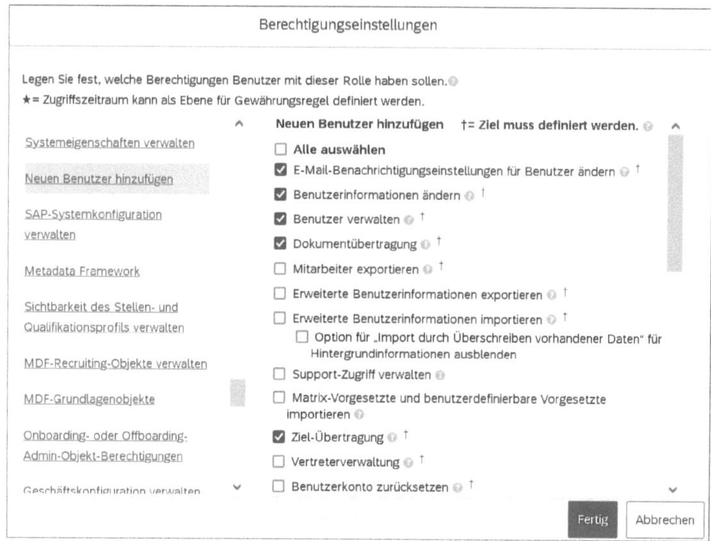

Abbildung 13.38 Berechtigung im Bereich »Neuen Benutzer hinzufügen« pflegen

13.4.3 Employee-Central-Importeinstellungen

Die Berechtigungskategorie **Employee Central-Importeinstellungen** enthält allgemeine Einstellungen für den Benutzer beim Import von Daten in Employee Central (siehe Abbildung 13.39).

Hier steuern Sie u. a. dass Mitarbeiterdaten importiert werden dürfen, Workflows für ausgewählte Entitäten oder dass Geschäftsregeln entsprechend aktiviert sind. Auch können Sie hier das Ausführen von Regeln anhand von `NO_OVERWRITE` aktivieren und so festlegen, ob Regeln und Propagationen für den Benutzer für Importe mit Feldern, die den Wert `NO_OVERWRITE` enthalten, in die in der Auswahlbox ausgewählten Entitäten ausgelöst werden. Die Aktivierung des Kennzeichens **Vorwärtspropagierung beim inkrementellen Import aktivieren** ermöglicht die Vorwärtspropagierung von Stelleninformationen und Vergütungsinformationsdaten zu Datensätzen mit zukünftigem Datum, wenn sie in einem inkrementellen Ladevorgang geladen werden.

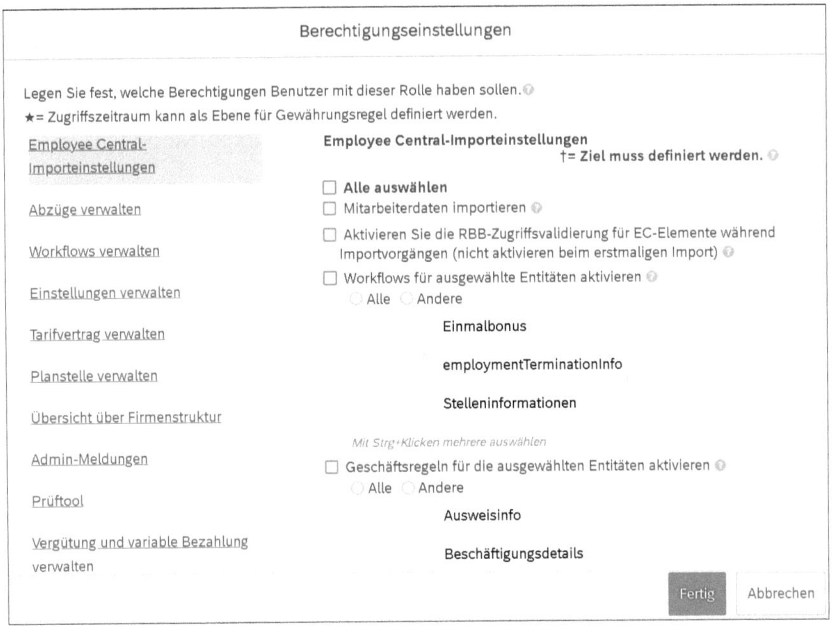

Abbildung 13.39 Die Berechtigungskategorie »Employee Central-Importeinstellungen«

13.4.4 Grundlagenobjekte verwalten

Für die Berechtigungskategorie **Grundlagenobjekte verwalten** gibt es zwei Berechtigungen, die im Hinblick auf Datenimporte relevant sind (siehe Abbildung 13.40):

- Grundlagendaten importieren
- Übersetzungen importieren

Mit diesen Berechtigungen können Sie alle Grundlagenobjektdaten importieren und Übersetzungen für Grundlagenobjekte importieren.

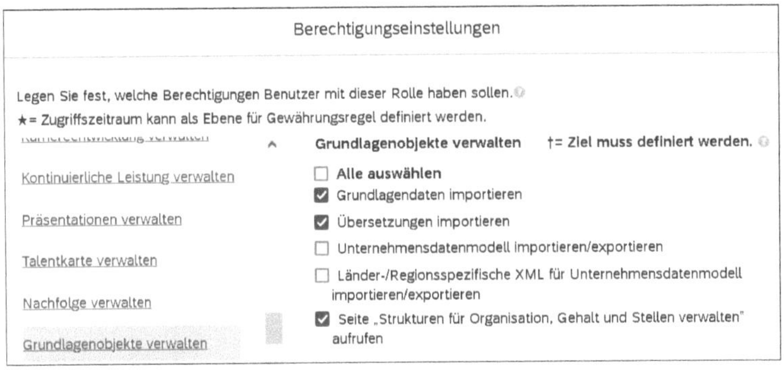

Abbildung 13.40 Grundlagenobjekte verwalten

13.4.5 Metadata Framework

In der Berechtigungskategorie **Metadata Framework** gibt es eine import-/exportbezogene Berechtigung: **Importberechtigung für Metadaten-Framework**. Dieses Recht gewährt Ihnen Zugriff auf die Aktion **Daten importieren und exportieren**.

Mit dieser Aktion können Sie alle Daten für alle generischen Objekte importieren und exportieren, für die die Sicherheit nicht aktiviert ist, sowie für alle generischen Objekte, für die der Benutzer die Berechtigung zum Importieren/Exportieren für dieses Objekt aktiviert hat.

13.5 Daten aus SAP ERP Human Capital Management migrieren

SAP bietet mit dem Werkzeug *Infoporter* eine Standardfunktion zur Migration von Daten aus SAP-ERP-HCM-Systemen. Der Infoporter bietet die Möglichkeit, Organisationsdaten wie z. B. organisatorischen Einheiten oder Planstellen, aber auch Mitarbeiterdaten aus verschiedenen Infotypen für die Migration bereitzustellen. Dies kann über eine direkte Webservice-Kommunikation erfolgen oder über die Bereitstellung von textbasierten Importdateien.

Zusätzliche Ressourcen

Weitere Informationen inklusive Schritt-für-Schritt-Anleitungen zur Durchführung der Tätigkeiten finden Sie im Handbuch »Migration von Daten von SAP ERP nach Employee Central« unter *http://service.sap.com/ec-ondemand*.

Der Infoporter wird als Teil des Integrations-Add-ons für SAP ERP und Employee Central ausgeliefert. Das Add-on integriert beide Systeme für die Datenreplikation. Die Festlegung des notwendigen Mappings findet in sogenannten Business Integration Builder statt. Das Ergebnis kann als CSV-Datei(en) ausgegeben werden, und die Dateien können unter den in den vorangegangenen Abschnitten dargelegten Voraussetzungen manuell oder automatisiert nach Employee Central hochgeladen werden.

Nach dem Abschluss der Migration kann das Setup auch für die regelmäßige Replikation von Daten über die SAP Integration Suite der SAP BTP verwendet werden.

Neben der Nutzung des Infoporters können Sie die Daten aus dem HCM-System natürlich auch über zu erstellende Reports extrahieren. Sprechen Sie dazu mit Ihrem Implementierungspartner, der möglicherweise auch vorgefertigte Werkzeuge, insbesondere für komplexere Anwendungsfälle, zur Verfügung stellen kann.

Nachdem wir uns in diesem Kapitel mit dem Umgang mit Daten in Employee Central beschäftigt haben, wenden wir uns im nächsten Kapitel der Integration von Employee Central mit weiteren SAP-SuccessFactors-Modulen zu.

Kapitel 14

Employee Central mit anderen SAP-SuccessFactors-Modulen integrieren

Employee Central verwaltet die wesentlichen Stamm- und Organisationsdaten sowie die Prozesse rund um die Mitarbeitenden. Employee Central empfängt aber auch Daten von anderen Modulen und Prozessen, wie z. B. aus dem Recruiting und dem Onboarding. Solche Daten- und Prozessintegrationen und die daraus resultierenden Synergien effektiv zu nutzen, ist Dreh -und Angelpunkt erfolgreicher Projekte.

Employee Central ermöglicht Ihnen eine zentrale Steuerung (im übertragenen Sinne ein Gehirn) nicht nur der Personaladministration, sondern vieler anderer Prozesse.

SAP SuccessFactors bietet die Möglichkeit, Teile der Suite zunächst ohne Employee Central zu implementieren. Per Schnittstelle werden die benötigten Steuerungsdaten aus den führenden Kern-HR-Systemen (oft SAP ERP HCM) zu den externen Systemen inklusive SAP SuccessFactors geliefert. Dass Sie nicht alle Module und Prozesse gleichzeitig einführen müssen, ermöglicht Ihnen große Flexibilität in Ihren Projekten.

Sobald Sie Employee Central und das dazugehörige Organisationsmanagement einführen, ändert sich am bestehenden Setup von SAP SuccessFactors nur wenig. Die Steuerungsinformationen – unabhängig davon, ob es sich dabei um Personal- oder Organisationsdaten handelt oder ob sie Prozesse beschreiben (Einstellung, Versetzung) – kommen dann jedoch direkt aus der Suite, aber nicht mehr aus externen Systemen. In Abhängigkeit von Ihrer Ausgangsposition sind einige wichtige Besonderheiten zu berücksichtigen, die Ihr Implementierungspartner mit Ihnen abstimmen wird.

Sobald Sie Employee Central eingeführt haben, übernimmt es die Versorgung der übrigen Module mit den von diesen benötigten Steuerinformationen. Es empfängt darüber hinaus die von anderen Modulen bereitgestellten Daten.

Employee Central als zentrale Steuereinheit

Wir sehen häufig bei Kunden, dass die zentralen Steuermöglichkeiten, die Employee Central bietet, aus unterschiedlichen Gründen nicht genutzt werden. Kunden entwickeln mitunter Subsysteme zur Steuerung von Randprozessen, wie Lernmanagement und Bewerbermanagement. In extremen Fällen werden damit die Integrationsmöglichkeiten zwischen den Modulen und Prozessen aufgehoben und hoher administrativer Aufwand in den Teilprozessen verursacht. Achten Sie mit der Einführung von Employee Central darauf, dass sich alle abhängigen Teilprozesse von den Kern-HR-Daten aus Employee Central ansteuern lassen. Nur dann gelingen harmonisierte und effiziente IT-basierte HR-Prozesse. Prüfen Sie, ob dies organisatorische Veränderungen in Ihrer Organisation erforderlich macht.

Der Umfang der Integrationsmöglichkeiten, die Employee Central zur Verfügung stellt, reicht von einfachen Datenübergaben bis hin zur vollständigen Prozessintegration. Employee Central hat mit den folgenden SAP-SuccessFactors-Modulen und Prozessen Integrationspunkte:

- Benutzerdatendatei (UDF)/Mitarbeiterprofil
- Bewerbermanagement
- Onboarding
- Nachfolgeplanung
- Stellenprofile
- Lernmanagement
- Vergütungsplanung und variable Vergütung
- Workforce Analytics
- Entgeltabrechnung

Im Folgenden besprechen wir die verschiedenen Integrationsoptionen. In Abschnitt 14.1 zeigen wir Ihnen, wie die Benutzerdatendatei mit Daten aus Employee Central versorgt werden kann. In Abschnitt 14.2 steht das Bewerbermanagement im Fokus, das Onboarding folgt in Abschnitt 14.3, und Informationen zur Integration mit der Nachfolgeplanung erhalten Sie in Abschnitt 14.4. Die Stellenprofile sind Gegenstand von Abschnitt 14.5, Informationen zum Lernmanagement erhalten Sie in Abschnitt 14.6, und die Integration mit der Vergütungsplanung erläutern wir in Abschnitt 14.7. In Abschnitt 14.8 steht die Integration mit SAP SuccessFactors Workforce Analytics im Mittelpunkt, und Informationen zur Integration mit der Entgeltabrechnung in Abschnitt 14.9 schließen dieses Kapitel ab.

Implementierungspartner auswählen

Es ist relativ einfach, ein Modul oder einen Prozess zu implementieren. Handelt es dabei um mehrere Module oder Prozesse, und besteht die Anforderung, dass alle Abläufe und Daten zentral aus Employee Central orchestriert werden sollen, sollten Sie bei der Auswahl des Implementierungspartners besonders prüfen, ob dieser die passende Erfahrung vorweisen und Ihre Anforderung abdecken kann.

14.1 Benutzerdatendatei

Um die SAP-SuccessFactors-Plattform mit Steuerinformationen zu versorgen, werden bestimmte Daten standardmäßig in Echtzeit von Employee Central mit der sogenannten *Benutzerdatendatei*, dem *Universal Data File* (UDF) synchronisiert. Diese Daten umfassen Informationen wie z. B. Name, vorgesetzte und E-Mail-Adresse. Diese Synchronisierung wird als *HRIS-Synchronisierung* (Human Resources Information System) bezeichnet. Die entsprechenden Steuerinformationen stehen den anderen Modulen und Prozessen zur Nutzung in Echtzeit zur Verfügung. Wenn z. B. neue Mitarbeitende in Employee Central eingestellt werden, wird jeweils automatisch ein Benutzerdatensatz erstellt, und die betreffende Person kann direkt die Talentmodule nutzen.

Die folgenden Felder aus Employee Central haben fest kodierte Zuordnungen zu Benutzerdaten (UDF-)Feldern und werden standardmäßig synchronisiert:

- Telefon
- E-Mail
- Geschäftsadresse
- Vergütungsdaten
- Name
- Geschlecht
- Familienstand
- Geburtsdatum
- Einstellungsdatum
- Status
- Manager
- HR-Betreuer
- Stellenkennzeichen
- Stellentitel
- Abteilung
- Geschäftsbereich
- Standort

Sie können weitere Felder hinzufügen und die Mapping-Regeln über Geschäftsregeln anpassen. Nicht alle Felder müssen einen Inhalt haben. Zu Ausgestaltung und Verhalten der Felder finden Sie im SAP Portal mit entsprechend berechtigtem S-User SAP-Hinweise, wie z. B. im Knowledge Base Article KBA Nr. 2505747 und 2172427.

Kundenspezifische Synchronisierungen können Sie über die Aktionssuche unter **Geschäftskonfiguration verwalten** einrichten und ändern.

Indirekte Synchronisierung

Die meisten Standardfelder und kundenindividuellen Felder in Employee Central können mit UDF-Feldern synchronisiert werden. Es gibt Ausnahmen wie **Land** und **Benutzername**. Um diese Felder mit dem UDF zu synchronisieren, gibt es eine gute Lösung: Zuerst müssen Sie Ihre Werte in ein kundenindividuelles Feld übertragen (über eine Geschäftsregel), und anschließend synchronisieren Sie das kundenindividuelle Feld mit einem UDF-Feld.

Rufen Sie über die Aktionssuche **Geschäftskonfiguration verwalten** auf. Über diese Funktion können Sie für jedes Feld HRIS-Synchronisierungszuordnungen vornehmen. Navigieren Sie dazu in der Liste auf der linken Seite des Bildes zu dem zuzuordnenden Feld (siehe Abbildung 14.1). Klicken Sie dann für dieses Feld auf **Details**.

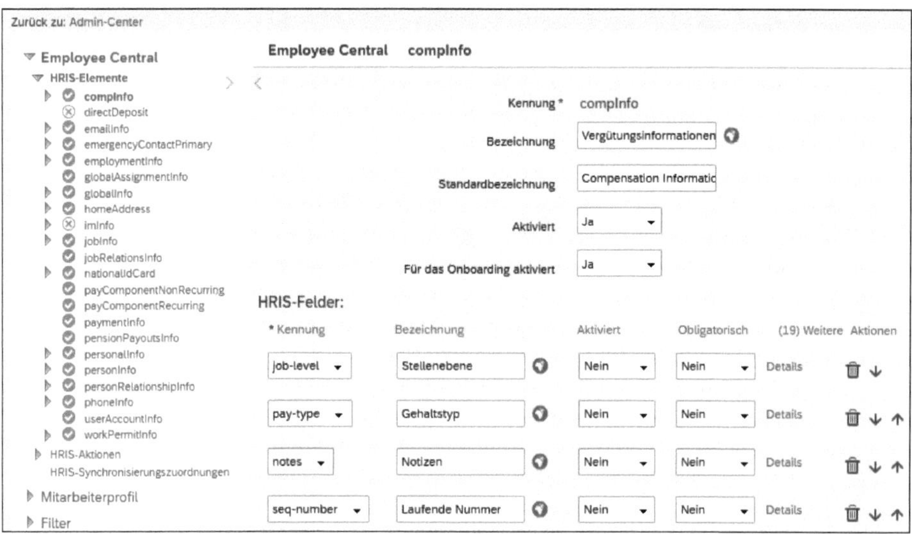

Abbildung 14.1 Feldauswahl treffen

Scrollen Sie nach unten zum Bereich **HRIS-Synchronisierungszuordnung:Benutzerinformationenfeld**, und wählen Sie im Dropdown-Menü zu **Benutzerinformationenfeld** das Feld aus, dem Sie es zuordnen möchten (siehe Abbildung 14.2).

Mit der Fertigstellung des Mappings, können die Feldinhalte/Steuerinformationen in den anderen Modulen genutzt werden. Auch können Sie das Mapping jederzeit später noch anpassen, erweitern oder löschen.

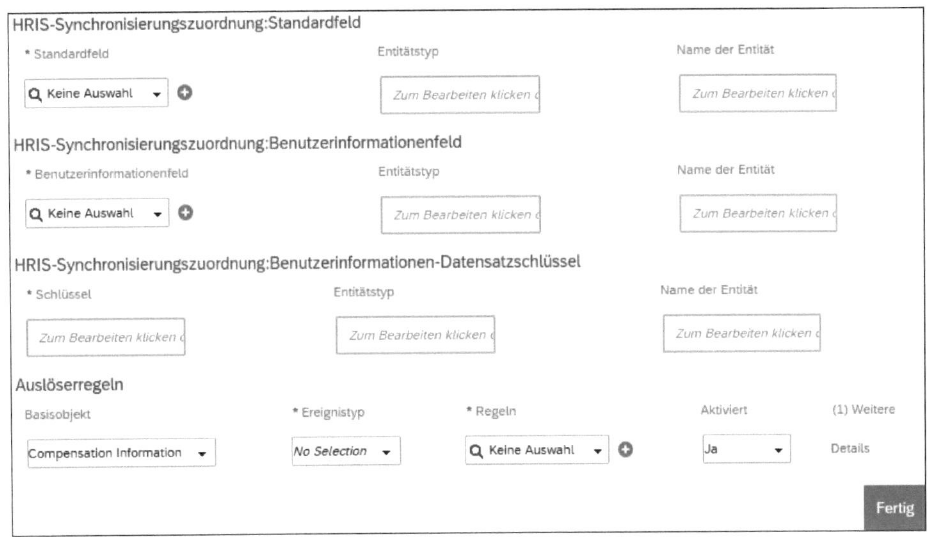

Abbildung 14.2 HRIS-Synchronisierungszuordnung erstellen

14.2 SAP SuccessFactors Recruiting

Employee Central bildet das Organisationsmanagement inklusive der Planstellen ab. Im Standardszenario werden Planstellen beantragt, budgetiert und genehmigt. Nach deren Genehmigung stehen die Planstellen für die Stellenausschreibung zur Verfügung. Es gibt die Möglichkeit, eine Soll-Stärke für die Besetzung (FTE) auf der Planstelle zu vermerken. Wird diese unterschritten, kann das System eine Stellenausschreibung ermöglichen. Alternativ wäre die Sollstärke auf der Planstelle zu erhöhen, um einen Mangel (Plan vs. Ist) darzustellen und dann in eine Ausschreibung anzustoßen.

Es können mehrere Stellenausschreibungsvorlagen genutzt werden – z. B. in Abhängigkeit der Planstellenart. Über Geschäftsregeln lassen sich die Stellenausschreibungsvorlage, die Zuordnung der Felder und die automatisierte Übertragung von Feldinhalten festlegen.

Planstellen lassen sich über das Stellenkennzeichen mit Rollen oder Stellenprofilen verbinden. Wenn aus einer Planstelle eine Stellenanforderung erstellt wird, kann das System die relevanten Felder aus der Planstelle bzw. aus dem Organisationsmanagement und der Rolle oder dem Stellenprofil ziehen und automatisiert in die Stellenausschreibung übertragen. Dies erleichtert die Arbeit für das Recruiting erheblich. Die offene Planstelle wird über die Planstellen-ID über die Stellenausschreibung auch an das Onboarding weitergegeben. Die betreffenden Kandidatinnen und Kandidaten werden im Onboarding direkt auf die relevante Planstelle gesetzt. Nachdem sich eine Person auf eine ausgeschriebene Stelle beworben hat, ein Angebotsschreiben erhalten und dies akzeptiert hat, kann sie in Employee Central über Transaktion **Aus-**

stehende Einstellungen verwalten in der Aktionssuche eingestellt werden (siehe Abbildung 14.3).

Abbildung 14.3 Ausstehende Einstellungen verwalten

Um eine Einstellung im System durchzuführen, klicken Sie auf den Namen der einzustellenden Person. In unserem Beispiel handelt es sich um die neue Mitarbeiterin Felicia Forms. Daraufhin wird der Assistent zum Hinzufügen neuer Mitarbeitenden mit den aus SAP SuccessFactors Recruiting oder SAP SuccessFactors Onboarding vorausgefüllten Daten gestartet (siehe Abbildung 14.4).

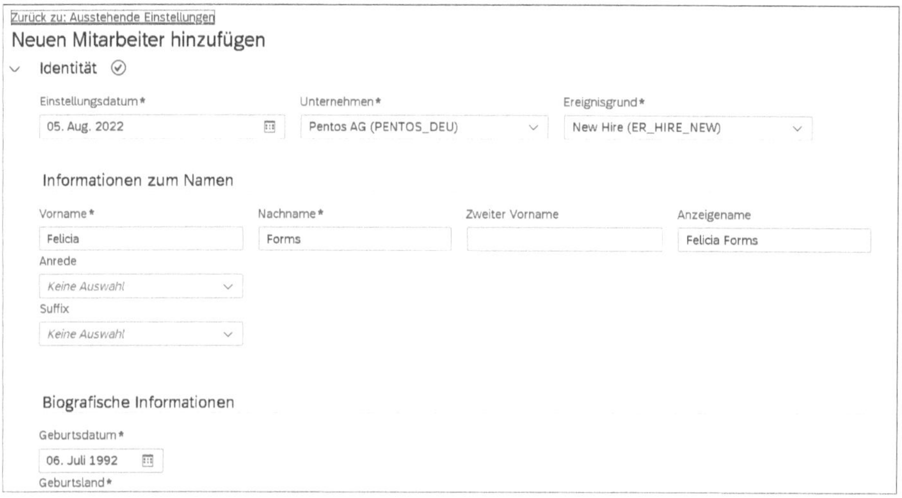

Abbildung 14.4 Vorausgefüllte Werte für die einzustellende Mitarbeiterin

Die Felder, die vorausgefüllt werden, basieren auf den in der Transformationsvorlage definierten Feldzuordnungen.

Wenn ein Workflow für eine neue Einstellung von einer genehmigenden Person zurückgeschickt wird, wird die Mitarbeiterin oder der Mitarbeiter wieder in der Liste mit einem Uhrensymbol neben ihrem oder seinem Namen angezeigt.

Im Admin-Center können Sie über die Aktion **Zuordnung der Daten Recruiting-zu-Einstellung** für jedes Employee-Central-Feld die passende Recruiting-Vorlage und das korrekte Recruiting-Feld auswählen (siehe Abbildung 14.5).

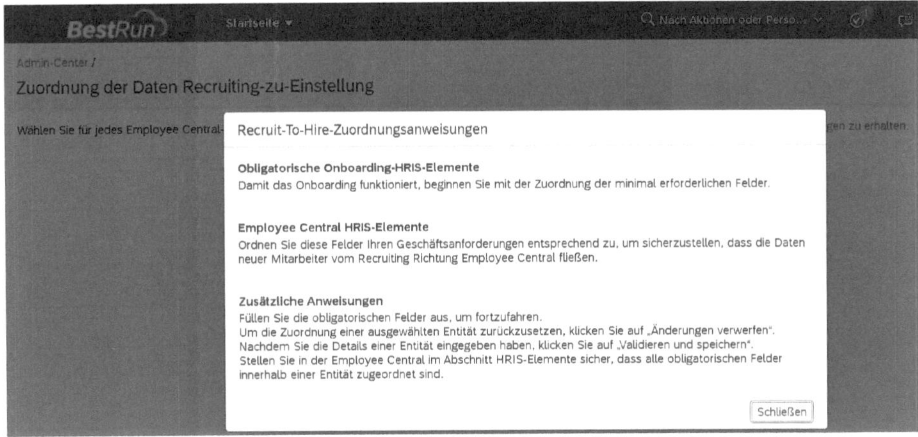

Abbildung 14.5 Startseite von »Zuordnung der Daten Recruiting-zu-Einstellung«

Die Feldzuordnung kann beliebige Felder aus den Objekten **Stellenausschreibung**, **Bewerbung**, **Kandidatur** und **Angebotsschreiben** in SAP SuccessFactors Recruiting enthalten (siehe Abbildung 14.6). Auch damit das Onboarding funktionieren kann, das ja das gleiche Datenmodell wie Employee Central nutzt, nehmen Sie hier die nötigen Einstellungen vor.

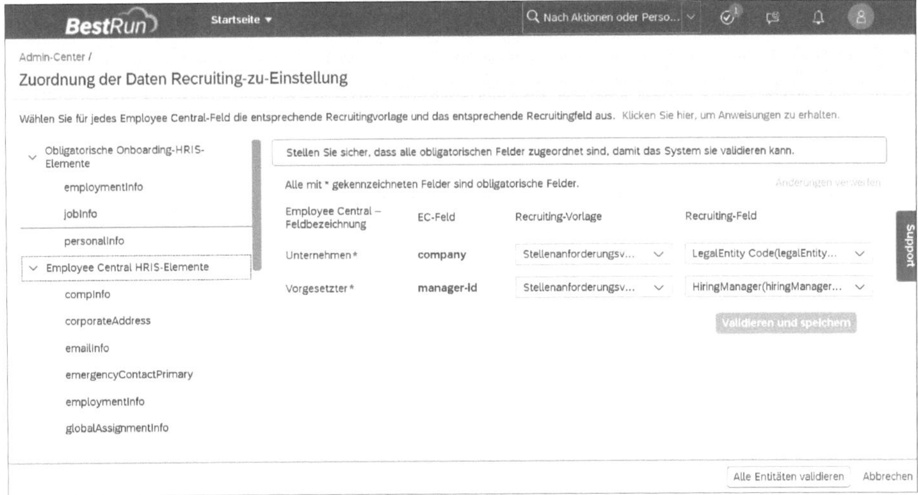

Abbildung 14.6 Felder im Bereich »Zuordnung der Daten Recruiting-zu-Einstellung« zuordnen

Bei den Planstelleinstellungen können Sie des Weiteren mithilfe von Geschäftsregeln definieren, ob und wie Änderungen in der Planstelle auf die Stellenausschreibung übertragen werden sollen. Außerdem können Sie Planstellenänderungen als Ereignis im System aktivieren und damit je nach Bedarf weitere Aktionen auslösen (siehe Abbildung 14.7).

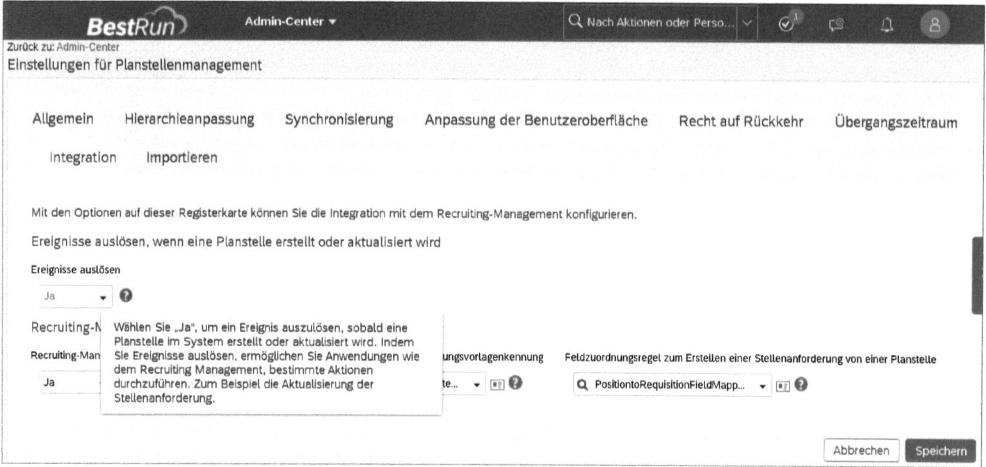

Abbildung 14.7 Planstellenintegration mit Stellenausschreibung und Ereignis

14.3 SAP SuccessFactors Onboarding

Wenn Sie SAP SuccessFactors Onboarding nutzen, mappen Sie die Daten, wie eingangs dargestellt, von Recruiting zu Employee Central. Der Grund dafür liegt darin, dass Onboarding das gleiche Datenmodell nutzt wie Employee Central. Das heißt, dass keine weiteren Schnittstellen oder Schritte zu berücksichtigen sind. Auch das Einstellen künftiger mitarbeitender Personen über die Transaktion **Ausstehende Einstellungen verwalten** findet auf dem gleichen Bild statt wie für das Recruiting (siehe Abbildung 14.3 weiter vorne).

Integrierte Organisationsdaten

Beachten Sie beim Onboarding, dass die Daten integriert verarbeitet werden. Dies ist ein großer Vorteil in Bezug auf Datenkonsistenz und Datenqualität, führt mitunter aber zu Schwierigkeiten, z. B. wenn die zu besetzende Planstelle als Basis einer Ausschreibung z. B. in der Zwischenzeit schon anderweitig besetzt wurde. Besonders beim Testen ist Vorsicht geboten! Aufgrund der Integration von SAP SuccessFactors Onboarding mit dem Organisationsmanagement und den Planstellen benötigt Onboarding eine freie Planstelle, um den Onboarding-Prozess abschließen zu können.

14.4 SAP SuccessFactors Succession

Die Nachfolgeplanung nutzt die Planstellenhierarchie so wie sie von Employee Central zur Verfügung gestellt wird (siehe Abbildung 14.8). Sollten Sie die Nachfolgeplanung auch ohne bzw. vor der Einführung von Employee Central genutzt haben, müssen Sie Anpassungen im bestehenden Setup durchführen. Dies liegt im Datenmodell von Employee Central begründet: Ohne Employee Central ist die Inhaberin bzw. der Inhaber der Planstelle ein *Attribut* der Planstelle. Mit der Einführung von Employee Central wird die Planstelle jedoch umgekehrt der Mitarbeiterin oder dem Mitarbeiter zugeordnet. Daraus ergeben sich bei einer nachträglichen Einführung von Employee Central wenige Anpassungen, die Sie in der Nachfolgeplanung durchführen müssen.

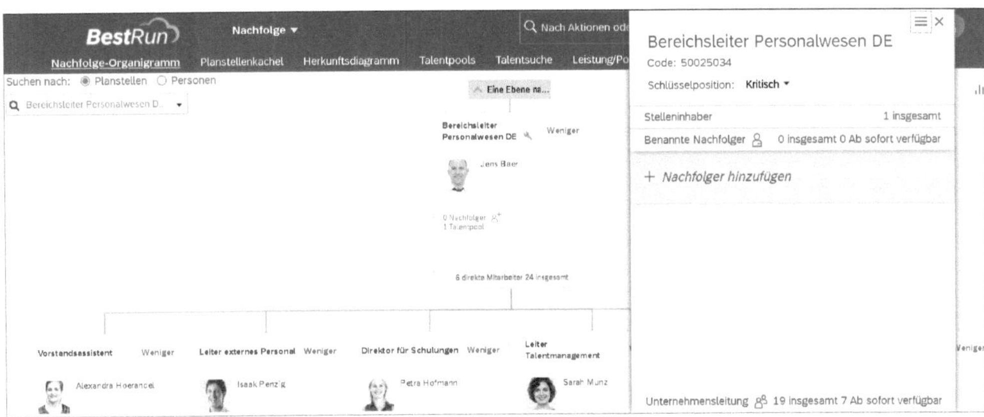

Abbildung 14.8 Nachfolgeplanung auf der Basis von Planstellen

14.5 SAP-SuccessFactors-Stellenprofile

Mit der Funktion **Stellenprofile** können Sie Stellenprofile für Stellen oder Planstellen einrichten. Stellenprofile werden mit Employee Central auf Basis eines Stellenkennzeichenobjekts oder eines Planstellenobjekts erstellt.

Stellenprofile sind wichtige Elemente, die in viele Bereiche der SAP SuccessFactors HXM Suite Wirkung entfalten. Stellenprofile werden in vielen Bereichen eingesetzt:

- Sie können die Stellenprofile im Mitarbeiterprofil der betreffenden Person anzeigen.
- Sie können die Stellenprofile im Mitarbeitergesprächsformular (mit einer Partnererweiterung) verlinken.
- Sie können die Inhalte über die Planstelle an die Stellenausschreibung im Bewerbermanagement übertragen.
- Sie können die Stellenprofile im Karrierearbeitsblatt anzeigen.

- Sie können die Stellenprofile zu den Karrierepfaden verknüpfen.
- Sie können Grading-Informationen entweder über die Stelle/Planstelle und/oder über das Stellenprofil in Bereich **Vergütung** nutzen.

Über das Feld **Stellenkennzeichnen**, das sich aus der Stelle/Planstelle der Mitarbeiterin oder des Mitarbeiters ableitet, werden im Learning-Bereich sehr häufig die Zuweisungsprofile angesteuert.

Aufgrund der Bedeutung der Stellenprofile werden wir häufig gefragt, wie die Ausgestaltung gelingen kann. Das A und O ist, dass Sie beginnen, die Möglichkeiten zu nutzen. Es gelingt nur wenigen Unternehmen – und das mit viel Mühe – konsistente globale Jobarchitekturen einzuführen, die allen Anforderungen genügen. Häufig ist ein pragmatischer Ansatz, bei dem man im Betrieb dazulernt, erfolgversprechender, als zu lange theoretisch und konzeptionell zu arbeiten. Abbildung 14.9 zeigt exemplarisch den Aufbau eines Stellenprofils.

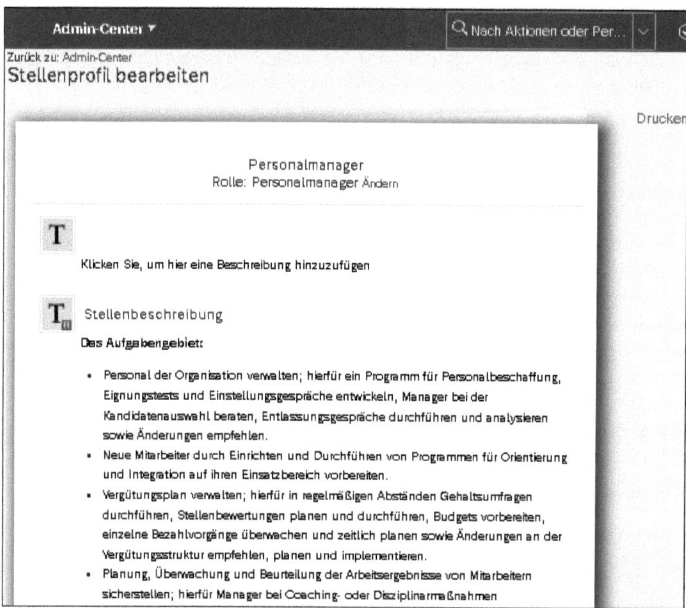

Abbildung 14.9 Stellenprofil, das mit einem Stellenklassifizierungsobjekt verknüpft werden kann

[»]

Weitere Informationen zum Thema Stellenprofile

Weitere Informationen zum Thema Stellenprofile erhalten Sie unter *help.sap.com* und auch in unserem Buch »SAP SuccessFactors. Grundlagen, Prozesse, Implementierung«, das im Rheinwerk Verlag erschienen ist.

14.6 SAP SuccessFactors Learning

Das Lernmanagement in SAP SuccessFactors bietet eine Reihe von Möglichkeiten, um Lerninhalte automatisiert nach vordefinierten Kriterien Mitarbeitenden zuzuordnen. Zuweisungsprofile, Curricula und Programme stehen für Ausgestaltungsmöglichkeiten zur Verfügung. Für das Lernmanagement ist es wichtig, valide Steuerungsinformationen aus Employee Central zu erhalten. Die Übergabe der Steuerungsinformationen aus Employee Central an das Lernmanagement wird über einen Konnektor erreicht, den Sie über das Integration Center einrichten und anpassen können. Die Daten werden vom SAP SuccessFactors Learning User Connector aufgenommen und verarbeitet.

[«]

Zuweisung von Lerninhalten

Wir empfehlen, das Lernmanagement nicht mit komplexen Regelwerken auszubauen. So gut Zuweisungsprofile für viele einfache Fälle funktionieren, so aufwendig kann die Verwaltung von sehr vielen Zuweisungsprofilen und Regeln werden.

Nutzen Sie, wenn nötig, die Steuerungsinformationen aus Employee Central, inklusive An- und Abwesenheiten und die damit verbundenen Ereignisse, wie Elternzeit und Ähnliches. Auch Informationen aus Planstellenwechseln oder Stellenprofiländerungen und nicht zuletzt persönliche Anforderungen und Fähigkeiten können genutzt werden, um punktgenau Trainings zu- oder abzuweisen. Dies gelingt, wenn man diese Informationen als Steuerimpulse aus Employee Central nutzt, um Trainings direkt über die verfügbaren Konnektoren aus Employee Central anzusteuern. Damit entfällt der Ausbau der Steuerungslogik innerhalb des Lernmanagements, und Sie sind z. B. auch bei sich wiederholenden Lerninhalten deutlich flexibler.

14.7 SAP SuccessFactors Compensation/Variable Pay

Mit der Aktivierung von Employee Central nutzen die Vergütungsplanung und die Variable Vergütung die Gehaltsbestandteile und die Historie direkt aus Employee Central. Das Modul Variable Pay liest insbesondere auch die Daten aus der Beschäftigungshistorie aus Employee Central aus. Ohne Employee Central müssen Sie diese Daten manuell oder per Import aus den führenden Systemen befüllen.

Am Ende des Vergütungsprozesses werden die neuen Daten als Änderungen der Gehaltsbestandteile mit dem definierten Gültigkeitsdatum in die Vergütungsinformationen in Employee Central und von dort in der Regel in die Entgeltabrechnung zurückgeschrieben.

Der Datenaustausch erfolgt wie folgt:

1. Ebenso wie in anderen Modulen werden die abzugleichenden Felder definiert und einander zugeordnet.
2. Sie können Geschäftsregeln nutzen, um die Inhalte an Ihre Anforderungen anzupassen, wenn eine 1:1-Zuordnung nicht praktikabel ist.
3. Zu einem definierten Zeitpunkt, der im Vergütungsformular festgelegt wird, werden die finalen Daten in die Zielfelder zurückgeschrieben.

Die Zuordnung von Objekten und Feldern zu einem Vergütungsformular (Vergütungsplanung und Variable Pay) und seinen Feldern wird in der Regel im Administrationsbereich des Vergütungsplans konfiguriert.

Bei der variablen Vergütung sind Regeln zur Befüllung der Beschäftigungshistorie festzulegen. Die Beschäftigungshistorie setzt sich aus prozessrelevanten Änderungen zusammen, die während der Dauer des Vergütungszeitraums stattgefunden haben. Dabei kann es sich z. B. um Gehaltsänderungen oder um Änderungen im Prozentsatz der variablen Vergütung handeln.

Eine von vielen Kunden gern genutzte Integration gibt es auch bei der Vergütungsplanung. Wenn das vorhandene Regelwerk, wie z. B. die Gehaltsspanne eine Gehaltserhöhung ohne Beförderung nicht vorsieht, können Sie direkt aus der Vergütungsplanung zum Stichtag eine Beförderung auf eine andere Planstelle vorsehen (siehe Abbildung 14.10).

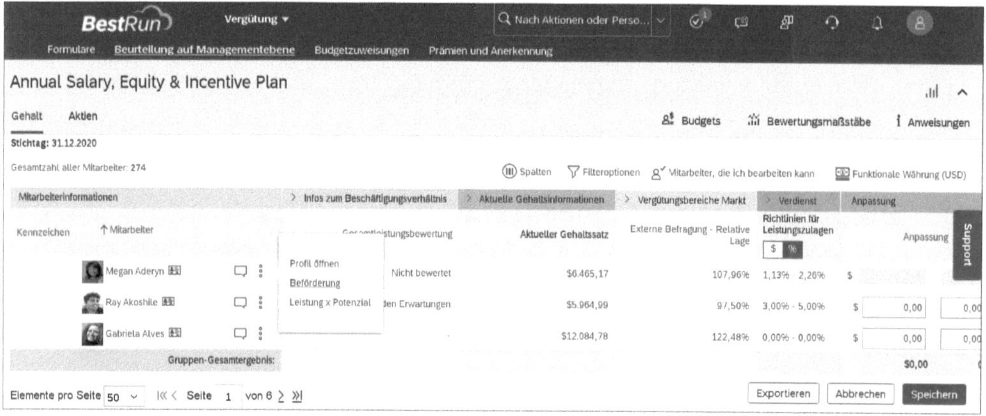

Abbildung 14.10 Option der Beförderung im Vergütungsformular

Wählen Sie nach einem Mouseover über die Schaltfläche ⋮ den Eintrag **Beförderung** durch einen Klick aus. Danach werden die Positionsinformationen der betreffenden Person angezeigt (siehe Abbildung 14.11). Dort können Sie für die Beförderung das Ereignis, den Ereignisgrund und die Details der neuen Planstelle auswählen. Mit einem

Klick auf **Speichern** wird der Prozess abgeschlossen und folgt anschließend dem weiteren Genehmigungsablauf.

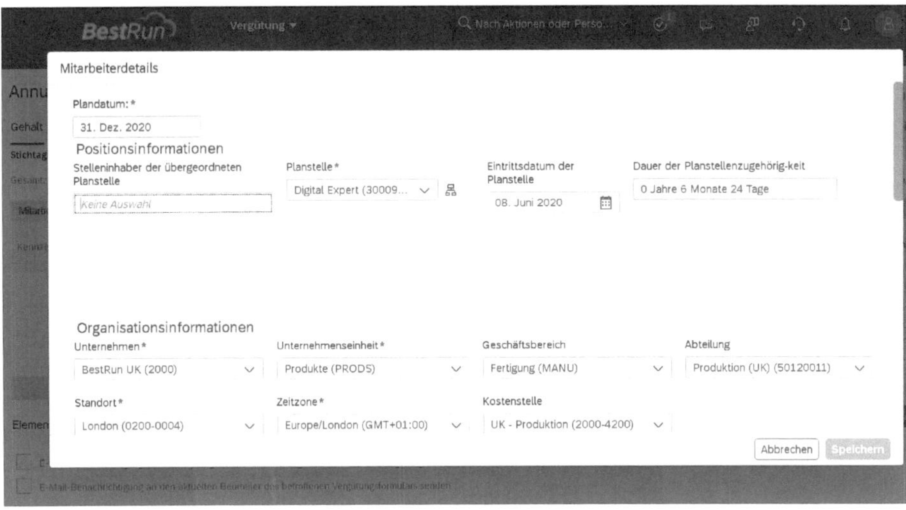

Abbildung 14.11 Beförderung initiieren

14.8 SAP SuccessFactors Workforce Analytics

SAP SuccessFactors Workforce Analytics nimmt viele der Daten aus Employee Central auf. Diese werden in Workforce Analytics auf Datenblöcke verdichtet, die Sie während der Implementierung einrichten (siehe Abbildung 14.12).

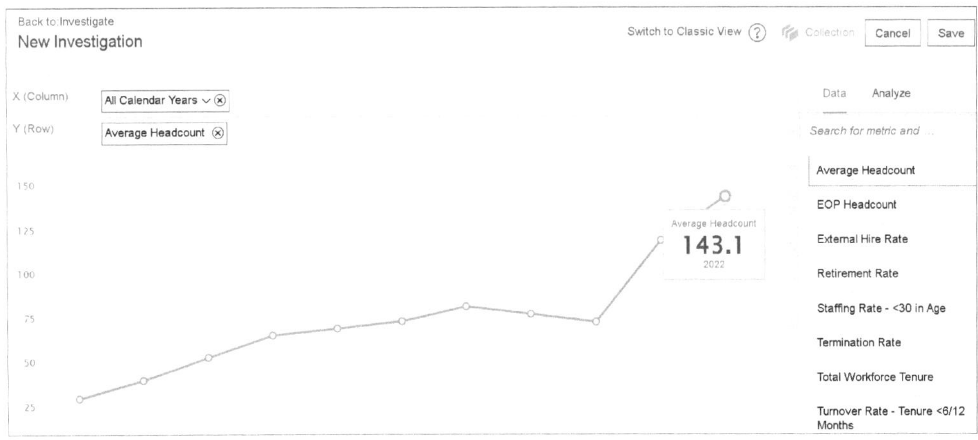

Abbildung 14.12 SAP SuccessFactors Workforce Analytics auf Basis von Kern-HR-Daten aus Employee Central

Der Vorteil dieser Vorgehensweise ist, dass Sie nicht live auf die große Anzahl von Daten zugreifen müssen, die in Employee Central gespeichert sind. Stattdessen können Sie auf die definierten Zusammenhänge und KPIs (Key Performance Indikatoren) von Workforce Analytics zugreifen. Dieses Verfahren führt auch dazu, dass die Daten deutlich schneller und in Bezug z. B. auf die Dimension **Zeit** deutlich dynamischer angezeigt werden als mit den Standardwerkzeugen im Berichtswesen.

14.9 SAP SuccessFactors Employee Central Payroll

Employee Central Payroll (siehe Kapitel 15, »Employee Central Payroll«), die Lösung zur Entgeltabrechung, ist mit einer Point-to-Point-Integration mit Employee Central verbunden. Das bedeutet, dass die Daten von Employee Central ohne zusätzliche Middleware direkt aus Employee Central in der Abrechnung zur Verfügung gestellt werden.

In der Ausgestaltung dieser Schnittstelle können und sollten Sie mit den von SAP zur Verfügung gestellten Mitteln sicherstellen, dass an die Abrechnung korrekt aufbereitete und abgegrenzte (Rückrechnungspunkte) Daten übergeben werden. Zu den am häufigsten genutzten Mitteln gehören Geschäftsregeln, kundenindividuelle Metadata-Framework-Elemente und das Payroll Control Center.

Nur so kann die Entgeltabrechnung korrekt arbeiten. Beachten Sie, dass die Entgeltabrechnung nicht nur empfangendes System ist. Typischerweise werden im Monatsrhythmus Änderungen in der Abrechnung eingespielt, die aus dem Tarifrecht oder gesetzlichen Änderungen herrühren. In Employee Central gibt es diese Einspielungen/Aktualisierungen nicht. Es kann daher auch in Ihrem Umfeld Szenarien geben, in denen die Abrechnung das führende System für viele Sachverhalte ist.

Die Rückkoppelungen daraus, als Beispiel für Deutschland sei die elektronische Arbeitsunfähigkeit genannt, gilt es richtig aufzulösen. Sie hierbei zu unterstützen, ist die Kernaufgabe Ihres Implementierungspartners.

Die Art und Weise, wie von Employee Central Steuerinformationen an andere Module und Prozesse weitergegeben werden, ist eines der Kernelemente Ihres HR-Systems. Berücksichtigen Sie dabei, dass Employee Central auch Daten von anderen Systemen empfängt, z. B. aus dem Onboarding und der Vergütungsplanung.

Auch die Entgeltabrechnung kann führend sein, z. B. in Bezug auf den Urlaubssaldo und den Krankenstand. Die fachliche und technische Abstimmung und Anpassung dieser Integrationen, die wir in diesem Kapitel aufgezeigt haben, sollten den Schwerpunkt Ihrer Implementierungszusammenarbeit mit Ihrem Implementierungspartner bilden.

[«]

Cross-System Workflow

Mit Release H2 2022 bringt SAP eine neue optimierte und lizenzpflichtige Prozessintegration für SAP SuccessFactors Kern-HR und Entgeltabrechnung auf den Markt. Mithilfe der SAP Business Technology Platform (SAP BTP) steht Ihnen eine Prozessintegration zur Verfügung. Eine Liste aller Arbeitsvorgänge (Working List), erlaubt es Ihnen, sowohl direkt nach SAP SuccessFactors Kern-HR als auch in die Abrechnung abzuspringen. Sie sehen auch jederzeit den Stand der Replikation der Daten. Damit steht Ihnen ein Dashboard zur Verfügung, das eine große Arbeitserleichtung beim Abgleich von Daten und Prozessen über verschiedene Systeme hinweg ermöglicht.

Aus der Implementierungspartnerperspektive begrüßen wir diesen Meilenstein sehr und freuen uns auf die Nutzungsmöglichkeiten.

Nachdem wir uns in diesem Kapitel mit der Integration von Employee Central mit anderen Modulen beschäftigt haben, geben wir Ihnen im nächsten Kapitel einen Einblick in Employee Central Payroll.

Kapitel 15
Employee Central Payroll

Mithilfe von Employee Central Payroll werden die in Employee Central hinterlegten Mitarbeiter-, Entgelt- und Zeitwirtschaftsdaten auf Basis von in Employee Central Payroll gehaltenen Daten ergänzt. Die Ergänzungen enthalten z. B. entgeltabrechnungsspezifische Daten wie Steuer und Sozialversicherung, Pfändungen oder Sachverhalte wie Entgeltumwandlungen nach landesspezifischen Regelwerken. In diesem Kapitel stellen wir Ihnen die Funktionen und Möglichkeiten von Employee Central Payroll auf Basis der deutschen Entgeltabrechnung vor.

SAP SuccessFactors Employee Central Payroll erweitert die SAP SuccessFactors HXM Suite um Funktionen für die Lohn- und Gehaltsabrechnung. Das Modul enthält überdies landespezifische Abrechnungsprozesse. Derzeit (Stand November 2022) ist Employee Central Payroll in mehr als 49 Ländern lokalisierbar (siehe *https://www.sap.com/sea/products/hcm/employee-central-payroll/features.html*).

Für Deutschland ist Employee Central Payroll für die Privatwirtschaft einsetzbar. Technisch und theoretisch können auch Anforderungen des öffentlichen Dienstes abgebildet werden. Allerdings fehlte es zum Zeitpunkt der Drucklegung dieses Buches an entsprechenden Sektionen, Funktionen und Datenmodellen auf der Seite von Employee Central, um eine vollumfängliche Integration zwischen Employee Central und Employee Central Payroll für den öffentlichen Dienst abbilden zu können.

In Abschnitt 15.1 zeigen wir Ihnen, welche typischen Themen auf Sie zukommen, wenn Sie Employee Central Payroll einbinden möchten. In Abschnitt 15.2 gehen wir darauf ein, welche Daten aus Employee Central zur Nutzung in der Employee Central Payroll bereitgestellt werden. In Abschnitt 15.3 schauen wir genauer auf die Kerndaten von Employee Central Payroll selbst. Abschnitt 15.4 erläutert Ihnen das Zusammenspiel von Employee Central und Employee Central Payroll, und in Abschnitt 15.5 erhalten Sie einen Einblick, wie Sie die Gehaltsabrechnung über das Payroll Control Center verwalten. Hinweise zu fachlichen Besonderheiten sowie zu Betrieb und laufender Wartung schließen in Abschnitt 15.6 das Kapitel ab.

15.1 Vorabüberlegungen zur Einbindung von Employee Central Payroll

Zur Durchführung einer korrekten und vollständigen Entgeltabrechnung werden neben den ursächlichen Daten wie Steuer- und Sozialversicherungsinformationen Informationen zu den Mitarbeitenden benötigt. Hierzu gehören:

- persönliche Daten wie Bankverbindung oder Adressinformationen
- organisatorische Informationen
- vertragliche Informationen wie Entgeltdaten und vertraglich vereinbarte Arbeitszeiten
- Informationen aus der Zeitwirtschaft.

Diese Informationen können direkten oder indirekten Einfluss auf die Höhe von Entgelten nehmen. Beispiele in diesem Kontext sind Abwesenheiten wie Krankheitsdaten oder Urlaubsdaten sowie Informationen wie Sonn-, Feiertags- und Nachtzuschläge.

Diese Informationen werden ggf. aus anderen Modulen von SAP SuccessFactors für die Entgeltabrechnung bereitgestellt.

Fachlicher Umfang der Replikation

Generell werden Mitarbeitende über die Replikationsart **Mitarbeiterstammdaten** übertragen. Über verschiedene Parameter und Kriterien, die sogenannten *Abfragekonfigurationen*, können Mitarbeitende von der Replikation ein- und ausgeschlossen werden. Mögliche Kriterien sind Aus- bzw. Einschluss von Unternehmen, Ländern, Mitarbeitertypen, Beschäftigungsarten (z. B. Concurrent Employment, Auslandseinsatz).

Die Detailkonfiguration wird in Employee Central Payroll durchgeführt. Für alle Beschäftigten, die gemäß den vorgenannten Kriterien als relevant identifiziert worden sind, werden immer alle Daten zum Beschäftigungsstatus, zur mitarbeiterspezifischen organisatorischen Zuordnung, zur Person, zum sogenannten Abrechnungsstatus und zur Personen-ID übertragen. Darüber hinaus können über weitere Filteroptionen zusätzliche Daten wie z. B. Adressdaten oder nur bestimmte Gehaltsbestandteile bei Einmalzahlungen für die Replikation als relevant gekennzeichnet werden (siehe Abschnitt 15.2, »Daten aus Employee Central zur Nutzung in Employee Central Payroll«).

Ein wichtiges Kriterium stellt auch das *Full Transmission Start Date* (FTSD), also das Startdatum der vollständigen Übertragung dar. Ab diesem Zeitpunkt werden Daten von Employee Central nach Employee Central Payroll übertragen.

Generell von der Replikation ausgeschlossen waren zum Zeitpunkt der Veröffentlichung dieses Buches Onboardees und Beschäftigte, die als sogenannte *Kontingentmitarbeiter* (z. B. Leih- und Zeitarbeitskräfte) klassifiziert sind.

15.1.1 Aufgaben- und Funktionsteilung sowie Point-to-Point-Replikation

Im Folgenden beschäftigen wir uns mit der Aufgaben- und Funktionsteilung zwischen Employee Central, Zeitwirtschaft und Employee Central Payroll sowie mit der Point-to-Point Replikation.

Eine idealtypische Aufgaben- und Funktionsteilung zwischen Employee Central und Employee Central Payroll ist in Abbildung 15.1 dargestellt.

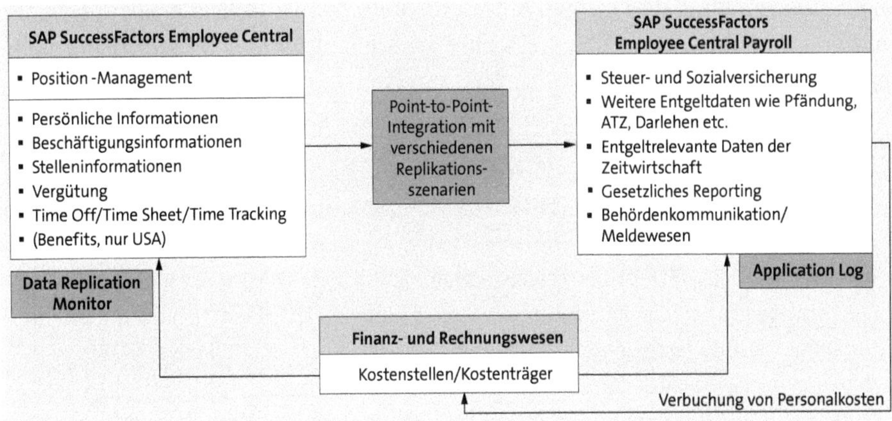

Abbildung 15.1 Typische Architektur von Employee Central und Employee Central Payroll

Verbindendes Element zwischen Employee Central, den Zeitwirtschafts-Applikationen von SAP SuccessFactors und Employee Central Payroll ist die sogenannte *Point-to-Point-Replikation* (P2P).

Mithilfe dieser in Employee Central und Employee Central Payroll integrierten Technologie werden die für die Entgeltabrechnung relevanten Prozess- und Statusdaten einer bzw. eines Mitarbeitenden (z. B. Eintritt, Austritt, ruhende Beschäftigung, Vertragsänderungen) und die für die Entgeltabrechnung relevanten Mitarbeiterstammdaten von Employee Central nach Employee Central Payroll übertragen. Außerdem wird die Passgenauigkeit der Datenmodelle von Employee Central und Employee Central Payroll überprüft.

Umfang der Zeitwirtschaftsdaten für die Entgeltabrechnung

Im Rahmen der Implementierung ist der Umfang der relevanten Zeitwirtschaftsdaten für die Durchführung der Entgeltabrechnung kritisch zu prüfen, da nicht jede in der Zeitwirtschaft vorhandene Information automatisch Relevanz für die Höhe von Entgelt oder z. B. für Durchschnittsberechnungen hat.

Beispiele hierfür sind der Abbau von Gleitzeitkonten oder alle Arten von Zeitausgleichen wie Saldokorrekturen.

Darüber hinaus werden über diese Integration die für die Entgeltabrechnung relevanten Daten aus den Zeitwirtschaftsapplikationen von SAP SuccessFactors Employee Central Time Off, Time Sheet und Time Tracking übertragen (siehe Kapitel 7, »Zeitmanagement«). Dies können Abwesenheiten wie Urlaub, Krankheit, unbezahlte Fehlzeiten sowie errechnete Zeitlohnarten wie Sonn-, Feiertags- und Nachtzuschläge sein.

Umgang mit einer externen Zeitwirtschaft

Es gibt derzeit viele Firmen, die die Prozesse der Zeitwirtschaft (Zeiterfassung, Zeitbewertung, Personaleinsatzplanung) in externen Applikationen abbilden. Diese Applikationen wie z. B. ATOSS oder Kronos bilden die Prozesse vollständig innerhalb ihrer Datenmodelle ab und geben dann zu abgestimmten Zeitpunkten die im Rahmen der Implementierung festgelegten Daten an Employee Central Payroll weiter. Dazu werden normalerweise Standardschnittstellen verwendet.

In der Regel werden diese Systeme auch über Schnittstellen aus Employee Central mit relevanten Mitarbeiterdatenstammdaten sowie mit dem Personenstatus versorgt. Mitarbeiterstatus können z. B. Neueintritt, Austritt oder organisatorische/vertragliche Änderungen sein. Wichtig bei diesen Systemen ist es, im Rahmen der Implementierung Prozess- und Datenschnitt frühzeitig zu klären, da es für eine Information (z. B. Krankheit) nur ein führendes System geben kann. Führendes System bedeutet dabei, welches System die Datenhoheit über diese Information hat. Das führende System liefert diese Daten in angrenzende empfangende Systeme wie z. B. Employee Central Payroll.

Dies kann im Einzelfall komplex werden. Ein Beispiel ist die Implementierung der neuen Regelungen zur *elektronischen Arbeitsunfähigkeitsbescheinigung* (eAU), die seit Oktober 2021 verfügbar sind und ab dem Jahreswechsel 2022/2023 verbindlich eingeführt werden sollen. Über dieses gesetzliche Meldeverfahren können die Arbeitgeber Krankmeldungen von Mitarbeitenden bei den Krankenkassen digital abrufen. Die Daten werden dann aber nicht in die Zeitwirtschaft, sondern aufgrund des Status als gesetzliches Meldeverfahren in die Entgeltabrechnungssysteme wie z. B. Employee Central Payroll zurückgemeldet. Dabei sind Besonderheiten und alternative Abläufe wie z. B. für Privatversicherte, für die die Regelungen der eAU nicht gelten, zu berücksichtigen. Dies führt insbesondere bei getrennten Systemen und Prozessen zu Mehraufwänden und Abstimmungsbedarfen, ähnlich wie bei den genannten Schnittstellen zu Employee Central Payroll.

Die P2P-Replikation wird über Änderungen und Erfassungen von Daten aus Employee Central nach Employee Central Payroll automatisch gemäß den im Rahmen der Implementierung definierten Regeln angestoßen. Die über die P2P übertragenen bzw. noch zu übertragenden Mitarbeitenden können über den sogenannten *Data Replication Monitor* im Status geprüft werden. Um den Data Replication Monitor aufzurufen, geben Sie in der Aktionssuche in SAP SuccessFactors »Datenreplikationsüberwachung« ein (siehe Abbildung 15.2).

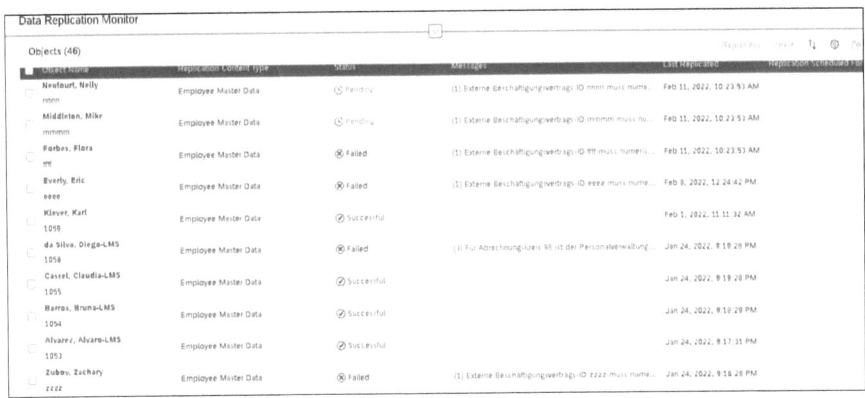

Abbildung 15.2 Datenreplikationsüberwachung einsehen

Data Replication Monitor im laufenden Betrieb

Die Replikation erfolgt auf Basis der in Employee Central und Employee Central Payroll vorhandenen Konfigurationen und Einstellungen. Sofern z. B. die Kostenstelle auf der Employee-Central-Seite verwendet wird, diese in Employee Central Payroll aber (noch) nicht vorhanden ist, wird die betreffende Person mit *allen* Daten (nicht nur mit den fehlerhaften Daten) in Employee Central Payroll repliziert. Dieses ist so lange der Fall, bis der Fehler, also die fehlende Kostenstelle in Employee Central Payroll beseitigt wurde. Dies führt gegebenenfalls dazu, dass veraltete oder falsche Daten in die Abrechnung einfließen.

Darüber hinaus können auch fachlich oder prozessual falsche Eingaben auf der Employee-Central-Seite zu Fehlern in der Replikation führen, beispielsweise Sachverhalte wie z. B. untermonatige Wechsel von sogenannten Abrechnungskreisen oder rückwirkende Veränderungen dieser Abrechnungskreise, wenn eine Entgeltabrechnung bereits durchgeführt worden ist.

Der Data Replication Monitor muss daher mindestens vor der Abrechnung auf fehlerhafte oder nicht übertragene Personen geprüft und bearbeitet werden. Dies geschieht optimalerweise durch ein gemischtes Team aus Expertinnen und Experten der Personalbetreuung und der Personalabrechnung. Denn teilweise bedingen Fehler nicht nur Korrekturen in Employee Central (z. B. im Falle des Abrechnungskreiswechsels oder von Anpassungen im Bereich des Blockes der Jobinformationen), sondern auch im Falle von verschobenen Eintritten oder des beschriebenen Kostenstellenszenarios auch Aktivitäten aufseiten von Employee Central Payroll.

Daher ist eine regelmäßige, optimalerweise tägliche Überprüfung des Data Replication Monitors durch erfahrene Mitarbeitende aus der Personalbetreuung und der Personalabrechnung zu empfehlen.

Folgende Elemente aus Employee Central können Sie nach Employee Central Payroll über die P2P übertragen:

- Mitarbeiterstammdaten
- Onboarding-Compliance-Formulare
- Zuordnung der Mitarbeiter zu Organisationen
- geplante Arbeitszeit
- Mitarbeiter-Abwesenheitsdaten
- Zeitgehaltskomponenten

Mitarbeiterstammdaten übertragen

Mitarbeiterstammdaten umfassen alle entsprechend der Konfiguration relevanten Stammdaten. Hierzu gehören:

- organisatorische Daten
- vertragliche Daten
- persönliche Informationen zur Person, z. B. Bankverbindung oder Adressdaten
- Entgeltinformationen, z. B. regelmäßig wiederkehrende Be- und Abzüge und Einmalzahlungen

Auch können Sie kundeneigene Blöcke aus Employee Central über die P2P-Replikation an Employee Central Payroll übertragen. Dies setzt entsprechende Konfigurationen in Employee Central Payroll voraus.

Onboarding-Compliance-Formulare übertragen

Onboarding-Compliance-Formulare erlauben die Replikation von Daten nach Employee Central Payroll, die während des Onboarding-Prozesses erhoben wurden. Diese Funktion kann für deutsche Kunden aktuell nicht genutzt werden.

Replikationsart »Zuordnung der Mitarbeiter zu Organisation«

Über die Replikationsart **Zuordnung der Mitarbeiter zu Organisation** übergeben Sie Elemente zur Aufbauorganisation von Employee Central an Employee Central Payroll. Dies beinhaltet z. B. Elemente wie Abteilungen (Departments), die in Employee Central Payroll als Organisationseinheiten (Objekttyp O auf der Employee-Central-Payroll-Seite) gekennzeichnet sind. Ebenso werden Planstellen von Employee Central (Objekttyp S aufseiten von Employee Central Payroll) übertragen.

Die Übertragung dieser Daten von Employee Central nach Employee Central Payroll sollte nur in bestimmten Fällen erwogen werden, z. B. aufgrund betriebswirtschaftlicher Anforderungen wie z. B. der Ableitung einer temporär höherwertiger Bezahlung bei Tätigkeitsvertretungen von Mitarbeitenden in Ihrem Unternehmen oder wenn die Informationen zur Organisationseinheit oder Planstelle auf dem Entgeltnachweis genutzt werden sollen. Ansonsten sind diese Informationen für die Durchführung einer Entgeltabrechnung aus Sicht des Datenmodells oder der Prozesse für Employee Central Payroll nicht erforderlich.

Geplante Arbeitszeiten replizieren

15

Mithilfe der Replikationsart **Geplante Arbeitszeit** übertragen Sie Sollarbeitszeiten aus den Soll-Schichtplan-Informationen von Employee Central (Arbeitszeitpläne) nach Employee Central Payroll und hinterlegen diese dort in den Vertretungen (Infotyp 2003). Dieses Szenario ermöglicht es Ihnen, auf die technische Hinterlegung detaillierter Arbeitszeitpläne in Employee Central Payroll (bis auf die sogenannten *Dummy-Arbeitszeitpläne*) grundsätzlich zu verzichten. Das heißt auch, dass sich der für die Abrechnung benötigte Arbeitszeitplan über die Informationen aus Employee Central über die in den Vertretungen hinterlegten Daten zur Arbeitszeit kalendertäglich aufbaut.

Die für die Entgeltabrechnung aus dem Arbeitszeitplan abgeleiteten Informationen können über dieses Szenario nur rudimentär abgebildet werden. Beispiele sind Beschäftigungsgrade, durchschnittliche Arbeitsstunden pro Tag, Woche oder Monat oder die Frage, ob es sich um eine Teilzeitkraft handelt. Zur korrekten Ableitung sind kundeneigene Programmierungen in sogenannten *BAdI-Implementierungen* notwendig. Daher ist der Einsatz dieser Replikationsart mit den Vorteilen der Reduktion von Arbeitszeitinformationen in Employee Central Payroll kritisch gegen die Anforderungen aus Tarifverträgen, Betriebsvereinbarungen und Auswertungen zu prüfen.

Das Szenario ist darüber hinaus nur für aktive Mitarbeitende zulässig. Die Verwendung dieser Replikation, z. B. bei Rentnern oder ausgetretenen Mitarbeitenden, ist Ihnen zum derzeitigen Stand (November 2022) technisch nicht möglich.

Mitarbeiterabwesenheitsdaten übertragen

Über Abwesenheitsdaten zu den Mitarbeitenden übertragen Sie die in Employee Central hinterlegten und für die Abrechnung relevanten Abwesenheitsdaten von Employee Central nach Employee Central Payroll. Gängige Beispiele sind Abwesenheiten wie Krankheit, unbezahlte Freistellungen oder Urlaubstage (siehe Abbildung 15.3).

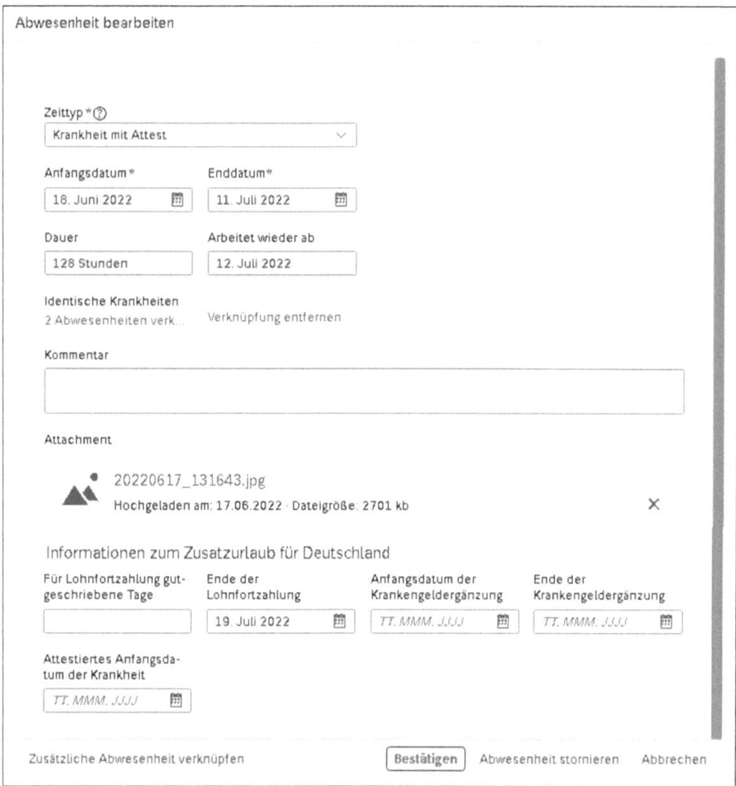

Abbildung 15.3 Krankheitsdaten mit Zusatzinformationen für die Entgeltabrechnung erfassen

Über die Replikation werden diese Daten für die Entgeltabrechnung zur Verfügung gestellt und bewertet, in diesem Fall das Ende der Lohnfortzahlung nach 42 Tagen Krankheit. Über die Konfiguration können die Abwesenheitsarten selektiert werden, die für eine Replikation relevant sind.

Umgang mit Kontingenten

Üblicherweise wird der Urlaubsanspruch als Kontingent hinterlegt. Dieser Anspruch kann z. B. am Jahresanfang einmalig generiert werden oder sich z. B. durch jeden Beschäftigungsmonat laufend aufbauen. Der Kontingentaufbau sowie der Kontingentabbau sollten in einem Modul einheitlich stattfinden, also innerhalb des Stammdaten- und zeitführenden Moduls Employee Central. Employee Central Payroll erhält lediglich die Informationen der aus dem Kontingent abgetragenen Tage. Der aktuelle Stand eines Kontingents wird daher immer auf der Employee-Central-Seite dargestellt.

Damit einhergehend sollten Sie kritisch prüfen, ob Informationen zum Urlaubskontingent und zur Urlaubskontingentsabtragung, wie in Deutschland oft üblich, auf der Entgeltabrechnung dargestellt werden. Diese Informationen liegen in dieser Architektur nicht im Standard von Employee Central Payroll vor. Diese Architektur führt auch zu einer Reduktion von Konfigurationsaufwänden sowie zu unterschiedlichen Auswertungsinformationen und -ständen zu gleichen Themen wie z. B. zum Stand des Urlaubskontingents.

Neben den Abwesenheiten sind für die Entgeltabrechnung aus Sicht der Zeitwirtschaft noch zwei weitere Elemente relevant:

- Anwesenheitsdaten, z. B. geleistete Arbeitszeit
- Informationen zu Zeitzuschlägen wie Sonn-, Feiertags- und Nachtzuschläge

Beispielhaft sind hier Informationen auf Basis von Anwesenheitszeiten (alternativ können auch Beginn- und Ende-Uhrzeiten erfasst werden) im Arbeitszeiterfassungsbogen dargestellt (siehe Abbildung 15.4). Mitarbeitende erreichen diese Ansicht, indem sie in der Aktionssuche »Arbeitszeiterfassungsbogen« eingeben und den Punkt **Meinen Arbeitszeiterfassungsbogen anzeigen** auswählen.

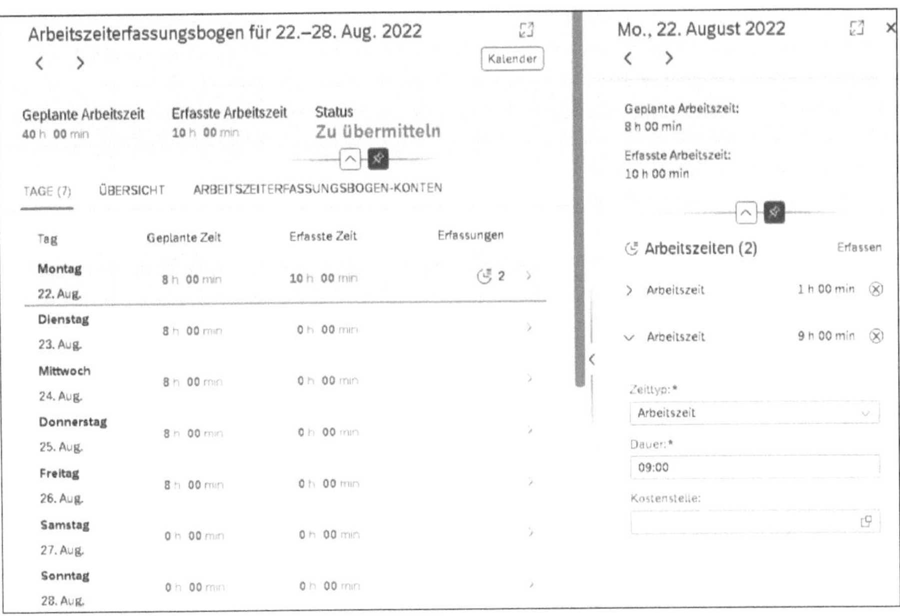

Abbildung 15.4 Anwesenheitszeiten über Employee Central Time Sheet erfassen

Zeitgehaltskomponenten übertragen

Die im Rahmen der Zeitbewertung in SAP SuccessFactors im Arbeitszeiterfassungsbogen (Time Sheet) und Time Tracking ermittelten Daten zu Anwesenheitszeiten und Zuschlägen werden über das Replikationsszenario **Zeitgehaltskomponenten** von Employee Central nach Employee Central Payroll übertragen. Diese Daten werden dort als Entgeltbelege (Infotyp 2010) und als reine Zeitinformation tagesgenau gespeichert. Dies gilt auch im Falle von mitternachtsübergreifender Beschäftigung (nach 24 Uhr).

Die monetäre Bewertung erfolgt im Rahmen der Entgeltabrechnung. Wichtig im Rahmen der Konfiguration sind hier die Identifikation und Ableitung (z. B. nach Gesichtspunkten der Steuerfreiheit) sowie das Mapping der relevanten Employee-Central-Zeitlohnarten (*Time Pay Type*) zu den in Employee Central Payroll konfigurierten Lohnarten.

Zeiterfassung und -bewertung innerhalb von Employee Central Payroll – ja oder nein?

Employee Central Payroll basiert technisch auf einem SAP-HCM-ERP-System (SAP ECC 6.0x). Das Modul wäre damit technisch in der Lage, Kommt- und Geht-Zeiten über die *HRPDC-Schnittstelle* oder über kundenindividuelle Schnittstellen zu verarbeiten. Auch ist die Erfassung von Daten in den relevanten Datentöpfen (Infotypen) möglich. Das generelle Einsatzszenario von Employee Central Payroll ist aber auf die Erfassung von Ergebnisdaten aus der Zeitbewertung ausgerichtet, d. h. auf bewertete Ergebnisse aus der externen Zeitwirtschaft. *Bewertet* bedeutet in diesem Zusammenhang die Bewertung auf Basis der zeitwirtschaftlichen Anforderungen, jedoch keine monetäre Bewertung, denn diese Bewertung erfolgt in Employee Central Payroll.

Die Abbildung der Bewertung in Employee Central Payroll, z. B. durch den vorhandenen Zeitabrechnungstreiber `RPTIME00`, ist möglich. Sie führt aber insbesondere im Bereich der Datenbereitstellung und -erfassung zu zusätzlichen, nicht zu unterschätzenden Aufwänden in der Implementierung des Systems. Beispielhaft sind hier zusätzliche Self-Service-Szenarien auf Basis der in Employee Central Payroll vorhandenen bzw. möglichen Technologien erforderlich, wenn z. B. ein Szenario der Arbeitszeiterfassung durch Mitarbeitende und die Freigabe durch die Führungskraft gewünscht ist.

Aus diesem Grund ist vom Einsatz einer sogenannten *positiven Zeitwirtschaft* innerhalb von Employee Central Payroll abzuraten. Die über die in SAP SuccessFactors bereitgestellten, aus Sicht von Employee Central Payroll externen Zeitwirtschaftsfunktionen und -integrationen stellen alle für die Entgeltabrechnung notwendigen Daten und Funktionen zur Verfügung. Gleiches gilt für die externe Zeitwirtschaft, z. B. mit vollwertigen Zeitwirtschaftslösungen wie ATOSS, Kronos usw.

15.1.2 Entscheidung zum führenden System

An verschiedenen Stellen dieses Buches ist mehrfach der Begriff *führendes System* verwendet worden. Das Verständnis dieses Konzepts ist im Zusammenspiel von Employee Central und Employee Central Payroll besonders wichtig. Achten Sie darauf, dass Daten nur an einer eindeutigen Stelle im System gepflegt werden, auch wenn unter Umständen mehrere Optionen oder Stellen dafür möglich sind.

Zur Verdeutlichung nutzen wir hier ein Beispiel aus der Zeitwirtschaft. In der Zeitwirtschaft werden alle Abwesenheitsdaten (mit Ausnahme der Elternzeit) von Mitarbeitenden im *Arbeitszeiterfassungsbogen* von Employee Central erfasst und über das Replikationsszenario **Mitarbeiter-Abwesenheitsdaten** an Employee Central Payroll übertragen.

Die Funktionen zur Zeiterfassung in Employee Central Payroll können für die Erfassung von Elternzeit bzw. Teilzeit in Elternzeit genutzt werden. Über diese Funktionen können die aus Employee Central replizierten Daten angezeigt und, sofern es nicht im Berechtigungskonzept von Employee Central Payroll ausgeschlossen ist, auch verändert werden.

Employee Central Payroll weist Sie durch Informationsmeldungen auf die Datenherkunft hin. Abbildung 15.5 zeigt die Hinweismeldung zur Datenherkunft im Hinblick auf Abwesenheiten aus Employee Central Time Off. In Abbildung 15.6 sehen Sie den Hinweis, dass die Daten bei der folgenden Replikation überschrieben werden können. 15

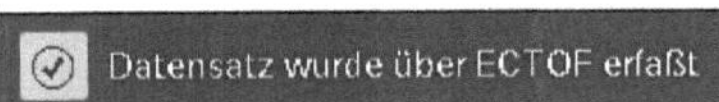

Abbildung 15.5 Hinweismeldung zur Datenherkunft der Abwesenheiten aus Employee Central Time Off

Abbildung 15.6 Folgemeldung zur Replikation

Daten können in Employee Central Payroll geändert werden. Mit der nächsten Replikation der jeweiligen Replikationsart werden die betreffenden Daten wieder mit den Daten aus Employee Central überschrieben. Dabei können Inkonsistenzen oder Datenschiefstände durch eine fehlerhafte Bearbeitung von Sachverhalten entstehen. Daher ist ein wesentlicher Aspekt im Rahmen der Implementierung von Employee Central und Employee Central Payroll die Definition des führenden Systems pro Informationseinheit, um eine korrekte Entgeltabrechnung sowie die prozessuale und statusmäßige Integrität sicherstellen zu können.

Zusätzliche Applikationen wie eine Middleware zur Administration und Prüfung des Datenaustauschs benötigen Sie im Vergleich zu sonstigen Abrechnungslösungen und -Architekturen nicht, sodass auch in Summe der Betreuungsaufwand dieser Integration sinkt.

15.2 Daten aus Employee Central zur Nutzung in Employee Central Payroll

Sie können Employee Central in verschiedenen Varianten nutzen:

1. als führendes Personalmanagementsystem für Mitarbeiter- und Organisationsdaten
2. als führendes Personalmanagementsystem für Mitarbeiter- und Organisationsdaten mit angebundener Entgeltabrechnung
3. als führendes Personalmanagementsystem für Mitarbeiter- und Organisationsdaten mit integrierter Entgeltabrechnung.
4. als nachgelagertes System hinter führenden Personalmanagement- und/oder Entgeltabrechnungssystemen

Variante 3 stellt die in diesem Kapitel beschriebene Variante von Employee Central und Employee Central Payroll dar. Es handelt sich dabei um die fachlich und technisch komplexeste Verbindung. In der Implementierung empfehlen wir unbedingt die wesentlichen Elemente von Employee Central aus Sicht des Abrechnungsprozesses, der Abrechnungsdaten und Abrechnungsanforderungen zu prüfen. Berücksichtigen Sie diese Anforderungen, können Sie eine inhaltlich korrekte und vollständige Entgeltabrechnung sicherstellen.

Dies bedeutet auch, dass wesentliche Elemente auf beiden Systemen inhaltlich identisch synchronisiert werden müssen. Dies betrifft z. B. Sachverhalte, die das Unternehmen als solches betreffen: Was sind überhaupt die Unternehmen; welche Steuer- und SV-Nummern hat das jeweilige Unternehmen? Ferner betrifft es die Mitarbeiterstrukturen und Elemente wie die sogenannten Gehaltsbestandteile oder Lohnarten. Da Employee Central auch ohne Employee Central Payroll betrieben werden kann, ist es jedoch gerade in diesem Bereich notwendig, nicht alle für die Entgeltabrechnung relevanten Informationen bereits auf der Ebene von Employee Central bereitzustellen oder zu konfigurieren. Daher ist folgende Aufgabenteilung zu beachten, die sich dann auch auf die Aufteilung der Daten zwischen beiden Bereichen auswirkt (siehe Tabelle 15.1).

Employee Central	Employee Central Payroll
▪ Status der Person (**Aktiv**, **Inaktiv**, **Ruhend**) ▪ Prozessstatus (z. B. **Eintritt**, **Vertragswechsel**, **Promotion**, **Demotion**, **Austritt**) ▪ Abbildung der Mitarbeiter- und Unternehmensstrukturen ▪ vertragliche Regelungen ▪ Abbildung der Entgeltbestandteile als Lohnarten, inklusive der Zuordnung zu den Mitarbeiter- und Unternehmensstrukturen ▪ Pflege relevanter persönlicher Informationen wie Anschriften und Bankverbindungen ▪ Abbildung von Workflows und Genehmigungen ▪ und anderes	▪ Vorgaben für die Mitarbeiterstruktur ▪ Vorgaben für Unternehmensstrukturen (z. B. lohnsteuerliche Betriebsstätten) ▪ Vorgaben für vertragliche Regelungen (z. B. Fristen Entgeltfortzahlung, Fristen Krankengeldzuschuss) ▪ Vorgaben für Entgeltbestandteile/Lohnarten ▪ Vorgaben für Namens- und Adressaufbereitungen (DEÜV) ▪ Vorgaben für Abwesenheiten ▪ Detaildefinition von Lohnarten, z. B. Brutto oder Netto, Pfändbarkeit, Andruck auf Entgeltnachweis, Kürzungslogik ▪ Vorgaben für Workflows und Änderungsmechanismen (z. B. keine rückwirkende Änderung der Bankverbindung in Employee Central nach bereits erfolgter Auszahlung in Employee Central Payroll) ▪ und anderes

Tabelle 15.1 Exemplarische Darstellung der Aufgabenteilung zwischen Employee Central und Employee Central Payroll

Daraus folgt, dass die für die Entgeltabrechnung notwendigen Daten aus Employee Central nach Employee Central Payroll über die P2P-Replikation (siehe Abschnitt 15.1.1, »Aufgaben- und Funktionsteilung sowie Point-to-Point-Replikation«) bereitgestellt werden. Sie werden dann um die Konfigurationen und Einstellungen auf der Employee-Central-Payroll-Seite angereichert, die Sie für die Durchführung der Entgeltabrechnung zwingend benötigen.

15.2.1 Beispiel »Entgeltbestandteile/Gehaltskomponenten«

Aus Sicht von Employee Central sind wenig Informationen zu einer sogenannten *Gehaltskomponente* zu pflegen (siehe Abbildung 15.7), bevor diese in den entsprechenden Abschnitten von Employee Central genutzt werden kann.

Die Gehaltskomponenten pflegen Sie über **Strukturen für Organisation, Gehalt und Stellen verwalten**. Diese Funktion rufen Sie über die Aktionssuche auf.

Abbildung 15.7 Bestandteile der Gehaltskomponente in Employee Central

Wesentliche Informationen bei der Pflege der Gehaltskomponente sind z. B. die Kennung der Gehaltskomponente. Zur Vermeidung von Mapping-Aufwänden sollte hier die Lohnartennummer aus Employee Central Payroll genutzt werden. Weitere wesentliche Informationen sind die Bezeichnung und der Typ der Gehaltskomponente (z. B. Betrag, Prozent oder Anzahl) sowie die Information über die Häufigkeit der Auszahlung bzw. der Gewährung dieser Gehaltskomponente; in unserem Beispiel handelt es sich dabei um eine monatlich bis zum Austritt wiederkehrende Komponente. Ebenso können Sie Zulässigkeiten für bestimmte Firmen im Bereich **Juristische Einheit** (in diesem Beispiel nur zulässig für die Firmen LE01–LE03) oder andere Elemente wie **Mitarbeitertypen** (nicht dargestellt) definieren (siehe Abbildung 15.7).

Aufseiten von Employee Central Payroll müssen diese Informationen um wesentliche Informationen erweitert und ergänzt werden, damit eine korrekte Entgeltabrechnung aus Sicht der Mitarbeitenden und des Unternehmens durchgeführt werden kann.

In unserem Beispiel wird der definierte Gehaltsbestandteil in Employee Central als laufendes Entgelt für die Steuer und Sozialversicherung klassifiziert (siehe Abbildung 15.8). Weitere Eigenschaften (hier nicht als Abbildung dargestellt) sind:

- Zuordnung von Lohnarten zu Bewertungsgrundlagen (z. B. aus Sicht von Tarifverträgen relevante Stunden- und Tagessätze zur Bewertung von Sachverhalten wie Abwesenheitstage)
- Zuordnung von Lohnarten zu Summenlohnarten (z. B. für die Darstellung auf Entgeltnachweisen wie z. B. Gesamtbrutto nach der Entgeltbescheinigungsrichtlinie), Bescheinigungs- und Auswertungslohnarten
- Kontenfindung für die Überleitung von Abrechnungsergebnissen in die Finanzbuchhaltung
- Klassifizierung von Lohnarten als Nettoauszahlung (Brutto- bzw. Nettohochrechnungen, Nettozusagen usw.)
- steuerliche Behandlung von Zuschlägen aus der Zeitwirtschaft (Sonn-, Feiertags- und Nachtzuschlägen) nach §3b EstG (siehe hierzu auch die Ausführungen zur Replikation von Zeitdaten in Abschnitt 15.1.1, »Aufgaben- und Funktionsteilung sowie Point-to-Point-Replikation«)
- Pfändbarkeit von Bezügen und andere, nicht aufgeführte Eigenschaften und Attribute

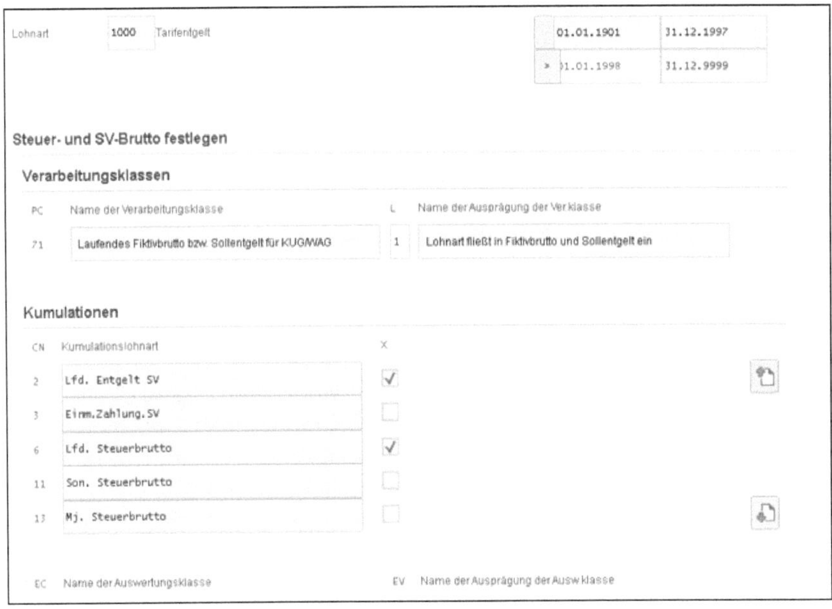

Abbildung 15.8 Definition von Eigenschaften für Gehaltsbestandteile aus Sicht von Employee Central Payroll (Auszug)

Entsprechend dieser Anforderungen tragen Sie dafür Sorge, dass für die Integration von Employee Central und Employee Central Payroll von Anfang an die Bedürfnisse und Anforderungen der Entgeltabrechnung berücksichtig werden.

Nachträgliche Einführung von Employee Central Payroll

In Deutschland, Österreich und der Schweiz wurden in den vergangenen Jahren viele erfolgreiche Implementierungen von SAP SuccessFactors Employee Central durchgeführt. Viele dieser Implementierungen sind in einem der beiden folgenden Szenarien erfolgt:

1. führendes Personalmanagementsystem für Mitarbeiter- und Organisationsdaten ohne Anbindung der Entgeltabrechnung
2. führendes Personalmanagementsystem für Mitarbeiter- und Organisationsdaten mit angebundener Entgeltabrechnung, oftmals mit SAP HCM als über die sogenannte *Core-Hybrid-Integration* angeschlossene externe Entgeltabrechnung

Deutlich weniger Implementierungen sind von Anfang an in der integrierten Architektur mit Employee Central und Employee Central Payroll durchgeführt worden.

Employee Central Payroll kann jederzeit in ein bereits bestehendes Employee-Central-System integriert werden. Es ist in diesem Falle jedoch mit Anpassungen zu rechnen. Aufwandstreiber stellen insbesondere die folgenden Bereiche dar, wenn bei der Implementierung von Employee Central die Anforderungen von Employee Central Payroll noch nicht vollständig berücksichtigt werden konnten:

- **Unternehmensstruktur**
  Die kleinste Ebene aus Sicht der Abrechnung ist die sogenannte lohnsteuerliche Betriebsstätte, die gegebenenfalls so in dieser Form in Employee Central bisher keine Rolle gespielt hat.
- **Mitarbeiterstrukturen**
  Dieser Bereich ist insbesondere im Bereich der Mitarbeitenden im Niedriglohnsektor (Aushilfen, Werkstudenten) von Relevanz.
- **Datenstrukturen und -inhalte**
  Dieser Bereich kommt insbesondere bei Ausprägungen von Wertehilfen und Gültigkeitsprüfungen über Business Rules zum Tragen. Dies betrifft z. B. Namensaufbereitungen oder Titel, die den Regelungen der DEÜV entsprechen müssen.
- **Abbildung aller End-to-End-Prozesse**
  In der Abbildung der End-to-End-Prozesse müssen die gesetzlichen Meldeverfahren mit berücksichtigt werden. So muss z. B. der Austritt durch Tod eine spezielle DEÜV-Abmeldung mit besonderem Meldeschlüssel erzeugen. Dieser Prozess muss vollständig und ohne manuelle Eingriffe über Employee Central nach Employee Central Payroll in die Meldeverfahren übertragen werden.

- **Berechtigungen**
  In diesem Bereich geht es z. B. um geänderte Zuständigkeiten aufgrund der Definition des führenden Systems oder der Abbildung der Prozesse.
- **Schnittstellen**
  Gegenstand dieses Bereichs ist die Abbildung von Schnittstellen zu vor- und nachgelagerten Systemen.
- **Daten-Mapping**
  In diesem Bereich geht es um das Mapping von Daten in der P2P-Replikation zwischen Employee Central und Employee Central Payroll.
- Weitere Aspekte wie DSGVO, Auswertungen usw. sind außerdem zu beachten.

Aus den genannten Gründen ist die nachträgliche Einführung von Employee Central Payroll immer als Projekt mit Datenmigrations- und Datenumsetzungsaspekten zu sehen, die die vorhandenen Daten ergänzen und verändern und auch Einfluss auf bereits bestehende Datenstrukturen von Employee Central nehmen. Bei einer nachträglichen Implementierung sind insbesondere auch Aspekte wie der Rückrechnungsausschluss für nicht in Employee Central Payroll abgebildete, aber bereits in Employee Central vorhandene Abrechnungszeiträume zu betrachten.

15.2.2 Muss-Abschnitte: führende Daten in Employee Central

Welche Daten werden nun aus Sicht von Employee Central als führendem System (unter Berücksichtigung der Anforderungen in Employee Central Payroll) übertragen, und welche besonderen Aspekte gilt es dabei zu betrachten?

Sie können die Replikation auf bestimmte Bereiche einschränken oder erweitern. Hierzu benötigen Sie jedoch eine Reihe von Bereichen von Employee Central, die Sie im Mitarbeiterprofil finden. Die hier gehaltenen (persönlichen) Informationen werden unabhängig von den im Folgenden dargestellten Konfigurationen nach Employee Central Payroll repliziert (siehe Abbildung 15.9). Des Weiteren müssen die biografischen Informationen ebenfalls repliziert werden (siehe Abbildung 15.10).

Persönliche Informationen

Geltend ab: 1. Jul 2022

Anrede	Frau	Titel	-
Vorname	Tina	Geburtsname	Klein
Zweiter Vorname	-	Bevorzugter Name	-
Nachname	Fischer	Zweiter Titel	-
Suffix	-	Präfix	-
Offizieller Name	-	Geschlecht	Weiblich

Abbildung 15.9 Muss-Replikation der persönlichen Informationen

Biografische Informationen

Personenkennung	1070	Geburtsort	-
Geburtsdatum	06. Juli 1993	Todestag	-
Geburtsland	Deutschland	Anhang	-

Abbildung 15.10 Muss-Replikation der biografischen Informationen

Technisch werden die Daten in den Bereich **Daten zur Person** (Infotyp 0002) in Employee Central Payroll übertragen. Relevante Aspekte im Mapping sind dabei zudem die Geschlechts- und Anredeschlüssel sowie die relevanten Titel, da für alle diese Informationen eine DEÜV-Relevanz gegeben ist. Gleiches gilt für die Erhebung des Geburtsortes sowie des logisch richtigen Geburtsdatums.

Abbildung 15.11 zeigt die Informationen zur Planstelle. Außerdem müssen die Planstelleninformationen repliziert werden (siehe Abbildung 15.12)

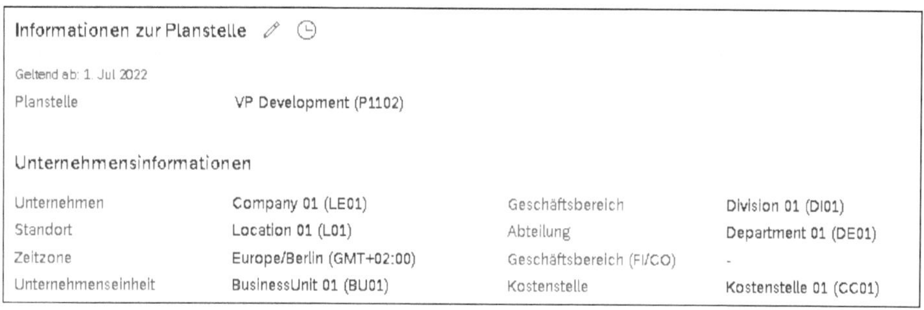

Abbildung 15.11 Muss-Replikation der Informationen zur Planstelle

Mithilfe dieser genannten Bereiche in Employee Central ist die Replikation in der Lage, einen sogenannten *Ministamm* in Employee Central Payroll anzulegen. Dieser beinhaltet alle wesentlichen organisatorischen und vertraglichen Informationen inklusive des Mitarbeiterstatus und Prozessstatus (Eintritt, Promotion, Demotion, Austritt usw.) mit Ausnahme von konkreten Entgeltinformationen.

Technisch werden in Employee Central Payroll die Sektionen **Maßnahmen** (Infotyp 0000), **Organisatorische Zuordnung** (Infotyp 0001) und **Abrechnungsstatus** (Infotyp 0003) angelegt.

Besonderheiten bei diesen Bereichen von Employee Central liegen insbesondere in der Ausprägung der vollständigen organisatorischen Strukturen. Diese Strukturen müssen vollständig mit Finanzbuchhaltung und Controlling abgestimmt sein. Beispielhaft sei hier die Anforderung aus einer SAP-basierten Finanzbuchhaltung genannt, sogenannte *Geschäftsbereiche* abzubilden und die Mitarbeitenden diesen Geschäftsbereichen so zuzuordnen, dass diese auch in der Überleitung der Ergebnisse der Entgeltabrechnung vollständig berücksichtigt werden können.

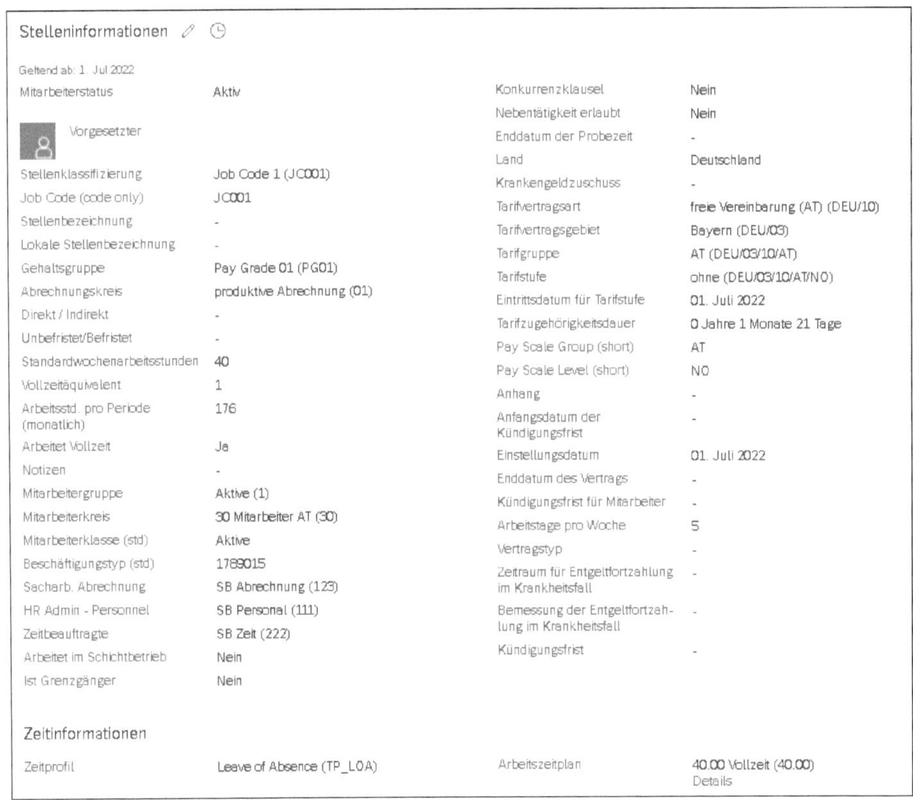
Stelleninformationen

Geltend ab: 1. Jul 2022

Mitarbeiterstatus	Aktiv
Vorgesetzter	
Stellenklassifizierung	Job Code 1 (JC001)
Job Code (code only)	JC001
Stellenbezeichnung	-
Lokale Stellenbezeichnung	-
Gehaltsgruppe	Pay Grade 01 (PG01)
Abrechnungskreis	produktive Abrechnung (01)
Direkt / Indirekt	-
Unbefristet/Befristet	-
Standardwochenarbeitsstunden	40
Vollzeitäquivalent	1
Arbeitsstd. pro Periode (monatlich)	176
Arbeitet Vollzeit	Ja
Notizen	-
Mitarbeitergruppe	Aktive (1)
Mitarbeiterkreis	30 Mitarbeiter AT (30)
Mitarbeiterklasse (std)	Aktive
Beschäftigungstyp (std)	1789015
Sacharb. Abrechnung	SB Abrechnung (123)
HR Admin - Personnel	SB Personal (111)
Zeitbeauftragte	SB Zeit (222)
Arbeitet im Schichtbetrieb	Nein
Ist Grenzgänger	Nein

Konkurrenzklausel	Nein
Nebentätigkeit erlaubt	Nein
Enddatum der Probezeit	-
Land	Deutschland
Krankengeldzuschuss	-
Tarifvertragsart	freie Vereinbarung (AT) (DEU/10)
Tarifvertragsgebiet	Bayern (DEU/03)
Tarifgruppe	AT (DEU/03/10/AT)
Tarifstufe	ohne (DEU/03/10/AT/NO)
Eintrittsdatum für Tarifstufe	01. Juli 2022
Tarifzugehörigkeitsdauer	0 Jahre 1 Monate 21 Tage
Pay Scale Group (short)	AT
Pay Scale Level (short)	NO
Anhang	-
Anfangsdatum der Kündigungsfrist	-
Einstellungsdatum	01. Juli 2022
Enddatum des Vertrags	-
Kündigungsfrist für Mitarbeiter	-
Arbeitstage pro Woche	5
Vertragstyp	-
Zeitraum für Entgeltfortzahlung im Krankheitsfall	-
Bemessung der Entgeltfortzahlung im Krankheitsfall	-
Kündigungsfrist	-

Zeitinformationen

Zeitprofil	Leave of Absence (TP_LOA)	Arbeitszeitplan	40.00 Vollzeit (40.00) Details

Abbildung 15.12 Muss-Replikation der Stelleninformationen

Weitere zu berücksichtigende Felder sind die Ableitungen der relevanten Mitarbeiterstrukturen über Mitarbeitergruppen und Mitarbeiterkreise sowie die Zuordnung zu den sogenannten Abrechnungskreisen (siehe Abschnitt 15.5, »Gehaltsabrechnung über das Payroll Control Center verwalten«).

Auf Basis dieser Daten wäre Employee Central Payroll noch nicht in der Lage, eine Mitarbeiterin oder einen Mitarbeiter abzurechnen – auch nicht nach der Pflege der ausschließlich für Employee Central Payroll relevanten Datenbereiche. Daher müssen weitere Bereiche von Employee Central nach Employee Central Payroll übertragen werden.

15.2.3 Standardbereiche: führende Daten in Employee Central

Sie können im SAP-Standard die im Folgenden genannten Blöcke aus Employee Central nach Employee Central Payroll übertragen. Die für die deutsche Entgeltabrechnung in der Regel relevanten Employee-Central-Bereiche heben wir besonders hervor.

Für alle weiteren Employee-Central-Bereiche ist die Replikation von Employee Central nach Employee Central Payroll auf Basis der Anforderungen kritisch zu prüfen. Dieses gilt insbesondere unter dem Gebot der Zweckbindung und Rechtmäßigkeit bei der Nutzung von sensitiven Daten gemäß *Datenschutz-Grundverordnung* (DSGVO). In diesem Fall ist die Verwendung und Nutzbarmachung dieser Daten für die Entgeltabrechnung die Basis, auf der Sie arbeiten.

Folgende Bereiche können Sie im SAP-Standard von Employee Central nach Employee Central Payroll übertragen (die technischen Feldnamen sind in englischer Sprache verfügbar und daher entsprechend angegeben):

- Adresse (`address_information`)
- Alternative Kostenverteilung (`alternative_cost_distribution`)
- Einmalige Einmalzahlung (`paycompensation_non_recurring`)
- Vergütungsinformationen (`paycompensation_recurring`)
- Einmalige Abzüge (`deduction_non_recurring`)
- Wiederkehrende Abzüge (`deduction_recurring`)
- Angehörige (`dependant_information`)
- Details zum Auslandseinsatz (`global_assignment_information`)
- E-Mail-Information (`email_information`)
- Stellenbeziehungen (`job_relation`)
- Ausweisnummerninfo (`national_id_card`)
- Zahlungsinformationen (`payment_information`)
- Informationen zu den Arbeitsdokumenten (`personal_documents_information`)
- Angehörige (`person_relation`)
- Informationen zur Telefonnummer (`phone_information`)

Darüber hinaus können Sie kundeneigene Employee-Central-Bereiche über kundenspezifische Erweiterungen der P2P-Replikation von Employee Central nach Employee Central Payroll übertragen. Dies kann nicht ausschließlich durch Konfigurationseinstellungen erfolgen, denn hierzu sind Programmierkenntnisse erforderlich.

Die für die deutsche Entgeltabrechnung wesentlichen weiteren Employee-Central-Bereiche aus der vorangehenden Aufzählung stellen wir Ihnen nachfolgend vor.

Adressdaten

Daten aus dem Employee-Central-Bereich **Adresse** (siehe Abbildung 15.13) werden in Employee Central Payroll in das Segment **Anschriften** (Infotyp 0006) übertragen.

Neben den formalen Kriterien zum Adressaufbau gemäß DEÜV ist aus Sicht der Abrechnung u. a. die Angabe der Entfernungskilometer bei Fahrten von der Wohnung zur Arbeitsstätte in Verbindung mit den Angaben zu einem Firmen-PKW relevant. Für diesen Employee-Central-Bereich bieten sich in der Regel Self-Services mit Freigaben durch HR-Sachbearbeiterinnen und -Sachbearbeiter oder Mitarbeitende der Abrechnung an. Insbesondere in der Kombination mit der Verwaltung von Entfernungskilometern oder dem Meldewesen ist diese Vorgehensweise sinnvoll.

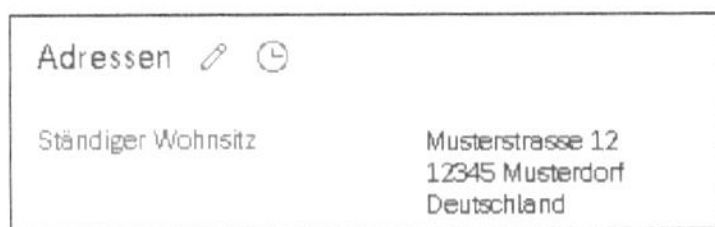

Abbildung 15.13 Adressdaten für die Replikation von Employee Central nach Employee Central Payroll

Bankverbindung (Payment Information)

Der Bereich **Zahlungsinformationen** in Employee Central (siehe Abbildung 15.14) wird in das Segment **Bankverbindung** in Employee Central Payroll (Infotyp 0009) übertragen.

Abbildung 15.14 Bankdaten für die Replikation von Employee Central nach Employee Central Payroll

Wesentliche Informationen sind die Zahlungsmethode sowie die Informationen zur IBAN und des Kontoinhabers. Es empfiehlt sich, in Verbindung mit Employee Central Payroll die durch die Deutsche Zentralbank bereitgestellte Bankleitzahlendatei zu nutzen. Weitere Informationen hierzu erhalten Sie unter: *https://www.bundesbank.de/de/aufgaben/unbarer-zahlungsverkehr/serviceangebot/bankleitzahlen/download-bankleitzahlen-602592*.

Diese Datei kann sowohl in Employee Central als auch in Employee Central Payroll importiert werden. Sofern Auslandsüberweisungen zugelassen sind, empfehlen wir, den Einsatz des internationalen Bankverzeichnisses zu prüfen, das über die SWIFT-Organisation entgeltlich zur Verfügung gestellt wird.

Derzeit gibt es im SAP-Standard noch keine Option zur automatischen Übertragung der in Employee Central angelegten Bankenstammdaten nach Employee Central Payroll. Daher müssen Sie diese Daten sowohl in Employee Central als auch in Employee Central Payroll entsprechend anlegen. Sofern eine in Employee Central bei der oder dem Mitarbeitenden hinterlegte Bankinformation nicht in Employee Central Payroll gefunden werden kann, wird die betreffende Person im Data Replication Monitor als fehlerhaft ausgewiesen, und es wird in der Folge die komplette Replikation abgelehnt. Beheben Sie diese Fehler also vor der eigentlichen Abrechnung, um z. B. eine Überweisung auf das falsche Konto durch Employee Central Payroll zu verhindern.

Der Bereich **Zahlungsinformationen** in Employee Central kann und darf nicht rückwirkend durch Mitarbeitende oder die Personalsachbearbeitung geändert werden, wenn bereits eine produktive Entgeltabrechnung durchgeführt worden ist. Änderungen wie z. B. neue Bankverbindungen sind daher nur im aktuellen Monat bis zum Beginn der Entgeltabrechnung oder für zukünftige Zeiträume nach der aktuellen Abrechnungsperiode möglich. Berücksichtigen Sie diese Einschränkung beim Einsatz von Self-Service-Szenarien.

Alternative Kostenverteilung (Alternative Cost Distribution)

Die Verrechnung der Mitarbeiterkosten erfolgt auf die sogenannte *Stammkostenstelle*. Diese Stammkostenstelle wird über die Stelleninformation von Employee Central nach Employee Central Payroll übertragen und in der Entgeltabrechnung verwendet. Mithilfe des Employee-Central-Bereichs **Alternative Kostenverteilung** können teilweise oder vollständig andere Kostenstellen zu diesem Zweck genutzt werden. Die Daten aus Employee Central werden dabei in das Employee-Central-Payroll-Segment **Kostenverteilung** (Infotyp 0027) übertragen.

Abbildung 15.15 Ergänzende Kostenverteilungen für die Replikation von Employee Central nach Employee Central Payroll

Wie in Abbildung 15.15 dargestellt, können Sie 60 % der monatlichen Kosten im Rahmen der Überleitung der Ergebnisse der Entgeltabrechnung in die Finanzbuchhaltung auf die definierten Kostenstellen buchen. Die restlichen 40 % werden automatisch auf die Stammkostenstelle gebucht; Sie müssen also keine 100%ige Verteilung vornehmen.

Vergütungsinformationen (Pay Compensation Recurring, Non-Recurring)

Die Vergütungsinformationen sind Kernelement und Grundlage der Entgeltabrechnung (siehe Abbildung 15.16). Die Daten hierzu pflegen Sie generell aufseiten von Employee Central auf Basis der Stelleninformationen und der dort hinterlegten vertraglichen und organisatorischen Daten zur Mitarbeiter- und Unternehmensstruktur. Die Vergütungsinformationen werden nicht ausschließlich für Employee Central und Employee Central Payroll genutzt, sondern z. B. auch in SAP SuccessFactors Compensation und in Variable Pay. Daher sind die Anforderungen an diesen Employee-Central-Bereich in der Regel auch gegen Anforderungen aus diesem Umfeld abzugleichen.

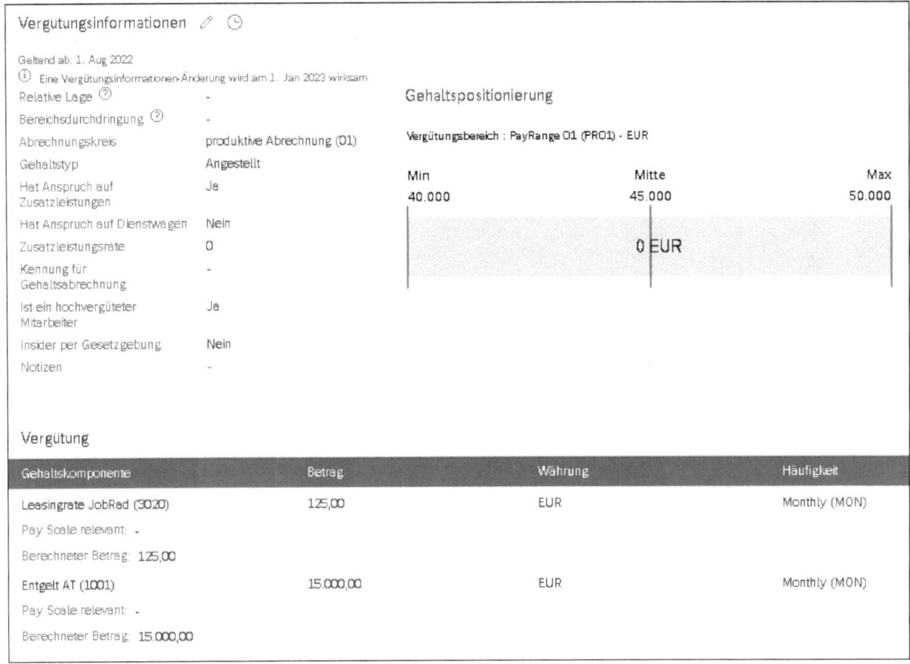

Abbildung 15.16 Vergütungsinformationen (monatliche Be- oder Abzüge) für die Datenreplikation von Employee Central nach Employee Central Payroll

Die Vergütungsinformationen bestehen aus allgemeinen Informationen wie dem Abrechnungskreis. Des Weiteren legen Sie in der Vergütungsinformation fest, wann und wie oft die Entgeltabrechung erfolgen soll. Außerdem enthält sie aus Sicht von Employee Central Payroll Gehaltskomponenten, die dort zu Lohnarten werden. Vergütungsinformationen (Recurring Pay Components) werden im Rahmen der Replikation von Employee Central nach Employee Central Payroll entweder in das Segment **Basisbezüge** von Employee Central Payroll (Infotyp 0008) oder in das Segment **Wiederkehrende Be- und Abzüge** (Infotyp 0014) übertragen. Welcher Gehaltsbestandteil in welche Infotypen übertragen wird, wird in der Konfiguration der Replikation definiert. Die Entscheidung, ob es sich bei einem Gehaltsbestandteil um einen

Bezug oder um einen Abzug handelt, erfolgt in den Konfigurationen aufseiten von Employee Central Payroll.

Die Gehaltsbestandteile stehen in enger Verbindung mit den folgenden Daten im Employee-Central-Bereich **Stelleninformationen**:

- Tarifvertragsart
- Tarifvertragsgebiet
- Tarifgruppe
- Tarifstufe

Indirekte Bewertung

Über Ausprägungen in diesen Feldern ist die Abbildung von tariftabellenbasierten Entgelten inklusive der Berücksichtigung der sogenannten *indirekten Bewertung* der Gehaltskomponente möglich. Bei einer direkten Bewertung wird der Betrag direkt im Gehaltsbestandteil hinterlegt (siehe Abbildung 15.16). Bei Anpassungen wie z. B. Entgelterhöhungen müssen diese Daten manuell bei allen Mitarbeitenden geändert werden.

Über die Funktion der indirekten Bewertung ergibt sich der Betrag automatisch aus den Eingaben zu Tarifart, -gebiet, -gruppe und -stufe und wird im Feld **Betrag** angezeigt. Individuelle Besonderheiten wie z. B. Teilzeitfaktoren werden dabei berücksichtigt. Bei der Vornahme von Anpassungen werden die Daten der zugrundeliegenden Tabelle geändert (z. B. neue Zeitscheibe ab 01.08.2022). Alle Mitarbeitenden, die dieser Kombination aus Art, Gebiet, Gruppe und Stufe zugeordnet sind, erhalten automatisch den angepassten Betrag unter der Berücksichtigung individueller Rahmenbedingungen wie z. B. Teilzeit.

Ergänzend zu diesen wiederkehrenden Gehaltsbestandteilen gibt es auch für den Bereich der Einmalzahlungen Funktionen in Employee Central (*Non-Recurring Pay Components*), die über die Replikation in das Employee-Central-Payroll-Segment **Ergänzende Zahlungen** (Infotyp 0015) übertragen wird.

Typische Replikationsfehler

Die folgenden Replikationsfehler bei den genannten Vergütungsbestandteilen treten häufig auf:

- **Fehlende Zuordnung von Lohnart zu Gehaltskomponente**
  Es fehlt die Zuordnung von Lohnarten zu Gehaltskomponenten. Es wurden auf der Employee-Central-Seite neue Gehaltskomponenten definiert, für die noch keine Lohnart in Employee Central Payroll existiert. Um die Replikation erfolgreich durchführen zu können, müssen mindestens die Lohnart selbst und die Zuord-

nung zu den jeweiligen Segmenten in Employee Central Payroll definiert werden; alle anderen Eigenschaften der Lohnart können im Nachgang erfolgen.

- **Veränderung am Abrechnungskreis**
  Es erfolgt eine rückwirkende Veränderung des Abrechnungskreises, obwohl die oder der Mitarbeitende bereits abgerechnet wurde (untermonatiger Wechsel des Abrechnungskreises). Der Abrechnungskreis stellt ein organisatorisches Element der Abrechnungssteuerung dar. Alle Mitarbeitenden müssen in einer Abrechnungsperiode (z. B. Monat, Woche, 14-tägig) eindeutig einem Abrechnungskreis zugeordnet sein. Über diese Zuordnung wird gesteuert, welche Perioden für den Abrechnungskreis bereits abgerechnet wurden, was die aktuelle Abrechnungsperiode ist und welche Personen insgesamt diesem Abrechnungskreis zugeordnet werden. Über diese Zuordnung wird u. a. verhindert, dass Mitarbeitende in einer Periode mehrfach abgerechnet werden und somit mehrfach Entgelt erhalten. Daher ist eine rückwirkende Änderung nicht möglich. Auch ein untermonatiger Wechsel des Abrechnungskreises z. B. aufgrund einer Promotion oder anderer vertraglicher Anpassungen ist nicht zulässig.

Weitere Datensegmente

Die bisher dargestellten Daten aus Employee Central haben ein eindeutiges Pendant in Employee Central Payroll. Darüber hinaus werden folgende Datensegmente in Employee Central Payroll zusätzlich aus den bereits dargestellten Sektionen von Employee Central gebildet, ohne dass entsprechend eindeutige Employee-Central-Bereiche bestehen würden. Diese Employee-Central-Payroll-Segmente sind:

- **Sollarbeitszeit (Infotyp 0007)**
  Die Informationen zur Sollarbeitszeit dienen der Berechnung von Beschäftigungsgraden und sind für die korrekte Bewertung von Entgelten in Employee Central Payroll sehr wichtig. Die Daten werden aus dem Block **Stelleninformationen** abgeleitet und bestehen dabei im Wesentlichen aus den folgenden Informationen:
  - individuelle Wochenarbeitszeit
  - monatliche Arbeitsstunden
  - Arbeitszeitplan

  Eine Abrechnung ohne diese Informationen ist technisch nicht möglich.
- **Vertragsbestandteile (Infotyp 0016)**
  Neben den Daten zur Sollarbeitszeit sind für die korrekte Bewertung von Krankheiten auch die Informationen zur Lohnfortzahlung und zum Krankengeldzuschuss relevant. Auch diese Informationen werden aus der Employee-Central-Sektion zu den Stelleninformationen abgeleitet. Im SAP-Standard ist die Replikation

der Daten in den Infotypen 0016 nicht aktiv und muss über entsprechende Anpassungen in der Replikation als BAdI-Implementierung aktiviert werden.

- **Datumsangaben (Infotyp 0041)**
  Über Datumsangaben können Informationen in Bescheinigungen gesteuert werden. Wesentliche Informationen werden dabei aus dem Employee-Central-Bereich **Beschäftigungsdetails** abgeleitet wie z. B. das Einstellungsdatum (siehe Abbildung 15.17).

Beschäftigungsdetails

Einstellungsdatum	01. Juli 2022	Anfängliche Optionenzuteilung	-
Ursprüngliches Anfangsdatum	01. Juli 2022	Ist Kontingentarbeiter	Nein
Beginn der Firmenzugehörigkeit	01. Juli 2022	Datensatzquelle	EC
Hat Anspruch auf Aktien	Nein	Erste Beschäftigung des Mitarbeiters	Nein
Anfängliche Aktienzuteilung	-	Assignment ID	1070

Abbildung 15.17 Beschäftigungsdetails für die Replikation von Employee Central nach Employee Central Payroll

Analog den Daten zu den Vertragsbestandteilen werden die Datumsangaben im SAP-Standard nicht automatisch übertragen und müssen über kundeneigene BAdI-Implementierungen aktiviert werden. Es können bis zu 10 unterschiedliche Datumsarten von Employee Central nach Employee Central Payroll übertragen werden.

15.3 Kerndaten von Employee Central Payroll

Neben den persönlichen und vertraglichen Informationen der Mitarbeitenden, die über Employee Central nach Employee Central Payroll repliziert werden, sind weitere Mitarbeiterdaten für die Vorbereitung und Durchführung der Entgeltabrechnung notwendig. Sie pflegen diese Daten auf Basis der idealtypischen Architektur (siehe Abbildung 15.1 zu Beginn des Kapitels) ausschließlich in Employee Central Payroll. Diese Daten umfassen:

- persönliche Daten zur Steuer und Sozialversicherung
- Daten zu Pfändungen, Altersteilzeitinformationen, Darlehen
- ergänzende, individuelle Daten, die für Folgeprozesse wie z. B. Bescheinigungen benötigt werden, wie z. B. Wohngeldbescheinigungen
- Daten, die für die ordnungsgemäße Durchführung von Meldeverfahren und gesetzlichen Auswertungen, wie z. B. Berufsgenossenschaftsmeldungen, erforderlich sind
- zeitwirtschaftliche Daten

15.3.1 Generelles Konzept der Datenpflege in Employee Central Payroll

Die Architektur von Employee Central und Employee Central Payroll bietet Ihnen für Anforderungen klare und eindeutige Optionen im Sinne des führenden Systems. So klären Sie, welche Daten und Prozesse wo abgebildet werden. An einigen Stellen werden Daten redundant gehalten. Das führende System zur Daten-, Status- und Prozesspflege ist jedoch immer eindeutig.

Dies bedeutet für Employee Central Payroll, dass es für spezielle Datensegmente (Infotypen), die für die Entgeltabrechnung relevant sind, keine korrespondierenden Employee-Central-Bereiche gibt. Dies betrifft z. B. Steuer- und Sozialversicherungsdaten. Diese sind nicht zu verwechseln mit den Daten der Ausweisinfo. Auch betrifft es Daten zum Altersvermögensgesetz und Entgeltumwandlungen oder Pfändungsdaten.

Für einige Sektionen gibt es sowohl in Employee Central als auch in Employee Central Payroll Eingabemöglichkeiten. Als Beispiel sind hier ruhende Arbeitsverhältnisse (insbesondere Mutterschutz) zu nennen. Dabei werden die Langzeitabwesenheiten in Employee Central (Leave of Absence) genutzt, oder es erfolgt ausschließlich eine Pflege der Informationen in Employee Central Payroll.

Im Rahmen der Implementierung prüfen Sie inhaltlich, welche Stelle aus Prozesssicht die richtige für die Pflege ist. Hierbei berücksichtigen Sie insbesondere die gesetzlichen Meldeverfahren und Auswertungen.

Für die Eingabe von spezifischen Daten von Employee Central Payroll steht innerhalb von Employee Central im Mitarbeiterprofil ein eigener Bereich zur Verfügung. Dieser ist im Standard mit **Payroll** bezeichnet. Über diesen Menüpunkt wird der Employee-Central-Bereich **Payroll Information** erreicht. Dieser Bereich enthält ausschließlich die Informationen und Abläufe, für die Employee Central Payroll das prozess- und datenführende Modul ist (siehe Abbildung 15.18).

Benennungen im Abrechnungsmenü

Der im Standard vorgeschlagene Menüpunkt für den Absprung zu den Abrechnungsdaten ist für viele Firmen nicht eindeutig. Es empfiehlt sich daher, im Rahmen der Implementierung einen eigenen Menüpunkt, z. B. **Entgeltabrechnung**, in der Menüleiste zu erstellen. Alternativ können Sie über eine Umbenennung des Punkts **Payroll** nachdenken.

Der Bereich der Abrechnungsdaten ist in sachlogische Aspekte wie beispielsweise **Sozialversicherung**, **Steuer**, **Verdienst und Abzüge** oder **zusätzliche Arbeitgeberleistungen** gegliedert. Innerhalb dieser Gliederungen werden die fachlichen Elemente dargestellt, die zu einzelnen Personen gepflegt werden können. Pflichtfelder werden dabei mit einem Stern [★] markiert. Alle anderen Aspekte sind mitarbeiterindividuell und können, müssen aber nicht vorhanden sein. Durch Anklicken des zu einem Thema gehörenden Hyperlinks **mehr** können Sie weitere Daten pflegen.

UNGSVERHÄLTNIS ⌄ GEHALTSABRECHNUNGSINFORMATIONEN ⌄ **PAYROLL** TIME BENEFITS

Letzter Replikationsstatus: „Erfolgreich" am
20:03:36 GMT+0100

Sozialversicherung	Steuer
Sozialvers. D	Steuerdaten D
DEÜV	Vorarbeitgeber D
Berufsgenossenschaft	Zusätzliche Arbeitgeberleistungen
7 mehr	Vermögensbildung
Verdienst und Abzüge	Darlehen
Gehaltsnachweis	Altersvermögensgesetz D
Externe Überweisungen	2 mehr
Abrechnungen	Datenaustausch

Abbildung 15.18 Exemplarische Employee-Central-Sektion »Abrechnungsdaten«

Den Aufbau und Inhalt des Bereichs zu den Abrechnungsdaten in Employee Central können Sie im Admin-Center von SAP SuccessFactors konfigurieren. Zum Aufrufen der Funktion suchen Sie in der Aktionssuche nach »Einheitliche Gehaltsabrechnungskonfiguration«. Nach einem Klick auf den erscheinenden Eintrag kann der Bereich zu den genannten Abrechnungsdaten an kundenspezifische Belange angepasst oder erweitert werden, oder es können fachliche Aspekte entfernt werden. Ebenso können Sie kundenspezifische Erweiterungen und Funktionalitäten wie z. B. den Direktaufruf von Auswertungen oder Funktionen integrieren.

Bereich zu den Abrechnungsdaten in Employee Central

Es können pro Employee-Central-Instanz verschiedene Länderversionen der Entgeltabrechnung aktiviert werden. Der Bereich von Employee Central für die Abrechnungsdaten (**Payroll Information**) wird landesspezifisch von SAP vorkonfiguriert ausgeliefert (siehe Abbildung 15.19). Der Aufbau des Bereichs unterscheidet sich von Land zu Land. Welche Version dem jeweiligen Sachbearbeiter oder der jeweiligen Sachbearbeiterin angezeigt wird, ergibt sich aus der organisatorischen Zuordnung des jeweiligen Falls, der durch die Sachbearbeiterin oder den Sachbearbeiter der Entgeltabrechnung bearbeitet werden soll.

In Abbildung 15.19 wird der Aufbau am Beispiel der Länderversion für Deutschland dargestellt.

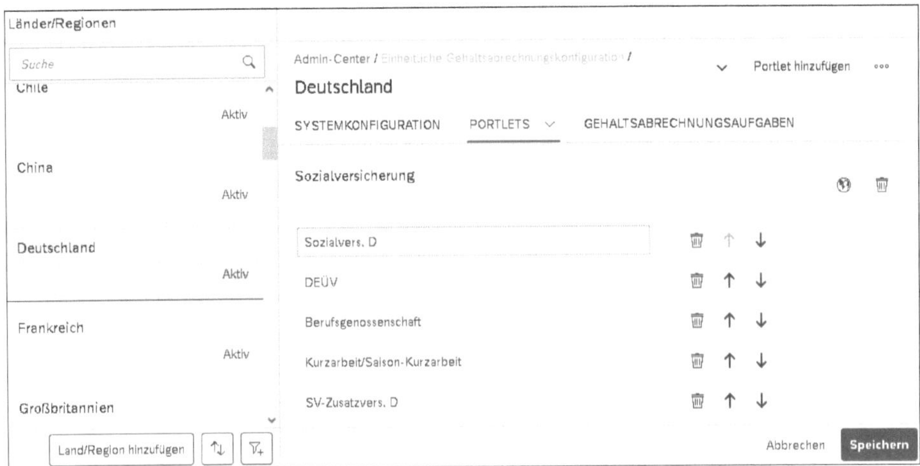

Abbildung 15.19 Einheitliche Gehaltskonfiguration

Durch einen Klick auf den Hyperlink öffnet sich die Detailkonfiguration, in unserem Beispiel die Konfiguration für die Sozialversicherung (siehe Abbildung 15.20).

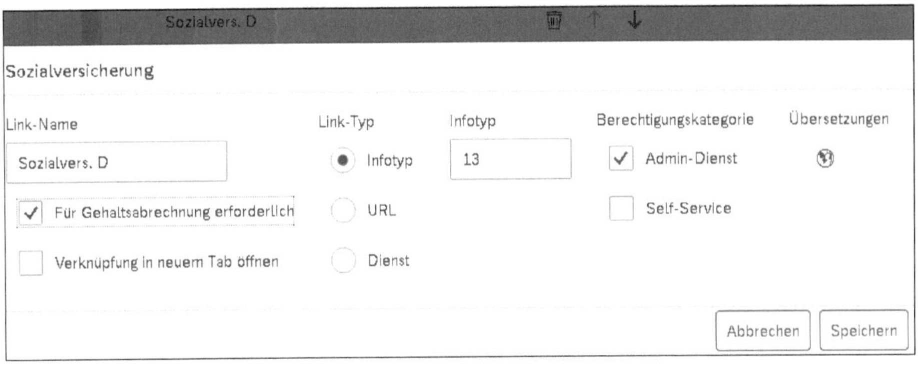

Sozialvers. D

Sozialversicherung

Link-Name | Link-Typ | Infotyp | Berechtigungskategorie | Übersetzungen

Sozialvers. D | Infotyp | 13 | Admin-Dienst

Für Gehaltsabrechnung erforderlich | URL | Self-Service

Verknüpfung in neuem Tab öffnen | Dienst

Abbrechen | Speichern

Abbildung 15.20 Details konfigurieren: Sozialversicherung

Über die Detailkonfiguration können Sie u. a. die folgenden Eigenschaften festgelegen:

- **Link-Name**: Über einen Klick auf die Schaltfläche [🌐] können Sie länderspezifische Texte für andere Sprachversionen hinterlegen.
- Durch das Aktivieren des Kennzeichens **Für Gehaltsabrechnung erforderlich** markieren Sie den Link mit [★] als Muss-Eingabe.
- Durch das Aktivieren des Kennzeichens **Verknüpfung in neuem Tab öffnen** wird innerhalb des Browsers ein neues Tab-Fenster geöffnet, wenn Sie im Employee-Central-Bereich den entsprechenden Link öffnen.

- Über **Link-Typ** spezifizieren Sie, um welche Art von Aufruf es sich handelt:
  - **Infotyp**: Fachlicher Datencontainer in Employee Central Payroll.
  - **URL**: Aufruf einer Funktion in Employee Central Payroll, z. B. eine bestimmte Auswertung oder eine bestimmte Funktion. Hilfreich ist der Hinweis, dass in den URL-Parametern Vorbelegungen vorgenommen werden können, die die aufgerufene Funktion nutzen kann, z. B. die Vorbelegung spezifischer Selektionsfelder bei einer Auswertung.
  - **Dienst**: Aufruf eines spezifischen, in der Regel technischen Dienstes innerhalb von Employee Central Payroll. Ein Beispiel hierzu ist der Aufruf des sogenannten Pay-Statements, d. h. des zum Zeitpunkt des Aufrufs aktuellen Entgeltnachweises (keine Historie).
- Über den Bereich **Berechtigungskategorie** steuern Sie, wer den Link im Rahmen des Employee-Central-Bereichs nutzen kann.
  - **Admin-Dienst**: Ist dieses Kennzeichen aktiviert, können die Rollen der eigentlichen Entgeltabrechnung (z. B. Manager, Sachbearbeiter der Entgeltabrechnung oder andere berechtigte Personen) den Link nutzen.
  - **Self-Service**: Ist das Kennzeichen aktiviert, können Mitarbeitende oder Führungskräfte den Link als Service für sich oder für unterstellte Mitarbeitende nutzen.

Self-Service für die Daten in Employee Central Payroll

In der Regel setzt die Bedienung von ursächlichen Daten der Entgeltabrechnung, die ausschließlich in Employee Central Payroll gepflegt werden, Fachwissen zu Steuer- und Sozialversicherung voraus. Wir empfehlen daher, den Personenkreis, der diese Services pflegen darf, einzuschränken und Self-Services für Employee Central Payroll mit Pflegefunktion zu vermeiden.

Eine weitere wichtige Information für die Entgeltsachbearbeiterin oder den Entgeltsachbearbeiter ist im Kopf des Employee-Central-Bereichs versteckt, der sogenannte *Replikationsstatus*. Dieser kann auch dem Data Replication Monitor (siehe Abschnitt 15.1.1) entnommen werden (siehe Abbildung 15.21).

Abbildung 15.21 Replikationsstatus einsehen

Mit dem Aufruf einer Detailfunktion im jeweiligen Employee-Central-Bereich werden die in Employee Central Payroll gepflegten Daten dargestellt, in unserem Beispiel die Sozialversicherung Deutschland (siehe Abbildung 15.22).

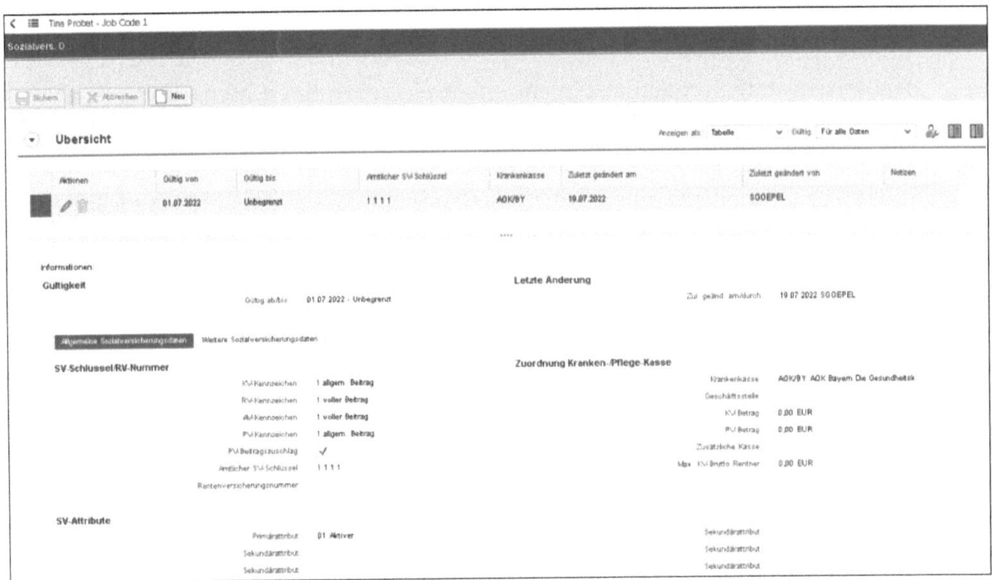

Abbildung 15.22 Employee-Central-Payroll-Segment in der Employee-Central-Sektion anzeigen

Es können für die ausgewählte Person weitere Funktionen direkt aufgerufen werden, ohne dass das Bild verlassen werden müsste. Die Gliederung entspricht dabei der Struktur und Reihenfolge in der Employee-Central-Sektion (siehe Abbildung 15.18).

Die Daten werden tabellarisch dargestellt. Das heißt, dass Sie es sofort sehen, wenn mehrere Datensätze zu einem Aspekt in Employee Central Payroll vorhanden sind. Diese werden mit den jeweiligen Gültig-von- und Gültig-bis-Daten angezeigt (siehe Abbildung 15.23).

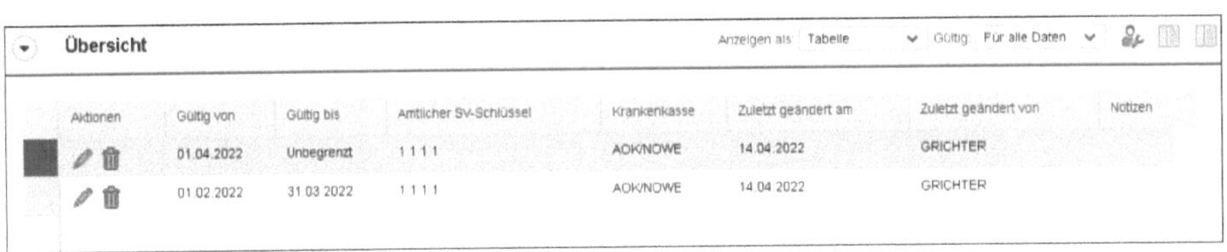

Abbildung 15.23 Employee-Central-Payroll-Daten anzeigen

Über die Funktionen der Schaltfläche können Sie bestehende Datensätze ändern oder sie durch Überschreiben des Gültig-von-Datums kopieren. Über die Schaltfläche löschen Sie den betreffenden Datensatz, wobei je nach fachlicher Einstellung und Notwendigkeit entweder der vorherige Datensatz bis zum Datum 31.12.9999 verlängert wird oder die Datumsangaben nicht verändert werden. Diese Funktionalität heißt **Zeitbindung** und ist dafür zuständig, die Datenstrukturen für die Entgeltabrechnung konsistent zu halten.

Als Erläuterung kann das Beispiel aus Abbildung 15.23 dienen. Alle Mitarbeitenden müssen für die Entgeltabrechnung Daten zur Sozialversicherung vorweisen. Sie können diese Mitarbeitenden also nicht erfolgreich abrechnen, wenn keine Sozialversicherungsdaten vorhanden sind. Durch Löschen des Datensatzes **Gültig vom 01.04.2022** verlängert sich das Gültig-bis-Datum des Vorgängerdatensatzes vom 31.03.2022 automatisch auf den 31.12.9999, um eine Abrechnung für die Folgeperioden sicherzustellen.

15.3.2 Berechtigungsmanagement und Zugang

Die Sachbearbeiterinnen und Sachbearbeiter für die Abrechnung müssen über Berechtigungen innerhalb des Berechtigungskonzeptes von Employee Central verfügen, um auf die Employee-Central-Sektion **Abrechnungsdaten** zugreifen zu können.

Zudem müssen Berechtigungen auf Benutzernamen und Berechtigungen in Employee Central Payroll vorhanden sein. Employee Central Payroll hat eigene Anmeldeprozeduren, die integriert beim erstmaligen Anmelden des Benutzers tagesaktuell über SAP SuccessFactors aufgerufen werden (siehe Abbildung 15.24). Die Anmeldung bleibt im Hintergrund so lange aktiv, bis der Browser vollständig geschlossen wurde, um Mehrfachanmeldungen zu vermeiden. Beachten Sie gegebenenfalls vorhandene TimeOut-Einstellungen.

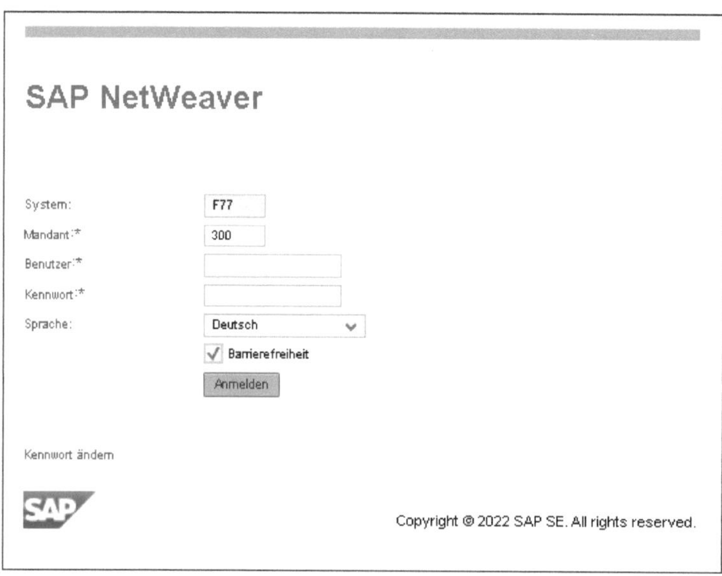

Abbildung 15.24 Anmeldung an Employee Central Payroll aus Employee Central heraus

Über ein Single-Sign-On-Verfahren (SSO-Verfahren) mit Authentifizierung kann auf die separate Anmeldung zu Employee Central Payroll verzichtet werden.

Das Employee-Central-Payroll-Berechtigungskonzept wird *nicht* aus dem Employee-Central-Berechtigungsmodell abgeleitet oder übertragen. Vielmehr wird es in Employee Central Payroll nach den dort gültigen Rahmenbedingungen und Vorgaben separat aufgebaut; es kann vom Employee-Central-Berechtigungskonzept abweichen. So ist es denkbar, dass ein Sachbearbeiter oder eine Sachbearbeiterin alle Daten in Employee Central nur für gewerbliche Mitarbeitende sehen und pflegen darf. Aus Sicht der Daten in Employee Central Payroll können die Sachbearbeitenden aber sowohl die Daten der gewerblichen als auch der angestellten Mitarbeitenden pflegen und bearbeiten.

Das Berechtigungskonzept von Employee Central Payroll hat direkten Einfluss auf die Prozessabläufe des Payroll Control Centers (siehe Abschnitt 15.5, »Gehaltsabrechnung über das Payroll Control Center verwalten«).

Eine Sonderform der Berechtigung für Employee-Central-Payroll-Benutzer stellt die sogenannte *Gehaltsabrechnungssystemzuweisung* dar. Sie rufen diese Funktion über die Eingabe des Begriffs in der Aktionssuche auf. Nur durch diese Zuweisung ist es einem Benutzer mit ausreichenden Berechtigungen auf der Employee-Central- und Employee-Central-Payroll-Seite möglich, den Employee-Central-Bereich **Payroll** und die Funktion **Payroll Information** aufzurufen (siehe Abbildung 15.25).

15

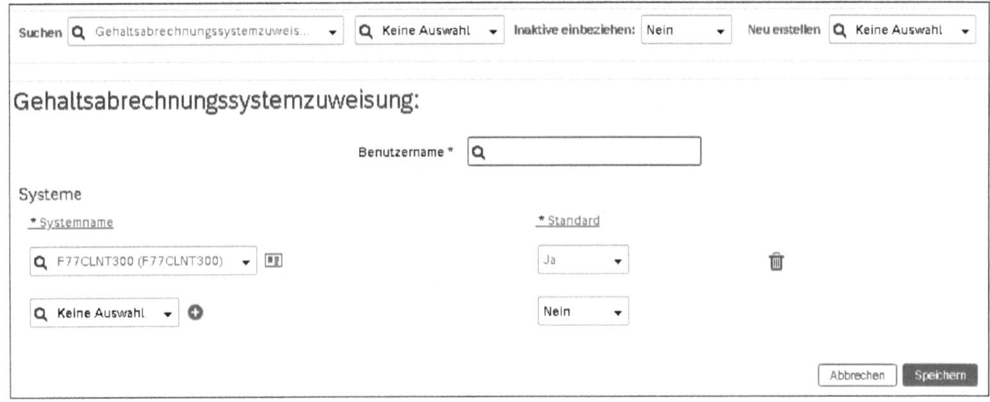

Abbildung 15.25 Employee-Central-Payroll-Instanz dem Employee-Central-Benutzer zuweisen

Sie können Benutzern theoretisch Zugriff auf verschiedene produktive Employee-Central-Payroll-Instanzen ermöglich. Ein Zugangsweg ist als Standard zu kennzeichnen. Interessant ist diese Möglichkeit für Sie, wenn Sie z. B. landesspezifisch verschiedene Employee-Central-Payroll-Instanzen nutzen.

Nachbau von Daten von Employee Central Payroll in Employee Central

Employee Central kann durch die Erweiterungsoptionen an vielen Stellen zur Abbildung kundenspezifischer Datenmodelle und Prozesse erweitert werden. In Projekten erreicht uns häufig die Anfrage, ob es im Sinne einer verbesserten User Experience oder für Auswertungen möglich wäre, auf die eigene Datenpflege in Employee Central Payroll zu verzichten und die Segmente in Employee Central als kundeneigene Elemente zu implementieren. Diese Umsetzung ist zwar technisch möglich, aber inhaltlich nicht sinnvoll.

Zum einen entsteht ein erheblicher Konzeptions- und Implementierungsaufwand, und zum anderen unterliegen die abzubildenden Sachverhalte häufig gesetzlichen Änderungen. Diese Änderungen werden durch SAP in Form von Änderungsauslieferungen auf Basis der Employee-Central-Payroll-Datenmodelle zur Verfügung gestellt. Sie müssten diese Änderungen bei eigenen, auf Employee Central basierenden Datenmodellen selbst vornehmen und implementieren. Die hierbei entstehenden Aufwände im Betrieb sowie das Risiko einer möglicherweise nicht ordnungsgemäßen Entgeltabrechnung führen dazu, dass wir diese Option nicht empfehlen.

15.3.3 Ausgewählte Themen in Employee Central Payroll

Aufseiten von Employee Central Payroll müssen je nach vertraglicher oder individueller Situation viele Datensegmente gepflegt werden. Eine vollständige Darstellung würde den Umfang dieses Buches überschreiten. Daher stellen wir Ihnen im folgenden Abschnitt die wesentlichen Datenbereiche von Employee Central Payroll auf Basis der Länderversion für Deutschland kurz vor.

Steuerdaten Deutschland

In den Steuerdaten (Infotyp 0012) werden im Rahmen der Erstanlage von Mitarbeitenden die steuerlichen Grundmerkmale zur individuellen Beschäftigung erfasst (siehe Abbildung 15.26).

Sie können alle gängigen steuerlichen Anforderungen der deutschen Entgeltabrechnung abbilden. Dazu gehören Besonderheiten wie Grenzgänger oder Arbeitskammerbeiträge in Bremen und dem Saarland. Laufende Aktualisierungen und Änderungen werden über das in Employee Central Payroll integrierte *ELStAM-Verfahren* direkt durch die für die jeweiligen Mitarbeitenden zuständige Finanzämter bereitgestellt. Über die Importfunktionen von Employee Central Payroll werden diese Aktualisierungen/Änderungen in die Steuerdaten importiert.

Grundlage für eine korrekte Abbildung z. B. von Lohnsteuer und Kirchensteuer sind darüber hinaus die Definitionen der Unternehmensstruktur in Employee Central. Diese umfassen die Ableitung der steuerlichen Betriebsstätten sowie die Bundeslandzuordnungen.

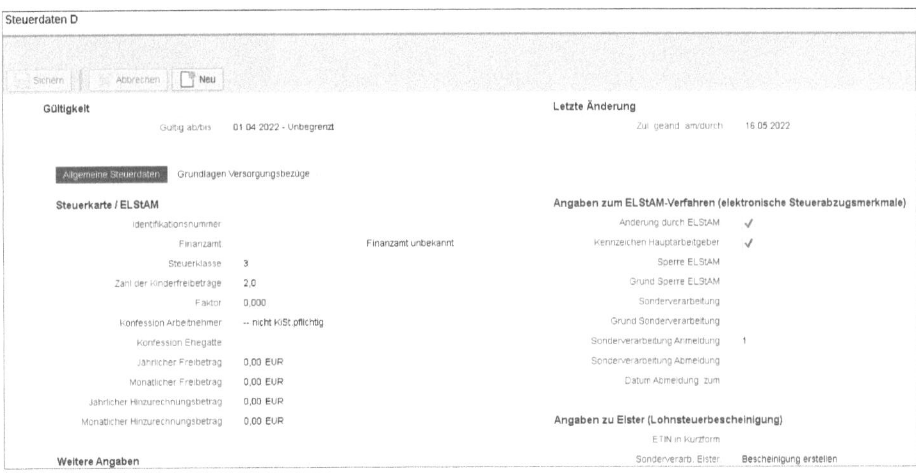

Abbildung 15.26 Employee-Central-Payroll-Segment »Steuerdaten Deutschland«

Die Daten aus diesem Segment bilden die Grundlage für die eigentliche Steuerberechnung während des jeweiligen Abrechnungslaufs. Eine mitarbeitende Person ohne Steuerdaten können Sie nicht abrechnen.

Sozialversicherungsdaten

In den in Infotyp 0013 (Sozialvers. D) gehaltenen Sozialversicherungsdaten können Sie alle relevanten Schlüsselungen für die Abbildung der deutschen Sozialversicherung vornehmen (siehe Abbildung 15.27).

Die Schlüsselungen beinhalten auch spezifische Informationen wie z. B., ob es sich um Privatversicherte oder um einen Mini- oder Midijob handelt. Ergänzende Daten sind im Segment **SV-Zusatzversorgung Deutschland** von Employee Central Payroll (Infotyp 0079) für privatversicherte Mitarbeiterinnen und Mitarbeiter und im Employee-Central-Payroll-Segment **Zusatzversorgung Deutschland** (Infotyp 0126) für Mitarbeiter und Mitarbeiterinnen mit Zusatzversorgungen oder berufsständischen Versorgungswerken (wie Anwaltskammer oder Steuerberaterkammer) zusätzlich zu pflegen. Die Daten aus diesen Employee-Central-Payroll-Segmenten werden neben der Berechnung der Sozialversicherungsbeiträge für die Übermittlung der SV-Beitragsnachweise an die Krankenkassen oder für die Erstellung der zugehörigen Zahlungsträger zur Überweisung genutzt.

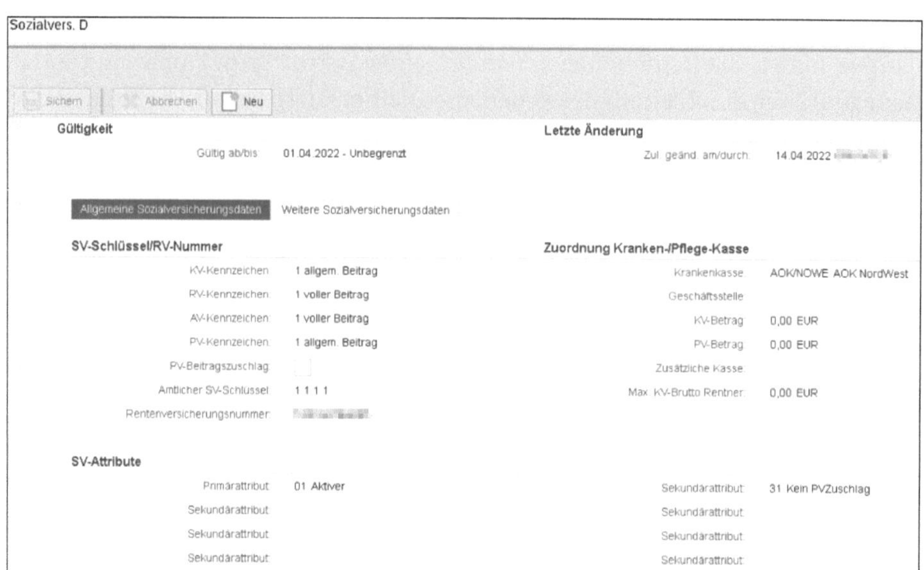

Abbildung 15.27 Employee-Central-Payroll-Segment »Sozialversicherungsdaten«

Altersteilzeit D/Vorgabe Störfall SV-Luft/Störfall Deutschland

Altersteilzeit und damit einhergehend die fachlichen Anforderungen zur Abbildung von Störfällen wie Tod werden über die Employee-Central-Payroll-Segmente **Altersteilzeit D** (Infotyp 0521), **Vorgabe Störfall SV-Luft** (Infotyp 0123) und **Störfall Deutschland** (Infotyp 0124) abgebildet (siehe Abbildung 15.28).

Hierbei kann zwischen verschiedenen Modellen der Altersteilzeit differenziert werden (z. B. Blockmodell, Verteilmodell oder individuelles Modell). In Deutschland ist das Blockmodell vorherrschend.

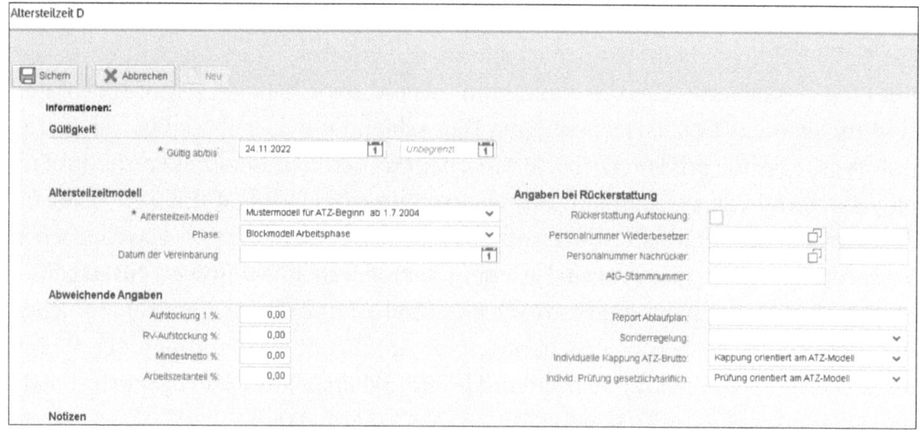

Abbildung 15.28 Employee-Central-Payroll-Segment »Altersteilzeit«

DEÜV/Berufsgenossenschaft

Alle Mitarbeitenden erhalten im Laufe ihres Berufslebens verschiedene Meldungen und Bescheinigungen über das *DEÜV-Verfahren* (siehe Abbildung 15.29). Gängig sind An- und Abmeldungen bei Beginn oder Beendigung des Arbeitsverhältnisses, aber auch die DEÜV-Jahresmeldungen. Grundlage hierfür sind neben den individuell aus dem jeweiligen Abrechnungslauf resultierenden Meldungssachverhalten auch die Grunddaten, die im Employee-Central-Payroll-Segment **DEÜV** (Infotyp 0020) hinterlegt sind.

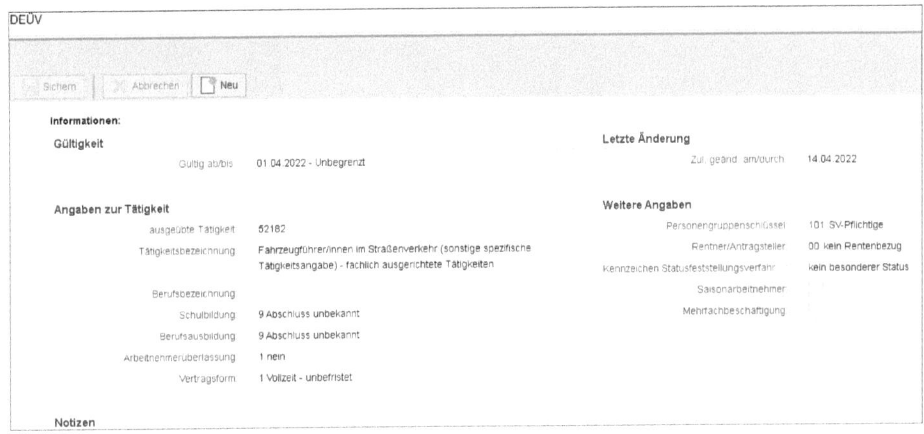

Abbildung 15.29 Employee-Central-Payroll-Segment »DEÜV«

Daten zur Berufsgenossenschaft können Sie in Employee Central Payroll zum einen mitarbeiterindividuell erfassen. Dies geschieht über das Segment **Berufsgenossenschaft** (Infotyp 0029) von Employee Central Payroll. Zum anderen können diese Daten über organisatorische Merkmale, z. B. Standort oder Tätigkeit, automatisch zugeordnet werden. Daten zur Berufsgenossenschaft sind Grundlage für das UV-Meldeverfahren.

Kurzarbeit

Daten, die zu einer korrekten Berechnung der Bezüge während Kurzarbeitsphasen benötigt werden, können Sie im Employee-Central-Payroll-Segment **Kurzarbeit/Saison-Kurzarbeit** (Infotyp 0049) hinterlegen (siehe Abbildung 15.30).

Die für die Berechnung der für die Kurzarbeitsansprüche relevanten Informationen aus Sicht der Arbeitszeit, z. B. Urlaubsstände oder Zeitsalden, müssen Sie gegebenenfalls über Employee-Central-Payroll-Daten und Replikationsszenarien aus den Zeitwirtschaftsapplikationen bereitstellen. Die von SAP bereitgestellten Funktionen stellen einen Rahmen dar, der für jede rechtliche Einheit auf Basis der jeweils gültigen gesetzlichen oder der mit der Mitbestimmung vereinbarten Regelwerke anzupassen

15

ist. Sie können diesen Rahmen nicht out of the box (wie z. B. die Steuerberechnung) verwenden.

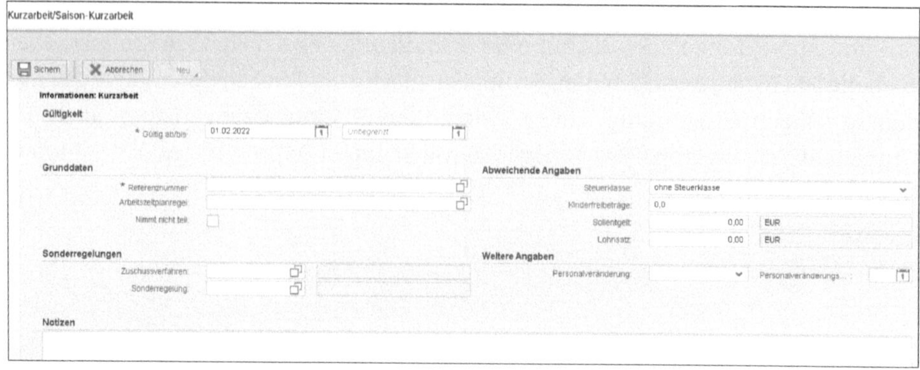

Abbildung 15.30 Employee-Central-Payroll-Segment »Kurzarbeit«

Entgeltumwandlungen/Direktversicherungen

Leistungen aus dem Altersvermögensgesetz wie z. B. die Umwandlung von laufenden Entgelten oder Einmalzahlungen werden über das Employee-Central-Payroll-Segment **Altersvermögensgesetz D** (Infotyp 0699) abgedeckt (siehe Abbildung 15.31). Dazu gehören:

- Direktversicherungen
- Direktzusagen
- Pensionsfonds
- Pensionskassen
- Unterstützungskassen
- VWL-Verträge
- branchenspezifischen Regularien wie etwa die Bankenversorgung (BVV)

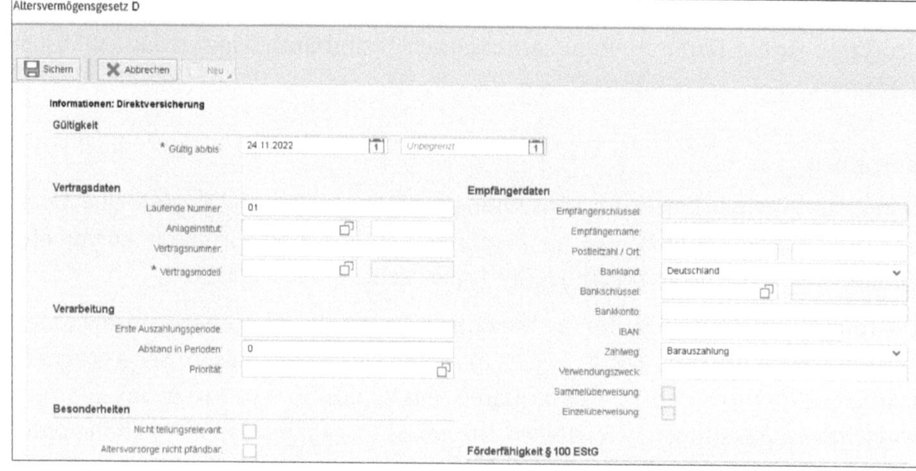

Abbildung 15.31 Employee-Central-Payroll-Segment »Altersvermögensgesetz«

Pfändungen

Pfändungen werden in Employee Central Payroll über verschiedene Segmente abgedeckt. Diese bilden die Pfändungsbearbeitung, Pfändungsabrechnung und Pfändungsabwicklung auf Basis der gesetzlichen Regelungen in Deutschland weitestgehend ab. Ein Sonderfall stellt aus Sicht der Privatwirtschaft derzeit die Pfändungsabrechnung nach dem Entstehungsprinzip dar, das SAP für die Privatwirtschaft zum Zeitpunkt der Veröffentlichung dieses Buches noch nicht vollständig freigegeben hat.

Das bedeutet, dass die Pfändungsberechnung derzeit auf dem sogenannten Zuflussprinzip basiert. Praktisch sind beide Verfahren in Deutschland zulässig; sie führen aufgrund der unterschiedlichen Berechnungsverfahren zu verschiedenen pfändbaren Beträgen.

Daten zur Pfändung werden in den folgenden Employee-Central-Payroll-Segmenten hinterlegt, wobei nicht jedes Segment zu nutzen ist. Die Nutzung ist abhängig vom jeweiligen Pfändungssachverhalt:

- **Pfändung/Abtretung (Infotyp 0111)**
  Das Segment **Pf.D Pfändung/Abtret** stellt den Kern der Pfändungsbearbeitung dar; alle anderen Datensegmente basieren auf diesen Daten (siehe Abbildung 15.32).
- **Pfändung Forderung (Infotyp 0112)**
  In diesem Datensegment werden je nach Pfändungsart die zu tilgenden Beträge der Pfändung sowie Daten zum laufenden Unterhalt bei bevorrechtigten Pfändungen gehalten.
- **Pfändung Zinsangaben (Infotyp 0113)**
  In diesem Segment werden die für die verzinslichen Forderungsarten relevanten Zinsberechnungen und Zinsregeln abgebildet.
- **Pfändbarer Betrag (Infotyp 0114)**
  Über dieses Datensegment werden die pfändbaren Beträge einer Pfändung ermittelt.
- **Pfändung Lohnanteile (Infotyp 0115)**
  Das Segment dient der Abbildung von Sonderfällen bezüglich der Pfändbarkeit von einzelnen Lohnarten, die nicht automatisch über die Entgeltabrechnung berechnet werden sollen.
- **Pfändung Überweisung (Infotyp 0116)**
  Dieses Segment trägt die Überweisungsangaben des Empfängers der jeweiligen Pfändungen.
- **Pfändung Ausgleich Deutschland (Infotyp 0117)**
  Über dieses Segment werden Sonderfälle zum Guthaben einer Pfändung abgebildet.

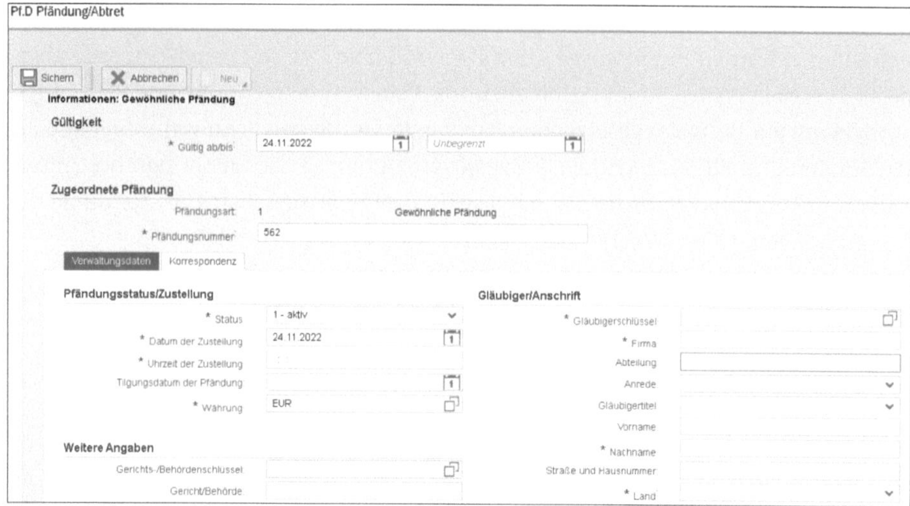

Abbildung 15.32 Employee-Central-Payroll-Segment »Pfändung/Abtretung«

Weitere Elemente der Entgeltabrechnung

Es stehen neben den dargestellten Segmenten von Employee Central Payroll weitere Elemente zur Verfügung, über die sich die Anforderungen der deutschen Entgeltabrechnung abbilden lassen. Exemplarisch sind hier die folgenden relevanten Employee-Central-Payroll-Segmente:

- **Betriebsinterne Daten** (Infotyp 0032): zur Abbildung der Regelungen bei Dienst- und Firmenwagen (z. B. 1%-Regelung)
- **Externe Überweisungen** (Infotyp 0011): zur Abbildung von Zahlungen an Dritte aus der Entgeltabrechnung z. B. automatische Überweisung von Gewerkschaftsbeiträgen oder Miete
- **Darlehen** (Infotyp 0045)/**Darlehenszahlungen** (Infotyp 0078): zur Abbildung und Abrechnung von Firmendarlehen
- **Elektronischer Datenaustausch** (Infotyp 0700): zur Steuerung des Datenaustauschs zu den verschiedenen Meldeverfahren wie A1, AAG, EEL, BEA, DEÜV, rvBEA und ZMV
- **Statistiken** (Infotyp 0033): zur mitarbeiterindividuellen Steuerung bei gesetzlichen Statistiken

- **Mutterschutz/Elternzeit** (Infotyp 0080): zur Abbildung der Sachverhalte von Mutterschutz und Elternzeit inklusive der relevanten zeitwirtschaftlichen Betrachtungen sowie des Sonderfalls Teilzeitarbeit in Elternzeit (Infotyp 0597)
- **Schwerbehinderung** (Infotyp 0004) zur Abbildung der gesetzlichen Vorgaben zur Erfassung und Meldung von Daten von Mitarbeitern mit Einschränkungen. Die Daten dienen als Grundlage für die Erstellung der gesetzlichen Auswertung nach §163 Abs. 2 SGB IX

Darüber hinaus stehen Ihnen weitere Segmente zur Erfassung branchenspezifischer Sachverhalte oder für das Melde- und Bescheinigungswesen zur Verfügung.

Nicht dargestellt sind die Funktionen zur Anzeige von individuellen Simulationsabrechnungen einzelner mitarbeitender Personen oder zur Erstellung von Entgeltnachweisen, inklusive Druckfunktion, die ebenfalls in Employee Central Payroll vorhanden sind. Weiterführende Informationen zum generellen Abrechnungsprozess in Employee Central Payroll werden in Abschnitt 15.5, »Gehaltsabrechnung über das Payroll Control Center verwalten«, dargestellt.

15.4 Abrechnungsaufgaben in Employee Central zur Pflege von Daten in Employee Central Payroll verwenden

Im Rahmen personalwirtschaftlicher Prozesse in SAP SuccessFactors werden eine Vielzahl von Daten durch unterschiedliche Prozessbeteiligte wie die Mitarbeitenden, Führungskräfte oder Mitarbeitende der Personalabteilungen selbst erzeugt, geändert, angepasst und gelöscht. Viele dieser Daten haben direkt oder indirekt Auswirkungen auf die Entgeltabrechnung und erzeugen Prüfaktivitäten.

SAP SuccessFactors bietet Ihnen mit der Funktion **Gehaltsabrechnungsaufgaben abschließen**, die Sie über die Eingabe in der Aktionssuche erreichen, die Möglichkeit, sich aus der großen Menge an Datenänderungen und -erfassungen in Employee Central die für die Entgeltabrechnung wesentlichen herauszufiltern und – versehen mit dem jeweiligen Employee-Central-Payroll-Kontext – im Arbeitsvorrat zu bearbeiten.

Grundidee dabei ist, dass eine mitarbeitende Person aus dem Abrechnungsteam direkt über eine Kachel auf der SAP-SuccessFactors-Startseite Zugang zu den relevanten Sachverhalten der Entgeltabrechnung hat und prüfen kann, ob durch andere Prozessbeteiligte zu verarbeitende Informationen erzeugt wurden (Abbildung 15.33). Alternativ kann der Abrechnungsmitarbeiter oder die Abrechnungsmitarbeiterin über die To-do-Liste in diese Funktion einsteigen.

Nach einem Klick auf die entsprechende Kachel öffnet sich die Verwaltungsansicht, die aus drei Elementen besteht (siehe Abbildung 15.34).

Abbildung 15.33 Gehaltsabrechnungsaufgaben abschließen

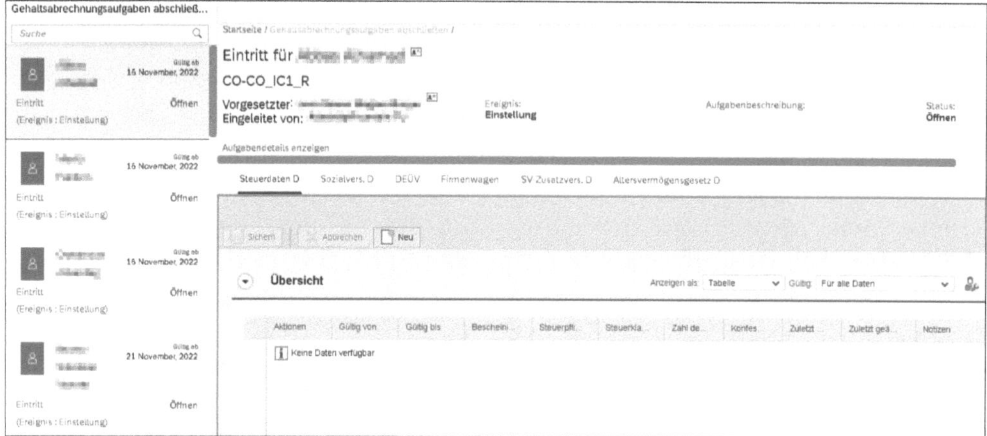

Abbildung 15.34 Gehaltsabrechnungsaufgaben abschließen: Auszug

1. **Liste der relevanten Personen**
   Die Liste enthält die jeweilig auslösenden Sachverhalte auf der linken Bildseite.
2. **Kopfleiste mit ergänzenden Informationen zur Person und dem auslösenden Ereignis**
   Durch einen Klick auf die Schaltfläche haben Sie die Möglichkeit, sich weitere Informationen zur vorgesetzten Person oder zum Mitarbeiter oder zur Mitarbeiterin selbst anzeigen zu lassen. Dieses beinhaltet auch eine Absprungmöglichkeit in das entsprechende Mitarbeiterprofil. Zudem sehen Sie den Status der Bearbeitung der Aufgabe, der die Werte **Öffnen**, **in Bearbeitung** oder **abgeschlossen** annehmen kann. Der Bearbeitungsstatus bezieht sich dabei auf das Ereignis, in unserem Beispiel auf die Einstellung des Mitarbeiters Andreas Müller (siehe Abbildung 15.35). Im Status **abgeschlossen** wird der Sachverhalt in der Ergebnisliste nicht mehr angezeigt.

Abbildung 15.35 Gehaltsabrechnungsaufgaben abschließen: Kopfleiste

3. **Detailaufgaben zum Ereignis**
   Die Detailaufgaben bestehen kontextbezogen aus den Employee-Central-Payroll-Segmenten, die üblicherweise bei dem relevanten Ereignis geprüft und/oder aktiv angepasst werden müssen. Sie können ohne Bildwechsel durch die jeweiligen Segmente navigieren und Daten erfassen oder ändern. In Abbildung 15.36 sehen Sie exemplarisch in der Kopfnavigation die Ansichten für die Aufgaben zu **Steuerdaten D**, **Sozialvers. D**, **SV-Zusatzvers. D**, **DEÜV**, **Altersvermögensgesetz D** und **Firmenwagen**.

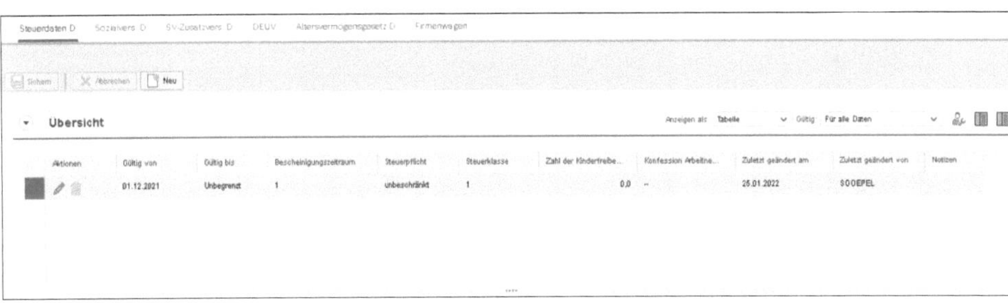

Abbildung 15.36 Detailaufgaben zum Ereignis

Die Daten in der Ansicht **Gehaltsabrechnungsaufgaben abschließen** werden erst nach erfolgreicher Replikation des Ereignisses von Employee Central nach Employee Central Payroll angezeigt. Damit wird sichergestellt, dass das Abrechnungsteam auf korrekt replizierten Daten aufsetzen und mit der Bearbeitung der jeweiligen Abrechnungssachverhalte beginnen kann.

Die Konfiguration, welche Ereignisse mit welchem fachlichen Kontext in der Funktion **Gehaltsabrechnungsaufgaben abschließen** angezeigt werden, erfolgt auf der Seite von Employee Central. Um die entsprechende Funktion aufzurufen, geben Sie in der Aktionssuche »Einheitliche Gehaltsabrechnungskonfiguration« ein. Wählen Sie das gewünschte Land aus, und klicken Sie in der Ansichtsnavigation auf **Gehaltsabrechnungsaufgaben** (siehe Abbildung 15.19).

Wir empfehlen Ihnen, am Anfang mit den am häufigsten auftretenden Ereignissen wie z. B. Eintritt, Austritt und Wiedereinstellung im Unternehmen mit der Nutzung der Funktion **Gehaltsabrechnungsaufgaben** zu starten (siehe Abbildung 15.37).

Abbildung 15.37 Konfiguration für Gehaltsabrechnungsaufgaben

Im Standard stehen Ihnen die folgenden Ereignisse zur Verfügung, die darüber hinaus durch kundeneigene Ereignisse erweitert werden können:

- Eintritt
- Austritt Arbeitgeber
- Austritt durch Arbeitnehmer (Kündigung)
- Wiedereintritt
- Adressänderungen
- Arbeitszeitanpassungen
- Transfer von/zu anderer Gesellschaft
- Start/Ende Auslandseinsatz
- Änderung Daten (allgemein)
- Manager Change
- No Show (Mitarbeiter bzw. Mitarbeiterin nicht erschienen)
- Gehaltsanpassungen
- Änderung Position
- Anpassung bestehende Position
- Promotion
- Demotion
- Freistellungen/Abwesenheiten bezahlt
- Freistellungen/Abwesenheiten unbezahlt
- Rückkehr aus Freistellungen
- Änderung von Familienangehörigen, Familienstand

Nach der Auswahl der Ereignisse wird der jeweilige fachliche Kontext in Form der Segmente von Employee Central Payroll sowie die Reihenfolge der Darstellung festgelegt. Die Nutzung erfolgt auf Basis des festgelegten Berechtigungskonzepts in Employee Central Payroll. Wenn ein Anwender also für ein bestimmtes Employee-Central-Payroll-Segment keine Berechtigung hat, kann er diese Daten nicht anpassen, ändern oder pflegen.

15.5 Gehaltsabrechnung über das Payroll Control Center verwalten

Das *Payroll Control Center* (PCC) ist die zentrale Steuerungsplattform für die Durchführung der Entgeltabrechnung in Employee Central Payroll. Sie rufen es über die Navigation auf der SuccessFactors-Startseite auf und klicken in der bereitstehenden Auswahlliste auf **Gehaltsabrechnung**, um zur Startseite zu gelangen (siehe Abbildung 15.38).

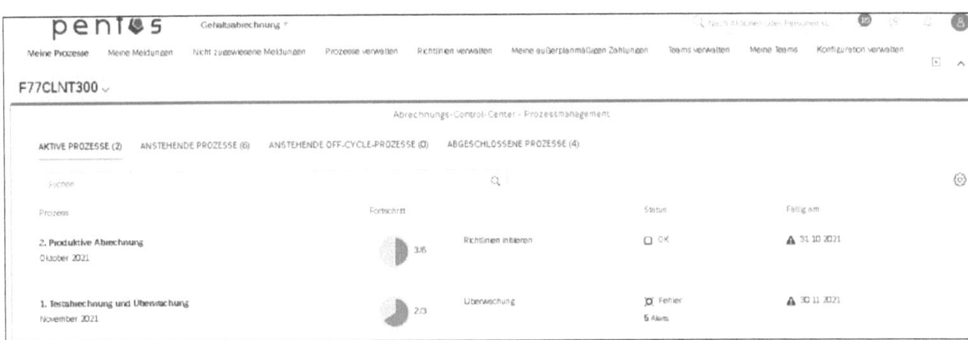

Abbildung 15.38 Startoberfläche des Payroll Control Centers

Begriff des Payroll Control Centers

In der Projekt- und Umgangssprache der HR-Kolleginnen und Kollegen hat sich der Begriff des *PCC* etabliert. Daher verwenden wir ihn auch in diesem Kapitel. In den Oberflächen der Instanzen lesen Sie mitunter auch den Begriff des *Abrechnungs-Control-Centers*, der sich jedoch bislang nicht durchsetzen konnte. Beide Begriffe sind synonym zu verwenden. Dort, wo wir auf ein Bildelement hinweisen, nutzen wir den jeweils in der Abbildung gezeigten Begriff.

15.5.1 Das Payroll Control Center

In diesem Abschnitt schauen wir uns einen typischen Entgeltabrechnungsprozess an. Wir sehen folgenden Tätigkeiten und Aktionen:

In einem Abrechnungsmonat erfolgen laufende Änderungen an Stamm- und Bewegungsdaten: Es werden Ein- und Austrittsdaten erfasst, und es werden auch Lohnarten bei den mitarbeitenden Personen angelegt, gelöscht und verändert. Die Datenänderungen werden bis unmittelbar vor Beginn der Entgeltabrechnung durchgeführt.

Für spezielle Fälle werden individuelle Simulationsabrechnungen, z. B. zur Prüfung von Dateneingaben, durchgeführt. Es erfolgt keine vollständige Entgeltabrechnung mit auswertbaren, mitarbeiterspezifischen Abrechnungsergebnissen über den gesamten Datenbestand.

Die Entgeltabrechnung wird an einem vorab festgelegten Termin auf Basis der bis zu diesem Zeitpunkt vorhandenen Stamm- und Bewegungsdaten durchgeführt. Diese Daten werden zum Zeitpunkt der Entgeltabrechnung (in der Regel zuerst als Simulationsabrechnung) erstmals ganzheitlich auf sachliche und fachliche Richtigkeit und Vollständigkeit hin überprüft.

Im engen Zeitraum von der ersten Simulationsabrechnung mit echten Abrechnungsergebnissen bis hin zum eigentlichen produktiven Abrechnungslauf werden verschiedene inhaltliche und fachliche Prüfungen durchgeführt. Fehlende oder falsche Daten werde gepflegt oder geändert. Da viele Entgeltabrechnungssysteme nur rudimentäre fachliche und inhaltliche Prüfroutinen beinhalten, werden diese Prüfschritte oft mit externen Werkzeugen oder kundeneigenen systeminternen oder externen Auswertungen wie etwa Microsoft Excel durchgeführt. Darüber hinaus erfolgen erste Prüfungen zur Überleitung in die Finanzbuchhaltung, insbesondere zum Ausgleich des Buchungsbelegs.

Nach dem produktiven Abrechnungslauf werden die Folgeprozesse der Entgeltabrechnung, wie z. B. die Überleitung in die Finanzbuchhaltung, die gesetzlichen Meldeverfahren oder die vollständige Abwicklung des Zahlungsverkehrs, weiteren Prüfungen des Datenbestandes unterzogen. Das komplette Berichtswesen über die Entgeltabrechnung wird durchgeführt, und der Datenbestand wird wieder zur Datenpflege (direkt oder indirekt) freigegeben.

Je nach betrieblicher Anforderung müssen diese Schritte mehrfach in einem Monat ausgeführt werden, je nach der Anzahl der sogenannten Abrechnungstermine, wie z. B. bei der Trennung der Abrechnungs- und Auszahlungszeitpunkte für gewerbliche Mitarbeitende und Angestellten oder z. B. für die Vorabrechnungen von Rentnern (siehe Abbildung 15.39).

Die Durchführung der Entgeltabrechnung inklusive aller notwendigen Folgeschritte stellt für die Abrechnungsorganisation der Unternehmen eine erhebliche Belastung dar, die in einem engen zeitlichen Korridor unter Beibehaltung der Qualitätsanforderungen durchgeführt werden muss.

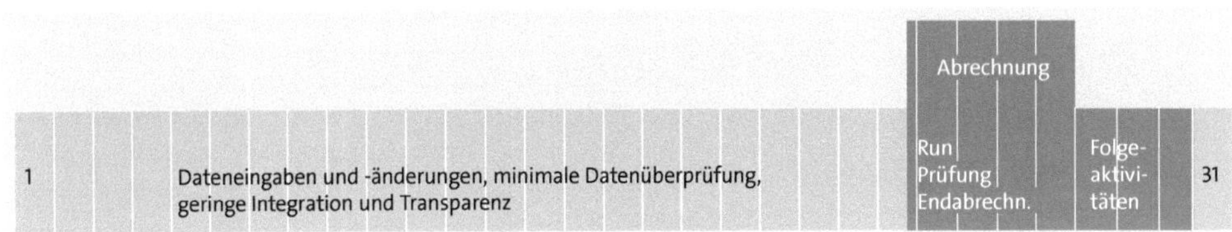

Abbildung 15.39 Standard-Abrechnungsprozesses ohne PCC

Das Payroll Control Center unterstützt Sie dabei, trotz Zeitdrucks eine hohe formale und inhaltliche Abrechnungsqualität sowie Sicherheit für nachgelagerte Folgeprozesse sicherzustellen (siehe Abbildung 15.40).

Abbildung 15.40 Standard-Abrechnungsprozesse mit PCC

Bei der Abrechnung in Employee Central Payroll über das Payroll Control Center findet während der kompletten Abrechnungsperiode vom ersten bis zum letzten Tag eine Entgeltabrechnung auf Basis der vorliegenden Employee Central-Payroll-Daten statt. Es werden permanent alle relevanten Prüfungen und Validierungen auf Basis der in Employee Central Payroll vorliegenden Abrechnungsergebnisse schon vor dem eigentlichen Echtabrechnungslauf durchgeführt.

Die eigentliche produktive Entgeltabrechnung mit der Erzeugung aller relevanten Zahlungsdateien und der Durchführung der Nachfolgeaktivitäten basiert damit auf einem regelmäßig geprüften und permanent aktualisierten Datenbestand. Für die Datenaktualisierung oder Fehlerkorrektur steht Ihnen nun nicht nur ein enges Zeitfenster zur Verfügung. In dem Zeitraum vor der produktiven Entgeltabrechnung finden weiterhin Simulationsabrechnungen statt. Diese erzeugen aber im Gegensatz zu traditionellen Drittanbieter-Abrechnungssystemen, auch im Vergleich zu SAP ERP HCM, Abrechnungsergebnisse auf der Datenbank. Diese sind nicht in den sogenannten *Abrechnungsclustern* (z. B. Cluster RD für Deutschland), sondern in transparenten Tabellen abgelegt. Beispielsweise sehen Sie die Steuerdaten Deutschland aus dem Abrechnungsergebnis in der Tabelle P2RD_ST ein.

Dies ermöglicht es, bereits vom Beginn einer Abrechnungsperiode an alle Prüfungen und Validierungen des Abrechnungsdatenbestands durchzuführen, die vom Vorhandensein eines konkreten Abrechnungsergebnisses eines Monats abhängig sind. Diese Phase wird *Überwachungsphase* genannt.

[zB]

Prüfung des Abrechnungsdatenbestands

Eine solche Prüfung könnte z. B. sein: Selektiere alle Mitarbeiter und Mitarbeiterinnen, bei denen der Überweisungsbetrag gegenüber dem Überweisungsbetrag aus der vorherigen Abrechnungsperiode um x % nach oben abweicht.

Diese Prüfungen dienen der internen Qualitätssicherung und sind im Verfahren ohne PCC nur in dieser kurzen Zeitspanne zwischen der Simulationsabrechnung mit Abrechnungsergebnissen (= erste Echt-Abrechnung) und der finalen produktiven Endabrechnung möglich.

Sie können so erhebliche Änderungen der Arbeitsabläufe innerhalb der Abrechnungs- und Stammdatenorganisation erreichen. Des Weiteren stehen über den Sachbearbeitenden über das PCC Informationen in Form von Kennzahlen, Grafiken und Navigationsmöglichkeiten integriert zur Verfügung. Das PCC kann in die tägliche Arbeitsroutine fest eingebunden werden und ist nicht ausschließlich eine Expertenfunktion für die Abrechnungsprofis (siehe Abbildung 15.41).

15.5.2 Rollen des Payroll Control Centers

Für das PCC werden durch SAP zusätzliche Berechtigungsobjekte ausgeliefert. Diese befinden sich im Namensraum P_PYC und P_PYD. Unserer Erfahrung nach sind zwei bis drei Rollen für Betrieb und Nutzung des PCC zu empfehlen:

- **PCC Payroll Process Manager**
- **PCC-Sachbearbeiter**
- **PCC Payroll Process Manager**: Diese Rolle kann je nach Ihren Anforderungen auch in eine Rolle **PCC Payroll Process Manager** (technisch) und **PCC-Manager** (für den eigentlichen Abrechnungsprozess) aufgeteilt werden.

Die Rolle **PCC Payroll Process Manager** kümmert sich um grundsätzliche Struktur, Aufbau und Inhalte der jeweiligen Abrechnungsprozesse und ist auch für die Steuerung der Prozesse verantwortlich. Steuerung heißt beispielsweise, einen Prozess und die Schritte in einem Prozess zu starten und zu beenden, den Prozessstatus zurücksetzen und insbesondere die Echtabrechnung und die Folgeaktivitäten durchzuführen. Darüber hinaus kann die Rolle **PCC Payroll Process Manager** alle Prozess- und Prüfaktivitäten ausführen.

Die Rolle **PCC-Sachbearbeiter** erhält im Wesentlichen die gleichen Berechtigungen wie die Rolle **PCC Payroll Process Manager**, ausgenommen der Berechtigungen zur Anpassung von PCC-Strukturen wie Prozessen und Teams sowie zum Starten und Beenden von Abrechnungsprozessen oder zum Durchführen von Folgeaktivitäten.

Eine weitere Differenzierung von Rollen und Zuständigkeiten kann auf Basis sogenannter Teams erfolgen, worauf wir im Folgenden eingehen.

15.5.3 Aufbau des Payroll Control Centers

Das PCC besteht aus mehreren Teilen und Funktionsbereichen, die nachfolgend näher beschrieben werden (siehe Abbildung 15.41).

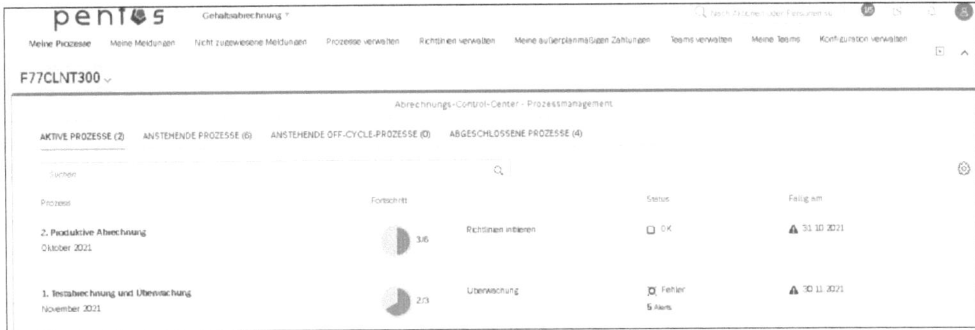

Abbildung 15.41 Aufbau des PCC

Das PCC besteht aus zwei wesentlichen Elementen: der *Menüzeile* im oberen Teil der Applikation sowie dem *Prozessmanagement*.

Nachfolgend werden die Funktionen und Aufgaben aus der Menüzeile erläutert und in den jeweiligen fachlichen Kontext gestellt. Aus fachlichen Gesichtspunkten ist die Reihenfolge gegenüber der Darstellung in der Abbildung jedoch eine etwas andere. Wir orientieren uns im Folgenden an der Reihenfolge der fachlichen Gesichtspunkte und starten mit der Ansicht **Teams verwalten**.

Teams verwalten

Employee Central Payroll ist nur für Benutzer erreichbar, die der Abrechnungsorganisation zugeordnet wurden (siehe Abbildung 15.25). Diese Benutzergruppe repräsentiert die Menge der Personen, die in PCC-Teams weiter unterteilt werden können. Diese Teams können nach beliebigen Gesichtspunkten aufgebaut werden. Beispiele sind eine Gliederung nach Firmen oder nach Mitarbeitertypen. Die Definition dieser Teams ist eine grundlegende organisatorische Struktur innerhalb des PCC und sollte der Rolle **PCC Payroll Process Manager** vorbehalten sein. Teams werden u. a. auch in der Meldungsbearbeitung verwendet.

Meine Teams

Jeder Benutzer ist einem oder mehreren Teams zugeordnet. Über **Meine Teams** kann der Benutzer seine individuelle Zuordnung prüfen und nachvollziehen.

Richtlinien verwalten

Eine Richtlinie bestimmt, nach welchen fachlichen Kriterien, Kennzahlen und Fehlerquellen ein im Abrechnungslauf erzeugtes Abrechnungsergebnis ausgewertet werden soll. Der Prozess kann eine oder mehrere Richtlinien beinhalten. Im Grunde handelt es sich um eine Sammlung von Prüfregeln, Formeln und logischen Bedingungen, die im Sinne eines Audits und einer Qualitätssicherung abgearbeitet werden. So können Sie Qualität, Sicherheit und Richtigkeit einer Entgeltabrechnung gewährleisten. Das Vorgehen ist als internes Kontrollsystem (IKS) zu verstehen. Der Prüfkatalog gibt Ihnen eine entsprechende Orientierung (siehe Abbildung 15.42).

Abbildung 15.42 Auszug aus einem Richtlinienkatalog für das PCC

Wenn Sie eine Richtlinie einem Prozess zuordnen, werden im Rahmen der Überwachung vor sowie während der Echtabrechnung die erzeugten Abrechnungsergebnisse gegen diese Prüfroutinen permanent geprüft. Damit können Sie z. B. Abrechnungs- oder Pflegefehler frühzeitig erkennen und beseitigen.

Es können dabei zwei Arten von Prüfungen unterschieden werden: Prüfungen gegen Mitarbeiterstammdaten (z. B. **LN!ECP Mitarbeiter die Barzahler sind**) und Prüfungen gegen Abrechnungsergebnisse (z. B. **LN!ECP Mitarbeiter mit Abzügen, die größer als**

der Bruttoverdienst), siehe Abbildung 15.42. Nach erfolgter Prüfung in der Prozessinstanz werden die Ergebnisse der Prüfung im PCC zur Verfügung gestellt (siehe Abbildung 15.43).

Nach den definierten Regeln werden die Ergebnisse entweder automatisch an einen oder mehrere Sachbearbeiter oder Sachbearbeiterinnen geschickt, oder die Meldungen werden ohne automatische Zuordnung dem ganzen Team angezeigt. Der PCC Payroll Process Manager kann diese Meldungen in der Überwachung auf der Ebene der Meldungsart oder sogar einzelne mitarbeitende Personen einer Meldung individuell einer Sachbearbeiterin oder einem Sachbearbeiter aus dem Team zur Prüfung/Bearbeitung zuweisen.

Abbildung 15.43 Richtlinienprüfung mit festgestellten Abrechnungsfehlern

In weiteren Detailsichten, die Sie durch einen Klick auf die entsprechende Zeile öffnen, können Sie als Sachbearbeiter oder Sachbearbeiterin weitere Detailebenen auswählen und z. B. die mitarbeitenden Personen identifizieren, die die Hinweis- oder Fehlermeldung ausgelöst haben (siehe Abbildung 15.44).

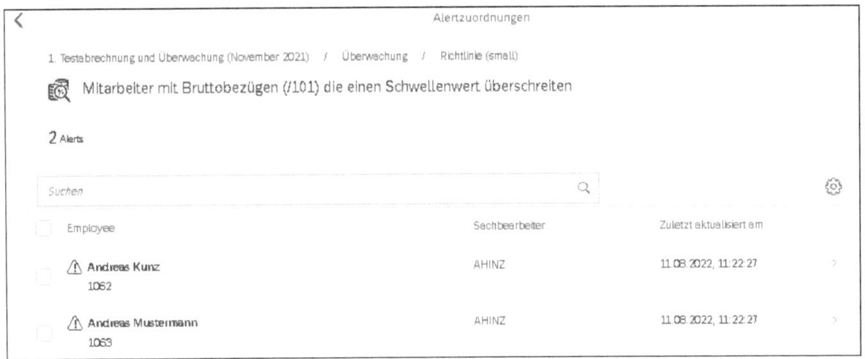

Abbildung 15.44 Detailinformationen zur Richtlinienprüfung nach Mitarbeiter

Auf der Mitarbeiterebene, die Sie durch einen Klick auf die Person erreichen, kann eine Ebene tiefer in das Abrechnungsergebnis verzweigt werden (siehe Abbildung 15.45).

Diese Vorgehensweise gilt unabhängig davon, ob es sich um das Ergebnis aus dem Überwachungszeitraum oder der produktiven Entgeltabrechnung handelt.

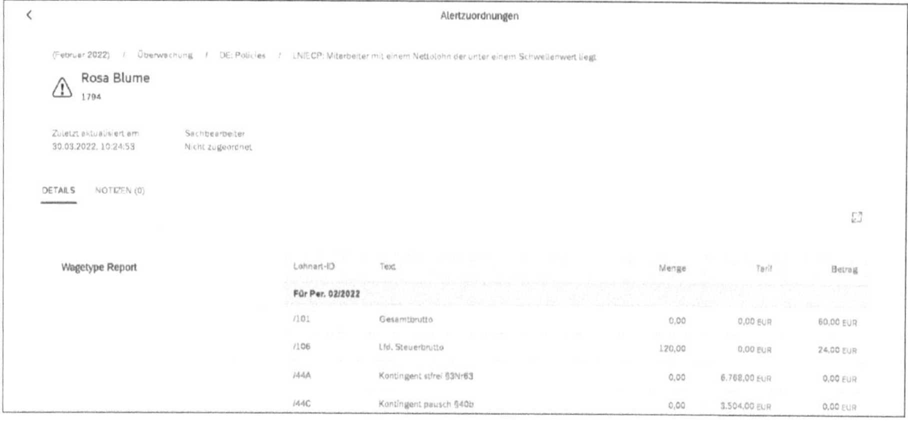

Abbildung 15.45 Detailinformationen zur Richtlinienprüfung

Auch können Sie als Kunde eigene Validierungsregeln implementieren und diese dem PCC-Ablauf bzw. der Richtlinie hinzufügen.

Prozesse verwalten

Ein Kernelement des PCC sind die sogenannten *Prozesse*. Ein Prozess aus Sicht des PCC ist eine Abfolge von Funktionen, Programmen und Richtlinien, die zu einem Zeitpunkt über eine gewisse Zeitdauer ausgeführt werden. Ein Prozess kann eine beliebige Menge von Einzelschritten umfassen. In Abbildung 15.46 sind fünf Prozesse gleichzeitig im PCC aktiv.

Abbildung 15.46 Aktive Prozesse im PCC

Es sind verschiedene Arten von Prozessen möglich, im SAP-System *Prozessvorlagentyp* genannt. Die in Tabelle 15.2 genannten Prozessvorlagentypen stehen Ihnen zur Verfügung und werden im Rahmen der Konfiguration und Ersteinrichtung des PCC den eigentlichen Prozessabläufen zugeordnet. Aus Sicht des Prozesses ist daher eindeutig definiert, ob die Überwachungsphase oder die produktive Abrechnungsphase unterstützt werden soll.

Typ	Bedeutung	Erläuterung
MO	Überwachung	Kernfunktion; wird für die Überwachungsphase (= Tag 1 der Abrechnungsperiode bis zum Beginn der Echtabrechnung) verwendet.
PP	Produktive Abrechnung	Folgt in Deutschland in der Regel auf den Typ MO und startet die produktive Entgeltabrechnung mit der Änderung des sogenannten Abrechnungsverwaltungssatzes.
TM	Team Monitoring	Überwachungsphase beim Einsatz der Teams-Funktion.
AO	Ad-hoc Off-Cycle	Keine Nutzung für Deutschland.
OO	Geplante Off-Cylce – sonstige	
PO	Geplante Off-Cylce – produktive Personalabrechnung	
OT	Sonstige	Sonstiger Prozesstyp zur freien Verwendung.

Tabelle 15.2 Darstellung möglicher Prozessarten des PCC

Ein Prozess (bzw. eigentlich die Definition des Prozesses) besteht aus 1–n Schritten, die ausgeführt werden. Ein konkreter Ablauf in einer Abrechnungsperiode (z. B. Simulationsabrechnung im Monat 08.2022) wird *Prozessinstanz* genannt. Der Prozess an sich besteht aus zwei Elementen:

1. einzelne Prozessschritte verwalten (Konfiguration in Employee Central Payroll)
2. Ablaufsteuerung des Prozesses (aktive Steuerung durch die Rolle PCC **Payroll Process Manager** direkt im PCC)

Auf diese beiden Aspekte gehen wir im Folgenden ein.

Einzelne Prozessschritte (Konfiguration in Employee Central Payroll)

In Employee Central Payroll werden die einzelnen Funktionen des Prozesses definiert, die in den Prozessinstanzen ausgeführt werden. Dabei wird u. a. die Funktion (z. B. **Personalabrechnung starten**) mit den jeweils dafür notwendigen Parametern, der Periodizität und der Startart sowie der Reihenfolge der Funktionen im Prozessablauf definiert. Die Startart kann manuell oder automatisch nach Abschluss des vorherigen Schrittes sein. Im Folgenden stellen wir diese Prozessabfolge am Beispiel der Produktivabrechnung dar (siehe Abbildung 15.47).

Abbildung 15.47 Prozessschritte eines Prozesses: Beispiel »Produktive Abrechnung«

Dieser Prozess besteht aus insgesamt sechs Einzelschritten, die nacheinander ausgeführt werden:

1. **Personalabrechnung starten**
   Setzen der Abrechnungsperiode, Sperren der Personen gegen Änderungen.
2. **Abrechnung ausführen**
   Erzeugen der Abrechnungsergebnisse.
3. **Buchung simulieren**
   Prüfen der im vorangehenden Schritt erzeugten Abrechnungsdaten gegen die Regeln zur Verbuchung in die Finanzbuchhaltung und das Controlling.
4. **Richtlinien initiieren**
   Prüfen der Abrechnungsdaten gegen die definierten Validierungsregeln.
5. **Überwachung**
   Bearbeitung der im vorangehenden Schritt erzeugten Hinweis- und Fehlermeldungen auf Basis der definierten Validierungsregeln. In der Regel sind diese identisch zu den Regeln während der Überwachungsphase aus der Simulationsabrechnung.
6. **Personalabrechnung beenden**
   Abschluss der eigentlichen Entgeltabrechnung und Freigabe der abgerechneten Personen. Alle Änderungen ab diesem Zeitpunkt für bereits abgerechnete oder für die gerade abgeschlossene Abrechnungsperiode führen damit automatisch zu einer Rückrechnungserkennung.

Ein Prozessschritt kann erst ausgeführt werden, wenn sich der vorangehende Prozessschritt im Status **abgeschlossen** befindet. Sie können einen Prozessschritt beliebig oft wiederholen. Über die Funktion **Bestätigen** wird der Status auf **abgeschlossen** gesetzt, und der nächste Prozessschritt steht zum Starten bereit (Abbildung 15.48). Über die Funktion **Notizen** ka‘krnn die Abrechnungsadministration ergänzende Informationen zum jeweiligen Ablauf dokumentieren wie etwa aufgetretene Besonderheiten, manuelle Eingriffe usw. Dies dient auch im Rahmen von Audits der Dokumentation und dem Nachweis einer ordnungsgemäß durchgeführten Personalabrechnung.

Abbildung 15.48 Details zum Prozessstatus

Aktive Ablaufsteuerung direkt im Payroll Control Center

Neben den Prozessschritten besteht der Prozess aus weiteren Elementen, die durch den PCC Payroll Process Manager direkt im PCC bearbeitet werden können. Die folgenden Einstellungen können neben der Auswahl der Abrechnungsperioden (nicht dargestellt) durch den PCC Payroll Process Manager im Prozess direkt vorgenommen werden (siehe Abbildung 15.49):

- **Abrechnungskreis**
  Der Prozess kann einem oder mehreren Abrechnungskreisen zugeordnet werden. Der Abrechnungskreis bestimmt dabei ausschließlich die Abrechnungsperiode und die abzurechnenden Mitarbeitenden.
- **Richtlinien**
  In diesem Bereich erfolgt die Zuordnung der definierten Prüfregeln, nach denen das Abrechnungsergebnis und die Stammdaten geprüft werden sollen, um die Richtigkeit und Vollständigkeit einer Entgeltabrechnung gewährleisten zu können.
- **Team**
  Die aus dem Prozessablauf resultierenden Meldungen, Hinweise und auch der Prozess selbst, müssen durch ein Team bearbeitet werden. Einem Prozess können ein oder mehrere Teams zugeordnet werden, je nach Organisation der Abrechnung. Für die automische Zuordnung von Meldungen aus dem Ablauf können weitere Filterkriterien wie z. B. Mitarbeitertyp, Gesellschaft, Kostenstelle usw. genutzt werden.
- **Analytics**
  Jede Prozessinstanz – der konkrete Ablauf des Prozesses in einer Abrechnungsperiode – erzeugt Daten. Ein Teil dieser Daten wird in Form von Richtlinien und der Überwachung mitarbeitergenau und detailliert ausgewertet. Um einen schnellen

Überblick über die Abrechnung und den Status zu erhalten, können Sie im PCC die Analytics-Funktion nutzen (siehe Abbildung 15.50). Das bedeutet, dass aggregierte Informationen und Vergleiche zum Prozessablauf, wie z. B. die Gehaltssummen, das Brutto bzw. das Netto der aktuellen Periode gegenüber vorangehenden Perioden oder abgerechnete mitarbeitende Personen in der aktuellen Periode/Vorperiode usw. für das Abrechnungsteam bereitgestellt werden. SAP liefert hierzu einige Standardbeispiele aus, die um weitere kundeneigene Funktionen je nach Bedarf erweitert werden können.

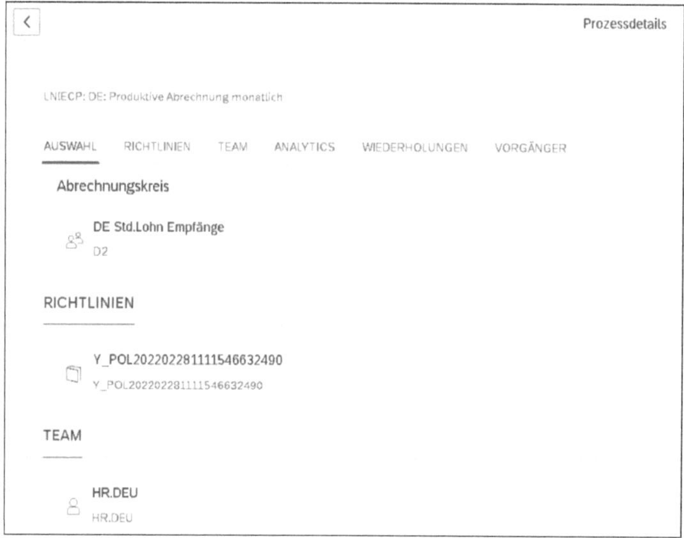

Abbildung 15.49 Erweiterte Prozessdefinitionen durch den PCC Payroll Process Manager

Abbildung 15.50 Beispiel von Analytics-Funktionen im PCC

Meine Prozesse

Über die Funktion **Meine Prozesse** sieht der Benutzer die Prozesse und deren Status in der PCC-Arbeitsoberfläche, für die er eine generelle Berechtigung gemäß dem Berechtigungskonzept besitzt und die dem Team (sofern im Prozess definiert) zugeordnet wurden (siehe Abbildung 15.41).

Meine Meldungen

Die für **Meine Prozesse** geltende Logik wird ebenfalls für die einer Sachbearbeiterin oder einem Sachbearbeiter zugeordneten Meldungen genutzt. Die Sachbearbeiterin oder der Sachbearbeiter erhält die Meldungen aus der Richtlinienprüfung, die ihm direkt als Benutzer zugeordnet worden sind (siehe Abbildung 15.51).

Nicht zugewiesene Meldungen

Die Rolle **PCC Payroll Process Manager** kann über die Funktion **Nicht zugewiesene Meldungen** alle in einer Prozessinstanz nicht zugewiesenen Meldungen identifizieren und an das Team oder einzelne Teammitglieder zur Bearbeitung zuweisen (siehe Abbildung 15.41).

Meine außerplanmäßigen Zahlungen

Die sogenannte *Off-Cycle-Abrechnung* steht in Deutschland nicht zur Verfügung. Daher wird auf dieses Thema nicht näher eingegangen.

Abbildung 15.51 PCC-Richtlinienprüfung: Meldungszuordnung bzw. nicht zugewiesene Meldungen einer Prozessinstanz

Konfiguration verwalten

In den bisherigen Versionen des PCC wurden Definitionen und Konfigurationen in Employee Central Payroll durchgeführt und im PCC ausgeführt. Zielsetzung von SAP ist es, die Konfiguration bzw. die Erweiterung von wesentlichen Elementen wie Prüfregeln, Kennzahlen oder die Analytics-Darstellung zukünftig direkt im PCC im Bereich **Konfiguration verwalten** durch technisch versierte PCC Payroll Process Manager über diese Funktion durchführen zu lassen (siehe Abbildung 15.52).

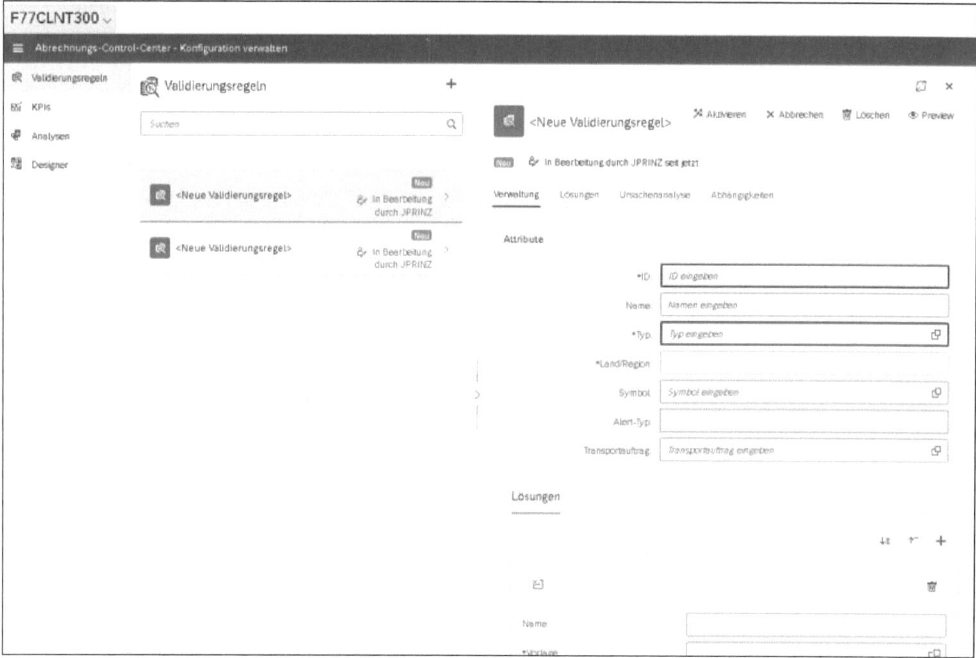

Abbildung 15.52 Konfigurationsoberfläche für Kennzahlen und Validierungsregeln im PCC

15.6 Besonderheiten beim Einsatz von Employee Central Payroll

Employee Central Payroll nimmt in der SAP-SuccessFactors-Architektur eine besondere Rolle ein. Es handelt sich dabei um eine voll funktionsfähige Payroll-Lösung (neben SAP ERP HCM), die in mehr als 40 Ländern den Prozess der Entgeltabrechnung unterstützt. Employee Central Payroll wird integriert mit Employee Central betrieben und profitiert daher erheblich von deren enormen Funktions- und Prozessoptionen. Hierzu gehören auch die (verglichen mit den bisherigen in SAP vorhandenen GUI-basierten Oberflächen) intuitiv nutzbaren Benutzeroberflächen.

Darüber hinaus wird Employee Central Payroll in einer Private-Cloud-Variante im Rechenzentrum von SAP betrieben. Das heißt, dass jeder Kunde beim Abschluss des Lizenzvertrags automatisch drei Employee-Central-Payroll-Instanzen erhält: Entwicklung, Test und Produktion. Dies ermöglicht über die für Employee Central ebenfalls bereitgestellten drei Instanzen den Aufbau einer vollständigen Systemarchitektur über alle Ebenen.

15.6.1 Fachliche Besonderheiten

Es gibt einige fachliche Besonderheiten beim Einsatz von Employee Central Payroll, auf die wir im Folgenden eingehen. Hierzu gehören die Bereitstellung der Entgeltnachweise, die Umsetzung eines Firmenwechsels oder auch der Wechsel eines Abrechnungskreises.

Entgeltnachweise

Der Entgeltnachweis ist ein aus Sicht des Mitarbeiters wesentliches Ergebnis der Personalarbeit und des Abrechnungslaufs. In Employee Central Payroll existieren verschiedene Möglichkeiten zur Darstellung des Entgeltnachweises. Über das sogenannte *Pay Statement* erhalten Mitarbeitende über einen Self-Service die Möglichkeit, sich die Entgeltnachweise (im Corporate Design) für jede abgerechnete Periode entweder über die Homepage oder im entsprechenden Bereich des Mitarbeiterprofils anzeigen zu lassen. Es ist möglich, die Entgeltnachweise z. B. über lokale Drucker auszudrucken.

Firmenwechsel

Eine Besonderheit stellt die Abbildung von Firmenwechseln innerhalb eines Konzerns oder einer Unternehmensgruppe in Verbindung mit Employee Central und Employee Central Payroll dar. In vielen durchgeführten Projekten stellen wir immer wieder fest, dass es in Deutschland keine eindeutige und einheitliche Auffassung gibt, wie ein Firmenwechsel in einem Konzern abzubilden ist: Handelt es sich um einen organisatorischen Wechsel mit Beibehalt von Elementen wie Personalnummer oder um einen Austritt aus Firma A und einen Eintritt unter einer neuen Personalnummer in Firma B?

Es gibt für beide Vorgehensweisen berechtigte Argumente, die sich im Wesentlichen auf eine Vereinfachung beziehen. Aus rechtlicher Sicht ist ein Firmenwechsel ein Arbeitgeberwechsel. Damit sind fachlich aus Sicht der DEÜV eine Abmeldung und eine Neuanmeldung erforderlich, unabhängig davon, ob es sich um zwei miteinander verbunden Konzerngesellschaften handelt oder um zwei völlig unabhängige Gesellschaften.

Auch in Employee Central können beide Optionen, organisatorischer Wechsel oder Austritt/Wiedereintritt mit neuer Beschäftigung, genutzt werden. Die Logik von Employee Central Payroll ist hier aber sehr restriktiv: Sobald über die Replikation ein neuer Zeitraum der Stelleninformation geliefert wird, in der die Kombination aus User-ID (oder Assignment-ID) und Firmennummer einen neuen Schlüssel ergibt, handelt es sich aus Sicht von Employee Central Payroll um einen Firmenwechsel, der ausschließlich über das Szenario des Austritts/Wiedereintritts mit neuer Beschäftigung und damit verbundener neuer Assignment-ID/User-ID verbunden ist. Firmenwechsel, auch innerhalb des Konzerns, führen damit automatisch zu einer neuen Personalnummer in Employee Central Payroll.

Personalnummer in Employee Central Payroll

Die Personalnummer in Employee Central Payroll wird im Standard aus der Assignment-ID oder User-ID in Employee Central ohne Veränderung über die sogenannte *externe Nummernvergabe* gebildet. Es gelten dabei keine inhaltlichen Restriktionen. Einzige Ausnahme sind die im vorangehenden Abschnitt beschriebenen Besonderheiten bei einem Firmenwechsel.

Auch ist es möglich, anstelle der Standardlogik der externen Nummernvergabe eine interne Nummernvergabe in Employee Central Payroll abzubilden. Dies führt in der Regel aber zu abweichenden Personalnummern zwischen Employee Central und Employee Central Payroll; daher empfehlen wir es nicht.

Wechsel von Abrechnungskreisen

Der Abrechnungskreis ist ein elementarer Baustein aus Sicht der Abrechnungsorganisation. Er gibt die aktuelle Abrechnungsperiode mit konkretem Beginn- und Endedatum vor. Im Hinblick auf das Mitarbeiterobjekt ist es nicht möglich, in einer Abrechnungsperiode zwei unterschiedlichen Abrechnungskreisen zugeordnet zu sein.

Beispiel: Unterschiedliche Abrechnungskreise

In Ihrem Unternehmen gibt es eine Regelung, dass gewerbliche Mitarbeitende dem Abrechnungskreis D1 und angestellte Mitarbeitende dem Abrechnungskreis D2 zugeordnet werden. Beide Abrechnungskreise werden monatlich zum identischen Zeitpunkt für die gleiche Abrechnungsperiode abgerechnet. Am 15. einer Abrechnungsperiode wechselt z. B. ein Mitarbeiter oder eine Mitarbeiterin aufgrund einer Beförderung vom gewerblichen Mitarbeiterstatus in den Angestelltenstatus.

Nach der generellen Vorgabe wären die folgenden Konstellationen im Abrechnungskreis denkbar (siehe Tabelle 15.3).

Von	Bis	Abrechnungskreis
01	14	D1
15	31	D2

Tabelle 15.3 Abrechnungskreiswechsel: falsche Umsetzung

Employee Central Payroll verweigert in der Replikation die Übertragung einer solchen Konstellation mit dem Hinweis, dass ein untermonatiger Abrechnungskreiswechsel nicht erlaubt ist.

Die Abrechnungskreise müssen daher in den Stellen- und Vergütungsinformationen aufseiten von Employee Central wie folgt abgebildet werden, um die neuen Vertragsinformationen erfolgreich an Employee Central Payroll replizieren zu können (siehe Tabelle 15.4).

Von	Bis	Abrechnungskreis
01	14	D1
15	31	D1
01 (Folgemonat)	...	D2

Tabelle 15.4 Abrechnungskreiswechsel: korrekte Umsetzung

Nur durch eine neue Zeitscheibe mit Beginndatum der Folgeabrechnungsperiode in der Stellen- und Vergütungsinformation kann dieser Replikationsfehler gelöst werden. In der Konfiguration von Geschäftsregeln in Employee Central ist darauf zu achten, z. B. den Abrechnungskreis fest vorzugeben und nicht überschreibbar zu machen. Wir empfehlen, diesem Thema in den Schulungsmaßnahmen hinreichend Zeit und Raum zu geben.

Die Prozesse »No Show«, »Verschobener Eintritt« und »Irrtümlicher Eintritt«

Die folgenden Prozesse sind insbesondere in der Zusammenarbeit zwischen Employee Central und Employee Central Payroll besonders komplex:

- No Show
- Verschobener Eintritt
- Irrtümlicher Eintritt

Bei *No Show* handelt es sich aus Sicht von Employee Central um den Sachverhalt, dass eine mitarbeitende Person schon vor der Arbeitsaufnahme den Arbeitsvertrag kündigt oder am ersten Arbeitstag nicht erscheint und daher kein Arbeitsverhältnis existiert. In der Regel wurden aber bereits Mitarbeiterstammdaten in Employee Central erfasst und an Employee Central Payroll repliziert. Die Funktion für No Show ist in Employee Central zeitlich befristet für die entsprechende mitarbeitende Person nutzbar.

Beim *verschobenen Eintritt* wird das Eintrittsdatum in der Regel nach hinten verschoben, der Arbeitsvertrag bleibt aber bestehen. Es gibt also lediglich einen anderen Zeitpunkt für die Arbeitsaufnahme. Die Änderung in Employee Central muss an Employee Central Payroll weitergegeben werden, sodass eine korrekte Abrechnung inklusive der angeschlossenen Meldeverfahren wie DEÜV durchgeführt werden kann.

Beim *irrtümlichen Eintritt* handelt es sich im Grunde um einen No Show nach Beginn des Arbeitsverhältnisses. Das heißt, dass der Mitarbeiter oder die Mitarbeiterin den Arbeitsvertrag unterschrieben, seine oder ihre Stelle allerdings niemals angetreten hat. Je nach Zeitpunkt der Datenpflege kann bereits die Entgeltabrechnung produktiv durchgeführt worden sein. Das beinhaltet auch alle Nachfolgeaktivitäten wie Auszahlung, Überleitung in die Finanzbuchhaltung sowie Anmeldung an den verschiedenen Meldeverfahren.

Die Szenarien **Verschobener Eintritt** und **Irrtümlicher Eintritt** erfordern sowohl Aktivitäten in Employee Central als auch in Employee Central Payroll. Diese Themenstellung ist komplex und individuell. Eine weitere Herausforderung entsteht dann, wenn die Entgeltabrechnung im jeweiligen Szenario bereits erfolgreich durchgeführt worden ist und zu Auszahlungen und weiteren Folgeaktivitäten wie Anmeldung bei der Sozialversicherung usw. geführt hat. Auch an diesem Punkt weisen wir auf die Relevanz des Themas für Schulungsmaßnahmen hin.

15.6.2 Betrieb und laufende Wartung

Im Rahmen der Release-Updates von SAP SuccessFactors werden zweimal pro Jahr Neuerungen und angepasste Funktionen sowie Fehlerbeseitigungen von SAP bereitgestellt. Diese werden durch die SAP selbst in die jeweiligen Kundeninstanzen zu festgelegten Zeitpunkten eingespielt. Laufende Fehler werden über die Standard-SAP-Kanäle eingebracht und beseitigt.

Employee Central Payroll folgt diesem Ansatz und führt regelmäßige Release-Updates durch. Aufgrund der technischen Besonderheiten der Architektur von Employee Central Payroll wird das Release-Update nicht durch SAP in die Instanz eingebracht, sondern es muss als sogenanntes *Support Package* aktiv in die Architektur von Employee Central Payroll eingespielt werden. Darüber hinaus ist insbesondere die Entgeltabrechnung davon abhängig, dass dort immer der für die Abrechnungsperiode aktuelle Gesetzesstand zur Verfügung steht.

Beispiele für aktuelle Anforderungen an die Entgeltabrechnung

Ein Beispiel für aktuelle Anforderungen an die Entgeltabrechnung ist die Energiepreispauschale, die im September 2022 für bestimmte Personengruppen zur Auszahlung kam, aber aus Sicht des Arbeitgebers die Lohnsteueranmeldung im August 2022 beeinflusste. Die dazu abgestimmte Funktionalität war zum Zeitpunkt der Auslieferung von Release 2022H1 noch nicht bereitgestellt worden und musste daher auch abseits der Releasezyklen in Employee Central Payroll eingespielt werden können.

Um die Aufgabenteilung und die Arbeitsteilung zwischen SAP und dem Kunden, gegebenenfalls noch mit durch den Kunden beauftragte Dritte, für den fachlichen Applikationsbetrieb einheitlich zu regeln, hat SAP einen umfassenden Service- und Leistungskatalog veröffentlicht. Dieser definiert in Form einer RACI die jeweiligen Aufgaben und Verantwortlichkeiten eindeutig und schreibt diese fest. Als Kunde sollten Sie diesen Servicekatalog unbedingt kennen und verinnerlichen, um Ihre Employee-Central-Payroll-Installation aktuell und damit gesetzeskonform halten zu können. Folgender Link führt zum aktuellen Servicekatalog von Employee Central Payroll:

https://help.sap.com/doc/1bbba78371aa4a8f802049f9ef369655/2205/en-US/Service_Catalog_ECP_V2.5.pdf

Im folgenden Kapitel fassen wir Tipps für den Betrieb von Employee Central zusammen. Abschließend geben wir Ihnen einen spannenden Ausblick zu den aktuellen Entwicklungen im Kontext von Employee Central.

Kapitel 16

Tipps für den Betrieb und Ausblick

Der erfolgreiche Einsatz von Employee Central hängt auch davon ab, wie der Betrieb gestaltet wird und ob es kontinuierliche Weiterentwicklungen gibt. Sie werden überrascht sein, was heute schon möglich ist und dürfen sich auf noch mehr Möglichkeiten in der Zukunft freuen.

In Kapitel 1, »Employee Central – Überblick und Implementierung«, haben Sie erfahren, was Sie bei Ihrem Start in die Implementierung von Employee Central prüfen und beachten sollten. Im Hauptteil des Buches (Kapitel 2 bis Kapitel 15) geht es um wesentliche Elemente bei der Einführung und Ausgestaltung von Employee Central. Dabei haben wir Ihnen immer wieder Ratschläge für Ihr Einführungsprojekt gegeben. Doch wie geht es nach dem Projekt weiter? Auf diese Phase werfen wir in diesem Kapitel einen Blick und geben Ihnen in Abschnitt 16.1 Tipps zu den für den Betrieb erfolgskritischen Fragestellungen.

In Abschnitt 16.2 geben wir abschließend einen praxisbezogenen Einblick in die aktuellen Entwicklungen rund um Employee Central. Ein kurzer Ausblick zeigt, welche Neuerungen in Zukunft zu erwarten sein könnten.

16.1 Tipps für den Betrieb

Wir beobachten häufig, dass Kunden, die Employee Central einführen, intensiv in die Projektarbeit eingebunden sind. Dabei fehlt oftmals der Raum, schon während des Projekts den Betrieb der Lösung vorzubereiten. Wir empfehlen Ihnen nachdrücklich, dieses Thema bereits in der Projektphase zu berücksichtigen.

16.1.1 Bereiten Sie die Betriebsorganisation schon im Projekt vor!

Die zentrale Fragestellung, wer nach Projektabschluss welche Aufgaben rund um den Betrieb der Lösung und Prozesse sowie deren Weiterentwicklung im Unternehmen übernimmt, sollte schon vor dem Projekt geklärt sein. Die betreffenden Personen sollten von Beginn an einbezogen werden. Richten Sie Ihr Augenmerk besonders auf die folgenden Aspekte:

- **Weitergabe von Wissen**
  Die Projektmitglieder erarbeiten sich im Projekt in der Zusammenarbeit mit Ihrem Implementierungspartner tiefgehendes Wissen. Dieses Wissen ist nicht nur für das Einführungsprojekt, sondern auch für den Betrieb relevant. Binden Sie deshalb die Projektmitglieder in den Betrieb ein, und lassen Sie die Betriebsrollen bereits im Projekt mitarbeiten.
- **Die Bearbeitung von Aufgaben einüben**
  Im Projekt haben Sie die Gelegenheit, begleitet durch Ihren Implementierungspartner, zentrale Aufgaben selbst zu übernehmen und kennenzulernen. Nutzen Sie diese Gelegenheit. Passen Sie z. B. eine Berechtigungsrolle selbst an, und führen Sie gemeinsam mit dem Implementierungspartner die Qualitätssicherung durch. So haben Sie es bei der Aufgabenbewältigung im laufenden Betrieb wesentlich einfacher.

Support-Organisation

Meist wird der Support für Employee Central und SAP SuccessFactors in bestehende Support-Strukturen aufgenommen (siehe Abbildung 16.1). Achten Sie darauf, nicht nur technische Themen im Support abzudecken, sondern definieren Sie auch Ansprechpartner für prozessuale Fragen, Anforderungen und Entscheidungen. In gut funktionierenden Support-Organisationen werden beide Blickwinkel berücksichtigt.

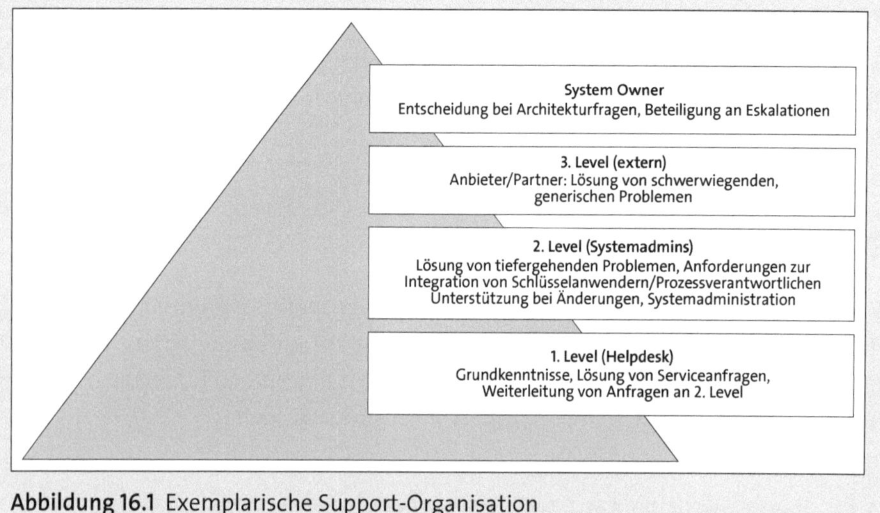

Abbildung 16.1 Exemplarische Support-Organisation

- **Klärung der Zuständigkeiten**
  Legen Sie fest, welche Rollen für den Betrieb benötigt werden und wie Aufgaben im Betrieb von SAP SuccessFactors gegebenenfalls in die existierende Support-Organisation eingebunden werden können. Ändern sich vorhandene Rollen und Stellenbeschreibungen inklusive Teamgrößen in der Organisation? Beginnen Sie früh-

zeitig damit, diese Themen zu besprechen, denn sie können Änderungen in Ihrer Organisation nach sich ziehen. Wenn Sie die beteiligten Personen nicht vorbereiten und mitnehmen, kann das das durchzuführende Projekt und später den Betrieb erheblich erschweren. In der Praxis werden Schwierigkeiten durch unklare Zuständigkeiten sehr häufig unterschätzt und führen deshalb zu Verzögerungen.

Bedenken Sie dabei auch, dass es nicht nur um den Support technischer, IT-bezogener Fragestellungen geht, sondern auch darum, Fragen zu den Geschäftsprozessen und auch zu deren Erweiterungen zu besprechen.

- **Klärung des Process Splits**
  Immer dann, wenn mehrere Systeme beteiligt sind, ist es notwendig, den sogenannten *Process Split* zu definieren. Dies gilt insbesondere für das Zusammenspiel von Employee Central mit der Entgeltabrechnung. Klären Sie, in welchem System welche Rolle arbeitet und welche Daten wo führend gepflegt werden. Die Systeme stellen keine Silos dar, die unabhängig voneinander nebenher betrieben werden können. Vielmehr sind sie fachlich, technisch und personell zu integrieren, um Synergieeffekte erzielen zu können.

  Employee Central ist in der Praxis oft das prozessführende System, steuert aber *nicht* deterministisch die Abrechnung an. Dies lässt sich anhand der elektronischen Krankmeldung (eAU), anhand von Abläufen bei der Durchführung von Gehaltsänderungen, anhand von Adressänderungen sowie anhand von Änderungen der Bankverbindungen illustrieren. Typischerweise wird in diesen Fällen über Self-Services in Employee Central ein Vorschlag eingereicht und dann aufseiten der Entgeltabrechnung geprüft, ob die betreffenden Änderungen valide sind und verarbeitet werden können.

  Wir empfehlen, den Process Split sorgfältig mit allen Prozessbeteiligten im Zuge des Designs der (neuen) HR-Prozesse zu prüfen, Verständnis zu schaffen und die Ergebnisse in die Projektarbeit einfließen zu lassen. Mit dem neuen Produkt Cross System Workflows bietet SAP dafür ein Werkzeug an, das den Kunden dabei unterstützt.

- **Nutzung von SAP- und Partner-Support-Angeboten**
  Mit der Nutzung von SAP SuccessFactors haben Sie die Möglichkeit, den SAP-Support zu nutzen. Sie können beim Auftreten von technischen Problemen ein sogenanntes *Support-Ticket* bei SAP eröffnen. Je nach Vereinbarung mit SAP stehen Ihnen darüber hinaus weitere, gegebenenfalls kostenpflichtige Support-Angebote zur Verfügung. Prüfen Sie im Projekt, welches Angebot für Sie relevant ist. Auch Ihr Implementierungspartner bietet oftmals Support an und unterstützt Sie im Betrieb Ihrer SAP-SuccessFactors-Lösung. Das Support-Angebot durch den Implementierungspartner ermöglicht Ihnen die weitere Unterstützung – vom gemeinsamen Release-Review bis hin zur befristeten Übernahme einer internen Rolle.

Organisation des Betriebs

Es gibt Unternehmen, die den Betrieb möglichst weitgehend intern durchführen wollen. Andere Unternehmen nutzen ein Projekt, um Aufgaben an externe Dienstleister auszulagern. Häufig übernehmen die Implementierungspartner nach dem Projekt auch eine Betriebsrolle. Hier lässt sich keine allgemeingültige Empfehlung aussprechen, weil die Rahmenbedingungen und Anforderungen individuell sehr verschieden sind. Wir empfehlen Ihnen, frühzeitig zu planen und sich für eine Lösung zu entscheiden.

16.1.2 Nach dem Projekt ist im Projekt – was ist zu beachten?

SAP veröffentlicht derzeit (Stand November 2022) zweimal im Jahr Releases für SAP SuccessFactors. Über diese Releases werden kontinuierlich Änderungen und Aktualisierungen bereitgestellt. In vielen Fällen gibt es Übergangszeiten, in denen Sie Neuerungen und Veränderungen optional nutzen können. Zu einem (im Vorfeld kommunizierten) fixen Zeitpunkt ist die Umstellung auf die neuen Funktionen jedoch unausweichlich.

Das *Versions-Center* und das *Upgrade Center* geben Ihnen Einblick darin, welche Änderungen im Einzelnen anstehen. Im Versions-Center erhalten Sie Informationen zu universellen und optionalen Funktionen in den kommenden Releases, und das Upgrade Center stellt Details bereit. Hier können Sie das Upgrade zu den einzelnen Themen anstoßen.

Die regelmäßigen Aktualisierungen geben Ihnen die Gewissheit, nicht nur zum Zeitpunkt des Projektstarts, sondern dauerhaft aktuelle Best-Practice-Prozesse nutzen zu können. Nur wenn Sie sich kontinuierlich mit diesen Änderungen sowohl aus technischer als auch aus prozessualer Sicht beschäftigen und diese praktisch einsetzen, können Sie sicherstellen, dass Sie aktuelle Best-Practice-Lösungen und Prozesse einsetzen und Ihren Nutzerinnen und Nutzern diese zur Verfügung stellen.

Etablieren Sie, ähnlich wie für den Support, feste Ansprechpartner und Abstimmkreise, die sich über durch Releases entstehende Anpassungen abstimmen und die über deren Einsatz entscheiden können. Auch hier ist unbedingt eine Zusammenarbeit von IT- und HR-Abteilung zu empfehlen.

Bleiben Sie informiert!

In Abschnitt 1.3.3, »Informationen suchen und finden«, haben wir für Sie die wesentlichen Informationsquellen zusammengestellt. Diese sind ebenso wie im Projekt auch im Betrieb relevant und sollten regelmäßig geprüft und in der täglichen Arbeit berücksichtigt werden. Insbesondere die SAP SuccessFactors Community und der SAP Roadmap Explorer sind Quellen, die Sie in der Arbeit begleiten sollten.

Auch die *DSAG* hat einen Arbeitskreis für SAP SuccessFactors (siehe *https://dsag-net.de/go/object91719*). Dort finden Sie viele Informations- und Austauschmöglichkeiten rund um SAP SuccessFactors und HXM. Nicht zuletzt bieten größere Implementierungspartner auch eigene Austauschformate an – fragen Sie danach!

Neben den Anforderungen und Änderungen durch die Releases gibt es typischerweise auch prozess- und systemseitige Anforderungen Ihres Unternehmens. Wir empfehlen Ihnen, bereits in der Projektphase zu klären, wie solche Anforderungen gehandhabt werden sollen. In Abbildung 16.2 sehen Sie eine Übersicht für Rollen, die wir oftmals in funktionierenden Abstimmungskreisen sehen. Die Rollen, die die Basis der Pyramide bilden, sind diejenigen, die in der Regel als Erstes und am häufigsten angesprochen werden.

Einige unserer Kunden haben Release-Boards installiert, die sich über alle intern entstehenden Anforderungen austauschen, diese bewerten und über deren Umsetzung entscheiden. Hier werden eigene Releases definiert, in denen die kundeneigenen Anforderungen ins System gebracht werden. So erzielen Sie z. B. Synergien beim Implementieren der Anforderungen sowie beim Testen der Anpassungen.

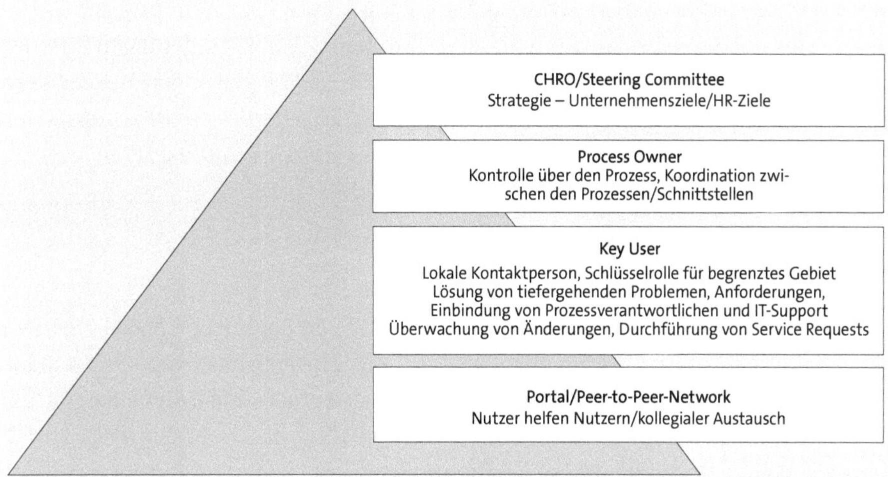

Abbildung 16.2 Geschäftsprozessbezogene Themen unterstützen

16.1.3 Partnererweiterungen sinnvoll einsetzen

Auch im Betrieb kann aufgrund von neuen Anforderungen eine Erweiterung des Systems notwendig werden. Bevor Sie in eine komplett nur für Sie entwickelte Lösung investieren, empfehlen wir zu prüfen, ob es einen Implementierungspartner gibt, der Ihre Anforderungen oder bereits etwas Vergleichbares realisiert hat. Der SAP Store unter *https://store.sap.com/* ist ein guter Einstieg für Ihre Recherche (siehe Abbildung 16.3).

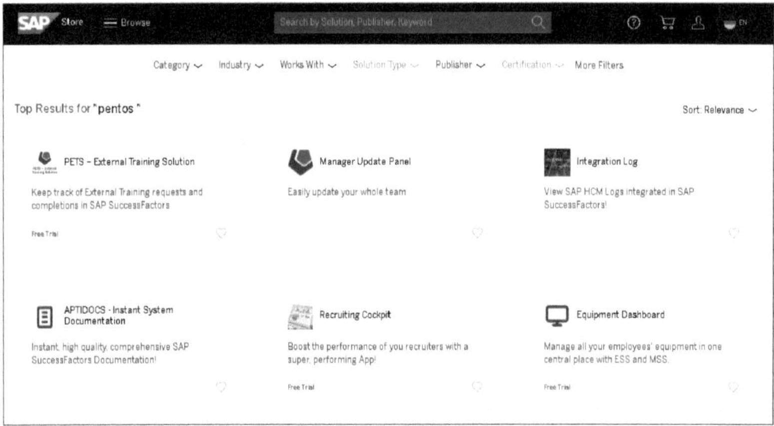

Abbildung 16.3 SAP Store

Entwickeln Sie nicht alles kundenindividuell selbst, wenn es dazu Standardlösungen von SAP oder von Partnern gibt. Prüfen Sie, was Partner anbieten oder woran sie gerade arbeiten. Dafür ist es sinnvoll, in den Dialog mit den Partnern und mit SAP zu treten. Tauschen Sie sich auch mit anderen Kunden, z. B. auf Kundentagen Ihres Implementierungspartners, aus. Spezifische und wichtige Erweiterungen, die das Kerngeschäft Ihres Unternehmens betreffen, möchten Sie sicherlich selbst kontrollieren. Auch in diesem Kontext kann ein Partner bei der Umsetzung unterstützen.

16.2 Aktueller Einsatz und Ausblick

Die rund um das Jahr 2010 vorgestellte Version 1.0 von Employee Central (noch vor der Übernahme von SuccessFactors durch SAP) beruhte noch nicht auf dem Metadata Framework. Aber schon damals ging es mit technisch und fachlich einfachen Mitteln darum, zentral global valide Stammdaten für Kern-HR-Prozesse zu sammeln, zu validieren und anderen Systemen zur Verfügung zu stellen. Zu diesem Zeitpunkt wurden die folgenden Bereiche noch nicht abgedeckt:

- Organisationsmanagement
- technische und funktionale Integrationen in Drittsystemen
- ausgeklügelte ESS- und MSS-Szenarien, die sich durch die Einbindung des Organisationsmanagements dynamisch an das Unternehmen anpassen können

- Geschäftsregeln, über die Validierungen und Vererbungen zur Prozessbeschleunigung umgesetzt werden können
- beliebige Erweiterungsmöglichkeiten durch die Einbindung einer Erweiterungsplattform wie der SAP BTP
- Unterstützung mehrfacher Beschäftigungsverhältnisse und Entsendungen
- vereinfachte Datenmodelle und Prozesse für externe Mitarbeiter
- einheitliche Reporting-Plattform
- leistungsfähige Import- und Exportmöglichkeiten
- Lokalisierungen für dutzende Länder und Sprachen
- mobile Nutzung
- fachliche und technische End-to-End-Integrationsszenarien von Microsoft Active Directory über Identity-and-Access-Management-Systeme bis hin zu Lohn- und Gehaltsabrechnungen und externen Zeitwirtschaftslösungen sowie Master Data Management im ERP-Umfeld
- Standardisierungen im Rahmen von Implementation Design Principles und Standard-Prozessbibliotheken, die alle typischen Themen – von der Ausgestaltung der Instanzenlandschaft bis hin zum Training für Geschäftsprozessverantwortliche – ein sehr breites Spektrum abdecken
- Empfehlungen und Bewusstsein für die organisatorischen Änderungen im Unternehmen, die die Einführung solcher prozessführenden Systeme mit sich bringen

Diese und viele andere Funktionen haben die Mitarbeitenden von SAP, die Partnerorganisationen und Kunden realisiert. Die derzeitigen Schwerpunkte von SAP für den Ausbau und die Weiterentwicklung von Employee Central liegen auf den folgenden Funktionen:

- Zeitwirtschaft
- Employee Central Payroll
- Vergütung und Zusatzleistungen
- Vereinfachung von Integrationen

Außerdem rückt der Trend zu Mikroservice-Architekturen und zusätzlichen Benutzeroberflächen zunehmend in den Fokus. Im Wesentlichen bedeutet das, dass einzelne Prozesse, z. B. eine Beförderung oder Einstellung in Employee Central, auch von außerhalb von Employee Central einfach angestoßen und durchgeführt werden können. SAP setzt dabei u. a. auf *Workzone für HR*, um solche Szenarien zu unterstützen. In Workzone für HR sollen Mitarbeitende über Mikroservices Zugriff auf alle relevanten Informationen und Prozesse haben, aus Employee Central genauso wie aus anderen SAP- und Nicht-SAP-Systemen. Beispiele für Mikroservices sind Funktionalitäten wie z. B. **Beförderung** oder **Einstellung**, die gekapselt und punktgenau die nötigen Dialoge und Funktionalitäten zur Verfügung stellen.

Diese Mikroservices, die in SAP SuccessFactors ständig ausgebaut werden, erweitern natürlich auch den Gestaltungsspielraum für Kunden und Partner.

Im Folgenden zeigen wir Ihnen anhand des Beispiels eines Anwendungsfalls aus der Praxis, wie Sie heute schon in Employee Central performante *Mashups* bzw. *Mikroservices* und nativ integrierte Dashboard-Technologien nutzen können, die eine direkte Interaktion und Bearbeitung der relevanten Informationen erlauben. Dadurch können Sie die Benutzeroberfläche (UI) vereinfachen und passgenau auf die Anforderungen in Ihrem Unternehmen abstimmen. Dies verbessert die Benutzerzufriedenheit und erhöht die Produktivität.

Wir schildern Ihnen hier ein konkretes Projekt in einem Unternehmen mit mehreren Zehntausend Mitarbeitenden, das erfolgreich zwischen September 2021 und Mai 2022 durchgeführt wurde. Das Unternehmen hatte zuvor globale ESS- und MSS-Szenarien mit Employee Central ausgerollt und die Benutzerzufriedenheit und Prozessverbesserung gemessen. Weil die gesteckten Ziele nicht erreicht wurden, wurde ein Tool zur interaktiven Nutzerführung eingeführt, um diese zu verbessern. Auch Prozesse wurden umgestellt und ein Service-Tool in die HR-Prozesse eingebunden. Dennoch konnten die gesteckten Ziele, z. B. beim Self-Service zum Planstellengenehmigungsprozess nicht erreicht werden.

Ein Chatbot wurde pilotiert, konnte im Standard aber aufgrund von fehlendem *Deep Linking* nicht die gewünschten Effekte erzielen. Schließlich wurde zusammen mit einem Partner in SAP SuccessFactors ein natives Dashboard implementiert, das die relevanten Daten aus vier SAP-SuccessFactors-Modulen an einer Stelle dynamisch zusammenbrachte und direkt die Interaktion (one Click) erlaubt.

Abbildung 16.4 Aktions-Dashboard zu einem Kunden

Dieses Dashboard, das Live-Daten aus Planstellen, Stellenausschreibungen, Kandidatenbewerbungen, Onboarding und Employee Central in einer Oberfläche vereint, half dem Kunden, die Ziele zu erreichen. Es vereint mehrere Kriterien, die heute schon mit SuccessFactors möglich sind und die wir für die künftige Entwicklung von HR-Plattformen generell als sehr wichtig erachten:

- Nur die nötigsten und wichtigsten Informationen werden auf dem Bildschirm dargestellt, aber dafür aus allen prozessrelevanten Bereichen von SuccessFactors.
- One-Click-Aktionen sind direkt vom Dashboard aus möglich.
- Es gibt eine Visualisierung der Aktionen, auch über Farben, Ausrufezeichen und andere grafische Elemente, damit der Endanwender sofort sieht, was er tun muss.
- Eine direkte, native Integration in SAP SuccessFactors ohne weitere Middleware oder eine andere Art von Drittplattform wird ermöglichst.
- Die Lösungen sind sehr performant, weil sie nativ integriert sind.
- Die Erweiterungen setzen direkt an den bestehenden Rechten und Rollen in SAP SuccessFactors auf und benötigen daher keine zusätzliche Administration.
- Aussehen, Felder und die Konfiguration des Dashboards können vom Kunden selbst in den dazugehörigen MDF-Objektdaten gepflegt werden.

Angesichts des großen Erfolgs dieser Umsetzung entwickelt der Kunde weitere native Aktions-Dashboards auf der Basis von *Mikroservices* und *Deep Linking*, die prozessspezifisch und punktgenau Mitarbeitende und Führungskräfte unterstützen.

Neben diesen Ansätzen sehen wir in folgenden Bereichen einige Neuerungen in den nächsten Jahren auf uns zukommen:

16

- **Massendatenänderungen**
  Reorganisationen, Unternehmenszukäufe oder -verkäufe sind Standardanwendungsfälle, die voraussichtlich noch mehr Aufmerksamkeit und Unterstützung im Standard bekommen werden.
- **Power Admins in der Cloud**
  Bisher sind Employee Central und vergleichbare Systeme auf ESS- und MSS-Szenarien ausgelegt. Wir sehen viele Unternehmen, die sich mehr Funktionalitäten für Power-Admins wünschen, weil aus unterschiedlichen Gründen ESS und MSS nicht in allen Bereichen des Unternehmens genutzt werden können.
- **Chatbots, Mustererkennung, lernende Systeme**
  An diesen Funktionen wird seit geraumer Zeit entwickelt. Sie können zunehmend mit Lösungen von SAP oder über Partnerlösungen oder ergänzende Plattformen integriert mit Employee Central eingesetzt werden.
- **Trend zu ganzheitlich ausgerichteten Implementierungspartnern**
  Aufgrund der Gesamtthematik bietet es sich an, mit Implementierungspartnern zu arbeiten, die sowohl organisatorisches Verständnis haben als auch technisch und fachlich die gesamte Wertschöpfungskette, von der Lohn- und Gehaltsabrechnung über Integrationen und Erweiterungen bis hin zu den Talent-Modulen, anbieten können.

Es wird häufig unterschätzt, wie ausgereift und flexibel Employee Central heute schon ist. Nicht nur in Bezug auf die Auslieferung von bewährten Standards und robusten Integrationen, sondern auch in Bezug auf Mikroservices, Mashups und die generelle Erweiterbarkeit im Hinblick auf Prozesseffizienz ist die Plattform hervorragend aufgestellt. SAP baut die Fähigkeiten von Employee Central ständig aus und stellt besonders *SAP SuccessFactors Time Tracking* (Zeitwirtschaft) und die *Lohn- und Gehaltsabrechnung* in den Mittelpunkt der Investitionen. Wir sind daher zuversichtlich, dass Kunden und Partner, die auf Employee Central als Kernstück Ihrer HR-Strategie setzen, weiterhin richtig liegen.

Das Autorenteam

Dr. Nikolaus Krasser ist Mitbegründer und Senior Executive der Pentos-SHAPEiN-Unternehmensgruppe. Die Gruppe entstand am Ende des Jahres 2020 durch den Zusammenschluss von Pentos, einem Marktführer für SAP-SuccessFactors-Implementierungen, -Integrationen und -Zusatzprodukte in Mitteleuropa, und SHAPEiN, einem renommierten Beratungsunternehmen für technologiegetriebenes HR-Management.

Sein Fokus liegt auf der Unterstützung von Pentos- und SHAPEiN-Kunden bei strategischen HR-IT-Aktivitäten sowie darauf, der Unternehmensgruppe Technologieführerschaft und Implementierungsexzellenz zu sichern. Ein besonderer Fokus liegt dabei auf SAP SuccessFactors und SAP HXM. Hr. Dr. Krasser ist Autor und Co-Autor mehrerer Bücher und Publikationen. Für ihn ist es sehr klar, dass Unternehmen mit dem aktuellen Wandel in den HR-Technologieangeboten Schritt halten müssen. Dies ist entscheidend, wenn sie die Effizienz und Effektivität ihrer Personalprozesse verbessern wollen, und nur durch den Einsatz moderner Technologien können sie den Beitrag der Personalabteilung zum Unternehmenserfolg nachhaltig steigern.

Dr. Melanie Rehkopf begleitet als Senior Advisor der Pentos AG Kunden während Ihrer HR-Initiative. Gemeinsam mit ihnen vereinfacht und digitalisiert sie HR-Prozesse. HR-Standards und Best-Practices sind Ihre Fokusthemen. Eine ihrer wichtigsten Aufgaben in Projekten ist es, mit Standards die Projektarbeit zu leiten und damit die Grundlage für die neu gestalteten Prozesse zu bilden. Daneben treibt sie die HR-Prozesstransformation und die HR-Digitalisierung unter Berücksichtigung globaler und lokaler Anforderungen voran. Sie stellt sicher, dass das Prozessdesign die themenübergreifenden Geschäftsprozessanforderungen ihrer Kunden unterstützt. Seit 2007 arbeitet sie im Bereich der HR-IT-Themen (inklusive der SAP ERP HCM Suite), und seit 2013 legt sie einen Schwerpunkt auf das Prozessdesign und das Projektmanagement rund um SAP SuccessFactors. Sie ist Mitautorin des Buches »SAP SuccessFactors. Grundlagen, Prozesse, Implementierung« (Rheinwerk Verlag).

Index

A

B

C

F

G

L

M

N

O

P

Q

R

S

T

U

V

W

Y

Z

- Erfolgsstrategien für die HR-Transformation mit SAP
- Best Practices für die Implementierung von SuccessFactors
- Praktische Hinweise zum Betrieb aller Module
- 2., aktualisierte und erweiterte Auflage des Bestsellers

Nikolaus Krasser, Melanie Rehkopf

SAP SuccessFactors

Grundlagen, Prozesse, Implementierung

Human Resource Management in der Cloud – die Zukunft des SAP-Personalwesens! Lesen Sie, welche Erfolgsfaktoren Sie bei der Einführung von SuccessFactors beachten sollten, um Ihre HR-Prozesse optimal zu unterstützen. Anhand von praktischen Beispielen lernen Sie die Funktionen aller Module kennen: u.a. Employee Central, Recruiting und Learning Management. Sie erfahren, welche Rolle HR auf dem Weg zu einem intelligenten Unternehmen spielt und wie Sie die Wettbewerbsfähgkeit Ihres gesamten Unternehmens stärken können. Nikolaus Krasser und Melanie Rehkopf geben Ihnen hilfreiche Tipps aus ihren Projekten und zeigen Ihnen, was Sie vom Nachfolger von SAP ERP HCM erwarten dürfen.

671 Seiten, gebunden, 79,90 Euro
ISBN 978-3-8362-7241-4
2. Auflage 2020
www.sap-press.de/4962

- Alle wichtigen HR-Funktionen Schritt für Schritt erklärt
- Zahlreiche Übungen und Tipps für die tägliche Praxis
- Inkl. der neuen SAP-Fiori-Apps, Neuerungen in Formularen, Entgeltabrechnung u. v. m.

Gärtner et al.

SAP-Personalwirtschaft

Das Praxishandbuch

Dieses Handbuch bringt Sie sicher durch Ihre täglichen Aufgaben in der HR-Abteilung. Ausführliche Klick-Anleitungen unterstützen Einsteiger*innen und Fortgeschrittene bei allen Aufgaben in SAP ERP HCM. Neben den Grundlagen und der Navigation im System werden alle zentralen HR-Bereiche verständlich erläutert: Personaladministration, Reporting, Zeitwirtschaft, Entgeltabrechnung und Reisekostenmanagement. Profitieren Sie von zahlreichen Beispielen und Tipps aus der Praxis. Die 6. Auflage unseres HR-Bestsellers wurde umfangreich aktualisiert und um Informationen zu SAP-Fiori-Apps und weiteren neuen Funktionen ergänzt.

714 Seiten, gebunden, 79,90 Euro
ISBN 978-3-8362-8735-7
6. Auflage 2023
www.sap-press.de/5430